分　析　化　学

（第2版）

主　编　严拯宇

副主编　杜迎翔　季一兵　沈卫阳

编　者　（按姓氏笔画排序）

王志群　严拯宇　杜迎翔　沈卫阳

季一兵　肖　莹　陈　蓉　钟文英

东南大学出版社

·南　京·

内 容 提 要

本书内容分为化学分析和仪器分析两大部分。化学分析(含误差与分析数据处理)部分包括滴定分析法概述、酸碱滴定法、络合滴定法、氧化还原滴定法、沉淀滴定法和重量分析法等内容;仪器分析部分包括电位法与永停滴定法、紫外-可见分光光度法、红外分光光度法、经典液相色谱法、气相色谱法、高效液相色谱法及其他仪器分析法简介等内容。本书系统性强,内容全面,简洁明了,符合分析化学的教学需要。

本书可作为高等医药院校药学类各专业专科生、函授生以及医药职工大学学生教材,也可供相关专业教学人员阅读参考。

图书在版编目(CIP)数据

分析化学/严拯宇主编.—2版.—南京:东南大学出版社,2015.7(2021.1重印)

ISBN 978-7-5641-5584-1

Ⅰ.①分… Ⅱ.①严… Ⅲ.①分析化学—高等学校—教材 Ⅳ.①O65

中国版本图书馆CIP数据核字(2015)第053183号

东南大学出版社出版发行

(南京四牌楼2号 邮编210096)

出版人:江建中

江苏省新华书店经销 江苏扬中印刷有限公司印制

开本:787mm×1092mm 1/16 印张:24.5 字数:643千字

2015年7月第2版 2021年1月第12次印刷

印数:52501~55500册 定价:49.00元

前　言

分析化学是药学各专业的重要基础课之一，其内容较为广泛。本书包括化学分析和仪器分析两大部分。根据专业需要，化学部分重点介绍酸碱滴定、络合滴定、氧化还原滴定、沉淀滴定和重量分析法。阐述各方法的基本理论、反应条件、应用范围和结果计算，力求简明扼要。随着现代科学技术的迅猛发展，仪器分析在药学领域的应用逐年扩大，本书仪器分析部分主要对电位法和永停滴定法、紫外-可见分光光度法、红外分光光度法、液相色谱法、气相色谱法和高效液相色谱法的基本原理、定性定量分析方法及其在药物分析中的应用等方面进行了较为全面的阐述。此外，对荧光分析、原子吸收分光光度法、核磁共振波谱法和质谱法的基本原理进行了简略的介绍，教学中供师生选用。

本书编写过程中，强调基本知识、基本思维、基本实验技能与其思想性、科学性、先进性、启发性和适用性，力求使本教材适应药学类专业成人教育人才培养的特点，适应本课程教学的基本要求。

本书在修订过程中，每章节后除附有小结，对各章节的学习提出具体要求外，参考教学大纲的要求，补充了少量的填空题和选择题，便于学生自学和复习；全书最后附有本课程函授教学大纲，对各章的学习分为掌握、熟悉、了解三个层次；并附有自测题和模拟试卷，便于学生自我测试。

本书附有分析化学基本操作、常用实验仪器的使用介绍和二十多个分析化学实验，供各学校根据具体情况和实验条件选用。

本书主要供高等医药院校大专生、函授生及医药职工大学学生使用，也可作为医药院校分析化学教学的主要参考书之一。

本书由严拯宇、杜迎翔、季一兵、钟文英、王志群、沈卫阳、肖莹、陈蓉等人共同编写，研究生舒娟、张莹、屈鑫承、肖岸、王丽丽、肖旭东、苏义龙、艾小霞、黄玉、张正伟、刘新颖、余雁等同学参加了大量的资料查阅和校对工作。在编写过程中得到中国药科大学成人教育学院、中国药科大学教务处、理学院及分析化学教研室全体老师的大力支持和帮助，在此一并表示感谢！

书中错误与不当之处恳请读者批评指正。

编者

2015 年 3 月

目　录

第一章 绪　论

第一节　分析化学的任务和作用

分析化学(analytical chemistry)是研究物质化学组成的分析方法及有关理论的一门学科,是化学学科的一个重要分支。它的任务主要有三方面:鉴定物质的化学组分(或成分)、测定各组分的含量及确定物质的化学结构,它们分属于定性分析(qualitative analysis)、定量分析(quantiatitve analysis)及结构分析(structural analysis)的研究内容。

分析化学与人类活动关系极其密切,涉及社会生活各个方面。例如,在农业生产中的水土调查、农作物品质检验、农药残留物分析,在工业生产中的原料分析、产品检验,在社会活动中的稽查毒品、文物鉴定、兴奋剂检测、食品和水质监测,以及在科学研究的各个领域中,分析化学切实地起到了"眼睛"的作用,解决了许多具体问题。

在医药卫生领域,分析化学贯穿于药物的开发研究、生产、质量检验及临床监控的始终。例如,药物合成中药物起始原料质量控制、中间体及产品分析、理化性质测定,天然产物与天然药物中有效成分的分离、含量测定、定性鉴别及化学结构的测定,药品质量标准的制定,药剂学中制剂的稳定性及生物利用度的测定,药理学中药物的药理作用及药物代谢动力学研究等。此外,环境质量的评估,污染源的追踪,"三废"处理,疾病的早期发现、诊断及治疗等都需要应用分析化学理论知识和技术。

在药学教育中,分析化学是一门专业基础课,各门化学课和专业课都要应用分析化学的理论和方法来解决该门学科中的某些问题。学习时,不仅要掌握各种分析鉴定方法的理论和技术,而且还需学习科学研究的方法。

鉴于分析化学的重要性,本书将着重讨论定量化学分析和仪器分析的基本知识、基本理论和基本技术。同时,对结构分析的常用方法也适当地简单介绍。

第二节　分析方法的分类

分析化学可以按其分析任务、分析对象、测定原理、操作方法和具体要求的不同进行分类。

一、定性分析、定量分析和结构分析

按分析任务分类,分析化学方法可分为定性分析、定量分析和结构分析。

定性分析的任务是鉴定物质由哪些元素、原子团、官能团或化合物所组成,定量分析的任务则是测定物质中有关组分的含量。而结构分析的任务是研究物质的分子结构或晶体结构。常用的结构分析的方法有紫外-可见分光光度法、红外分光光度法、核磁共振波谱法及质谱分析法。

二、无机分析和有机分析

物质可分为无机物和有机物两大类，因而分析方法按分析物的物质属性可分为无机分析和有机分析。

由于无机物的组成元素种类较多，无机分析通常要求鉴定物质的组成和测定各组分的相对含量。而有机物中的元素种类不多，但结构复杂，有机分析不仅需要鉴定组成元素，还要进行官能团分析和结构分析。

三、化学分析和仪器分析

按照分析方法的原理分类，可分为化学分析和仪器分析。

1. 化学分析

以物质的化学反应为基础的分析方法称为化学分析法，它是分析化学的基础，又称为经典分析法。其中，被分析的物质称为试样（或样品、供试品），与试样起反应的物质称为试剂。

假设在化学分析中的某定量化学反应为：

$$mC + nR \longrightarrow C_mR_n$$

$$x \qquad V \qquad w$$

C 为被测组分，R 为试剂。如果用称量方法求得生成物 C_mR_n 的量 w，这种方法称为重量分析。如果借助与组分反应的试剂 R 的量 V 求得被测组分 C 的含量，这种方法称为滴定分析或容量分析。

化学分析的应用范围广泛，所用仪器简单，结果准确，但不够灵敏。化学分析法将在本教材的第三～七章中介绍。

2. 仪器分析

以物质的物理性质和物理化学性质为基础的分析方法称为物理分析法和物理化学分析法。这类方法通常需要特殊的仪器，一般又称为仪器分析法。仪器分析是灵敏、快速、准确的分析方法，发展很快，应用日趋广泛，本书中仪器分析可细分为：

(1) 电化学分析：按电化学分析原理可分为电导分析、电位分析、电解分析及伏安分析四类方法。

(2) 光学分析：光学分析主要有吸收光谱法（如紫外-可见分光光度法、红外分光光度法、原子吸收分光光度法、核磁共振光谱法等），发射光谱法（如荧光分光光度法等）、质谱法等。

(3) 色谱分析：色谱分析主要有高效液相色谱法、气相色谱法、薄层色谱法、纸色谱法、经典柱色谱法等。

此外，热分析法（如热重分析法、差热分析法等）和毛细管电泳法使得仪器分析手段更为强大。仪器分析法的特点是灵敏度高，适用于微量、痕量组分的定量测定或结构分析，且易于实行自动化、高速化分析。它是现代分析化学的发展方向。

近年来，仪器分析法应用越来越广泛，所占比重越来越大，但化学分析法始终是整个分析化学的基础。因此化学分析法和仪器分析法是互为补充、相辅相成的，实际过程中，应根据具体情况加以选择。

四、常量分析、半微量分析、微量分析和超微量分析

根据试样的用量及操作规模不同，可分为常量、半微量、微量和超微量分析，大致情况如

表 1－1所示。

表 1－1　各种分析方法的试样用量

分析方法	试样质量(mg)	试液体积(ml)
常量	>100	>10
半微量	10～100	1～10
微量	0.1～10	0.01～1
超微量	<0.1	<0.01

在无机定性分析中，多采用半微量分析方法；在化学定量分析中，一般采用常量分析方法。进行微量分析和超微量分析时，多采用仪器分析法。

第三节　分析化学的发展与趋势

分析化学有悠久的历史，古代烧制陶器和炼金术中都已蕴含了简易的分析化学手段。16世纪就已出现了第一个使用天平的试金实验室。至 17 世纪，英国化学家波义耳(R. Boyle)首次提出“分析化学”这一概念。随后，分析化学作为化学研究的开路先锋，对元素的发现，质量守恒定律，定比、倍比定律等化学基本定律的确立都曾作出重要的贡献。至 19 世纪中叶，德国富雷新尼乌斯(C. R. Fresenius)陆续发表了定性、定量分析两本专著，标志着分析化学作为一门化学的分支学科已初步形成。

20 世纪以来，由于现代科学技术的发展，分析化学已经历了和正经历着三次巨大变革。

20 世纪初的第一次变革，以《分析化学科学基础》的发表为标志，以物理化学为理论基础，从而使分析化学成为以经典化学分析为主的一门科学。

二战前后的第二次变革，由于物理学、电子学的发展，形成了以仪器分析为主的现代分析化学。

第三次变革是从 20 世纪 70 年代末至今，以计算机应用的信息时代的来临为主要标志，要求能提供物质组成、含量、结构、分布、形态等更多更全面的信息。现代分析化学的发展趋势，主要以提高分析的灵敏度、准确度、选择性、自动化或智能化为目标，不断向微型化(纳米芯片、生物芯片及芯片实验室)、仿生化(电子传感器)和信息化方向发展。生物样品分析与生命科学研究、微全分析系统(μTAS)、色谱-光谱联用技术、现代核磁共振光谱(nuclear magnetic resorance, NMR)、现代质谱(mass spectrometry, MS)和化学计量学等是当今分析化学发展的前沿领域。

毛细管电泳(copillary electroresis, CE)是根据带电粒子在电场中迁移速率不同而分离的分析方法。该法具有分离效率高、分离速度快和样品量小等特点，已成为生命科学研究最重要的手段，特别适用于氨基酸、多肽、DNA 和蛋白质等生物分子的分离分析。

微全分析系统是 20 世纪 90 年代初由瑞士的 Manz 和 Widmer 提出的，以微机电加工技术(MEMS)为基础，目的是通过化学分析设备的微型化和集成化，将分析实验室的功能转移到便携的分析设备中，甚至到方寸大小的芯片上，从而实现分析实验室的“个人化”、“家用化”。因此又被俗称为芯片实验室(LOC)。其中微流控芯片(microfluidic chip)是 μTAS 当前最活跃的领域，以毛细管电泳为微型化的首要目标的微流控芯片在 DNA 测序方面已显现出强大威力。现今，微流控芯片商品化仪器也已问世。

联用技术是将两种分析技术联用，取长补短。常见的有色谱-光谱（质谱）联用，利用色谱分离的高效能和光谱（质谱）识别的可靠性解决复杂样品的分析问题。例如，GC－NMR、CE－MS、HPLC－MS、GC－FTIR－MS 等。

现代核磁共振光谱研究磁性原子核的磁化性质及其在外磁场中的运动规律，从而测定有机化合物的结构。而随着超导磁体、电子计算机、脉冲傅里叶变换等设备和技术的相继采用，当今世界超导核磁共振波谱仪的频率已高达 900 MHz，还可从事多核、多种二维核磁共振技术的测定。

现代质谱由于基质辅助激光解吸离子化（MALDI）技术和电喷雾离子化（ESI）技术的应用，使得现代质谱可用于测定大分子生物分子。同时质谱法的自身联用（MS/MS）使其应用范围更加广泛。

化学计量学应用数学和统计学方法，用最佳的方式获得关于物质系统的有关信息。目前它的研究内容包括分析信息理论、分析试验设计、分析仪器讯号的变换与解析、化学数据库与专家系统等内容。

综上所述，现代分析化学已经突破了纯化学领域，它吸收了当代科学技术的最新成就，发展到分析科学的新阶段，成为当代最富活力的学科之一。

第四节　分析化学文献

为了随时了解分析化学的最新动向，分析化学工作者必须养成定期查阅文献的好习惯。下面为部分常用的相关参考书和杂志。

1. 分析化学丛书，高小霞主编，北京：科学出版社，1986 年开始出版。
2. 分析化学手册，北京：化学工业出版社，1997 年开始出版。
3. 分析化学，中国化学会与中国科学院《分析化学》编辑委员会主办，1972 年创刊。
4. 药物分析杂志，中国药学会主办，1981 年创刊。
5. *The Analyst*（英），1876 年创刊。
6. *Analytical Chemistry*（美），1929 年创刊。
7. *Analytical Letters*（美），1968 年创刊。
8. *Talanta*（英），1958 年创刊。
9. *Journal of Chromatography*（荷），1958 年创刊。
10. *Journal of Chromatographic Science*（美），1963 年创刊。
11. 国内化学网站：http://www.cnki.net/；http://www.cqvip.com/
12. 国外化学网站：http://www.chemweb.com/

（肖　莹）

第二章　误差和分析数据处理

分析任务中的绝大部分都属于定量分析，而定量分析的任务是准确测定试样中组分的含量，因此分析结果必须具有一定的准确度。但在定量分析中，由于受分析方法、测量仪器、所用试剂和分析工作者的主观因素等方面的限制，使得测量结果不可能与真实值完全一致。即使是技术娴熟的分析工作者，用最完善的分析方法和最精密的仪器，对同一样品进行多次测量，也不能得到完全一致的结果。这说明分析过程中误差是客观存在的。因此，进行定量分析时，必须根据对分析结果准确度的要求，合理地安排实验，避免不必要地追求高准确度。同时，需对实验结果的可靠性做出合理的判断，并给予准确的表达。

第一节　误差及其分类

我们认为被测的量有一个真值，而实际分析测得值与被测量的真值之间的差称为误差。若测得值大于真值，误差为正；反之，误差为负。误差的大小是衡量一个测量值的不准确性的尺度，误差越小，测量的准确性越高。

一、绝对误差和相对误差

测量误差主要有两种表示方法：绝对误差(absolute error)和相对误差(relative error)。

测量值与真值之差称为绝对误差，可用式(2-1)表示：

$$\delta = x - \mu \tag{2-1}$$

式中：δ 为绝对误差；x 为测量值；μ 为真值。绝对误差与测得值的单位相同。

绝对误差与真值的比值称为相对误差，它没有单位，通常以%或‰表示。

$$相对误差 = \frac{\delta}{\mu} \times 100\% \tag{2-2}$$

例2-1　测得药品 $BaCl_2$ 的百分含量为99.52%，而其真实含量(理论值)应为99.66%。计算测定结果的绝对误差和相对误差。

解　绝对误差＝99.52%－99.66%＝－0.14%

$$相对误差 = \frac{99.52\% - 99.66\%}{99.66\%} \times 1\,000‰ = -1.4‰$$

当真值未知，但知道测量的绝对误差时，可用测量值代替真值计算相对误差。实际工作中，通常不知道真值，可用多次平行测量值的算术平均值 $\bar{x}$ 作为真值的估计值带入计算。

二、系统误差和随机误差

根据误差的性质和产生的原因，可将误差分为系统误差和随机误差(也称偶然误差)。

(一) 系统误差

系统误差也称可定误差。系统误差是由某种确定的原因引起的，一般有固定的方向和大小，重复测定时重复出现。根据系统误差的产生原因不同，可把它分为方法误差、仪器和试剂误差及操作误差三种。

(1) 方法误差:方法误差是由于不适当的实验设计或所选择的分析方法不恰当所引起的。例如,在重量分析中,由于沉淀的溶解损失、共沉淀现象而产生的误差;在滴定分析中,反应进行不完全、干扰离子的影响、滴定终点和化学计量点不符合等,都会产生方法误差。方法误差的存在,使测定值偏高或者偏低,但误差的方向固定。

(2) 仪器和试剂误差:仪器和试剂误差是由仪器未经校准或试剂不合格所引起的。例如,天平砝码不准、容量仪器刻度不准及试剂不纯等,均能产生这种误差。

(3) 操作误差:操作误差是由于分析工作者操作不熟练或操作不规范所造成的。例如,滴定速度太快;洗涤沉淀时洗涤过分或不充分;灼烧沉淀时温度过高或过低;坩埚未完全冷却就称重以及仪器操作不当等。

在一个测定过程中这三种误差都可能存在。因为系统误差是以固定的方向和大小出现,并具有重复性,所以可用加校正值的方法予以消除,但不能用增加平行测定次数的方法减免。

系统误差还可以用对照实验、空白实验和校准仪器等办法加以校正。详细讨论见后。

(二) 随机误差

随机误差或偶然误差又称不可定误差,是由不确定原因引起的,可能是测量条件,如室温、湿度或电压波动等。

随机误差大小、正负不定,看似无规律。但人们经过大量实践发现,随机误差符合正态分布的统计规律:绝对值相同的正负偶然误差出现的概率大致相等;大偶然误差出现的概率小,小偶然误差出现的概率大。偶然误差的这种规律性可用图 2-1 中正态分布曲线描述。

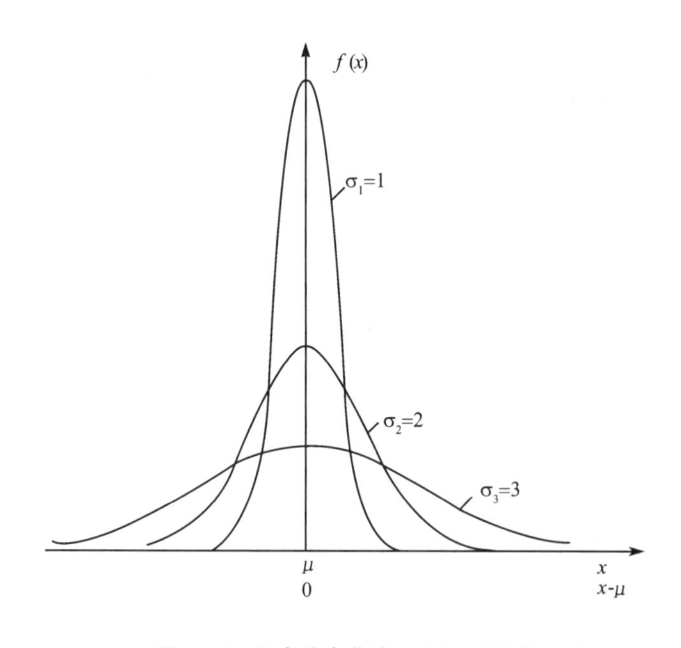

图 2-1 正态分布曲线(μ 同,σ 不同)

正态分布曲线的数学方程式为:

$$y=f(x)=\frac{1}{\sigma\sqrt{2\pi}}e^{\frac{-(x-\mu)^2}{2\sigma^2}}=\frac{1}{\sigma\sqrt{2\pi}}\exp\left[-\frac{1}{2}\left(\frac{x-\mu}{\sigma}\right)^2\right] \qquad (2-3)$$

式中:y 为误差的概率密度函数;x 为测量值;μ 为总体平均值,相对应正态分布曲线最高点的横坐标，它表示所有样本值的集中趋势；$x-\mu$ 为单次测量值的误差，若 $x-\mu=0$，即无系统误差时，曲线最高点对应的就是真值；σ 为标准偏差，它表示样本值的离散特性。若以 x 为横坐标，图 2-1 可描述测量值的分布；若以 $x-\mu$ 为横坐标，则图 2-1 描述的是随机误差的分布。

由图可知，无限多个随机误差的代数和必相互抵消为零，因此常采用多次平行测定取平均值的方法来减小随机误差。

系统误差和随机误差有时不能绝对区分。此外，有时还可能由于分析工作者的粗心大意或不按操作规程，如溶液溅失、加错试剂和读错刻度等原因产生不应有的过失。分析过程中，应查明原因，将由过失所得的测量结果弃去不用。

第二节　准确度和精密度

一、定义

1. 准确度

准确度(accuracy)是指测量值与真值接近的程度。测量值与真值越接近，误差越小，即准确度越高。通常用误差表示测定结果的准确度。在分析工作中，用相对误差衡量分析结果比绝对误差更常用。

例如，用分析天平称某两个样品，一个是 0.004 5 g，另一个是 0.553 7 g。两样品称量的绝对误差都是 0.000 1 g，但相对误差分别为：

$$\frac{0.0001}{0.0045}\times100\%=2\%$$

$$\frac{0.0001}{0.5537}\times100\%=0.2‰$$

可见，当被测量较大时，相对误差就比较小，测定的准确度也比较高。因此，在相对误差要求固定时，测高含量组分时，称样量可偏小，并可选灵敏度较低的仪器；而对低含量组分的称量，则称样量要比较大，且应选用灵敏度较高的仪器。

2. 精密度

精密度(precision)是指平行测量的各测量值之间互相接近的程度，各测量值间越接近，精密度就越高；反之，则精密度越低。

精密度可用偏差、相对平均偏差(relative average deviation，RAD)、标准偏差与相对标准偏差(relative standard deviation，RSD)表示，实际工作中多用相对平均偏差和相对标准偏差。

偏差是指测得值与多次测得值的算术平均值之差。偏差越小，精密度越高。若以 d 表示绝对偏差，$\bar{x}$ 表示多次测得值的算术平均值，则

$$d=x-\bar{x} \tag{2-4}$$

d 值有正有负，与测得值有相同单位。

绝对偏差在平均值中所占的百分率或千分率称为相对偏差：

$$相对偏差=\frac{d}{\bar{x}}\times100\% \tag{2-5}$$

样本标准偏差是用来衡量该组数据的分散程度，用 S 表示，数字表达式为：

$$S=\sqrt{\frac{\sum_{i=1}^{n}(x_i-\bar{x})^2}{n-1}}$$

相对平均偏差(RAD)和相对标准偏差(RSD)的算法如下:

$$\mathrm{RAD}=\frac{\bar{d}}{\bar{x}}\times 100\%=\frac{\sum_{i=1}^{n}(|x_i-\bar{x}|)/n}{\bar{x}}\times 100\% \tag{2-6}$$

$$\mathrm{RSD}=\frac{S}{\bar{x}}\times 100\%=\frac{\sqrt{\frac{\sum_{i=1}^{n}(x_i-\bar{x})^2}{n-1}}}{\bar{x}}\times 100\% \tag{2-7}$$

式中:n 为测定次数。

例 2-2 测定某样品中 NaOH 的含量,其结果分别为 10.01%、10.01%、10.02%、9.96%,求其平均值、相对平均偏差和 RSD。

解 $\bar{x}=\frac{10.01\%+10.01\%+10.02\%+9.96\%}{4}=10.00\%$

平均偏差 $\bar{d}=\frac{0.01\%+0.01\%+0.02\%+0.04\%}{4}=0.02\%$

相对平均偏差$=\frac{\bar{d}}{\bar{x}}\times 100\%=0.2\%$

标准偏差 $S=\sqrt{\frac{0.01^2+0.01^2+0.02^2+0.04^2}{3}}=2.7\times 10^{-2}(\%)$

$\mathrm{RSD}=\frac{S}{\bar{x}}\times 100\%=0.27\%$

二、准确度和精密度的关系

系统误差是定量分析中误差的主要来源,它影响分析结果的准确度;偶然误差影响分析结果的精密度。现举例说明定量分析中的准确度和精密度的关系。图 2-2 表示出甲、乙、丙、丁四人分析同一样品的结果。由图可见,甲的准确度和精密度都好;乙的精密度虽好,但准确度却较差。可见精密度好的分析结果其准确度不一定都好。丙的精密度和准确度都不好;丁的精密度差,而平均值接近真值,但数据离散,实验测定次数的变化会使平均值随之变化很大,因而此结果不可靠。

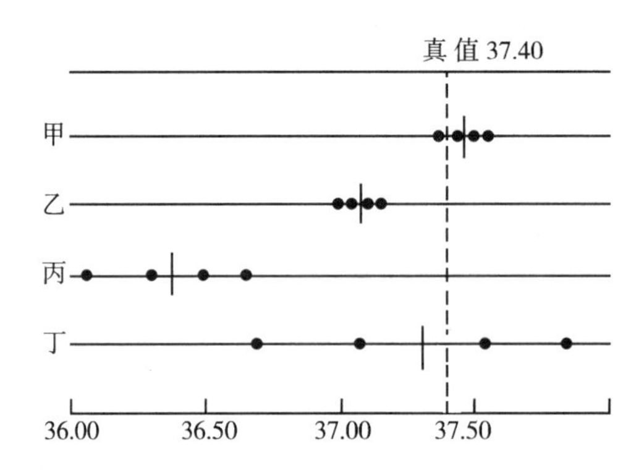

图 2-2 不同人分析同一样品的结果
(·表示个别测量值,|表示平均值)

综上所述,可以得出结论:

(1) 精密度是保证准确度的先决条件。精密度差的结果不可靠。

(2) 好的精密度不一定能保证好的准确度。

三、提高分析准确度的方法

要想得到准确的分析结果，就必须设法减少分析过程中带来的各种误差。下面简单地介绍一些减少分析误差的主要方法。

(一) 选择适当的分析方法

不同分析方法的灵敏度和准确度是不相同的。重量分析法和滴定分析法的灵敏度不高，不能直接测定微量或痕量组分，但对高含量组分的测定，却能获得较为准确的结果，相对误差一般是千分之几。而仪器分析法对于微量或痕量组分的测定灵敏度较高。虽然其相对误差较大，但绝对误差不大，能符合准确度要求。因此，仪器分析法主要用于微量或痕量组分的分析，而化学分析法则主要用于常量组分的分析。选择分析方法时，还必须考虑共存组分的干扰问题。总之，必须根据分析对象、样品情况及对分析结果的要求，选择恰当的分析方法。

(二) 减小测量误差

为了保证分析结果的准确度，必须尽量减小各步的测量误差。一般分析天平的称量误差为±0.000 1 g，减重法称量两次可能的最大误差是±0.000 2 g。为了使称量的相对误差小于1‰，称样量就必须大于 0.2 g。在滴定分析中，一般滴定管读数有±0.01 ml 的误差，一次滴定需要读数两次，可能造成的最大误差为±0.02 ml，为了使误差小于 1‰，消耗滴定剂的体积必须大于 20 ml。

(三) 消除测量中的系统误差

(1) 做对照试验：用纯净物质或已知含量的标准试样作为样品，用同一方法，在同样条件下用同样试剂进行分析，由分析结果与已知含量的差值便可求出分析的误差并加以校正。

(2) 做回收试验：在没有标准对照品或试样的组分不清楚时，可以向样品中加入一定量的被测纯物质，用同一方法进行定量分析。根据加入的被测纯物质的测定准确度来估算出分析的系统误差，以便进行校正。

(3) 校正仪器：对砝码、移液管、滴定管及分析仪器等进行校准，可以减免仪器误差。

(4) 做空白试验：在不加样品的情况下，按照测定样品相同的方法、步骤进行定量分析，所得结果称为空白值，从样品的分析结果中扣除，这样可以消除试剂误差。

第三节　有效数字及其运算规则

一、有效数字

所谓有效数字，是指分析工作中所能测量到的有实际意义的数字。分析时，为了得到准确的分析结果，不仅要准确测量，而且还要正确地记录和计算。记录测量数据的位数(有效数字的位数)，必须与测定方法及使用仪器的准确程度相适应。在记录一个测量值时，保留有效数字位数的原则是：只允许保留一位不确定数字，即数据的末位数欠准，其误差是末位数的±1 个单位。因此有效数字也可解释为包括全部可靠数字及一位不准确数字在内的有意义的数字。例如，用精确度为万分之一的分析天平称得某物体的重量为 0.246 8 g，这些数字中，0.246 是准确的，最后一位数字“8”是欠准的，误差为±0.000 1 g，即其实际重量是在 0.246 8±0.000 1 g 范围内。又如，用 50 ml 量杯量取 20 ml 溶液，应写成 20 ml，即两位有效数字，可能有 ±1 ml 的误差。而使用 25 ml 滴定管量取 20 ml 溶液，应写成 20.00 ml，即四位有效数字，可能有 ±0.01 ml 的误差。

必须指出，如果数据中有"0"时，应分析具体情况，它可能是有效数字，也可能不是有效数字。如果"0"作为普通数字使用，就是有效数字；如果"0"只是起到定位作用，就不是有效数字。例如，在 1.000 2 g 中的三个"0"都是有效数字，所以 1.000 2 g 是五位有效数字。但在 0.001 2 g 中，其中的三个"0"仅起到定位的作用，而没有实际的数字意义，所以只有两位有效数字。所以在记录实验数据时，应注意不要将数据末尾属于有效数字的"0"漏计。如将 18.50 ml 写成 18.5 ml，0.120 0 g 写成 0.12 g 等，都不正确。对于很大或很小的数字，用"0"表示位数不方便，可用 10 的方次表示。但有效数字的位数必须保持不变，例如 0.000 36 g 可以写成 3.6×10^{-4} g，有效数字仍然只有两位。

综上所述，确定有效数字位数时，应注意以下几点：

(1) 记录测量所得数据时，必须保留并且只能保留一位可疑数字。因为有效数字的位数反映了测量的误差。

(2) 确定有效数字的位数时，若第一位数字等于或大于 8，其有效数字位数应多算一位。例如 9.48 虽然只有三个数字，但其首位数字为"9"，故可认为它是四位有效数字。

(3) 数据中的"0"要作具体分析。以从左到右的首位非零数字为界，此数字左边(前边)的 0，都不是有效数字，它们只起定位作用；此数字后边的 0 都是有效数字。

(4) 计算中所遇到的常数 π，e 以及倍数或分数(如 6，1/2 等)，非测量所得，可视为无限多位有效数字。

(5) 在分析化学中常遇到的 pH、lg*K* 等对数值，其有效数字的位数仅取决于小数部分数字的位数，其整数部分只说明原数值的方次。例如，pH 6.86 的有效数字是两位。

二、有效数字的修约规则

在多数情况下，测量数据本身并非最终要求的结果，一般需再经一系列运算后才能获得所需的结果。在计算一组有效数字位数不同的数据前，按照确定了的有效数字将多余的数字舍弃，不但可以节省计算时间，而且可以避免误差累计。这个舍弃多余数字的过程称为"数字修约"。数字修约所遵循的规则称为"数字修约规则"。过去习惯上用"四舍五入"规则修约数字，为了减少因数字修约人为引入的舍入误差，现在按照"四舍六入五成双"规则修约。该规则规定：测量值中被修约数等于或小于 4 时，舍弃；等于或大于 6 时，进位。例如，在要求保留三位有效数字时，12.349 和 25.461 应分别修约为 12.3 和 25.5。测量值中被修约数等于 5 时，若进位后测量值的末位数变成偶数，则进位；若进位后，变成奇数，则舍弃。例如，将 1.55 和 1.65 修约为两位有效数字，应分别修约为 1.6 和 1.6。

"四舍六入五成双"规则是逢 5 有舍有入，使由 5 的舍、入引起的误差可以自相抵消，从而多次舍入误差的期望值为零。因此，在数字修约中多采用此规则。

在运用"四舍六入五成双"规则时，还有几点要注意：

(1) 修约应该一次完成，而不能分次修约。例如，2.347 修约为两位数，应得到 2.3。而不能先修约为 2.35，再修约为 2.4。

(2) 在计算过程中，原来的数据在舍弃多余数字时，可以暂时多保留一位，待计算完成后，再将计算结果中不属于有效数字的数字弃去，以避免多次取舍而引起误差累积。

(3) 进行偏差、标准偏差或不确定度计算时，大多数情况下只需取一位或两位有效数字。

在修约时，一般采用只进不舍的办法。例如，某标准偏差为0.021 2，修约为两位有效数字应为0.022，修约为一位应为0.03。即修约的结果应使准确度的估计值变得更差一些。

三、有效数字的运算规则

在数据处理过程中，各测量值的有效位数可能不同，每个测量值的误差都要传递到分析结果中去。必须根据误差传递规律，按照有效数字的运算法则合理取舍，才能保证计算结果中的所有数字也都是有效的，只具有一位不确定的数字。下面是常用的基本规则。

1. 加减法运算

加减法的和或差的误差是各个数值绝对误差的传递结果。所以，当几个测量值相加减时，它们的和或差的有效数字的保留，应以小数点后位数最少（即绝对误差最大的）的数据为准，例如计算50.1＋1.45＋0.581 2：

原数	修约为
50.1	50.1
1.45	1.4
＋）0.581 2	＋）0.6
52.131 2	52.1

在左式中，三个数据的绝对误差不同，以第一个数据的绝对误差最大，为±0.1。计算结果的有效数字的位数应由绝对误差最大的那个数据决定，即三位有效数字，应为52.1。即结果的绝对误差也保持为±0.1。实际计算时，可先按绝对误差最大的数据修约其他数据，而后计算。如可先以50.1为准，将其他两个数据修约为1.4和0.6，再相加，结果相同而简便。

2. 乘除法运算

乘除法的积或商的误差是各个数据相对误差的传递结果。所以，许多测量值相乘除时，它们的积或商的有效数字的保留，应以有效数字最少（即相对误差最大的）的那个测量值为准。例如，求$\frac{32.5\times5.103\times60.06}{139.8}$，四个数的相对误差分别为：

$$\frac{\pm0.1}{32.5}\times100\%=\pm0.3\%$$

$$\frac{\pm0.001}{5.103}\times100\%=\pm0.02\%$$

$$\frac{\pm0.01}{60.06}\times100\%=\pm0.02\%$$

$$\frac{\pm0.1}{139.8}\times100\%=\pm0.07\%$$

四个数中相对误差最大的是32.5，有效数字三位，结果应保留三位有效数字，因此

$$\frac{32.5\times5.103\times60.06}{139.8}=71.3$$

3. 表示准确度和精密度时，大多数情况下只取一位有效数字即可，最多取两位有效数字。

第四节　有限数据的统计处理

近年来，对分析数据越来越广泛地采用统计学的方法进行处理。在统计学中，所研究对象的某特征值的全体称为总体（或称母体）。对分析化学来说，在指定条件下，将所有样品进行分

析所可能得到的全部结果，称为总体。自总体中随机抽出的一组测定值，称为样本（或称子样）。样品中所含测定值的数目，叫样本容量，即样本的大小。

我们打赌预测硬币的正反面时，取胜的概率为 50%，或者说其置信度为 50%。所谓置信度，就是人们所做判断的可靠把握程度。预测时所划定的区间称为置信区间。统计意义上的推断，通常不把置信度定为 100%。置信度的高低应定得合适，使置信区间的宽度足够小，而置信概率又很高。在分析化学中，通常取 95%的置信度。

由于无限多次的测量值的偶然误差分布服从正态分布，当总体均值 μ 及标准差 σ 都已知时，令 $u=\frac{x-\mu}{\sigma}$，使正态分布标准化。根据 u 值分布表（表 2-1），可推测置信度为 95%时的测量平均值为：

$$\bar{x}=\mu\pm u\frac{\sigma}{\sqrt{n}}=\mu\pm 1.96\frac{\sigma}{\sqrt{n}} \tag{2-8}$$

或者说测量平均值的置信区间为：

$$\mu=\bar{x}\pm u\frac{\sigma}{\sqrt{n}} \tag{2-9}$$

它与分布类型、置信概率及测量次数有关。

表 2-1　*u* 值分布表

u	0.674	1.00	1.96	2.00	2.58	3.00	3.09
P	0.500	0.682 6	0.950	0.954 6	0.990	0.997 3	0.998

一、t 分布

在实际分析工作中，通常都是进行有限次数的测量，数据量有限，只能求出样本标准偏差 S，而不知总体标准偏差 σ。只好用 S 代替 σ 来估算测量数据的分散情况。用 S 代替 σ 时，必然会引进一些误差，其偶然误差的分布不服从正态分布，而服从 t 分布。t 分布曲线与正态分布曲线相似，只是由于测量次数减少，数据的分散程度较大，分布曲线的形状将变矮变宽，如图 2-3 所示。

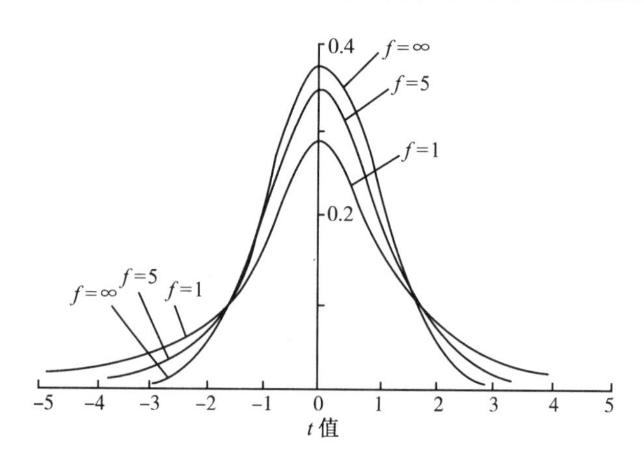

图 2-3　*t* 分布曲线

t 分布曲线的纵坐标仍是概率密度 y，横坐标则是统计量 t，$t=\frac{x-\mu}{S}$，又称为置信因子。t 分布曲线随自由度 f（$f=n-1$）而改变，当 f 趋近∞时，t 分布就趋近正态分布。与正态分布曲线一样，t 分布曲线下面一定范围内的面积，就是该范围内的测定值出现的概率。

有限次测量时，测量平均值的置信区间为：

$$\mu=\bar{x}\pm t\frac{S}{\sqrt{n}} \tag{2-10}$$

根据不同的置信度和自由度，算出各种 t 值，排列成表，叫做 t 值分布表，见表 2－2 所示。

表 2－2　t 值分布表

f	90%	95%	99%
1	6.314	12.706	63.657
2	2.920	4.303	9.925
3	2.353	3.182	5.841
4	2.132	2.776	4.604
5	2.015	2.571	4.032
6	1.943	2.447	3.707
7	1.895	2.365	3.499
8	1.860	2.306	3.355
9	1.883	2.262	3.250
10	1.812	2.228	3.169
15	1.753	2.131	2.947
20	1.725	2.086	2.845
∞	1.645	1.960	2.576

例 2－3　分析某试样中氟的含量，共测定 5 次，其平均值 $\bar{x}=32.30\%$，$S=0.13\%$。求置信度为 95%时平均值的置信区间。

解　$f=n-1=4$。查表得置信度为 95%的 t 值为 2.776，平均值的置信区间：

$$\mu=\bar{x}\pm t\frac{S}{\sqrt{n}}=32.30\pm 2.776\times\frac{0.13}{\sqrt{5}}=32.30\pm 0.16$$

二、显著性检验

在分析工作中，常遇到如下两种情况：样品测定的平均值 $\bar{x}$ 和样品的真值 μ 不一致；两组数据的平均值 $\bar{x}_1$ 和 $\bar{x}_2$ 不一致。这种不一致是随机误差引起的，还是系统误差造成的，需要做出是否存在显著性差别的判断。显著性差别的检验方法有好几种，在定量分析中最常用的是 F 检验和 t 检验，分别主要用于检验两个分析结果是否存在显著的系统误差与偶然误差等。

1. F 检验法

F 检验法，又称精密度显著性检验，是由英国统计学家 R. A. Fisher 提出的。该法是通过比较两种分析方法所得结果的方差，来确定它们的精密度是否存在显著性差异。方差就是标准偏差的平方，即 S^2。

F 检验法的步骤是先算出两个样本的方差，然后计算方差比，用 F（叫 $F_{计}$）表示。

$$F=\frac{S_1^2}{S_2^2}(S_1>S_2) \tag{2-11}$$

式中，S_1^2 和 S_2^2 分别为第一种分析方法和第二种分析方法对同一试样进行测定时所得的方差，但应是 $S_1^2 > S_2^2$，即得到的 F 值应大于 1。再由两种分析方法的测定次数 n_1、n_2 分别减 1 得到自由度 f_1、f_2，查表 2－3 得置信度为 95%的 F 值(叫 $F_{表}$)。

若 $F_{计} \geq F_{表}$，表明这两种分析方法所得的测定结果有显著性差异。

若 $F_{计} < F_{表}$，则表明这两种分析方法所得的测定结果没有显著性差异。

表 2－3　置信度 95%时的 F 值

f_2 \ f_1	2	3	4	5	6	7	8	9	10	15	20	60	∞
2	19.0	19.2	19.2	19.3	19.3	19.4	19.4	19.4	19.4	19.4	19.4	19.5	19.5
3	9.55	9.28	9.12	9.01	8.94	8.89	8.85	8.81	8.79	8.70	8.66	8.57	8.53
4	6.94	6.59	6.39	6.26	6.16	6.09	6.04	6.00	5.96	5.86	5.80	6.69	5.63
5	5.79	5.41	5.19	5.05	4.95	4.88	4.82	4.77	4.74	4.62	4.56	4.43	4.36
6	5.14	4.76	4.53	4.39	4.28	4.21	4.15	4.10	4.06	3.94	3.87	3.74	3.67
7	4.74	4.35	4.12	3.97	3.87	3.79	3.73	3.68	3.64	3.51	3.44	3.30	3.23
8	4.46	4.07	3.84	3.69	3.58	3.50	3.44	3.39	3.35	3.22	3.15	3.01	2.93
9	4.26	3.86	3.63	3.48	3.37	3.29	3.23	3.18	3.14	3.01	2.94	2.79	2.71
10	4.10	3.71	3.48	3.33	3.22	3.14	3.07	3.02	2.98	2.85	2.77	2.62	2.54
15	3.68	3.29	3.06	2.90	2.79	2.71	2.64	2.59	2.54	2.40	2.33	2.16	2.07
20	3.49	3.10	2.87	2.71	2.60	2.51	2.45	2.39	2.35	2.20	2.12	1.95	1.84
∞	3.00	2.60	2.37	2.21	2.10	2.01	1.94	1.88	1.83	1.67	1.57	1.32	1.00

例 2－4　某维生素 C 含量用两种方法测定，结果如下：

方法一：$\bar{x}=99.92$，$S_1=0.10$，$n_1=5$。

方法二：$\bar{x}=99.96$，$S_2=0.12$，$n_2=4$。

比较两结果有无显著性差异(95%置信度)。

解　F 检验法检验：

$$F_{计}=\frac{S_{大}^2}{S_{小}^2}=\frac{0.12^2}{0.10^2}=1.44$$

查表：$f_1=4-1=3$，$f_2=5-1=4$，$F_{表}=6.59$

因为 $F_{计} < F_{表}$，说明 S_1 与 S_2 无显著差异。

2. t 检验法

t 检验法主要用于判断两组有限测量数据的样本均值间是否存在显著性差别(统计学上的差别)。在分析工作中，为了检查某一分析方法或操作过程是否存在较大的系统误差，可用标准试样作 n 次测定，然后利用 t 检验法检验测定结果的平均值($\bar{x}$)与标准试样的真值(μ)之间是否存在显著性差异。

样本平均值 $\bar{x}$ 与真值 μ 的 t 检验：若样本平均值 $\bar{x}$ 的置信区间($\bar{x} \pm tS/\sqrt{n}$)能将标准值 μ 包括在内，即使 μ 与 $\bar{x}$ 不一致，也只能做出 $\bar{x}$ 与 μ 之间不存在显著性差异的结论。因为按 t 分布规律，这些差异应是偶然误差造成的，而不属于系统误差。

在做 t 检验时，先将所得数据 $\bar{x}$、S 及 n 代入下式，求出 t 值：

$$t=\frac{|\bar{x}-\mu|}{S}\sqrt{n} \tag{2-12}$$

再根据置信度(通常取 95%)和自由度 f，由表 2-2 查出 t 值。

若 $t_{计} \geq t_{表}$，说明 $\bar{x}$ 与 μ 有显著性差异，表示有系统误差存在。

若 $t_{计} < t_{表}$，说明 $\bar{x}$ 与 μ 无显著性差异，表示该方法没有系统误差存在。

例 2-5 用一种新方法测定标准试样中的 Fe 含量(%)，得到以下 8 个数据(%)：34.30，34.33，34.26，34.38，34.29，34.23，34.23，34.38。已知 Fe 含量标准值为 34.33%。问该方法有无偏倚？($\alpha=0.05$)

解 $\bar{x}=34.30$，$S=0.06$，$n=8$

$$t=\frac{|\bar{x}-\mu|}{S}\sqrt{n}=\frac{|34.30-34.33|}{0.06}\sqrt{8}=1.41$$

查表：$t_{表}=2.365$

因为 $t_{计} < t_{表}$，所以方法不存在偏倚。

这一类 t 检验法可应用在以下几方面：

(1) 总体理论值已知或产品需要符合一定的规格值已知时，则理论值或规格所定的值可以当作 μ。

(2) 如果已经做过一组样品容量 $n>20$ 的数据，其平均值可以看作等于 μ，则另一组测量次数较少的数据的平均值，可以据此作比较。

显著性检验的顺序是先进行 F 检验，后进行 t 检验。先由 F 检验确认两组数据的精密度(或偶然误差)无显著性差别后，才能进行两组数据的平均值是否存在系统误差的 t 检验，否则会得出错误的判断。

三、可疑数据的取舍

在多次重复性测量中，有时会出现一个明显偏离同一样本其余分析结果的数值，这个数据叫离群值(可疑值)。可疑值可能是总体的随机误差的极端表现，也可能是分析者在分析过程中的过失的表现。若是由过失所产生的，这个离群值就应该舍弃；若是未发现确定原因，则不能随意舍弃，而要用统计的方法作出判断，以决定取舍。常用的统计学方法有：G(Grubbs)检验法和 Q 检验法。

1. G 检验法

检验步骤如下：

将测得值按递增顺序排列为 $x_1, x_2, x_3, \cdots, x_n$，求出它们的平均值 $\bar{x}$ 和标准偏差 S。其中数据两端的 x_1 或 x_n 为可疑值，记为 x_d，计算统计量 G 值：

$$G=\frac{|x_d-\bar{x}|}{S} \tag{2-13}$$

选定置信度(通常选 95%置信度)，根据测定次数 n，由表中查出 $G_{表}$ 值。(见表 2-4 所示)

若 $G_{计} \geq G_{表}$，则可疑值应舍去。

若 $G_{计} < G_{表}$，则可疑值应保留。

表 2-4　*G* 临界值表

n	90%	95%	99%
3	1.153	1.155	1.155
4	1.463	1.481	1.495
5	1.672	1.715	1.764
6	1.822	1.887	1.973
7	1.938	2.020	2.139
8	2.032	2.126	2.274
9	2.110	2.215	2.387
10	2.176	2.290	2.482

例 2-6　某一标准溶液的 4 次标定值为 0.101 4 mol/L，0.101 2 mol/L，0.102 5 mol/L 和 0.101 6 mol/L，离群值 0.102 5 mol/L 可否弃去？

解　$n=4$，$\overline{x}=0.1017$，$S=0.00057$

$$G_{计}=\frac{0.1025-0.1017}{0.00057}=1.40$$

查表：$G_{表}=1.481$

因为 $G_{计}<G_{表}$，所以 0.102 5 mol/L 这个数据不应舍弃。

2. *Q* 检验法

当测定次数 $n=3\sim7$ 时，检验步骤如下：

将测得值从小到大依次排序为 $x_1,x_2,x_3,\cdots,x_n$，按下式计算统计量 Q(舍弃商)。

若 x_1 为可疑值，则

$$Q=\frac{x_2-x_1}{x_n-x_1} \tag{2-14}$$

若 x_n 为可疑值，则

$$Q=\frac{x_n-x_{n-1}}{x_n-x_1} \tag{2-15}$$

选定置信度，根据测定次数 n，由表中查出 $Q_{表}$ 值。(见表 2-5 所示)

若 $Q_{计}\geqslant Q_{表}$，则可疑值应舍去。

若 $Q_{计}<Q_{表}$，则可疑值应保留。

表 2-5　*Q* 临界值表

n	98%	90%
3	0.988	0.941
4	0.889	0.765
5	0.780	0.642
6	0.698	0.560
7	0.637	0.507

例 2-7 用 Q 检验法判断例 2-6 中的测定数据 0.102 5 mol/L 是否应该舍弃(选择 90%的置信度)。

解 4 次测定结果递增顺序为:

0.101 2,0.101 4,0.101 6,0.102 5

$$Q_{计}=\frac{x_n-x_{n-1}}{x_n-x_1}=\frac{0.102\ 5-0.101\ 6}{0.102\ 5-0.101\ 2}=0.69$$

查表:$n=4$,$Q=0.765$

因为 $0.69<0.765$,故数据 0.102 5 mol/L 应保留。

Q 检验其实是狄克逊(Dixon)检验法的一种特殊情况。其置信度应取小一些为好,多选取 98%置信度。G 检验法和 Q 检验法对于一个可疑数据的取舍判断较为准确,对同一组数据,当两种方法检验结果有矛盾时,最好采用 G 检验法。

分析测定重复次数太少($n\leqslant 3$)时,不要盲目应用检验。最好能增加重复测量的次数,使可疑值在平均值中的影响减小,再进行检验。

综上所述,数据的统计处理是先进行可疑值的取舍检验,而后进行 F 检验,进而进行 t 检验。

第五节 相关与回归

一、相关分析

在分析化学中(特别是仪器分析中),常常需要绘制工作曲线(标准曲线)。例如分光光度法和原子吸收法中吸光度和浓度的工作曲线。在分析化学中所使用的工作曲线,通常都是直线。一般是把实验点描在坐标纸上,横坐标 x 表示被测物质的浓度,叫自变量,通常都是把可以精确测量的变量(如标准溶液的浓度)作为自变量;纵坐标 y 表示某种特征性质(如吸光度)的量,称为因变量。然后根据坐标纸上的这些散点用直尺描出一条直线。如果各点的排布接近一条直线,表明两个变量的线性关系较好;如果各点排布得杂乱无章,表明相关性极差。这种变量之间相互影响,但又有某种不确定性的关系,在统计上就称为相关关系。而研究变量之间是否存在一定的相关关系,称为相关分析,其目的就是要求出相关系数。

设两个变量 x 和 y 的 n 次测量值为 (x_1,y_1),(x_2,y_2),(x_3,y_3),…,(x_n,y_n),可按下式计算相关系数 r 值:

$$r=\frac{\sum_{i=1}^{n}(x_i-\bar{x})(y_i-\bar{y})}{\sqrt{\sum_{i=1}^{n}(x_i-\bar{x})^2\cdot\sum_{i=1}^{n}(y_i-\bar{y})^2}} \tag{2-16}$$

$$或\ r=\frac{n\sum x_iy_i-\sum x_i\sum y_i}{\sqrt{[n\sum x_i^2-(\sum x_i)^2]\cdot[n\sum y_i^2-(\sum y_i)^2]}} \tag{2-17}$$

相关系数 r 是一个介于 0 和 ± 1 之间的数值,即 $0\leqslant|r|\leqslant 1$。当 $r=\pm 1$ 时,表示所有数据点都落在一条直线上;当 $r=0$ 时,表示实验点分布是不规则的,而两变量之间不存在任何关系;当 $0<|r|<1$ 时,这是绝大多数情况,表示 x 与 y 之间存在着一定的线性相关关系。$r>0$ 时,称为正相关;$r<0$ 时,为负相关。$|r|$ 值越接近 1,表示数据点越接近一条直线。相关系数的大小反映 x 与 y 两个变量间相关的密切程度。

例 2-8 用分光光度法测定亚铁离子，得出下列一组数据：

溶液浓度(mol/L)	1.00×10^{-5}	2.00×10^{-5}	3.00×10^{-5}	4.00×10^{-5}	6.00×10^{-5}	8.00×10^{-5}
吸光度(A)	0.114	0.212	0.335	0.434	0.632	0.826

解 $r=\dfrac{6\times136.79-24.00\times25.53}{\sqrt{[6\times130.00-(24.00)^2][6\times144.02-(25.53)^2]}}=0.9994$

计算所得 r 为 0.9994，极接近 1，所有数据点几乎在一直线上，相关性很好。

现在计算器都具有回归功能，能迅速给出相关系数，通常 $r>0.99$ 表示线性关系很好。对普通样品，用一般分析方法 $r>0.999$ 也并不困难。

二、回归分析

由于存在不可避免的随机误差，在绘制工作曲线时，实验点不可能全部落在一直线上。这时作图仅凭直觉很难得到较满意的结果。较好的办法是对数据进行回归分析，求出回归方程，然后配线作图，才能得到对各数据点的误差最小的一条线，即回归线。

回归分析是研究随机现象中变量之间关系的一种数理统计方法。这里只着重讨论自变量只有一个的一元线性回归。

设 x 为自变量，y 为因变量，对于某一 x 值，y 的多次测量值可能有波动，但服从一定的分布规律。通过相关系数计算，y 与 x 是线性函数关系，即可描述为 $y^*=a+bx$。线性回归的任务就是求出 a、b 的值。

若用$(x_i,y_i)(i=1,2,3,\cdots,n)$表示 n 个数据点，而 $y^*=a+bx$ 表示一条直线。对每个数据点来说，其偏差为：

$$y_i-y^*=y_i-a-bx_i$$

设这些偏差的平方的加和为 Q，则

$$Q=\sum_{i=1}^{n}(y_i-y^*)^2=\sum_{i=1}^{n}(y_i-a-bx_i)^2$$

Q 值反映各点与直线上相应点的偏离情况。而回归直线应是所有直线中差方和 Q 最小的一条直线。回归分析就是找到最适宜的 a 和 b，使 Q 值达到最小。这就是通常所说的最小离差平方和原则，又称最小二乘原则。

根据微积分求极值的原理，要使 Q 值最小，只需将该式分别对 a、b 求偏导数，令其为零，以求得极值。

$$\begin{cases}\dfrac{\partial Q}{\partial a}=-2\sum\limits_{i=1}^{n}(y_i-a-bx_i)=0\\ \dfrac{\partial Q}{\partial b}=-2\sum\limits_{i=1}^{n}x_i(y_i-a-bx_i)=0\end{cases}$$

解此二元线性方程组，得到

$$\begin{cases}a=\dfrac{\sum y_i-b\sum x_i}{n}=\bar{y}-b\bar{x}\\ b=\dfrac{\sum(x_i-\bar{x})(y_i-\bar{y})}{\sum(x_i-\bar{x})^2}\end{cases}$$

式中：$\bar{x}$，$\bar{y}$ 分别为 x 和 y 的平均值。

计算得到的 a(截距)和 b(斜率)，称为回归系数。而回归直线方程式也确定如下：

$$y=a+bx$$

当 $x=\bar{x}$ 时，$y=\bar{y}$。也就是说，回归直线一定通过$(\bar{x},\bar{y})$那一点，即数据平均值所对应的点。这一点对于作图十分有用。

例 2－9 用邻二氮非吸光光度法测定某溶液中含铁量，所得数据见下表，试求标准曲线的回归方程及未知液浓度。

								$\sum$	
c (10^{-3}mol/L)	x	0.5	1.0	2.0	3.0	4.0	5.0	15.5	未知
A	y	0.14	0.16	0.28	0.38	0.41	0.54	1.91	0.32

解 由计算公式得 $\begin{cases}a=0.092\\b=0.088\end{cases}$

回归直线方程为 $y=0.092+0.088x$

未知液的吸光度为 0.32，代入方程得未知液含量 $x=2.6\times10^{-3}\text{mol/L}$

实际工作中，有时两变量间关系是非线性的，可先通过变量转换，再进行线性回归。现在，更可以借助于计算机的各个专业数据处理软件进行回归计算，简便快速。

小　结

1. 分析结果的误差是由于系统误差和随机误差造成的。

系统误差是由于某些确定原因引起的，它的方向和大小固定。系统误差可分为方法误差、仪器误差、试剂误差和操作误差，可分别采用对照实验、校准仪器、空白实验和遵守操作规程来加以减免。随机误差是由不确定原因引起的，服从统计规律，其方向和大小不固定。可采用“多次测定取平均值”的方法加以减免。

2. 通常用误差表示分析结果的准确度，用偏差表示分析结果的精密度。精密度是保证准确度的必要条件，并非充分条件。

$$\text{绝对误差 } \delta=x-\mu$$

$$\text{相对误差}=\frac{x-\mu}{\mu}\times100\%$$

$$\text{绝对偏差 } d=x-\bar{x}$$

$$\text{相对偏差}=\frac{d}{\bar{x}}\times100\%$$

$$\text{相对平均偏差}=\frac{\bar{d}}{\bar{x}}\times100\%$$

$$\text{相对标准偏差 RSD}=\frac{S}{\bar{x}}\times100\%$$

3. 有效数字是指在分析工作中实际上能测量到的数字，通常包括全部准确值和最末一位欠准值。保留有效数字位数的原则是：在记录测量数据时，只允许保留一位可疑值（欠准值）。应采用“四舍六入五成双”的规则修约，再按照有效数字运算法则进行相关运算。

4. 置信区间指在一定置信水平时，以测量结果为中心，包括总体平均值在内的可信范围。

$$\mu=\bar{x}\pm u\frac{\sigma}{\sqrt{n}}$$

$$\mu=\bar{x}\pm t\frac{S}{\sqrt{n}}$$

5. 数据统计处理的基本步骤：首先进行可疑数据的取舍（G 检验或 Q 检验），而后进行精密度检验（F 检验），最后进行准确度检验（t 检验）。

6. 相关与回归：相关系数 r 的大小反映了 x 与 y 两个变量间相关的密切程度，r 越接近于 ± 1，两者的相关性越好，实验误差越小，测量的准确度提高。

回归分析就是要找出因变量 y 与自变量 x 之间的关系。线性回归方程式为：

$$y=a+bx$$

思考题

1. 下列各种误差是系统误差还是偶然误差？如是系统误差，该如何减免？

   A. 砝码未经校正；B. 量瓶和移液管不配套；C. 重量分析中样品的非被测成分被共沉淀；D. 样品在称量过程中吸湿；E. 试剂含有被测组分；F. 读取滴定管读数时，最后一位数字估计不准。

2. 说明绝对误差与误差的绝对值，准确度与精密度的区别。

3. 试述减少系统误差和随机误差可采取哪些方法。

4. 阿司匹林原料经五次测定，通过计算，当置信度为 95%时，$\mu=99.28\pm0.32(\%)$，试说明置信度、置信区间的含意。

习题

一、填空题

1. 8.90×10^{3} 是______位有效数字，pH3.52 是______位有效数字。

2. 平行五次测定某成分的百分含量(%)，结果分别为 20.48；20.55；20.58；20.60；20.53；20.50，则其测定的平均值为________________，相对平均偏差为________________，相对标准偏差 RSD 为________________。

3. 0.01805 取三位有效数字是________，pH=2.464 取两位有效数字是__________。

二、选择题

1. 关于偶然误差下列说法正确的是(　　)。

A. 大小误差出现的几率相等　　B. 正负误差出现的几率相等

C. 正误差出现的几率大于负误差　　D. 负误差出现的几率大于正误差

2. 在定量分析中，精密度与准确度的关系是(　　)。

A. 精密度高，准确度必然高　　B. 准确度高，精密度必然高

C. 精密度是保证准确度的前提　　D. 准确度是保证精密度的前提

3. 下列哪种方法可以减少分析测定中的偶然误差(　　)。

A. 对照试验　　B. 空白试验

C. 仪器校准　　D. 增加平行测定的次数

三、计算题

1. 根据有效数字运算规则计算下列各式。

(1) $213.64+4.4+0.3244$　　(2) $\dfrac{3.028\times28.87\times5.01}{0.004290}$　　($218.4, 1.02\times10^{5}$)

(3) $\dfrac{1.5\times10^{-5}\times6.11\times10^{-8}}{3.3\times10^{-5}}$　　(4) $\dfrac{2.52\times4.10\times15.04}{6.15\times10^{4}}$　　($2.8\times10^{-8}, 0.00253$)

(5) $\dfrac{51.0\times4.03\times10^{-4}}{2.512\times0.002034}$　　(6) pH=1.05，求$[H^{+}]=?$　　($4.02, 8.9\times10^{-2}$)

2. 下列数据中各包括几位有效数字？

(1) 0.0356，(2) 0.0640，(3) 1.4×10^{-6}，(4) 22.40%　　(3,3,2,4)

3. 一个气相色谱的新手要确定他注射样品技术的精密度，他注射了 10 次，每次 0.5 μl，测得色谱峰高分

别为 142.1 mm，147.0 mm，146.2 mm，145.2 mm，143.8 mm，146.2 mm，147.3 mm，150.3 mm，145.9 mm，151.8 mm。试计算峰高的平均值、标准偏差和相对标准偏差。

（146.6 mm，2.83 mm，1.9%）

4. 测定碳的相对原子质量所得数据为 12.008 0，12.009 5，12.009 9，12.010 1，12.010 2，12.010 6，12.011 1，12.011 3，12.011 8 及 12.012 0。求算：①平均值，②标准偏差，③平均值在 99%置信水平的置信限。

（12.010 4，0.001 2，±0.001 2）

5. 用 KIO_3 作基准物质，对 $Na_2S_2O_3$ 溶液的浓度进行标定，共做了六次，测得其浓度为：0.102 9 mol/L，0.106 0 mol/L，0.103 6 mol/L，0.103 2 mol/L，0.101 8 mol/L 和 0.103 4 mol/L。问上述六次测定值中，0.106 0 是否为可疑值（用 Grubbs 法检验）？它们的平均值、标准偏差和置信度为 95%时平均值的置信区间各为多少？

（0.103 5 mol/L，0.001 4，±0.001 5，0.106 0 应保留）

6. 在消除系统误差后，两个化验员测定样品中组分 A 的百分含量，甲化验员测得 4 次结果：68.25%，68.77%，68.33%，68.35%；乙化验员测得 9 次结果：68.20%，68.21%，68.21%，68.22%，68.25%，68.26%，68.26%，68.27%，68.27%。试比较这两个化验员所得结果的精密度（计算相对标准偏差）。

（甲 RSD＝0.34%，乙 RSD＝0.042%）

（肖　莹）

第三章　滴定分析法概述

第一节　概　　述

滴定分析法(titrimetry)是化学分析法中最重要的分析方法之一，是将一种已知准确浓度的试剂溶液(标准溶液)滴加到被测物质的溶液中，直到所加的试剂与被测物质按计量关系定量反应完全为止，然后根据所用试剂溶液的浓度和体积，通过定量关系计算出被测物质的含量。因为这类方法是以测量标准溶液的体积为基础的方法，故也被称为容量分析法。

这种已知准确浓度的试剂溶液称"滴定剂"，将滴定剂从滴定管逐渐加到被测物质溶液中的过程叫"滴定"。当加入的滴定剂与被测物质之间恰好反应完全，即两者的物质的量正好符合反应的化学计量关系时，即为滴定的化学计量点(stoichiometric point)，也称等当点(equivalent point)。化学计量点一般借助指示剂的变色来确定，将指示剂实际变色点称为滴定终点。化学计量点是根据化学反应的计量关系求得的理论值，而滴定终点是实际滴定时的测得值。滴定终点与化学计量点不一定恰好符合，两者之间的误差称之为终点误差或滴定终点误差。

滴定分析法所需设备简单、操作简便、测定快速、准确度比较高，一般情况下，相对误差在±0.2%以内。本法通常用于常量组分的测定，有时也可用于微量组分的测定，因此，至今仍具有很大的实用价值。

滴定分析是以化学反应为基础的分析方法，而化学反应的类型很多，并不是所有的反应都能用于滴定分析，凡适用于滴定分析的化学反应必须具备以下三个条件：

(1) 反应应有确定的化学计量关系，并要定量完成。反应的定量完成程度要达到99.9%以上，这是定量计算的基础。

(2) 反应必须迅速完成，如果反应进行很慢，将无法确定滴定终点。通常可以通过加热或加入催化剂等方法来提高反应速度。

(3) 必须有合适的确定滴定终点的方法。

第二节　滴定法的分类

滴定分析法可按不同的方式分类。

一、根据标准溶液和被测物质发生的反应类型分类

可将滴定分析法分为以下几类：

1. 酸碱滴定法

酸碱滴定法是利用酸或碱作标准溶液，以质子传递反应为基础的一种方法。常用的酸是 HCl 和 H_2SO_4，常用的碱是 NaOH。如：

$$H_3O^+ + OH^- \rightleftharpoons 2H_2O$$

$$H_3O^+ + A^- \rightleftharpoons HA + H_2O$$

$$BOH + H_3O^+ \rightleftharpoons B^+ + 2H_2O$$

2. 络合滴定法

络合滴定法是利用配位剂作标准溶液，基于配位反应进行滴定的方法。常用的是氨羧配位剂，其典型代表是乙二胺四乙酸(EDTA)。如：

$$H_2Y^{2-} + M^{n+} \rightleftharpoons MY^{n-4} + 2H^+$$

3. 氧化还原滴定法

氧化还原滴定法是以氧化剂或还原剂作标准溶液，利用氧化还原反应进行滴定的方法。根据所用的标准溶液不同，氧化还原法又可分为碘量法、亚硝酸钠法、高锰酸钾法等。如：

$$I_2 + 2S_2O_3^{2-} \rightleftharpoons 2I^- + S_4O_6^{2-}$$

$$MnO_4^- + 5Fe^{2+} + 8H^+ = Mn^{2+} + 5Fe^{3+} + 4H_2O$$

4. 沉淀滴定法

沉淀滴定法是利用沉淀剂作标准溶液，基于沉淀反应进行滴定的方法。银量法是该类方法中应用最广的方法。如：

$$Ag^+ + X^- = AgX\downarrow$$

此外，若是在除水以外的有机溶剂中进行的滴定方法，叫作非水滴定法。在药物分析中应用比较多的是非水溶液中的酸碱滴定，常用来测定弱酸、弱碱或弱酸弱碱盐。

二、根据滴定方式分类

可将滴定分析法分为直接滴定法、返滴定法、置换滴定法及间接滴定法。

1. 直接滴定法

滴定剂和被测物质的反应能满足滴定分析对化学反应的三个要求，可以用标准溶液直接滴定被测物质，这类滴定方式称为直接滴定法。例如，以 HCl 标准溶液滴定氢氧化钠等。

当有关化学反应不完全符合上述要求时，无法直接滴定，此时可采用下述几种方式进行滴定。

2. 返滴定法

当反应较慢或反应物难溶于水，滴定剂加入样品后反应无法在瞬时定量完成，此时可先加入一定量过量的标准溶液，待反应定量完成后用另外一种标准溶液作为滴定剂滴定剩余的标准溶液。这种滴定方式称为返滴定法或回滴定法。例如，用盐酸测定氧化锌，氧化锌难溶于水，可先加入定量过量盐酸标准溶液，然后再用氢氧化钠标准溶液回滴定剩余的酸。反应式如下：

$$ZnO + 2HCl = ZnCl_2 + H_2O$$

（定量，过量）

$$HCl + NaOH = NaCl + H_2O$$

（剩余）

有时采用返滴定法是由于某些反应缺乏合适的指示剂。如在酸性溶液中，用硝酸银标准溶液滴定 Cl^- 时，没有合适的指示剂，此时可先加已知量的过量硝酸银标准溶液，再以三价铁盐作指示剂，用 NH_4SCN 标准溶液回滴定过量的 Ag^+，当出现$[Fe(SCN)]^{2+}$ 的淡红色即为终点。

3. 置换滴定法

对于不按确定的化学反应式(有副反应)进行的反应,可以不直接滴定被测物质,而是先使被测物质 A 同某种试剂反应,以一定的化学计量关系生成可以被直接滴定的物质 B,然后用滴定剂滴定 B 以测定 A。这种滴定方法称为置换滴定法。例如,硫代硫酸钠不能直接滴定重铬酸钾及其他强氧化剂,因为强氧化剂能将 $S_2O_3^{2-}$ 氧化成 $S_4O_6^{2-}$ 和 SO_4^{2-} 的混合物,化学计量关系不确定,无法采用直接滴定法测定。但是,如在酸性重铬酸钾溶液中加入过量 KI,使产生一定量的 I_2,再用 $Na_2S_2O_3$ 标准溶液滴定 I_2,即可定量测定重铬酸钾及其他氧化剂。反应式如下:

$$Cr_2O_7^{2-}+6I^-+14H^+ = 3I_2+2Cr^{3+}+7H_2O$$

$$I_2+2Na_2S_2O_3 = 2NaI+Na_2S_4O_6$$

4. 间接滴定法

有时,被测物质并不能直接与标准溶液作用,但却能和另外一种可以与标准溶液直接作用的物质起反应,这时便可以采用间接滴定法进行滴定。如高锰酸钾不能直接滴定 Ca^{2+},可以先将 Ca^{2+} 定量地沉淀为 CaC_2O_4,经过滤、洗涤、用硫酸溶解后,即可用高锰酸钾标准溶液滴定 $C_2O_4^{2-}$,间接测得 Ca^{2+} 的含量。反应式如下:

$$Ca^{2+}+C_2O_4^{2-} = CaC_2O_4\downarrow$$

$$CaC_2O_4+H_2SO_4 = CaSO_4+H_2C_2O_4$$

$$2MnO_4^-+5C_2O_4^{2-}+16H^+ = 2Mn^{2+}+10CO_2\uparrow+8H_2O$$

第三节　标准溶液

一、标准溶液的配制

标准溶液是指已知其准确浓度的溶液。这种溶液的配制方法,可根据物质的性质来选择标准溶液的配制,通常有两种方法,即直接配制法和间接配制法(又称标定法)。

1. 直接配制法

准确称取一定量的基准物质,溶解后定量转移至容量瓶中,稀释至刻度即可。根据称取物质的重量和容量瓶的体积计算出该标准溶液的准确浓度。

能够用于直接配制标准溶液或标定溶液浓度的物质称为基准物质(primary standard)。标准溶液浓度的准确与否同基准物质有着直接的关系。凡是基准物质应具备下列条件:

(1) 物质的组成与化学式相符。若含有结晶水,结晶水的含量也应与化学式符合。

(2) 物质的纯度较高,在 99.9%以上。

(3) 物质性质稳定。如干燥时不分解,称量时不吸湿、不吸收空气中的水分及 CO_2 等。

(4) 具有较大的摩尔质量,以减少称量误差。

常用的基准物质及其应用列于表 3-1 中。

表 3-1　常用基准物质及其应用

基准物质	分子式	干燥方法	标定对象
硼砂	$Na_2B_4O_7 \cdot 10H_2O$	装有 NaCl 和蔗糖饱和液的干燥器	酸
邻苯二甲酸氢钾	$KHC_8H_4O_4$	110～120℃	碱、高氯酸
草酸钠	$Na_2C_2O_4$	130℃	高锰酸钾
重铬酸钾	$K_2Cr_2O_7$	140～150℃	还原剂
草酸	$H_2C_2O_4 \cdot 2H_2O$	室温空气干燥	高锰酸钾、碱
三氧化二砷	As_2O_3	室温干燥器	氧化剂
氧化锌	ZnO	800～900℃	EDTA
锌	Zn	室温干燥器	EDTA

2. 间接配制法(标定法)

许多物质不符合基准物质的条件,不能用直接法配制,可先按需要配制成近似浓度的溶液,然后用基准物质或另一种已知准确浓度的溶液来确定该溶液的浓度。这种利用基准物质(或用已知准确浓度的溶液)来确定标准溶液浓度的方法称为标定。

二、标准溶液浓度的表示方法

标准溶液的浓度有以下两种表示方法。

1. 物质的量浓度

物质的量浓度又叫摩尔浓度,简称浓度,是指单位体积溶液中所含溶质的物质的量,以 c 表示,常用单位为 mol/L。

$$c=\frac{n}{V} \tag{3-1}$$

式中:n 为物质的量,单位为 mol,就是以阿伏加德罗常数为计数单位来表示物质的指定的基本单元是多少的一个物理量,使用 n 时应指明基本单元,可以是原子、分子、离子、电子或其他粒子的组合;V 为溶液的体积,单位为 L。

物质的量 n 与物质的质量 m 之间关系为:

$$n=\frac{m}{M} \tag{3-2}$$

式中:M 为物质的摩尔质量(g/mol)。因此

$$c=\frac{n}{V}=\frac{m}{MV} \quad 或\ m=cVM \tag{3-3}$$

例 3-1　5 L 盐酸溶液中含溶质 HCl 36.46 g,求该溶液的浓度。

解　$$c=\frac{m}{MV}=\frac{36.46}{36.46\times 5}=0.2000(\text{mol/L})$$

2. 滴定度

滴定度是指 1 ml 滴定剂溶液相当于被测物质的质量。以符号 T_{M_1/M_2} 表示,单位为 mg/ml 或 g/ml。M_1 为滴定剂,M_2 为被测物质。例如,$T_{K_2Cr_2O_7/Fe}=0.005322$ g/ml 表示滴定时每消耗 1 ml $K_2Cr_2O_7$ 标准溶液,相当于被测试样中含有铁 0.005322 g。又如,$T_{NaOH/HCl}=0.03646$ g/ml,

表示 1 ml NaOH 标准溶液恰好可与 0.036 46 g HCl 完全反应。

例 3-2 已知盐酸标准溶液的滴定度 $T_{HCl}=0.004\ 376$ g/ml，计算 $T_{HCl/Ca(OH)_2}$ 是多少？

解 $2HCl+Ca(OH)_2 \rightleftharpoons CaCl_2+2H_2O$

$$T_{HCl/Ca(OH)_2}=\frac{1}{2}\times\frac{0.004\ 376\times 74.10}{36.46}=0.004\ 447(g/ml)$$

第四节 滴定分析法的计算

滴定分析中要涉及一系列的计算，如标准溶液的配制和标定，标准溶液和被测物质间的计算关系以及测定结果的计算等等。其计算依据是当两反应物完全作用时，它们的物质的量之间的关系恰好符合其化学式所表示的化学计量关系。现分别讨论如下。

一、反应物质之间的化学计量关系

在直接滴定中，若标准溶液 A 与被测物质 B 之间的滴定反应为：

$$aA+bB \rightleftharpoons cC+dD$$

当 A 和 B 作用完全时，它们物质的量之间的关系恰好符合该化学反应式所表达的化学计量关系，亦即 A、B 的物质的量 n_A、n_B 之比等于反应系数 a、b 之比，即

$$\frac{n_A}{n_B}=\frac{a}{b} \tag{3-4}$$

若标准溶液的浓度为 c_A，消耗的体积为 V_A，而 $n_A=c_AV_A$，则有 $c_AV_A=\frac{a}{b}n_B$，可由此求出被测物质反应的物质的量。

若被测物质 B 是溶液，设浓度为 c_B，体积为 V_B，则有

$$c_AV_A=\frac{a}{b}c_BV_B \tag{3-5}$$

通过测量 V_A 便可求得被测物质的未知浓度 c_B。

例 3-3 滴定 NaOH 溶液（0.110 0 mol/L）20.00 ml 至化学计量点时，消耗 H_2SO_4 溶液 20.95 ml，问 H_2SO_4 溶液的浓度为多少？

解 $2NaOH+H_2SO_4 = Na_2SO_4+2H_2O$

$$c_{NaOH}\cdot V_{NaOH}=2c_{H_2SO_4}\cdot V_{H_2SO_4}$$

$$c_{H_2SO_4}=\frac{0.110\ 0\times 20.00}{2\times 20.95}=0.052\ 50\ (mol/L)$$

若被测物质 B 是固体，称取的质量为 m_B，其摩尔质量为 M_B，根据 $n=\frac{m}{M}$，得

$$c_AV_A=\frac{a}{b}\frac{m_B}{M_B} \tag{3-6}$$

例 3-4 用硼砂（$Na_2B_4O_7\cdot 10H_2O$）作为基准物质标定 HCl 溶液。精密称取硼砂 0.441 0 g，溶解后，用盐酸溶液滴定，耗去其溶液 22.58 ml，计算盐酸溶液的浓度 c_{HCl}。

解 $2HCl+Na_2B_4O_7+5H_2O \rightleftharpoons 2NaCl+4H_3BO_3$

由反应可知，盐酸与硼砂反应的计量关系为 2∶1：

$$c_{HCl}V_{HCl}=2\frac{m_{Na_2B_4O_7\cdot 10H_2O}}{M_{Na_2B_4O_7\cdot 10H_2O}}$$

$$c_{HCl}=\frac{0.441\ 0\times 2\times 1\ 000}{22.58\times 381.4}=0.102\ 4(\text{mol/L})$$

将式(3 - 6)变换为：

$$m_B=n_BM_B=\frac{b}{a}c_AV_AM_B \qquad (3-7)$$

此式常用于估算应称取被测试样的质量或者估算应消耗标准溶液的体积。

例 3 - 5　今欲测定水杨酸样品，已知 NaOH 标准溶液浓度为 0.100 5 mol/L，问应称取水杨酸多少克？

解　反应式为

COOH
—OH (benzene ring) $+NaOH$ ══ COONa
—OH (benzene ring) $+H_2O$

滴定分析中，为了减少对滴定管的读数误差，所消耗的标准溶液的体积应在一定的范围内。若使用 25 ml 滴定管，通常消耗标准溶液应在 20～24 ml 之间，可按 22 ml 计算。

$$m_{水杨酸}=0.100\ 5\times 22\times\frac{138.1}{1\ 000}=0.30(\text{g})$$

用分析天平称量时，一般按±10%为允许的称量误差，这里水杨酸的称量范围应为：

$$m_{水杨酸}=0.30\pm 0.30\times 10\%=0.27\sim 0.33(\text{g})$$

例 3 - 6　将 0.300 0 g 草酸($H_2C_2O_4\cdot 2H_2O$)溶于适量水后，用 KOH 溶液(0.200 0 mol/L)滴定至终点，问大约消耗此溶液多少毫升？

解　$H_2C_2O_4+2KOH = K_2C_2O_4+2H_2O$

$$n_{KOH}=2n_{H_2C_2O_4\cdot 2H_2O}$$

$$c_{KOH}\cdot V_{KOH}=2\frac{m_{H_2C_2O_4\cdot 2H_2O}}{M_{H_2C_2O_4\cdot 2H_2O}}$$

$$V_{KOH}=\frac{2\times 0.300\ 0\times 10^3}{0.200\ 0\times 126.1}=23.79(\text{ml})\approx 24\ \text{ml}$$

二、有关质量分数的计算

若被测物质 B 是某未知试样中的组分之一，测定时试样的称样量为 m_s，就可进一步计算得到在试样中被测物质的质量分数 w_B 为：

$$w_B(\%)=\frac{m_B}{m_s}=\frac{\frac{b}{a}c_AV_AM_B}{m_s}\times 100 \qquad (3-8)$$

计算时应该注意不同单位间的换算。

例 3 - 7　用高锰酸钾法间接测定 Ca^{2+}。准确称取试样 0.401 2 g，先沉淀为 CaC_2O_4，过滤洗涤后，溶于 H_2SO_4 溶液，再以 $KMnO_4$ 标准溶液(0.020 00 mol/L)滴定，消耗了 21.50 ml，求试样中钙的百分含量。

解　$2MnO_4^-+5C_2O_4^{2-}+16H^+ = 2Mn^{2+}+10CO_2\uparrow+8H_2O$

$$n_{Ca^{2+}}=\frac{5}{2}n_{KMnO_4}$$

$$w_{Ca^{2+}}(\%)=\frac{\frac{5}{2}c_{KMnO_4}\cdot V_{KMnO_4}\cdot M_{Ca^{2+}}}{m_s\times 1000}\times 100=\frac{\frac{5}{2}\times 0.020\,00\times 21.50\times 40.01}{0.401\,2\times 1\,000}\times 100$$

$$=10.72$$

三、有关滴定度的计算

由滴定度的定义可得：

$$m_B=T_{A/B}\cdot V_A \quad (3-9)$$

由此可见，若知道某溶液相当于某物质的滴定度，即可计算被测物质的质量。

例 3-8 已知某含 Na_2CO_3 的试样，处理后用 HCl 滴定，耗去 HCl 溶液 37.31 ml，求试样中反应的 Na_2CO_3 的质量。($T_{HCl/Na_2CO_3}=0.005\,300$ g/ml)

解 $m_{Na_2CO_3}=0.005\,300\times 37.31=0.197\,7$ (g)

若已知标准溶液的滴定度 $T_{A/B}$，可导出被测物质的质量分数为：

$$w_B(\%)=\frac{T_{A/B}\cdot V_A}{m_s}\times 100 \quad (3-10)$$

例 3-9 用 0.102 0 mol/L 盐酸标准溶液滴定碳酸钠试样，称取试样 0.125 0 g，滴定时消耗 22.50 ml 盐酸标准溶液，问：该盐酸对 Na_2CO_3 的滴定度为多少？碳酸钠试样的百分含量又为多少？($M_{Na_2CO_3}=106.0\ g\cdot mol^{-1}$)

解 $2HCl+Na_2CO_3 \rightleftharpoons 2NaCl+H_2O+CO_2\uparrow$

$$T_{HCl/Na_2CO_3}=0.102\,0\times\frac{1}{2}\times\frac{106.0}{1\,000}=0.005\,406(g/ml)$$

$$w_{Na_2CO_3}(\%)=\frac{0.005\,406\times 22.50}{0.125\,0}\times 100=97.31$$

小　结

1. 在了解滴定分析特点的基础上，明确作为滴定分析的化学反应所必须具备的条件。

2. 滴定分析中常用的滴定方式：直接滴定、返滴定、置换滴定及间接滴定。

3. 标准溶液的配制方法：直接法、标定法。

标准溶液浓度的表示方法：

(1) 物质的量浓度

$$c=\frac{n}{V}$$

(2) 滴定度是指 1 ml 标准溶液相当于被测物质的质量。

4. 滴定分析计算是本章的重点，所有的计算公式可用于各种滴定分析法。计算的步骤一般为：

(1) 正确书写反应物质之间的反应方程式；

(2) 求出反应物之间的化学计量关系——摩尔比；

(3) 列出有关公式，正确计算。

设滴定反应式为 $aA+bB=cC+dD$，则 A 与 B 的物质的量之比为 $a:b$，有关计算式如下：

$$c_AV_A=\frac{a}{b}c_BV_B$$

$$c_AV_A=\frac{a}{b}\frac{m_B}{M_B}$$

$$m_B = \frac{b}{a} c_A V_A M_B$$

$$w_B(\%) = \frac{\frac{b}{a} c_A V_A M_B}{m_s} \times 100$$

$$w_B(\%) = \frac{T_{A/B} \cdot V_A}{m_s} \times 100$$

计算时应注意单位的换算。

思考题

1. 在滴定分析中何谓化学计量点？它与滴定终点有何区别？

2. 能用于滴定分析的化学反应必须具备哪些条件？作为基准物质又应具备哪些条件？

3. 若将 $H_2C_2O_4 \cdot 2H_2O$ 基准物质长期保存在干燥器中，用以标定 NaOH 溶液的浓度时，结果是偏高还是偏低？

4. 试解释滴定度的概念，它与物质的量的浓度之间应如何换算？

习　题

一、填空题

1. 标准溶液浓度的表示方法有____________和____________。

2. 滴定分析按滴定方式可分为直接滴定、____________、____________和____________。

二、选择题

1. 标定 NaOH 的基准物质是(　　)。

A. 硼砙　　B. 氧化锌　　C. 邻苯二甲酸氢钾　　D. 草酸钠

2. 硼砂($Na_2B_4O_7 \cdot 10H_2O$)作为基准物质用于标定盐酸溶液的浓度，若事先将其置于干燥器中保存，则对所标定盐酸溶液浓度的结果影响是(　　)。

A. 偏高　　B. 偏低　　C. 无影响　　D. 不能确定

3. 在标定 NaOH 溶液的基准物质邻苯二甲酸氢钾中含有少量邻苯二甲酸，则测定结果 NaOH 标准溶液的浓度引入了(　　)。

A. 正误差　　B. 负误差　　C. 无影响　　D. 结果混乱

三、计算题

1. 已知盐酸标准溶液的滴定度 $T_{HCl}=0.004\ 374$ g/ml，试计算：(1) 此盐酸标准溶液相当于 NaOH 的滴定度；(2) 此盐酸标准溶液相当于 CaO 的滴定度。($M_{NaOH}=40.00\ g \cdot mol^{-1}$，$M_{CaO}=56.08\ g \cdot mol^{-1}$)

($T_{HCl/NaOH}=4.799\times10^{-3}$ g/ml，$T_{HCl/CaO}=3.364\times10^{-3}$ g/ml)

2. 标定 NaOH 溶液时欲消耗 0.10 mol/L NaOH 溶液 20～24 ml，问应称取邻苯二甲酸氢钾基准物质的重量范围为多少？($M_{邻苯二甲酸氢钾}=204.2\ g \cdot mol^{-1}$)　　(0.41～0.49 g)

3. 测定药用 Na_2CO_3 的含量，称取试样 0.123 0 g，溶解后，以甲基橙为指示剂，用 0.100 6 mol/L 盐酸标准溶液滴定至甲基橙变色，消耗盐酸标准溶液 23.00 ml，求试样中碳酸钠的百分含量。($M_{Na_2CO_3}=106.0\ g \cdot mol^{-1}$)

(99.70%)

4. 滴定 0.160 0 g 草酸试样用去 NaOH 溶液(0.110 0 mol/L)22.90 ml，试求草酸试样中 $H_2C_2O_4$ 的百分含量。　　(70.85%)

5. 精密称取重铬酸钾 0.112 8 g，溶解后，加酸酸化，加入过量 KI，待反应完全后，用 $Na_2S_2O_3$ 标准溶液滴定，消耗 22.40 ml，计算 $Na_2S_2O_3$ 溶液的浓度(mol/L)。($M_{K_2Cr_2O_7}=294.2\ g \cdot mol^{-1}$)　　(0.102 7 mol/L)

6. 将 0.550 0 g 不纯 $CaCO_3$ 溶于 HCl 溶液(0.502 0 mol/L)25.00 ml 中，煮沸除去 CO_2，过量 HCl 溶液用 NaOH 溶液返滴定，耗去 4.20 ml，若用 NaOH 溶液直接滴定 HCl 溶液 20.00 ml，消耗 20.67 ml，试计算试样中 $CaCO_3$ 的百分含量。（95.5%）

7. 若采用 0.100 0 mol/L NaOH 溶液作标准溶液，滴定食醋中的醋酸，欲使滴定管的读数恰好等于食醋中醋酸的百分含量的 10 倍，问应称取多少克食醋作为试样？（6.005 g）

8. 测定铁矿中铁的含量时，称取试样 0.302 9 g，使之溶解，将 Fe^{3+} 还原成 Fe^{2+} 后，用 0.016 43 mol/L $K_2Cr_2O_7$ 溶液滴定，耗去 35.14 ml。计算试样中铁的百分含量。如果改用 Fe_2O_3 表示，百分含量又为多少？

（63.87%，91.31%）

（肖　莹）

第四章　酸碱滴定法

第一节　概　　述

酸碱滴定法是以水溶液中的质子转移反应为基础的滴定分析方法。一般酸、碱以及能与酸、碱直接或间接发生质子转移反应的物质，几乎都可以用酸碱滴定法滴定，因此应用十分广泛。

酸碱平衡是酸碱滴定法的基础，本章首先简述酸碱溶液平衡的基本原理，然后重点讨论酸碱滴定的理论和应用问题。

第二节　水溶液中的酸碱平衡

一、质子论的酸碱概念

1. 酸碱的定义

按广义的酸碱概念，凡能给出质子(H^+)的物质称为酸，如 HCl、HAc、NH_4^+、HPO_4^{2-} 等。凡能接受质子的物质称为碱，如 Cl^-、Ac^-、NH_3、PO_4^{3-} 等。酸(HA)失去质子后变成碱(A^-)，而碱(A^-)接受质子后变成酸(HA)，这种互相依存又互相转化的性质称为共轭性，对应的酸碱构成共轭酸碱对。因此，酸碱的关系可用下式表示：

$$\underset{酸}{HA} \rightleftharpoons \underset{碱}{A^-} + \underset{质子}{H^+}$$

HA 和 A^- 互为共轭酸碱对。HA 是 A^- 的共轭酸，A^- 是 HA 的共轭碱。

因此，酸和碱都可以是中性分子，也可以是阴离子或阳离子。有些物质既能给出质子又能接受质子，被称为两性物质，如 H_2O、HCO_3^-、HPO_4^{2-} 等。

2. 酸碱反应的实质

根据质子论的酸碱概念，酸碱反应的实质是质子的转移，而质子的转移是通过溶剂合质子来实现的。溶剂合质子是 H^+ 在溶剂中的存在形式，若以 SH 表示溶剂分子，HA 代表酸，酸和溶剂作用生成溶剂合质子的过程可表示为：

$$HA + SH \rightleftharpoons SH_2^+ + A^-$$

例如，盐酸与氨在水溶液中的反应：

$$HCl + H_2O \rightleftharpoons H_3^+O + Cl^-$$

$$NH_3 + H_3O^+ \rightleftharpoons NH_4^+ + H_2O$$

总式　$HCl + NH_3 \rightleftharpoons NH_4^+ + Cl^-$

在非水溶剂(SH)中,酸(HA)碱(B)反应可用下式表示:

$$HA + SH \rightleftharpoons A^- + SH_2^+$$

溶剂　　　　溶剂合质子

$$B + SH_2^+ \rightleftharpoons BH^+ + SH$$

总式　$HA + B \rightleftharpoons BH^+ + A^-$

酸$_1$　碱$_2$　酸$_2$　碱$_1$

共轭

共轭

酸碱反应是两个酸碱对相互作用,酸(HA)失去质子,变成其共轭碱(A^-);碱(B)获得质子,变成其共轭酸(BH^+)。质子由酸 HA 转移给碱 B,反应的结果是各反应物转化成它们各自的共轭碱或共轭酸。

值得注意的是,按质子论的酸碱定义,盐的水解反应和电解质的离解过程,都是酸碱质子转移反应。例如,下列两个反应都是酸碱质子转移反应:

CO_3^{2-} 的水解:$CO_3^{2-} + H_2O \rightleftharpoons HCO_3^- + OH^-$

HAc 的离解:$HAc + H_2O \rightleftharpoons H_3O^+ + Ac^-$

在 CO_3^{2-} 的水解反应中,由于 CO_3^{2-} 夺取质子的能力比 H_2O 强,所以 H_2O 是酸,CO_3^{2-} 是碱;在 HAc 的离解中,由于 HAc 给出质子的能力比 H_2O 强,所以 H_2O 是碱,HAc 是酸。由此可见,酸碱是相对的,在不同的化学反应中,物质是酸是碱取决于反应中该物质对质子亲和力的相对大小。因此当讨论某一种物质是酸是碱时,不能脱离该物质和其他物质(包括溶剂)的相互关系。

同样,同一种物质在不同溶剂中可表现出不同的酸碱性。对一定的酸,溶剂接受质子的能力越强,酸性就越强。例如,HNO_3 在水中为强酸,在冰醋酸中酸性减弱,在浓硫酸中则显碱性。

3. 溶剂的质子自递反应

在溶剂分子间发生的质子转移反应,称为溶剂的质子自递反应。前已述及,水是一种两性物质。在水分子之间发生的质子传递反应,其结果是生成自身的共轭酸碱 H_3O^+ 和 OH^-,反应式为:

$$H_2O + H_2O \rightleftharpoons H_3O^+ + OH^-$$

这种反应的平衡常数称为溶剂的质子自递常数,以 K_s表示。水的质子自递常数又称为水的离子积,以 K_w表示

$$K_w = [H_3O^+][OH^-] = 1.0 \times 10^{-14}(25℃) \tag{4-1}$$

即　$$pK_w = pH + pOH = 14$$

4. 酸碱的强度

我们在无机化学中已经学过,水溶液中酸、碱的强度用其平衡常数 K_a、K_b来衡量。K_a(K_b) 值越大,酸(碱)越强。例如:

$$HCl + H_2O \rightleftharpoons H_3O^+ + Cl^- \qquad K_a = 1.55\times10^{6}$$
$$HAc + H_2O \rightleftharpoons H_3O^+ + Ac^- \qquad K_a = 1.75\times10^{-5}$$
$$NH_4^+ + H_2O \rightleftharpoons H_3O^+ + NH_3 \qquad K_a = 5.5\times10^{-10}$$

则这三种酸的强度顺序是 $HCl > HAc > NH_4^+$。

在水溶液中共轭酸碱对 HA 和 A^- 的离解常数 K_a 和 K_b 间的关系为：

$$K_a \cdot K_b = K_w \tag{4-2}$$

或
$$pK_a + pK_b = pK_w$$

可见酸的强度与其共轭碱的强度是反比关系。酸愈强（pK_a 愈小），其共轭碱愈弱（pK_b 愈大），反之亦然。如 HCN 在水中是很弱的酸（$K_a = 6.2\times10^{-10}$），其共轭碱 CN^- 则表现为较强的碱，其 K_b 值可由式(4-2)求出：

$$K_b = \frac{K_w}{K_a} = \frac{1.0\times10^{-14}}{6.2\times10^{-10}} = 1.6\times10^{-5}$$

或
$$pK_b = pK_w - pK_a = 14.00 - 9.21 = 4.79$$

因此我们可用 pK_a 值统一地表示酸碱的强度。

多元酸在水中分级离解，其水溶液中存在着多个共轭酸碱对。例如，三元酸 H_3A 根据其共轭关系可得出如下的关系式：

$$A^{3-} + H_2O \rightleftharpoons HA^{2-} + OH^- \qquad K_{b_1} = K_w/K_{a_3}$$
$$HA^{2-} + H_2O \rightleftharpoons H_2A^- + OH^- \qquad K_{b_2} = K_w/K_{a_2}$$
$$H_2A^- + H_2O \rightleftharpoons H_3A + OH^- \qquad K_{b_3} = K_w/K_{a_1}$$

由此可见，多元酸 H_nA 最强的共轭碱 A^{1-n} 的离解常数 K_{b_1} 对应着最弱的共轭酸 HA^{1-n} 的 K_{a_n}；而最弱的碱 $H_{n-1}A^-$ 的离解常数 K_{b_n} 对应着最强的共轭酸 H_nA 的 K_{a_1}，所以 $K_{b_1} > K_{b_2} > \cdots > K_{b_n}$。

例 4-1 计算 HS^- 的 K_b 值。

解 HS^- 为两性物质，这里指的是作为碱时的离解常数。

$$HS^- + H_2O \rightleftharpoons H_2S + OH^-$$

查得 H_2S 的 $K_{a_1} = 5.1\times10^{-8}$，则

$$K_{b_2} = \frac{K_w}{K_{a_1}} = \frac{1.00\times10^{-14}}{5.1\times10^{-8}} = 2.0\times10^{-7}$$

二、溶液中酸碱的分布系数

1. 酸的浓度和酸度

酸的浓度和酸度在概念上是不同的。酸度是指溶液中 H^+ 的浓度，严格地说，是指 H^+ 的活度，常用 pH 表示。酸的浓度又叫酸的分析浓度，是指 1 L 溶液中所含某种酸的物质的量，即酸的总浓度，包括未解离和已解离的酸的浓度。

同样，碱的浓度和碱度在概念上也是不同的。碱度用 pOH 表示。

采用 c 表示酸或碱的分析浓度，而用 $[H^+]$ 和 $[OH^-]$ 表示溶液中 H^+ 和 OH^- 的平衡浓度，浓度单位常用 mol/L。

2. 溶液中酸碱的分布系数

在酸碱平衡体系中，酸碱以各种不同形式存在。这些形式的浓度，随溶液中 H^+ 浓度的改

变而变化。溶液中某酸碱组分的平衡浓度占其总浓度的分数，称为“分布系数”，以 δ 表示。某组分的分布系数，取决于该酸碱物质的性质和溶液中 H^+ 的浓度，而与其总浓度无关。分布系数的大小，能定量说明溶液中各种酸碱组分的分布情况，知道了分布系数，即可求出溶液中酸碱组分的平衡浓度，这在分析化学中是十分重要的。现以一元弱酸 HAc 为例，讨论酸度对酸(碱)各存在形式分布的影响。

HAc 在水溶液中只能以 HAc 和 Ac^- 两种形式存在。设 HAc 总浓度为 c，而 HAc 和 Ac^- 的平衡浓度分别为[HAc]和[Ac^-]，δ_{HAc}为 HAc 的分布系数，δ_{Ac^-} 为 Ac^- 的分布系数，则

$$\delta_{HAc}=\frac{[HAc]}{c}=\frac{[HAc]}{[HAc]+[Ac^-]}=\frac{[H^+]}{K_a+[H^+]} \tag{4-3}$$

$$\delta_{Ac^-}=\frac{[Ac^-]}{c}=\frac{[Ac^-]}{[HAc]+[Ac^-]}=\frac{K_a}{K_a+[H^+]} \tag{4-4}$$

显然，$\delta_{HAc}+\delta_{Ac^-}=1$。

例 4-2 计算 pH=5.00 时，HAc 和 Ac^- 的分布系数。

解 $\delta_{HAc}=\frac{[H^+]}{K_a+[H^+]}=\frac{1.0\times10^{-5}}{1.76\times10^{-5}+1.0\times10^{-5}}=0.36$

$\delta_{Ac^-}=1.00-0.36=0.64$

以 pH 为横坐标，分布系数为纵坐标，可得图 4-1 所示的分布曲线。可见，δ_{Ac^-} 随 pH 的增大而增大，δ_{HAc}则随 pH 增大而减小。当 pH=pK_a(4.74)时，$\delta_{HAc}=\delta_{Ac^-}=0.5$，HAc 和 Ac^- 各占一半，pH<pK_a时，主要存在形式是 HAc，pH>pK_a时，主要存在形式为 Ac^-。

多元酸各种存在形式随 pH 变化的情况可参照一元酸类推。

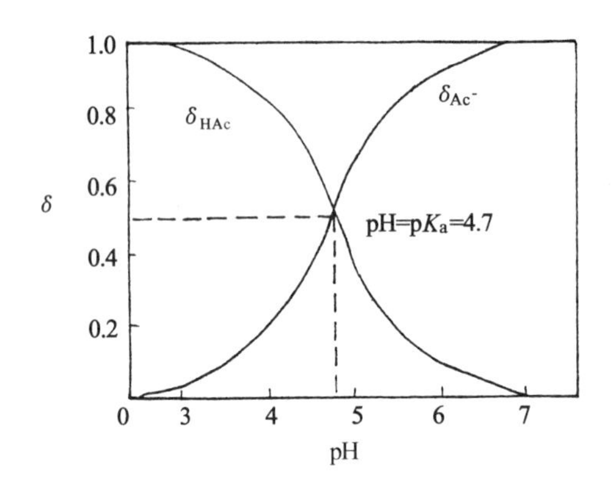

图 4-1 HAc 和 Ac^- 的分布系数与 pH 的关系

第三节 酸碱指示剂

一、指示剂的变色原理

酸碱指示剂一般是一些有机弱酸或弱碱，这些弱酸或弱碱与其共轭碱或酸具有不同的颜色。现以酚酞指示剂为例加以说明。

酚酞是一种有机弱酸，pK_a=9.1，其离解平衡如下：

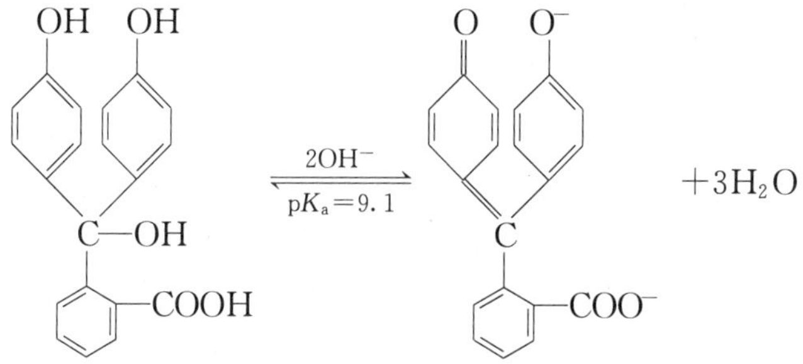

OH OH

C—OH

COOH

$\underset{pK_a=9.1}{\overset{2OH^-}{\rightleftharpoons}}$

O O⁻

C

COO⁻

$+3H_2O$

酸色(无色)　　　　碱色(红色)

从离解平衡式可以看出,当溶液由酸性变化到碱性时,平衡向右方移动,酚酞由酸色转变为碱色,溶液由无色变成红色;反之,由红色变成无色。

现以 HIn 代表弱酸指示剂,其离解平衡可用下式表示:

$$\underset{\text{酸色}}{HIn} \rightleftharpoons \underset{\text{碱色}}{In^-} + H^+$$

以 InOH 代表弱碱指示剂,其离解平衡表示如下:

$$\underset{\text{碱色}}{InOH} \rightleftharpoons \underset{\text{酸色}}{In^+} + OH^-$$

由此可见,酸碱指示剂的变色和溶液的 pH 相关。

二、指示剂的变色范围

上面讨论了指示剂为什么会随溶液酸碱性改变而变色,但是更为重要的是酸碱指示剂在怎样的条件下颜色发生突变。因为只有知道了在怎样的 pH 条件下颜色发生突变,才有可能用它指示滴定终点。为此,必须讨论指示剂的颜色变化与溶液 pH 之间的数量关系。

现以弱酸指示剂为例说明指示剂的变色与溶液 pH 之间的数量关系。如前所述,弱酸指示剂在溶液中的离解平衡可用下式表示:

$$HIn \rightleftharpoons H^+ + In^-$$

$$K_{HIn}=\frac{[H^+][In^-]}{[HIn]}$$

$$\frac{[In^-]}{[HIn]}=\frac{K_{HIn}}{[H^+]}$$

由此可见,比值$[In^-]/[HIn]$是$[H^+]$的函数,而此值决定了溶液的颜色。当溶液 pH 改变时,$[In^-]/[HIn]$随之改变,则溶液的颜色也随之改变。由于人眼对颜色分辨力有一定限度,溶液中虽含有带不同颜色的 HIn 与 In^-,但如果两者浓度相差 10 倍以上时,就只能看出浓度较大的那种颜色。一般认为,能够看到颜色变化的指示剂浓度比$[In^-]/[HIn]$的范围是 1/10～10。如果用溶液的 pH 表示,则为:

$$\frac{[In^-]}{[HIn]}=\frac{K_{HIn}}{[H^+]}=\frac{1}{10} \qquad [H^+]=10K_{HIn} \qquad pH=pK_{HIn}-1$$

$$\frac{[In^-]}{[HIn]}=\frac{K_{HIn}}{[H^+]}=10 \qquad [H^+]=\frac{1}{10}K_{HIn} \qquad pH=pK_{HIn}+1$$

显然,当 pH 在 $pK_{HIn}-1$ 以下时,溶液只显指示剂酸式的颜色;pH 在 $pK_{HIn}+1$ 以上时,只显指示剂碱式的颜色。pH 在 $pK_{HIn}-1$ 到 $pK_{HIn}+1$ 之间,我们才能看到指示剂的颜色变化情况。故指示剂的变色范围为:

$$pH = pK_{HIn} \pm 1 \quad (4-5)$$

当溶液中$[HIn]=[In^-]$时,溶液中$[H^+]=K_{HIn}$,即 $pH = pK_{HIn}$,溶液的颜色是酸式色和碱式色的中间色,称为指示剂的理论变色点。

由指示剂变色范围可知,在 pK_{HIn}附近两个 pH 单位内指示剂变色,不同的指示剂 pK_{HIn}不同,所以变色范围也不同。但由于人的眼睛对各种不同颜色的敏感程度不同,加上两种颜色相互掩盖,所以实际观察结果与理论结果有差别。例如甲基橙 $pK_{HIn}=3.4$,理论变色范围为 2.4～4.4,但实测范围是 3.1～4.4。这是因为人的肉眼对红色比黄色更敏锐。

几种常用的酸碱指示剂列于表 4-1 中。

表 4-1　几种常用的酸碱指示剂

指示剂	变色范围 pH	颜色		pK_{HIn}	浓　　度	用　量 滴/10 ml 试液
		酸色	碱色			
百里酚蓝	1.2～2.8	红	黄	1.65	0.1%的 20%酒精溶液	1～2
甲基黄	2.9～4.0	红	黄	3.25	0.1%的 90%酒精溶液	1
甲基橙	3.1～4.4	红	黄	3.45	0.05%的水溶液	1
溴酚蓝	3.0～4.6	黄	紫	4.1	0.1%的 20%酒精溶液或其钠盐的水溶液	1
溴甲酚绿	3.8～5.4	黄	蓝	4.9	0.1%的乙醇溶液	1
甲基红	4.4～6.2	红	黄	5.1	0.1%的 60%酒精溶液或其钠盐的水溶液	1
溴百里酚蓝	6.2～7.6	黄	蓝	7.3	0.1%的 20%酒精溶液或其钠盐的水溶液	1
中性红	6.8～8.0	红	黄橙	7.4	0.1%的 60%酒精溶液	1
酚红	6.4～8.0	黄	红	8.0	0.1%的 60%酒精溶液或其钠盐的水溶液	1
酚酞	8.0～10.0	无	红	9.1	0.5%的 90%酒精溶液	1～3
百里酚酞	9.4～10.6	无	蓝	10.0	0.1%的 90%酒精溶液	1～2

三、影响指示剂变色范围的因素

影响指示剂变色范围的因素是多方面的。指示剂浓度对单色指示剂变色范围有影响。例如单色指示剂酚酞,酸式无色,碱式红色。设人眼观察红色形式的最低浓度为 α,它应是固定不变的。现设指示剂的总浓度为 c,则由指示剂的离解平衡式可以看出:

$$\frac{K_a}{[H^+]}=\frac{[In^-]}{[HIn]}=\frac{\alpha}{(c-\alpha)}$$

若 c 增大,因 K_a、α 为定值,故$[H^+]$就会相应增大,这意味着指示剂会在较低的 pH 时变色。例如在 50～100 ml 溶液中加 2～3 滴 0.1%酚酞,pH 约等于 9 时出现微红,而在同样情况下加 10～15 滴 0.1%酚酞,则在 pH 约等于 8 时即出现微红。

对于双色指示剂,例如甲基橙等,指示剂用量多一点或少一点,不会影响指示剂的变色范围。但是如果指示剂用量过大,则色调变化不明显,而且指示剂本身也消耗一些滴定剂,会带来误差。

溶液温度对指示剂的变色范围也有影响。温度改变时,指示剂的离解常数以及水的离子积都会变化,因此指示剂的变色范围也随之变动。例如,18℃时甲基橙的变色范围为 3.1～4.4,而 10℃时则为 2.5～3.7;18℃时,酚酞变色范围为 8.3～10.0,而 10℃时变为 8.1～9.0。

其他如溶液的离子强度、溶液中是否有胶体以及滴定程序等,对指示剂的变色范围均有一定影响。

四、混合指示剂

上面讨论的指示剂具有约 2 个 pH 单位的变色范围。在某些酸碱滴定中，pH 突跃范围很窄，使用一般的指示剂难以判断终点，此时可采用混合指示剂。混合指示剂利用颜色间的互补作用，具有颜色改变较为敏锐、变色范围较窄的特点。

混合指示剂的配制方法有两种。一种是在某指示剂中加入一种惰性染料。例如，甲基橙和靛蓝组成的混合指示剂，靛蓝在滴定过程中不变色，只做甲基橙变色的背景，它与甲基橙的酸色（红色）加和为紫色，与甲基橙的碱色（黄色）加和为绿色。在滴定过程中，随 H^+ 浓度变化而发生如下颜色变化：

溶液的酸度	甲基橙的颜色	甲基橙加靛蓝的颜色
pH≥4.4	黄色	绿色
pH=4.0	橙色	浅灰色
pH≤3.1	红色	紫色

可见，单一甲基橙变色过程中有一过渡的橙色较难辨别，而混合指示剂由绿（紫）变为紫（绿），不仅中间是几乎无色的浅灰色，而且绿色和紫色明显不同，所以变色敏锐，易于辨别。

另一配法是将两种或两种以上的指示剂混合而成，也可使指示剂变色敏锐、易于辨别。表 4-2 列出了一些常用的混合指示剂。

表 4-2　常用的混合指示剂

混合指示剂组成	变色点 pH	变色情况		备　注
		酸色	碱色	
一份 2.1%甲基黄酒精溶液 一份 0.1%次甲基蓝酒精溶液	3.25	蓝紫	绿	pH3.4 绿色 pH3.2 蓝紫色
一份 0.1%甲基橙水溶液 一份 0.25%靛蓝二磺酸水溶液	4.1	紫	黄绿	
三份 0.1%溴甲酚绿酒精溶液 一份 0.2%甲基红酒精溶液	5.1	酒红	绿	
一份 0.1%溴甲酚绿钠盐水溶液 一份 0.1%氯酚红钠盐水溶液	6.1	黄绿	蓝紫	pH5.4 蓝绿色、pH5.8 蓝色 pH6.0 蓝带紫、pH6.2 蓝紫
一份 0.1%中性红酒精溶液 一份 0.1%次甲基蓝酒精溶液	7.0	蓝紫	绿	pH7.0 紫蓝
一份 0.1%甲酚红钠盐水溶液 三份 0.1%百里酚蓝钠盐水溶液	8.3	黄	紫	pH8.2 玫瑰色、 pH8.4 清晰的紫色
一份 0.1%百里酚蓝的 50%酒精溶液 三份 0.1%酚酞的 50%酒精溶液	9.0	黄	紫	从黄到绿再到紫
两份 0.1%百里酚蓝酒精溶液 一份 0.1%茜素黄酒精溶液	10.2	黄	紫	

第四节　酸碱滴定法的基本原理

在酸碱滴定中，重要的是要估计被测定物质能否准确被滴定，滴定过程中溶液的 pH 变化情况以及如何选择合适的指示剂来确定滴定终点。为了表征滴定反应过程的变化规律性，通过实验或计算方法记录滴定过程中 pH 随标准溶液体积或反应完全程度变化的图形，即可得到滴定曲线。滴定曲线在滴定分析中不但可从理论上解释滴定过程的变化规律，对指示剂的选择更具有重要的实际意义。下面介绍几种基本类型的酸碱滴定过程中 pH 的变化规律及指示剂的选择方法。

一、强酸(强碱)的滴定

滴定的基本反应为：

$$H^+ + OH^- \xlongequal{} H_2O$$

现以 0.100 0 mol/L NaOH 滴定 20.00 ml 0.100 0 mol/L HCl 为例进行讨论。滴定过程可分四个阶段：

1. 滴定前

溶液的酸度等于 HCl 的原始浓度：

$$[H^+]=0.100\,0\ \text{mol/L}$$

$$pH=1.00$$

2. 滴定开始至化学计量点前

溶液的酸度取决于剩余 HCl 的浓度。例如，当滴入 NaOH 溶液 19.98 ml 时：

$$[H^+]=0.100\,0\times0.02/(20.00+19.98)=5.00\times10^{-5}(\text{mol/L})$$

$$pH=4.30$$

3. 化学计量点时

滴入 NaOH 溶液 20.00 ml，溶液呈中性：

$$[H^+]=[OH^-]=1.00\times10^{-7}(\text{mol/L})$$

$$pH=7.00$$

4. 化学计量点后

溶液的碱度取决于过量 NaOH 的浓度。例如，当滴入 NaOH 溶液 20.02 ml 时：

$$[OH^-]=0.100\,0\times0.02/(20.00+20.02)=5.00\times10^{-5}(\text{mol/L})$$

$$pOH=4.30$$

$$pH=14.00-pOH=14.00-4.30=9.70$$

如此逐一计算滴定过程中的 pH，列于表 4－3。以 NaOH 的加入量为横坐标，以 pH 为纵坐标绘制滴定曲线，见图 4－2。

由表 4－3 和图 4－2 可以看出，从滴定开始到加入 NaOH 溶液 19.98 ml，溶液 pH 仅变化 3.30 个 pH 单位。但在化学计量点附近加入 1 滴 NaOH 溶液(从剩余 0.02 ml HCl 到过量 NaOH 0.02 ml)就使溶液的 pH 由 4.30 急剧改变为 9.70，增大了 5.40 个 pH 单位。这种化学计量点附近 pH 的突变称为滴定突跃。突跃所在的 pH 范围称为滴定突跃范围。此后再继续滴加 NaOH 溶液，溶液的 pH 变化又愈来愈小。

表 4-3　0.100 0 mol/L NaOH 滴定 20.00 ml 0.100 0 mol/L HCl 时溶液的 pH 变化情况(25℃)

加入 NaOH		剩余的 HCl		$[H^+]$	pH
%	体积(ml)	%	体积(ml)		
0	0	100.0	20.00	1.00×10^{-1}	1.00
90.0	18.00	10.0	2.00	5.00×10^{-3}	2.30
99.0	19.80	1.0	0.20	5.00×10^{-4}	3.30
99.9	19.98	0.1	0.02	5.00×10^{-5}	4.30 ⎫ 突跃范围
100.0	20.00	0	0	1.00×10^{-7}	7.00 计量点 ⎬ 突跃范围
		过量的 NaOH		$[OH^-]$	
100.1	20.02	0.1	0.02	5.0×10^{-5}	9.70 ⎭ 突跃范围
101.0	20.20	1.0	0.02	5.00×10^{-4}	10.70

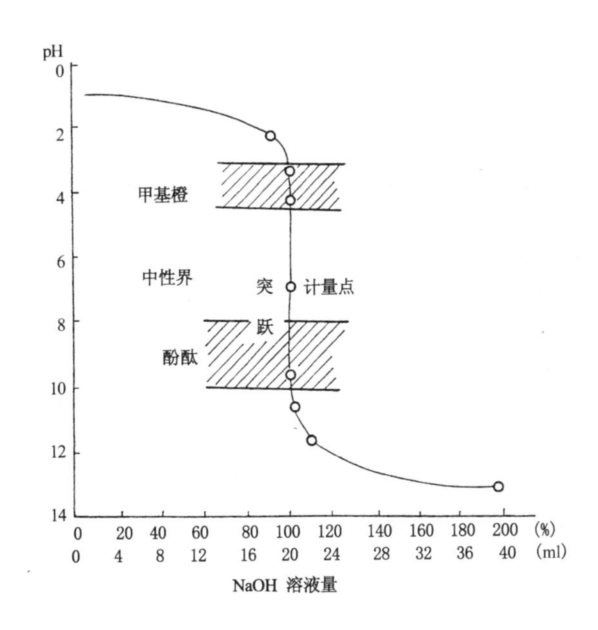

图 4-2　0.100 0 mol/L NaOH 滴定 20.00 ml 0.100 0 mol/L HCl 溶液的滴定曲线

滴定突跃有重要的实际意义，它是选择指示剂的依据。凡是变色范围全部或部分落在滴定突跃范围内的指示剂都可以用来指示滴定终点。本例中可选用酚酞、甲基红、甲基橙等作为指示剂。

如果反过来用 0.100 0 mol/L HCl 滴定 0.100 0 mol/L NaOH，滴定曲线的形状与图 4-2 相同，但 pH 变化方向相反。

必须指出，滴定突跃的大小与溶液的浓度有关。如图 4-3，用 0.01 mol/L、0.1 mol/L、1 mol/L三种浓度的标准溶液进行滴定，它们的 pH 突跃范围分别为 5.30～8.70、4.30～9.70、3.30～10.70。即溶液的浓度越大，突跃范围越大；溶液的浓度越小，突跃范围越小。在浓溶液滴定中可以使用的指示剂，在稀溶液中不一定适用。如用 0.01 mol/L NaOH 滴定 0.01 mol/L HCl，由于突跃范围减小到 5.30～8.70，因此，甲基橙不能使用。

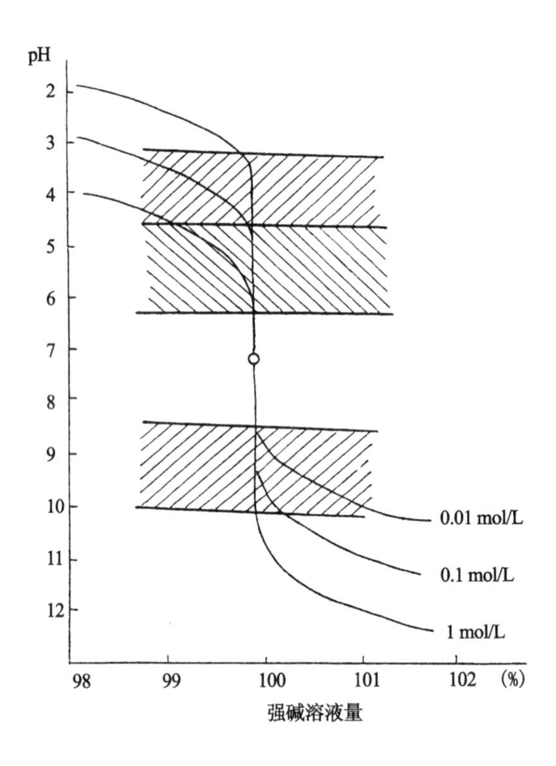

图 4-3　不同浓度的强碱滴定强酸的滴定曲线

二、一元弱酸(弱碱)的滴定

(一) 强碱滴定弱酸

用 NaOH 滴定一元弱酸的基本反应为：

$$HA + OH^- \rightleftharpoons A^- + H_2O$$

现以 0.100 0 mol/L NaOH 滴定 20.00 ml 0.100 0 mol/L HAc 溶液为例进行讨论，滴定反应为：

$$HAc + OH^- \rightleftharpoons Ac^- + H_2O$$

1. 滴定前

溶液是 0.100 0 mol/L HAc 溶液，溶液中$[H^+]$为：

$$[H^+]=\sqrt{K_a c_{HAc}}=\sqrt{1.76\times10^{-5}\times0.100\,0}=1.32\times10^{-3}(\text{mol/L})$$

$$pH=2.88$$

2. 滴定开始至化学计量点前

溶液中未反应的 HAc 和反应产物 Ac^- 同时存在，组成一个缓冲体系。有 HAc 的离解平衡关系：

$$[H^+]=K_a\frac{[HAc]}{[Ac^-]}$$

当加入 NaOH 19.98 ml 时，剩余 0.02 ml HAc：

$$[HAc]=0.100\,0\times0.02/(20.00+19.98)=5.00\times10^{-5}(\text{mol/L})$$

$$[Ac^-]=0.100\,0\times19.98/(20.00+19.98)=5.00\times10^{-2}(\text{mol/L})$$

$$[H^+]=1.76\times10^{-5}\times5.00\times10^{-5}/(5.00\times10^{-2})=1.76\times10^{-8}(\text{mol/L})$$

$$pH=7.75$$

3. 化学计量点时

HAc 全部被中和为 NaAc。由于 Ac^- 为一弱碱,由离解平衡得:

$$[OH^-]=\sqrt{K_b \cdot c_{Ac^-}}=\sqrt{\frac{K_w}{K_a} \cdot c_{Ac^-}}=\sqrt{\frac{10^{-14}}{1.76\times10^{-5}}\times0.050\ 00}=5.33\times10^{-6}(mol/L)$$

$$pOH=5.27, pH=14.00-5.27=8.73$$

化学计量点时 pH 大于 7,溶液呈碱性。

4. 化学计量点后

由于 NaOH 过量,抑制了 Ac^- 离解,此时溶液 pH 由过量的 NaOH 决定。其计算方法与强碱滴定强酸相同。当滴入 NaOH 20.02 ml 时:

$$[OH^-]=0.100\ 0\times0.02/(20.00+20.02)=5.00\times10^{-5}(mol/L)$$

$$pOH=4.30, pH=9.70$$

如此逐一计算,将结果列于表 4-4,并绘制滴定曲线(图 4-4)。

表 4-4　0.100 0 mol/L NaOH 滴定 0.100 0 mol/L HAc 时溶液的 pH 变化情况(室温)

加入的 NaOH		剩余的 HAc		计算式	pH	
%	体积(ml)	%	体积(ml)			
0	0	100.0	20.00	$[H^+]=\sqrt{K_a c_{HAc}}$	2.88	
50.0	10.00	50.0	10.00		4.75	
90.0	18.00	10.0	2.00	$[H^+]=K_a\times\frac{[HAc]}{[Ac^-]}$	5.71	
99.0	19.80	1.0	0.20		6.75	
99.9	19.98	0.1	0.02		7.75	突跃范围
100.0	20.00	0	0	$[OH^-]=\sqrt{\frac{K_w}{K_a}\times c_{Ac^-}}$	8.73 计量点	
			过量的 NaOH			
100.1	20.02	0.1	0.02	$[OH^-]=10^{-4.30}, [H^+]=10^{-9.70}$	9.70	
101.0	20.20	1.0	0.20	$[OH^-]=10^{-3.30}, [H^+]=10^{-10.70}$	10.70	

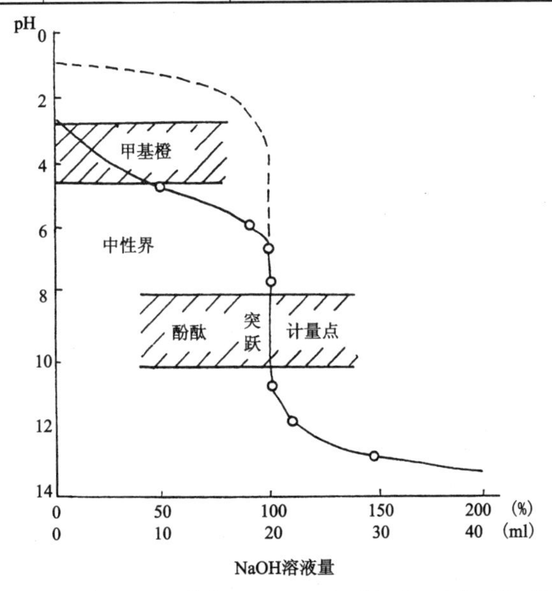

图 4-4　0.100 0 mol/L NaOH 滴定 20.00 ml 0.100 0 mol/L HAc 溶液的滴定曲线

从表 4 - 4 和图 4 - 4 可以看出，由于 HAc 的离解度要比等浓度的 HCl 小，所以滴定前溶液 pH=2.88 比 0.100 0 mol/L HCl 约大 2 个 pH 单位，滴定开始后，曲线坡度比滴定 HCl 时更倾斜，这是因为滴定过程中有 NaAc 生成，由于 Ac^- 的同离子效应，使 HAc 的离解度变得更小，因而$[H^+]$迅速降低，pH 增大加快。继续滴入 NaOH，由于 NaAc 不断生成，在溶液中构成缓冲体系，使溶液 pH 变化变缓，因此这一段曲线较为平坦。接近化学计量点时，溶液中 HAc 已很少，缓冲作用减弱，所以溶液 pH 的变化又逐渐加快。化学计量点时，HAc 浓度急剧减小，使溶液 pH 发生突变。应该指出，由于 Ac^- 是碱，在水溶液中离解产生相当数量的 OH^-，因而化学计量点的 pH 不是 7 而是 8.73，落在碱性范围内。化学计量点以后，溶液 pH 的变化与强碱滴定强酸相同。由表 4 - 4 和图 4 - 4 可见，此滴定的 pH 突跃范围是 7.75～9.70，比强碱滴定强酸时要小得多，这是强碱滴定弱酸的特点。

显然，酸性范围内变色的指示剂，如甲基橙、甲基红等都不能作为 NaOH 滴定 HAc 的指示剂，否则将引起很大的滴定误差。而酚酞、百里酚酞等变色范围恰在滴定突跃范围内，所以可以作为这一滴定的指示剂。

图 4 - 5 显示了用 0.1 mol/L NaOH 滴定 0.1 mol/L 不同强度酸的滴定曲线，从图中可以看出，酸的浓度一定时，K_a愈大，即酸愈强，滴定突跃范围就愈大。突跃范围的大小不仅取决于弱酸的强度，还和其浓度有关，K_a一定时，酸的浓度越大，滴定突跃范围也越大。

如果用指示剂确定滴定终点，要求滴定误差小于或等于 0.1%，也就是说，在化学计量点前后 0.1%时，人眼要借助指示剂准确判定出终点，一般来讲，对于弱酸的滴定，以 $cK_a \geqslant 10^{-8}$ 作为弱酸能被准确滴定的条件。例如 HCN，因 $K_a \approx 10^{-10}$，即使其浓度为 1 mol/L，也不能被准确滴定。

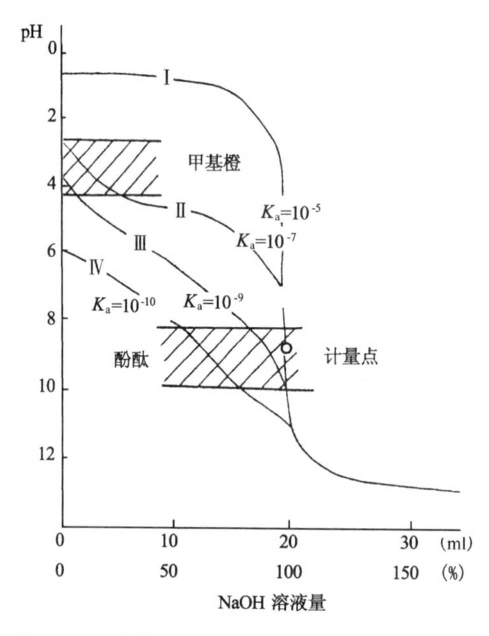

图 4 - 5　0.1 mol/L NaOH 滴定 0.1 mol/L 不同强度酸的滴定曲线

（二）强酸滴定弱碱

例如用 HCl 滴定 NH_3、$C_2H_5NH_2$(乙胺)等，滴定反应为：

$$B + H^+ \rightleftharpoons HB^+$$

这种类型的滴定与强碱滴定弱酸相似，所不同的仅仅是溶液的 pOH 由小变到大，pH 则由大到小，所以滴定曲线的形状相同，但 pH 变化方向相反。图 4－6 显示了 0.100 0 mol/L HCl 滴定 20.00 ml 0.100 0 mol/L $NH_3 \cdot H_2O$ 的滴定曲线。

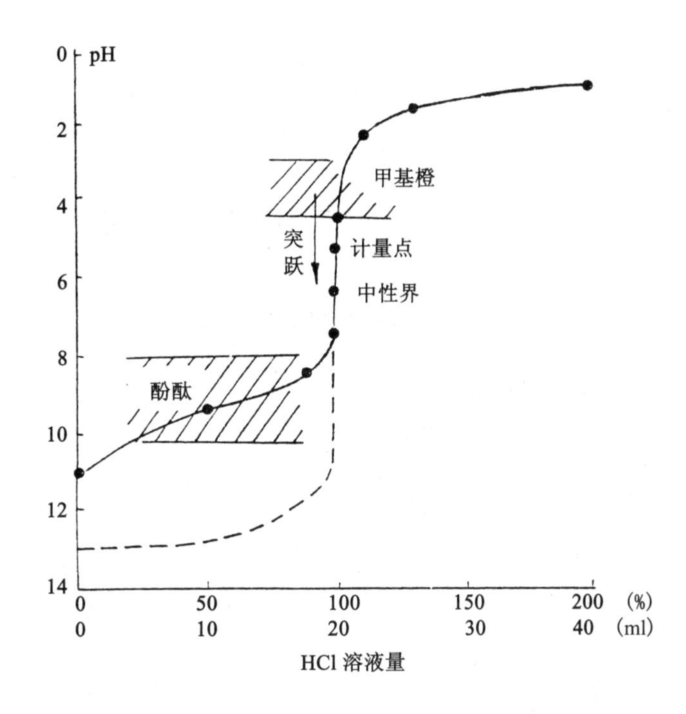

图 4－6　0.100 0 mol/L HCl 滴定 20.00 ml 0.100 0 mol/L $NH_3 \cdot H_2O$ 的滴定曲线

从图 4－6 可以看到，用 HCl 滴定 $NH_3 \cdot H_2O$ 时，化学计量点和滴定突跃在酸性范围内，所以应选择在酸性范围内变色的指示剂，如甲基红。

和强碱滴定弱酸相似，只有弱碱的 $cK_b \geqslant 10^{-8}$ 时才能用强酸准确滴定。

三、多元酸(碱)的滴定

(一) 多元酸的滴定

用强碱滴定多元酸，情况比较复杂。例如用 NaOH 滴定 0.100 0 mol/L H_3PO_4，由各级离解可以看出：

$$H_3PO_4 \rightleftharpoons H^+ + H_2PO_4^- \qquad K_{a_1} = 7.5 \times 10^{-3}$$

$$H_2PO_4^- \rightleftharpoons H^+ + HPO_4^{2-} \qquad K_{a_2} = 6.3 \times 10^{-8}$$

$$HPO_4^{2-} \rightleftharpoons H^+ + PO_4^{3-} \qquad K_{a_3} = 4.4 \times 10^{-13}$$

首先 H_3PO_4 被中和，生成 $H_2PO_4^-$，出现第 1 个滴定突跃，即 H_3PO_4 第 1 步离解的 H^+ 与碱作用，而第 2 步离解的 H^+ 不同时作用(被分步准确滴定)；然后 $H_2PO_4^-$ 继续被中和，生成 HPO_4^{2-}，出现第 2 个滴定突跃，即 H_3PO_4 第 2 步离解的 H^+ 与碱作用，而第 3 步离解的 H^+ 不同时作用；HPO_4^{2-} 的 K_{a_3} 太小，$cK_{a_3} < 10^{-8}$，不能被直接滴定。NaOH 滴定 H_3PO_4 的滴定曲线见图 4－7。

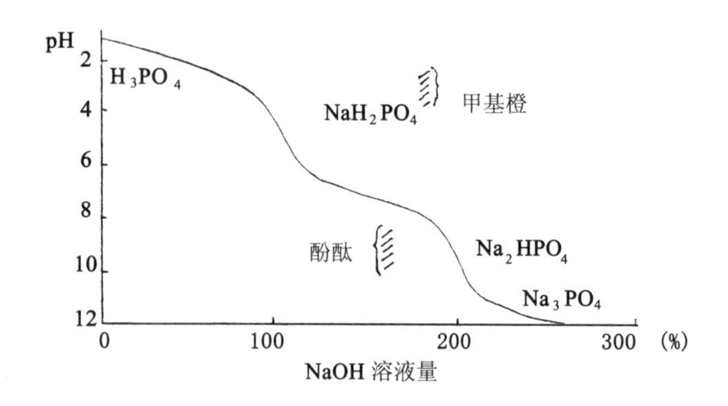

图 4-7 NaOH 滴定 H_3PO_4 的滴定曲线

准确计算多元酸的滴定曲线比较麻烦，这里不再介绍。下面只讨论化学计量点处溶液 pH 的近似计算，以供选择指示剂时参考。

第一化学计量点时，中和产物是 $H_2PO_4^-$，溶液 pH 可用下式近似计算：

$$[H^+]=\sqrt{K_{a_1}K_{a_2}}$$

$$pH=(pK_{a_1}+pK_{a_2})/2=(2.12+7.20)/2=4.66$$

第二化学计量点时，滴定产物为 HPO_4^{2-}，溶液 pH 近似计算如下：

$$[H^+]=\sqrt{K_{a_2}K_{a_3}}$$

$$pH=(pK_{a_2}+pK_{a_3})/2=(7.20+12.36)/2=9.78$$

由于这两个滴定突跃范围比较小，可分别选用溴甲酚绿和甲基橙（变色点 pH=4.3），酚酞和百里酚酞（变色点 pH=9.9）混合指示剂确定终点。

通常，多元酸的滴定由以下两个原则进行判断：

(1) 若 $cK_{a_n}\geqslant 10^{-8}$，则第 n 个 H^+ 能被准确滴定。

(2) 若 $K_{a_n}/K_{a_{n+1}}\geqslant 10^4$，则相邻两个氢离子能被分步准确滴定。

例如，草酸 $K_{a_1}=5.9\times10^{-2}$，$K_{a_2}=6.4\times10^{-5}$，$K_{a_1}/K_{a_2}\approx10^3$，故不能准确进行分步滴定。但 K_{a_1}、K_{a_2} 均较大，$cK_{a_2}>10^{-8}$，可按二元酸一次被滴定，形成一个较大的滴定突跃。

（二）多元碱的滴定

判断原则与多元酸的滴定类似，只需将 cK_a 换成 cK_b 即可。

例如，Na_2CO_3 是二元弱碱，$K_{b_1}=K_w/K_{a_2}=1.79\times10^{-4}$，$K_{b_2}=K_w/K_{a_1}=2.38\times10^{-8}$。由于 K_{b_1}、K_{b_2} 都大于 10^{-8}，且 $K_{b_1}/K_{b_2}\approx10^4$，因此这个二元碱可用酸直接进行滴定，形成两个滴定突跃。滴定曲线见图 4-8。

滴定至第一化学计量点时，生成 HCO_3^-，溶液 pH 可按下式计算：

$$[H^+]=\sqrt{K_{a_1}K_{a_2}}=\sqrt{4.3\times10^{-7}\times5.6\times10^{-11}}=4.9\times10^{-9}(mol/L)$$

$$pH=8.31$$

一般可选酚酞作指示剂。但由于 $K_{b_1}/K_{b_2}\approx10^4$，滴定突跃不很明显，为准确确定第一滴定终点，可选用甲酚红和百里酚蓝混合指示剂。

第二化学计量点生成 H_2CO_3，溶液 pH 可由 H_2CO_3 的离解平衡计算。因 $K_{a_1}\gg K_{a_2}$，所以只需考虑第一级离解（H_2CO_3 饱和溶液浓度约为 0.04 mol/L）。

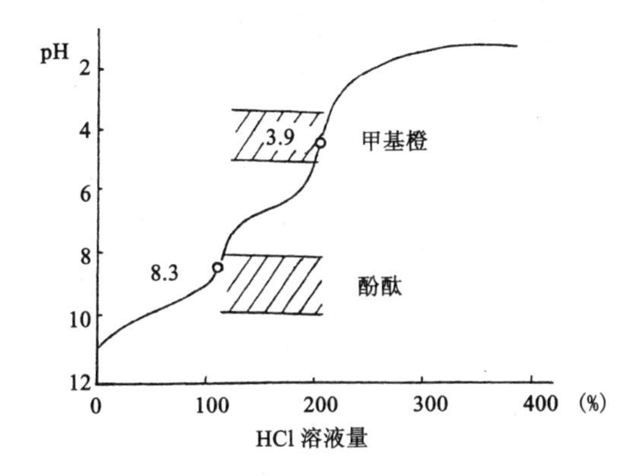

图 4-8　HCl 滴定 Na_2CO_3 的滴定曲线

$$[H^+]=\sqrt{K_{a_1}c}=\sqrt{4.3\times10^{-7}\times0.04}=1.3\times10^{-4}\ (mol/L)$$

$$pH=3.89$$

可选用甲基橙作指示剂。

应注意，此滴定接近第二化学计量点时容易形成 CO_2 的过饱和溶液，滴定过程中生成的 H_2CO_3 只能慢慢地转变为 CO_2，从而使溶液酸度稍有增大，终点稍有提前。因此，近终点时应剧烈振摇溶液。

第五节　终点误差

在酸碱滴定中，通常利用指示剂来确定终点。但滴定终点与化学计量点可能不一致，这样就会带来滴定误差。这种误差称为终点误差，通常以百分数或千分数表示。本章只介绍强碱滴定强酸的终点误差。

设用浓度为 c 的 NaOH 滴定浓度为 c_0、体积为 V_0 的 HCl，若指示剂变色点与化学计量点不一致，引起的终点误差(TE)应为：

$$TE(\%)=\frac{\text{NaOH 过量或不足的毫摩尔数}}{\text{HCl 的毫摩尔数}}\times100$$

若终点在化学计量点之前，则溶液中存在如下两个离解平衡：

$$\underset{c_0'}{HCl}\rightleftharpoons\underset{c_0'}{H^+}+Cl^-$$

$$H_2O\rightleftharpoons H^++OH^-$$

c_0' 是未被中和的 HCl 的浓度，即 NaOH 不足的浓度，故终点时溶液的 $[H^+]_{终}$ 为：

$$[H^+]_{终}=[OH^-]_{终}+c_0'$$

则

$$c_0'=[H^+]_{终}-[OH^-]_{终}$$

因滴定终点在化学计量点前，终点误差为负，故：

$$TE(\%)=\frac{-([H^+]_{终}-[OH^-]_{终})\cdot V_{终}}{c_0V_0}\times100$$

$$=\frac{-([H^+]_{终}-[OH^-]_{终})}{c_{终}}\times100 \qquad (4-6)$$

式中：$c_{终}=c_0V_0/V_{终}$，即终点时被滴定酸的分析浓度。

若终点在化学计量点之后，则 NaOH 过量，误差为正，终点误差计算式与式(4-6)相同。

例 4-3 用0.100 0 mol/L NaOH 滴定25.00 ml 0.100 0 mol/L HCl，(1)以甲基橙为指示剂，滴定至 pH=4.00，为终点；(2)用酚酞为指示剂，滴定至 pH=9.00为终点，试分别计算终点误差。

解 (1) 因化学计量点 pH=7.00，则 pH=4.00说明有一部分 HCl 未被滴定。

$[H^+]_{终}=1.0\times10^{-4}$ mol/L，$[OH^-]_{终}=1.0\times10^{-10}$ mol/L，$c_{终}=0.100\ 0/2=0.050\ 00$ mol/L，代入式(4-6)：

$$TE(\%)=\frac{-(1.0\times10^{-4}-1.0\times10^{-10})}{0.050\ 00}\times100=-0.20$$

(2) 滴定至 pH=9.00，$[H^+]_{终}=1.0\times10^{-9}$ mol/L，$[OH^-]_{终}=1.0\times10^{-5}$ mol/L，$c_{终}=0.100\ 0/2=0.050\ 00$ mol/L

故 $$TE(\%)=\frac{-(1.0\times10^{-9}-1.0\times10^{-5})}{0.050\ 00}\times100=0.02$$

通过上述计算可以看出，用 NaOH 滴定 HCl 时，选择酚酞作指示剂较甲基橙作指示剂终点误差更小。

第六节 标准溶液和基准物质

一、酸标准溶液的配制与标定

酸碱滴定中，常用盐酸和硫酸配制酸标准溶液，其中以盐酸应用最为广泛。浓盐酸易挥发，浓硫酸吸湿性强，不能直接配制，应先配制成近似所需浓度的溶液，再用基准物质进行标定。

例如，0.1 mol/L HCl 标准溶液的配制如下：

量取9 ml 分析试剂(AR)规格的浓盐酸，置于洁净的玻璃塞试剂瓶中，用蒸馏水稀释至1 000 ml，充分摇匀。

此溶液可选用于270～300℃干燥至恒重的无水碳酸钠为基准物质进行标定，其反应为：

$$2HCl+Na_2CO_3=\!=\!=H_2O+CO_2+2Na^++2Cl^-$$

盐酸标准溶液的浓度可按下式计算：

$$c_{HCl}=\frac{2W_{Na_2CO_3}}{V_{HCl}\times\frac{M_{Na_2CO_3}}{1\ 000}}$$

二、碱标准溶液的配制与标定

配制碱标准溶液常用氢氧化钠和氢氧化钾。由于氢氧化钾比较昂贵，所以氢氧化钠最为常用。因氢氧化钠和氢氧化钾易吸收空气中的 CO_2 和水分，同样不能直接配制。标定氢氧化钠溶液常用的基准物质是邻苯二甲酸氢钾、草酸等。

第七节 应用与示例

酸碱滴定法在生产实际中应用广泛。一些酸、碱及能与酸碱起反应的物质，可用酸碱滴定法进行测定。许多药品如阿司匹林、硼酸、药用 NaOH 以及铵盐等，均可用酸碱滴定法测定。

下面列举几个实例，以说明酸碱滴定法的某些应用。

一、混合碱的测定

1. 药用 NaOH 的测定

NaOH 易吸收空气中的 CO_2，部分 NaOH 转变为 Na_2CO_3，形成 NaOH 和 Na_2CO_3 组成的混合碱。欲测定其中 NaOH 和 Na_2CO_3 的量，可采用以下两种方法。

(1) 双指示剂法

准确称取一定量试样，溶解后，以酚酞为指示剂，用 HCl 标准溶液滴定至红色消失，记下用去 HCl 的量(V_1)。这时 NaOH 全部被中和，而 Na_2CO_3 仅被中和到 $NaHCO_3$。向溶液中加入甲基橙，继续用 HCl 滴定至橙色，记下 HCl 用量(V_2)。显然，V_2 是滴定 $NaHCO_3$ 所消耗 HCl 的量。

由摩尔比关系可知，Na_2CO_3 被中和到 $NaHCO_3$ 与 $NaHCO_3$ 被中和到 H_2CO_3 所消耗 HCl 的量是相等的。所以

$$w_{Na_2CO_3}(\%)=\frac{2cV_2\times\frac{1}{2}\times\frac{M_{Na_2CO_3}}{1\,000}}{S_{样}}\times 100$$

而中和 NaOH 所消耗 HCl 的量为(V_1-V_2)，故

$$w_{NaOH}(\%)=\frac{c\times(V_1-V_2)\times\frac{M_{NaOH}}{1\,000}}{S_{样}}\times 100$$

(2) 氯化钡法

先取一份试样溶液，以甲基橙为指示剂，用 HCl 标准溶液滴定至橙色。此时 NaOH 和 Na_2CO_3 均被滴定，设消耗 HCl 体积为 V_1。

另取一份等体积试样溶液，加入 $BaCl_2$ 溶液，使 Na_2CO_3 转变成 $BaCO_3$ 沉淀析出。然后以酚酞为指示剂，用 HCl 标准溶液滴定至红色褪去，记下体积 V_2，此量是滴定混合物中 NaOH 所消耗的 HCl 体积。于是

$$w_{NaOH}(\%)=\frac{cV_2\times\frac{M_{NaOH}}{1\,000}}{S_{样}}\times 100$$

$$w_{Na_2CO_3}(\%)=\frac{c\times(V_1-V_2)\times\frac{1}{2}\times\frac{M_{Na_2CO_3}}{1\,000}}{S_{样}}\times 100$$

2. Na_2CO_3 和 $NaHCO_3$ 混合物的分析

Na_2CO_3 和 $NaHCO_3$ 混合物的分析与 NaOH 和 Na_2CO_3 混合物的分析方法类似，也可采用上述两种方法。这里仅介绍双指示剂法。

采用双指示剂法时，操作与前相同，但滴定至第一化学计量点时，Na_2CO_3 被滴定至 $NaHCO_3$(酚酞至无色)；滴定到第二化学计量点时，混合物中 $NaHCO_3$ 和由 Na_2CO_3 生成的 $NaHCO_3$ 都被滴定至 H_2CO_3(甲基橙至橙色)。此分析中，滴定 Na_2CO_3 所消耗 HCl 的体积为 $2V_1$，而滴定混合物中 $NaHCO_3$ 所消耗的 HCl 量为(V_2-V_1)。据此可计算混合物中 Na_2CO_3 和 $NaHCO_3$ 的含量。

二、铵盐中氮的测定

铵盐中氮的测定常用的方法有下面两种。

1. 蒸馏法

铵盐与过量的碱共同煮沸可以放出 NH_3：

$$NH_4^+ + OH^- \xrightleftharpoons{\text{加热}} NH_3\uparrow + H_2O$$

将 NH_3吸收在一定量 HCl 标准溶液中，再以甲基橙或甲基红作指示剂，用 NaOH 标准溶液回滴过量的酸。也可将 NH_3用 2% H_3BO_3吸收，得 NH_4^+ 和 $H_2BO_3^-$，再用 HCl 标准溶液滴定 $H_2BO_3^-$：

$$H_2BO_3^- + H^+ \rightleftharpoons H_3BO_3$$

过量的 H_3BO_3不干扰测定。H_3BO_3吸收法的优点是只需要使用一种标准溶液，故此法目前用得较多，含量计算方法如下：

$$w_N(\%)=\frac{c_{HCl}V_{HCl}\times\frac{A_r(N)}{1\,000}}{S_{样}}\times 100$$

2. 甲醛法

铵盐与甲醛作用，生成质子化六次甲基四胺和 H^+，反应如下：

$$4NH_4^+ + 6HCHO \longrightarrow (CH_2)_6N_4H^+ + 3H^+ + 6H_2O$$

然后以酚酞为指示剂，用 NaOH 标准溶液滴定至溶液呈微红色，N 含量按下式计算：

$$w_N(\%)=\frac{c_{NaOH}V_{NaOH}\times\frac{A_r(N)}{1\,000}}{S_{样}}\times 100$$

三、SO_4^{2-} 的测定

联苯胺是一种弱碱($K_a \approx 10^{-9}$)，能与许多阴离子生成难溶盐。常利用联苯胺的这个性质来间接测定硫酸盐。

在中性样品溶液中加入一定量的盐酸联苯胺溶液，与 SO_4^{2-} 生成难溶的硫酸联苯胺沉淀：

$$\begin{matrix} C_6H_4NH_2\cdot HCl \\ | \\ C_6H_4NH_2\cdot HCl \end{matrix} + SO_4^{2-} \rightleftharpoons \begin{matrix} C_6H_4NH_2 \\ | \\ C_6H_4NH_2 \end{matrix}\cdot H_2SO_4\downarrow + 2Cl^-$$

然后以酚酞为指示剂，用 NaOH 标准溶液滴定滤液中剩余的盐酸联苯胺，即可间接测出 SO_4^{2-} 的含量。

四、硼酸的测定

H_3BO_3是一种很弱的一元酸，$K_a = 7.3\times10^{-10}$，不能用 NaOH 标准溶液直接滴定。但 H_3BO_3与多元醇生成络合酸后能增加酸的强度，如 H_3BO_3 与甘油生成的络合酸，$K_a = 3\times10^{-7}$，与甘露醇生成的络合酸，$K_a = 5.5\times10^{-5}$，有大量多元醇存在时，硼酸和多元醇的络合反应如下：

$$2\begin{matrix} H_2C-OH \\ | \\ HC-OH \\ | \\ H_2C-OH \end{matrix} + H_3BO_3 \rightleftharpoons \left[\begin{matrix} H_2C-O & & O-CH_2 \\ | & \searrow B \swarrow & | \\ HC-O & & O-CH \\ | & & | \\ H_2C-OH & & HO-CH_2 \end{matrix}\right]^- + H^+ + 3H_2O$$

该络合酸可以以酚酞为指示剂，用 NaOH 标准溶液滴定，其含量计算式如下：

$$w_{H_3BO_3}(\%)=\frac{c_{NaOH}V_{NaOH}\times\frac{M_{H_3BO_3}}{1\ 000}}{S_{样}}\times 100$$

第八节　非水溶液中的酸碱滴定

酸碱滴定法一般是在水溶液中进行的。水是最常用的溶剂，安全、价廉。但是以水为滴定介质，也有一定的局限性。例如，许多弱酸或弱碱的 cK_a 或 cK_b 小于 10^{-8}，不能直接滴定；有些有机酸或有机碱在水中溶解度很小，直接滴定难以进行；还有些多元酸或碱、混合酸或碱的 K_a 或 K_b 较接近，不能分步或分别滴定。

采用非水溶剂作为介质，常常可以克服这些困难，从而扩大酸碱滴定法的应用范围。这种在非水溶剂中进行的滴定分析方法称为非水滴定法。非水滴定法除溶剂较为特殊以外，具有一般滴定分析所具有的优点，如准确、快速、无需特殊设备等，因此已为各国药典和其他常规分析所采用。非水滴定法可用于酸碱滴定、氧化还原滴定、配位滴定及沉淀滴定等，而在药物分析中，以非水酸碱滴定法应用最为广泛，故这里只讨论非水溶液中的酸碱滴定。

一、溶剂的分类

根据酸碱质子理论，非水溶剂可以分为两性溶剂和非质子性溶剂两大类。

（一）两性溶剂

两性溶剂既能给出质子，又能接受质子，既可表现为酸，又可表现为碱。其最大特点是存在质子自递反应。根据它们酸碱性的相对强弱，可分为下面三类：

（1）中性溶剂：既可给出质子，又可接受质子，酸碱性与水相近，给出和接受质子能力相当。这类溶剂主要是醇类，如甲醇、乙醇、乙二醇等。它们主要用作滴定较强酸或碱时的溶剂。

（2）酸性溶剂：给出质子能力较强，其酸性比水强。如 RCOOH 类，一般在滴定弱碱性物质时作溶剂。

（3）碱性溶剂：接受质子能力较强，其碱性比水强。如 $R—NH_2$、乙二胺等，适合在滴定弱酸性物质时作溶剂。

（二）非质子性溶剂

非质子性溶剂没有给出质子的能力，特点是溶剂分子间不能发生质子自递反应。但这类溶剂可能具有接受质子的能力。根据其接受质子能力的不同，可进一步分为下面两类：

（1）非质子亲质子性溶剂：这类溶剂有较弱的接受质子能力和形成氢键的能力。如酰胺类、酮类、吡啶类等。这些溶剂具有一定碱性，但无酸性。

（2）惰性溶剂：这类溶剂几乎没有接受质子的能力，溶剂分子在滴定过程中不参与反应。如苯、氯仿、四氯化碳等。在这类溶剂中，质子转移直接发生在样品分子和滴定剂之间。

以上溶剂分类只是为了讨论方便，实际上，各类溶剂之间并无严格界限。

二、溶剂的性质

（一）溶剂的酸碱性

根据酸碱质子理论，一种物质在溶液中的酸碱性强弱，不仅与酸碱本身有关，也与溶剂的性质有关。

如酸 HA 在溶剂 SH 中的离解与溶剂的碱性有关：

$$HA+SH \rightleftharpoons SH_2^+ + A^-$$

溶剂 SH 的碱性越强，接受质子的能力越强，从而使离解反应向右进行得越完全，HA 在这种溶剂中显示的酸性就越强。

同样，碱 B 在溶剂 SH 中有以下反应：

$$B+SH \rightleftharpoons BH^+ + S^-$$

溶剂的酸性越强，反应向右进行越完全，B 的碱性就越强。

例如，把 NH_3 溶于水和醋酸两种不同的溶剂中，有下列反应：

$$NH_3 + H_2O \rightleftharpoons NH_4^+ + OH^-$$

$$NH_3 + HAc \rightleftharpoons NH_4^+ + Ac^-$$

因 HAc 酸性比 H_2O 强，NH_3 在醋酸中的碱性更强。

由以上讨论可知：对于弱酸性物质，应选择碱性溶剂，使物质的酸性增加；对于弱碱性物质，应选择酸性溶剂，使物质的碱性增加。

（二）溶剂的离解性

离解性溶剂的特点是：分子间能发生质子自递反应，其中一分子起酸的作用，另一分子起碱的作用。

$$SH \rightleftharpoons H^+ + S^- \qquad K_a^{SH} = \frac{[H^+]\cdot[S^-]}{[SH]}$$

$$SH + H^+ \rightleftharpoons SH_2^+ \qquad K_b^{SH} = \frac{[SH_2^+]}{[SH]\cdot[H^+]}$$

K_a^{SH} 和 K_b^{SH} 分别为溶剂的固有酸常数和固有碱常数，可用来衡量溶剂给出和接受质子能力的大小。

溶剂的质子自递反应为：

$$2SH \rightleftharpoons SH_2^+ + S^-$$

$$K = \frac{[SH_2^+][S^-]}{[SH]^2} = K_a^{SH}\cdot K_b^{SH}$$

由于溶剂自身的离解极小，且溶剂是大量的，故[SH]可看作为定值，则下式中 K_s 称为溶剂的质子自递常数。对于 H_2O 来说，就是水的离子积。

$$[SH_2^+][S^-] = K_a^{SH}\cdot K_b^{SH}[SH]^2 = K_s \qquad (4-7)$$

$$[H_3^+O][OH^-] = K_w = 1.0\times10^{-14}(25℃)$$

例如，乙醇的质子自递反应为：

$$C_2H_5OH + C_2H_5OH \rightleftharpoons C_2H_5OH_2^+ + C_2H_5O^-$$

$$K_s = [C_2H_5OH_2{}^+][C_2H_5O^-] = 10^{-19.1}$$

在一定温度下，不同溶剂的质子自递常数不同，表 4－5 列出了几种常见溶剂的 pK_s。

表 4-5　常见几种溶剂的 pK_s 及介电常数 D(25℃)

溶剂	pK_s	D	溶剂	pK_s	D
水	14.00	78.5	乙腈	28.5	36.6
甲醇	16.7	31.5	甲基异丁酮	>30	13.1
乙醇	19.1	24.0	二甲基甲酰胺	—	36.7
甲酸	6.22	58.5(16℃)	吡啶	—	12.3
冰醋酸	14.45	6.13	二氧六环	—	2.21
醋酸酐	14.5	20.5	苯	—	2.3
乙二胺	15.3	14.2	三氯甲烷	—	4.81

在酸碱滴定中，溶剂 K_s 值的大小对滴定突跃的范围有一定意义。现以水和乙醇两种溶剂进行比较。

在水中，以 0.1 mol/L NaOH 滴定 0.1 mol/L HCl，当滴定至化学计量点前$[H_3^+O]=10^{-4}$ mol/L时，pH＝4；继续滴定至 NaOH 过量 10^{-4} mol/L，即$[OH^-]=10^{-4}$ mol/L 时，pH＝10。则滴定突跃的 pH 变化范围为 4～10，有 6 个 pH 单位。

若以乙醇为溶剂，用 0.1 mol/L C_2H_5ONa 滴定 0.1 mol/L HCl，则 $C_2H_5OH_2^+$ 相当于水中的 H_3^+O，$C_2H_5O^-$ 相当于水中 OH^-。当滴定至$[C_2H_5OH_2^+]=10^{-4}$ mol/L 时，溶液的 $pH^*=4$(为简便起见，将 $pC_2H_5OH_2$ 以 pH^* 代之)；继续滴定至 C_2H_5ONa 过量 10^{-4}mol/L，即$[C_2H_5O^-]=10^{-4}$mol/L 时，$pC_2H_5O=4$，$pH^*=19.1-4=15.1$。则滴定突跃的 pH^* 变化范围是 4～15.1，共 11.1 个 pH^* 单位，比水中的滴定突跃范围大得多。

由此可见，溶剂的 pK_s 值越大，滴定突跃范围越大，滴定终点越敏锐。

(三) 溶剂的极性

溶剂的介电常数，能反映溶剂极性的强弱。极性强的溶剂，介电常数较大；反之介电常数较小。溶剂的极性对溶质的酸碱性有一定影响，下面以酸为例进行说明。

溶质 HA(酸)在非水溶剂中的离解分两步进行：

$$HA + SH \xrightleftharpoons{\text{电离}} [SH_2^+ \cdot A^-] \xrightleftharpoons{\text{离解}} SH_2^+ + A^-$$

HA 将质子转移给溶剂分子 SH 而形成 SH_2^+，SH_2^+ 与 A^- 由于静电引力作用形成离子对，这个过程为电离。离子对在溶剂的作用下，进一步离解而成 SH_2^+ 和 A^-。

根据库仑定律，离子间的静电引力为：

$$f=\frac{e^+ \cdot e^-}{Dr^2}$$

式中：e^+、e^- 为正负电荷数；r 为两电荷中心距离；D 为溶剂的介电常数。

即在溶液中两个带相反电荷离子间的吸引力与溶剂的介电常数成反比。极性强的溶剂介电常数大，溶质在这种溶剂中易离解，酸的强度增大。

例如，HAc 分别溶于水和乙醇两种不同的溶剂中。在介电常数大的水中，HAc 分子易电离和离解，形成溶剂合质子 H_3^+O 和 A^-；而在介电常数小的乙醇溶剂中，只有少量离子对进一步离解。因此，醋酸在水中的强度比在乙醇中大。

常见溶剂的介电常数列于表 4-5 中。

（四）均化效应和区分效应

在水溶液中，$HClO_4$、H_2SO_4、HCl、HNO_3等强度几乎相等。因为它们溶于水后，几乎全部离解，生成水合质子 H_3^+O。

$$HClO_4 + H_2O \rightleftharpoons H_3^+O + ClO_4^-$$

$$H_2SO_4 + H_2O \rightleftharpoons H_3^+O + HSO_4^-$$

$$HCl + H_2O \rightleftharpoons H_3^+O + Cl^-$$

$$HNO_3 + H_2O \rightleftharpoons H_3^+O + NO_3^-$$

H_3^+O 是水溶液中这些酸的最强形式，即以上几种酸在水中都被均化到 H_3^+O 水平。这种把各种不同强度的酸均化到溶剂合质子水平的效应称为均化效应。具有均化效应的溶剂称为均化性溶剂。

如果把以上四种酸溶于冰醋酸介质中，由于 HAc 的碱性比水弱，这四种酸将质子转移给 HAc 分子而形成 H_2^+Ac 的程度有所差异，由它们在冰醋酸中的 K_a可以看出酸的强弱。

$$HClO_4 + HAc \rightleftharpoons H_2^+Ac + ClO_4^- \qquad K_a = 2.0 \times 10^7$$

$$H_2SO_4 + HAc \rightleftharpoons H_2^+Ac + HSO_4^- \qquad K_a = 1.3 \times 10^6$$

$$HCl + HAc \rightleftharpoons H_2^+Ac + Cl^- \qquad K_a = 1.0 \times 10^3$$

$$HNO_3 + HAc \rightleftharpoons H_2^+Ac + NO_3^- \qquad K_a = 22$$

这种能区分酸(碱)强弱的效应称为区分效应，具有区分效应的溶剂称为区分性溶剂。

均化效应和区分效应与溶质和溶剂的酸碱相对强弱有关。例如，水能均化盐酸和高氯酸，但不能均化盐酸和醋酸。这是由于醋酸酸性较弱，质子转移反应不完全。也就是说，水是盐酸和醋酸的区分性溶剂。但若在碱性较强的液氨中，由于 NH_3 接受质子的能力比水强得多，HAc 也表现为强酸，所以液氨是 HCl 和 HAc 的均化性溶剂。在液氨溶剂中，它们的酸强度都被均化到 NH_4^+ 的水平。

一般来说，酸性溶剂是碱的均化性溶剂，是酸的区分性溶剂；碱性溶剂是酸的均化性溶剂，是碱的区分性溶剂。在非水滴定中，往往利用均化效应测定混合酸(碱)的总量，利用区分效应测定混合酸(碱)中各组分的含量。

惰性溶剂没有明显的酸碱性，因此没有均化效应，是一种良好的区分性溶剂。

三、碱的滴定

（一）溶剂的选择

在水溶液中，$cK_b < 10^{-8}$的弱碱不能用强酸直接滴定。根据溶剂的性质，可选择对碱有均化效应的酸性溶剂，以增大弱碱的碱性，用酸标准溶液进行滴定。冰醋酸是滴定弱碱的最常用溶剂。

（二）标准溶液与基准物质

冰醋酸是 $HClO_4$、H_2SO_4、HNO_3和 HCl 的区分性溶剂，在冰醋酸中高氯酸的酸性最强，且有机碱的高氯酸盐易溶于有机溶剂，因此常采用高氯酸的冰醋酸溶液作为滴定碱的标准溶液。

1. 配制

配制标准溶液所用的冰醋酸和高氯酸均含有水分，而少量水的存在常常会影响滴定突跃，使指示剂变色不敏锐，故应除去。除水方法是加入计算量的醋酐，使之与水反应生成醋酸。反应式为：

$$(CH_3CO)_2O + H_2O \longrightarrow 2CH_3COOH$$

醋酐用量计算如下：

（1）冰醋酸的除水

除去 1 000 ml 含水量为 0.2%的冰醋酸(相对密度为 1.05)中的水，应加相对密度为1.08、含量为 97.0%的醋酐为：

$$V=\frac{102.09\times1\,000\times1.05\times0.2\%}{18.02\times1.08\times97.0\%}=11.36(\mathrm{ml})$$

（2）高氯酸的除水

通常所用的高氯酸是含量为 70.0%～72.0%、相对密度为 1.75 的水溶液，醋酐用量计算方法与冰醋酸除水相同。

高氯酸与醋酐混合时，会发生剧烈反应，并放出大量热。因此，在配制高氯酸标准溶液时，应注意不能将醋酐直接加到高氯酸溶液中，应先用冰醋酸将高氯酸稀释后，再在不断搅拌下缓缓滴加醋酐。

测定一般样品时，醋酐量稍多些没有影响。但样品是芳香族第一胺或第二胺时，醋酐过量会导致乙酰化，影响测定结果，故醋酐不宜过量。

2. 标定

标定高氯酸标准溶液，常用邻苯二甲酸氢钾作为基准物质，以结晶紫为指示剂，滴定反应如下：

$$C_6H_4(COOK)(COOH) + HClO_4 \longrightarrow C_6H_4(COOH)_2 + KClO_4$$

也可用 α-萘酚苯甲醇为指示剂，以碳酸钠、水杨酸钠等为基准物质进行标定。

在非水溶剂中进行标定和样品测定时，滴定结果均需采用空白试验进行校正。

3. 温度校正

水的体膨胀系数较小(0.21×10^{-3}/℃)，一般酸碱标准溶液浓度受室温影响不大，而冰醋酸的体膨胀系数为 1.1×10^{-3}/℃，其体积随温度改变较大。所以，若样品测定和标定时温度不同，则应对高氯酸的冰醋酸溶液重新标定或按下式对其浓度进行校正：

$$c_1=\frac{c_0}{1+0.001\,1(t_1-t_0)}$$

式中：0.001 1 为冰醋酸的体膨胀系数；t_0 为标定时的温度；t_1 为样品测定时的温度；c_0 为标定时高氯酸的浓度；c_1 为样品测定时高氯酸的浓度。

（三）滴定终点的确定

确定滴定终点常用的方法是电位滴定法和指示剂法。指示剂法中滴定终点的颜色常采用电位滴定法来确定，即在电位滴定的同时，观察指示剂颜色的变化，从而最终确定滴定终点的颜色。

以冰醋酸作溶剂，用强酸滴定弱碱时，最常用的指示剂是结晶紫。其酸色为黄色，碱色为紫色，在不同的酸度下变色较为复杂，随着溶液酸度的增加，结晶紫由碱式色（紫色）变至蓝紫、蓝、蓝绿、绿、黄绿，最后转变为酸式色（黄色）。滴定不同强度的碱时，其终点颜色不同，滴定较强碱时应以蓝色或蓝绿色为终点，滴定较弱碱时，以蓝绿或绿色为终点。

此外，常用的指示剂还有 α-萘酚苯甲醇和喹哪啶红。

（四）应用与示例

具有碱性基团的化合物，如胺类、氨基酸类、含氮杂环化合物，某些有机碱的盐以及弱酸盐等，大都可用高氯酸标准溶液进行滴定。各国药典收载的药品中，有许多都采用此法进行含量测定。主要有下面几类。

1. 有机弱碱

有机弱碱如胺类、生物碱类等，只要它们在水溶液中的 K_b 值大于 10^{-10}，即可选择适当指示剂，用高氯酸标准溶液进行滴定。如胺类的滴定反应表示如下：

$$RNH_2 + HAc \rightleftharpoons RNH_3^+ + Ac^-$$
$$HClO_4 + HAc \rightleftharpoons H_2^+Ac + ClO_4^-$$
$$H_2^+Ac + Ac^- \rightleftharpoons 2HAc$$
$$\text{总式}\quad RNH_2 + HClO_4 \rightleftharpoons RNH_3^+ + ClO_4^-$$

由此可见，滴定过程中溶剂分子只起了传递质子的作用，本身并无变化。

2. 有机酸的碱金属盐

由于有机酸的酸性较弱，其共轭碱在冰醋酸中显较强的碱性，故可用高氯酸的冰醋酸溶液滴定。若以 NaA 代表有机酸的碱金属盐，其滴定反应如下：

$$HClO_4 + HAc \rightleftharpoons H_2^+Ac + ClO_4^-$$
$$NaA + HAc \rightleftharpoons HA + Na^+ + Ac^-$$
$$H_2^+Ac + Ac^- \rightleftharpoons 2HAc$$
$$\text{总式}\quad HClO_4 + NaA \rightleftharpoons HA + Na^+ + ClO_4^-$$

如邻苯二甲酸氢钾、苯甲酸钠、水杨酸钠、乳酸钠、枸橼酸钠等均可用本法测定。

3. 有机碱的氢卤酸盐

在药物中，游离有机碱作药用并不多见。因一般有机碱难溶于水，且不太稳定，故常将有机碱与酸成盐后再作药用，如有机碱的氢卤酸盐（以 B·HX 表示）。在冰醋酸溶剂中，由于氢卤酸的酸性较强，对滴定产生干扰，必须除去。通常采用先加过量醋酸汞冰醋酸溶液，使形成难离解的卤化汞，而氢卤酸盐转变成可测定的醋酸盐，再用高氯酸滴定。滴定反应如下：

$$2B\cdot HX + Hg(Ac)_2 \longrightarrow 2B\cdot HAc + HgX_2$$
$$B\cdot HAc + HClO_4 \longrightarrow B\cdot HClO_4 + HAc$$

此法在药物分析中应用很广，如盐酸麻黄碱、氢溴酸东莨菪碱等，均采用本法测定。

4. 有机碱的有机酸盐

在冰醋酸或冰醋酸-醋酐的混合溶剂中，这类盐的碱性增强，可用高氯酸标准溶液滴定，以结晶紫作指示剂。如咳必清、扑尔敏、重酒石酸去甲肾上腺素等的含量测定均采用此法。

四、酸的滴定

（一）溶剂的选择

在水中，$cK_a < 10^{-8}$ 的弱酸不能用碱标准溶液直接滴定。若选择比水碱性更强的溶剂，即能增强弱酸的酸性，用强碱进行滴定。

一般测定不太弱的羧酸类，常以醇类作溶剂；弱酸和极弱酸的滴定，则以乙二胺、二甲基甲酰胺等碱性溶剂为宜；甲基异丁酮不发生自身离解，是良好的区分性溶剂，适用于混合酸的区分滴定。

（二）标准溶液与基准物质

常用的碱标准溶液为甲醇钠的苯-甲醇溶液。甲醇钠由甲醇与金属钠反应制得：

$$2CH_3OH + 2Na \longrightarrow 2CH_3ONa + H_2\uparrow$$

有时也用碱金属氢氧化物的醇溶液或氨基乙醇钠以及氢氧化四丁基铵的甲醇-甲苯溶液

作为滴定酸的标准溶液。

1. 配制

0.1 mol/L 甲醇钠溶液的配制：取无水甲醇(含水量少于 0.2%)150 ml，置于冰水冷却的容器中，分次少量加入新切的金属钠 2.5 g，使完全溶解后，加适量无水苯(含水量少于0.2%)，使成 1 000 ml，即得。

碱标准溶液在贮存和使用时，要防止溶剂挥发，同时也要避免与空气中的 CO_2 及湿气接触。

2. 标定

标定碱溶液常用的基准物质是苯甲酸，以百里酚蓝作指示剂。以标定甲醇钠溶液为例，反应式如下：

$$C_6H_5\text{—}COOH + CH_3ONa \rightleftharpoons CH_3OH + C_6H_5\text{—}COO^- + Na^+$$

(三) 滴定终点的确定

测定酸时，常用百里酚蓝作指示剂，其碱式色为蓝色，酸式色为黄色。偶氮紫、溴酚蓝等也是较常用的指示剂。

(四) 应用与示例

1. 羧酸类

羧酸在水中若 pK_a 为 4～5，有足够的酸性，可用 NaOH 直接进行滴定。但一些高级羧酸在水中 pK_a 为 5～6，且滴定产物有泡沫，滴定终点模糊，故在水中无法滴定。可在二甲基甲酰胺溶剂中，以百里酚蓝为指示剂，用甲醇钠标准溶液滴定。

2. 酚类

酚的酸性比羧酸弱。例如，在水中苯甲酸的 $K_a = 6.3\times10^{-5}$，是一弱酸，而苯酚的 $K_a = 1.1\times10^{-10}$，酸性更弱。以水作溶剂时两者的滴定曲线如图 4-9(a)所示，可见酚无明显的滴定突跃。若在乙二胺溶剂中，酚可强烈地进行质子转移，即由溶质将质子转移给溶剂，形成能被强碱滴定的离子对。

$$C_6H_5\text{—}OH + H_2NCH_2CH_2NH_2 \rightleftharpoons H_2NCH_2CH_2NH_3^+ \cdot {}^-O\text{—}C_6H_5$$

在乙二胺中用氨基乙醇钠标准溶液滴定，两者的滴定曲线见图 4-9(b)。

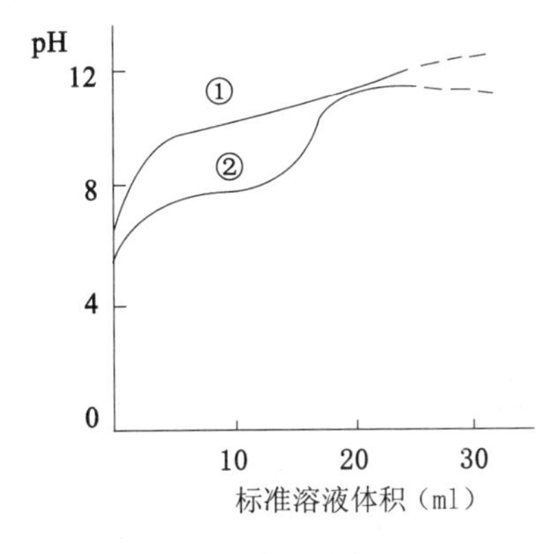

图 4-9(a)　在水溶液中用 NaOH 溶液滴定苯甲酸和苯酚的滴定曲线

① 苯酚　② 苯甲酸

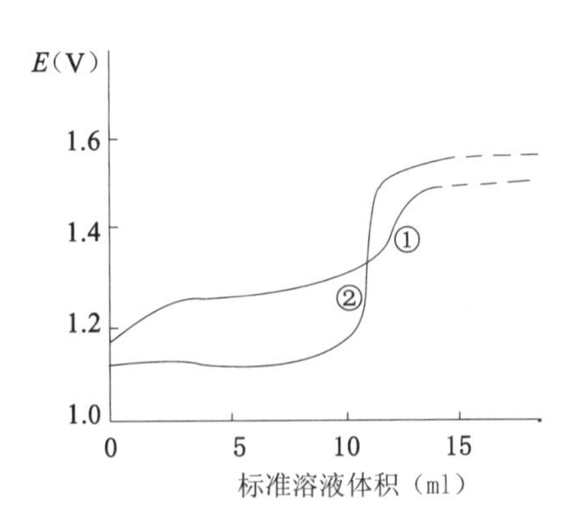

图 4-9(b)　在乙二胺中用氨基乙醇钠溶液滴定苯甲酸和苯酚的滴定曲线

① 苯酚　② 苯甲酸

由图 4-9(b)可以看出，在乙二胺中，酚的滴定突跃显著增大，苯甲酸则成为一强酸，与水中强碱滴定强酸相似。

3. 磺酰胺类及其他

磺酰胺基化合物、巴比妥酸、氨基酸及某些铵盐等，可在碱性溶剂中滴定。磺胺类化合物的分子中具有酸性的磺酰胺基（$—SO_2NHR$）和碱性的氨基（$—NH_2$）：

$$H_2N—\langle\bigcirc\rangle—SO_2—NHR$$

在适当的非水溶剂中，可用酸滴定，也可用碱滴定。这类化合物的酸性强弱与 R 基有很大关系，若 R 为芳香烃或杂环基，化合物的酸性增强；若 R 为脂肪烃基，则酸性减弱。例如磺胺嘧啶、磺胺噻唑的酸性较强，可以甲醇-丙酮或甲醇-苯为溶剂，百里酚蓝为指示剂，用甲醇钠滴定。

小　结

1. 质子论的酸碱概念

(1) 酸碱的定义：凡能给出质子的物质是酸，能接受质子的物质是碱。酸碱的关系是：

$$\underset{\text{酸}}{HA} \rightleftharpoons \underset{\text{碱}}{A^-} + \underset{\text{质子}}{H^+}$$

（酸 HA 与碱 A^- 共轭）

(2) 酸碱强度用离解常数 K_a 或 K_b 表示。$K_a(K_b)$ 值越大，其酸（碱）性越强。

(3) 共轭酸碱对 K_a 与 K_b 间有一定关系，即：$K_a \cdot K_b = K_w$。

2. 酸碱指示剂

(1) 变色原理：利用某些有机弱酸（弱碱）的酸式和共轭碱式具有不同颜色，当溶液 pH 改变时，共轭酸碱对发生相互转变而引起颜色变化。

(2) 变色范围：$pH = pK_{HIn} \pm 1$

3. 滴定曲线和指示剂的选择

(1) 滴定曲线：滴定过程中溶液 pH 随标准溶液体积或反应完全程度变化的图形，称为滴定曲线。

(2) 滴定突跃和滴定突跃范围：化学计量点附近溶液 pH 的突变称为滴定突跃。突跃所在的 pH 范围称为滴定突跃范围。

(3) 指示剂的选择原则：凡是变色范围全部或部分落在滴定突跃范围内的指示剂均可用来指示滴定终点。

4. 弱酸、弱碱、多元酸、多元碱能否被直接滴定的依据

(1) 弱酸：若 $cK_a \geqslant 10^{-8}$，则可以被强碱直接滴定。

(2) 弱碱：若 $cK_b \geqslant 10^{-8}$，则可以被强酸直接滴定。

(3) 多元酸：① 若 $cK_{a_n} \geqslant 10^{-8}$，则第 n 个 H^+ 能被准确滴定。② 若 $K_{a_n}/K_{a_{n+1}} \geqslant 10^4$，则相邻两个氢离子能被分步准确滴定。

(4) 多元碱：判断原则与多元酸的滴定类似，只需将 cK_a 换成 cK_b 即可。

5. 终点误差

滴定终点与化学计量点间不一致引入的误差。

6. 物质在溶液中的酸碱性，不仅与物质本身的性质有关，而且还与溶剂的酸碱性有关。一些离解常数小的弱酸、弱碱，在水中不能滴定，但在适当的非水溶剂中，便可进行滴定。

7. 溶剂的性质

(1) 酸碱性：溶剂的碱性越强，酸性物质在该溶剂中显示的酸性就越强。反之，溶剂的酸性越强，碱性物质在溶剂中显示的碱性越强。因此，弱酸性物质应选择碱性溶剂，使其酸性增加；弱碱性物质应选择酸性溶

剂，使其碱性增加。

(2) 离解性：两性溶剂存在质子自递反应，其质子自递常数为 $K_s=[SH_2^+][S^-]$。溶剂的 pK_s 越大，滴定突跃范围就越大，滴定终点越敏锐。

(3) 极性：溶剂的介电常数能反映溶剂极性的强弱。溶质在溶剂中的离解与溶剂的极性有关。极性强的溶剂介电常数大，溶质在这种溶剂中易离解，酸(碱)的强度增大。

(4) 均化效应和区分效应：将不同强度的酸或碱均化到同一强度水平的效应称为均化效应。具有均化效应的溶剂称为均化性溶剂。常利用均化效应来测定混合酸(碱)的总量。

能区分酸(碱)强弱的效应称为区分效应。具有区分效应的溶剂称为区分性溶剂。常利用区分效应来测定混合酸(碱)中各组分的含量。

8. 碱的滴定

通常选择对碱有均化效应的冰醋酸作溶剂，以高氯酸的冰醋酸溶液作为标准溶液，滴定终点的确定常采用电位滴定法，或者以结晶紫为指示剂。

9. 酸的滴定

测定不太弱的羧酸类，常以醇类作溶剂；弱酸和极弱酸的滴定，则以乙二胺、二甲基甲酰胺等碱性溶剂为宜；甲基异丁酮不发生自身离解，是良好的区分性溶剂，适用于混合酸的区分滴定。常用的碱标准溶液为甲醇钠的苯-甲醇溶液，常用的指示剂是百里酚蓝。

思考题

1. 下列物质哪些为酸？哪些是碱？哪些是两性物质？为什么？

H_2CO_3、HCO_3^-、CO_3^{2-}、NH_3、NH_4^+、HSO_4^-、SO_4^{2-}

2. 下列物质，哪些不能用碱标准溶液直接滴定？为什么？

$C_6H_5NH_2\cdot HCl$($C_6H_5NH_2$ 的 $K_b=4.6\times10^{-10}$)

$(NH_4)_2SO_4$($NH_3\cdot H_2O$ 的 $K_b=1.8\times10^{-5}$)

邻苯二甲酸氢钾($K_{a_2}=2.9\times10^{-6}$)

苯酚($K_a=1.1\times10^{-10}$)

NH_4Cl($NH_3\cdot H_2O$ 的 $K_b=1.8\times10^{-5}$)

3. 下列各弱碱、弱酸能否用酸碱滴定法直接滴定？如果可以，应选什么指示剂？为什么？

$CH_2ClCOOH$、HF、苯甲酸、吡啶、甘氨酸

4. 某指示剂 HIn 的 $K_{HIn}=10^{-8}$，则该指示剂的理论变色范围是多少？

5. 甲基橙的实际变色范围(pH 3.1～4.4)与理论变色范围(pH 2.4～4.4)不一致，为什么？

6. 某混合液可能含 Na_2CO_3、$NaHCO_3$ 和 NaOH 中的某两种或一种($NaHCO_3$ 与 NaOH 两者共存的情况除外)，现用 HCl 标准溶液滴定至酚酞变色，耗用 HCl V_1 ml，向溶液加入甲基橙指示剂，继续用 HCl 滴定至甲基橙变色，耗用 HCl 溶液 V_2 ml。问下列各情况下，样品液中含什么碱？

(1) $V_1>0, V_2=0$　　(2) $V_1=0,\ V_2>0$　　(3) $V_1=V_2$

(4) $V_1>V_2, V_2\neq0$　　(5) $V_1<V_2\quad V_1\neq0$

7. 滴定终点与化学计量点有什么区别？什么是终点误差？

8. 下列说法正确吗？

(1) 在冰醋酸中，HNO_3 的强度小于 $HClO_4$。

(2) 苯甲酸在乙二胺中为弱酸。

(3) 苯甲酸在乙二胺中为强酸。

(4) 对于 C_6H_5—OH，应选择碱性溶剂以提高酸强度。

9. 能将 $HClO_4$、H_2SO_4、HCl 和 HNO_3 均化到同一酸度水平的是下列哪种溶剂？

苯、氯仿、冰 HAc、H_2O、乙二胺

10. 下列物质中，哪些能在非水酸性溶液中进行滴定？

NaAc、苯甲酸、苯酚、吡啶、酒石酸钾钠

11. 溶剂中若含有微量水，对非水滴定有无影响？为什么？

习　题

一、填空题

1. 二元弱酸被准确滴定的判断依据是____________________，能够分步滴定的判断依据是____________________。

2. 用强碱滴定一元弱酸时，使弱酸能被准确滴定的条件是____________________。

3. 酸碱指示剂(HIn)的理论变色范围是 pH=________，选择酸碱指示剂的原则是____________________。

4. 用吸收了 CO_2 的 NaOH 标准溶液滴定 HAc 至酚酞变色，将导致结果________(选填"偏低"、"偏高"或"不变")，用它滴定 HCl 至甲基橙变色，将导致结果________(选填"偏低"、"偏高"或"不变")。

二、选择题

1. 标定 HCl 和 NaOH 溶液常用的基准物质是(　　)。

A. 硼砙和 EDTA　　B. 草酸和 $K_2Cr_2O_7$

C. $CaCO_3$ 和草酸　　D. 硼砂和邻苯二甲酸氢钾

2. 已知 H_2CO_3 的 $K_{a_1}=4.3\times10^{-7}$，$K_{a_2}=5.6\times10^{-11}$，则 CO_3^{2-} 作为碱的 pK_b 为(　　)。

A. 3.75　　B. 6.38　　C. 10.25　　D. 7.62

3. NH_3 的共轭酸是(　　)。

A. NH_2^-　　B. NH_2OH　　C. N_2H_4　　D. NH_4^+

4. 某酸碱指示剂的 $K_{HIn}=1.0\times10^{-5}$，则从理论上推算其 pH 变色范围是(　　)。

A. 4～5　　B. 5～6　　C. 4～6　　D. 5～7

5. Na_2CO_3 和 $NaHCO_3$ 混合物可用 HCl 标准溶液来测定，测定过程中两种指示剂的滴加顺序为(　　)。

A. 酚酞、甲基橙　　B. 甲基橙、酚酞

C. 酚酞、百里酚蓝　　D. 百里酚蓝、酚酞

三、计算题

1. 已知 $H_2C_2O_4$ 的 $K_{a_1}=6.5\times10^{-2}$，$K_{a_2}=6.7\times10^{-5}$，其共轭碱 $C_2O_4^{2-}$，$HC_2O_4^-$ 相应的 K_b 值各为多少？

($K_{b_1}=1.5\times10^{-10}$，$K_{b_2}=1.5\times10^{-13}$)

2. 某弱酸型指示剂在 pH=4.5 时，溶液呈蓝色，在 pH=6.5 时，溶液呈黄色，这个指示剂的离解常数 K_{HIn} 约为多少？　($K_{HIn}=3.2\times10^{-6}$)

3. 某一弱碱型指示剂的 $K_{InOH}=1.5\times10^{-6}$，此指示剂的变色范围是多少？　(7.2～9.2)

4. 下列各酸，哪些能用 NaOH 溶液直接滴定？哪些不能？如能直接滴定，应采用什么指示剂？

(1) 蚁酸(HCOOH)　$K_a=1.77\times10^{-4}$

(2) 硼酸(H_3BO_3)　$K_{a_1}=7.3\times10^{-10}$，$K_{a_2}=1.8\times10^{-13}$，$K_{a_3}=1.6\times10^{-14}$

(3) 琥珀酸($H_2C_4H_4O_4$)　$K_{a_1}=0.4\times10^{-5}$，$K_{a_2}=2.7\times10^{-6}$

(4) 枸橼酸($H_3C_6H_5O_7$)　$K_{a_1}=8.7\times10^{-4}$，$K_{a_2}=1.8\times10^{-5}$，$K_{a_3}=4.0\times10^{-6}$

(5) 顺丁烯二酸(HC—COOH ‖ HC—COOH)　$K_{a_1}=1.0\times10^{-2}$，$K_{a_2}=5.5\times10^{-7}$

(6) 邻苯二甲酸($C_6H_4(COOH)_2$)　$K_{a_1}=1.3\times10^{-3}$，$K_{a_2}=3.0\times10^{-6}$

［(1) 能，酚酞；(2) 不能；(3) 能，酚酞；(4) 能，酚酞；(5) 能，第一滴定突跃用甲基橙，第二滴定突跃用酚酞；(6) 能，酚酞］

5. H_3PO_4 的 $K_{a_1}=7.5\times10^{-3}$，$K_{a_2}=6.2\times10^{-8}$，$K_{a_3}=4.4\times10^{-13}$，问：用 NaOH 标准溶液滴定 H_3PO_4 时，有几个滴定突跃？各选什么指示剂？为什么？

（有第一、第二滴定突跃，无第三滴定突跃；第一滴定突跃用甲基橙或溴甲酚绿与甲基橙混合指示剂，第二滴定突跃用酚酞与百里酚酞混合指示剂）

6. 已知柠檬酸 $H_3OHC_6H_4O_6$ 的三级离解常数分别为：$K_{a_1}=1.1\times10^{-3}$，$K_{a_2}=4.1\times10^{-5}$，$K_{a_3}=2.1\times10^{-6}$，将其配成浓度为 0.100 0 mol/L 的溶液，用 0.100 0 mol/L 的 NaOH 标准溶液滴定，有几个滴定突跃？选什么指示剂？ （3 个质子合为一个滴定突跃，酚酞）

7. 有工业硼砂 $Na_2B_4O_7\cdot10H_2O$ 1.000 g，用 0.200 0 mol/L 的 HCl 溶液 24.50 ml 滴定至甲基橙变色，计算试样中 $Na_2B_4O_7\cdot10H_2O$ 的百分含量和以 B_2O_3 及 B 表示的百分含量。 (93.44%，34.11%，10.59%)

8. 称取纯 $CaCO_3$ 0.500 0 g，溶于 50.00 ml 0.228 7 mol/L 的 HCl 溶液中，多余的酸用 NaOH 溶液回滴，消耗 NaOH 溶液 6.20 ml，求 NaOH 的浓度。 ($c_{NaOH}=0.231\ 5$ mol/L)

9. 一试样含纯 Na_2CO_3 和 K_2CO_3，此外无其他杂质。称取 1.00 0 g，溶于水后，用 0.500 0 mol/L HCl 溶液滴定，以甲基橙为指示剂，消耗 30.00 ml。求试样中 Na_2CO_3 和 K_2CO_3 的百分含量。

($w_{Na_2CO_3}=12.00\%$，$w_{K_2CO_3}=88.00\%$)

10. 某试样含 Na_2CO_3、$NaHCO_3$ 和不与酸反应的杂质，称取该试样 1.200 g，溶于水后，用 0.500 0 mol/L HCl 溶液滴定至酚酞变色，消耗 HCl 15.00 ml，加入甲基橙指示剂，继续用 HCl 滴定至出现橙色，又消耗 22.00 ml。问试样中 Na_2CO_3、$NaHCO_3$ 及杂质的百分含量各为多少？ (66.24%，24.50%，9.26%)

11. 在非水溶剂中滴定下列各物质，哪些宜选酸性溶剂？哪些宜选碱性溶剂？为什么？

醋酸钠、乳酸钠、水杨酸、苯甲酸、苯酚、吡啶

（根据溶剂的酸碱性，弱酸性物质应选择碱性溶剂，以增大其酸强度，弱碱性物质应选择酸性溶剂，以增大其碱强度，使样品能被准确滴定。故醋酸钠、乳酸钠、吡啶应选择酸性溶剂，水杨酸、苯甲酸、苯酚应选择碱性溶剂）

12. 已知水的离子积 $K_w=1.0\times10^{-14}$，乙醇的 $K_s=10^{-19.10}$。求：(1) 纯水的 pH 和纯乙醇的 $pC_2H_5OH_2$；(2) 0.01 mol/L $HClO_4$ 的水溶液和乙醇溶液的 pH 和 $pC_2H_5OH_2$ 及 pOH 和 pC_2H_5O(设 $HClO_4$ 全部离解)。

［(1) 7.00，9.55；(2) 2.00，2.00，12.00，17.10］

13. 若用非水滴定法测定水杨酸钠的含量，应选择的测定条件应为下列 a、b、c、d 中哪一种？

	溶剂	标准溶液	指示剂
a.	水	HCl	甲基橙
b.	冰醋酸	$HClO_4$	结晶紫
c.	乙二胺	$NH_2CH_2CH_2ONa$	偶氮紫
d.	苯-甲醇	$NaOCH_3$	偶氮紫

(b)

（杜迎翔）

第五章　络合滴定法

第一节　概　　述

络合滴定法(compleximetry titrations)又称为配位滴定法，是利用形成稳定络合物的化学反应为基础的滴定分析方法。绝大多数金属离子能与无机配位剂发生络合反应而形成无机络合物。但是多数无机络合物稳定性不高，同时还存在着逐级络合问题。由于几种络合物同时存在，难以满足滴定分析的基本要求，不能直接用于定量分析。

自 20 世纪 40 年代以来，氨羧络合剂，特别是以乙二胺四乙酸及其钠盐为代表的有机络合剂，能与许多金属离子形成一定的稳定络合物，已开始用于滴定分析。络合滴定法得以迅猛发展，在化学工业、医药卫生、电镀工业和地质部门中得到了广泛的应用。

乙二胺四乙酸(简写作 EDTA)，是以氨基二乙酸[$-N(CH_2COOH)_2$]为基体的络合剂，通常用 H_4Y 表示。EDTA 在水溶液中离解时，2 个氨基上的氮接受质子形成六元酸 H_6Y^{2+}，以双偶极离子形式存在，其结构式为：

```
HOOCCH2                          CH2COO⁻
       \ H                    H /
        N—CH2—CH2—N
       / +                    + \
⁻OOCCH2                          CH2COOH
```

本章所述的络合滴定法，主要是指以 EDTA 作为标准溶液，测定金属离子(M^{n+})的滴定分析法。当 EDTA 与金属离子发生反应时，其分子中含有 4 个羧基氧与 2 个氨基氮，共有 6 个配位原子，能与金属离子形成多基络合的螯合物(chelate complex)，其结构式如图 5-1 所示。不难发现，一分子的 EDTA 与金属离子螯合后，形成了具有多个五元环的络合物。从络合物的研究知道，具有五元环或六元环的螯合物最稳定，这就表明 DETA 与金属离子形成的络合物稳定性高。此外，EDTA 与金属离子一般形成 1∶1 的络合物，其络合比较简单，络合反应速率快，水溶性大，生成的络合物大多数为无色。这些都给 EDTA 法提供了有利条件。一般来说，无色的金属离子与 EDTA 络合时生成无色的络合物；有色的金属离子与 EDTA 络合时形成颜色更深的螯合物，如：

NiY^{2-}	CuY^{2-}	CoY^{2-}	MnY^{2-}	CrY^-	FeY^-
蓝	深蓝	紫红	紫红	深紫	黄

络合滴定的缺点是干扰元素较多，实验条件严格，某些滴定的终点不易掌握。

第二节　基本原理

一、EDTA 的性质及其离解平衡

乙二胺四乙酸是一种白色无水结晶粉末，不溶于酸和一般的有机溶剂，能溶于碱性和氨性溶液中，室温时在水中溶解度约为 0.02 g/100 g 水，不宜作为络合滴定的滴定剂，故常用其钠

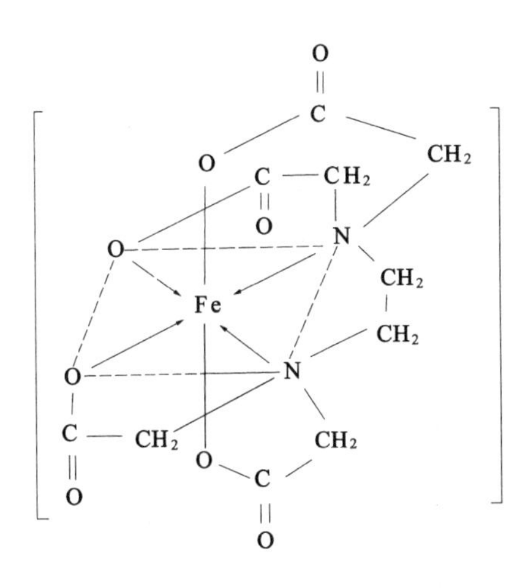

图 5-1　EDTA-Fe 络合物的立体结构图

盐-乙二胺四乙酸二钠盐($Na_2H_2Y \cdot 2H_2O$)作为滴定剂，通常也简写为 EDTA。在室温下，每 100 ml 水能溶解 11.1 g EDTA，水溶液显弱酸性(pH 约为 4.7)。若 pH 偏低，可用 NaOH 溶液调 pH 至 5.0 左右，以免溶液配制后有乙二胺四乙酸析出。

当 EDTA 溶解于酸度高的溶液中时，分子中两个羧基上的氮接受 H^+ 而形成 H_6Y^{2+}，作为六元酸，其离解平衡如下：

$$H_6Y^{2+} \rightleftharpoons H^+ + H_5Y^+ \qquad K_{a_1}=1.26\times10^{-1}$$

$$H_5Y^+ \rightleftharpoons H^+ + H_4Y \qquad K_{a_2}=2.51\times10^{-2}$$

$$H_4Y \rightleftharpoons H^+ + H_3Y^- \qquad K_{a_3}=1.00\times10^{-2}$$

$$H_3Y^- \rightleftharpoons H^+ + H_2Y^{2-} \qquad K_{a_4}=2.16\times10^{-3}$$

$$H_2Y^{2-} \rightleftharpoons H^+ + HY^{3-} \qquad K_{a_5}=6.92\times10^{-7}$$

$$HY^{3-} \rightleftharpoons H^+ + Y^{4-} \qquad K_{a_6}=5.50\times10^{-11}$$

因此，EDTA 在水溶液中以 H_6Y^{2+}、H_5Y^+、H_4Y、H_3Y^-、H_2Y^{2-}、HY^{3-} 与 Y^{4-} 等 7 种形式存在。其分布曲线见图 5-2。

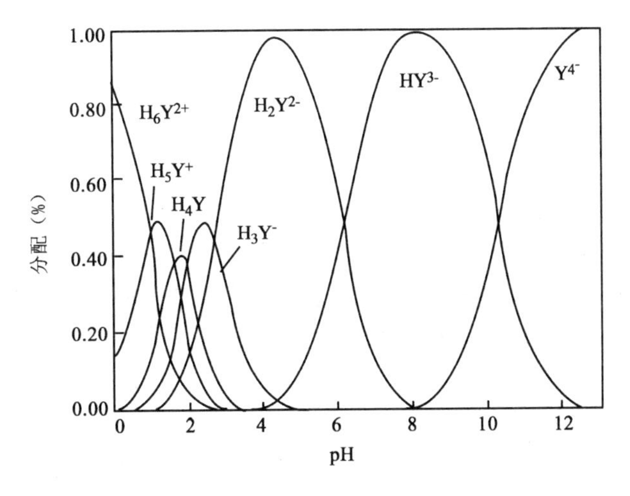

图 5-2　EDTA 的存在形式在不同 pH 时的分布曲线

EDTA 的存在形式随 pH 的变化而改变，在不同的 pH 时，EDTA 的存在形式主要为：

pH	<1	1～1.6	1.6～2	2～2.7	2.7～6.2	6.2～10.2	>10.2
存在形式	H_6Y^{2+}	H_5Y^{+}	H_4Y	H_3Y^{-}	H_2Y^{2-}	HY^{3-}	Y^{4-}

在以上 7 种形式中，只有 Y^{4-} 能与金属离子直接络合。溶液的酸度越低，Y^{4-} 的分布比就越大，因此，EDTA 在碱性溶液中络合能力较强。

二、金属-EDTA 络合物在溶液中的离解平衡

与其他络合物一样，金属-EDTA 络合物在溶液中也存在着离解平衡，其平衡常数可用稳定常数（也称形成常数）或不稳定常数（即离解常数）来表示。

1. 金属-EDTA 络合物的稳定常数

由于金属离子与 EDTA 一般形成 1∶1 络合物，为讨论方便，我们略去反应式中的电荷，反应可简写成：

$$M + Y \rightleftharpoons MY$$

当反应达动态平衡时

$$K_{稳} = \frac{[MY]}{[M][Y]} = \frac{1}{K_{不稳}}$$

$K_{稳}$ 的大小主要取决于金属离子和络合剂的性质。$K_{稳}$ 越大（或 $K_{不稳}$ 越小），说明络合物越稳定。EDTA 与不同金属离子形成的络合物，其稳定性是不同的，常见的金属-EDTA 络合物的 $K_{稳}$（即 K_{MY}）的对数值见表 5-1。

表 5-1　EDTA 与常见金属离子的络合物的稳定常数

离子	$\lg K_{稳}$	离子	$\lg K_{稳}$	离子	$\lg K_{稳}$
Na^{+}	1.66	Ce^{3+}	15.98	Hg^{2+}	21.80
Li^{+}	2.79	Al^{3+}	16.10	Cr^{3+}	23.00
Ba^{2+}	7.76	Co^{2+}	16.31	Th^{4+}	23.20
Sr^{2+}	8.63	Zn^{2+}	16.50	Fe^{3+}	25.10
Mg^{2+}	8.69	Pb^{2+}	18.04	V^{3+}	25.90
Ca^{2+}	10.69	Y^{3+}	18.09	Bi^{3+}	27.94
Mn^{2+}	14.04	Ni^{2+}	18.67		
Fe^{2+}	14.33	Cu^{2+}	18.80		

随金属离子的不同，EDTA 与金属离子形成的络合物稳定性有较大的差别。这些络合物的稳定性主要决定于金属离子本身的离子电荷、离子半径和电子层结构。此外，溶液的酸度、温度和其他络合剂的存在等外界条件的变化也会影响络合物的稳定性。由表 5-1 可知：碱金属离子的络合物最不稳定；碱土金属离子的络合物，$\lg K_{MY} = 8～11$；过渡元素、稀土元素、Al^{3+} 络合物，$\lg K_{MY} = 15～19$；三价、四价金属离子和 Hg^{2+} 的络合物，$\lg K_{MY} > 20$。

2. 络合反应的副反应和副反应系数

虽然 EDTA 与金属离子形成的络合反应有很多优点，但在形成络合物的过程中，仍存在很多复杂的问题。例如，EDTA 的存在状态受溶液酸度的影响，当 EDTA 与金属离子络合时，又不断放出 H^{+}，改变着溶液的酸度：

$$M^{n+} + H_2Y^{2-} \rightleftharpoons MY^{n-4} + 2H^+$$

为了维持溶液酸度的恒定，络合反应最好能在 pH 缓冲溶液中进行。加入 pH 缓冲溶液，必然引入其他离子，例如络合剂 NH_3 等，又将对金属离子的存在状态产生影响，所以，络合平衡是很复杂的。在一定的反应条件和反应组分比时，络合平衡不仅受温度、溶液的离子强度的影响，还要受溶液的酸度以及外来离子的影响。为了便于讨论反应条件对络合反应的影响，将一切不属于主要络合反应的物质如氢离子、氢氧根离子、待测试样中共存的其他金属离子 N 以及从使 pH 恒定的缓冲溶液中引入的离子及加入的辅助络合剂 L 等对络合反应的影响，统称为副反应。其平衡关系表示如下：

M	+	Y	$\rightleftharpoons$	MY	主反应
L ↙ ↘ OH^-		H^+ ↙ ↘ N		H^+ ↙ ↘ OH^-	
ML　M(OH)		HY　NY		MHY　M(OH)Y	
⋮　⋮		⋮			
ML_n　$M(OH)_n$		H_4Y			副反应

很显然，这些副反应的发生都会对主反应产生影响。为了定量地表示副反应对主反应的影响程度，引入副反应系数 α。络合剂浓度受氢离子影响的程度称为酸效应系数，用 $\alpha_{Y(H)}$ 表示；金属离子浓度受掩蔽剂、缓冲物质、氢氧根离子等络合作用影响的程度，称络合效应系数，用 $\alpha_{M(L)}$ 表示。现以酸度和另一络合剂对络合平衡的影响为主，分析反应条件对主要络合反应的影响。

（1）酸效应系数

酸效应系数是指在一定酸度下，EDTA 的总浓度 $[Y]_{总}$ 与有效浓度 $[Y^{4-}]$ 之比，即：

$$\alpha_{Y(H)} = \frac{[Y]_{总}}{[Y^{4-}]} \tag{5-1}$$

有效浓度即指能与金属离子发生络合效应的 Y^{4-} 的浓度。不同酸度下的 $\alpha_{Y(H)}$ 值，可从 EDTA 的各级离解常数和溶液中的 H^+ 浓度计算出来。

$$\alpha_{Y(H)} = \frac{[Y]_{总}}{[Y^{4-}]} = \frac{[Y^{4-}]+[HY^{3-}]+[H_2Y^{2-}]+[H_3Y^-]+[H_4Y]+[H_5Y^+]+[H_6Y^{2+}]}{[Y^{4-}]}$$

$$= 1 + \frac{[H^+]}{K_6} + \frac{[H^+]^2}{K_6K_5} + \frac{[H^+]^3}{K_6K_5K_4} + \frac{[H^+]^4}{K_6K_5K_4K_3} + \frac{[H^+]^5}{K_6K_5K_4K_3K_2} + \frac{[H^+]^6}{K_6K_5K_4K_3K_2K_1} \tag{5-2}$$

由上式可见，$\alpha_{Y(H)}$ 与溶液酸度有关，它随溶液 pH 增大而减小。不同 pH 时的酸效应系数列于表 5-2。

表 5-2　不同 pH 时的 $\lg\alpha_{Y(H)}$

pH	$\lg\alpha_{Y(H)}$	pH	$\lg\alpha_{Y(H)}$	pH	$\lg\alpha_{Y(H)}$
0.0	21.18	3.4	9.71	6.8	3.55
0.4	19.59	3.8	8.86	7.0	3.32
0.8	18.01	4.0	8.44	7.5	2.78
1.0	17.20	4.4	7.64	8.0	2.26
1.4	15.68	4.8	6.84	8.5	1.77
1.8	14.21	5.0	6.45	9.0	1.29
2.0	13.51	5.4	5.69	9.5	0.83
2.4	12.24	5.8	4.98	10.0	0.45
2.8	11.13	6.0	4.65	11.0	0.07
3.0	10.63	6.4	4.06	12.0	0.00

从表 5-2 可知，大多数情况下$[Y^{4-}]<[Y]_{总}$，只有在 pH≥12 时，$\alpha_{Y(H)}=1$，此时，$[Y^{4-}]=[Y]_{总}$，EDTA 络合能力最强，生成的络合物也最稳定。

(2) 络合效应系数

络合效应系数 $\alpha_{M(L)}$ 是指金属离子总浓度$[M]_{总}$与游离金属离子浓度[M]之比，即：

$$\alpha_{M(L)}=\frac{[M]_{总}}{[M]}=\frac{[M]+[ML]+[ML_2]+\cdots+[ML_n]}{[M]}$$

$$=1+K_1[L]+K_1K_2[L]^2+\cdots+K_1K_2\cdots K_n[L]^n \quad (5-3)$$

当络合剂 L 浓度一定时，$\alpha_{M(L)}$ 为一定值。

三、络合物的条件稳定常数

在主要络合反应中，MY 的稳定常数为：

$$K_{MY}=\frac{[MY]}{[M][Y]} \quad (5-4)$$

条件稳定常数是在一定条件下，同时考虑酸效应和络合效应这两个主要因素对金属 EDTA络合物的影响时所得到的络合物的实际稳定常数，记为 K'_{MY}，又称为表观稳定常数或有效稳定常数。在伴有副反应的条件下，[M]及[Y]都有变化，其数值不能直接得知，故 K'_{MY} 可用下式表示：

$$K'_{MY}=\frac{[MY]}{[M]_{总}[Y]_{总}} \quad (5-5)$$

由定义可知：$[M]_{总}=\alpha_{M(L)}[M]$，$[Y]_{总}=\alpha_{Y(H)}[Y]$。所以，

$$K'_{MY}=\frac{[MY]}{[M]_{总}[Y]_{总}}=\frac{[MY]}{[M]\alpha_{M(L)}\cdot[Y]\alpha_{Y(H)}}=\frac{K_{MY}}{\alpha_{M(L)}\alpha_{Y(H)}} \quad (5-6)$$

将上式取对数，得到处理络合平衡或在络合滴定中评估滴定准确程度的重要公式：

$$\lg K'_{MY}=\lg K_{MY}-\lg\alpha_{Y(H)}-\lg\alpha_{M(L)} \quad (5-7)$$

式中：K'_{MY}即为条件稳定常数。

条件稳定常数越大，说明络合物在该条件下越稳定，所以，条件稳定常数说明了络合物 MY 在一定条件下的实际稳定程度。

当溶液中无其他络合剂存在时，$\alpha_{M(L)}=1$，即 $\lg K'\alpha_{M(L)}=0$，此时 $\lg K'_{MY}=\lg K_{MY}-\lg\alpha_{Y(H)}$，即只有酸效应的影响。

例 5-1 计算在 pH=2.0 和 5.0 时 ZnY^{2-} 的 $\lg K'_{ZnY}$值。

解 查表 5-1，$\lg K_{ZnY}=16.50$

查表 5-2，pH=2.0 时，$\lg\alpha_{Y(H)}=13.51$

$\lg K'_{ZnY}=16.50-13.51=2.99$

pH=5.0 时，$\lg\alpha_{Y(H)}=6.45$

$\lg K'_{ZnY}=16.50-6.45=10.05$

很显然，络合物 ZnY 在 pH=5.0 的溶液中更稳定。

例 5-2 计算 pH=11.0、$[NH_3]=0.1$ mol/L 时的 $\lg K'_{ZnY}$值。

解 $\lg K_{ZnY}=16.50$

已知 pH=11.0 时，$\lg\alpha_{Y(H)}=0.07$，$\lg\alpha_{Zn(OH)_2}=5.4$

且 $Zn(NH_3)_4^{2+}$ 的 $\lg\beta_1\sim\lg\beta_4$分别为 2.27、4.61、7.01、9.06，

则$\alpha_{Zn(NH_3)}=1+\beta_1[NH_3]+\beta_2[NH_3]^2+\beta_3[NH_3]^3+\beta_4[NH_3]^4$

$=10^{5.1}$

故 $\alpha_{Zn}=\alpha_{Zn(NH_3)}+\alpha_{Zn(OH)_2}-1$

$=10^{5.1}+10^{5.4}-1=10^{5.6}$

$\lg K'_{ZnY}=\lg K_{ZnY}-\lg\alpha_{Y(H)}-\lg\alpha_{Zn}$

$=16.50-0.07-5.6=10.83$

计算结果表明：在 pH=11.0 时，尽管 Zn^{2+} 与 OH^- 和 NH_3 的副反应很强，但 $\lg K'_{ZnY}$ 仍为 10.83，故在强碱性条件下，仍能用 EDTA 滴定 Zn^{2+}。

例 5-3　在 pH=5.0 时，含有游离 F^- 浓度为 0.010 mol/L 时，AlY 络合物的条件稳定常数 K'_{AlY} 为多少？（已知 $\lg K_1=6.1$，$\lg K_2=5.1$，$\lg K_3=3.8$，$\lg K_4=2.7$，$\lg K_5=1.7$，$\lg K_6=0.3$）

解　查表 5-2，$\lg\alpha_{Y(H)}=6.45$，即 $\alpha_{Y(H)}=3.55\times10^{-7}$

查表 5-1，$\lg K_{AlY}=16.10$

Al^{3+} 与游离的 F^- 逐步形成一系列的络合物：

$Al^{3+}+F^-\rightleftharpoons AlF^{2+}$　　$K_1=\frac{[AlF^{2+}]}{[Al^{3+}][F^-]}$　　(1)

$AlF^{2+}+F^-\rightleftharpoons AlF_2^+$　　$K_2=\frac{[AlF_2^+]}{[AlF^{2+}][F^-]}$　　(2)

$AlF_2^++F^-\rightleftharpoons AlF_3$　　$K_3=\frac{[AlF_3]}{[AlF_2^+][F^-]}$　　(3)

$AlF_3+F^-\rightleftharpoons AlF_4^-$　　$K_4=\frac{[AlF_4^-]}{[AlF_3][F^-]}$　　(4)

$AlF_4^-+F^-\rightleftharpoons AlF_5^{2-}$　　$K_5=\frac{[AlF_5^{2-}]}{[AlF_4^-][F^-]}$　　(5)

$AlF_5^{2-}+F^-\rightleftharpoons AlF_6^{3-}$　　$K_6=\frac{[AlF_6^{3-}]}{[AlF_5^{2-}][F^-]}$　　(6)

在 F^- 溶液中，Al^{3+} 总是以 7 种形式存在，为了书写方便，省略各离子所带电荷。

$[Al]_{总}=[Al]+[AlF]+[AlF_2]+[AlF_3]+[AlF_4]+[AlF_5]+[AlF_6]$　　(7)

$$\alpha_{AlF}=\frac{[Al]_{总}}{[Al]}$$

代入(7)式，然后代入(1)～(6)式，得

$\alpha_{Al(F)}=1+K_1[F^-]+K_1K_2[F^-]^2+\cdots+K_1K_2K_3K_4K_5K_6[F^-]^6$

代入数据，得　$\alpha_{AlF}=1.1\times10^{-10}$

所以 $\lg K'_{AlY}=\lg K_{AlY}-\lg\alpha_{AlF}-\lg\alpha_{Y(H)}=16.10-9.96-6.45=-0.31$

此时 $\lg K'_{AlY}$ 值很小，AlY 已被氟化物所破坏，在这样的条件下，不可能用 EDTA 来滴定 Al^{3+}。

第三节　络合滴定中酸度的控制

一、络合滴定的最低 pH

由于各种金属-EDTA 络合物的稳定性差别较大，它们受 H^+ 浓度的影响也各有不同。由表 5-2 可知：pH 越大，$\lg\alpha_{Y(H)}$ 值越小，条件稳定常数越大，络合反应越完全，对滴定越有利。

但若 pH 太大，金属离子会水解生成氢氧化物沉淀，此时难以用 EDTA 来直接滴定该金属离子。另一方面，pH 降低，条件稳定常数减小。但对于一些稳定性高的络合物，溶液的 pH 即使稍低一些，仍可进行滴定，而对稳定性差的络合物，若溶液 pH 降低，就不能滴定。因此对不同的金属离子，在滴定时有不同的最低 pH 的需求。

根据滴定分析的一般要求，滴定误差约为 0.1%，若金属离子浓度为 0.01 mol/L，忽略滴定时溶液体积变化的影响，则在计量点时$[M]_{总}=[Y]_{总}=0.01\times0.1\%=10^{-5}$(mol/L)，要满足这一要求，$K'_{MY}$至少为：

$$K'_{MY}=\frac{[MY]}{[M]_{总}[Y]_{总}}=\frac{0.01}{10^{-5}\times10^{-5}}=10^{8}$$

这就是说，K'_{MY}必须大于或等于 10^8 才能获得准确的滴定结果。如果溶液中只有酸效应，不存在其他副反应，则当 $\lg K'_{MY}>8$ 时，即

$$\lg K'_{MY}=\lg K_{MY}-\lg\alpha_{Y(H)}\geqslant8 \tag{5-8}$$

$$\lg\alpha_{Y(H)}\leqslant\lg K_{MY}-8$$

在滴定某金属离子时，由表 5-1 查出该金属离子的 $\lg K_{MY}$，代入(5-8)式求出 $\lg\alpha_{Y(H)}$，再用表 5-2 查得与其对应的 pH，即为该离子滴定时所允许的最低 pH。

例 5-4 用 EDTA 滴定 0.01 mol/L Mg^{2+} 溶液时，假定无其他络合剂的影响，为了获得准确的滴定结果，测定时所允许的最低 pH 是多少？

解 由表 5-1 查得 $\lg K_{MgY}=8.69$，那么

$$\lg\alpha_{Y(H)}\leqslant\lg K_{MgY}-8=0.69$$

由表 5-2 查得：最低 pH 应为 10 左右。

按此法可以求出 EDTA 滴定各种金属离子的最低 pH，见表 5-3。

表 5-3 一些金属离子能被 EDTA 滴定的最低 pH

金属离子	$\lg K_{MY}$	最低 pH	金属离子	$\lg K_{MY}$	最低 pH
Mg^{2+}	8.64	9.7	Zn^{2+}	16.4	3.9
Ca^{2+}	11.0	7.5	Pb^{2+}	18.3	3.2
Mn^{2+}	13.8	5.2	Ni^{2+}	18.56	3.0
Fe^{2+}	14.33	5.0	Cu^{2+}	18.7	2.9
Al^{3+}	16.11	4.2	Hg^{2+}	21.8	1.9
Co^{2+}	16.31	4.0	Sn^{2+}	22.1	1.7
Cd^{2+}	16.4	3.9	Fe^{3+}	14.23	1.0

二、溶液酸度控制

从上述讨论可知：pH 较大，对络合滴定有利，但 pH 又不能太大，还需考虑待测金属离子的水解、辅助络合剂的络合作用等。因此，在络合滴定中，应有一个适宜的 pH 范围。为了控制滴定所需的 pH，常选用适当的缓冲溶液，使滴定过程中酸度适中，表 5-4 列出了常用的缓冲体系。

表 5-4　常用的缓冲体系及其 pH

pH	<2	3.4～5.5	8～11	>12
缓冲体系	强酸	HAc-NaAc 或 $(CH_2)_6N_4$-HCl	$NH_3 \cdot H_2O$-NH_4Cl	强碱

第四节　金属离子指示剂

与其他滴定法一样，络合滴定判断终点的方法有多种，但最常用的还是用指示剂的方法。络合滴定法常用金属离子指示剂来判断滴定终点。

一、金属离子指示剂的变色原理

一些有机络合剂，与金属离子形成有色络合物，能因溶液中金属离子浓度的变化而变色，其颜色与游离指示剂的颜色不同，这种指示剂称为金属离子指示剂。

现以铬黑 T(HIn^{2-})为例说明金属离子指示剂的变色原理。

铬黑 T (HIn^{2-})在 pH=8～11 时呈蓝色，它与少量的 Ca^{2+}、Mg^{2+}、Zn^{2+} 等离子形成的络合物呈红色：

$$M^{2+} + HIn^{2-} \rightleftharpoons MIn^{-} + H^{+}$$

随着 EDTA 的加入，游离金属离子(即与 HIn^{2-} 未络合的金属离子)逐步被络合而形成络合物。到滴定终点时，由于 $K_{MY} > K_{MIn}$，故 EDTA 夺取指示剂络合物中的金属离子，使指示剂游离出来，溶液显示游离 HIn^{2-} 的蓝色。

$$\text{终点：}\underset{\text{(红色)}}{MIn^{-}} + H_2Y^{2-} \rightleftharpoons MY^{2-} + \underset{\text{(蓝色)}}{HIn^{2-}} + H^{+}$$

二、金属指示剂应具备的条件

(1) 在滴定的 pH 范围内，指示剂金属离子络合物和游离指示剂两者的颜色应有显著的差别，这样才能使终点颜色变化明显。

(2) 指示剂与金属离子形成的有色络合物要有适当的稳定性。指示剂与金属离子络合物的稳定性必须小于 EDTA 与金属离子络合物的稳定性，这样在滴定到达计量点时指示剂才能被 EDTA 置换出来，进而显示出终点的颜色变化。但如果指示剂与金属离子所形成的络合物稳定性太低，则在计量点前指示剂就开始游离出来，使终点变色不敏锐，并使终点提前。一般要求 $K_{MIn} > 10^4$，且 $K_{MY}/K_{MIn} > 10^2$。

(3) 指示剂与金属离子形成的络合物应易溶于水，显色反应要灵敏、迅速，并具有一定选择性。

(4) 指示剂应比较稳定，不易被氧化或变质。

常见的金属离子指示剂见表 5-5。

表 5－5　常见的金属离子指示剂

指示剂	结构式	离解常数及指示剂颜色	MIn 颜色	应用
铬黑 T EBT	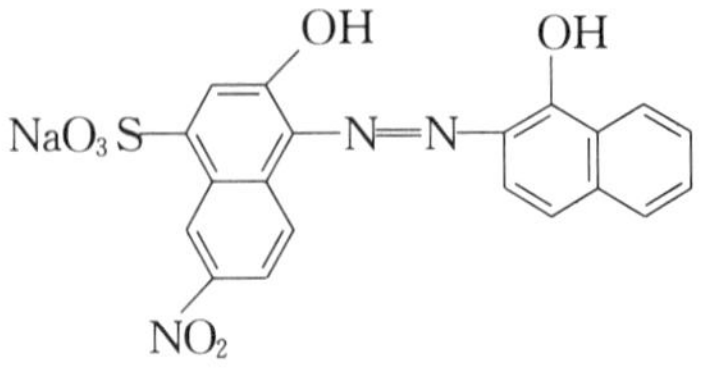	H_2In^-（紫红） $pK_2=6.3$ HIn^{2-}（蓝） $pK_3=11.6$ In^{3-}（红）	蓝色	直接滴定： Zn、Cd、Pb、Hg
二甲酚橙 XO	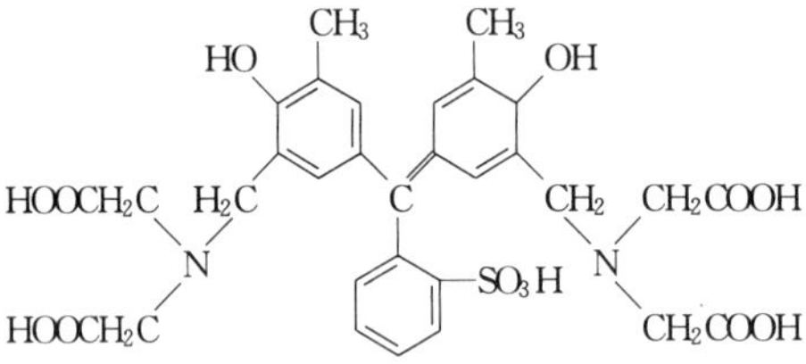	H_3In^{4-}（黄） $pK_{a_5}=6.3$ H_2In^{5-}（红）	黄色	直接滴定：Bi、Th、Pb、Zn、Cd、Hg、Tl、稀土 返滴：Fe、Al、Ni、Cu
PAN	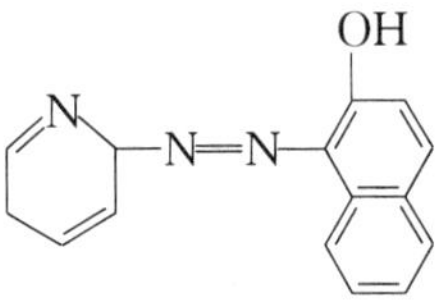 (HIn)	HIn(橘红色) $pK_a=12.3$ In^-（粉红色）	红色	直接滴定：Cd、Cu、Zn 间接滴定：Cu、Fe、Pb、Ni、Sn、 置换滴定：Al、Ca、Co、Fe、Pb、Mg、Ni、Zn
紫脲酸胺	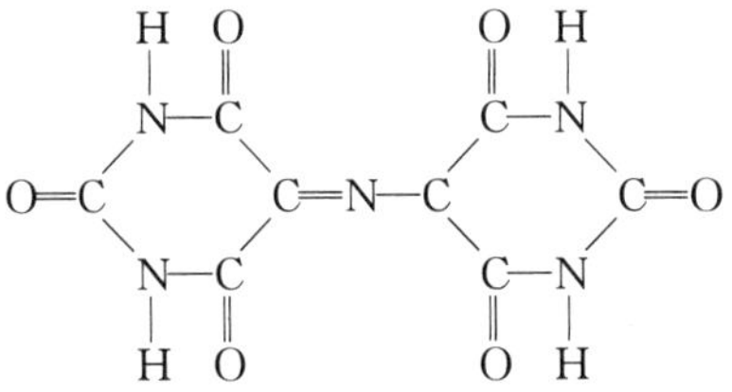 (H_4In^-)	H_4In^-（红） $pK_{a_2}=9.2$ H_3In^{2-}（紫） $pK_{a_3}=10.9$ H_2In^{3-}（蓝）	与 Ca^{2+} 呈现红色，与 Co^{2+}、Cu^{2+}、Ni^{2+} 为黄色	直接滴定：Ca、Co、Cu、Ni 返滴：Cu、Cr、Ca 置换滴定：Au、Pd、Ag
邻苯二酚紫 PV	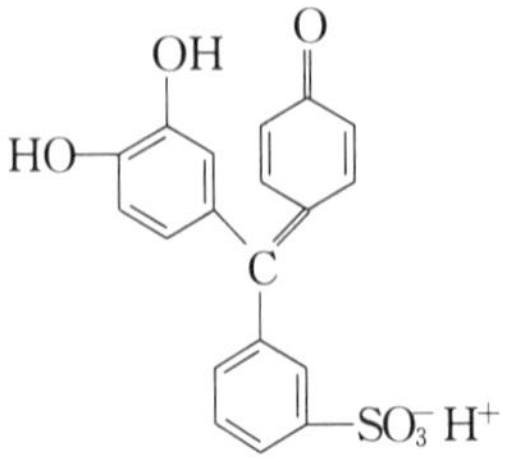 (H_4In)	H_4In(红) $pK_{a_1}=0.2$ H_3In^-（黄） $pK_{a_2}=7.8$ H_2In^{2-}（紫） $pK_{a_3}=9.8$ HIn^{3-}（红紫） $pK_{a_4}=11.7$	除与 Tb(Ⅳ)为红色外，其他均为蓝色	直接滴定：Al、Bi、Cd、Co、Fe、Zn、Pb、Mg、Mn、Ni、Tb 返滴：Al、Bi、Cd、Fe、Ni、Sn、Tb、Ti

续表

指示剂	结构式	离解常数及指示剂颜色	MIn 颜色	应用
酸性铬蓝 K	OH　OH OH —N═N— Na⁺ O_3^-S　SO_3^- Na⁺ SO_3^- Na⁺	pH=8～13 时呈现蓝色	红色	酸性铬蓝 K∶萘酚绿=1∶2 组成 K-B 指示剂可测 Ca-Mg 总量及 Ca

三、指示剂的封闭现象与掩蔽作用

某些指示剂与金属离子形成更稳定的络合物而不能被 EDTA 置换，虽加入大量 EDTA 也达不到终点，这种现象称为指示剂的封闭现象。

例如，在 pH=10 用 EDTA 滴定 Mg^{2+} 时，Al^{3+}、Fe^{3+}、Ni^{2+}、Co^{2+} 等离子对铬黑 T 有封闭作用，必须加入掩蔽剂，如三乙醇胺（掩蔽 Fe^{3+}、Al^{3+}）、氰化钾（掩蔽 Co^{2+}、Ni^{2+}），以消除干扰。

有时，MIn 的稳定性不如 MY 高，但由于其颜色变化不可逆，也可能出现封闭现象。这时可采用回滴定的方法予以消除，即先加入过量定量的 EDTA，使其与金属离子先形成络合物，过量部分的 EDTA 用其他金属离子回滴。

常采用加入掩蔽剂来消除指示剂的封闭现象。掩蔽剂是指不需分离干扰离子而能消除其干扰作用的试剂。常用的掩蔽剂及适用条件见表 5-6。

表 5-6　常用的掩蔽剂及适用条件

掩蔽剂	被掩蔽的金属离子	掩蔽条件
KI	Hg^{2+}、Cu^{2+}	pH 5～6
KCN（剧毒）	Ag^{+}、Cu^{2+}、Co^{2+}、Ni^{2+}、Zn^{2+}、Mn^{2+}、Fe^{2+}、Cd^{2+}、Hg^{2+}	pH>8
氟化物	Al^{3+}、Ti^{4+}、Sn^{4+}、Zr^{4+}	pH 4～6
	稀土 Ba^{2+}、Sr^{2+}、Ca^{2+}（皆沉淀）	pH 10
三乙醇胺	Al^{3+}、Fe^{3+}、Sn^{4+}、TiO^{2+}	pH 10
邻菲罗啉	Zn^{2+}、Cu^{2+}、Ca^{2+}、Co^{2+}、Ni^{2+}、Hg^{2+}	微酸性
二巯基丙醇（BAL）	Hg^{2+}、Cd^{2+}、Zn^{2+}、Pb^{2+}、Bi^{3+}、Ag^{+}、As^{3+}、Sn^{4+}、	pH 10
磺基水杨酸	Al^{3+}	pH 4～6

第五节　标准溶液

一、标准溶液的配制

由于 $Na_2H_2Y \cdot 2H_2O$ 有可能在放置过程中失去一部分的结晶水，也可能吸附少量水，且当它配成溶液，贮存于玻璃器皿中时，由于玻璃质料不同，EDTA 将不同程度地溶解玻璃中的 Ca^{2+} 生成 CaY，所以 EDTA 标准溶液常用间接法配制，且间隔一段时间后需重新标定。

0.05 mol/L EDTA 溶液的配制：称取分析纯 $Na_2H_2Y \cdot 2H_2O$ 19 g，溶于 300～400 ml 温水中，冷却后加水稀释至 1 L，摇匀，需长时间放置时，应贮存在聚乙烯瓶中。

二、标准溶液的标定

标定 EDTA 的基准物质常用金属 Zn 或 ZnO。

精密称取 ZnO 约 0.45 g，加稀 HCl 10 ml 使溶解，配成 100 ml 溶液，量取 20 ml，加甲基红指示剂(0.025→100，乙醇)1 滴，边滴加氨试液边摇动至溶液呈微黄色。再加蒸馏水25 ml，缓冲液 $NH_3 \cdot H_2O-NH_4Cl$ 10 ml 和铬黑 T 指示液数滴，用 EDTA 滴定至溶液由紫红色转变为纯蓝色，即为终点。

EDTA 摩尔浓度的计算：

$$c_{EDTA}=\frac{W_{ZnO}}{V_{EDTA}\times\frac{M_{ZnO}}{1\,000}}\qquad (M_{ZnO}=81.38\ g\cdot mol^{-1})$$

第六节　应用与示例

络合滴定应用广泛，采用不同的滴定方式，不仅能扩大络合滴定的应用范围，而且是提高络合滴定选择性的途径之一。常用的滴定方式有下面几种。

一、直接滴定法

直接滴定法就是在试液中加入缓冲溶液控制 pH，然后加入指示剂，直接用 EDTA 溶液测定金属离子的方法。直接滴定法广泛用于镁盐、钙盐、铋盐等药物的测定。

例 5-5　$MgSO_4 \cdot 7H_2O$ 的测定：取本品约 0.25 g，精密称定，加蒸馏水 30 ml 溶解后，加 $NH_3 \cdot H_2O-NH_4Cl$ 缓冲液 10 ml 和铬黑 T 指示剂数滴，用 0.05 mol/L EDTA 溶液滴定至溶液由红色变为蓝色，其含量计算公式如下：

$$w_{MgSO_4\cdot 7H_2O}(\%)=\frac{c_{EDTA}\times V_{EDTA}\times\frac{M_{MgSO_4\cdot 7H_2O}}{1\,000}}{S_{样}}\times 100$$

$$(M_{MgSO_4\cdot 7H_2O}=246.47\ g\cdot mol^{-1})$$

例 5-6　水的硬度测定：测定水的硬度，实际上是测定水中钙、镁离子的总量，把测得的钙、镁离子均折算成 $CaCO_3$ 或 CaO 的重量以计算硬度。水的硬度以每升水中含 $CaCO_3$ 的毫克数或以度(每升水中含 10 mg CaO 表示一个硬度单位)来表示。

取水样 100 ml，加 5 滴(1→1)HCl 溶液，使某些可溶于酸的悬浮物溶解，加 3.0 ml 三乙醇胺，以掩蔽少量的 Al^{3+}、Fe^{3+}、Mn^{2+} 等干扰离子，加 10 ml $NH_3 \cdot H_2O-NH_4Cl$ 缓冲液和铬黑 T 指示剂数滴，用 0.01 mol/L EDTA 滴定溶液由红色变为蓝色，硬度计算公式如下：

$$硬度(CaCO_3)=c_{EDTA}\times V_{EDTA}\times 100.1\times 10\ mg/L$$

$$硬度(CaO)=c_{EDTA}\times V_{EDTA}\times 56.08/10\ 度$$

二、回滴定法

回滴定法，也称返滴定法，是在溶液中先加入定量过量的 EDTA 标准溶液，待与被测离子络合完全后，再用另一种金属离子的标准溶液回滴剩余的 EDTA。有下列情况之一存在时，可适用回滴定法：

(1) 没有适当的指示剂，或者被测离子对指示剂有“封闭”作用。

(2) 在滴定条件下被测离子发生水解或沉淀，没有辅助络合剂。

(3) 络合反应速度慢(如 Al^{3+} 的测定)。

例 5-7 取氢氧化铝凝胶 8 g，精密称定，加 HCl 溶液 10 ml 和蒸馏水 10 ml，煮沸 10 min 使溶解，放冷至室温，过滤，滤液置于 250 ml 容量瓶中。滤器用蒸馏水洗涤，洗液并入容量瓶中，用蒸馏水稀释至刻度。精密量取 25 ml，加氨试液至刚析出白色沉淀，再滴加稀 HCl 溶液至沉淀刚溶解为止。加入 $HAc-NH_4Ac$ 缓冲液 10 ml，再精密加入 0.05 mol/L EDTA 25 ml，煮沸 3～5 min，放冷至室温，补充蒸发的水分，加 0.2%二甲酚橙指示剂 1 ml，用 0.05 mol/L 锌液滴定至溶液由黄色变为淡紫红色，其含量计算公式如下：

$$w_{Al_2O_3}(\%)=\frac{[c_{EDTA}\times V_{EDTA}-c_{Zn}\times V_{Zn}]\times\frac{M_{Al_2O_3}}{2\ 000}}{S_{样}\times\frac{25}{250}}\times 100 \qquad (M_{Al_2O_3}=101.94\ g\cdot mol^{-1})$$

三、间接滴定法

有些不与 EDTA 络合或生成的络合物不够稳定的金属离子，可采用间接滴定法。

例如，测定 PO_4^{3-}，可加定量过量的 $Bi(NO_3)_3$，使生成 $BiPO_4$ 沉淀，再用 EDTA 滴定剩余的 Bi^{3+}。

四、置换滴定法

在一定酸度下，向被测试液中加入过量 EDTA，然后用金属离子滴定过量的 EDTA，再加入另一种络合剂，使其与被测离子形成更稳定的络合物，将 EDTA 置换出来。最后用金属离子标准溶液滴定释放出来的 EDTA，从而计算待测离子的含量。

例如，测定铝、钛共存试样中的钛，以 EDTA 滴定后，用苦杏仁酸置换出与钛络合的 EDTA，再用铜盐标准溶液返滴定。

小　结

1. 络合滴定法是利用形成稳定络合物的络合反应来进行滴定的分析方法。通常所说的络合滴定是指以 EDTA 为络合剂的络合滴定。因此也称 EDTA 络合滴定。EDTA 与金属离子形成的络合物具有简单的摩尔比和稳定的数个五元环的结构，并易溶于水。

2. EDTA 络合滴定的特点：EDTA 是多元弱酸，酸度对络合滴定的影响很大，因此滴定中要严格控制酸度;EDTA 几乎与所有的金属离子形成 1∶1 的稳定络合物;与 EDTA 形成络合物的金属离子很多,为防止其他离子干扰,可加入适当的掩蔽剂或采用适当的滴定方式,以提高滴定的选择性。

3. 络合物的稳定性决定于金属离子本身的性质、酸度及其他络合剂的存在等外界因素的影响。EDTA 在不同酸度的溶液中各种离解形式存在的浓度不同,其中只有 Y^{4-} 与金属离子络合。络合剂的有效浓度受 $[H^+]$ 影响的程度用酸效应系数 $\alpha_{Y(H)}=[Y]_{总}/[Y^{4-}]$ 表示。溶液中存在的缓冲物质、掩蔽剂、氢氧根离子等络合剂都会影响[M],其影响程度用络合效应系数 $\alpha_{M(L)}$ 表示,$\alpha_{M(L)}=[M]_{总}/[M]$。

4. 在伴有副反应的条件下,[M]和 $[Y^{4-}]$ 都发生变化,从而影响络合物的稳定性。在一定条件下,衡量络合物的稳定性使用条件稳定常数 K'_{MY},$\lg K'_{MY}=\lg K_{MY}-\lg\alpha_{Y(H)}-\lg\alpha_{M(L)}$,此式为指导络合滴定准确度的重要公式。

5. 若起始[M]=0.01 mol/L,则 $\lg K'_{MY}\geqslant 8$ 才能获得准确的滴定结果。由 $\lg\alpha_{Y(H)}=\lg K_{MY}-8$,可求 $\lg\alpha_{Y(H)}$,并查表 5-3,可获得滴定单一金属离子的最低 pH。

思考题

1. 络合物的稳定常数与条件稳定常数有什么不同?
2. EDTA 与金属离子的络合物有哪些特点?
3. 下列有关 $\alpha_{Y(H)}$ 值的说法是否正确?
   (1) $\alpha_{Y(H)}$ 值随溶液 pH 的减小而减小;
   (2) 在高 pH 时,$\lg\alpha_{Y(H)}$ 值约等于零。
4. 为什么在络合滴定中常使用缓冲溶液?
5. 金属离子指示剂的作用原理如何?应该具备哪些条件?
6. 金属离子指示剂为什么会发生封闭现象?
7. 在 pH=5.0 时,能否用 EDTA 滴定 Mg^{2+}?在 pH=10.0 时情况又如何?

习　题

一、填空题

1. 络合滴定中常用的滴定方式包括＿＿＿＿＿＿、＿＿＿＿＿＿、＿＿＿＿＿＿、＿＿＿＿＿＿。

2. 在用 EDTA 滴定 Mg 时,Al^{3+}、Fe^{3+}、Ni^{2+}、Co^{2+} 等离子对铬黑 T 有封闭作用可以加入＿＿＿＿、＿＿＿＿作为掩蔽剂以消除干扰。

3. EDTA 在水溶液中有＿＿＿＿存在形式,只有＿＿＿＿能与金属离子直接络合。

4. 配位滴定中的条件稳定常数 K'_{MY} 和主要副反应系数的关系是＿＿＿＿。

二、选择题

1. EDTA 与金属离子形成络合物时,络合比大多为(　　)。

A. 1∶1　　B. 1∶2　　C. 1∶3　　D. 2∶1

2. 在络合滴定中,对加入缓冲溶液的作用描述不正确的是(　　)。

A. 控制滴定的最低酸度

B. 控制滴定的最高酸度

C. 控制溶液的酸度在适宜的酸度范围,保证滴定的准确度

D. 金属离子指示剂的选择与缓冲溶液无关

3. 在络合滴定中,下列有关酸效应叙述中正确的是(　　)。

A. 酸效应系数越大,络合物的稳定性越大

B. 酸效应系数越小，络合物的稳定性越大

C. pH 越大，酸效应系数越大

D. 酸效应系数越大，络合滴定曲线的 pM 突跃范围越大

三、计算题

1. 试求 EDTA 滴定 Fe^{3+} 的最低 pH。 (1.00)

2. 计算在 pH=10 的 $NH_3 \cdot H_2O - NH_4Cl$ 缓冲溶液中 ZnY 络合物的条件稳定常数。(已知$[NH_3]=0.5$ mol/L) (8.20)

3. 在 pH=2 和 pH=3.8 时，能否用 EDTA 滴定 Cu^{2+}？(设$[Cu^{2+}]=10^{-2}$ mol/L，没有其他络合剂存在)

(pH=2 时，不能被滴定；pH=3.8 时，能被滴定)

4. 设金属离子的原始浓度为[M]，分析的允许误差为 T。试证：当 $\lg K'_{MY} \geqslant pM_0 + 2pT$ 时，才能满足分析要求(假定溶液中无掩蔽剂存在，仅考虑酸效应影响)。

5. 称取干燥 $Al(OH)_3$凝胶 0.398 6 g 于 250 ml 容量瓶中，溶解后吸取 25.00 ml，精密加入0.050 00 mol/L EDTA 溶液 25.00 ml，过量的 EDTA 溶液用 0.050 00 mol/L 标准锌溶液返滴定，用去 15.02 ml，求样品中 Al_2O_3的百分含量(Al_2O_3的摩尔质量为 101.94 $g \cdot mol^{-1}$)。 (63.81%)

6. 精密称取 $MgSO_4$ 样品 0.250 0 g，用 0.050 00 mol/L EDTA 溶液滴定，消耗 20.00 ml，试计算 0.050 00 mol/L EDTA 对 $MgSO_4 \cdot 7H_2O$ 的滴定度和样品的纯度。 (12.32 mg/mL；98.59%)

7. 称取 0.100 5 g 纯 $CaCO_3$，溶解后，置于 100 ml 容量瓶中，稀释至刻度。吸取 25.00 ml，在 pH>12 时，用钙指示剂指示终点，用 EDTA 标准溶液滴定，用去 24.90 ml，试计算：

(1) EDTA 溶液的摩尔浓度； (0.010 08 mol/L)

(2) 每毫升 EDTA 溶液相当于多少克 ZnO、Fe_2O_3。 (0.000 820 3 g/ml；0.000 804 8 g/ml)

(沈卫阳)

第六章　氧化还原滴定法

氧化还原滴定法(oxidation－reduction titration)是以氧化还原反应为基础的滴定分析方法，它和酸碱滴定、络合滴定以及沉淀滴定法在操作方法上基本相同，但本质不同，氧化还原反应是电子转移的反应，反应机制比较复杂，反应往往分步进行，需要一定时间才能完成。而酸碱、络合和沉淀滴定法是基于离子或分子相互结合的反应，反应简单，一般瞬时即可完成(有些络合反应除外)。

氧化还原滴定法应用广泛，既可用于直接测定具有氧化性、还原性的物质，也可间接测定一些能与氧化剂或还原剂发生定量反应的物质。

第一节　氧化还原反应

一、氧化还原反应的特点和分类

氧化还原反应常伴随副反应或因条件而异生成不同的产物，在讨论氧化还原反应时，除了以平衡观点判断反应进行的可能性外，还应考虑到反应机制和反应速率等问题。在氧化还原滴定中，根据不同情况，必须创造适宜的反应条件，并在实验中严格控制，才能保证反应按确定的化学计量关系定量、快速地完成，因而选择适当的反应及滴定条件是十分重要的。

氧化还原滴定反应必须符合滴定分析的基本要求。习惯上按所用氧化剂(滴定剂)的不同将氧化还原法进行分类，具体内容见表 6－1。

表 6－1　氧化还原滴定法的分类

名称	标准溶液	反应条件	半反应	标准电极电位(eV)	标准溶液稳定性
高锰酸钾法	$KMnO_4$	强酸(H_2SO_4)	$MnO_4^- + 8H^+ + 5e^- \rightleftharpoons Mn^{2+} + 4H_2O$	+1.51	定期标定
重铬酸钾法	$K_2Cr_2O_7$	强酸	$Cr_2O_7^{2-} + 14H^+ + 6e^- \rightleftharpoons 2Cr^{3+} + 7H_2O$	+1.33	极稳定
铈量法	$Ce(SO_4)_2$	强酸	$Ce^{4+} + e^- \rightleftharpoons Ce^{3+}$	+1.44	极稳定
溴酸钾法	$KBrO_3 + KBr$	稀酸	$BrO_3^- + 5Br^- + 6H^+ \rightleftharpoons 3Br_2 + 3H_2O$	+1.05	极稳定
直接碘量法	I_2	中性，稀酸	$I_2 + 2e^- \rightleftharpoons 2I^-$	+0.54	经常标定
间接碘量法	$Na_2S_2O_3$	中性，稀酸	$2S_2O_3^{2-} \rightleftharpoons S_4O_6^{2-} + 2e^-$	+0.08	定期标定

二、氧化还原反应进行的方向和程度

氧化还原反应能否发生，反应朝哪个方向进行，能否进行完全，在不同的条件下，结论常不相同。因此，必须掌握其规律，使反应按所要求的方向进行，并使之符合滴定分析的要求。为

了更好地理解这些问题，我们先讲解一下下面几个概念。

1. 氧化还原反应与能斯特(Nernst)方程式

氧化还原反应的实质，是氧化剂获得电子和还原剂失去电子的过程：

$$\begin{array}{l} Ox_1 + ne^- \rightleftharpoons Red_1 \\ \underline{Red_2 - ne^- \rightleftharpoons Ox_2} \\ Ox_1 + Red_2 \rightleftharpoons Red_1 + Ox_2 \end{array}$$

每一种元素的氧化形和还原形组成一个氧化还原电对，即 Ox_1/Red_1 和 Ox_2/Red_2 称为氧化还原电对。

例如，将 Zn 片浸入 $CuSO_4$ 溶液中，即发生下列两个半反应：

$$\begin{array}{ll} Cu^{2+} + 2e^- \rightleftharpoons Cu & \varphi^{\ominus}_{Cu^{2+}/Cu} = 0.337\ V \\ \underline{Zn - 2e^- \rightleftharpoons Zn^{2+}} & \varphi^{\ominus}_{Zn^{2+}/Zn} = -0.763\ V \\ Cu^{2+} + Zn \rightleftharpoons Zn^{2+} + Cu & \end{array}$$

可用电对的电极电位(如 $\varphi_{Cu^{2+}/Cu}$)来衡量氧化剂和还原剂的强弱，电对的电极电位越高，其氧化形的氧化性越强；电对的电极电位越低，其还原形的还原性越强。因为 $\varphi^{\ominus}_{Cu^{2+}/Cu} > \varphi^{\ominus}_{Zn^{2+}/Zn}$，所以，就氧化形而言，$Cu^{2+}$ 比 Zn^{2+} 更易获得电子，即 Cu^{2+} 是更强的氧化剂；就还原形而言，Zn 比 Cu 更易失去电子，故 Zn 是更强的还原剂。由于两电对间存在电位差：0.337－(－0.763)＝1.100(V)，因而发生了电子得失，产生了电子转移，这就是氧化还原反应的实质。

氧化还原电对的电极电位由 Nernst 方程式计算。对于一电极反应 $Ox + ne^- \rightleftharpoons Red$，Nernst 方程式可写作：

$$\varphi_{Ox/Red} = \varphi^{\ominus}_{Ox/Red} + \frac{RT}{nF}\ln\frac{a_{Ox}}{a_{Red}} \qquad (6-1)$$

式中：$\varphi_{Ox/Red}$、$\varphi^{\ominus}_{Ox/Red}$ 分别为 Ox/Red 电对的电极电位和标准电极电位；R 是气体常数；T 是绝对温度；n 是电子转移数；F 是法拉第常数；a 为活度。

在 25℃时，式(6－1)可简化为

$$\varphi_{Ox/Red} = \varphi^{\ominus}_{Ox/Red} + \frac{0.059}{n}\lg\frac{a_{Ox}}{a_{Red}} \qquad (6-2)$$

应用 Nernst 方程式时，离子或分子的活度以 mol/L 为单位，气体以大气压为单位，纯固体和水的活度均为 1。在有 H^+ 或其他离子参加的反应，即使无电子得失，它们的活度也要包括在 Nernst 方程式里(见表 6－2)。

表 6－2　Nernst 方程式应用举例

电极反应	Nernst 方程式
$AgCl + e^- \rightleftharpoons Ag + Cl^-$	$\varphi_{AgCl/Ag} = \varphi^{\ominus}_{AgCl/Ag} - 0.059\lg a_{Cl^-}$
$2H^+ + 2e^- \rightleftharpoons H_2$	$\varphi_{2H^+/H_2} = \varphi^{\ominus}_{2H^+/H_2} + 0.059\lg\frac{a^2_{H^+}}{a_{H_2}}$
$MnO_4^- + 8H^+ + 5e^- \rightleftharpoons Mn^{2+} + 4H_2O$	$\varphi_{MnO_4^-/Mn^{2+}} = \varphi^{\ominus}_{MnO_4^-/Mn^{2+}} + \frac{0.059}{5}\lg\frac{a_{MnO_4^-}\cdot a^8_{H^+}}{a_{Mn^{2+}}}$

2. 标准电极电位和条件电位

标准电极电位是指在 25℃的条件下，氧化还原半反应中各组分活度都是 1 mol/L、气体的分压都等于 101.325 kPa(1 标准大气压)时的电极电位，用 $\varphi^{\ominus}$ 表示。实际上，由于溶液中存在着不发生电子转移的物质，例如，存在着能与电对的氧化形或还原形络合的络合剂，或生成难溶化合物的物质，这些外界因素将影响电对的氧化还原反应的过程与能力。

条件电位 $\varphi^{\ominus'}$ 是指氧化形和还原形的总浓度相等，且均为 1 mol/L 时，校正了各种外界因素影响后得到的实际电极电位，它随溶液中所含的能引起离子强度改变及产生副反应的电解质的种类和浓度的不同而不同。条件电位的大小，反映了在某些外界因素影响下氧化还原电对的氧化形(或还原形)的实际氧化(或还原)能力。使用条件电位比用标准电极电位更能正确地判断氧化还原能力，以便正确地判断氧化还原反应的方向、顺序和反应完成的程度。

3. 氧化还原反应进行的方向

氧化还原反应进行的方向，取决于两个电对的电极电位，电极电位高的氧化形与电极电位低的还原形所发生的氧化还原反应是自发进行的。从能斯特方程式可看出：对于一个给定的电对而言，φ 的大小取决于氧化形与还原形的活度的比值。它对电极电位的影响，主要表现在以下四个方面：氧化剂和还原剂本身的浓度、溶液的酸度、络合物的形成以及生成沉淀等。

(1) 氧化形和还原形浓度的影响

因电极电位与氧化形和还原形的浓度有关，若两个氧化还原电对的标准电极电位相差不大，有可能通过改变氧化形或还原形的浓度来改变氧化还原反应的方向。

例 6-1 试判断：① $[Sn^{2+}]=[Pb^{2+}]=1$ mol/L 时反应进行的方向；② $[Sn^{2+}]=1$ mol/L，$[Pb^{2+}]=0.1$ mol/L 时反应进行的方向(已知：$\varphi^{\ominus}_{Sn^{2+}/Sn}=-0.14$ V，$\varphi^{\ominus}_{Pb^{2+}/Pb}=-0.13$ V)。

解 ① 当 $[Sn^{2+}]=[Pb^{2+}]=1$ mol/L 时：

$$\varphi_{Sn^{2+}/Sn}=\varphi^{\ominus}_{Sn^{2+}/Sn}=-0.14\ \text{V}$$

$$\varphi_{Pb^{2+}/Pb}=\varphi^{\ominus}_{Pb^{2+}/Pb}=-0.13\ \text{V}$$

所以，反应 $Pb^{2+}+Sn \rightleftharpoons Pb+Sn^{2+}$ 自左向右进行。

② 当 $[Sn^{2+}]=1$ mol/L，$[Pb^{2+}]=0.1$ mol/L 时，由能斯特方程式得

$$\varphi_{Sn^{2+}/Sn}=\varphi^{\ominus}_{Sn^{2+}/Sn}=-0.14\ \text{V}$$

$$\varphi_{Pb^{2+}/Pb}=\varphi^{\ominus}_{Pb^{2+}/Pb}+\frac{0.059}{2}\lg[Pb^{2+}]$$

$$=-0.13+\frac{0.059}{2}\lg 0.1$$

$$=-0.16\ \text{V}$$

因 $\varphi_{Sn^{2+}/Sn}>\varphi_{Pb^{2+}/Pb}$，故反应 $Pb^{2+}+Sn \rightleftharpoons Pb+Sn^{2+}$ 是自右向左进行。

(2) 溶液酸度的影响

在氧化还原反应中，用含氧酸的阴离子(如 $Cr_2O_7^{2-}$、MnO_4^- 等)作氧化剂时，一般都有 H^+ 参加反应，因为 H^+ 可与含氧酸的阴离子结合生成水。例如：

$$Cr_2O_7^{2-}+14H^++6e^- \rightleftharpoons 2Cr^{3+}+7H_2O \quad \varphi^{\ominus}_{Cr_2O_7^{2-}/Cr^{3+}}=1.33\ \text{V}$$

根据能斯特方程式，该半反应的电极电位为：

$$\varphi_{Cr_2O_7^{2-}/Cr^{3+}}=\varphi^{\ominus}_{Cr_2O_7^{2-}/Cr^{3+}}+\frac{0.059}{6}\lg\frac{[Cr_2O_7^{2-}][H^+]^{14}}{[Cr^{3+}]^2}$$

在上式中，氢离子浓度为 14 次方，可见 $[H^+]$ 的改变对此反应的电极电位有很大的影响，其影响要比氧化形或还原形浓度变化时对电极电位的影响大得多。因此有 H^+ 参加的氧化还原反应中，可通过调节溶液的酸度来改变氧化还原反应进行的方向。

例 6-2 计算溶液酸度为 1 mol/L 和 10^{-8} mol/L 时，As(Ⅴ)/As(Ⅲ)电对的电极电位，

并判断在这两种情况下与 $I_2/2I^-$ 电对反应进行的方向。

解 $H_3AsO_4+2I^-+2H^+ \rightleftharpoons H_3AsO_3+H_2O+I_2$

半反应为：

$$H_3AsO_4+2H^++2e^- \rightleftharpoons H_3AsO_3+H_2O \qquad \varphi^{\ominus}_{AsO_4^{3-}/AsO_3^{3-}}=0.56\ V$$

$$I_2+2e^- \rightleftharpoons 2I^- \qquad \varphi^{\ominus}_{I_2/2I^-}=0.54\ V$$

根据能斯特方程式得：

$$\varphi_{AsO_4^{3-}/AsO_3^{3-}}=\varphi^{\ominus}_{AsO_4^{3-}/AsO_3^{3-}}+\frac{0.059}{2}\lg\frac{[H_3AsO_4][H^+]^2}{[H_3AsO_3]}$$

当$[H^+]=1\ mol/L$，$[H_3AsO_4]=[H_3AsO_3]=1\ mol/L$时，

$$\varphi_{AsO_4^{3-}/AsO_3^{3-}}=\varphi^{\ominus}_{AsO_4^{3-}/AsO_3^{3-}}=0.56>0.54\ V$$

此时反应向右进行。

若 $[H^+]=10^{-8}\ mol/L$，

$$\varphi_{AsO_4^{3-}/AsO_3^{3-}}=\varphi^{\ominus}_{AsO_4^{3-}/AsO_3^{3-}}+\frac{0.059}{2}\lg[H^+]^2$$

$$=0.56+0.059\lg10^{-8}$$

$$=0.09V<0.54V$$

这时反应改变了方向，向左进行。在碘量法中，常利用这个原理进行砷的测定。需要指出的是，与物质浓度对反应方向的影响一样，仅当两个电对的 $\varphi^{\ominus}$ 值相差很小时，才能较容易地通过改变溶液的酸度来改变反应进行的方向。

(3) 形成络合物的影响

在氧化还原反应中，若加入一种可与氧化形或还原形形成稳定络合物的络合剂时，将会使氧化形或还原形的浓度发生变化，使电对的电极电位发生变化，进而可能会影响反应进行的方向。

例 6-3 用碘量法测定铜含量时，主要反应为 $2Cu^{2+}+4I^- \rightleftharpoons 2CuI\downarrow+I_2$。若溶液中有 Fe^{3+}，有无干扰？如何消除？

解 因为 $\varphi^{\ominus}_{Fe^{3+}/Fe^{2+}}=0.77\ V>\varphi^{\ominus}_{I_2/2I^-}=0.54\ V$，所以可能发生下列反应：

$$2Fe^{3+}+2I^- \rightleftharpoons 2Fe^{2+}+I_2$$

因此，Fe^{3+}将干扰铜的测定。若预先分离 Fe^{3+}，操作麻烦且易引起铜的损失。可采取在溶液中加入 NaF，使 Fe^{3+}形成 FeF_6^{3-} 络离子，降低$[Fe^{3+}]$。由能斯特方程式：

$$\varphi_{Fe^{3+}/Fe^{2+}}=\varphi^{\ominus}_{Fe^{3+}/Fe^{2+}}+0.059\lg\frac{[Fe^{3+}]}{[Fe^{2+}]}$$

$[Fe^{3+}]$降低，即 $\varphi_{Fe^{3+}/Fe^{2+}}$ 降低，直到 $\varphi_{Fe^{3+}/Fe^{2+}}<\varphi_{I_2/2I^-}$，即消除了 Fe^{3+} 的干扰。

(4) 生成沉淀的影响

在氧化还原反应中，有时利用沉淀反应，使电对中的氧化形或还原形生成沉淀，可改变氧化形或还原形的浓度，使电极电位发生变化，从而影响反应进行的方向。

例 6-4 （接例 6-3）用碘量法测定铜时，主要反应为 $2Cu^{2+}+4I^- \rightleftharpoons 2CuI\downarrow+I_2$。试计算，当$[Cu^{2+}]=[I^-]=1\ mol/L$时，$Cu^{2+}$能否氧化 I^-？（已知 $K_{sp,CuI}=1.1\times10^{-12}$）

解

$$Cu^{2+}+e^- \rightleftharpoons Cu^+ \qquad \varphi^{\ominus}_{Cu^{2+}/Cu^+}=0.159\ V$$

$$I_2+2e^- \rightleftharpoons 2I^- \qquad \varphi^{\ominus}_{I_2/2I^-}=0.54\ V$$

由于 $\Delta\varphi^{\ominus}<0$，则 Cu^{2+} 不能氧化 I^-，但因 I^- 与 Cu^+ 生成了溶解度很小的 CuI 沉淀，溶液中

的 Cu^+ 浓度大大降低，使 Cu^{2+}/CuI 电对的电极电位大大提高，这时 Cu^{2+} 可以定量地氧化 I^-。具体计算如下：

$$\begin{aligned}\varphi_{Cu^{2+}/CuI} &= \varphi^{\ominus}_{Cu^{2+}/Cu^+} + 0.059\ \lg\frac{[Cu^{2+}]}{[Cu^+]} \\ &= \varphi^{\ominus}_{Cu^{2+}/Cu^+} + 0.059\ \lg\frac{[Cu^{2+}]}{K_{sp}/[I^-]} \\ &= 0.159 - 0.059\ \lg 1.1\times10^{-12} \\ &= 0.865V > 0.54V\end{aligned}$$

4. 氧化还原反应进行的完全程度

在滴定分析中，氧化还原反应定量地反应完全是一基本要求。我们常用平衡常数的大小来衡量反应完成的程度。氧化还原反应的平衡常数可根据能斯特方程式从有关电对的标准电极电位或条件电位求得。

例如，在 1 mol/L H_2SO_4 溶液中，用硫酸铈标准溶液滴定亚铁：

$$Ce^{4+} + Fe^{2+} \rightleftharpoons Fe^{3+} + Ce^{3+}$$

两电对的电极电位分别表示为

$$\varphi_{Ce^{4+}/Ce^{3+}} = \varphi^{\ominus\prime}_{Ce^{4+}/Ce^{3+}} + 0.059\ \lg\frac{[Ce^{4+}]}{[Ce^{3+}]} \qquad \varphi^{\ominus\prime}_{Ce^{4+}/Ce^{3+}} = 1.44\ V$$

$$\varphi_{Fe^{3+}/Fe^{2+}} = \varphi^{\ominus\prime}_{Fe^{3+}/Fe^{2+}} + 0.059\ \lg\frac{[Fe^{3+}]}{[Fe^{2+}]} \qquad \varphi^{\ominus\prime}_{Fe^{3+}/Fe^{2+}} = 0.71\ V$$

反应平衡时，$\varphi_{Ce^{4+}/Ce^{3+}} = \varphi_{Fe^{3+}/Fe^{2+}}$，即

$$\varphi^{\ominus\prime}_{Ce^{4+}/Ce^{3+}} + 0.059\ \lg\frac{[Ce^{4+}]}{[Ce^{3+}]} = \varphi^{\ominus\prime}_{Fe^{3+}/Fe^{2+}} + 0.059\ \lg\frac{[Fe^{3+}]}{[Fe^{2+}]}$$

整理后得

$$\lg\frac{[Ce^{3+}][Fe^{3+}]}{[Ce^{4+}][Fe^{2+}]} = \frac{(\varphi^{\ominus\prime}_{Ce^{4+}/Ce^{3+}} - \varphi^{\ominus\prime}_{Fe^{3+}/Fe^{2+}})}{0.059} \qquad (6-3)$$

即

$$\lg K = \frac{1.44-0.71}{0.059} = 12.37$$

$$K = 2.3\times10^{12}$$

从平衡常数 K 值可以看出，反应达平衡时，生成物浓度的乘积约为反应物浓度乘积的 10^{12} 倍，可见此氧化还原反应进行得非常完全。

将式(6-3)推广到一般的氧化还原反应：

$$Ox_1 + Red_2 \rightleftharpoons Red_1 + Ox_2$$

$$\lg K = \lg\frac{[Red_1][Ox_2]}{[Ox_1][Red_2]} = \frac{n(\varphi^{\ominus}_{Ox} - \varphi^{\ominus}_{Red})}{0.059} \qquad (25℃) \qquad (6-4)$$

式中 $\varphi^{\ominus}_{Ox}$、$\varphi^{\ominus}_{Red}$ 分别为两电对的标准电极电位（或用条件电位），n 为两半反应电子转移数的最小公倍数。

从式(6-4)可知，氧化还原反应的平衡常数 K 是由两电对的电极电位之差决定的。差值越大，K 越大，反应进行得越完全。

由于滴定分析允许误差为 0.1%，即在终点时允许还原剂（如 Fe^{2+}）残留 0.1%，或氧化剂（如 Ce^{4+}）过量 0.1%，即

$$\frac{[Red_1]}{[Ox_1]}=\frac{100}{0.1}=10^3$$

$$\frac{[Ox_2]}{[Red_2]}=\frac{99.9}{0.1}=10^3$$

当两电对的半反应的电子转移数 $n_1=n_2=1$ 时，

$$\lg K=\frac{[Red_1][Ox_2]}{[Ox_1][Red_2]}=\lg(10^3\times10^3)=6$$

则 $\Delta\varphi^{\ominus}=0.059\ \lg K=0.059\times6=0.35V$，故当 $\lg K\geqslant6$，即当两电对的电极电位之差大于 0.35V 时，反应才能用于滴定分析。

但是，对于有些氧化还原反应，尽管两电对的电极电位差符合上述要求，由于副反应的发生，使氧化还原反应不能定量进行，仍不能用于滴定分析。如 $K_2Cr_2O_7$ 可将 $Na_2S_2O_3$ 氧化为 $S_4O_6^{2-}$、SO_4^{2-} 等多种产物，所以碘量法中就不能用 $K_2Cr_2O_7$ 作基准物来直接标定 $Na_2S_2O_3$ 溶液的浓度。另外，不仅要考虑反应的热力学问题，还要兼顾反应的动力学即反应速率这一问题。

三、氧化还原反应的速率及影响因素

对于氧化还原反应，不但要从平衡观点来考虑反应的可能性，还要从反应速率来考虑反应的现实性。例如：

$$Ce^{4+}+e^-\rightleftharpoons Ce^{3+} \qquad \varphi^{\ominus}_{Ce^{4+}/Ce^{3+}}=1.61V$$

$$O_2+4H^++4e^-\rightleftharpoons 2H_2O \qquad \varphi^{\ominus}_{O_2,4H^+/2H_2O}=1.23V$$

从电极电位差求得平衡常数 $K=10^{25.8}$ 看，可以发生下列反应：

$$4Ce^{4+}+2H_2O\rightleftharpoons 4Ce^{3+}+O_2+4H^+$$

但实际上，Ce^{4+} 在水溶液中相当稳定，不被 H_2O 还原，说明上式反应极其缓慢。

影响氧化还原反应速率的主要因素有：浓度、温度和催化剂。

1. 浓度对反应速率的影响

一般来说，反应物浓度越大，反应速率越快。例如，对于下列反应：

$$Cr_2O_7^{2-}+6I^-+14H^+\rightleftharpoons 2Cr^{3+}+3I_2+7H_2O$$

反应速率较慢，可通过提高 I^- 与 H^+ 的浓度来加快反应速率。

需要指出的是，在滴定过程中，由于反应物的浓度在不断降低，反应速率也逐渐减慢，特别是接近计量点时，反应速率更慢。所以在氧化还原滴定中，应控制滴定的速率适中。

2. 温度对反应速率的影响

实践证明，对大多数反应来说，升高温度可提高反应速率。通常每升高 10℃，反应速率可提高 2～3 倍。例如：

$$2MnO_4^-+5C_2O_4^{2-}+16H^+\rightleftharpoons 2Mn^{2+}+10CO_2+8H_2O$$

该反应在室温下速率缓慢，若升温至 70～80℃滴定，则反应速率显著加快。

3. 催化剂对反应速率的影响

催化剂对反应速率有很大影响，但不改变反应的平衡常数，从反应的表面上看，催化剂似乎不参加反应，实际上，在反应过程中，它反复地参加反应，并循环地起作用。

例如，在酸性溶液中，用 $KMnO_4$ 在强酸性溶液中滴定草酸，反应式为：

$$2MnO_4^-+5C_2O_4^{2-}+16H^+\rightleftharpoons 2Mn^{2+}+10CO_2+8H_2O$$

反应速率缓慢，若加入 Mn^{2+}，则加快反应进行，反应机理如下：

第一步　$2MnO_4^- + 3Mn^{2+} + 2H_2O \rightleftharpoons 5MnO_2 + 4H^+$

第二步　$2MnO_2 + C_2O_4^{2-} + 8H^+ \rightleftharpoons 2Mn^{3+} + 2CO_2 + 4H_2O$

第三步　$2Mn^{3+} + C_2O_4^{2-} \rightleftharpoons 2Mn^{2+} + 2CO_2$

在通常滴定时，不加入 Mn^{2+}，而是利用 MnO_4^- 和 $C_2O_4^{2-}$ 反应生成的微量 Mn^{2+} 作催化剂。这里 Mn^{2+} 是加快反应速率，称正催化剂。能减慢反应速率的物质称负催化剂，例如，在配制 $SnCl_2$ 试剂时，加入多元醇，就能减慢 $SnCl_2$ 与空气中的 O_2 作用。

第二节　氧化还原指示剂

在氧化还原滴定中，除了用电位法确定终点外，也可像酸碱滴定法一样，利用某种物质在计量点附近时颜色的改变指示终点，这种物质称为氧化还原指示剂。

在氧化还原滴定中，由于所使用的标准溶液不同，所以滴定终点可用不同类型的指示剂来确定。常用的氧化还原滴定的指示剂有下面三类。

一、自身指示剂

在氧化还原滴定中，有些标准溶液本身有颜色，如果反应产物为无色或浅色的物质，则无需另加指示剂，可利用标准溶液本身的颜色变化来指示终点，这就是自身指示剂。例如，用 $KMnO_4$ 作为滴定剂时，当滴定到化学计量点后，稍过量的 MnO_4^-（紫色）的存在，就可使溶液呈粉红色，标志着终点的到来。

二、专属指示剂

有些指示剂本身不具有氧化还原性，但能与氧化剂或还原剂产生特殊的颜色，进而可以指示终点，这种指示剂即为专属指示剂。例如，在碘量法中，用直链淀粉作指示剂，淀粉本身是无色的，I_2 与淀粉可形成深蓝色络合物，当 I_2 被还原成 I^- 时，深蓝色消失，可以用来指示终点。

三、氧化还原指示剂

氧化还原指示剂是具有氧化还原性质的有机化合物，它的氧化形和还原形具有不同的颜色，能因氧化还原作用而发生颜色的变化。指示剂 In 的半反应式如下：

$$In_{Ox} + ne^- \rightleftharpoons In_{Red}$$

由能斯特方程得

$$\varphi_{In} = \varphi_{In}^{\ominus\prime} + \frac{0.059}{n} \lg \frac{[In_{Ox}]}{[In_{Red}]}$$

当溶液中的电位变化时，指示剂的氧化形和还原形的浓度比也会发生改变。与酸碱指示剂的变色情况相似，当 $[In_{Ox}]/[In_{Red}] \geqslant 10$ 时，溶液显氧化态颜色，此时：

$$\varphi_{In} \geqslant \varphi_{In}^{\ominus\prime} + \frac{0.059}{n} \lg 10 = \varphi_{In}^{\ominus\prime} + \frac{0.059}{n}$$

当 $[In_{Ox}]/[In_{Red}] \leqslant \frac{1}{10}$ 时，溶液显还原形颜色，此时：

$$\varphi_{In} \leqslant \varphi_{In}^{\ominus\prime} + \frac{0.059}{n} \lg \frac{1}{10} = \varphi_{In}^{\ominus\prime} - \frac{0.059}{n}$$

因而指示剂变色的电极电位范围为 $\varphi_{In}^{\ominus'} \pm \frac{0.059}{n}$(V)

表 6－3 列出了一些常见的氧化还原指示剂。在选择指示剂时，应尽量使指示剂的条件电位与反应的化学计量点时的电位一致，以减少终点误差。

表 6－3　几种常用的氧化还原指示剂

指示剂	颜色变化		$\varphi_{In}^{\ominus'}$(V) pH=6
	氧化形	还原形	
靛蓝-磺酸盐(indigomonosulfonate)	蓝	无色	0.26
亚甲蓝(methylene blue)	绿蓝	无色	0.36
变胺蓝(variamine)	无色	蓝	0.59(pH=2)
二苯胺(diphenylamine)	紫	无色	0.76
二苯胺磺酸钠(diphenylamine sodium sulfonate)	红紫	无色	0.85
羊毛罂红(erioglaucin)	红	绿	1.00
邻二氮菲亚铁(ferroin)	浅蓝	红	1.06

第三节　碘　量　法

利用碘的氧化性和碘离子的还原性进行滴定分析的方法，称为碘量法。其基本反应为：

$$I_2 + 2e^- \rightleftharpoons 2I^- \qquad \varphi_{I_2/2I^-}^{\ominus} = 0.54\ V$$

由 $\varphi_{I_2/2I^-}^{\ominus}$ 可知：碘是一种较弱的氧化剂，能与较强的还原剂反应；而 I^- 是一种中等强度的还原剂，能与一般氧化剂作用。因此，碘量法可分为直接碘量法与间接碘量法。在实际应用时，基于固体 I_2 在水中的溶解度很小(0.001 33 mol/L)，常将 I_2 溶解在 KI 溶液中。

一、直接碘量法

用 I_2 标准溶液直接滴定电位比 $\varphi_{I_2/2I^-}^{\ominus}$ 小的还原性物质的方法称为直接碘量法。直接碘量法的基本反应是：

$$I_2 + 2e^- \rightleftharpoons 2I^-$$

由于 I_2 的氧化能力不强，所以能被 I_2 氧化的物质有限，如 Sn^{2+}、Sb^{3+}、As_2O_3、S^{2-}、SO_3^{2-} 等，而且直接碘量法的应用受溶液中 H^+ 浓度的影响较大，只能在酸性、中性或弱碱性溶液中进行。如果溶液的 pH>9，则发生如下副反应：

$$3I_2 + 6OH^- \rightleftharpoons IO_3^- + 5I^- + 3H_2O$$

这样会带来滴定误差。在酸性溶液中，只有少数还原能力强、不受 H^+ 浓度影响的物质才能与 I_2 发生定量反应。

二、间接碘量法

间接碘量法的主要反应为：

$$2I^- - 2e^- \rightleftharpoons I_2$$

$$I_2 + 2S_2O_3^{2-} \rightleftharpoons 2I^- + S_4O_6^{2-}$$

它包括回滴定碘量法与置换滴定碘量法。

1. 回滴定碘量法

回滴定碘量法是先让定量过量的 I_2标准溶液与还原性物质作用完全后，再用 $Na_2S_2O_3$标准溶液滴定剩余的 I_2的一种滴定分析方法。需要注意的是，I_2和 $Na_2S_2O_3$的反应须在中性或弱酸性溶液中进行，因为在碱性溶液中，会发生下列副反应，使氧化还原过程复杂化。

$$Na_2S_2O_3 + 4I_2 + 10NaOH \rightleftharpoons 2Na_2SO_4 + 8NaI + 5H_2O$$

$$3I_2 + 6OH^- \rightleftharpoons IO_3^- + 5I^- + 3H_2O$$

在强酸性溶液中，$Na_2S_2O_3$能被酸分解；且 I^-易被空气中的 O_2所氧化。

$$S_2O_3^{2-} + 2H^+ \rightleftharpoons S\downarrow + SO_2\uparrow + H_2O$$

$$4I^- + 4H^+ + O_2 \rightleftharpoons 2I_2 + 2H_2O$$

2. 置换滴定碘量法

对于 $KMnO_4$、$K_2Cr_2O_7$、H_2O_2、KIO_3等电极电位比 $\varphi^{\ominus}_{I_2/2I^-}$ 高的一些氧化性物质，可在一定条件下氧化 I^-，析出定量的 I_2，然后用 $Na_2S_2O_3$标准溶液滴定析出的 I_2，这种方法称为置换滴定碘量法。例如：

$$2MnO_4^- + 10I^- + 16H^+ \rightleftharpoons 2Mn^{2+} + 5I_2 + 8H_2O$$

$$I_2 + 2S_2O_3^{2-} \rightleftharpoons 2I^- + S_4O_6^{2-}$$

三、指示剂

碘量法的终点常用直链淀粉指示剂来确定。因直链淀粉溶液遇 I_2形成蓝色的络合物，根据蓝色的出现或消失可判断终点，灵敏度很高，即使在 5×10^{-6} mol/L 的 I_2溶液中也能看出。温度升高和醇类物质的存在都使灵敏度降低。在 50%以上的乙醇溶液中无蓝色出现。直链淀粉遇 I_2变蓝须有 I^-存在，且 I^-浓度适宜。支链淀粉只能松动地吸附 I_2而形成一种红紫色产物。

使用直链淀粉指示剂应注意以下几点：

(1) 溶液酸度：I_2和淀粉的反应在弱酸性溶液中显色最灵敏。若溶液 pH<2，淀粉易水解成糊精，如遇 I_2则变红色；若 pH>9，则生成 IO^-，不显蓝色。大量电解质存在能与淀粉结合而降低灵敏度。

(2) 淀粉溶液应新鲜配制：因淀粉溶液久置遇 I_2呈红色，褪色慢，导致终点不敏锐。

(3) 加指示剂的时机：直接碘量法，在酸度不高时，可在滴定前加入；间接碘量法须在临近终点时加入，因为溶液中有大量 I_2存在时，它被淀粉表面牢固地吸附，不易与 $Na_2S_2O_3$立即作用，致使终点不敏锐。

此外，碘量法也可利用 I_2溶液自身的黄色作指示剂，但灵敏度较差。

四、标准溶液的配制与标定

碘量法中常用的标准溶液主要有 $Na_2S_2O_3$溶液与 I_2溶液。

1. $Na_2S_2O_3$标准溶液的配制和标定

硫代硫酸钠($Na_2S_2O_3 \cdot 5H_2O$)易风化潮解，且含少量 S、S^{2-}、SO_3^{2-} 等杂质，只能先配成近似浓度的溶液，然后再加以标定。

$Na_2S_2O_3$ 溶液在放置过程中，溶解在水中的 CO_2 能使 $Na_2S_2O_3$分解；溶剂中如有嗜硫菌等微生物存在，也能分解 $Na_2S_2O_3$，降低溶液的浓度；空气中的 O_2 能与 $Na_2S_2O_3$ 发生作用：

$$2Na_2S_2O_3 + O_2 \rightleftharpoons 2Na_2SO_4 + 2S\downarrow$$

为此，在配制 $Na_2S_2O_3$溶液时，需要用新煮沸并冷却了的蒸馏水，因煮沸能消除水中的 CO_2 和 O_2，并能杀死微生物。通常加入少量的 Na_2CO_3，使溶液呈弱碱性(pH 9～10)，以抑制细菌生长。日光能促进 $Na_2S_2O_3$ 分解，故应将 $Na_2S_2O_3$ 溶液贮存于棕色瓶中，放置暗处，经7～10 天后，待溶液稳定后再进行标定。长期保存的溶液，应隔一定时间重新标定。若发现溶液变混浊，表示有 S 析出，应过滤并重新标定或另配溶液。

0.1 mol/L $Na_2S_2O_3$溶液的配制：称取 25 g 的 $Na_2S_2O_3 \cdot 5H_2O$，溶于 1 L 新煮沸并冷却的蒸馏水中，加入 0.2 g 的 Na_2CO_3，振摇溶解，溶液贮存于棕色试剂瓶中，在暗处放置一周后标定。

$Na_2S_2O_3$溶液的标定：将研细的基准物 $K_2Cr_2O_7$于 120 ℃干燥至恒重。准确称取 0.15 g 于 250 ml 碘量瓶中，加入 25 ml 水溶解，加入 10 ml 20% KI 溶液及 6 mol/L HCl 溶液5 ml，密塞摇匀，于暗处放置 5 min，使反应较快完成后，再加水至 100 ml(使 Cr^{3+}绿色变浅和酸度降低，适用于 $Na_2S_2O_3$ 滴定)。用 $Na_2S_2O_3$ 溶液滴定至近终点(黄绿色)。加入 0.2% 淀粉溶液5 ml，继续滴定至溶液由深蓝变为亮绿色，即为终点。

$$c_{Na_2S_2O_3} = \frac{6 \times W_{K_2Cr_2O_7}}{\frac{M_{K_2Cr_2O_7}}{1\,000} \times V_{Na_2S_2O_3}} \qquad (M_{K_2Cr_2O_7} = 294.18\ g \cdot mol^{-1})$$

例 6-5 用基准物 KIO_3标定 $Na_2S_2O_3$溶液，称取 KIO_3 0.885 6 g，溶解后，转移至250 ml 容量瓶中，稀释至刻度，用移液管取出 25 ml，在酸性溶液中与过量 KI 反应，析出的碘用 $Na_2S_2O_3$溶液滴定，用去 24.32 ml $Na_2S_2O_3$溶液，计算 $Na_2S_2O_3$溶液的浓度。

解 有关反应如下：

$$IO_3^- + 5I^- + 6H^+ \rightleftharpoons 3I_2 + 3H_2O$$

$$I_2 + 2S_2O_3^{2-} \rightleftharpoons 2I^- + S_4O_6^{2-}$$

从反应式知：$KIO_3 \sim 3I_2 \sim 6Na_2S_2O_3$

所以 $$c_{Na_2S_2O_3} = \frac{6 \times W_{KIO_3}}{V_{Na_2S_2O_3} \times \frac{M_{KIO_3}}{1\,000}} = \frac{6 \times 0.885\,6 \times \frac{25}{250}}{24.32 \times \frac{214.00}{1\,000}} = 0.102\,1(mol/L)$$

2. I_2 标准溶液的配制与标定

用升华法制得的纯碘，可以直接配制标准溶液，但 I_2具有挥发性和腐蚀性，不宜在分析天平上称量，通常先配成近似浓度的溶液，然后标定。

0.05 mol/L I_2溶液的配制：称取 13 g I_2和 25 g KI，置于小研钵或小烧杯中，加水少许，研磨或搅拌到 I_2全部溶解后，转移至棕色瓶中，加水稀释至 1 L。

As_2O_3难溶于水，但易溶于 NaOH 溶液中：

$$As_2O_3 + 6OH^- \rightleftharpoons 2AsO_3^{3-} + 3H_2O$$

基准物 As_2O_3 法标定碘溶液：

$$AsO_3^{3-} + I_2 + H_2O \rightleftharpoons AsO_4^{3-} + 2I^- + 2H^+$$

随着滴定反应的进行，溶液的酸度增加，为防止 AsO_4^{3-} 氧化 I^-，使滴定反应不能完全进行，常在溶液中加入 $NaHCO_3$，使溶液 pH 为 8。

计算公式如下：

$$c_{I_2} = \frac{2 \times W_{As_2O_3}}{V_{I_2} \times \frac{M_{As_2O_3}}{1\,000}} \qquad (M_{As_2O_3} = 197.82\ g \cdot mol^{-1})$$

需要说明的是，碘量法的误差主要来源于 I_2的挥发与 I^-在酸性溶液中被 O_2 氧化：

$$4I^- + 4H^+ + O_2 \rightleftharpoons 2I_2 + 2H_2O$$

防止 I_2挥发的方法有：

(1) 加入 2～3 倍的 KI，由于生成 I_3^-络离子，减少 I_2的挥发。

$$KI + I_2 \rightleftharpoons KI_3$$

(2) 反应在室温下进行。

(3) 滴定时应轻摇且最好用碘量瓶。

防止 I^-被空气氧化的方法有：

(1) 在酸性溶液中用 I^-还原氧化剂时，应避免阳光照射。

(2) 若有 Cu^{2+}、NO_2^-存在，能催化空气对 I^-的氧化，应除去。

(3) 间接碘量法中，淀粉溶液应在滴定到近终点时加入，否则，有较多的 I_2被淀粉牢固吸附，使蓝色消失慢，妨碍终点的观察。

五、应用与示例

碘量法应用范围较广，许多具有氧化还原性的物质，能够直接或间接地用碘量法进行测定。

1. 直接碘量法

一些较强的还原剂，如硫化物、亚硫酸盐、亚砷酸盐、亚锡酸盐、亚锑酸盐、安乃近、维生素 C 等，均可采用此法测定含量。

例 6-6 精密称取维生素 C 0.2 g，加新煮沸过的冷蒸馏水 100 ml 与稀 HAc 10 ml 的混合液使其溶解，加淀粉指示剂 1 ml，立即用 0.05 mol/L 碘液滴定至溶液持续显蓝色。计算维生素 C 的含量。

解 有关反应如下：

I₂ + C(=O)—C(OH)=C(OH)—C(H)—C(H)(OH)—CH₂OH（C1 与 C4 经 O 成环） ⇌ C(=O)—C(=O)—C(=O)—C(H)—C(H)(OH)—CH₂OH（C1 与 C4 经 O 成环） + 2HI

$$w_{维生素C}(\%) = \frac{c_{I_2} \times V_{I_2} \times \frac{M_{C_6H_8O_6}}{1\,000}}{S_{样}} \times 100$$

2. 置换滴定法

很多强氧化剂，如 $KMnO_4$、$K_2Cr_2O_7$ 等，都可定量地将 KI 氧化成 I_2，再用标准 $Na_2S_2O_3$ 溶液滴定生成的 I_2，可间接测出强氧化剂含量。

例 6－7 漂白粉中有效氯的测定：在样品的酸性溶液中加入过量 KI，然后用标准 $Na_2S_2O_3$ 溶液滴定生成的 I_2。

解 有关反应如下：

$$Ca\begin{matrix}\diagup Cl\\ \diagdown OCl\end{matrix} + 2H^+ \rightleftharpoons Ca^{2+} + HClO + HCl$$

$$HClO + HCl \rightleftharpoons Cl_2 + H_2O$$

$$Cl_2 + 2KI \rightleftharpoons I_2 + 2KCl$$

$$I_2 + 2S_2O_3^{2-} \rightleftharpoons 2I^- + S_4O_6^{2-}$$

计算公式如下：

$$w_{Cl}(\%) = \frac{c_{Na_2S_2O_3} \times V_{Na_2S_2O_3} \times \frac{M_{Cl}}{1\ 000}}{S_{样}} \times 100$$

例 6－8 用置换滴定法测定铜含量。称取 0.532 8 g 铜试样，加入 1.5 g KI，析出的 I_2 用 0.201 8 mol/L 的 $Na_2S_2O_3$ 溶液滴定，消耗 22.87 ml，计算样品中铜的百分含量。

解 有关反应如下：

$$2Cu^{2+} + 4I^- \rightleftharpoons 2CuI\downarrow + I_2$$

$$I_2 + 2S_2O_3^{2-} \rightleftharpoons 2I^- + S_4O_6^{2-}$$

从反应式知：$2Cu^{2+} \sim I_2 \sim 2S_2O_3^{2-}$

所以

$$w_{Cu}(\%) = \frac{c_{Na_2S_2O_3} \times V_{Na_2S_2O_3} \times \frac{M_{Cu}}{1\ 000}}{S_{样}} \times 100 = \frac{0.201\ 8 \times 22.87 \times \frac{63.54}{1\ 000}}{0.532\ 8} \times 100 = 55.04$$

3. 回滴定法

甘汞、甲醛、焦亚硫酸钠、蛋氨酸等具有还原性的物质与过量的 I_2 充分作用，再用标准 $Na_2S_2O_3$ 溶液回滴剩余的 I_2。安替比林、酚酞等能与过量的 I_2 发生取代反应，制剂中的咖啡因等能与过量的 I_2 生成沉淀物质，都可用本法测定含量。

应用返滴定法，一般要在条件完全相同的情况下做一空白滴定。

例 6－9 准确称取葡萄糖样品（相当于葡萄糖 100 mg），置于 250 ml 碘量瓶中，准确加入 0.1 mol/L I_2 溶液 25.00 ml，在不断振摇下，滴加 0.1 mol/L NaOH 溶液 40 ml，密塞，在暗处放置5～10 min。然后加入 0.2 mol/L H_2SO_4 溶液 6 ml，摇匀，用 0.1 mol/L $Na_2S_2O_3$ 溶液滴定。近终点时，加淀粉指示剂 2 ml，继续滴定至蓝色消失，同时做空白滴定。计算试样中葡萄糖的百分含量。

解 有关反应如下：

$$I_2 + 2NaOH \rightleftharpoons NaIO + NaI + H_2O$$

$$CH_2OH(CHOH)_4CHO + NaIO + NaOH \rightleftharpoons CH_2OH(CHOH)_4COONa + NaI + H_2O$$

剩余的 NaIO： $$3NaIO \overset{OH^-}{\rightleftharpoons} NaIO_3 + 2NaI$$

$$NaIO_3 + 5NaI + 3H_2SO_4 \rightleftharpoons 3I_2 + 3Na_2SO_4 + 3H_2O$$

$$w_{C_6H_{12}O_6 \cdot H_2O}(\%) = \frac{[c^{空白}_{Na_2S_2O_3} \times V^{空白}_{Na_2S_2O_3} - c^{样}_{Na_2S_2O_3} \times V^{样}_{Na_2S_2O_3}] \times \frac{1}{2} \times \frac{M_{C_6H_{12}O_6 \cdot H_2O}}{1\,000}}{S_{样}} \times 100$$

第四节　高锰酸钾法

一、基本原理

利用高锰酸钾作氧化剂来进行滴定分析的方法称高锰酸钾法。高锰酸钾的氧化能力与溶液的酸度有关。在强酸性溶液中，它与还原剂作用，MnO_4^- 被还原为 Mn^{2+}：

$$MnO_4^- + 8H^+ + 5e^- \rightleftharpoons Mn^{2+} + 4H_2O \qquad \varphi^{\ominus}_{MnO_4^-/Mn^{2+}} = 1.51\ V$$

在微酸性、中性或弱碱性溶液中，MnO_4^- 被还原为 MnO_2：

$$MnO_4^- + 2H_2O + 3e^- \rightleftharpoons MnO_2 + 4OH^- \qquad \varphi^{\ominus}_{MnO_4^-/MnO_2} = 0.59\ V$$

由此可见，在强酸性溶液中，$KMnO_4$ 有更强的氧化能力，故一般在 H_2SO_4 溶液中进行滴定。

根据待测组分的性质，可用不同的滴定方式。

（1）直接滴定法：适用于 Fe^{2+}、Sb^{2+}、H_2O_2、$C_2O_4^{2-}$、NO_2^- 等还原性物质的测定。

（2）返滴定法：适用于一些不能用 $KMnO_4$ 标准溶液直接滴定的氧化性物质的测定。如测定 MnO_2，就是在 H_2SO_4 溶液中先加入过量的 $Na_2C_2O_4$ 标准溶液，再用 $KMnO_4$ 标准溶液返滴定剩余的 $Na_2C_2O_4$ 标准溶液。

（3）间接滴定法：一些非氧化还原性物质如 Ca^{2+} 等，先使之成为 CaC_2O_4 沉淀，然后溶于稀 H_2SO_4 中，用 $KMnO_4$ 标准溶液滴定 $C_2O_4^{2-}$，由此求出 Ca 的含量。

$KMnO_4$ 法的优点是氧化能力强，应用范围广，且本身是深紫色，可作为自身指示剂。其缺点是 $KMnO_4$ 试剂常含少量杂质，其标准溶液不稳定，另外，它可与很多还原性物质发生作用，所以选择性差。

二、标准溶液的配制与标定

1. $KMnO_4$ 溶液（0.02 mol/L）的配制

取 $KMnO_4$ 约 3.4 g，加水至 1 000 ml，加热至沸，并保持微沸 1 小时，放置 3 天，用微孔玻璃漏斗过滤 MnO_2 沉淀（不可用滤纸），滤液贮存于棕色试剂瓶中，并存放于暗处。

2. $KMnO_4$ 溶液的标定

因草酸钠不含结晶水，受热稳定，易于提纯，故常用 $Na_2C_2O_4$ 为基准物来标定 $KMnO_4$ 溶液。

在 H_2SO_4 溶液中，$KMnO_4$ 与 $Na_2C_2O_4$ 的反应为：

$$2MnO_4^- + 5C_2O_4^{2-} + 16H^+ \rightleftharpoons 2Mn^{2+} + 10CO_2 + 8H_2O$$

反应时应注意：温度应控制在 75～85℃，溶液酸度应保持在 0.5～1 mol/L，滴定速率开始慢，以后稍快些，但始终不能太快，否则反应不完全。

3. 应用与示例

例 6－10　称取 0.420 7 g 石灰石，用酸分解后沉淀为 CaC_2O_4，再用 H_2SO_4 溶液，用

0.019 16 mol/L $KMnO_4$溶液滴定至终点，耗去体积 43.08 ml，计算石灰石中 CaO 的含量。

解 有关反应如下：

$$Ca^{2+}+C_2O_4^{2-} \rightleftharpoons CaC_2O_4\downarrow$$

$$CaC_2O_4+H_2SO_4 \rightleftharpoons CaSO_4+H_2C_2O_4$$

$$5C_2O_4^{2-}+2MnO_4^-+16H^+ \rightleftharpoons 2Mn^{2+}+10CO_2+8H_2O$$

从反应式知：

$$5CaO \sim 5CaC_2O_4 \sim 5H_2C_2O_4 \sim 2MnO_4^-$$

$$w_{CaO}(\%)=\frac{c_{KMnO_4}\times V_{KMnO_4}\times\frac{5}{2}\times\frac{M_{CaO}}{1\,000}}{S_{样}}\times 100$$

$$=\frac{0.019\,16\times 43.08\times\frac{5}{2}\times\frac{56.08}{1\,000}}{0.420\,7}\times 100$$

$$=27.51$$

例 6-11 用 30.00 ml $KMnO_4$溶液恰能氧化一定重量的 $KHC_2O_4\cdot H_2O$，同样重量的 $KHC_2O_4\cdot H_2O$ 恰能被 0.200 0 mol/L KOH 溶液 25.20 ml 中和。问 $KMnO_4$的摩尔浓度是多少？

解 有关反应如下：

$$2MnO_4^{2-}+5C_2O_4^{2-}+16H^+ \rightleftharpoons 2Mn^{2+}+10CO_2+8H_2O$$

$$KHC_2O_4+KOH \rightleftharpoons K_2C_2O_4+H_2O$$

从反应式可知：

$$MnO_4^- \sim \frac{5}{2}KHC_2O_4 \sim \frac{5}{2}KOH$$

$$\frac{5}{2}c_{KMnO_4}\times V_{KMnO_4}=c_{KOH}\times V_{KOH}$$

$$\frac{5}{2}\times c_{KMnO_4}\times 30.00=0.200\,0\times 25.20$$

所以 $c_{KMnO_4}=0.067\,2(mol/L)$

例 6-12 精密称定 $FeSO_4$ 0.5 g，加稀 H_2SO_4 与新煮沸过的冷水各 15 ml 溶解后，立即用 $KMnO_4$溶液(0.02 mol/L)滴定至溶液显持续的粉红色 30 s，耗去 V ml $KMnO_4$溶液，计算样品中 $FeSO_4$的百分含量。

解 有关反应如下：

$$2KMnO_4+8H_2SO_4+10FeSO_4 \rightleftharpoons 2MnSO_4+5Fe_2(SO_4)_3+K_2SO_4+8H_2O$$

由反应式知：$KMnO_4 \sim 5FeSO_4$

$$w_{FeSO_4}(\%)=\frac{c_{KMnO_4}\times V_{KMnO_4}\times 5\times\frac{M_{FeSO_4}}{1\,000}}{S_{样}}\times 100$$

例 6-13 精密量取过氧化氢溶液 1 ml，置贮有 20 ml 水的锥形瓶中，加稀 H_2SO_4 20 ml，用 $KMnO_4$溶液(0.02 mol/L)滴定，消耗 V 体积的 $KMnO_4$ 溶液，计算 H_2O_2的百分含量。

解 有关反应如下：

$$2KMnO_4+5H_2O_2+3H_2SO_4 \rightleftharpoons 2MnSO_4+K_2SO_4+8H_2O+5O_2$$

从反应式知：$2KMnO_4 \sim 5H_2O_2$

$$w_{H_2O_2}(\%)=\frac{c_{KMnO_4}\times V_{KMnO_4}\times\frac{5}{2}\times\frac{M_{H_2O_2}}{1\,000}}{S_{样}}\times 100$$

例 6-14 称取仅含 Fe 和 Fe_2O_3 的试样 0.225 0 g，溶解后将 Fe^{3+} 还原为 Fe^{2+}，再用 0.019 82 mol/L 的 $KMnO_4$ 标准溶液滴定，耗去体积为 37.50 ml。计算试样中 Fe 及 Fe_2O_3 的百分含量。

解 有关反应如下：

$$5Fe^{2+}+MnO_4^-+8H^+\rightleftharpoons Mn^{2+}+5Fe^{3+}+4H_2O$$

从反应式可知：

$$5Fe^{2+}\sim MnO_4^-,Fe_2O_3\sim 2Fe^{2+}\sim\frac{2}{5}MnO_4^-$$

设试样中含 Fe 为 x g，则 Fe_2O_3 为 $(0.225\,0-x)$g。

$$c_{KMnO_4}\times V_{KMnO_4}=\frac{x}{5\times\frac{M_{Fe}}{1\,000}}+\frac{0.225\,0-x}{\frac{5}{2}\times\frac{M_{Fe_2O_3}}{1\,000}}$$

$$0.019\,82\times 37.50=\frac{x}{5\times\frac{55.84}{1\,000}}+\frac{0.225\,0-x}{\frac{5}{2}\times\frac{159.7}{1\,000}}$$

$$x=0.166\,6(g)$$

$$w_{Fe}(\%)=\frac{0.166\,6}{0.225\,0}\times 100=74.05$$

$$w_{Fe_2O_3}(\%)=100-74.05=25.95$$

第五节 亚硝酸钠法

亚硝酸钠法是利用亚硝酸与有机胺类的氨基发生重氮化反应或亚硝基化反应来测定物质含量的方法。

芳香族伯胺、仲胺与亚硝酸能定量反应，叔胺仅少数与亚硝酸反应，但不能定量反应。在各类有机胺与亚硝酸的反应中，只有芳香族伯胺的重氮化反应速率快，能定量地完成，故亚硝酸钠法主要用来测定芳香族伯胺类化合物。

亚硝酸不稳定，容易分解，通常把亚硝酸钠制成标准溶液，在酸性条件下产生亚硝酸与有机胺发生作用。

一、重氮化法

芳香族伯胺类化合物在 HCl 等矿酸的存在下，与亚硝酸钠作用，生成芳伯胺的重氮盐：

$$C_6H_5\text{—}NH_2+NaNO_2+2HCl\rightleftharpoons[C_6H_5\text{—}N\equiv N]^+Cl^-+2H_2O+NaCl$$

这种反应叫重氮化反应。应用亚硝酸钠标准溶液在酸性条件下滴定芳伯胺类化合物的方法叫重氮化滴定法。进行重氮化滴定时，应注意反应的条件：

(1) 酸的种类及其浓度：重氮化反应的速率与酸的浓度及酸的种类有关，反应速率快慢顺序依次为 HBr>HCl>H_2SO_4 或 HNO_3，考虑到价格及反应速率问题，常用 HCl 保持酸度为 1 mol/L (pH 约 3)。介质酸性加强，增大重氮盐的稳定性，增加反应速率，酸度不足，测定结果偏低，但也不能太大，否则，易引起亚硝酸分解，影响重氮化反应速率。

(2) 反应温度：重氮化反应速率随温度的升高加快，但所形成的重氮盐也随温度的升高而迅速分解，温度过高，亚硝酸也会逸失和分解，通常测定温度在 15～30℃之间。

(3) 滴定速度：重氮化反应为分子间反应，速率较慢，尤其在近终点时，滴定速率不宜过快。通常采用"快速滴定法"，即在 30℃ 以下，将滴定管尖端插入液面以下，将大部分 $NaNO_2$ 溶液在不断搅拌下一次滴入，近终点时将管尖提出液面再缓缓滴定，可以大大缩短滴定时间，结果比较准确。

(4) 芳胺对位取代基的影响：若对位为亲电子基团，如—NO_2、—SO_3H、—COOH、—X 等，可加快反应速率；若为斥电子基团，如—CH_3、—OH、—OR 等，则使反应速率减慢。例如磺胺类药物（ H_2N—⟨苯环⟩—SO_2— ）重氮化反应快；而非那西丁的水解产物（ H_2N—⟨苯环⟩—OC_2H_5 ）重氮化反应慢，通常加入 KBr，以加快反应速度。机理如下：

$$HNO_2 + HBr \xrightleftharpoons{K_1} NOBr + H_2O$$

$$HNO_2 + HCl \xrightleftharpoons{K_2} NOCl + H_2O$$

由于 $K_1 = 300\ K_2$，故加入 KBr 可加快重氮化反应的进行。

二、亚硝化法

芳仲胺类化合物用 $NaNO_2$ 滴定，发生亚硝化反应：

$$C_6H_5\text{—NHR} + NO_2^- + H^+ \rightleftharpoons C_6H_5\text{—N(NO)—R} + H_2O$$

这种方法称亚硝化滴定，以区别重氮化滴定。

三、指示终点的方法

1. 外指示剂法(KI 淀粉指示液)

当滴定达到终点后，稍过量的 HNO_2 可将 KI 氧化成 I_2，被淀粉吸附，使显蓝色。

$$2NO_2^- + 2I^- + 4H^+ \rightleftharpoons I_2 + 2NO + 2H_2O$$

使用这种指示剂不能直接加到滴定液中。因这将使加入的 NO_2^- 在与芳伯胺作用前先与 KI 作用，无法观察终点。只能在临近终点时，用玻璃棒蘸出少许滴定液，在外面与指示剂接触来判断终点。

在未到终点时，滴定液遇指示液经一些时间也会显蓝色，这是由于强酸性溶液也能使 KI 遇空气氧化成 I_2 的缘故，应加以区别，不能误认为已到终点。

KI 淀粉指示液中常加入 $ZnCl_2$，起防腐作用。

KI 淀粉试纸在近终点时，用玻璃棒蘸滴定液少许，用 KI 淀粉试纸试验，至溶液与试纸接触立即变蓝色，停止 1 min 后，再蘸取少许试液检查，如仍立即显蓝色，表明到达终点。

外指示剂使用手续较繁，显色常不够明显，但稍经实践后并不难掌握。虽消耗一些滴定液，但因已近终点，溶液很稀，不致影响测定的准确度。

2. 内指示剂法

由于外指示剂有上述缺陷，近年来有选用内指示剂指示终点。内指示剂主要是带有二苯胺结构的偶氮染料和醌胺类染料两大类。

使用内指示剂虽操作方便，但突跃不够明显，变色不够敏锐，而且各种芳胺类化合物的重氮化反应速率各不相同，故普遍适用的内指示剂有待寻找。可采用内外指示剂相结合的方法，效果较好。

3. 永停滴定法

在一定的外加电压下，使电极发生电解反应，应用电解过程中所得电流-滴定剂体积曲线来确定滴定终点的方法称永停滴定法。中国药典多采用永停滴定法指示终点，详见永停滴定法的相关内容。

四、标准溶液的配制与标定

1. $NaNO_2$溶液(0.1 mol/L)的配制

称取 $NaNO_2$ 约 7.2 g，用适量水溶解，加无水 Na_2CO_3 0.1 g，用水稀释至 1000 ml，摇匀。

2. $NaNO_2$ 溶液的标定

取在 120℃干燥至恒重的基准物无水对氨基苯磺酸 0.5 g，加 30 ml 水和 3 ml 浓氨溶液溶解后，加 HCl(1→2)20 ml，搅拌。将滴定管尖端插入液面下 2/3 处，在 30℃下用 $NaNO_2$ 溶液迅速滴定，近终点时，将滴定管尖端提出液面，用少量水洗涤尖端，缓缓滴定，用永停法指示终点。

计算公式如下：

$$c_{NaNO_2}=\frac{W_{基准}}{V_{NaNO_2}\times\frac{M_{C_6H_7O_3NS}}{1\,000}}\qquad(M_{C_6H_7O_3NS}=173.2\ g\cdot mol^{-1})$$

五、应用与示例

例 6-15 精密称取 0.5 g 磺胺嘧啶试样，用亚硝酸钠溶液 0.1 mol/L 滴定，用永停法指示终点。计算磺胺嘧啶的百分含量。

解 计算公式如下：

$$w_{C_{10}H_{10}O_2N_2S}(\%)=\frac{c_{NaNO_2}\times V_{NaNO_2}\times\frac{M_{C_{10}H_{10}O_2N_2S}}{1\,000}}{S_{样}}\times 100$$

例 6-16 精密称取 0.6 g 盐酸普鲁卡因试样，在 20℃下用0.1 mol/L亚硝酸钠溶液滴定，以淀粉 KI 为外指示剂来确定终点，计算试样中盐酸普鲁卡因的百分含量。

解 有关反应如下：

$$NH_2-\langle\bigcirc\rangle-COOCH_2CH_2-N(C_2H_5)_2\cdot HCl+NaNO_2+HCl\rightleftharpoons$$

$$Cl^-[N\equiv N^+-\langle\bigcirc\rangle-COOCH_2CH_2-N(C_2H_6)_2]+NaCl+2H_2O$$

$$w_{C_{13}H_{20}O_2N_2\cdot HCl}(\%)=\frac{c_{NaNO_2}\times V_{NaNO_2}\times\frac{M_{C_{13}H_{20}O_2N_2\cdot HCl}}{1\,000}}{S_{样}}\times 100$$

例 6-17 精密称取 0.7 g 磷酸伯氨喹试样，采用永停滴定法，用亚硝酸钠溶液0.1 mol/L在酸性条件下滴定，计算试样中磷酸伯氨喹的百分含量。

解 有关反应如下：

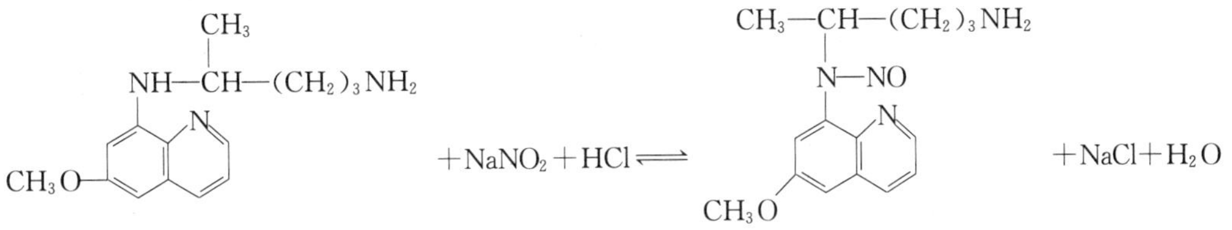

CH_3
NH—CH—$(CH_2)_3NH_2$
N
CH_3O
$+NaNO_2+HCl \rightleftharpoons$
CH_3—CH—$(CH_2)_3NH_2$
N—NO
N
CH_3O
$+NaCl+H_2O$

计算公式如下：

$$w_{C_{15}H_{21}ON_3 \cdot 2H_3PO_4}(\%)=\frac{c_{NaNO_2}\times V_{NaNO_2}\times \frac{M_{C_{15}H_{21}ON_3 \cdot 2H_3PO_4}}{1\ 000}}{S_{样}}\times 100$$

小　结

1. 氧化还原反应是基于电子转移的反应。在氧化还原反应中，用电对的电极电位来衡量氧化剂和还原剂的强弱，电对的电极电位越高，其氧化态的氧化能力越强，电对的电极电位越低，其还原态的还原能力越强，因此一种氧化剂可以氧化电位较它低的还原剂，一种还原剂可以还原电位较它高的氧化剂。

2. 滴定分析法要求反应定量进行，且反应速率足够快。氧化还原反应进行的方向，取决于两电对的电极电位的差值。由条件电位，用能斯特方程式计算出电对的电极电位，并据此判断反应进行的方向，这样更切合实际。当两电对的条件电位相差不大时，可以通过改变氧化剂或还原剂的浓度、溶液的酸度等来改变氧化还原反应的方向。

3. 氧化还原反应完成的程度可用反应的平衡常数大小来衡量。反应平衡常数 K 值的大小是由两电对的标准电极电位之差决定的，差值越大，平衡常数 K 也越大，反应进行得越完全。一般来说，当 $n_1=n_2=1$ 时，$\lg K\geqslant 6$，氧化还原反应才能定量进行完全。

4. 氧化还原反应平衡常数的大小只能表示氧化还原反应的完成程度，但不能说明反应速率的大小。影响反应速率的因素有：反应物的浓度、溶液的酸度、温度和催化剂等。反应速率与反应物的浓度的乘积成正比，因而增大反应物的浓度，可加快反应速率，升高温度或加入催化剂也可使反应加速。选择合适的条件以控制反应速率，使之符合滴定分析要求。

5. 氧化还原指示剂变色的电位范围为 $\varphi_{In}^{\ominus\prime}\pm\frac{0.059}{n}$，这个范围很小，通常选择指示剂的条件电位 $\varphi_{In}^{\ominus\prime}$ 尽量与反应的计量点时的电位一致，以减少终点误差。

6. 常用的氧化还原滴定法有碘量法、高锰酸钾法和亚硝酸钠法等，具有不同的特点、反应条件、滴定剂、指示剂和应用范围。

7. 氧化还原分析结果的计算，主要依据氧化还原反应式及有关物质的计量关系，灵活运用。

思 考 题

1. 氧化还原滴定法共分几类？这些方法的特点是什么？
2. 判断一个氧化还原反应能否进行完全的依据是什么？
3. 什么是条件电位？它与标准电位有什么不同？影响式量电位的因素有哪些？
4. 影响氧化还原反应速率的主要因素是什么？怎样加快反应速率？
5. 是否平衡常数大的氧化还原反应就能应用于氧化还原滴定中，为什么？
6. 怎样选择氧化还原滴定中的指示剂？
7. 已知 $\varphi_{I_2/2I^-}^{\ominus}>\varphi_{Cu^{2+}/Cu^+}^{\ominus}$，为什么仍可用碘量法测定 Cu^{2+} 的含量？
8. 在碘量法中，使用淀粉指示剂应注意什么？

习　题

一、填空题

1. 氧化还原滴定中,影响反应进行方向的主要因素有________、________、________和________。

2. 能应用于氧化还原滴定分析的反应(当 $n_1=n_2$ 时),其 $\lg K$ 应 ________,两电对的电极电位之差应大于________V。

3. 常用的氧化还原滴定的指示剂有___________、___________和___________三类。

4. 氧化还原反应中,影响反应速率的因素有________、________、________、________。

二、选择题

1. 溶液中氧化还原反应的平衡常数和(　　)无关。

A. 温度　　B. 标准电极电位　　C. 电子得失数　　D. 浓度

2. 在氧化还原滴定法中,对于 1∶1 类型的反应,一般氧化剂和还原剂条件电位差值至少应大于(　　)才可用氧化还原指示剂指示滴定终点。

A. 0.2 V　　B. 0.2～0.3 V　　C. 0.3～0.4 V　　D. 0.6 V

3. 测定 $KBrO_3$ 含量的合适方法是(　　)。

A. 酸碱滴定法　　B. $KMnO_4$ 法　　C. EDTA 法　　D. 碘量法

4. 电对 Ce^{4+}/Ce^{3+}、Fe^{3+}/Fe^{2+} 的标准电极电位分别为 1.44 V 和 0.68 V,则下列反应的标准电动势为(　　)。

$$Ce^{4+}+Fe^{2+}=\!=\!=Ce^{3+}+Fe^{3+}$$

A. 1.44 V　　B. 0.68 V　　C. 1.06 V　　D. 0.76 V

三、计算题

1. 计算在 1.0 mol/L HCl 溶液中下述反应的平衡常数:

$$2Fe^{3+}+Sn^{2+}\rightleftharpoons 2Fe^{2+}+Sn^{4+}$$

已知:$\varphi^{\ominus'}_{Fe^{3+}/Fe^{2+}}=0.70$ V,$\varphi^{\ominus'}_{Sn^{4+}/Sn^{2+}}=0.14$ V。

2. 用 0.264 3 g 纯 As_2O_3 标定 $KMnO_4$ 溶液的浓度。先用 NaOH 溶解后酸化,再用待标定的 $KMnO_4$ 溶液滴定,共用去 40.46 ml,计算 $KMnO_4$ 溶液的物质的量浓度。

3. 对于 $n_1=b$、$n_2=a$ 的氧化还原反应:

$$a\mathrm{Ox}_1+b\mathrm{Red}_2\rightleftharpoons a\mathrm{Red}_1+b\mathrm{Ox}_2$$

若滴定分析的允许误差为 0.1%,试证要使这样的反应能用于滴定分析,平衡常数至少为 $10^{3(a+b)}$,即 $K=10^{3(a+b)}$。

4. 准确量取过氧化氢样品溶液 25.00 ml,置于 250 ml 容量瓶中,加水至刻度,混匀。准确吸取25.00 ml,加 H_2SO_4 酸化,用 0.027 32 mol/L $KMnO_4$ 标准溶液滴定,消耗体积 35.86 ml,计算样品中 H_2O_2 的百分含量。　(3.33%)

5. 设 40.00 ml $KMnO_4$ 溶液恰能氧化一定重量的 $KHC_2O_4\cdot H_2C_2O_4\cdot 2H_2O$,同样重量的 $KHC_2O_4\cdot H_2C_2O_4\cdot 2H_2O$ 又恰能被 30.00 ml 0.200 0 mol/L KOH 标准溶液中和,计算 $KMnO_4$ 溶液的物质的量浓度($KHC_2O_4\cdot H_2C_2O_4\cdot 2H_2O=254.18$)　(0.040 00 mol/L)

6. 准确称取铁矿石 0.500 0 g,用酸溶解后加 $SnCl_2$,将 Fe^{3+} 还原为 Fe^{2+},然后用 24.50 ml 的 $KMnO_4$ 标准溶液滴定。已知 1 ml $KMnO_4$ 相当于 0.012 60 g $H_2C_2O_4\cdot 2H_2O$。问矿样中含 Fe 的百分含量为多少?　(54.73%)

7. 今有不纯的 KI 试样 0.350 0 g,在 H_2SO_4 溶液中加入纯 K_2CrO_4 0.194 0 g 处理,煮沸赶出生成的碘。然后,再加入过量的 KI,使与剩余的 K_2CrO_4 作用,析出的碘用 0.100 0 mol/L $Na_2S_2O_3$ 标准溶液滴定,用去 $Na_2S_2O_3$ 溶液 10.00 ml,问试样中含 KI 的百分含量为多少?

(94.72%)

(沈卫阳)

第七章　沉淀滴定法和重量分析法

第一节　沉淀滴定法

一、概述

沉淀滴定法是以沉淀反应为基础的滴定分析方法。虽然沉淀反应很多，但是能用于沉淀滴定的反应并不多。用于沉淀滴定法的反应必须满足下列条件：

(1) 沉淀反应必须定量地进行，沉淀的溶解度要小。

(2) 沉淀反应必须迅速，即反应要求瞬间完成。

(3) 必须有合适的确定滴定终点的方法。

目前，应用较广的是生成难溶性银盐的反应。例如：

$$Ag^{+}+Cl^{-} = AgCl\downarrow$$

$$Ag^{+}+SCN^{-} = AgSCN\downarrow$$

这种利用生成难溶性银盐反应进行测定的方法，称为银量法，它可以用来测定含 Cl^{-}、Br^{-}、I^{-}、SCN^{-} 及 Ag^{+} 等离子的化合物。

二、银量法

银量法是用 $AgNO_3$ 标准溶液测定能与 Ag^{+} 生成沉淀的物质，反应代表式为：

$$Ag^{+}+X^{-} = AgX\downarrow$$

其中 X^{-} 代表 Cl^{-}、Br^{-}、I^{-}、CN^{-} 及 SCN^{-} 等离子。

(一) 滴定曲线

沉淀滴定过程中，离子浓度的变化情况与酸碱滴定法相似，可用滴定曲线表示。例如，以 0.100 0 mol/L $AgNO_3$ 溶液滴定 20.00 ml 0.100 0 mol/L NaCl 溶液时，可得到如图 7－1 所示的滴定曲线。

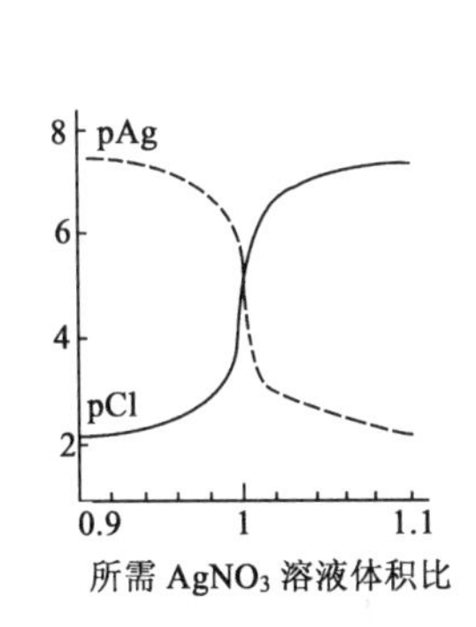

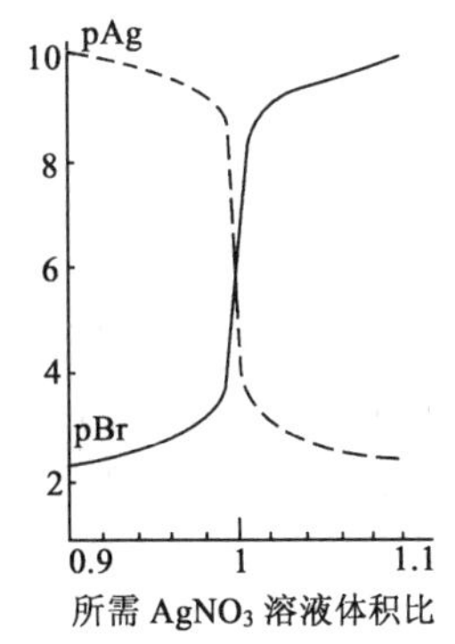

图 7－1　$AgNO_3$ 溶液(0.100 0mol/L)滴定 NaCl 溶液(0.100 0 mol/L)(左)与 KBr 溶液(0.01 mol/L)(右)的滴定曲线

由滴定曲线可以看出：

(1) pCl 与 pAg 两条曲线关于化学计量点对称。这表示随着滴定的进行，溶液中 Ag^+ 浓度增加时，Cl^- 以相同的比例减小，在化学计量点时，两种离子浓度相等，即两条曲线在化学计量点相交。

(2) 滴定开始时，Cl^- 浓度较大，滴入 Ag^+ 所引起的 Cl^- 浓度改变不大，曲线较平坦；接近化学计量点时，Cl^- 浓度已很小，这时加入少量 Ag^+ 即引起 Cl^- 浓度发生很大变化，形成一个突跃。

(3) 突跃范围的大小取决于沉淀的溶解度和溶液的浓度。沉淀的溶解度越小，突跃范围越大，对同类型的沉淀，也可以说沉淀的 K_{sp} 越小，突跃范围越大，如 $K_{sp(AgCl)} > K_{sp(AgBr)} > K_{sp(AgI)}$，在相同浓度下，突跃范围 $Cl^- < Br^- < I^-$。

溶液的浓度降低，则突跃范围变小。

（二）指示终点的方法

银量法，根据确定终点所用指示剂不同分为三种：铬酸钾指示剂法(Mohr 法)、铁铵矾指示剂法(Volhard 法)及吸附指示剂法(Fajans 法)。

1. 铬酸钾指示剂法(Mohr 法)

(1) 滴定原理

用 $AgNO_3$ 标准溶液滴定氯化物或溴化物时，采用铬酸钾为指示剂，滴定反应为：

$$终点前：Ag^+ + Cl^- \!=\!=\!= AgCl\downarrow（白色）$$

$$终点时：2Ag^+ + CrO_4^{2-} \!=\!=\!= Ag_2CrO_4\downarrow（砖红色）$$

(2) 滴定条件

在 Mohr 法中，指示剂 K_2CrO_4 的用量和溶液的酸度是两个值得注意的问题，下面分别进行讨论。

① 指示剂的用量：Ag_2CrO_4 沉淀出现的早迟，首先取决于它本身的溶解度，要求其溶解度必须大于 AgCl，同时也和 CrO_4^{2-} 浓度有关，CrO_4^{2-} 浓度过大，滴定至终点时，溶液中剩余 Cl^- 浓度就大，终点提前；而 CrO_4^{2-} 浓度过小，溶液中过量 Ag^+ 的浓度增大，终点推迟。故要使终点显示尽可能接近化学计量点即在化学计量点后，Ag^+ 稍有过量时即产生 Ag_2CrO_4 沉淀，CrO_4^{2-} 浓度必须适中。

在化学计量点时：

$$[Ag^+]=[Cl^-]=\sqrt{K_{sp(AgCl)}}=\sqrt{1.56\times10^{-10}}=1.2\times10^{-5}(mol/L)$$

如果此时恰能生成 Ag_2CrO_4 沉淀，则理论上所需要的 CrO_4^{2-} 浓度可计算如下：

$$[Ag^+]^2[CrO_4^{2-}]=K_{sp(Ag_2CrO_4)}=2.0\times10^{-12}$$

$$[CrO_4^{2-}]=\frac{K_{sp(Ag_2CrO_4)}}{[Ag^+]^2}=\frac{2.0\times10^{-12}}{(1.2\times10^{-5})^2}=1.3\times10^{-2}(mol/L)$$

实际测定时，通常在 50～100 ml 滴定液中加入 5%(g/ml)K_2CrO_4 指示液 1～2 ml 即可，此时$[CrO_4^{2-}]$为 5.2×10^{-3}～2.6×10^{-3} mol/L。

② 溶液的酸度：滴定反应在中性或微碱性(pH6.5～10.5)条件下进行。若溶液为酸性时，则 Ag_2CrO_4 溶解：

$$Ag_2CrO_4 + H^+ \!=\!=\!= 2Ag^+ + HCrO_4^-$$

如果溶液的碱性太强，则析出 Ag_2O 沉淀：

$$2Ag^+ + 2OH^- = 2AgOH\downarrow$$

$$\longrightarrow Ag_2O\downarrow + H_2O$$

当溶液酸性太强时，可用 $NaHCO_3$、$CaCO_3$ 或硼砂中和；若碱性太强，可用稀 HNO_3 中和。

滴定不能在氨碱性溶液中进行，因为 AgCl 与 Ag_2CrO_4 均可形成 $Ag(NH_3)_2^+$ 而溶解。如果溶液中有氨存在，必须用酸中和，当有铵盐存在时，溶液的 pH 以控制在 6.5～7.2 为宜。

（3）应用范围：Mohr 法适用于直接滴定 Cl^- 或 Br^-，在弱碱性溶液中也可用于测定 CN^-。本法不宜用于测定 I^-、SCN^-，因为 AgI 与 AgSCN 沉淀有较强的吸附作用，致使终点变化不明显，此外，若存在与 Ag^+ 能生成沉淀的阴离子如 PO_4^{3-}、AsO_4^{3-}、S^{2-}、SO_3^{2-}、CO_3^{2-}、$C_2O_4^{2-}$ 等及与 CrO_4^{2-} 生成沉淀的阳离子如 Ba^{2+}、Pb^{2+}、Bi^{3+} 等，都不能用本法测定。

2. 铁铵矾指示剂法（Volhard 法）

（1）滴定原理

Volhard 法以 Fe^{3+} 为指示剂，测定银盐和卤素化合物，可分为直接滴定法和回滴定法两种。

① 直接滴定法测定 Ag^+：在 HNO_3 酸性溶液中，以铁铵矾 $[NH_4Fe(SO_4)_2 \cdot 12H_2O]$ 作指示剂，用 NH_4SCN（或 KSCN）为标准溶液，测定含 Ag^+ 的溶液，滴定反应为：

终点前：$Ag^+ + SCN^- = AgSCN\downarrow$（白色）

终点时：$Fe^{3+} + SCN^- \rightleftharpoons Fe(SCN)^{2+}$（淡棕红色）

② 回滴定法测定卤素离子：先向样品溶液中加入过量定量的 $AgNO_3$ 标准溶液，再以 Fe^{3+} 为指示剂，用 NH_4SCN 标准溶液回滴剩余的 $AgNO_3$，滴定反应为：

终点前：$\underset{（过量，定量）}{Ag^+} + X^- = AgX\downarrow$

$\underset{（剩余量）}{Ag^+} + SCN^- = AgSCN\downarrow$

终点时：$Fe^{3+} + SCN^- \rightleftharpoons Fe(SCN)^{2+}$（淡棕红色）

测定氯化物时，应当注意，当滴定到达化学计量点时，振摇之后红色即褪去，终点很难确定，这是由于在化学计量点时，溶液中同时存在 AgCl 和 AgSCN 两种难溶性银盐，AgSCN 的溶度积（1.0×10^{-12}）小于 AgCl 的溶度积（1.56×10^{-10}），用力振摇，将使 AgCl 沉淀转化为 AgSCN 沉淀。

$$\begin{array}{c} AgCl \rightleftharpoons Ag^+ + Cl^- \\ + \\ SCN^- \\ \Updownarrow \\ AgSCN\downarrow \end{array}$$

由于转化反应使溶液中 SCN^- 浓度降低，促使 $Fe(SCN)^{2+}$ 又分解，使红色褪去。这样，在化学计量点时，为了得到持久的红色，必须多消耗 NH_4SCN，使测定结果偏低。

为了避免上述误差，通常采用下列措施之一：

a. 将生成的 AgCl 沉淀滤去，再用 NH_4SCN 标准溶液滴定滤液，但这一方法需要过滤、洗涤等操作，比较麻烦。

b. 在用 NH_4SCN 标准溶液回滴之前，向待测 Cl^- 溶液中加入 1～3 ml 硝基苯，并强烈振摇，使硝基苯包在 AgCl 沉淀表面，减少 AgCl 沉淀与溶液的直接接触，从而防止沉淀的转化。

c. 利用高浓度的 Fe^{3+} 作指示剂（Fe^{3+} 浓度达到 0.2 mol/L）。

(2) 滴定条件

为了防止 Fe^{3+} 的水解，滴定应在酸性（HNO_3）溶液中进行，在此条件下，与 Ag^+ 生成沉淀的离子很少，干扰较小，因而本方法选择性较高。

(3) 应用范围

铁铵矾指示剂法可用于测定 Cl^-、Br^-、I^-、SCN^- 及 Ag^+。在测定 Br^- 或 I^- 时，由于生成的 AgBr 和 AgI 沉淀的溶度积小于 AgSCN 的溶度积，所以不存在沉淀转化问题。在测定 I^- 时，指示剂应在加入过量的 $AgNO_3$ 溶液后才能加入，否则 Fe^{3+} 将氧化 I^- 为 I_2，产生误差，其反应为

$$2Fe^{3+} + 2I^- = 2Fe^{2+} + I_2$$

3. 吸附指示剂法（Fajans 法）

(1) 滴定原理

用 $AgNO_3$ 为标准溶液，以吸附指示剂确定滴定终点的方法，称为吸附指示剂法。

吸附指示剂是一种有机染料，吸附在沉淀表面后，其结构发生改变，因而颜色发生改变，例如，用 $AgNO_3$ 标准溶液滴定 Cl^- 时，用荧光黄为吸附指示剂。荧光黄是一种有机弱酸，可用 HFl 表示，其电离式为：

$$HFl \rightleftharpoons H^+ + Fl^- \qquad Fl^- \text{呈黄绿色}$$

化学计量点前，溶液中存在着过量的 Cl^-，AgCl 沉淀吸附 Cl^- 而带负电荷，形成 $AgCl \cdot Cl^-$，由于同种电荷相斥而不吸附荧光黄阴离子（Fl^-），仍使溶液呈荧光黄的黄绿色。随着滴定的进行，Cl^- 浓度不断降低，在化学计量点时，Cl^- 浓度与 Ag^+ 浓度相等。稍过化学计量点，溶液中就有过量的 Ag^+，则 AgCl 沉淀便吸附 Ag^+ 而带正电荷，形成 $AgCl \cdot Ag^+$，它强烈地吸附 Fl^-，荧光黄阴离子被吸附之后，结构发生了变化而呈粉红色，从而指示终点到达。

终点前：Cl^- 过量　$AgCl \cdot Cl^-$ ⋮ M^+

终点时：Ag^+ 过量　$AgCl \cdot Ag^+$ ⋮ Fl^-

$$\underset{\text{(黄绿色)}}{AgCl \cdot Ag^+ + Fl^-} = \underset{\text{(粉红色)}}{AgCl \cdot Ag^+ \cdot Fl^-}$$

在银量法中，吸附指示剂的种类很多，现将常用的吸附指示剂列于表 7－1 中。

表 7－1　常用的吸附指示剂

指示剂名称	待测离子	滴定剂	适用的 pH 范围
荧光黄	Cl^-	Ag^+	7～10
二氯荧光黄	Cl^-	Ag^+	4～6
曙红	Br^-、I^-、SCN^-	Ag^+	2～10
甲基紫	SO_4^{2-}	Ba^{2+}	1.5～3.5
	Ag^+	Cl^-	酸性溶液
氨基苯磺酸	Cl^-、I^- 混合液	Ag^+	微酸性
溴酚蓝	Hg_2^{2+}	Cl^-	1
二甲基二碘荧光黄	I^-	Ag^+	中性

（2）滴定条件

① 由于吸附指示剂是吸附在沉淀表面上而变色，为了使终点的颜色更明显，沉淀应有较大表面积，为此，滴定时一般先加入糊精或淀粉溶液等胶体保护剂，使 AgCl 沉淀保持溶胶状态，同时，应避免大量中性盐存在，防止胶体凝聚。

② 溶液的 pH 应适当。一般吸附指示剂多是有机弱酸，而起指示作用的主要是阴离子，因此，为了使指示剂主要以阴离子形式存在，必须控制滴定液的 pH，如荧光黄，其 K_a 值约为 10^{-7}，一般滴定在 pH 7～10 时进行；二氯荧光黄 K_a 为 10^{-4}，可用在 pH 4～10 的溶液中；曙红 K_a 为 10^{-2}，可用在 pH 2～10 的溶液中。

③ 胶体微粒对指示剂离子的吸附能力，应略小于对被测离子的吸附能力，否则指示剂将在化学计量点前变色，但对指示剂离子的吸附力也不能太小，否则终点滞后。

卤化银对卤素离子和几种常用吸附剂的吸附力的大小次序如下：

$$I^- > \text{二甲基二碘荧光黄} > Br^- > \text{曙红} > Cl^- > \text{荧光黄}$$

因此，在测定 Cl^- 时只能选用荧光黄，测定 Br^- 时选用曙红为指示剂。

④ 滴定应避免在强光照射下进行，因为带有吸附指示剂的卤化银易感光变灰，影响终点观察。

（3）应用范围

使用不同的吸附指示剂，可测定 Cl^-、Br^-、I^- 及 SCN^- 等离子。

（三）标准溶液与基准物质

银量法用的标准溶液为 $AgNO_3$ 和 NH_4SCN 溶液，$AgNO_3$ 标准溶液可直接用基准物配制，也可用分析纯的 $AgNO_3$ 配制，然后用基准物 NaCl 标定，标定可用上述三种方法中任一种，但最好采用与测定样品相同的方法标定。

NH_4SCN 溶液的浓度可直接用 $AgNO_3$ 标准溶液标定。

三、应用与示例

（一）无机卤化物和有机氢卤酸盐的测定

无机卤化物，如 NaCl、$CaCl_2$、NH_4Cl、NaBr、KBr、NH_4Br、NaI、KI、CaI_2 等以及能与 NH_4SCN 生成沉淀的无机化合物和许多有机碱的氢卤酸盐，都可用银量法测定。

例 7－1 盐酸麻黄碱片的含量测定。

$$\left[C_6H_5\text{—}\underset{\underset{OH}{|}}{CH}\text{—}\underset{\underset{CH_3}{|}}{CH}\text{—}\overset{\overset{H}{|}}{\underset{\underset{H}{|}}{N^+}}\text{—}CH_3 \right] Cl^- \qquad (M_{C_{10}H_{15}ON \cdot HCl} = 201.70\ g \cdot mol^{-1})$$

取本品 15 片（每片含盐酸麻黄碱 25 mg 或 30 mg），精密称定，研细，精密称出适量（约相当于盐酸麻黄碱 0.15 g），置于锥形瓶中，加蒸馏水 15 ml，振摇，使盐酸麻黄碱溶解，加溴酚蓝指示剂 2 滴，滴加醋酸使溶液由紫色变为黄绿色，再加溴酚蓝指示剂 10 滴与糊精（1→50）5 ml，用 0.1 mol/L $AgNO_3$ 溶液滴定至 AgCl 沉淀的乳浊液呈灰紫色即达终点。

$$\text{标示量的百分含量} = \frac{\text{平均每片被测成分实测重量}}{\text{每片被测成分标示重量}} \times 100\%$$

（二）有机卤化物的测定

由于有机卤化物中卤素与分子结合甚牢，必须经过适当的处理，使有机卤素转变成卤离子后，再用银量法测定。

使有机卤素转变为卤离子的常用方法有：

(1) NaOH 水解法：将样品与 NaOH 水溶液加热回流水解。用 —OH 取代卤素，使有机卤素以卤离子形式进入溶液中，反应可用下式表示：

$$R—X + NaOH \xrightarrow{\triangle} R—OH + NaX$$

例 7-2 溴米那的测定。

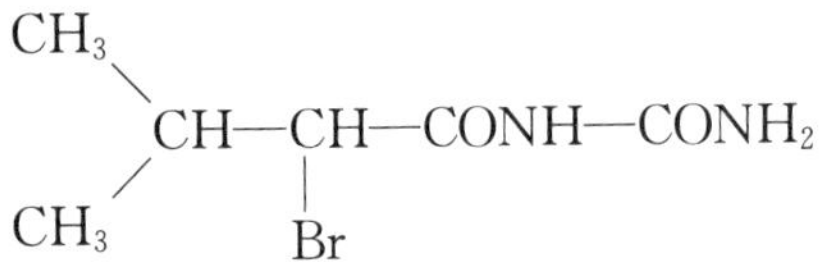

$$(CH_3)_2CH—CH(Br)—CONH—CONH_2 \quad (M_{C_6H_{11}BrO_2N_2}=223.07\ g\cdot mol^{-1})$$

取本品约 0.3 g，精密称定，置锥形瓶中，加 1 mol/L NaOH 40 ml 和沸石 2～3 块，上面放一小漏斗，微微加热至沸，并维持 20 min，用蒸馏水冲洗漏斗，冷却至室温，加入 6 mol/L HNO_3 10 ml，准确加入 0.1 mol/L $AgNO_3$ 溶液 25 ml，铁铵矾指示剂 2 ml，用 0.1 mol/L NH_4SCN 溶液滴定至出现淡棕红色，即为终点。

(2) Na_2CO_3 熔融法：结合在苯环或杂环上的有机卤素比较稳定，对这种结构的有机卤化物，一般可采用 Na_2CO_3 熔融法(或氧瓶燃烧法)，使其转化为无机卤化物后，进行测定。

操作步骤：将样品与无水 Na_2CO_3 置于坩埚中，混合均匀，灼烧至内容物完全灰化，冷却，用水溶解，调成酸性，用银量法测定。

例如 α-溴-β萘酚，其结构如下：

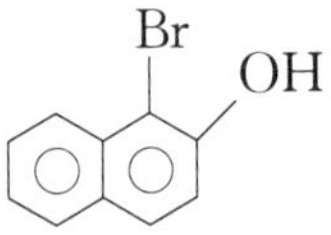

Br
OH
(萘环结构)

(3) 氧瓶燃烧法：将样品包入滤纸中，夹在燃烧瓶的铂丝下部，瓶内加入适当的吸收液($NaOH$、H_2O_2 或两者的混合液)，然后充入氧气，点燃，待燃烧完全后，充分振摇至瓶内白色烟雾完全被吸收为止。有机碘化物可用碘量法测定，有机溴化物和氯化物可用银量法测定。

例 7-3 二氯酚(5,5′-二氯-2,2′二羟基二苯甲烷)的测定。

二氯酚，可用氧瓶燃烧法破坏有机物质后，以 NaOH 和 H_2O_2 的混合溶液作为吸收液。

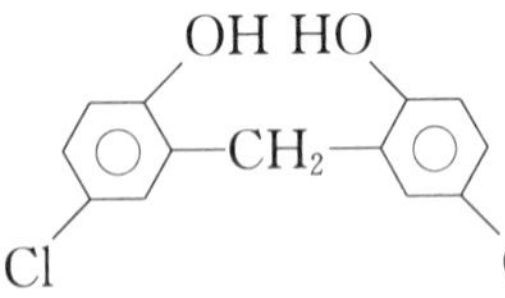

OH HO
—CH_2—
Cl Cl

$$\xrightarrow[NaOH+H_2O_2]{[O]} NaCl + CO_2 + H_2O \quad (M_{C_{13}H_{10}Cl_2O_2}=269.13\ g\cdot mol^{-1})$$

取本品约 20 mg，精密称定，用氧瓶燃烧法进行有机破坏，以 0.1 mol/L NaOH 10 ml 和 H_2O_2 2 ml 的混合液作为吸收液，待反应完全后，微微煮沸 10 min，除去多余的 H_2O_2，冷却，加稀 HNO_3 5 ml 和 0.02 mol/L $AgNO_3$ 25 ml，至沉淀完全后，过滤，用水洗涤沉淀，合并滤液，以铁铵矾作指示剂，用 0.02 mol/L NH_4SCN 溶液滴定，同时做一空白实验。

第二节　重量分析法

以质量为测量值的分析方法，称为重量分析法。测定时先用适当的方法将被测组分与试样中的其他组分分离，然后转化为一定的称量形式，称重，从而求得该组分的含量。根据分离方法的不同，重量分析法可分为挥发法、萃取重量法和沉淀重量法。

重量分析法直接用分析天平称量测定，不需标准样品或基准试剂作对比，分析结果的准确度较高。但本法操作繁琐，需时较长，对低含量组分的测量误差较大。

一、挥发法

挥发法是利用欲测组分的挥发性，或将欲测组分转变成具有挥发性的物质而进行含量测定的方法。

药典中规定的“干燥失重测定法”就是应用挥发重量法测定药品中的水分和一些易挥发物质的质量。一般的操作方法是：精密称取样品适量，在一定的条件下加热干燥至恒重，以减失的重量与取样量相比来计算干燥失重。

所谓恒重系指样品连续两次干燥或灼烧后称得的重量差小于 0.3 mg。

根据试样的耐热性不同和水分挥发的难易，测定干燥失重常用的干燥方法有下面三种。

(1) 常压加热干燥：通常是将试样置于电热干燥箱中，以 105～110℃加热。常压加热干燥适用于性质稳定，受热不易挥发、氧化或分解变质的试样。例如，$BaCl_2 \cdot 2H_2O$ 中结晶水的含量测定。对于某些吸湿性强或水分不易挥发除去的样品，也可适当提高温度或延长时间。

某些化合物虽受热不易变质，但因结晶水的存在而有较低的熔点，在加热干燥时，未达干燥温度就成熔融状态，很不利于水分的挥发。测定这类物质的水分，应先在低温或用干燥剂除去一部分或大部分结晶水，再提高干燥温度。例如 $NaH_2PO_4 \cdot 2H_2O$ 在 60℃时熔融，可先在 60℃以下干燥约 1 小时后，再调至 105℃干燥至恒重。

(2) 减压加热干燥：高温中易变质或熔点低的试样，只能加热至较低温度，因此，使用减压加热干燥箱进行减压加热干燥。中国药典 1990 年版规定，一般减压是指压力应在 2.67 kPa (20 mmHg)以下，干燥温度一般为 60～80℃(除另有规定)。

(3) 干燥剂干燥：能升华或受热不稳定、容易变质的物质，适用于干燥剂干燥。干燥剂干燥，一般可分为常压干燥剂干燥和减压干燥剂干燥。方法是将试样置于盛有干燥剂的干燥器中，直至恒重。例如氯化铵干燥失重：取本品置于硫酸干燥器中干燥到恒重。布洛芬的干燥失重：取本品置于五氧化二磷干燥器中减压干燥到恒重。

利用干燥剂干燥时，应注意干燥剂的选择。常用的干燥剂有无水氯化钙、硅胶、浓硫酸及五氧化二磷等。一般来说，它们的吸水效力是无水氯化钙＜硅胶＜浓硫酸＜五氧化二磷。从使用方便考虑，硅胶为最佳。蓝色硅胶为干燥状态，若已变红，则已失效，应在 105℃左右加热至重显蓝色，冷却后方可使用。

二、萃取重量法

萃取重量法是利用各种物质在互不相溶的两相中具有不同的分配系数，把待测物质从一个液相转移到另一个液相以达到分离的目的，除去溶剂后用称重测定含量的方法。

(一) 分配定律

1. 分配系数

溶质在两相中(如水相和有机相)的浓度达到平衡时，称为分配平衡，根据分配定律

$$A_{水相} \rightleftharpoons A_{有机相}$$

$$K=\frac{[A]_{有}}{[A]_{水}} \tag{7-1}$$

溶质 A 在两相中的平衡浓度之比 K 称为分配系数。

分配系数与溶质和溶剂性质以及温度有关，在低浓度下是一常数。

2. 分配比

分配定律适用的溶质只限于固定不变的化合状态，实际上萃取是一个复杂的过程，存在于两相中的溶质，可能伴有离解、缔合和配合等多种化学作用，在两相中可能有多种形式存在，不能简单地用分配系数来说明整个萃取过程的平衡问题，于是引入分配比这一参数，表示溶质 A 在两相中各种存在形式的总浓度之比，用 D 表示。

$$D=\frac{c_{有}}{c_{水}} \tag{7-2}$$

分配比不常是个常数，随溶质和有关溶剂的浓度而改变，但分配比是易于测知的，因此对分析工作更有实际意义。

（二）萃取效率

萃取效率就是萃取的完全程度，常用萃取百分率(E)表示，即

$$E(\%)=\frac{\text{溶质 A 在有机相中的总量}}{\text{溶质 A 的总量}}\times 100$$

$$=\frac{c_{有}\ V_{有}}{c_{水}\ V_{水}+c_{有}\ V_{有}}\times 100 \tag{7-3}$$

$$\text{或 } E(\%)=\frac{D}{D+V_{水}/V_{有}}\times 100$$

可见，萃取百分率由分配比 D 和两相的体积比 $V_{水}/V_{有}$ 决定，D 越大，体积比 $V_{水}/V_{有}$ 越小，则萃取百分率越高。

多次萃取是提高萃取效率的有效措施。多次萃取后，水相中剩余的欲萃取物重量 W_n 可用公式 7-4 计算。

$$W_n=W_0\left(\frac{V_{水}}{DV_{有}+V_{水}}\right)^n \tag{7-4}$$

式中：W_0 为原有物质重量；$V_{有}$、$V_{水}$ 分别为每次萃取所用有机溶剂和水相体积；n 为萃取次数。

例 7-4 设水溶液 90 ml 内含 I_2 10 mg。计算下列情况中用 90 ml CCl_4 萃取的萃取百分率 E：(1) 全量一次萃取；(2) 每次用 30 ml，分三次萃取。(已知 $D=85$)

解 (1) $V_{有}=90$ ml，$V_{水}=90$ ml

$$E(\%)=\frac{D}{D+V_{水}/V_{有}}\times 100=\frac{85}{85+1}\times 100=98.84\%$$

(2) $V_{有}=30$ ml，$V_{水}=90$ ml，$n=3$

$$W_3=W_0\left(\frac{V_{水}}{DV_{有}+V_{水}}\right)^n$$

$$=10\times\left(\frac{90}{85\times 30+90}\right)^3=4.0\times 10^{-4}(\text{mg})$$

$$E(\%)=\frac{10-4.0\times 10^{-4}}{10}\times 100=99.99\%$$

由此可见，同样量的萃取液，分少量多次萃取比全量一次萃取的效率高，但应该指出，萃取次数的不断增多，萃取效率的提高将越来越有限。

三、沉淀重量法

沉淀重量法是利用沉淀反应将被测组分转化成难溶物，以沉淀形式从溶液中分离出来，然

后经过滤、洗涤、烘干或灼烧，最后称量，计算其含量的方法。

沉淀重量法中，沉淀的化学组成称为沉淀形式，沉淀经处理后供最后称量的化学组成，称为称量形式，沉淀形式和称量形式可以相同，也可以不相同，例如测定 SO_4^{2-}，加入沉淀剂 $BaCl_2$，沉淀形式和称量形式都是 $BaSO_4$，两者相同；测定 Mg^{2+} 时，沉淀形式为 $MgNH_4PO_4$，经灼烧后得到的称量形式为 $Mg_2P_2O_7$，此时沉淀形式和称量形式就不同。

为了得到准确的分析结果，沉淀形式和称量形式要求具备以下几个条件：

1. 对沉淀形式的要求

(1) 沉淀的溶解度必须很小，保证被测组分沉淀完全。

(2) 沉淀必须纯净。

(3) 沉淀应便于过滤和洗涤。

(4) 沉淀应易于转化为称量形式。

2. 对称量形式的要求

(1) 必须有确定的化学组成。

(2) 必须十分稳定，不受空气中水分、二氧化碳等气体的影响。

(3) 称量形式的相对分子质量要大，而被测组分在称量形式中占的百分含量要小，这样可减少称量误差，提高准确度。例如，测定铝时，称量形式可以是 Al_2O_3(相对分子质量为 101.96)或 8-羟基喹啉铝(相对分子质量为 459.44)，而 0.100 0 g 铝可获得 0.188 8 g Al_2O_3 或 1.704 0 g 8-羟基喹啉铝，分析天平的称量误差一般为±0.2 mg，则两种测定方法的相对误差分别为：

$$Al_2O_3\text{ 法：}\frac{\pm 0.000\,2}{0.188\,8}\times 100\% = \pm 0.1\%$$

$$\text{8-羟基喹啉铝法：}\frac{\pm 0.000\,2}{1.702\,9}\times 100\% = \pm 0.01\%$$

显然用 8-羟基喹啉重量法测定铝准确度高。

为了达到上述要求，必须选择合适的沉淀剂。此外，还应注意沉淀剂要有较高的选择性，在灼烧时应易于挥发除去，以保证沉淀的纯度。

在实际分析工作中，当沉淀剂选定之后，如何控制适宜的条件，以达到沉淀尽可能的完全、纯净和具有良好的结构便成为重量分析中的主要问题，下面分别加以讨论。

(一) 沉淀的形成

沉淀的形成是一个比较复杂的过程，至今尚无成熟的理论，现在讨论的仅是这个过程的定性解释。沉淀的形成过程可大致表示如下：

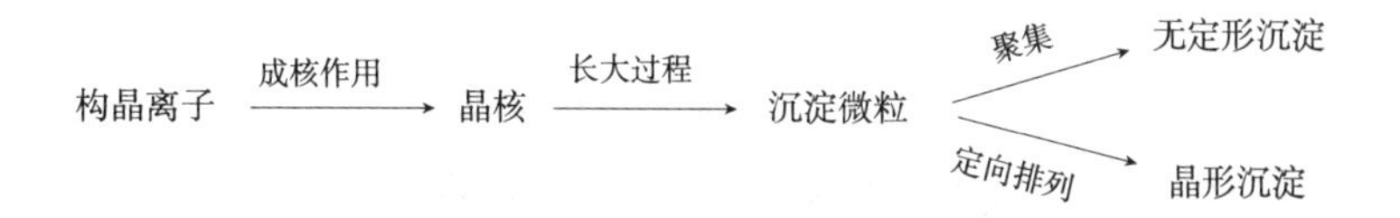

一般认为，沉淀在形成过程中，首先由构晶离子在过饱和溶液中形成晶核。例如，$BaSO_4$ 沉淀：在 $BaSO_4$ 过饱和溶液中，由于静电作用，Ba^{2+} 和 SO_4^{2-} 缔合为离子对($Ba^{2+}\cdot SO_4^{2-}$)，离子对又进一步结合 Ba^{2+} 和 SO_4^{2-} 形成离子群，当离子群长到一定程度就成了晶核。晶核形成后，溶液中构晶离子向晶核表面扩散，并沉积到晶核上，使晶核长大到一定程度，成为沉淀微粒。这种沉淀微粒有聚集成更大的聚集体的倾向——聚集过程；同时，构晶离子还具有按一定的晶格排列而形成大晶粒的倾向——定向过程，若聚集速度慢，定向速度快，则形成晶形沉淀，反

之，则形成无定形沉淀。

晶形沉淀和无定形沉淀的主要区别是沉淀颗粒大小不同，晶形沉淀的颗粒直径约在0.1～1 μm之间，无定形沉淀颗粒直径一般小于 0.02 μm。

（二）沉淀完全与影响因素

沉淀重量法要求沉淀反应尽可能完全，即沉淀的溶解损失小于 0.2 mg，为了满足这一要求，有必要了解一下影响沉淀溶解度的因素。

1. 同离子效应

当沉淀反应达到平衡后，向溶液中再加入含有某一构晶离子的试剂，使沉淀溶解度降低的现象，称为同离子效应。例如，25℃时，$BaSO_4$ 在水中的溶解度为：

$$S=\sqrt{K_{sp(BaSO_4)}}=\sqrt{1.1\times10^{-10}}=1.05\times10^{-5}(mol/L)$$

而在 0.10 mol/L Ba^{2+} 的溶液中：

$$S=\frac{K_{sp(BaSO_4)}}{[Ba^{2+}]}=\frac{1.1\times10^{-10}}{0.10}=1.1\times10^{-9}(mol/L)$$

由此可见，加入过量沉淀剂，可大大降低沉淀的溶解度，所以，同离子效应是保证沉淀完全的重要措施之一。实际工作中，一般不挥发性沉淀剂过量 20%～30%，挥发性沉淀剂可过量 50%～100%。

2. 盐效应

由于强电解质存在而引起沉淀溶解度增大的现象，称为盐效应。发生盐效应的原因，是加入强电解质，溶液的离子强度增大，使离子的活度系数减小，而 K_{sp} 与活度系数成反比，所以 K_{sp} 增大，溶解度增大。

3. 副反应的影响

若溶液中存在与构晶离子发生副反应的成分，则使沉淀的溶解度增大，如酸效应、配位效应、水解作用等。如用 Cl^- 沉淀 Ag^+ 时，若溶液中有 NH_3 存在，则能形成 $Ag(NH_3)_2^+$ 配位离子，此时 AgCl 溶解度远大于在纯水中的溶解度。

4. 温度

溶解一般是吸热过程，绝大多数沉淀的溶解度随温度升高而增大。

5. 沉淀颗粒的大小

同一种沉淀，在一定温度下晶体颗粒大，溶解速率慢，溶解度就小。人们常利用这一原理，在沉淀反应后，让生成的沉淀和溶液一起放置一定时间，使沉淀的小颗粒溶解，沉积到大颗粒上，这一过程称为陈化。

（三）沉淀纯度的影响因素

沉淀重量法中希望得到纯净的沉淀，但事实上沉淀从溶液中析出时，或多或少地夹杂着其他成分，使沉淀沾污，引入沉淀的途径主要有共沉淀和后沉淀两种。

1. 共沉淀

沉淀从溶液中析出时，溶液中某些可溶性杂质也会夹杂在沉淀中沉下来，这种现象称为共沉淀。如 $BaSO_4$ 沉淀时，若溶液中有 Fe^{3+}，则 $Fe_2(SO_4)_3$ 可能夹在 $BaSO_4$ 中同时析出，而使高温灼烧后 $BaSO_4$ 呈黄棕色。

共沉淀有表面吸附、吸留和生成混晶等几种原因。

表面吸附是由于晶体表面上离子电荷不完全等衡，在沉淀表面上吸附相反电荷杂质的现象，如用过量 $BaCl_2$ 与 K_2SO_4 溶液作用时，生成的 $BaSO_4$ 沉淀表面吸附 Ba^{2+}，形成第一层，沉淀表面带正电，然后又吸引溶液中的异电荷离子 Cl^-，构成双电层，而使 $BaCl_2$ 与 $BaSO_4$ 一起沉积下来，形成共沉淀。

$BaSO_4$ 沉淀与 $KMnO_4$ 可形成混晶，这是由于 K^+ 与 Ba^{2+} 半径相似，在形成晶体时，由于 K^+ 诱导，使 MnO_4^- 进入 $BaSO_4$ 晶体中组成 $BaSO_4 \cdot KMnO_4$ 混晶，引起共沉淀。

吸留或包埋是由于沉淀生成过快，沉淀表面吸附的杂质来不及离开而被沉淀所覆盖，从而包埋在沉淀内部引起共沉淀。

2. 后沉淀

沉淀析出后，溶液中原来不能析出沉淀的组分也在沉淀表面逐渐沉积出来的现象，称为后沉淀。例如，在含有 Ca^{2+}、Zn^{2+} 等离子的酸性溶液中，通入 H_2S 时最初得到的 CuS 沉淀中不夹杂 ZnS，但是如果沉淀和溶液长时间地接触，则由于 CuS 沉淀表面吸附 S^{2-}，而使 S^{2-} 富集浓度大大增加，当 $[S^{2-}][Zn^{2+}]>K_{sp(ZnS)}$ 时，在 CuS 沉淀表面，就析出 ZnS 沉淀。

（四）沉淀的条件

为了获得完全、纯净、易于过滤和洗涤的沉淀，对不同类型的沉淀，应当采取不同的沉淀条件。

1. 晶形沉淀的沉淀条件

(1) 应在适当稀的溶液中进行，这样溶液的相对过饱和度不大，以利于得到大颗粒的沉淀。

(2) 在热溶液中进行沉淀，这样可降低相对过饱和度和减少杂质的吸附，对于热溶液中溶解度较大的沉淀，应放冷后再过滤，以减少损失。

(3) 慢慢加入沉淀剂并在充分搅拌下进行沉淀，这样可以防止溶液中局部过浓现象，使得到的沉淀颗粒大而纯净。

(4) 沉淀反应完毕后，让其陈化。

2. 无定形沉淀的沉淀条件

无定形沉淀一般溶解度很小，颗粒小，吸附杂质多，又易胶溶，而且沉淀的结构疏松，不易过滤洗涤。所以对无定形沉淀主要是设法破坏胶体，防止胶溶，加速沉淀的凝聚。

(1) 在较浓和热溶液中沉淀。溶液较浓和提高温度都可降低沉淀的水化程度，同时也有利于沉淀凝聚，可得到紧密的沉淀，方便过滤，提高温度还可减小表面吸附，使沉淀纯净。

(2) 加入适量电解质防止胶溶。

(3) 沉淀完毕后，趁热过滤，不必陈化。

（五）结果的计算

沉淀反应完全后，须经过滤、洗涤、干燥或灼烧制成称量形式，最后称量计算结果。

例 7－5 测定 Na_2SO_4 含量时，称取试样 0.300 0 g，加入 $BaCl_2$ 溶液使沉淀，经干燥灼烧后，称得 $BaSO_4$ 为 0.491 1 g，求试样中 Na_2SO_4 的百分含量。

解 设试样中含 Na_2SO_4 x g：

$$Na_2SO_4 + BaCl_2 = BaSO_4 \downarrow + 2NaCl$$

$$\begin{array}{ll} 142.04 & 233.39 \\ x & 0.4911 \end{array}$$

$$x = 0.4911 \times \frac{142.04}{233.39} = 0.2989\ (g)$$

$$w_{Na_2SO_4}(\%) = \frac{0.2989}{0.3000} \times 100 = 99.63$$

上例中，0.491 1 为称量形式的重量；$\frac{142.04}{233.39}$为换算因数。即试样中 Na_2SO_4 的重量＝称量形式重量×换算因数。同样：

$$w_{被测组分}(\%)=\frac{称量形式重量\times换算因数}{试样重量}\times100$$

换算因数，也叫化学因数，它是待测组分的相对分子质量(或相对原子质量)与称量形式的相对分子质量的比值，注意分子、分母中所含欲测组分的原子数或分子数应相等，如：

被测组分	称量形式	换算因数
Fe	Fe_2O_3	$2Fe/Fe_2O_3$
MgO	$Mg_2P_2O_7$	$2MgO/Mg_2P_2O_7$
Cl^-	AgCl	Cl/AgCl
FeO	Fe_2O_3	$2FeO/Fe_2O_3$
$K_2SO_4\cdot Al_2(SO_4)_3\cdot 24H_2O$	$BaSO_4$	$[K_2SO_4\cdot Al_2(SO_4)_3\cdot 24H_2O]/4BaSO_4$

例 7-6 测定四草酸氢钾的含量：用 Ca^{2+} 为沉淀剂，最后灼烧成 CaO 称量，称取样品 0.506 8 g，最后得 CaO 重 0.221 8 g，计算样品中 $KHC_2O_4\cdot H_2C_2O_4\cdot 2H_2O$ 的含量。

解 $KHC_2O_4\cdot H_2C_2O_4\cdot 2H_2O\sim 2CaC_2O_4\sim 2CaO$

$$\frac{254.2}{2\times56.08}=2.266$$

$$w_{KHC_2O_4\cdot H_2C_2O_4\cdot 2H_2O}(\%)=\frac{0.2218\times2.266}{0.5068}\times100=99.17$$

四、应用与示例

应用重量分析法，除了可测定某些有机药物及无机药物的含量以外，还可用于药物的纯度检查，如“干燥失重”、“灼烧残渣”及中草药的“灰分”测定等。

例如灼烧残渣的测定：许多有机药物，经高温灼烧，其中有机物分解炭化，经燃烧除去，残留物质为无机杂质，主要以金属氧化物、氯化物、硫酸盐等形式存在，这些残留物称为灼烧残渣。称定其重量，即可知存在于药物中的无机杂质的量。

一般操作：取试样 1～2 g，置于已灼烧到恒重的坩埚中，精密称定，缓缓灼烧至完全炭化，放冷，加 H_2SO_4 0.5～1 ml 使湿润，低温加热至 H_2SO_4 蒸气除尽后，在 700～800℃灼烧使完全灰化，移置干燥器内放冷，精密称定后，再在 700～800℃灼烧至恒重。

小　结

本章叙述了挥发法和萃取重量法的基本原理及应用，着重讨论了沉淀重量法中影响沉淀完全和纯净的因素、沉淀形成的条件以及分析结果的计算。重点掌握恒重的概念。银量法中重点讨论了三种指示终点方法的原理、应用条件及范围。本章重点如下：

1. 挥发法主要利用组分的挥发性，通过加热或其他方法使被测组分与其他共存组分分离而进行测定。干燥方法分常压加热干燥法、减压加热干燥法和干燥剂干燥法。

2. 萃取重量法是利用物质在不相混溶的溶剂中具有不同溶解度和分配系数而进行萃取的方法，应了解分配系数、分配比等基本概念。

3. 沉淀形成的条件

晶形沉淀：(1) 反应在稀溶液中进行；(2) 反应在热溶液中进行；(3) 沉淀剂应缓慢加入并不断搅拌；(4) 反应后必须进行陈化。

无定形沉淀：(1) 反应在浓溶液中进行；(2) 反应在热溶液中进行；(3) 沉淀反应时应加入一定量的电解质；(4) 趁热过滤，不必陈化。

4. 影响沉淀溶解度的因素：主要是同离子效应、盐效应、沉淀颗粒的大小、副反应的影响等。

5. 影响沉淀纯净的因素：共沉淀(包括表面吸附、吸留和形成混晶)和后沉淀现象。

6. 重量分析法结果计算：

$$\text{换算因数}=\frac{\text{被测组分的相对分子质量(或相对原子质量)}}{\text{称量形式的相对分子质量}}$$

$$w_{\text{被测组分}}(\%)=\frac{\text{称量形式重量}\times\text{换算因数}}{\text{试样重量}}\times 100$$

7. 银量法中三种指示终点的方法归纳在下表中：

三种指示终点方法的比较

指示终点的方法	标准溶液	指示剂	反应原理	条件	应用范围
铬酸钾指示剂法	$AgNO_3$	K_2CrO_4	$Ag^+ + X^- \longrightarrow AgX\downarrow$ $2Ag^+ + CrO_4^{2-} \longrightarrow Ag_2CrO_4\downarrow$ (黄色)　(砖红色)	中性或弱碱性，干扰离子(Ba^{2+}、Pb^{2+}、PO_4^{3-}、AsO_4^{3-} 等)	测 Cl^-、Br^-
铁铵矾指示剂法	$AgNO_3$ NH_4SCN	Fe^{3+}	直接法： $Ag^+ + SCN^- \longrightarrow AgSCN\downarrow$ $SCN^- + Fe^{3+} \rightleftharpoons Fe(SCN)^{2+}$ (淡棕红色)	酸性(HNO_3)	测 Ag^+
			回滴法： $Ag^+ + X^- \longrightarrow AgX\downarrow$ Ag^+(剩余量)$+SCN^- \longrightarrow AgSCN\downarrow$ $Fe^{3+} + SCN^- \rightleftharpoons Fe(SCN)^{2+}$	测 Cl^- 加硝基苯，防止沉淀转化	测 Cl^-、Br^-、I^-、SCN^-
吸附指示剂法	$AgNO_3$	吸附指示剂	$AgCl\cdot Cl^- \vdots M^+$ $AgCl\cdot Ag^+ \vdots Fl^-$ $AgCl\cdot Ag^+$ 吸附 $Fl^- \longrightarrow AgCl\cdot Ag^+\cdot Fl^-$ 黄绿色⟶粉红色	中性、弱碱性或很弱的酸性(HAc)加糊精或淀粉溶液保护胶体，胶体对指示剂离子吸附能力小于对被测离子吸附能力，避免强光和大量中性盐	测 Cl^-、Br^-、I^-、SCN^-

思考题

1. 名词解释：恒重，分配比，同离子效应，盐效应，陈化，共沉淀，后沉淀，换算因数，萃取效率。
2. 氯化钡、磷酸二氢钠结晶水含量及氯化铵干燥失重的测量，应采用何种方法干燥？
3. 萃取重量法中，分配系数与分配比有何异同？
4. 萃取重量法中，为什么常采用少量多次的原则？

5. 晶形沉淀与无定形沉淀的沉淀条件各是什么?
6. 沉淀法中引入杂质的主要途径有哪些?
7. 用银量法测定下列试样时,选用何种指示剂较好?为什么?
(1) KSCN (2) $BaCl_2$ (3) NH_4Cl (4) KI (5) NaBr
(6) 含有 Na_2CO_3 的 NaCl (7) $NaCl+Na_3PO_4$
8. 下列情况下的测定结果是偏高、偏低还是无影响?为什么?
(1) Fajans 法测 Cl^- 或 I^-,用曙红作指示剂。
(2) Volhard 法测 Cl^-,出现沉淀转化。
(3) 在 pH4 或 pH11 的条件下用 Mohr 法测 Cl^- 的含量。

习 题

一、填空题

1. 所谓恒重,是指____。

2. 重量分析中一般同离子效应将使沉淀溶解度________;酸效应会使沉淀溶解度________;络合效应会使沉淀溶解度________。

3. 沉淀重量法中换算因数的公式是________________________,被测组分的百分含量的计算公式是________________________。

4. 铬酸钾指示剂法测定 KCl 含量时,要求介质的 pH 在________________范围内,若碱性太强,则________________________。指示剂的加入量也不能太少,否则________________________________。

二、选择题

1. 在重量分析法中对晶形沉淀的洗涤,洗涤液应包括( )。
A. 有机溶剂 B. 冷水 C. 热的电解质溶液 D. 沉淀剂稀溶液

2. 用银量法测定 NaCl 含量,下列( )不宜使用。
A. 曙红指示剂 B. 铁铵矾指示剂 C. 铬酸钾指示剂 D. 荧光黄指示剂

3. 下列说法违反非晶形沉淀条件的是( )。
A. 沉淀反应在热溶液中进行 B. 沉淀反应在浓溶液中进行
C. 应在不断搅拌下迅速加入沉淀剂 D. 沉淀应与母液放置过夜

三、计算题

1. 计算下列情况的换算因数。

被测组分	沉淀形式	称量形式	换算因数
Al	$Al(C_9H_6NO)_3$	$Al(C_9H_6NO)_3$	
MgO	$MgNH_4PO_4$	$Mg_2P_2O_7$	
$(NH_4)_2Fe(SO_4)_2 \cdot 6H_2O$	$BaSO_4$	$BaSO_4$	
Fe_3O_4	Fe_2O_3	Fe_2O_3	

2. 测定 1.023 9 g 某样品中 P_2O_5 的含量时,用 $MgCl_2$、NH_4Cl、$NH_3 \cdot H_2O$ 使磷沉淀为 $MgNH_4PO_4$,过滤、洗涤、灼烧成 $Mg_2P_2O_7$,称得重量为 0.283 6 g,计算样品中 P_2O_5 的百分含量。 (17.66%)

3. 某样品含 35%的 $Al_2(SO_4)_3$ 和 60%的 $KAl(SO_4)_2 \cdot 12H_2O$,若用重量法使成 $Al(OH)_3$ 沉淀,灼烧后欲得 0.15 g Al_2O_3,应取样品多少克? (0.89 g)

4. 如果将 30.00 ml $AgNO_3$ 溶液作用于 0.117 3 g NaCl,过量的 $AgNO_3$ 需用 3.20 ml NH_4SCN 溶液滴

定至终点。已知滴定 20.00 ml $AgNO_3$ 溶液需要 21.00 ml NH_4SCN，计算：(1) $AgNO_3$ 溶液的摩尔浓度；(2) NH_4SCN 的摩尔浓度。 (0.07447 mol/L，0.07092 mol/L)

5. 取含有 NaCl 和 NaBr 的样品 0.600 0 g，用重量法测定，得到两者的银盐沉淀为 0.448 2 g；另取同样重量的样品，用沉淀滴定法测定，消耗 0.108 4 mol/L $AgNO_3$ 溶液 24.48 ml，求 NaCl 和 NaBr 的含量。

(10.99%，26.17%)

6. 将 2.100 g 煤样燃烧后，其中硫完全氧化为 SO_3，用水处理后，加入 25.00 ml 0.100 0 mol/L 的 $BaCl_2$ 溶液，使 $BaSO_4$ 沉淀，过量的 Ba^{2+} 以玫瑰红酸钠作指示剂，用 0.088 0 mol/L Na_2SO_4 溶液滴定，用去1.00 ml。试计算试样中硫的百分含量。 (3.682%)

(钟文英)

第八章　电位法及永停滴定法

第一节　概　　述

电位法及永停滴定法属电化学分析法。应用电化学原理进行物质成分分析的方法称为电化学分析。本法与溶液的电化学性质有关，溶液的电化学性质是指构成电池的电学性质（如电极电位、电流、电量和电导等）和化学性质（溶液的化学组成、浓度等）。电化学分析就是利用这些性质，通过传感器—电极将被测物质的浓度转换成电学参数而加以测量的方法。

电化学分析灵敏度高、选择性好、分析速度快，所需试样量少，适用于微量分析，便于现场检测和活体分析，易于自动化。

电化学分析是最早应用的仪器分析方法，始于 19 世纪初，至今已有近二百年的历史，目前仍属快速发展的学科，尤其在本身自动化和其他分析方法联用技术方面，将会得到更快的发展。许多电化学分析法，既可定性又可定量；既可用于分析又可用于分离；既能分析有机物又能分析无机物。在生产、科研、医药、卫生等领域有着广泛的应用。

根据专业的需要，这里只介绍电位法及永停滴定法。

第二节　电位法的基本原理

一、原电池与电解池

电化学分析是通过化学电池内的电化学反应来实现的。化学电池是由两个电极插在同一溶液内，或分别插在两个能够互相接触的不同溶液内所组成的。化学电池有两种：一种是原电池，原电池的电极反应是自发进行的，先有电极反应，再有电流产生，是化学能转化为电能的装置；另一种是电解池，电解池的电极反应不是自发的，而是当外接电源在它们两个电极上加一电压后才能发生，电解池是电能转化为化学能的装置。

1. 原电池

于一烧杯中盛 1 mol/L Zn(Ⅱ) 溶液，其中插一金属 Zn 片作为电极，于另一烧杯中盛 1 mol/L Cu(Ⅱ) 溶液，其中插一金属 Cu 片作为电极，两个烧杯用充有 KCl 及琼脂凝胶混合物的倒置 U 形管连接（这个 U 形管叫做盐桥，它可以提供离子迁移的通路，但又使两种溶液不致混合，并且还能消除液接电位），这样便组成一个我们熟知的 Daniell 原电池（见图 8 - 1）。该电池可写成：

$$(-)Zn \mid ZnSO_4(1\ mol/L) \parallel CuSO_4(1\ mol/L) \mid Cu(+)$$

若用导线将两个电极连接起来，则金属 Zn 氧化溶解，Zn^{2+} 进入溶液。

$$Zn \rightleftharpoons Zn^{2+} + 2e^- \qquad \varphi^{\ominus}_{Zn^{2+}/Zn} = -0.763\ V$$

Cu^{2+} 还原成金属 Cu，沉积在电极上。

$$Cu^{2+} + 2e^- \rightleftharpoons Cu \qquad \varphi^{\ominus}_{Cu^{2+}/Cu} = +0.337\ V$$

电池的总反应为：

$$Zn + Cu^{2+} \rightleftharpoons Zn^{2+} + Cu$$

在不消耗电流的情况下，测量这个电池的电动势值为：

$$E = \varphi_{+}^{\ominus} - \varphi_{-}^{\ominus} = 0.337 - (-0.763) = 1.100(V)$$

Cu 极为正极，发生还原反应，Zn 极为负极，发生氧化反应。

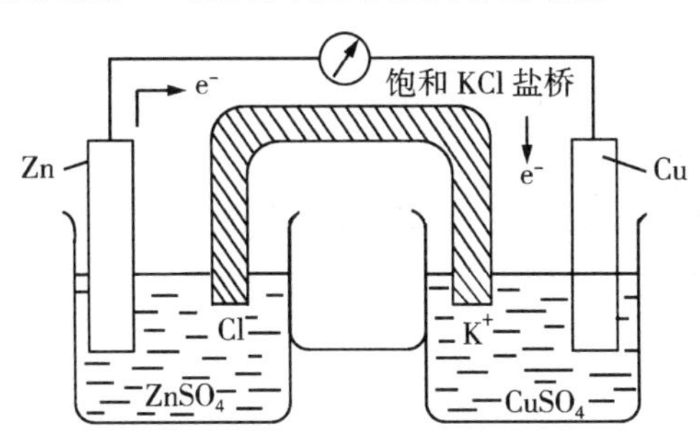

图 8-1　Daniell 原电池示意图

2. 电解池

当外加电源正极接到铜-锌原电池的铜电极上，负极接到锌电极上时(图 8-2)，如果外加电压大于原电池的电动势，则两电极上的电极反应与原电池的电极反应相反。此时，锌电极发生还原反应，成为阴极，铜电极发生氧化反应，成为阳极。

锌电极：$Zn^{2+} + 2e^{-} \rightleftharpoons Zn$　还原反应

铜电极：$Cu \rightleftharpoons Cu^{2+} + 2e^{-}$　氧化反应

电解池的总反应：$Zn^{2+} + Cu \rightleftharpoons Zn + Cu^{2+}$

显然，上述反应是不能自发进行的。

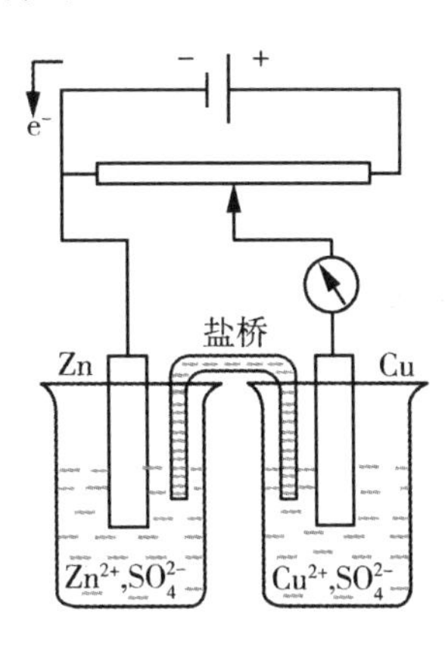

图 8-2　电解池示意图

二、指示电极和参比电极

凡电极电位能随溶液中离子活度(或浓度)的变化而变化，也就是电位能反映离子活度(或浓度)大小的电极，称为指示电极。凡电极电位不受溶液组成变化的影响，且数值比较稳定的电极，称为参比电极。

1. 指示电极

常用的指示电极有下面几类。

(1) 第一类电极

第一类电极亦称金属电极($M^{n+}|M$),由金属插在该金属离子溶液中组成,金属离子浓度改变,电极电位也随之改变,故可用以测定金属离子浓度。如 $Ag^+|Ag$ 电极,电极反应是:

$$Ag^+ + e^- \rightleftharpoons Ag$$

电极电位可表示为 $\varphi_{Ag^+/Ag} = \varphi^{\ominus}_{Ag^+/Ag} + 0.059\ \lg a_{Ag^+}$ (25℃)

(2) 第二类电极

第二类电极由金属、该金属的难溶盐的阴离子溶液组成的电极,电极电位决定于阴离子浓度,故可用以测定阴离子浓度。如 $Ag|AgCl|Cl^-$ 电极,电极反应是:

$$AgCl + e^- \rightleftharpoons Ag + Cl^-$$

电极电位可表示为 $\varphi_{AgCl/Ag} = \varphi^{\ominus}_{AgCl/Ag} - 0.059\ \lg a_{Cl^-}$ (25℃)

(3) 惰性金属电极

惰性金属电极由惰性金属插在含有不同氧化态的离子的溶液中组成。惰性金属并不参与反应,仅供传递电子用。如 Pt 丝插入含 Fe^{3+} 和 Fe^{2+} 的溶液,便构成这种电极:$Pt|Fe^{3+},Fe^{2+}$。

电极电位可表示为 $\varphi_{Fe^{3+}/Fe^{2+}} = \varphi^{\ominus}_{Fe^{3+}/Fe^{2+}} + 0.059\ \lg \dfrac{a_{Fe^{3+}}}{a_{Fe^{2+}}}$ (25℃)

(4) 膜电极

具有敏感膜并能产生膜电位的电极,称为膜电极。各种离子选择性电极基本上都是膜电极,这类电极不同于金属基电极,它以固体膜或液体膜为探头,其膜电位是由于离子的交换或扩散而产生,而没有电子转移,其膜电位与特定的离子活度的关系符合能斯特方程式。

作为指示电极,应符合下列基本要求:

① 电极电位与有关离子浓度(确切地说是活度)之间应该符合能斯特方程式。

② 对有关离子的响应要快且能重现。

③ 结构简单,便于使用。

2. 参比电极

常用的参比电极有下面两种,它们的电位是以标准氢电极为比较标准测得的。

(1) 饱和甘汞电极(saturated calomel electrode,SCE)

电极由两个玻璃套管组成,内管盛 Hg 和 $Hg-Hg_2Cl_2$ 糊状混合物,下端用浸有饱和 KCl 溶液的棉花(或纸浆)塞紧,上端封入一段铂金丝作为连接导线之用,外管下端用石棉丝或微孔玻璃片(或素烧瓷片)封住,内盛带有固体 KCl 的 KCl 饱和溶液。图 8-3 表示饱和甘汞电极的简单结构。

电极组成为:$Hg|Hg_2Cl_2|KCl$ 溶液

电极反应:$Hg_2Cl_2(s) + 2e^- \rightleftharpoons 2Hg(l) + 2Cl^-$

电极电位:$\varphi_{Hg_2Cl_2/Hg} = \varphi^{\ominus}_{Hg_2Cl_2/Hg} - 0.059\ \lg a_{Cl^-}$

电极电位与 Cl^- 的活度或浓度有关。当 Cl^- 浓度不同时,可得到具有不同电极电位的参比电极。若外管内盛的是 1mol/L、0.1mol/L 或饱和 KCl 溶液,则电极电位分别是 0.280 V、0.334 V 和 0.244 V(25℃)。

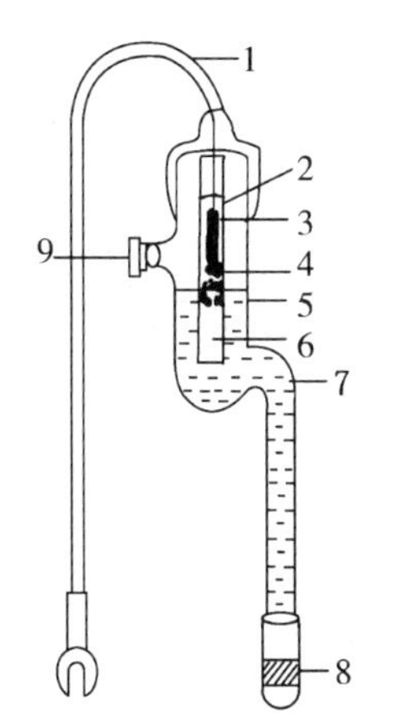

图 8-3　饱和甘汞电极

1. 电极引线　2. 玻璃管　3. 汞　4. 甘汞糊（Hg_2Cl_2 和 Hg 研成的糊）

5. 玻璃外套　6. 石棉或纸浆　7. 饱和 KCl 溶液　8. 素烧瓷片　9. 小橡皮塞

(2) Ag/AgCl 电极

电极由涂镀一层 AgCl 的银丝插入一定浓度的 KCl 溶液中构成。结构类同甘汞电极，只是将甘汞电极内管中的 Hg、Hg_2Cl_2 和饱和 KCl 换成涂有 AgCl 的银丝即可。

电池组成为：Ag|AgCl|KCl 溶液

电极反应：$AgCl + e^- \rightleftharpoons Ag + Cl^-$

电极电位：$\varphi_{Ag^+/Ag} = \varphi^{\ominus}_{Ag^+/Ag} - 0.059\ \lg a_{Cl^-}$，饱和 KCl 的 Ag-AgCl 电极电位为 0.199 V (25℃)，1 mol/L 和 0.1 mol/L KCl 的 Ag-AgCl 电极电位分别为 0.222 V 和 0.288 V (25℃)。

作为参比电极，应该符合下列基本要求：

① 电位稳定，可逆性好，在测量电动势过程中，有不同方向的微弱电流通过，电位保持不变。

② 重现性好。

③ 装置简单，使用寿命长。

三、可逆电极和可逆电池

当一个无限小的电流以相反方向流过电极时（即电极反应是在电极的平衡电位下进行时），发生的电极反应是互为逆反应的，称为可逆电极反应。如果一个电极的电极反应是可逆的，并且反应速率很快，便称为可逆电极。如果电极反应不可逆，反应速率很慢，则称为不可逆电极。如果电池两个电极均为可逆电极，则电池为可逆电池。

四、电池电动势的测量

一个电池的电动势应该等于：

$$E = (\varphi_+ - \varphi_-) + \varphi_j + iR \tag{8-1}$$

如果用盐桥把液接电位 φ_j 消除，控制通过的电流 i 极小，使由于电池内阻产生的电位降 iR 小到可以忽略不计，则电池的电动势便等于两个电极的还原电位之差，即：

$$E = \varphi_+ - \varphi_- \tag{8-2}$$

如果其中一个电极是参比电极，其电位值已知并恒定，则根据测量的电动势值便可算出另一个电极（指示电极）的电位值。再根据能斯特方程式，便可求出溶液中相关离子的浓度。

第三节　电位分析法

电位分析法利用一支指示电极与另一支合适的参比电极构成一个测量电池，如图 8-4 所示。通过测量电池的电动势或电极电位来求得被测物质的含量、酸碱离解常数或配合物的稳定常数等。

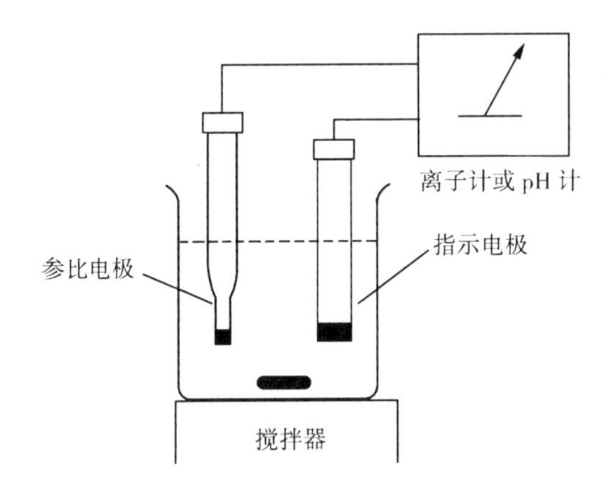

图 8-4　电位分析示意图

电位分析法分为直接电位法和电位滴定法两类。

直接电位法用专用的指示电极如玻璃电极，把被测离子 A 的活度转变为电极电位，电极电位与离子活度间的关系可用能斯特方程表示：

$$\varphi = \text{常数} + \frac{RT}{nF}\ln a_{A} \tag{8-3}$$

式(8-3)是电位分析法的基本公式。

电位滴定法是利用电极电位的变化代替化学指示剂颜色的变化来确定滴定终点的滴定分析法。

一、直接电位法

(一) 玻璃电极

实验室中最常用的一种玻璃电极的构造如图 8-5 所示。

玻璃电极是由一玻璃管的下端接一软质玻璃组成，其主要成分为 Na_2O、CaO 和 SiO_2 的球形薄膜(其厚度不到 0.1 mm)，膜内盛一定浓度 KCl 的 pH 等于 4 或 7 的缓冲溶液，溶液中插入 Ag-AgCl 电极(称为内参比电极)所构成。因为玻璃电极的内阻很高(～100 MΩ)，故电极引出线及导线都要高度绝缘，并装有屏蔽隔离罩，以防漏电和静电干扰。

当玻璃电极与水溶液接触时，能吸收水分形成一层厚度为 10^{-4}～10^{-5} mm 的溶胀水化层，即水化凝胶层。如图 8-6 所示，该层中的 Na^+ 可与溶液中的 H^+ 进行交换，使膜内外表面上 Na^+ 的点位几乎全被 H^+ 所占据。越深入凝胶层内部，交换的数量越少。即点位上的 H^+ 越来越少，Na^+ 越来越多，达到干玻璃层，便全无交换，亦即全无 H^+。

玻璃膜中，在干玻璃层中的电荷传导主要由 Na^+ 承担，H_3^+O 在溶液与水化凝胶层表面界面上进行扩散，从而在内、外两水化凝胶层与干玻璃层之间形成两个液接电位，若玻璃两侧的

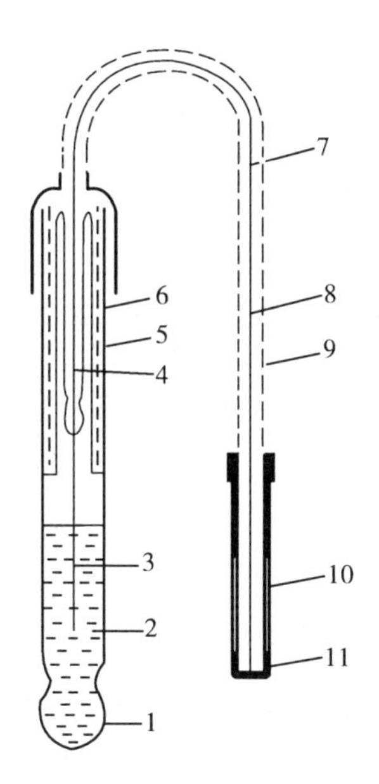

图 8-5　玻璃电极

1. 玻璃膜球　2. 缓冲溶液　3. 银-氯化银　4. 电极导线　5. 玻璃管　6. 静电隔离层
7. 电极导线　8. 塑料高绝缘体　9. 金属隔离罩　10. 塑料高绝缘体　11. 电极接头

水化凝胶层性质完全相同，则其内部形成的两个液接电位大小相等，但符号相反，结果相互抵消。因此玻璃膜的膜电位决定于内、外两个水化凝胶层与溶液界面上的相界电位。膜电位与溶液 pH 的关系：

$$E_M = 常数 + \frac{2.303RT}{F}\lg a_{外,H^+} \\ = 常数 - \frac{2.303RT}{F}\text{pH} \quad (8-4)$$

整个玻璃电极的电位 φ 应为：

$$\varphi = \varphi_{AgCl/Ag} + E_M = K - \frac{2.303RT}{F}\text{pH} \\ = K - 0.059\text{pH}(25℃) \quad (8-5)$$

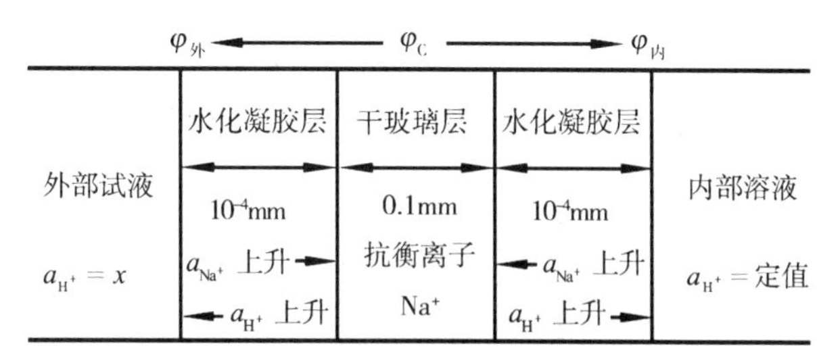

图 8-6　水化敏感玻璃球膜的分层模式

（二）氢离子活度的测定

直接电位法的一个重要应用就是利用玻璃电极测定溶液的 pH。

测量溶液 pH(氢离子活度)的原电池，可表示如下：

（－）pH 玻璃电极｜待测溶液‖ SCE(＋)

电池电动势为：　$E_x = \varphi_{SCE} - \varphi_{玻}$

将式(8-5)代入上式得

$$E_x=\varphi_{SCE}-K+0.059pH_x \quad (25℃) \tag{8-6}$$

$$pH_x=\frac{E_x-(\varphi_{SCE}-K)}{0.059} \tag{8-7}$$

式(8-7)表明,只要玻璃电极常数 K 已知并固定不变,测得电动势 E_x,便可求得待测溶液的 pH_x,实际上 K 值常随不同电极、不同组成的溶液,甚至随电极使用时间的长短而发生微小变动,变动值又不易准确测定,故 pH 测量采用"两次测量法"。分别测量 pH 已知的标准缓冲溶液和未知溶液的电动势:

$$pH_s=\frac{E_s-(\varphi_{SCE}-K)}{0.059} \tag{8-8}$$

式(8-7)减式(8-8),移项整理得

$$pH_x=pH_s+\frac{E_x-E_s}{0.059} \tag{8-9}$$

测量时选用的标准缓冲溶液的 pH_s 值要尽可能与待测溶液的 pH_x 接近,常用的几种 pH 标准缓冲溶液见表 8-1。

表 8-1　标准缓冲溶液 0~95℃的 pH

温度(℃)	(1)	(2)	(3)	(4)	(5)	(6)
	0.05 mol/L 草酸三氢钾	25℃饱和酒石酸氢钾	0.05 mol/L 邻苯二甲酸氢钾	0.025 mol/L KH_2PO_4 +0.025 mol/L Na_2HPO_4	0.01 mol/L 硼酸	25℃饱和氢氧化钙
0	1.666	—	4.003	6.984	9.464	13.423
5	1.668	—	3.999	6.951	9.395	13.207
10	1.670	—	3.998	6.923	9.332	13.003
15	1.672	—	3.999	6.900	9.276	12.810
20	1.675	—	4.002	6.881	9.225	12.627
25	1.679	3.557	4.008	6.865	9.180	12.454
30	1.683	3.552	4.015	6.853	9.139	12.289
35	1.688	3.549	4.024	6.844	9.102	12.133
38	1.691	3.548	4.030	6.840	9.081	12.043
40	1.694	3.547	4.035	6.838	9.068	11.984
45	1.700	3.547	4.047	6.834	9.038	11.841
50	1.707	3.549	4.060	6.833	9.011	11.705
55	1.715	3.554	4.075	6.934	8.985	11.574
60	1.723	3.560	4.091	6.836	8.962	11.499
70	1.743	3.580	4.126	6.845	8.921	—
80	1.766	3.609	4.164	6.859	8.885	—
90	1.792	3.650	4.205	6.877	8.850	—
95	1.806	3.674	4.227	6.886	8.833	—

用 pH 玻璃电极测定 pH 大于 9 的碱性溶液或钠离子浓度较高的溶液时，测得的 pH 比实际数值偏低，这种现象称为碱差或钠差。测定 pH$<$1 的强酸溶液，测得 pH 比实际数值偏高，这种现象称为酸差。

碱差是由于在凝胶层与溶液界面间的离子交换过程中，不仅有 H^+，而且还有 Na^+ 参加所致，结果由电极电位值反映出来的是 H^+ 活度增加，pH 下降。

酸差的产生是由于在强酸溶液中，水分子活度减小，而 H^+ 以 H_3O^+ 形式传递，结果到达电极表面的 H^+ 减少，pH 增加。

另外，由于制造工艺等原因，玻璃膜内外表面情况并不完全相同，它们吸水后形成水化凝胶层的 H^+ 交换性能也不完全相同。当膜两侧溶液 pH 相等时，膜电位 E_M 不等于零，而有几毫伏，这个电位叫不对称电位。不对称电位已包括在电极电位公式的常数项内，只要它维持常数，对 pH 测量便无影响。

使用玻璃电极测定溶液 pH 时，应注意：

(1) 电极的适用 pH 范围。不可在碱误差或酸误差的范围内测定；必要时，应对测定结果加以校正。

(2) 所选标准溶液的 pH_s，应尽量与待测溶液的 pH_x 接近。

(3) 电极浸入溶液后须有足够的平衡时间。一般在缓冲较好的溶液中，几秒钟即可(搅拌溶液)，在缓冲不好的溶液中(如中和滴定接近终点时)，常需数分钟。

(4) 标准溶液与待测溶液的温度必须相同，使用温度最好在 0～50℃。

(5) 玻璃电极在不用时，宜浸在水中保存。

(6) 使用标准缓冲溶液校准玻璃电极，然后用它测定非水溶液的 pH，没有多大意义，因为这样做，残余液接电位较大，准确度低。所得结果只能叫作非水溶液的“表现 pH”。在只用以指示 pH 变化情况的场合，如非水酸碱滴定，可以使用。

二、电位滴定法

电位滴定是利用电极电位的突跃来指示终点的到达。将滴定过程中测得的电位值 E 对消耗的滴定剂体积作图，绘制成滴定曲线，由曲线上的电位突跃部分来确定终点。电位滴定的装置如图 8－7 所示。

电位滴定法与指示剂滴定法相比，具有客观可靠，准确度高，易于自动化，不受溶液有色、浑浊的限制等优点，是一种重要的滴定分析方法，在制定新的指示剂滴定分析方法时，常借助电位滴定法确定指示剂的变色终点，检查新方法的可靠性；尤其对于那些没有指示剂可以利用的滴定反应，电位滴定法更为有利。原则上讲，电位滴定法可用于任何类型的滴定反应。随着离子选择电极的迅速发展，可选用的指示电极愈来愈多，电位滴定法的应用范围也愈来愈广。

(一) 确定电位滴定终点的方法

进行电位滴定时，边滴定，边记录加入滴定剂的体积和电子电位计的电位读数。在滴定终点附近，因电位变化率增大，应减小滴定剂的加入量。最好每加入一小份(如 1 滴)，记录一次数据，并保持每次加入滴定剂的数量相等，这样可使数据处理较为方便、准确，表 8－2 为典型的电位滴定记录数据和数据处理表。

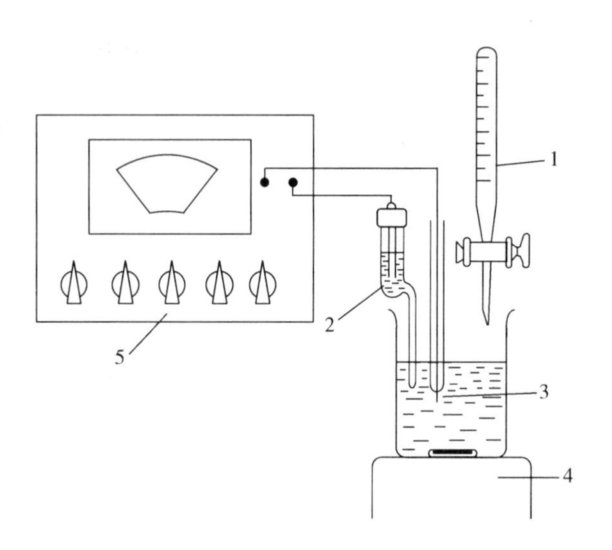

图 8－7　电位滴定装置图

1. 滴定管　2. 参比电极　3. 指示电极　4. 电磁搅拌器

5. 电子电位计表

表 8－2　典型的电位滴定数据一例

(1)	(2)	(3)	(4)	(5)	(6)	(7)	(8)
滴定剂体积 V(ml)	电位计读数 E (mV)	ΔE (mV)	ΔV (ml)	$\Delta E/\Delta V$ (mV/ml)	平均体积 $\overline{V}$ (ml)	$\Delta(\Delta E/\Delta V)$	$\Delta^2 E/\Delta V^2$
0.00	114	0	4.90	0.00	0.05		
0.10	114	16	3.00	3.3	2.55		
5.00	130	15	2.00	5.0	6.50		
8.00	145	23	1.00	11.5	9.00		
10.00	168	34	0.20	34	10.50		
11.00	202	16	0.05	80	11.10		
11.20	218	7	0.05	140	11.225		
11.25	225	13	0.05	260	11.275	120	2400
11.30	238	27	0.05	540	11.325	280	5600
11.35	265	26	0.05	520	11.375	−20	−400
11.40	291	15	0.05	300	11.425	−220	−4400
11.45	306	10	0.05	200	11.475		
11.50	316	36	0.05	72	11.75		
12.00	352	25	1.00	25	11.50		
13.00	377	12	1.00	12	13.50		
14.00	389						

滴定终点可用作图法或微商计算法确定，下面介绍几种确定终点的方法。

1. E－V 曲线法

用表 8－2 中滴定剂体积 V 为横坐标，以电位计读数 E 为纵坐标作图，得到一条 S 形曲线，如图 8－8(a)所示，曲线的转折点（拐点）即滴定终点，此法应用方便，但要求滴定的化学计量点处的电位突跃明显。

2. $\Delta E/\Delta V$－$\overline{V}$ 曲线法

用表 8－2 中的 $\Delta E/\Delta V$ 对平均体积 $\overline{V}$ 作图，得一级微商曲线，如图 8－8(b)所示，它的峰状曲线的最高点即滴定终点，该点的横坐标恰好与 E－V 曲线的拐点横坐标重合，如图 8－8 中竖直虚线所示，从表 8－2 中的数据可以看到，在化学计量点附近 $\Delta E/\Delta V$ 比 E 的变化率大得多，因而用 $\Delta E/\Delta V$－$\overline{V}$ 曲线法确定终点也较为准确，如果选用的 ΔV 足够小，则

$$\frac{\Delta E}{\Delta V} \longrightarrow \frac{dE}{dV}$$

故 $\Delta E/\Delta V$－$\overline{V}$ 曲线法也叫做一级微商法。

3. $\Delta^2 E/\Delta V^2$－V 曲线法

用表 8－2 中的 $\Delta^2 E/\Delta V^2$ 对 V 作图，得到一条具有两个极值的曲线，如图 8－8(c)所示，该曲线可看作是 E－V 曲线的近似二级微商曲线，所以该法又称为二级微商法，按函数微分的性质，E－V 曲线拐点的二级微商为零，所以 $\Delta^2 E/\Delta V^2$－V 曲线与纵坐标零线的交点即滴定终点。

4. 微商计算法

用作图法较繁琐，实际工作中常用内插法计算得滴定终点。在 $\Delta^2 E/\Delta V^2$ 数值出现相反符号时所对应的两个体积之间，必有使 $\Delta^2 E/\Delta V^2=0$ 的一点，即滴定终点。例如，从表中查得加入 11.30 ml 滴定剂时，$\Delta^2 E/\Delta V^2=5600$；加入 11.35 ml 滴定剂时，$\Delta^2 E/\Delta V^2=-400$，设滴定终点（$\Delta^2 E/\Delta V^2=0$）时加入滴定剂的体积为 X ml，则：

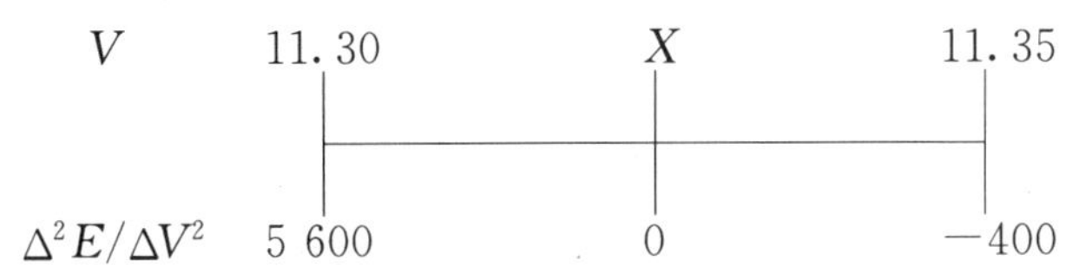

可用内插法按比例求终点体积 X：

$$\frac{11.35-11.30}{X-11.30}=\frac{-400-5600}{0-5600}$$

解之，得 $X=11.347$ ml，经修约得 11.35 ml。

（二）应用与示例

滴定分析中各类滴定都可采用电位滴定法，但是不同类型的反应，应选用不同的指示电极和参比电极。下面分别介绍。

1. 酸碱滴定

酸碱滴定常用的电极为玻璃电极与饱和甘汞电极，用 pH 计测定溶液的 pH，对 V 作图，得到的滴定曲线与酸碱滴定法中计算的滴定曲线一致。

用电位滴定法得到滴定曲线，比按理论计算得到的滴定曲线更切合实际。除确定终点外，利用酸碱电位滴定法，还可以研究极弱的酸碱、多元酸碱、混合酸碱等能否滴定，可以与指示剂的变色情况相核对，以选择最适宜的指示剂，并确定正确的终点颜色。

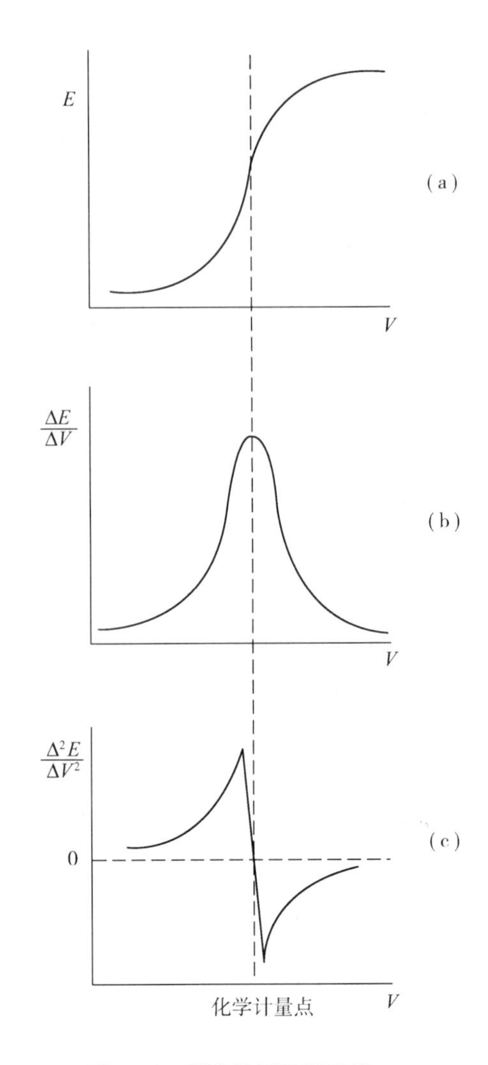

图 8-8　滴定数据处理图线

2. 沉淀滴定

沉淀滴定常用银盐或汞盐做标准溶液，用银盐标准溶液滴定时，指示电极用银电极；用汞盐标准溶液滴定时，指示电极用汞电极。在银量法及汞量法滴定中，Cl^- 都有干扰，因此不宜直接插入饱和甘汞电极，通常是用 KNO_3 盐桥把滴定溶液与饱和甘汞电极隔开。

沉淀法电位滴定，可用来测定 Ag^+、Hg^{2+}、Pb^{2+}、Zn^{2+}、Cl^-、Br^-、I^-、SCN^- 及 $Fe(CN)_6^{4-}$ 等离子的浓度。

3. 氧化还原滴定

氧化还原电位滴定一般采用惰性金属 Pt 等作为指示电极，参比电极为饱和甘汞电极等，铂电极本身并不参与电极反应，但它作为一个导体，是氧化态和还原态交换电子的场所，能显示溶液中氧化还原体系平衡电位。

4. 络合滴定

对于不同的络合反应，可采用不同的指示电极。从理论上讲，可选用与被测离子相应的离子选择电极作指示电极，实际上，目前用的电极为数不多。EDTA 络合滴定金属离子是络合滴定中广泛应用的方法，常采用汞电极作指示电极。滴定时，将 Hg 电极插入含有微量 Hg - EDTA溶液和被测金属离子的溶液即成。溶液中同时存在两个络合平衡，Hg^{2+} 与 EDTA、被测金属离子 M^{n+} 与 EDTA 的络合平衡。因此，M^{n+} 浓度的变化可通过两个络合平衡来影响 Hg^{2+} 浓度，从而改变 Hg 电极电位，故此种电极可用作指示电极。参比电极可用甘汞电极，在一定条件下可测定 Cu^{2+}、Zn^{2+}、Ca^{2+}、Mg^{2+} 和 Al^{3+} 等多种金属离子。

5. 非水酸碱滴定

在非水酸碱滴定中，常用玻璃电极作指示电极、甘汞电极作参比电极，甘汞电极中的饱和氯化钾水溶液可用饱和氯化钾无水乙醇溶液代替，滴定生物碱或有机碱的氢卤酸盐时，甘汞电极中的氯化物有干扰，可用适当盐桥来消除。

上述电极系统用于在冰醋酸、醋酐、醋酸-醋酐混合液、醋酐硝基甲烷混合液等酸性溶剂系统中滴定碱性物质及二甲基甲酰胺碱性溶剂中滴定酸性物质。非水溶剂的介电常数对测定有影响。介电常数大，电动势读数稳定，但突跃不明显；介电常数小，反应容易进行完全，突跃较明显，但电动势读数不够稳定。因此，在非水电位滴定时，需调节溶剂的介电常数，以得到较稳定的电动势，又得到较大的滴定突跃。如在介电常数较大的溶剂中加一定比例介电常数较小的溶剂可达此目的。

非水滴定中，常用电位法确定终点，或用电位法对照以确定终点指示剂颜色的变化。

第四节　永停滴定法

永停滴定法，又称双电流或双安培滴定法。测量时，把两个相同的指示电极插入待滴定的溶液中，在两个电极间外加一小电压(10～200 mV)，然后进行滴定，观察滴定过程中通过两个电极的电流变化，根据电流变化的特性确定滴定的终点，永停滴定法属于电流滴定范畴。

永停滴定法装置简单，准确度高，确定终点容易，是药典上进行重氮化滴定和用 Karl Fischer 法进行水分测定的法定方法。

一、原理

若溶液中同时存在某氧化还原电对的氧化形及其还原形物质，如 I_2 及 I^-，则插入一个铂电极时，按照能斯特方程式有：

$$\varphi=\varphi^{\ominus}+\frac{0.059}{2}\lg\frac{c_{I_2}}{c_{I^-}^2}\qquad(25℃)$$

电极将反映出 I_2/I^- 电对的电极电位，若同时插入两个相同的铂电极，则因两个电极的电位相同，电极间没有电位差，电动势等于 0，若在两个电极间外加一个小电压，则接正端的铂电极将发生氧化反应：

$$2I^- \rightleftharpoons I_2+2e^-$$

接负端的铂电极上将发生还原反应：

$$I_2+2e^- \rightleftharpoons 2I^-$$

就是说，将产生电解，只有两个电极上都发生反应，它们之间才会有电流通过，当电解进行时，阴极上得到多少电子，阳极上就失去多少电子，两个电极上的得失电子数总是相同。滴定时，当溶液中电对的氧化形和还原形的浓度不相等时，通过电解池电流的大小决定于浓度低的那个氧化形或还原形的浓度；氧化形和还原形的浓度相等时，电流最大。

像 I_2/I^- 这样的电对，在溶液中与双铂电极组成电池，给一很小的外加电压就能产生电解，有电流通过，称为可逆电对。

若溶液中的电对为 $S_4O_6^{2-}/S_2O_3^{2-}$，同样插入两个铂电极，同样给一很小的外加电压，由于只能发生反应 $2S_2O_3^{2-} \longrightarrow S_4O_6^{2-} + 2e^-$，不能发生反应 $S_4O_6^{2-} + 2e^- \longrightarrow 2S_2O_3^{2-}$，所以不能发生电解，无电流通过，这种电对叫作不可逆电对，对于不可逆电对，只有两个铂电极间的外加电压很大时，才会产生电解，但这是由于发生了其他电极反应所致。

永停滴定法是利用上述现象来确定终点的方法，在滴定过程中，电流变化可有三种不同情况。

(1) 滴定剂为可逆电对，被测物为不可逆电对。如碘溶液滴定硫代硫酸钠溶液，将硫代硫酸钠溶液置于烧杯中，插入两个铂电极，外加 10～15 mV 的电压，用灵敏电流计测量通过两极间的电流。在终点前，溶液中只有 $S_4O_6^{2-}/S_2O_3^{2-}$ 电对，因为它们是不可逆电对，虽有外加电压，电极上也不能发生电解反应，另外，溶液虽有 I^- 存在，但 I_2 浓度一直很低，无明显的电解反应发生，所以电流计指针一直停在接近零电流的位置上不动。一旦达到滴定终点并有稍过量的 I_2 加入后，溶液中建立了明显的 I_2/I^- 可逆电对，电解反应得以进行，产生的电解电流使电流计指针偏转并不再返回零电流的位置。随着过量 I_2 的加入，电流计指针偏转度增大，滴定时的电流变化如图 8 - 9 所示。

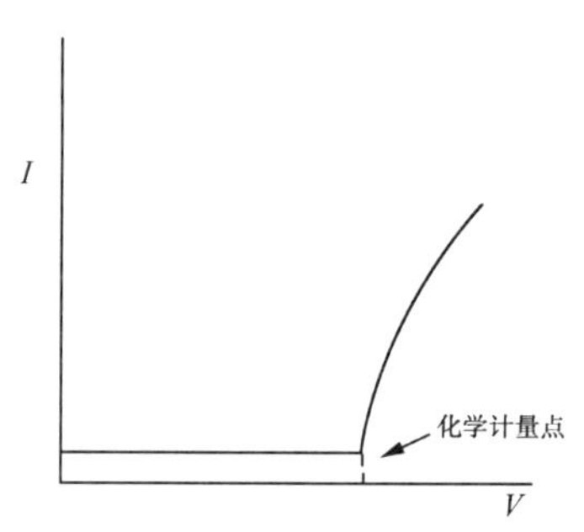

图 8 - 9　碘滴定硫代硫酸钠的滴定曲线

(2) 滴定剂为不可逆电对，被测物为可逆电对。如 $Na_2S_2O_3$ 滴定 I_2 溶液，在滴定到达终点前，溶液存在 I_2/I^- 可逆电对，有电解电流通过。滴定过程中 I_2 浓度变小，两电极电流也逐渐变小，滴定终点降至零电流，终点后，溶液中 I_2 的浓度极低，只有 I^- 及不可逆的 $S_4O_6^{2-}/S_2O_3^{2-}$ 电对，电解反应停止，电流计指针停留在零电流位置并保持不动。滴定时的电流变化曲线如图 8 - 10 所示。

此类滴定法是根据滴定过程中电解电流突然下降至零并保持在零不再变动的现象而确定滴定终点，故称为永停滴定法。

(3) 滴定剂与被滴定剂均为可逆电对。如 Ce^{4+} 溶液滴定 Fe^{2+} 溶液。开始滴定前，溶液中只有 Fe^{2+}，因无 Fe^{3+} 存在，阴极上不可能有还原反应，所以无电解反应，无电流通过。当 Ce^{4+} 不断滴入时，Fe^{3+} 不断增多，因为 Fe^{3+}/Fe^{2+} 属可逆电对，故电流也不断增大；当 $c_{Fe}^{3+} = c_{Fe}^{2+}$ 时，电流达到最大值；继续加入 Ce^{4+}，Fe^{2+} 浓度逐渐下降，电流也逐渐下降，达到终点，电流降至最低点；终点过后，Ce^{4+} 过量，由于溶液中有了 Ce^{4+}/Ce^{3+} 可逆电对，随着 $c_{Ce^{4+}}$ 不断增加，电流又开始上升，电流变化情况如图 8 - 11 所示。

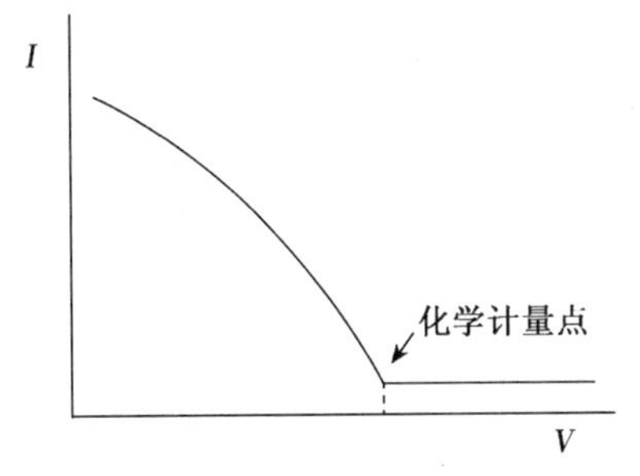

图 8-10　硫代硫酸钠滴定碘的滴定曲线

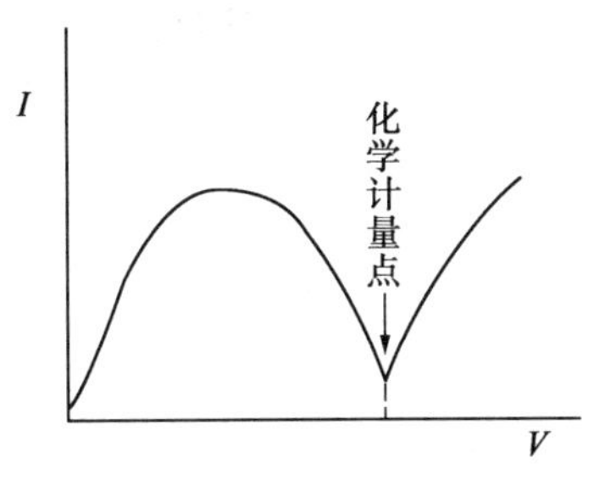

图 8-11　Ce^{4+} 滴定 Fe^{2+} 的滴定曲线

二、方法

永停滴定的仪器装置，一般如图 8-12 所示。图中 B 为 1.5 V 干电池，R 为 5 000 Ω 的绕线电位器，G 为电流计（灵敏度为 $10^{-7}\sim10^{-9}$ A/分度），S 为电流计的分流电阻，作为调节电流计灵敏度之用，E 和 E' 为两个铂电极。滴定过程中用电磁搅拌器搅动溶液。调节 R' 以得到适当的外加电压，一般数毫伏至数十毫伏即可。根据电流计本身的灵敏度及有关电对的可逆性，用 S 调节 G，以得到适宜的灵敏度。通常只需在近滴定终点时，每加一次标准溶液，测量一次电流。以电流为纵坐标，以滴定剂体积为横坐标作图，从中找出终点。

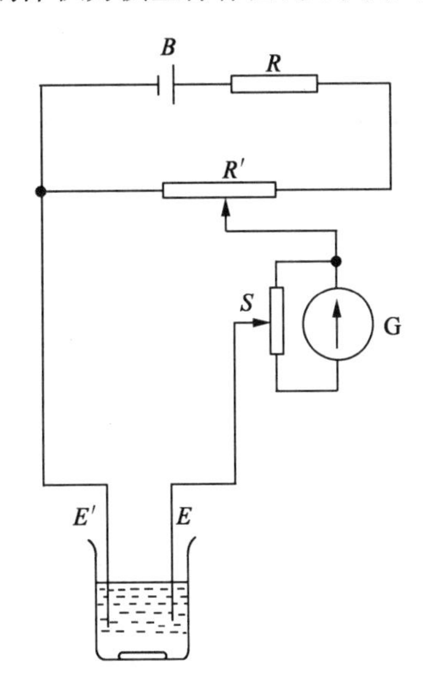

图 8-12　永停滴定的一般装置图

三、应用与示例

永停滴定法简便易行，准确可靠，所以已有不少可逆或不可逆电对采用这种方法，测定它们的氧化形或还原形的含量。除上面已经介绍过的 I_2/I^-，$S_4O_6^{2-}/S_2O_3^{2-}$，Fe^{3+}/Fe^{2+}，Ce^{4+}/Ce^{3+} 外，还有 Br_2/Br^-，$Fe(CN)_6^{3-}/Fe(CN)_6^{4-}$ 等，甚至 MnO_4^- 及 H_2O_2 亦能测定，下面介绍两个典型例子。

(1) 在进行 $NaNO_2$ 法测定时，采用永停法确定终点比使用内外指示剂都要准确方便，例如，用 $NaNO_2$ 标准溶液滴定某芳香胺：

$$R-C_6H_4-NH_2 + NaNO_2 + 2HCl \longrightarrow [R-C_6H_4-\overset{+}{N}\equiv N]Cl^- + 2H_2O + NaCl$$

终点前，溶液中不存在可逆电对，故电流计指针停止在0位（或接近于0位）不动。达到终点并稍有过量的 $NaNO_2$ 时，则溶液中便有 HNO_2 及其分解产物NO作为可逆电对同时存在，两个电极上起如下的电解反应：

$$\text{阳极} \quad NO + H_2O \longrightarrow HNO_2 + H^+ + e^-$$

$$\text{阴极} \quad HNO_2 + H^+ + e^- \longrightarrow NO + H_2O$$

电路中有电流通过，电流计指针显示偏转并不再回至0位。

(2) Karl Fischer 法测定微量水分

Karl Fischer 法测定微量水分的原理是基于水与碘和二氧化硫在吡啶和甲醇溶液中起定量反应，终点用永停滴定法比目测法更准确方便。

$$I_2 + SO_2 + 3\,C_5H_5N + CH_3OH + H_2O \longrightarrow 2\,C_5H_5N(H)I + C_5H_5N(H)SO_4CH_3$$

终点前，溶液中不存在可逆电对，故电流计指针停止在0位不动。达到终点并稍有过量的 I_2，则溶液中便有 I_2 及 I^- 可逆电对存在，两个电极上发生如下的电解反应：

$$\text{阳极} \quad 2I^- \longrightarrow I_2 + 2e^-$$

$$\text{阴极} \quad I_2 + 2e^- \longrightarrow 2I^-$$

电路中有电流通过，电流计指针显示偏转，不再回至0位。

例如注射用青霉素G钠中水分的测定方法为：精密称取样品 S mg（200～100 mg），置于干燥滴定瓶中，加无水甲醇2 ml，不断振摇将水分提出，并用卡氏试剂滴定至终点（V_1），另取无水甲醇2 ml作空白试验（V_0），按下式计算：

$$w_{\text{水分}}(\%) = \frac{T \times (V_1 - V_0)}{S(\text{mg})} \times 100$$

T 为卡氏试剂对 H_2O 的滴定度，单位为g/ml，可用卡氏试剂滴定标准水-甲醇液测得。

小　结

本章主要介绍了直接电位法、电位滴定法和永停滴定法的原理、方法，直接电位法和电位滴定法均属于电位法，它们的理论基础是能斯特方程式：

$$\varphi = \varphi^{\ominus} + \frac{RT}{nF}\ln a$$

1. 直接电位法是选择合适的指示电极和参比电极，与待测液组成原电池，测量其电动势，然后根据能斯特方程式计算被测离子浓度。

直接电位法的重要应用是利用离子选择电极测定溶液中阴、阳离子浓度，目前应用最多的是溶液pH的测定，方法为：

测量电池：(－)玻璃电极｜待测溶液‖SCE(＋)

电动势为 $E = K' + 0.059\text{pH}_x$ （25℃）

为了消除玻璃电极不对称电位及饱和甘汞电极液接电位的影响，采用二次测量法：

$$\text{pH}_x = \text{pH}_s + \frac{E_x - E_s}{0.059} \quad (25℃)$$

2. 电位滴定法是利用电极电位的突跃来指示滴定终点的到达，确定终点的方法有 E-V，$\Delta E/\Delta V$-$\bar{V}$，$\Delta^2 E/\Delta V^2$-V 等曲线作图法及微商计算法。

不同的滴定反应，应选用不同的电极系统，现归纳如下表：

滴定类型	指示电极	参比电极
酸碱滴定	玻璃电极、锑电极	甘汞电极、Ag - AgCl 电极
沉淀滴定	银电极、汞电极、铂电极及离子选择电极	甘汞电极、玻璃电极
络合滴定	汞电极、银电极及离子选择电极	甘汞电极
氧化还原滴定	铂电极	甘汞电极、玻璃电极
非水酸碱滴定	玻璃电极	甘汞电极(水用无水乙醇代替)

3. 永停滴定法是把两个相同的指示电极插入待测溶液中，外加一小电压(10～200 mV)，然后进行滴定，根据滴定过程中电流的变化特性指示滴定终点，属电流滴定法，与电位滴定法比较如下：

	电极	化学电池	控制条件	测定的物理量
电位滴定法	指示和参比电极	原电池	很小的恒电流	电压
永停滴定法	两个相同的铂电极	电解池	很小的恒电压	电流

思 考 题

1. 单独一个电极的电位能否直接测定？怎样才能测定？

2. 下列方法中测量电池各属于什么电池？

(1) 直接电位法　(2) 电位滴定法　(3) 永停滴定法

3. 试述 Karl Fischer 法测水分，用永停滴定法指示终点的原理和方法。

习　题

一、填空题

1. 直接电位法测定溶液 pH，常用________作为指示电极，__________作为参比电极。采用的测量方法是________________________。

2. 永停滴定法是在两个________________电极间施加一小电压，然后进行滴定，根据________________________的变化确定终点的到达。

3. 液接电位可用______________消除，不对称电位可用__________消除。

4. 进行永停滴定时，能检测到电流的电对是________________电对。

二、选择题

1. 电位滴定法中，以 $\Delta E/\Delta V - V$ 作图绘制滴定曲线，滴定终点为(　　)。

A. 曲线的拐点　　B. 曲线的最高点

C. 曲线的最大斜率点　　D. $\Delta E/\Delta V$ 为零时点

2. 若使用永停滴定法滴定至化学计量点时电流降至最低点且不变化，则说明(　　)。

A. 滴定剂和被测物均为不可逆电对

B. 滴定剂和被测物均为可逆电对

C. 滴定剂为不可逆电对，被测物为可逆电对

D. 滴定剂为可逆电对，被测物为不可逆电对

3. pH 玻璃电极产生的不对称电位来源于(　　)。

A. 内外玻璃膜表面特性不同　　B. 内外溶液中 H^+ 浓度不同

C. 内外溶液中 H^+ 活度系数不同　　D. 内外参比电极不一样

4. 玻璃电极使用前必须在水中浸泡，其目的是(　　)。

A. 清洗电极　　B. 活化电极　　C. 校正电极　　D. 清除吸附杂质

三、计算题

1. 计算下列原电池的电动势：

$Hg/HgY^{2-}(4.50\times10^{-5}mol\cdot L^{-1}), Y^{4-}(X\ mol\cdot L^{-1})\parallel SCE$

Y^{4-} 的浓度分别为 $3.33\times10^{-1}mol\cdot L^{-1}$、$3.33\times10^{-3}mol\cdot L^{-1}$、$3.33\times10^{-5}\ mol\cdot L^{-1}$。

(0.144，0.85，0.026 V)

2. 用下面电池测量溶液 pH。

(－) 玻璃电极 | $H^+(X\ mol\cdot L^{-1})\parallel SCE(+)$

298 K 时测得 pH 5.00 标准缓冲溶液的电动势为 0.218 V。若用未知 pH 溶液代替标准缓冲溶液，测得电动势分别为(1) 0.060 V，(2) 0.328 V，(3) －0.019 V。试计算每个未知溶液的 pH。

(2.33，6.86，1.00)

3. 用下列电池按直接电位法测定草酸根离子浓度。

Ag | AgCl(固) | KCl(饱和) ‖ $C_2O_4^{2-}$(未知浓度) | $Ag_2C_2O_4$(固) | Ag

(1) 导出 PC_2O_4 与电池电动势之间的关系式($Ag_2C_2O_4$ 的溶度积 $K_{sp}=2.95\times10^{-11}$)。

(2) 若将一未知浓度的草酸钠溶液置于此电解池，在 25℃测得电池电动势为 0.402V，Ag - AgCl 电极为负极，计算未知溶液的 PC_2O_4。

4. 为测量下列吡啶与水之间的质子转移反应的平衡常数，其测量电池如下：

$C_5H_5N+H_2O \rightleftharpoons C_5H_5NH^+ + OH^-$

$Pt, H_2[20.265\ kPa(0.200$ 标准大气压$)] \left| \begin{matrix} C_5H_5N(0.189\ mol) \\ C_5H_5NH^+Cl^-(0.053\ 6\ mol\cdot L^{-1}) \end{matrix} \right\| \begin{matrix} Hg_2Cl_2(饱和) \\ KCl(饱和) \end{matrix} \right| Hg$

若 25℃时电池电动势为 0.563 V，上列反应的平衡常数 K_b 为多少？

(1.81×10^{-9})

5. 某一弱酸溶液 25.00 ml，用 0.116 5 $mol\cdot L^{-1}$ NaOH 溶液滴定，以 pH 玻璃电极为指示电极、饱和甘汞电极为参比电极、测得的数据如下：

NaOH 溶液体积 (ml)	0	14.00	15.00	15.50	15.60	15.70	15.80	16.00	17.00
pH	2.89	6.63	7.08	7.75	8.40	9.29	10.07	10.65	11.34

(1) 计算终点时 pH 计的读数。　(9.01)

(2) 求该一元弱酸的离解常数。　(4.29×10^{-6})

(钟文英)

第九章　紫外-可见分光光度法

紫外-可见光区一般指波长 200～760 nm 范围内的电磁波。根据物质分子对这一光区电磁波的吸收特性进行定性和定量分析的方法为紫外-可见分光光度法(ultraviolet and visible spectrophotometry)。紫外-可见分光光度法适用于微量和痕量组分的分析，测定灵敏度可达到 10^{-4}～10^{-7} g/ml 或更低范围。

第一节　电磁辐射与电磁波谱

一、电磁辐射

光是一种电磁辐射，它具有波动性和粒子性。光在传播时，表现了它的波动性，描述波动性的主要参数是波长 λ，频率 ν 和波数 σ，它们之间的关系是：

$$\sigma=\frac{\nu}{c}=\frac{1}{\lambda} \tag{9-1}$$

式(9-1)中，c 是电磁辐射在真空中传播速度，其值约为 3×10^{10} cm/s，波长 λ 是光波移动一个周期的距离，在紫外-可见区常用纳米(nm)作为波长单位。

$$1\ \text{nm}=10^{-3}\ \mu\text{m}=10^{-6}\ \text{mm}=10^{-9}\ \text{m}$$

光又具有粒子性，它是由一颗一颗不连续的光子构成的粒子流。这种粒子叫光子，它是量子化的，只能一整个、一整个地发射出或被吸收。光子的能量(E)取决于频率，其关系为：

$$E=h\nu \tag{9-2}$$

式中：h 是 Plank 常数，其值为 6.6262×10^{-34} J · s。

频率越大或波长越短的光，其能量越大。例如，波长为 200 nm 的光，一个光子的能量是：

$$E=6.6262\times10^{-34}\times\frac{3.0\times10^{10}}{200\times10^{-7}}=9.9\times10^{-19}(\text{J})$$

这样小的能量用电子伏特(eV)作单位较方便，1 eV 等于 1.6×10^{-19} J。则上面一个光子的能量可写作

$$E=\frac{9.9\times10^{-19}}{1.6\times10^{-19}}=6.2(\text{eV})$$

二、光谱分析法

电磁辐射源与物质作用时，会与物质间产生能量交换。按物质和辐射能的转换方向，光谱法可分为吸收光谱法和发射光谱法两大类。

1. 吸收光谱分析法

电磁辐射源照射试样时，其原子或分子选择吸收某些具有适宜能量的光子，使相应波长位置出现吸收线或吸收带，所构成的光谱为吸收光谱。利用物质的吸收光谱进行定量、定性及结构分析的方法称为吸收光谱分析法。

分子中有原子与电子，分子、原子和电子都是运动着的物质，都具有能量。在一定的环境

条件下，整个分子处于一定的运动状态。其分子内部的运动可分为价电子运动、分子内原子（或原子团）在平衡位置附近的振动和分子绕其重心轴的转动。因此分子具有电子能级、振动能级和转动能级。

电子能级具有电子基态与电子激发态；在同一电子能级，还因振动能量不同而分为若干振动能级（$v=0,1,2,3\cdots$）；分子在同一电子能级和同一振动能级时，它的能量还因转动能量不同而分为若干个转动能级（$j=0,1,2,3\cdots$）。所以分子的能量 E 为：

$$E_{分子}=E_{电子}+E_{振动}+E_{转动}$$

当分子吸收具有一定能量的光子时，就由较低的能级 E_1（基态）跃迁到较高能级 E_2（激发态）。被吸收光子的能量必须与跃迁前后的能级差 ΔE 恰好相等，否则不能被吸收。

$$\Delta E_{分子}=E_2-E_1=E_{光子}=h\nu \qquad (9-3)$$

上述分子中的三种能级中，以转动能级差最小，在 0.025～10^{-4} eV 之间。单纯使分子转动能级跃迁所需的辐射是波长为 50 μm～1.25 cm 的电磁波，属于远红外区和微波区。分子的振动能级差在 1～0.025 eV 之间。使振动能级跃迁所需的辐射，波长为 1.25～50 μm，在中红外区。分子的外层电子跃迁的能级差为 1～20 eV，所需辐射的波长为60 nm～1.25 μm，其中以紫外-可见光区为主要部分。

电磁波的波长范围及其所能激发的跃迁类型如表 9－1 所示。

表 9－1　电磁波谱

光谱区	波长范围	跃迁类型
X 射线	0.01～10 nm	内层电子的跃迁
远紫外光	10～200 nm	外层电子的跃迁
紫外光	200～380 nm	外层电子的跃迁
可见光	380～780 nm	外层电子的跃迁
近红外光	780 nm～2.5μm	涉及氢原子的振动
红外光	2.5～50 μm	振动及分子的转动
远红外光	50～300 μm	分子的转动
微波	0.3 mm～1 m	分子的转动
无线电波	1～1000 m	原子核自旋能级跃迁

分子的能级跃迁是分子总能量的改变，当发生振动能级跃迁时常伴有转动能级跃迁；在电子能级跃迁时，则伴有振动能级和转动能级的改变。因此，分子光谱总是较宽的带状光谱。常见的分子吸收光谱法有紫外-可见吸收光谱法和红外吸收光谱法。当原子蒸气吸收紫外-可见区中一定光子的能量时，外层电子发生跃迁，产生的光谱叫原子吸收光谱。其光谱线结构简单，为不连续的线状光谱。

2. 发射光谱分析法

原子或分子受辐射激发跃迁到激发态后，由激发态回到基态，以辐射的方式释放能量，所产生的光谱为发射光谱。利用物质的发射光谱进行定性或定量的方法称为发射光谱分析法。常见的发射光谱法有原子发射光谱法、原子荧光光谱法、分子荧光光谱法和磷光光谱法。

第二节　基本原理

一、紫外-可见吸收光谱

紫外-可见吸收光谱是一种分子吸收光谱，它是由于分子中价电子的跃迁而产生的。在不同波长下测定物质对光吸收的程度（吸光度），以波长为横坐标，以吸光度为纵坐标所绘制的曲线，称为吸收曲线，又称吸收光谱。测定的波长范围在紫外-可见区，称紫外-可见光谱，简称紫外光谱。如图 9-1 所示。吸收曲线的峰称为吸收峰，它所对应的波长为最大吸收波长，常用 λ_{max}表示。曲线的谷所对应的波长为最小吸收波长，常用 λ_{min} 表示。在吸收曲线上短波长端底只能呈现较强吸收但又不成峰形的部分，称末端吸收。在峰旁边一个小的曲折，形状像肩的部位，称为肩峰，其对应的波长用 λ_{sh} 表示。某些物质的吸收光谱上可出现几个吸收峰。不同的物质有不同的吸收峰。同一物质的吸收光谱有相同的 λ_{max}、λ_{min}、λ_{sh}；而且同一物质相同浓度的吸收曲线应相互重合。因此，吸收光谱上的 λ_{max}、λ_{min}、λ_{sh}及整个吸收光谱的形状取决于物质的分子结构，可作定性依据。

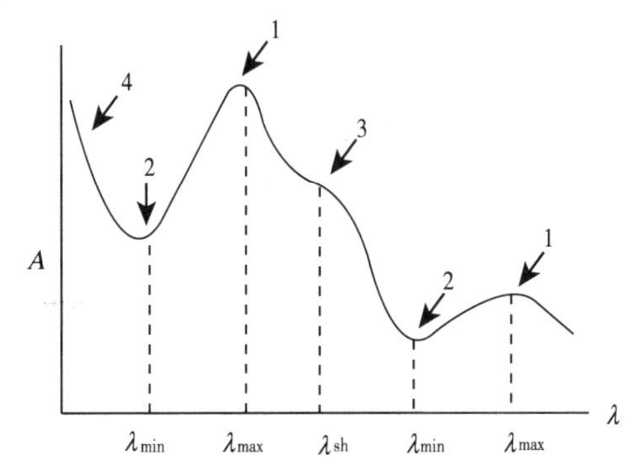

图 9-1　吸收光谱示意图

1. 吸收峰　2. 谷　3. 肩峰　4. 末端吸收

当采用不同的坐标时，吸收光谱的形状会发生改变，但其光谱特征仍然保留，见图 9-2。紫外吸收光谱常用吸光度 A 为纵坐标；有时也用透光率 T（transmitance）或吸光系数 E（absorptivity）为纵坐标。但只有以吸光度为纵坐标时，吸收曲线上各点的高度与浓度之间才呈现正比关系。当吸收光谱以吸光系数或其对数为纵坐标时，光谱曲线与浓度无关。

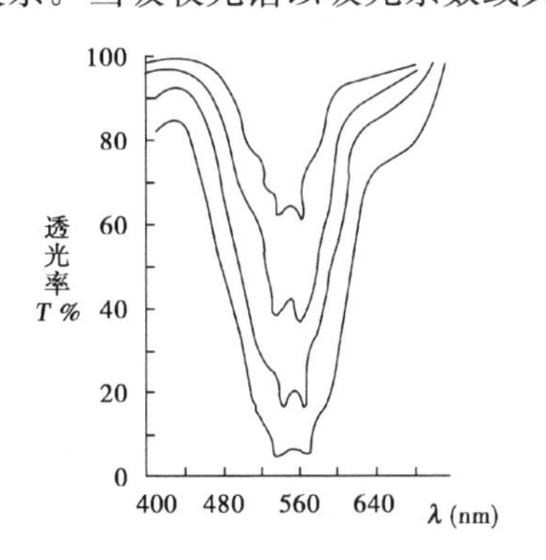

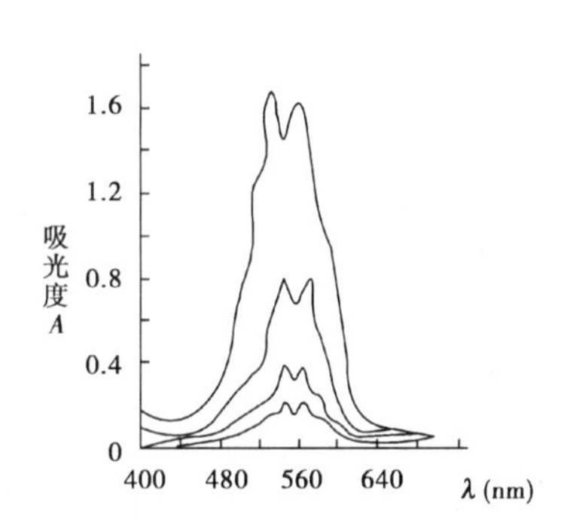

图 9-2　纵坐标不同的吸收光谱图

$KMnO_4$ 溶液的四种浓度：5 ng/L、10 ng/L、20 ng/L、40 ng/L，1 cm 厚

二、朗伯-比耳定律

朗伯-比耳定律是吸收光谱的基本定律，是描述物质对单色光吸收的强弱与吸光物质的厚度和浓度间关系的定律。

假设一束平行单色光通过一个含有吸光物质的物体，物体的截面积为 S，厚度为 L，如图 9－3所示。物质中含有 n 个吸光质点。光通过后，一些光子被吸收。光强从 I_0 降至 I。

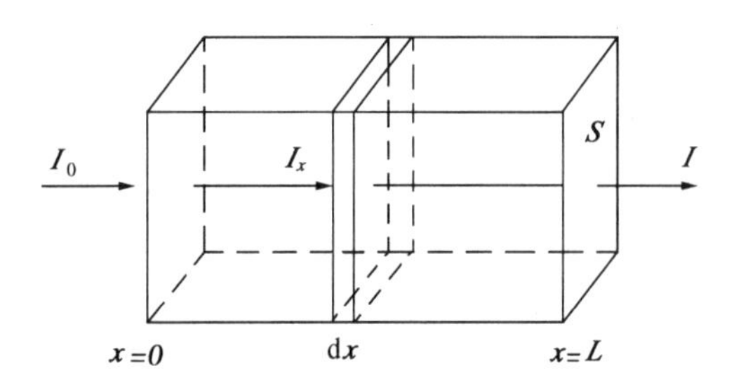

图 9－3　光通过截面积 S、厚度 L 的吸光介质

取物体中一极薄层来讨论，设此断层中所含吸光质点数为 dn，这些能捕获光子的质点可以看作是截面 S 上被占去一部分不让光子通过的面积 dS，即：

$$dS=k\,dn$$

k 是比例常数，光子通过断层时，被吸收的几率是：

$$\frac{dS}{S}=\frac{k\,dn}{S}$$

因而使投射于此断层的光强 I_x 被减弱了 dI_x，所以有：

$$-\frac{dI_x}{I_x}=\frac{k\,dn}{S}$$

因此可得，光通过厚度为 L 的物体时，

$$-\int_{I_0}^{I}\frac{dI_x}{I_x}=\int_{0}^{n}\frac{k\,dn}{S}\qquad -\ln\frac{I}{I_0}=\frac{kn}{S}$$

$$-\ln\frac{I}{I_0}=(\lg e)k\,\frac{n}{S}=E\,\frac{n}{S}$$

又因截面积 S 与体积 V，质点总数与浓度 c 等有以下关系：

$$S=\frac{V}{L},n=Vc\quad \therefore\frac{n}{S}=Lc$$

$$-\lg\frac{I}{I_0}=ELc \tag{9－4}$$

式(9－4)为朗伯-比耳定律的数学表达式，I_0 为入射光强度，I 为透过光的强度，I/I_0 是透光率(T)，常用百分数表示，$A=-\lg T$，A 称为吸光度，于是：

$$A=-\lg T=ELc$$

或

$$T=10^{-A}=10^{-ELc} \tag{9－5}$$

式(9－5)表明单色光通过吸光介质后，透光率 T 与浓度 c 或厚度 L 之间的关系是指数函数关系。例如，浓度增大一倍时，透光率从 T 降至 T^2。吸光度与浓度或厚度之间是正比关系，其中 E 是比例常数，称为吸光系数。

在多组分体系中，如果各组分吸光物质之间没有相互作用，则朗伯-比耳定律仍适用，这时

体系的总吸光度等于各组分吸光度之和，即各物质在同一波长下，吸光度具有加和性。

$$A_{总}=A_a+A_b+A_c+\cdots$$

利用此性质可进行多组分的测定。

三、吸光系数和吸光度的测量

1. 吸光系数

吸光系数的物理意义是吸光物质在单位浓度及单位厚度时的吸光度。在一定条件下(单色光波长、溶剂、温度等)，吸光系数是物质的特性常数，不同物质对同一波长的单色光可有不同的吸光系数，吸光系数愈大，表明该物质的吸光能力愈强，灵敏度愈高，所以吸光系数是定性和定量依据。

吸光系数常用两种表示方式：

(1) 摩尔吸光系数：用 ε 表示，其意义是在一定波长下，溶液浓度为 1 mol/L、厚度为 1 cm 时的吸光度。

(2) 百分吸光系数：又称比吸光系数，用 $E_{1\,cm}^{1\%}$ 表示，指在一定波长下，溶液浓度为 1%(W/V)、厚度为 1 cm 时的吸光度。

两种吸光系数之间的关系是

$$\varepsilon=\frac{M}{10}E_{1\,cm}^{1\%} \tag{9-6}$$

式中：M 是吸光物质的摩尔质量。

摩尔吸光系数一般不超过 10^5 数量级。通常 ε 值达 10^4 为强吸收，小于 10^2 为弱吸收，介于两者之间的为中强吸收。吸光系数不能直接用 1 mol/L 或 1%这样高的浓度进行测定，需用准确的稀溶液测得吸光度换算而得到。

例如，氯霉素(M=323.15)的水溶液在 278 nm 处有最大吸收。设用纯品配制 100 ml 含 2.00 mg 的溶液，以 1.00 cm 厚的吸收池在 278 nm 处测得透光率为 24.3%，求吸光度 A 和吸光系数 ε、$E_{1\,cm}^{1\%}$。

$$A=-\lg T=-\lg 0.243=0.614$$

$$E_{1cm}^{1\%}=\frac{A}{cL}=\frac{0.614}{2.00\times10^{-3}\times1}=307$$

$$\varepsilon=\frac{M}{10}E_{1cm}^{1\%}=\frac{323.15}{10}\times307=9\,920$$

2. 吸光度的测量

(1) 溶剂和容器：测量溶液吸光度的溶剂和吸收池应在所用的波长范围内有较好的透光性。玻璃不能透过紫外光，所以在紫外光区只能使用石英吸收池。许多溶剂本身在紫外光区有吸收峰，只能在它吸收较弱的波段使用。表 9-2 列出一些溶剂适用的最短波长(截止波长)，低于这些波长就不宜使用。

表 9-2　溶剂的使用波长极限

溶剂	波长极限（nm）	溶剂	波长极限（nm）	溶剂	波长极限（nm）
乙醚	210	乙醇	215	四氯化碳	260
环己烷	200	二氧六环	220	甲酸甲酯	260
正丁醇	210	正己烷	220	乙酸乙酯	260
甲基环己烷	210	2,2,4-三甲戊烷	220	二硫化碳	380
水	200	甘油	230	苯	280
异丙醇	210	二氯乙烷	233	甲苯	285
甲醇	200	二氯甲浣	235	吡啶	305
96%硫酸	210	氯仿	245	丙酮	330

(2) 空白对比：测定吸光度，实际上是测定透光率。而在测定光强减弱时，不只是由于被测物质的吸收所致，还有溶剂和容器的吸收，光的散射和界面反射等因素都可使透射光减弱。用空白对比，可排除这些因素的干扰。空白是指试样完全相同的溶液和容器，只是不含被测物质。采用光学性质相同、厚度相同的吸收池，装入空白溶液作参比，调节仪器，使透过参比吸收池的吸光度为零($A=0$)及透光率 $T=100\%$，然后将装有待测溶液的吸收池移入光路中测量，得到被测物质的吸光度。

四、偏离朗伯-比耳定律的主要因素

按照朗伯-比耳定律，浓度 c 与吸光度 A 之间的关系应是一条通过原点的直线。实际工作中，特别是溶液浓度较高时，会出现偏离直线的现象，如图 9-4 中的虚线，偏离朗伯-比耳定律。

实际上，在推导朗伯-比耳定律时包含了这样两个假设：① 入射光是单色光；② 溶液是吸光物质的稀溶液。因此导致偏离朗伯-比耳定律的主要因素表现在光学和化学两个方面。

1. 光学因素

朗伯-比耳定律只适用于单色光，但一般单色器提供的入射光并不是纯的单色光，而是波长范围较窄的光带，实际上仍是复合光。由于物质对不同波长光的吸收程度不同，因而就产生偏离朗伯-比耳定律的现象。现假设入射光由波长 λ_1 和 λ_2 的光组成，两个波长的入射光强各为 I_{01} 和 I_{02}。因为

$$I=I_0 10^{-EcL}$$

故此混合光的透光率为

$$\begin{aligned}T&=\frac{I_1+I_2}{I_{01}+I_{02}}\\&=\frac{I_{01}10^{-E_1cL}+I_{02}10^{-E_2cL}}{I_{01}+I_{02}}\\&=10^{-E_1cL}\frac{I_{01}+I_{02}10^{(E_1-E_2)cL}}{I_{01}+I_{02}}\end{aligned}$$

$$\begin{aligned}A&=-\lg T\\&=E_1cL-\lg\frac{I_{01}+I_{02}10^{(E_1-E_2)cL}}{I_{01}+I_{02}}\end{aligned}\qquad(9-7)$$

由式(9-7)可知，只有当 $E_1=E_2$ 时，$A=E_1cL$ 符合线性关系，若 $E_1\neq E_2$，则 A 与 c 不成直线关系，E_1 与 E_2 差别越大，A 与 c 偏离线性关系越大。

因此测定时应选择较纯的单色光(即波长范围很窄的光)。同时选择吸光物质的最大吸收波长作测定波长,因为吸收曲线此处较平坦,E_1 和 E_2 差别不大,对朗伯-比耳定律的偏离就较小,而且吸光系数大,测定有较高的灵敏度,如图 9-5 中的 a 所示。若用谱带 b 的复合光测量,其 E 的变化较大,因而会出现较明显的偏离。

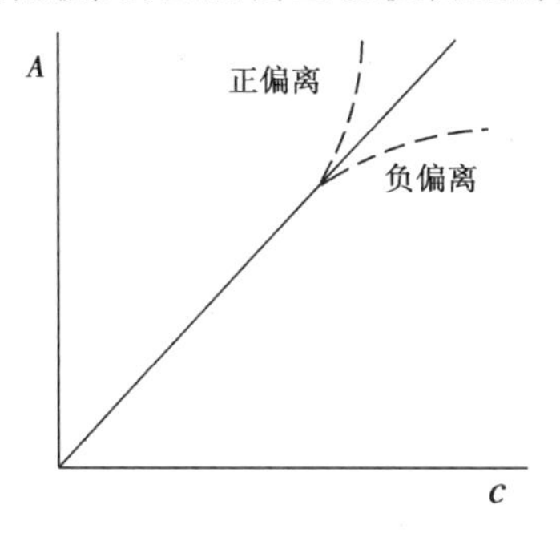

图 9-4　吸光度与浓度的关系

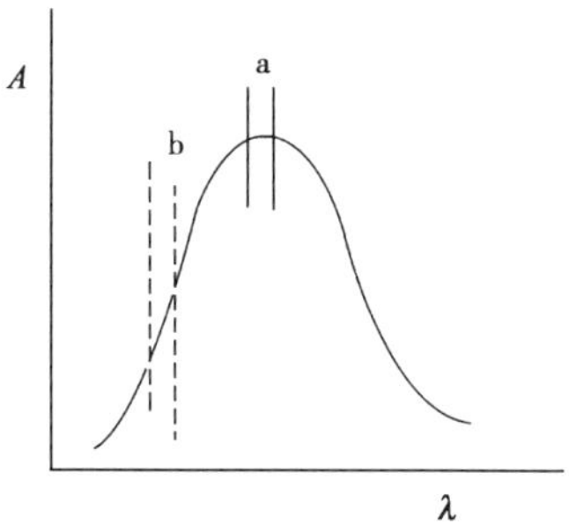

图 9-5　测定波长的选择

2. 化学因素

朗伯-比耳定律假设溶液中吸光粒子是独立的,即彼此无相互作用。然而实际表明,这种情况在稀溶液中才成立。浓度高时,粒子间距小,相互之间的作用不能忽略不计,这将使粒子的吸光能力发生改变,引起对朗伯-比耳定律的偏离。浓度越大,对朗伯-比耳定律的偏离越大,故朗伯-比耳定律只适用于稀溶液。

另一方面,吸光物质可因浓度改变而有解离、缔合、溶剂化及配合物组成改变等现象,使吸光物质的存在形式发生改变,因而影响物质对光的吸收能力,导致对朗伯-比耳定律的偏离。例如,在水溶液中,Cr(Ⅵ)的两种离子,$Cr_2O_7^{2-}$(橙色)与 CrO_4^{2-}(黄色)有以下平衡:

$$Cr_2O_7^{2-} + H_2O \rightleftharpoons 2CrO_4^{2-} + 2H^+$$

两种离子有不同的吸收光谱(图 9-6),溶液的吸光度将是两种离子吸光度之和。如果溶液浓度改变时,两种离子浓度的比值$[CrO_4^{2-}]/[Cr_2O_7^{2-}]$能保持不变,则浓度与吸光度之间可有直线关系。但由于上述离解平衡,两种离子的比值在水溶液中不能始终保持恒定。浓度降低时,比值变大,使 CrO_4^{2-} 的吸光度在溶液总吸光度中所占比值增大。由于两者的吸光系数有很大差别,使 Cr(Ⅵ)的总浓度与吸光度之间的关系偏离直线。

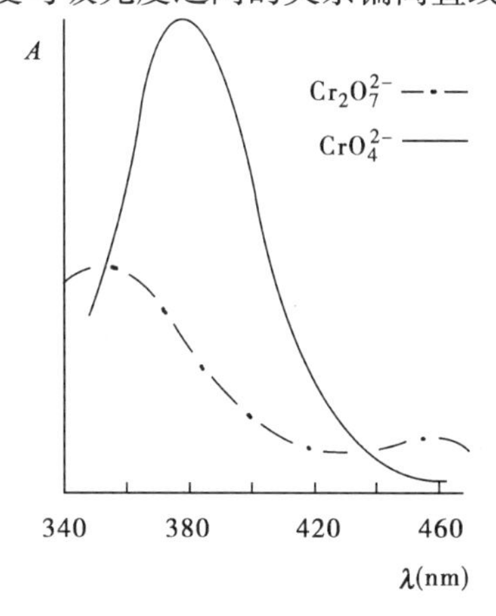

图 9-6　水溶液中 Cr(Ⅵ)的两种离子的吸收曲线

为了防止这类偏离，必须根据物质对光的吸光能力和溶液中的化学平衡的知识，严格控制显色反应条件，使被测物质定量地保持在吸光能力相同的形式，以获得较好的分析结果。

五、透光率的测量误差

透光率测量误差 ΔT 是测量中的随机误差，来自于仪器的噪音。ΔT 是仪器测得透光率的不确定部分，主要包含两类性质不同的因素。一类与光讯号无关，称为暗噪音；另一类随光讯号强弱而变化，称讯号噪音。

由朗伯-比耳定律可导出测定结果的相对误差：

$$c=\frac{A}{EL}=\frac{1}{EL\lg T}$$

微分后除以上式可得浓度的相对误差 $\Delta c/c$ 为：

$$\frac{\Delta c}{c}=\frac{0.434\Delta T}{T\lg T} \qquad (9-8)$$

式(9－8)表明，测定结果的相对误差是透光率 T 的函数，同时也取决于 ΔT 的大小。

1. 暗噪音

暗噪音是光电换能器(检测器)与放大电路等各部件的不确定性。这种噪音的强弱取决于各种电子元件和线路结构质量、工作状态及环境条件等。不管有光照射或无光照射，ΔT 可视为一个常量。测定结果的相对误差与测量值之间的关系如图 9－7 中的实线所示。当 A 值在 0.2～0.7(T 值 65%～20%)之间时，曲线平坦，相对误差 $\Delta c/c$ 较小，是较为适宜的测定区域。超出这个范围，虽然透光率测量的误差 ΔT 不变，但 $\Delta c/c$ 的值急剧上升。因此要求测量在最适宜范围(A 为 0.2～0.8)之间即可。

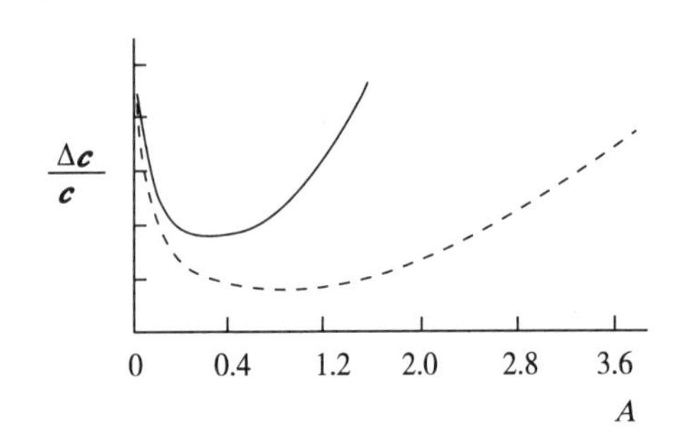

图 9－7　暗噪音(—)与讯号噪音(---)的误差曲线

2. 讯号噪音

讯号噪音亦称讯号散粒噪音。光敏元件受光照时电子迁移，例如光电管中电子从阴极飞向阳极，或光电池中电子越过堰层，电子是一个一个受激发而迁移的。用很小的时间单位来衡量，每一单位时间中电子迁移的数量是不相等的，而是某一均值周围的随机数，形成测定光强的不确定性。随机变动的幅度随光照增强而增大，讯号噪音与被测光强的方根成正比，其比值 K 与光的波长及光敏元件的品质有关。由讯号噪音产生的 ΔT 可用下式表示：

$$\Delta T=TK\sqrt{\frac{1}{T}+1}$$

代入式(9－8)得

$$\frac{\Delta c}{c}=\frac{0.434K}{\lg T}\sqrt{\frac{1}{T}+1} \qquad (9-9)$$

图 9－7 中虚线即表示按式(9－9)所得的浓度相对误差与测定值间的关系。误差较小的范围，一直伸延到高吸收度区。这对测定是个有利因素。

第三节　紫外-可见分光光度计

紫外-可见分光光度计是在紫外-可见光区可任意选择不同波长的光来测定吸光度的仪器。商品化仪器的类型很多，质量差别悬殊，基本原理相似。光路示意如下：

光源⟶单色器⟶吸收池⟶检测器⟶讯号处理及显示器

一、主要部件

1. 光源

光源的功能是提供能量激发被测物质分子，使之产生电子光谱谱带。分光光度计对光源的要求是要能发射足够强度的连续光谱，有良好的稳定性和足够的使用寿命。紫外光区和可见光区通常分别用氢灯(或氘灯)和钨灯(或卤钨灯)两种光源。

(1) 钨灯或卤钨灯：作为可见光源，是由固体炽热发光，适用波长范围 350～1 000 nm。钨灯发光强度与供电电压的 3～4 次方成正比，所以供电压要稳定。卤钨灯的发光强度比钨灯高，使用寿命长。

(2) 氢灯或氘灯：常用作紫外光区的光源，由气体放电发光，发射 150～400 nm 的连续光谱，使用范围为 200～360 nm。氘灯发光强度比氢灯大 4～5 倍，现在仪器多用氘灯。气体放电发光需要激发，同时应控制稳定的电流，所以配有专用的电源装置。氢灯或氘灯的发射谱线中有几根原子谱线，可作为波长校正用。常用的有 486.13 nm(F 线)和 656.28 nm(C 线)。

2. 单色器

紫外-可见分光光度计的单色器通常置于吸收池之前，它的作用是将光源发射的复合光变成所需波长的单色光。单色器由狭缝、准直镜及色散元件等组成。原理简示见图 9－8。聚集于进光狭缝的光，经准直镜变成平行光，投射于色散元件上。色散元件的作用是使各种不同波长的混合光分解成单色光，再由准直镜将色散后的各种不同波长的平行光聚集于出光狭缝面上，形成按波长排列的光谱。转动色散元件的方位，可使所需波长的光从出光狭缝分出。

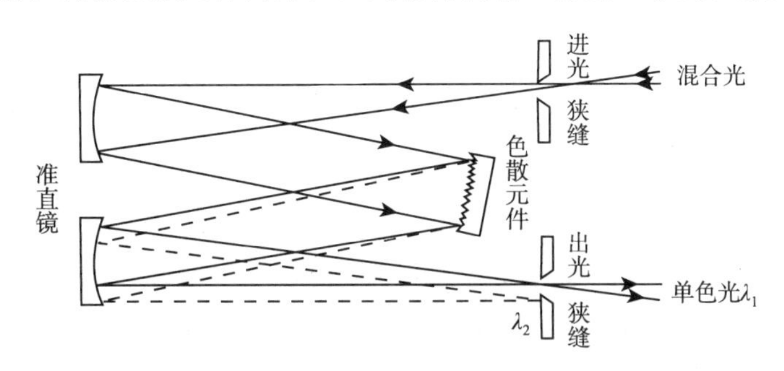

图 9－8　色散器光路示意图($\lambda_2>\lambda_1$)

常用的色散元件是光栅，其性能直接影响仪器的工作波长范围和单色光纯度。光栅是密刻平行条纹的光学元件(每毫米刻痕有 600～1200 条)，复合光通过狭缝，照射到每一条纹上的光反射后，产生衍射与干涉作用，使不同波长的光有不同方向而起到色散作用。它具有波长范围宽、色散近似线性、谱线间距相等及高分辨等优点。

狭缝有入射狭缝和出射狭缝之分。入射狭缝的作用是使光源发出的光成一束整齐的细光束，照在准直镜上；出射狭缝的作用是选择色散后的单色光。狭缝是直接影响仪器分辨率的重要元件，经出射狭缝的单色光，并不是某种单一波长的光。狭缝的宽度，直接影响分光质量。狭缝过宽，单色光不纯；狭缝太窄，则光通量小，将降低灵敏度。所以狭缝宽度要适当，一般以减小狭缝宽度时，试样吸光度不再改变时的宽度为宜。

准直镜是以狭缝为焦点的聚光镜。使从入射狭缝发出的光变为平行光，又使色散后的平行光聚集于出射狭缝。

3. 吸收池

吸收池是盛装空白溶液和样品溶液的器皿。可见光区应选用玻璃吸收池，紫外光区应选用石英吸收池。为了保证吸光度测量的准确性，要求同一测量使用的吸收池具有相同的透光特性和光程长度。两只吸收池的透光率之差应小于 0.5%，否则应进行校正。使用时要保证透光面光洁、无磨损和沾污。

4. 检测器

检测器是一种光电换能器，将所接收的光信息转变成电信息。常用的有光电管和光电倍增管。近年来采用光多道检测器，在光谱分析检测器技术中，出现了重大改进。

(1) 光电池：光电池是一种光敏半导体。光照使它产生电流，在一定范围内，光电流与光强成正比，可直接用微电流计测量。光电池价廉耐用，但不适用于弱光，如硒光电池用于谱带宽度较大的低廉仪器。

(2) 光电管：光电管由半圆筒形的光阴极和金属丝阳极构成。阴极内侧涂有一层光敏物质，当光照射时，光敏物质就发射出电子。如在两极间外加一电压，电子就流向阳极，形成光电流。光电管产生的光电流很小，需经放大才能检测(见图 9 - 9)。光电流的大小与入射光强度及外加电压有关。当外加电压为 90 V 时，光电流与入射光强度成正比。

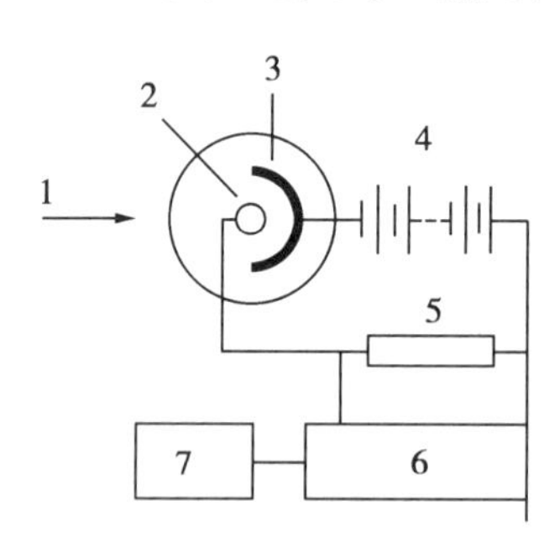

图 9 - 9　光电管示意图

1. 照射光　2. 阳极　3. 光敏阴极　4. 90V 直流电源　5. 高电阻　6. 直流放大器　7. 指示器

目前，国产光电管有两种，一种是紫敏光电管，为铯阴极，适用波长为 200～625 nm；另一种是红敏光电管，为银氧化铯阴极，适用波长为 625～1000 nm。

(3) 光电倍增管：其原理与光电管相似，结构上的差别是在涂有光敏金属的阴极和阳极之间加上几个倍增极(一般是 9 个)。如图 9 - 10 所示。光电倍增管响应速度快，能检测 10^{-8}～10^{-9} s 的脉冲光，放大倍数高，大大提高了仪器测量的灵敏度。

(4) 光二极管阵列检测器：光二极管阵列是在晶体硅上紧密排列一系列光二极管检测管。例如 HP 8452A 型二极管阵列，在 190～820 nm 范围内，由 316 个二极管组成。当光透过晶体硅时，二极管输出的电讯号强度与光强度成正比。每个二极管相当于一个单色仪的出口狭缝。

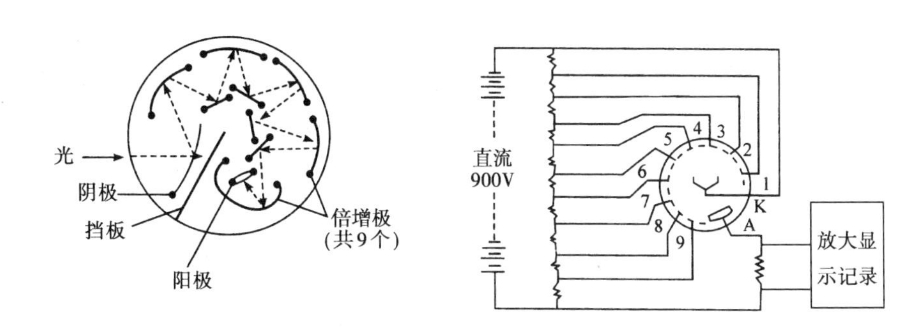

图 9-10　光电倍增管示意图

两个二极管中心距离的波长单位称为采样间隔，因此二极管阵列分光光度计中，二极管数目愈多，分辨率愈高。HP 8452A 型二极管阵列中，每一个二极管可在 1/10 s 内，每隔 2 nm 测定一次，并采用同时并行数据采集方法，那么 HP 8425A 型二极管阵列可同时并行测得 316 个数据，在 1/10 s 的时间，可获得全光光谱。而一般分光光度计，若每隔 2 nm 测一次，要获得 190～820 nm 范围内的全光光谱，共需测 316 次，若每测一次需 1 s，那么 316 s 才能获全光光谱。所以，快速光谱采集是二极管阵列仪器技术上的一个特点。

5. 讯号显示装置

光电管输出的电讯号很弱，需经放大才能以某种方式将测定结果显示出来。常用的显示方式有数字显示、荧光屏显示和曲线扫描及结果打印等多种。高性能仪器还带有数据站，可进行多功能操作。

二、分光光度计的类型

紫外-可见分光光度计的光路系统大致可分为单光束、双光束、双波长等几种。

1. 单光束分光光度计

单光束分光光度计以氢灯或氘灯为紫外光源，钨灯为可见光源，光栅为色散元件，光电管作检测器，是一类较精密、可靠、适用于定量分析的仪器，可用于吸光系数的测定。

单光束仪器只有一束单色光，空白溶液 100%透光率的调节和样品溶液透光率的测定，是在同一位置、用同一束单色光先后进行。仪器结构简单，但对光源发光强度的稳定性要求较高，其光路示意如图 9-11 所示。

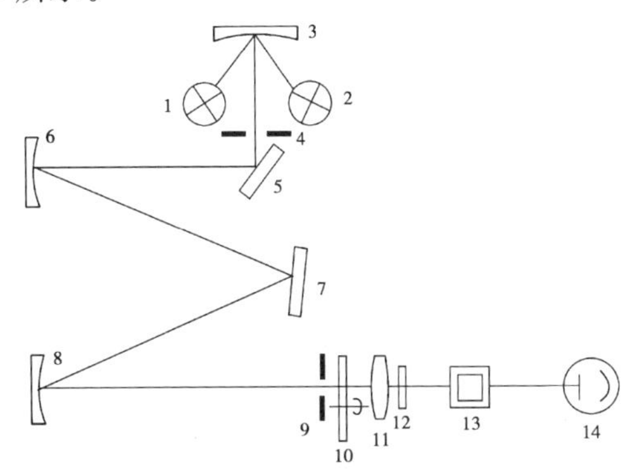

图 9-11　单光束分光光度计光路示意图

1. 钨灯　2. 氘灯　3. 凹面镜　4. 入射狭缝　5. 平面镜　6、8. 准直镜　7. 光栅
9. 出射狭缝　10. 调制器　11. 聚光镜　12. 滤色片　13. 样品室　14. 光电倍增管

2. 双光束分光光度计

双光束光路是被普遍采用的光路，图 9－12 表示了其光路的原理。从单色器发射出来的单色光，用一个旋转扇面镜（又称斩光器）将它分成两束交替断续的单色光束，分别通过空白溶液和样品溶液后，再用一同步扇面镜将两束光交替地投射于光电倍增管，使光电管产生一个交变脉冲信号，经比较放大后，由显示器显示出透光率、吸光度、浓度或进行波长扫描，记录吸收光谱。扇面镜以每秒几十转至几百转的速度匀速旋转，使单色光能在很短时间内交替地通过空白与试样溶液，可以减少因光源强度不稳而引入的误差。测量中不需要移动吸收池，可在随意改变波长的同时记录所测量的吸光度值，便于描绘吸收光谱。

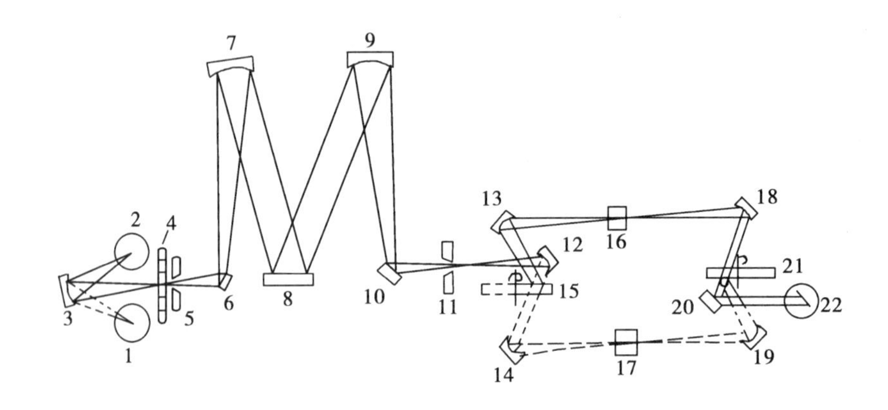

图 9－12　双光束分光光度计光路示意图

1. 钨灯　2. 氘灯　3. 凹面镜　4. 滤色片　5. 入射狭缝　6、10、20. 平面镜　7、9. 准直镜　8. 光栅　11. 出射狭缝　12、13、14、18、19. 凹面镜　15、21. 扇面镜　16. 参比池　17. 样品池　22. 光电倍增管

3. 双波长分光光度计

双波长分光光度计是具有两个并列单色器的仪器，图 9－13 为其光路示意图。

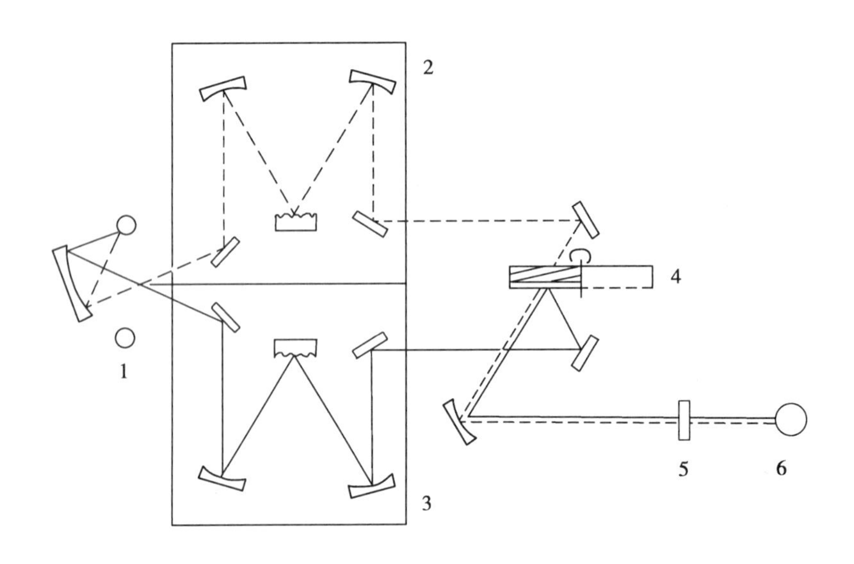

图 9－13　双波长分光光度计光路示意图

1. 光源　2、3. 两个单色器　4. 斩光器　5. 样品池　6. 光电倍增管

两个单色器分别产生两束不同波长的单色光，经斩光器控制，交替地通过同一个样品溶液，得到样品对两种单色光的吸光度(或透光率)之差。利用吸光度差值与浓度的正比关系测定含量，可以消除一些干扰和由于空白溶液吸收池不匹配所引起的误差。仪器可以固定一个单色光波长作参比，用另一个单色光扫描，得到吸光度差值的光谱；也可固定两束单色光的波长差(Δλ)扫描，得到一阶导数光谱。双波长仪器因需装备两个单色器而使之价格较高，体积较大。当前，用微电脑装备的单波长仪器已能实现上述双波长仪器的功能。

三、分光光度计的光学性能及校正

1. 光学性能

仪器的光学性能主要有：波长范围、波长精度、单色光纯度及光度测量精度等。一般用下列项目表示。

(1) 波长范围：仪器能测量的波长范围在一般 200～800 nm 之间。

(2) 波长准确度：以仪器显示的波长值与单色光的实际波长值之间的误差表示，一般可在 ±0.5 nm 范围内或更小。

(3) 波长重现性：是指重复使用同一波长时，单色光实际波长的变动值，此值一般是波长准确度一半左右。

(4) 狭缝或谱带宽：单色器狭缝的作用是调控单色光的谱带宽度。光栅分光仪器常用单色光的谱带宽表示狭缝宽度，一般在 0～5 nm 范围内可调。有些低价仪器，狭缝是固定的，不能随意改变宽度。

(5) 分辨率：用仪器能分辨出的最接近两谱线的波长差值表示，差值(Δλ)愈小，分辨率愈好。

(6) 杂散光：通常以测光信号较弱的波长处(如 200 nm 或 220 nm，310 nm 或 340 nm 处)所含杂散光的强度百分比为指标，一般可不超过 0.5%。

(7) 测光准确度：透光率测量误差一般为±0.5%或更小。用吸光度测量值误差表示时，常注明吸光度值。例如，A 值为 1 时，误差为±0.005 以内，A 值为 0.5 时，误差在±0.003 以内等。

(8) 测光重现性：是在同样情况下重复测量的变动性。一般为测光准确度误差范围的一半左右。

2. 仪器的校正

由于温度变化对机械部分的影响，仪器的波长经常会略有变动，因此除定期对所用的仪器进行全面校正检定外，还应于测定前校正测定波长。常用汞灯中的较强谱线 237.83 nm、275.28 nm、313.16 nm、365.02 nm、453.83 nm 与 576.96 nm 等，或用仪器中氢灯的 379.79 nm、486.13 nm 与 656.28 nm 三条谱线或氘灯的 486.02 nm 与 656.10 nm 谱线进行校正；钬玻璃在 279.4 nm、287.5 nm、333.7 nm、418.5 nm 与 536.2 nm 等波长处有尖锐吸收峰，也可作波长校正用，但因来源不同，会有微小的差别，使用时应注意。

吸光度的准确度可用重铬酸钾的硫酸液(0.005 mol/L)检定。具体方法可参考中国药典(2010 版)附录。

第四节　定性与定量分析方法

紫外-可见分光光度法在药学领域中主要用于有机化合物的分析。多数有机药物由于其分子中含有某些能吸收紫外-可见光的基团(大多是有共轭的不饱和基团)而能显示吸收光谱。不同的化合物有不同的吸收光谱。利用吸收光谱的特点可以进行药品与制剂的定量分析;纯物质的鉴别及杂质的检测;还可与红外吸收光谱、质谱,核磁共振谱一起,用以解析物质的分子结构。

溶剂和溶液的酸碱性等条件以及所用单色光的纯度都对吸收光谱的形状与数据有影响,所以应使用选定的溶液条件和有足够纯度单色光的仪器进行测试。

一、定性鉴别

用紫外光谱对物质鉴定时,主要根据光谱上的一些特征吸收,包括最大吸收波长、肩峰、吸光系数、吸光度比等,特别是最大吸收波长(λ_{max})和吸光系数(ε_{max}和 $E_{1cm}^{1\%}$)为鉴定物质的常用参数。通常用下面几种方法进行定性鉴别。

1. 比较光谱的一致性

两个化合物若是相同,其吸收光谱应完全一致。在鉴别时,试样和对照品以相同浓度配制,在相同溶剂中,分别测定吸收光谱图、比较光谱图是否一致。如果没有对照品,也可以和标准光谱图(如 Sadtler 标准图谱)对照比较。但这种方法要求仪器准确度、精密度高,而且测定条件要相同。

采用紫外光谱进行定性鉴别有一定的局限性。主要是因为紫外吸收光谱吸收带不多,在成千上万种有机化合物中,不同的化合物可以有很相似的吸收光谱。所以在得到相同的吸收光谱时,应考虑有并非同一物质的可能性。为了进一步确证,可换一种溶剂或采用不同酸碱性的溶剂,分别将对照品和样品配成溶液,测定光谱,再作比较。

如果两个纯化合物的紫外光谱有明显差别时,则可以肯定它们不是同一物质。

2. 对比吸收光谱特征数据的一致性

最常用于鉴别的光谱特征数据有吸收峰 λ_{max} 和峰值吸光系数 ε_{max} 或 $E_{1cm}^{1\%}$。这是因为峰值吸光系数大,测定灵敏度较高,且吸收峰处与相邻波长处吸光系数值的变化较小,测量吸光度时受波长变动影响较小,可减少误差。不止一个吸收峰的化合物,可同时用几个峰值做鉴别依据。肩峰或吸收谷处的吸光度测定受波长变动的影响也较小,有时也可用谷值、肩峰值与峰值同时作鉴别数据。

具有不同吸光基团的化合物,可有相同的最大吸收波长,但它们的摩尔吸光系数常有明显的差别,所以摩尔吸光系数常用于分子结构分析中吸光基团的鉴别。对分子中含有相同吸光基团的物质,它们的摩尔吸光系数常很接近,但可因相对分子质量不同而使百分吸光系数的值差别较大。例如结构相似的甲基睾丸酮和丙酸睾丸素在无水乙醇中的最大吸收波长 λ_{max} 都是 240 nm,但在该波长处的 $E_{1cm}^{1\%}$ 数值,前者为 540,而后者为 460。因而有较大的鉴别意义。

3. 对比吸光度比值的一致性

有时物质的吸收峰较多,可规定用在几个吸收峰处吸光度或吸光系数的比值作鉴别标准。如维生素 B_{12} 有三个吸收峰 278 nm、361 nm 及 550 nm,用下列比值进行鉴定:

$$\frac{A_{361}}{A_{278}}=1.70\sim1.88 \qquad \frac{A_{361}}{A_{550}}=3.15\sim3.45$$

如果被鉴定物的吸收峰和对照品的相同，且峰处吸光度或吸光系数的比值又在规定范围之内，则可考虑被测样品与对照品分子结构基本相同。

用分光光度计进行鉴定时，对仪器的准确度要求很高，所以仪器必须经常校正；另一方面，样品的纯度必须可靠，要经过几次重结晶，几乎无杂质，熔点敏锐，熔距短，才能获得可靠结果。

二、纯度检测

纯化合物的吸收光谱与所含杂质的吸收光谱有差别时，可用紫外分光光度法检查杂质。杂质检测的灵敏度取决于化合物与杂质两者之间吸光系数的差异程度。

1. 杂质检查

如果一化合物在紫外可见光区没有明显的吸收峰，而所含杂质有较强的吸收峰，那么含有少量杂质就能被检查出来。例如，乙醇中可能含有苯的杂质，苯的 λ_{max} 为 256 nm，而乙醇在此波长处几乎无吸收，即使乙醇中含苯量低达 0.001%，也能从光谱中检查出来。

若化合物在某波长处有强的吸收峰，而所含杂质在该波长处无吸收或吸收很弱，则化合物的吸光系数将降低；若杂质在该波长处有比化合物更强的吸收，将会使化合物的吸光系数增大，且会使化合物的吸收光谱变形。

2. 杂质限量检测

纯与不纯是相对的，对于药品中的杂质，需制定一个允许其存在的限度。例如，肾上腺素在合成过程中有一中间体肾上腺酮，当它还原成肾上腺素时，反应不够完全而带入到产品中，成为肾上腺素的杂质，将影响肾上腺素的疗效。因此，肾上腺酮的量必须规定在某一限量之下。肾上腺酮与肾上腺素的紫外吸收曲线有显著不同，见图 9-14。在 310 nm 处，肾上腺酮有最大吸收，而肾上腺素则几乎没有吸收。因此，通过测定肾上腺素 HCl 溶液在 310 nm 波长处的吸光度，可检测肾上腺酮的含量。其方法为：将肾上腺素制成样品，用 0.05% mol/L HCl 溶液配制成每 1 ml 溶液含 2 mg 肾上腺素的溶液，在 1 cm 吸收池中，于 310 nm 处测定吸光度 A。若规定 A 值不得超过 0.05，则以肾上腺酮的 $E_{1cm}^{1\%}$ 值(435)计算，即相当于含酮体不超过 0.06%。

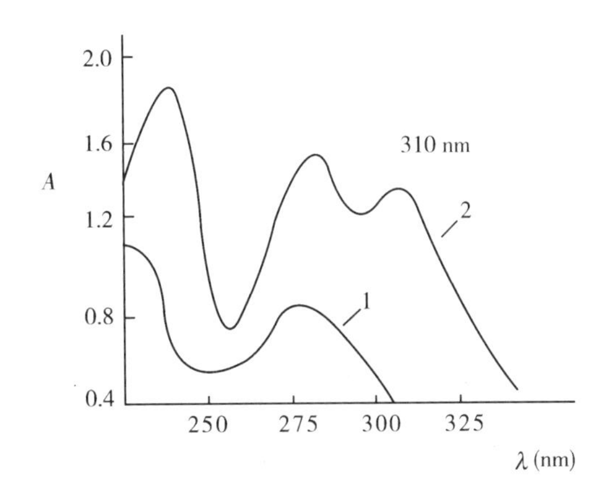

图 9-14　肾上腺素 (1) 和肾上腺酮 (2) 的吸收光谱

有时也用峰谷吸光度的比值控制杂质的限量。例如，碘磷定有很多杂质，如顺式异构体、中间体等，在碘磷定的最大吸收波长 294 nm 处，这些杂质无吸收，但在 262 nm 碘磷定的吸收谷处有吸收，则可利用碘磷定的峰谷吸光度的比值作为杂质限量检查指标。已知纯品碘磷定的 $A_{294}/A_{262}=3.39$，如果它有杂质，则在 262 nm 处吸光度增加，使峰谷吸光度之比小于 3.39。因此可以规定一个峰谷吸光度比的最小允许值，作为限制杂质含量的限度。

三、比色法

测定能吸收可见光的有色溶液的方法称为可见分光光度法，通常称为光电比色法或比色法。它可以使许多不吸收可见光的无色物，通过显色反应变成有色物，用光电比色法测定。通过显色反应，还可以提高测定的灵敏度和选择性。

1. 显色反应的要求

显色反应有各种类型，如配位反应、氧化还原反应、缩合反应等。其中尤以配位反应应用最广。同一物质可与多种显色剂反应，生成不同的有色物质。究竟选用什么显色剂用于显色反应较为理想，可考虑下面 5 条基本原则。

(1) 灵敏度高：光电比色法一般用于微量组分的测定，因此选择灵敏的显色反应是非常重要的。吸光物质摩尔吸光系数的大小是灵敏度大小的主要标志，一般来说，$\varepsilon>10^4$ 可认为该反应的灵敏度较高。

(2) 选择性好：所谓选择性好，是指显色剂与一个或极少数组分发生显色反应。仅与某一个组分发生反应的试剂称为特效显色剂，实际上这种特效显色剂是没有的。但是干扰较少或严格控制反应条件可以除去干扰显色反应的影响，使显色剂成为选择性试剂。

(3) 显色剂在测定波长处无明显吸收：这样试剂空白一般较小，可提高测定的准确度。在一般分光光度法中，要求有色化合物与显色剂的最大吸收波长之差在 60 nm 以上。

(4) 有色化合物的稳定性：反应产物必须有足够的稳定性，以保证测得的吸光度有一定的重现性。

(5) 被测物质与生成的有色物质之间，必须有确定的定量关系，才能保证测定的准确度。

2. 显色条件的选择

显色反应能否完全满足比色分析的要求，除选择合适的显色反应外，控制好显色反应的条件也很重要。因此，必须了解影响显色反应平衡及反应速率等诸因素，利用其有利因素改善条件，以便得到可靠准确的结果。影响显色反应的因素主要有显色剂用量、pH、温度和时间等。

(1) 显色剂的用量：为了使显色反应进行完全，保证被测组分定量地转变为有色化合物，根据反应的平衡原理，应该有过量的显色剂。但显色剂用量并不是越多越好。在此，既要考虑到使被测组分定量地转变为有色化合物，还应考虑显色剂过量可能引起其他副反应，从而影响测定。显色剂的用量一般通过试验确定。其方法是将待测组分的浓度及其他条件固定，然后加入不同量的显色剂，测定其吸光度，绘制吸光度-显色剂浓度曲线。当显色剂浓度到某一数值后，吸光度不再增大，表明显色剂的用量已足够。一般吸光度对显色剂浓度的曲线可能有图 9 - 15 所示的三种不同情况。

图 9 - 15(a)中曲线说明，当显色剂浓度在 $0\sim a$ 范围内，吸光度 A 随显色剂浓度增大而增大，说明显色剂用量不足。在 $a\sim b$ 范围内，曲线平坦，吸光度不随显色剂浓度增大而改变，这种情况下，显色剂用量选择 $a\sim b$ 为适宜范围。

图 9 - 15(b)中曲线说明，当显色剂浓度在 $a\sim b$ 这一较窄范围内，吸光度才较稳定，在这个范围以外，吸光度都随显色剂浓度而变，所以必须严格控制显色剂的浓度，才能进行被测组

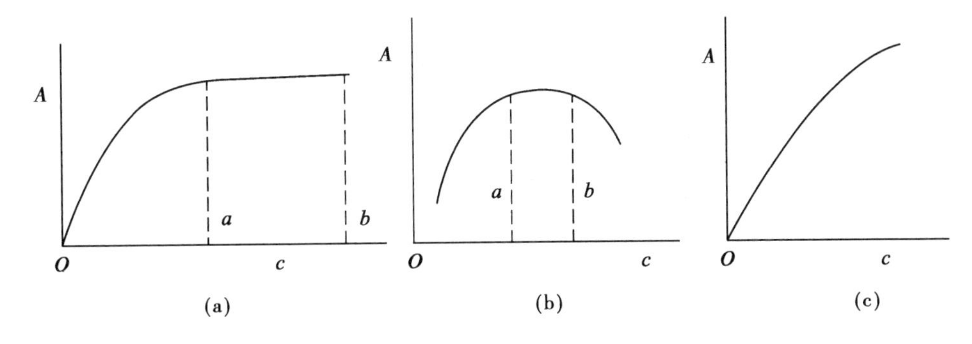

图 9 - 15　吸光度与显色剂浓度曲线

分的测定。例如，硫氰酸盐与钼(V)的反应：

$$\underset{\text{(浅蓝)}}{\mathrm{Mo(V)}}\xrightleftharpoons{+\mathrm{SCN^-}}\underset{\text{(浅红)}}{\mathrm{Mo(SCN)_3^{2+}}}\xrightleftharpoons{+\mathrm{SCN^-}}\underset{\text{(橙红)}}{\mathrm{Mo(SCN)_5}}\xrightleftharpoons{+\mathrm{SCN^-}}\underset{\text{(浅红)}}{\mathrm{Mo(SCN)_6^-}}$$

显色剂 SCN^- 浓度偏低或偏高，生成配合物的配位数也或低或高，吸光度降低，不利于钼的测定。

图 9 - 15(c)中曲线说明，随显色剂浓度增大，吸光度不断增大。在这种情况下，一般是不能用于定量分析的，除非十分严格控制显色剂用量。例如，Fe^{3+} 与 SCN^- 显色时，因生成配合物的组成和 SCN^- 的浓度有关，就会产生这种情况。随着 SCN^- 的浓度增大，而依次生成 $Fe(SCN)^{2+}$、$Fe(SCN)_2^+$、$Fe(SCN)_4^-$、$Fe(SCN)_5^{2-}$ 等，溶液的颜色由橙色变为血红色。所以硫氰酸铁反应虽然很灵敏，一般仅用于定性，而不能用于定量。

(2) 酸度：酸度对显色反应的影响是多方面的。

① 酸度对显色剂颜色的影响：不少有机显色剂具有酸碱指示剂的性质，在不同的酸度下有不同的颜色，有的颜色可能干扰测定。如二甲酚橙用于多种金属离子的测定，它在溶液 $pH>6.3$ 时，呈红紫色，$pH<6.3$ 时，呈黄色；而它与金属离子形成的配合物，一般呈红色。因此，考虑到酸度对二甲酚橙颜色的影响，测定只能在 $pH<6$ 的溶液中进行。

② 酸度对显色反应的影响：有些显色剂本身是有机弱酸，显色反应进行时，显色剂(HR)首先发生离解，然后与金属离子(Me^{n+})配位，存在下列平衡：

$$\begin{array}{rl} n\mathrm{HR} \rightleftharpoons n\mathrm{H^+} + & n\mathrm{R^-} \\ & + \\ & \mathrm{Me^{n+}} \\ & \Updownarrow \\ & \mathrm{MeR}_n \end{array}$$

溶液酸度过大，会阻碍显色剂的离解，因而也会影响显色反应的定量完成。其影响大小与显色剂离解常数有关，K_a 大时，允许酸度可大些；K_a 很小时，允许酸度就应小些。

某些逐级形成配合物的显色反应，在不同酸度下，生成配合物的配位数及颜色有所不同，如 Fe^{3+} 与磺基水杨酸根($C_7H_4SO_6^{2-}$)的显色反应，在不同的酸度下所生成的配位离子及其颜色为：

pH 1.8～2.5	$Fe(C_7H_4SO_6)^+$	红色
pH 4.8～8	$Fe(C_7H_4SO_6)_2^-$	橙色
pH 8～11.5	$Fe(C_7H_4SO_6)_3^{3-}$	黄色

当 $pH>12$ 时，Fe^{3+} 水解，生成 $Fe(OH)_3$，不能形成配合物。在这种情况下，必须严格控

制合适的酸度，才能获得理想的分析结果。同时还应考虑大部分高价金属离子都易发生水解，导致沉淀生成，对显色反应不利，故溶液的酸度不能太低。

(3) 温度：很多显色反应都是在室温下进行的，温度变化一般对结果的影响不大。有些反应则需加热，以加速反应进行。但有些反应在较高的温度时，容易发生副反应，使有色化合物分解。因此，对不同的反应，应通过试验找出最佳温度范围或控制恒温。

(4) 时间：有的显色反应能迅速完成，而且稳定。而有些显色反应速率较慢，加入显色剂后要放置一定时间，反应才能达到平衡，溶液的颜色才能达到稳定。也有一些有色配合物在放置一定时间后，因被空气氧化或产生光化反应等各种因素而褪色，因此必须选择适宜的显色时间。适宜的显色时间可以用实验方法确定。其方法是配制一份显色溶液，从加入显色剂的时间开始，每隔几分钟测量一次吸光度，然后绘制吸光度 A -时间 t 曲线，确定适宜的显色时间。

四、单组分定量方法

根据朗伯-比耳定律，物质在一定的波长处的吸光度与浓度之间呈线性关系。因此，只要选择适宜的波长测定溶液的吸光度，就可求出其浓度。通常应选择被测物质吸收光谱的吸收峰处，以提高灵敏度并减少较高的吸收峰，一般不选光谱中靠短波长的末端吸收峰。

1. 吸光系数法

吸光系数是物质的特征常数，只要测定条件(溶液浓度、酸度和单色光纯度等)不引起朗伯-比耳定律的偏离，即可根据所测吸光度求浓度。

$$c=\frac{A}{EL}$$

常用于定量的是百分吸光系数 $E_{1cm}^{1\%}$。

例 9-1 维生素 B_{12} 的水溶液在 361 nm 的 $E_{1cm}^{1\%}$ 值为 207，用 1 cm 吸收池测得某维生素 B_{12} 溶液的吸光度是 0.414，求该溶液的浓度。

解

$$c=\frac{A}{EL}=\frac{0.414}{207\times1}$$
$$=0.00200(g/100\ ml)$$
$$=20.0(\mu g/ml)$$

应注意的是，用此吸光系数计算的浓度为百分浓度，即 100 ml 中所含被测组分的克数。

若用紫外分光光度法测定原料药的含量，可按上述方法计算 $c_{测}$，按下式计算百分含量：

$$w_{原料药}(\%)=\frac{c_{测}}{c_{配}}\times100=\frac{c_{测}}{样品称重\times稀释倍数}\times100 \quad (9-10)$$

也可将待测样品溶液的吸光度换算成样品的吸光系数，而后与对照品的吸光系数相比来求百分含量。

$$w(\%)=\frac{E_{1cm(样)}^{1\%}}{E_{1cm(标)}^{1\%}}\times100 \quad (9-11)$$

例 9-2 精密称取维生素 B_{12} 样品 25.00 mg，用水配成 100 ml 溶液。精密量取 10.00 ml，置于 100 ml 容量瓶中，加水至刻度。取此溶液在 1 cm 的吸收池中，于 361 nm 处测得吸光度为 0.507，求 B_{12} 的百分含量。

解

$$c_{测}=\frac{0.507}{207\times1}=2.45\times10^{-3}(g/100\ ml)$$

$$c_{配}=\frac{25.00\times10^{-3}}{100}\times10=2.50\times10^{-3}(g/100\ ml)$$

$$w_{维生素B_{12}}(\%)=\frac{c_{测}}{c_{配}}\times 100=\frac{2.45\times 10^{-3}}{2.50\times 10^{-3}}\times 100=98.0$$

也可按式(9-11)计算：

$$E_{1cm(样)}^{1\%}=\frac{0.507}{2.50\times 10^{-3}\times 1}=202.8$$

$$w_{维生素B_{12}}(\%)=\frac{E_{1cm(样)}^{1\%}}{E_{1cm(标)}^{1\%}}\times 100=\frac{202.8}{207}\times 100=98.0$$

2. 标准曲线法

用吸光系数 E 值作为换算浓度的因数进行定量的方法，不是任何情况下都适用。特别是在单色光不纯的情况下，测得的吸光度值可以随所用仪器不同而在一个相当大的幅度内变化不定，若用吸光系数计算浓度，则将产生很大误差。但若使用同一台仪器，固定工作状态和测定条件，则浓度与吸光度之间的关系在很多情况下仍然可以是直线关系或近似直线关系。即：

$$A=Kc \quad 或\ A\approx Kc \tag{9-12}$$

此时，K 值不再是物质的常数，不能做定性依据。K 值只是个别具体条件下的比例常数，不能互相通用。

用标准曲线测定时，需配制一系列不同浓度的标准溶液，在相同条件下分别测定其吸光度。考察浓度与吸光度成线性关系的范围，然后以吸光度为纵坐标，标准溶液的浓度为横坐标绘制 $A-c$ 曲线，即为标准曲线，或称工作曲线。亦可用标准溶液的浓度与相应吸光度进行线性回归，求出回归方程。然后用样品的吸光度从标准曲线查出相应浓度，或代入回归方程求出浓度。在固定仪器和方法的条件下，标准曲线或回归方程可以多次使用。

标准曲线由于对仪器的要求不高，是分光光度法中简便易行的方法，尤其适用于比色分析。

例 9-3 槐米中芦丁的含量测定。配制每毫升芦丁对照品 0.200 mg 的标准储备溶液。分别移取 0.00 ml，1.00 ml，2.00 ml，3.00 ml，4.00 ml，5.00 ml 于 25 ml 容量瓶中，按样品溶液显色的同样方法显色，稀释至刻度，测各溶液的吸光度，制作标准曲线。并在相同条件下测量样品溶液(称 3.00 mg 置于 25 ml 容量瓶中)的吸光度。数据如下：

	1	2	3	4	5	6	样
浓度(c)	0.000	0.200	0.400	0.600	0.800	1.00	c_x
吸光度 A	0.000	0.240	0.491	0.712	0.950	1.156	0.845

解 绘制标准曲线如图 9-16 所示，样品吸光度 $A=0.845$，由标准曲线查出相当于芦丁浓度为 0.710 mg/25 ml，所以样品中芦丁的百分含量为：

$$w_{芦丁}(\%)=\frac{0.710}{3.00}\times 100=23.7$$

亦可求出回归方程：

$$A=0.0105+1.162c \qquad \gamma=0.9996$$

样品中含芦丁量：

$$c=\frac{0.845-0.0105}{1.162}=0.718(mg/25\ ml)$$

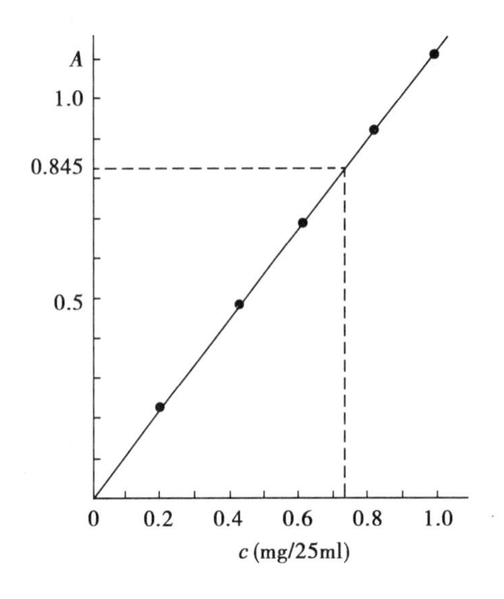

图 9-16　测定芦丁的标准曲线

则
$$w_{芦丁}(\%)=\frac{0.718}{3.00}\times 100=23.9$$

3. 对照法

在相同条件下配制样品溶液和对照品溶液，在所选波长处同时测定吸光度 $A_{样}$ 和 $A_{标}$，按下式计算样品的浓度：

$$c_{样}=\frac{c_{标}\times A_{样}}{A_{标}} \tag{9-13}$$

然后根据样品的称量及稀释情况计算样品的百分含量。为了减少误差，比较法一般配制的对照溶液的浓度常与样品溶液浓度相接近。

例 9-4　维生素 B_{12} 注射液的含量测定。精密吸取维生素 B_{12} 注射液 2.50 ml；加水稀释至 10.00 ml；另配制维生素 B_{12} 对照液，精密称取维生素 B_{12} 对照品 25.00 mg，加水稀释至 1 000 ml。在 360 nm 处，用 1 cm 吸收池分别测得吸光度为 0.508 和 0.518，求维生素 B_{12} 注射液的浓度以及标示量的百分含量（该维生素 B_{12} 注射液的标示量为 100 μg/ml）。

解　(1) 用对照法计算：

$$c_{样}=\frac{c_{标}\times A_{样}}{A_{标}}$$

$$c_{样}\times\frac{2.50}{10}=\frac{\frac{25.00\times 1\,000}{1\,000}\times 0.508}{0.518}$$

$$c_{样}=98.1(\mu g/ml)$$

$$w_{维生素B_{12}标示量}(\%)=\frac{c_{样}}{标示量}\times 100=\frac{98.1}{100}\times 100=98.1$$

(2) 用吸光系数法计算：

$$c=\frac{A}{EL}$$

$$c_{样}\times\frac{2.50}{10}=\frac{0.508}{207\times 1}\qquad c_{样}=98.1(\mu g/ml)$$

同样也可求出维生素 B_{12} 标示量的百分含量为 98.1。

紫外-可见分光光度法作为含量测定的方法，由于操作简单，仪器使用方便，价格也比较适中，所以在药物分析中应用比较广泛，但是在选择分光光度法作为某药物的含量测定方法时，要注意到该药物中杂质有无干扰。如在某测定波长药物有很强的吸收，所含杂质在此波长处无吸收或吸收很弱，这样用紫外-可见分光光度法测定结果会比较准确；但若药物中所含杂质也具有强的吸收，就要考虑此法的可行性了。

五、多组分定量方法

利用分光光度法测定样品中的两种或多种组分的含量，由于不需要复杂的分离，所以方法比较简便。测定时，要求被测组分彼此不发生反应；同时每一组分须在某一波长范围内符合比耳定律。如符合上述条件，那么在任一波长，溶液的总吸光度等于各组分吸光度之和，即符合吸光度的加和性原则。当溶液中同时存在两组分 a 和 b 时，根据其吸收峰的互相干扰程度，可分为下述三种情况，见图 9－17。

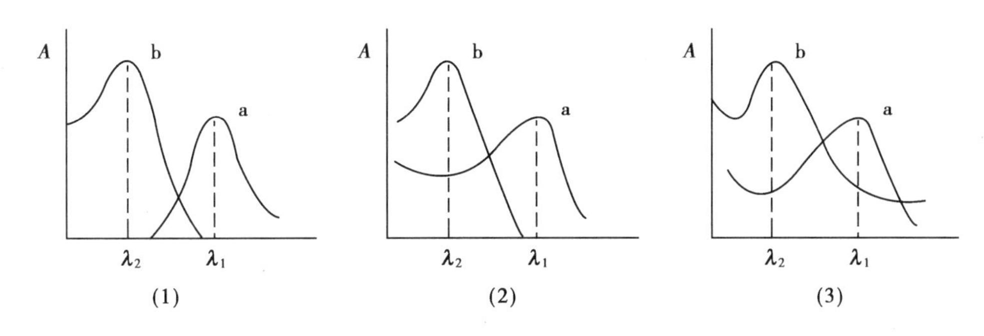

图 9－17　混合组分吸收光谱的三种情况示意图

混合物中 a、b 组分最大吸收峰不重叠，如图 9－17（1）所示，在 a 组分的最大吸收波长 λ_1 处，b 组分没有吸收；在 b 组分的最大吸收波长 λ_2 处，a 组分没有吸收，可分别在 λ_1 和 λ_2 处用单一物质的定量方法从混合物中测定 a 和 b 的浓度。

图 9－17（2）所示为混合物光谱部分重叠，即在 λ_1 处，b 组分无吸收，但在 b 组分的吸收峰 λ_2 处，a 组分有吸收，则可在 λ_1 处测定混合物的吸光度 A_1^a，直接求出 a 组分的浓度；在 λ_2 处测定混合物的吸光度 A_2^{a+b}，根据吸光度加和性原则，计算 b 组分的浓度。

因

$$A_2^{a+b}=A_2^a+A_2^b=E_2^a c_a+E_2^b c_b$$

$$c_b=\frac{A_2^{a+b}-E_2^a c_a}{E_2^b} \qquad (9-14)$$

式(9－14)中，a、b 两组分在 λ_2 处的吸光系数 E_2^a 与 E_2^b 需事先求得。

在混合物测定中，更多遇到的是各组分吸收光谱相互干扰，如图 9－17（3）。下面介绍几种光谱相互干扰的混合样品的定量方法。

1. 解线性方程组法

对于图 9－17（3）中 a、b 两组分混合物的溶液，如果事先测知 λ_1 与 λ_2 处两组分各自的吸光系数 E_1^a、E_1^b、E_2^a 和 E_2^b 的值，则在两波长处测得混合物溶液的吸光度 A_1^{a+b} 与 A_2^{a+b} 的值后，可用解方程组的方法得出两组分的浓度。

因为

$$A_1^{a+b}=A_1^a+A_1^b=E_1^a c_a+E_1^b c_b$$

$$A_2^{a+b}=A_2^a+A_2^b=E_2^a c_a+E_2^b c_b$$

所以
$$
\begin{cases}
c_a = \dfrac{A_1^{a+b} \cdot E_2^b - A_2^{a+b} \cdot E_1^b}{E_1^a \cdot E_2^b - E_2^a \cdot E_1^b} \\
c_b = \dfrac{A_2^{a+b} \cdot E_1^a - A_1^{a+b} \cdot E_2^a}{E_1^a \cdot E_2^b - E_2^a \cdot E_1^b}
\end{cases}
\tag{9-15}
$$

式中，浓度 c 的单位依据所用的吸光系数而定，若用百分吸光系数，则浓度为百分浓度。

解线性方程组的方法是混合物测定的经典方法。在所选波长处各组分的吸光系数间的差别大，并都有良好的重现性，则可得比较准确的结果。本法也可用于三组分或更多组分混合物的测定。若单从数学的角度来看，只须用作测定的波长点数等于或多于所含组分数，则都能应用。而且繁冗的运算过程亦可由计算机来完成。不过在实际应用中，对于多组分的混合物，要能选到为数较多且又适用于测定的波长点，并不容易。

2. 等吸收双波长消去法

吸收光谱重叠的 a、b 两组分共存时，可先把一种组分的吸收设法消去，测另一组分的浓度。具体做法如图 9－18 (1) 所示。

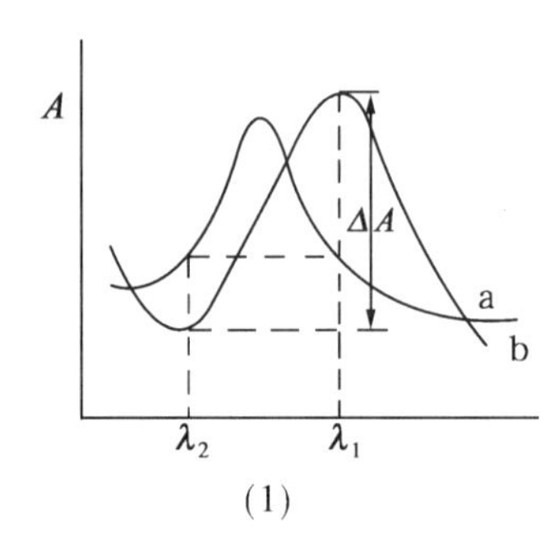

(1)

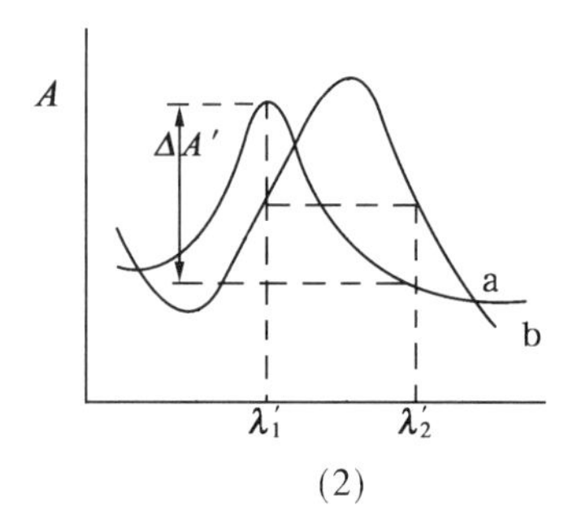

(2)

图 9－18　等吸收双波长消去法示意图

(1) 消去 a，测定 b　　(2) 消去 b，测定 a

若欲消去 a，测定 b，在 b 的峰顶 $\lambda_{max}(\lambda_1)$处向横坐标作垂线与 a 吸收曲线相交，从相交点作与横坐标平行的线与 a 吸收曲线相交于另一点，所对应的波长为 λ_2，即在 λ_1 与 λ_2 处 a 组分的吸光度相等，而对于被测组分 b，在这两波长处的吸光度有显著差别，图中示出为 ΔA。在这两波长处测得的混合物吸光度之差，只与 b 组分的浓度成正比，而与 a 组分无关。因此可以消去 a 的干扰，而直接测得 b 的浓度，用数学式表达如下：

$$
\begin{aligned}
\Delta A^{a+b} &= A_1^{a+b} - A_2^{a+b} = A_1^a + A_1^b - A_2^a - A_2^b \\
&= \Delta A^a + \Delta A^b
\end{aligned}
$$

因为　$E_1^a = E_2^a$

所以　$\Delta A^a = c(E_1^a - E_2^a) = 0$

因此
$$
\begin{aligned}
\Delta A^{a+b} &= \Delta A^b = c_b(E_1^b - E_2^b) \\
&= c_b \Delta E^b \\
&= Kc_b
\end{aligned}
\tag{9-16}
$$

由式 (9－16) 的推导过程可知，在进行波长 λ_1 与 λ_2 的选择时，必须符合两个基本条件：① 干扰组分 a 在这两个波长处应具有相同的吸光度，即 $\Delta A^a = A_1^a - A_2^a = 0$；② 欲测组分在 λ_1 与 λ_2 两波长处的吸光度差值应足够大。被测组分在两波长处的 ΔA 愈大，愈有利于测定。需测另一组分 a 时，也可用相同的方法，另取两个适宜波长 λ_1' 与 λ_2' 消去 b 的干扰，见图 9－18 (2)。

本法还适用于浑浊溶液的测定，浑浊液因有固体悬浮于溶液中，遮蔽一部分光线，使测得的吸光度增高，这种因浑浊表现的吸光度与浑浊程度有关，但一般不受波长影响或影响甚微，可看作在所有波长处吸光度是相等的。因此，可任意选择两个适当波长来用 ΔA 法消去浑浊干扰。

3. 系数倍率法

在混合物的吸收光谱中，并非干扰组分的吸收光谱中都能找到等吸收波长，如图 9－19 中的几种光谱组合情况，因干扰组分等吸收点无法找到，而不能用等吸收双波长消去法测定。而系数倍率法不仅可以克服波长选择上的上述限制，而且能方便地任意选择最有利的波长组合，即用待测组分吸光度差值大的波长进行测定，从而扩大了双波长分光光度法的应用范围。

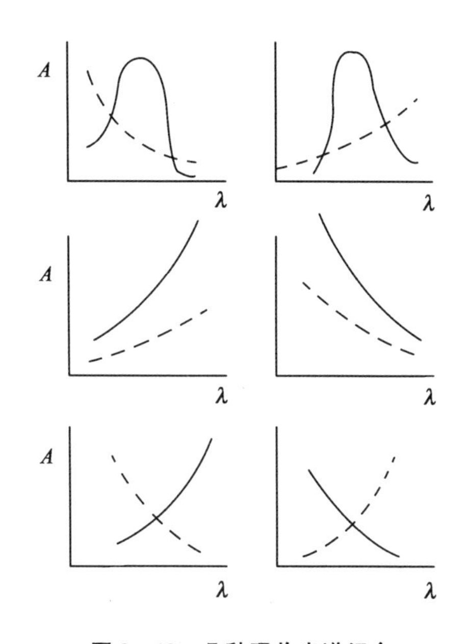

图 9－19　几种吸收光谱组合

（实线为待测组分，虚线为干扰组分）

系数倍率法的基本原理为：在双波长分光光度计中装置了系数倍率器（函数发生器），当两束单色光 λ_1 和 λ_2 分别通过吸收池到达光电倍增管时，其信号经过对数转换器转换成吸光度 A_1 和 A_2，再经系数倍率器加以放大，得到差示信号 ΔA。

如干扰组分在选定的两个波长 λ_1 和 λ_2 处测得的吸光度分别为 A_1 和 A_2，当 $A_1>A_2$ 时，$A_1/A_2=K$（或 $A_1<A_2$，$A_2/A_1=K$）。调节波长 λ_2 的系数倍率器，使吸光度 A_2 放大 K 倍，则干扰组分在 λ_1 和 λ_2 的 ΔA 为：

$$\Delta A=KA_2-A_1=0$$

或

$$\Delta A=A_2-KA_1=0$$

K 称为掩蔽系数，或称倍率因子。当样品为双组分（待测组分为 X，干扰组分为 Y）混合物，若干扰组分在两波长处的吸光度值 $A_1>A_2$，可令 $KA_{Y_2}=A_{Y_1}$，则

$$A_2=K(A_{X_2}+A_{Y_2})$$

$$A_1=A_{X_1}+A_{Y_1}$$

$$\begin{aligned}\Delta A &= A_2 - A_1 \\ &= K(A_{X_2} + A_{Y_2}) - (A_{X_1} + A_{Y_1}) \\ &= (KE_{X_2} - E_{X_1})c_X \end{aligned} \quad (9-17)$$

也就是说，样品溶液的吸光度差值 ΔA 与被测组分 X 的浓度 c_X 呈正比关系，而与干扰组分 Y 的浓度无关。此法中，干扰组分和待测组分的吸光度信号放大了 K 倍，所测得的 ΔA 值也增大，使测定的灵敏度提高。但因噪音随之放大，使信噪比 S/N 减小而给测定带来不利，故一般 K 值不能过大，以 5～7 倍为限。

4. 导数光谱法

对吸收光谱进行简单的微分，即可得到吸收光谱关于波长的微分对应于波长 λ 的函数曲线，$(dA/d\lambda)$- λ 曲线，这一曲线称为导数吸收光谱，简称导数光谱。

从吸收光谱数据中每隔一个波长间隙 Δ λ（一般为 1～2 nm），由下式逐点计算出 $(\frac{\Delta A}{\Delta\lambda})_i$ 的值。

$$(\frac{\Delta A}{\Delta\lambda})_i = \frac{A_{i+1} - A_i}{\lambda_{i+1} - \lambda_i}$$

用这些值对波长描绘成图，即为一阶导数光谱。以同样方法可以得到二阶、三阶、四阶导数光谱。

(1) 导数光谱的波形特征

若原吸收光谱（又称为零阶导数光谱）近似于高斯曲线时，其零阶和一阶至四阶导数光谱见图 9 - 20，导数光谱具有以下波形特征：

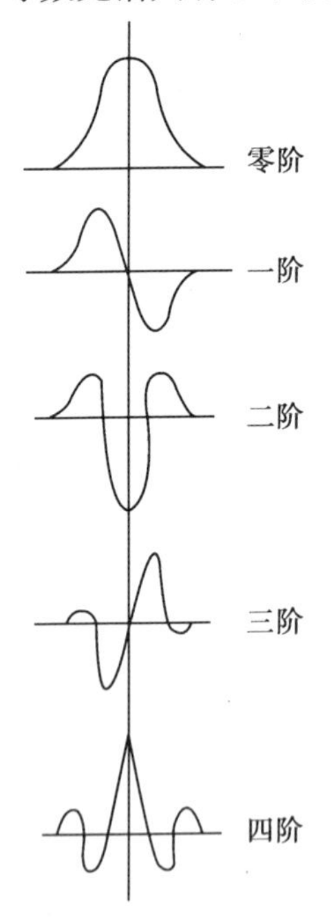

图 9 - 20　高斯曲线与它的导函数曲线

① 零阶导数光谱的最大吸收处，在奇数阶导数光谱上（$n=1,3\cdots$）对应于零，而在偶数阶导数光谱上（$n=2,4\cdots$）对应于极值（极大值或极小值）。

② 零阶光谱上的拐点处，在奇数阶导数上产生极值，而在偶数阶导数光谱中则对应于零。有助于肩峰的分离与鉴别。

③ 随导数光谱阶数的增加，吸收谱带变窄，峰形变锐，提高了光谱的分辨率，可分离两个或两个以上的重叠峰。

(2) 导数光谱法的原理

利用双波长分光光度计，固定两波长间隙（相隔 1～2 nm），同时扫描，记录试样对两束光吸光度的差值 ΔA，便得到试样的一阶导数光谱。20 世纪 70 年代中期以来，分光光度计装配了微处理机后，将吸收光谱信号输入微处理机，对信号进行模拟微分后可直接描绘出一阶、二阶、三阶、四阶导数光谱。

① 定量依据：据比耳定律 $A=\varepsilon cL$，求其一阶导数：

$$\frac{dA}{d\lambda}=\frac{d\varepsilon}{d\lambda}cL \tag{9-18}$$

因吸光系数是波长的函数，当波长一定时，吸光系数是一定值，所以一阶导数光谱值 $dA/d\lambda$与试样浓度成正比。且光谱曲线斜率 $d\varepsilon/d\lambda$ 愈大，灵敏度愈高。

同理，可以得到各高阶导数光谱值：

$$\frac{d^2A}{d\lambda^2}=\frac{d^2\varepsilon}{d\lambda^2}cL \tag{9-19}$$

$$\frac{d^3A}{d\lambda^3}=\frac{d^3\varepsilon}{d\lambda^3}cL \tag{9-20}$$

即在任一波长处，导数光谱值与试样浓度成正比，所以导数光谱可用于定量测定。

②干扰吸收的消除：导数光谱可以成功地消除共存组分的干扰吸收。设在一定波长范围内，各干扰组分的吸收曲线近似于 n 次幂函数：

$$A_{干}=a_0+a_1\lambda+a_2\lambda^2+\cdots+a_n\lambda^n \tag{9-21}$$

其 n 阶导数为

$$\frac{d^nA}{d\lambda^n}=n!a_n \tag{9-22}$$

式(9-22)表明，干扰组分的 n 阶导数值为一常数，当用待测组分的 n 阶导数光谱法测定待测组分的含量时，干扰组分的干扰吸收被消除。如果继续微分，则较高阶导数总可以消除较低阶的背景吸收。

(3) 定量数据的测量

当待测组分的导数值与浓度成正比时，可以应用导数光谱数据对待测组分进行含量测定。下面介绍测量定量数据的几何方法。

几何法是选用导数光谱上适宜的振幅作为定量信息的方法，测量振幅的常用方法有如下三种，见图 9-21 所示。

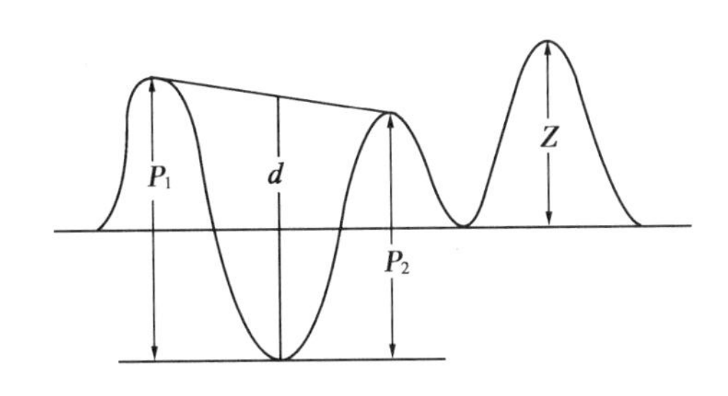

图 9-21　导数光谱的求值

d. 切线法　*P*. 峰-谷法　*Z*. 峰-零法

① 切线法：在相邻两峰（或两谷）的极大值（或极小值）处作一切线，然后在中间极值处作一平行纵轴的直线，极值至切线的距离 d 为定量数据。

② 峰-谷法：测量相邻峰谷两极值之间的距离 P（如图 9-21 中的 P_1 或 P_2），作为定量信息的方法。又称全波振幅法。

③ 峰-零法：测量极值到零线之间的垂直距离，作为定量信息的方法，又称半波振幅法。

(4) 导数光谱参数的选择

导数光谱法中有三个重要参数，即导数阶数 n、波长间隙 $\Delta\lambda$ 及中间波长 λ_m。

n 的选择主要根据干扰组分的吸收曲线而定，如干扰组分为二次曲线，可采用二阶导数光谱法消除，也可用更高阶导数光谱校正干扰吸收。一般情况下，n 越大，峰越尖锐，分辨率越高，但信噪比会因此而降低。

$\Delta\lambda$ 越大，灵敏度越高，但分辨率降低，用几何法找定量数据时，$\Delta\lambda$ 以狭缝宽度的 2 倍为宜。

λ_m 的选择原则是：干扰吸收在 λ_{m_1}、λ_{m_2} 的导数值相等或接近相等；而待测组分的导数光谱在该处的形状较有特征，定量信息（振幅）的绝对值较大。若找不到两个合适的 λ_m，也可只选一个，但待测组分在该波长处的导数光谱应是峰或谷；而干扰吸收的导数值最好为零，若不为零，在制备标准曲线时，可采用在标准曲线中添加适量的干扰组分的方法予以校正。

导数光谱的信息量多，又较灵敏。且通过选择适宜的波长和求导条件可消除背景吸收、杂质或共存物的干扰。在测定前需用标准品在特定的条件下求得测量值与浓度间的关系（工作曲线或直线方程），而后在相同的条件下测定。

（5）导数光谱定性和定量分析示例

① 定性鉴别：乙醇中痕量苯的检定。乙醇中常要检定痕量的芳烃（苯、甲苯或二甲苯），若用一般紫外吸收光谱检查，当吸收池厚度为 1 cm 时，苯的浓度达 0.005%时才能检出，当苯的含量降到 0.001%时，只能看到微弱的吸收峰，降到 0.000 1%时，就根本检查不出苯。而应用导数光谱法，经过几次求导，检测限大大降低，四阶导数可检出含量小于 0.000 1%的苯，见图 9－22 所示。

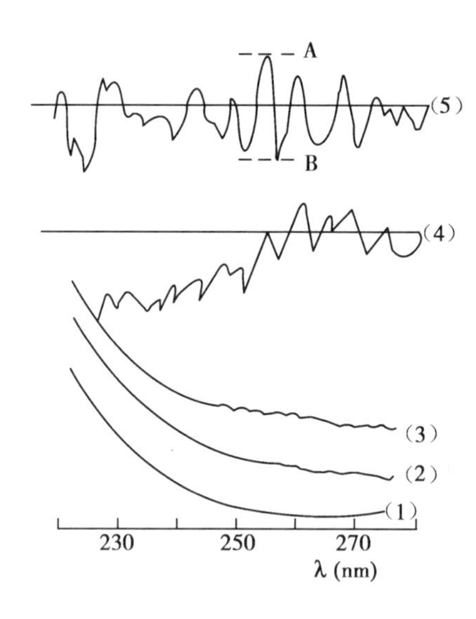

图 9－22　乙醇中痕量苯的检定

（1）空白醇　（2）醇中含苯 0.000 1%　（3）醇中含苯 0.001%的吸收光谱

（4）含苯 0.000 1%醇液的二阶　（5）含苯 0.001%醇液的四阶导数光谱

② 定量分析：废水中苯胺和苯酚的含量测定。该二组分的紫外光谱重叠，用常规分光光度法无法测定。若用导数光谱即可同时测定它们的含量。图 9－23 所示是含 0.000 5%苯胺和苯酚废水液的四阶导数光谱。图中 $\overline{CD}$ 正比于苯酚浓度；$\overline{FN}$ 正比于苯胺浓度。运用标准曲线法，即可测出废水中苯胺和苯酚的含量。

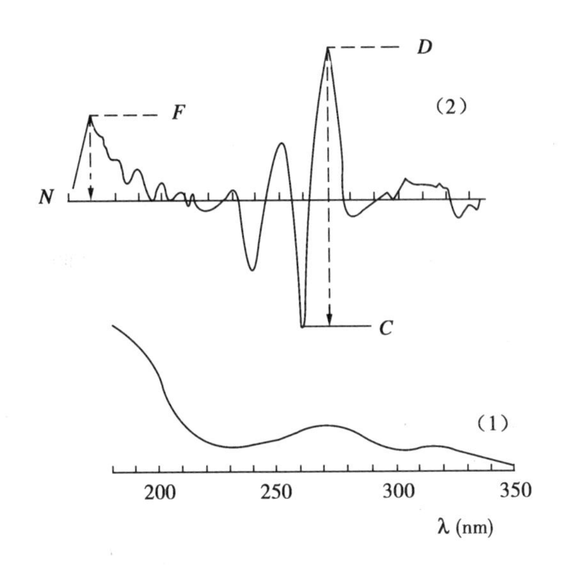

图 9－23　废水中苯胺和苯酚同时定量测定醇

(1) 一般光谱　(2) 四阶导数光谱

第五节　紫外吸收光谱与有机化合物分子结构的关系

一、基本概念

1. 电子跃迁类型

紫外吸收光谱是由于分子中价电子的跃迁而产生的。因此，这种吸收光谱决定于分子中价电子的分布和结合情况。按分子轨道理论，在有机化合物分子中有几种不同性质的价电子：形成单键的电子称 σ 电子，形成双键的电子称 π 电子；氧、氮、卤素等含有未成键的孤对电子，称 n 电子(或 p 电子)。电子围绕分子或原子运动的概率分布叫轨道。轨道不同，电子所具有的能量不同。当它们吸收一定的能量后，就跃迁到能级更高的轨道而呈激发态。未受激发的较稳定的状态为基态。成键电子的能级比未成键的低。如图 9－24，两个氢原子形成一个氢分子时，两个氢原子上的 s 电子形成 σ 键后能量降低了，成为更稳定的状态，称为成键轨道，分子外层还有一种更高的能级存在，称作反键轨道，以 σ^* 表示。分子中有 π 键时，还有 π 反键轨道 π^*。分子中价电子的五种能级高低次序是：

$$\sigma<\pi<n<\pi^*<\sigma^*$$

分子中外层电子的跃迁方式与键的性能有关，也就是说与化合物的结构有关。分子外层电子的跃迁有下面几种类型，见图 9－25 所示。

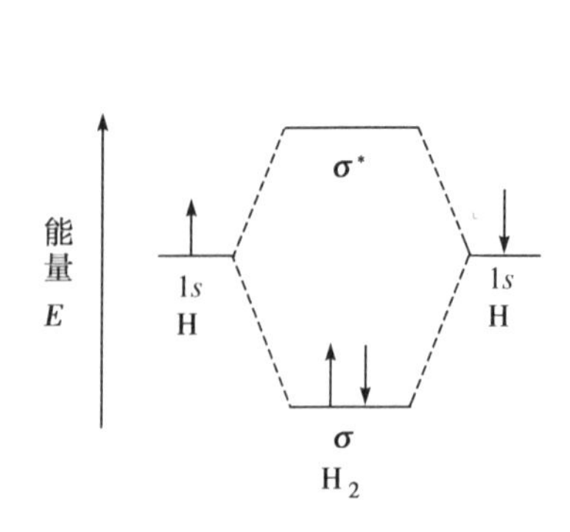

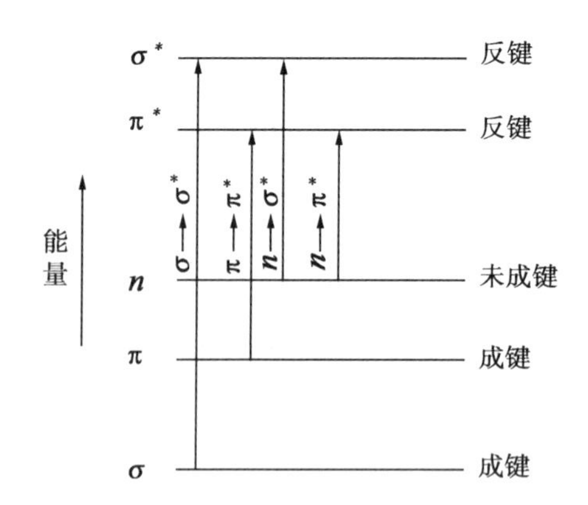

图 9-24　H_2 的成键和反键轨道　　**图 9-25　分子中价电子能源及跃迁类型示意图**

(1) σ→σ* 跃迁：饱和烃只有能级低的 σ 键，它的反键轨道是 σ*。σ 与 σ* 的能级差大。实现 σ→σ* 跃迁需要的能量高，吸收峰在远紫外区。例如，甲烷的吸收峰在 125 nm，乙烷在 135 nm，饱和烃类吸收峰波长一般都小于 150 nm，超出一般仪器的测定范围。

(2) π→π* 跃迁：不饱和化合物中有 π 键电子，吸收能量后跃迁到 π* 上，所吸收能量比 σ→σ* 能量小，吸收峰一般在 200 nm 左右，吸光系数很大，属于强吸收。例如，乙烯 $CH_2=CH_2$ 的吸收峰在 165 nm，ε 为 10^4。

(3) n→π* 跃迁：含有杂原子的不饱和基团，如有 >C=O、—CN 等基团的化合物，在杂原子上未成键的 n 电子，能级较高，激发 n 电子跃迁至 π*，即 n→π* 跃迁所需能量较小，近紫外区的光能就可激发。n→π* 跃迁的吸光系数小，属弱吸收。例如丙酮，除 π→π* 跃迁强吸收外，还有吸收峰在 280 nm 左右的 n→π* 跃迁吸收峰，ε 为 10～30。

(4) n→σ* 跃迁：如—OH、—NH_2、—X、—S 等基团连在分子上时，杂原子上未共用 n 电子跃迁到 σ* 轨道，形成 n→σ* 跃迁，所需能量与 π→π* 跃迁接近。如三甲基胺 $(CH_3)N$，有 σ→σ*、n→σ* 跃迁，后者吸收峰在 227 nm，ε 为 900，属于中强吸收。

电子由基态跃迁到激发态时所需能量是不同的，所以吸收不同波长的光能。所需光能大小由图 9-25 所示，其顺序为：

$$\sigma\to\sigma^* > n\to\sigma^* \geqslant \pi\to\pi^* > n\to\pi^*$$

其中 n→π* 跃迁所需能量在紫外可见光区，单独的 π→π* 与 n→σ* 跃迁所需能量差不多，它们都靠近 200 nm 一边，在吸收光谱上呈末端吸收。另外，π→π* 跃迁吸光系数比 n→π* 大得多。且若 π→π* 有共轭双键时，由于电子离域，易激发，所需能量减小，如丁二烯的 λ_{max} 为 217 nm，ε 为 21 000。

2. 生色团和助色团

(1) 生色团：有机化合物分子结构中有 π→π* 或 n→π* 跃迁的基团，如 >C=、>C=O、C≡C 等，能在紫外-可见光范围内产生吸收的原子团为生色团。

(2) 助色团：与发色团或饱和烃相连，能使吸收峰向长波方向移动，并使吸收强度增加的带有杂原子的饱和基团。如—OH、—NH_2 及卤素等。

吸收峰向长波方向移动的现象称红移或长移；向短波方向移动的现象称蓝（紫）移或短移。

3. 吸收带

吸收带就是吸收峰在紫外-可见光谱中的位置。根据分子结构与取代基团的种类，可把吸收带分为四种类型，以便在解析光谱时可以从这些吸收带的归属推测化合物分子结构的信息。

(1) R 带：由 $n\rightarrow\pi^*$ 跃迁引起的吸收带，含杂原子的不饱和基团如 $\rangle C=O$ 、—NO、$—NO_2$、—N═N—等这类发色团的特征。它的特点是处于较长波带范围（250～500 nm），是弱吸收（$\varepsilon<100$）。

(2) K 带：由共轭双键中的 $\pi\rightarrow\pi^*$ 跃迁引起的吸收带，其 $\varepsilon>10^4$，为强吸收。随共轭双键增加，产生长移，且吸收强度增加。例如：

$CH_2=CH—CH=CH_2$	$\pi\rightarrow\pi^*$	K 带	λ_{max}217 nm	ε=2 100
$CH_2=CH—CH=CH—CH=CH_2$	$\pi\rightarrow\pi^*$	K 带	λ_{max}258 nm	ε=3 500
苯甲醛	$\pi\rightarrow\pi^*$	K 带	λ_{max}244 nm	ε=1 500

(3) B 带：芳香族化合物的特征吸收带。苯处于气态时，在 230～270 nm 出现精细结构的吸收光谱，反映出孤立分子振、转能级跃迁；在苯溶液中，因分子间作用加大，转动消失，仅出现部分振动跃迁，因此谱带较宽；在极性溶剂中，溶剂和溶质间作用更大，因而精细结构消失，B 带出现一宽峰，其重心在 256 nm 附近，ε 为 220 左右，见图 9－26 所示。

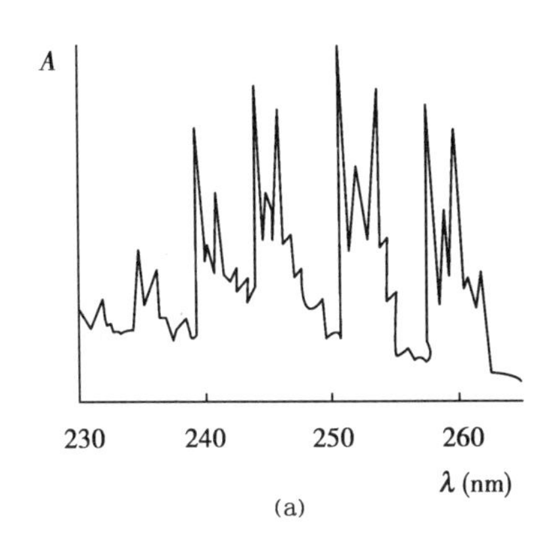

(a)

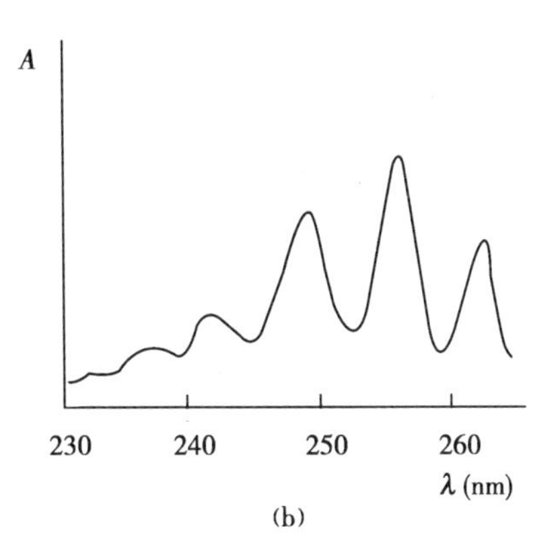

(b)

图 9－26　苯环的 *B* 带吸收光谱

(a) 苯蒸气　　(b) 乙醇中苯的稀溶液

(4) E 带：也是芳香族的特征吸收带，由苯环中三个乙烯组成的环状共轭系统所引起的 $\pi\rightarrow\pi^*$ 跃迁所产生的，E 带可细分为 E_1 和 E_2 带。如苯环的 E_1 带约在 180 nm（ε 47000），E_2 带约在200 nm（ε 8000）。当苯环上有生色团取代，并和苯环共轭时，E_2 带与 K 带合并，吸收带长移，B 带也长移。当苯环上有助色团（如—Cl，—OH 等）取代时，E_2 带产生长移，但波长一般不超过 210 nm。

4. 溶剂效应

化合物在溶液中的紫外吸收光谱受溶剂影响较大，一般应注明所用溶剂。溶剂的极性不同，$\pi\rightarrow\pi^*$、$n\rightarrow\pi^*$ 跃迁所产生的吸收峰位置移动方向不同。当改用极性较大的溶剂时，$\pi\rightarrow\pi^*$ 跃迁吸收峰长移，这是由于激发态的极性比基态极性大，激发态与极性溶剂之间相互作用所降低的能量比基态与极性溶剂发生作用所降低的能量大，使能级差变小，所以产生长移。而在 $n\rightarrow\pi^*$ 跃迁中，基态的极性大，非键电子（n 电子）与极性溶剂之间能形成较强的氢键，使基态能量降低大于 π^* 反键轨道与极性溶剂相互作用所降低的能量，因而 $n\rightarrow\pi^*$ 跃迁能级差变大，故产生短移，见图 9－27 所示。

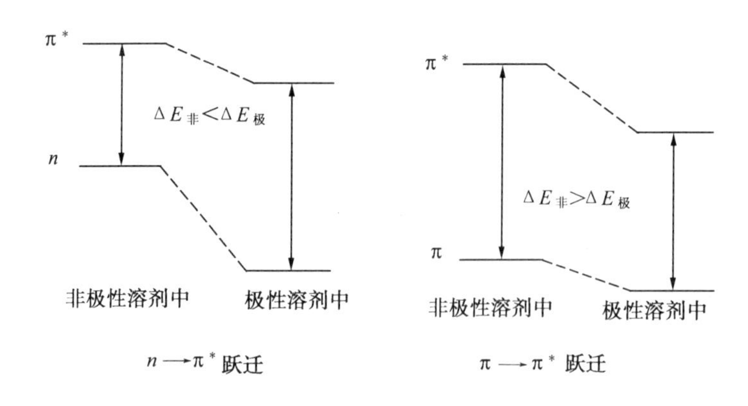

图 9－27 极性溶剂对两种跃迁能级差的影响

一些化合物的电子结构与跃迁类型和吸收带的关系见表 9－3。

表 9－3 电子结构和跃迁类型

电子结构	化合物	跃迁	λ_{max}^{nm}	E_{max}	吸收带
σ	乙 烷	σ→σ*	135	10 000	
n	碘乙烷	n→σ*	257	486	
π	乙 烯	π→π*	165	10 000	
	乙 炔	π→π*	173	6 000	
π和n	丙 酮	π→π*	约 160		
		n→σ*	194	9 000	
		n→π*	279	15	R
π－π	$CH_2=CH-CH=CH_2$	π→π*	217	21 000	K
	$CH_2=CHCH=CHCH=CH_2$	π→π*	258	35 000	K
π－π和n	$CH_2=CH-CHO$	π→π*	210	11 500	K
		n→π*	315	14	R
芳香族π	苯	芳香族π→π*	约 180	60 000	E_1
		芳香族π→π*	约 200	8 000	E_2
芳香族π－π	C₆H₅—CH=CH₂	芳香族π→π*	255	215	B
		芳香族π→π*	244	12 000	K
芳香族π－σ	C₆H₅—CH₃	芳香族π→π*	282	450	B
		芳香族π→π*	208	2 460	E_2
		芳香族π→π*	262	174	B
芳香族π－π和n－π	C₆H₅—C(=O)—CH₃	芳香族π→π*	240	13 000	K
		芳香族π→π*	278	1 110	B
		n→π*	319	50	R
芳香族π－n	C₆H₅—OH	芳香族π→π*	210	6 200	E_2
		芳香族π→π*	270	1 450	B

二、紫外光谱在有机化合物结构研究中的应用

分子中生色团和助色团以及它们的共轭情况决定了有机化合物紫外光谱的特征。因此紫外光谱可用于推定分子的骨架、判断发色团之间的共轭关系和估计共轭体系中取代基的种类、位置和数目。

1. 初步推断官能团

若化合物在 220～800 nm 范围内无吸收，它可能是脂肪族饱和碳氢化合物、胺、腈、醇、醚、氯代烃和氟代烃，不含直链或环状共轭体系，没有醛酮等基团。如果在 210～250 nm 有吸收带，可能含有两个双键的共轭体系；在 260～300 nm 有强吸收带，可能含 3～5 个共轭双键；在 250～300 nm 有弱吸收，表示有羰基存在；在 250～300 nm 有中强吸收带，很可能有苯环存在；如果化合物有颜色，分子中含有共轭生色团一般在 5 个以上。

2. 顺反异构体的推断

例如：顺式和反式 1,2 -二苯乙烯：

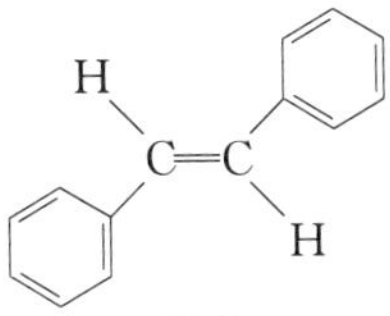

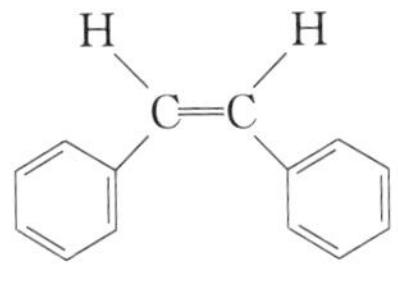

	反式	顺式
λ_{max}^{EtOH}	295.5 nm	280 nm
ε	29 000	10 500

顺式异构体一般比反式异构体的波长短而且 ε 小。这是由于立体障碍引起的，顺式 1,2 -二苯乙烯的两个苯环在双键同一边，由于立体障碍影响了两个苯环与乙烯的碳-碳双键共平面，因此不易发生共轭，吸收波长短，且 ε 小。而反式异构体的两个苯环与乙烯双键共平面性好，形成大的共轭体系，吸收波长长，且 ε 也大。

3. 化合物骨架的推断

未知化合物与已知化合物的紫外光谱一致时，可以认为两者具有相同的发色团，这一原理可用于推定未知物的骨架。例如，维生物 K_1（A）有吸收带 λ_{max} 249 nm（lgε4.28），260 nm（lgε4.26），325 nm（lgε3.28）。查阅文献与 1，4 -萘醌的吸收带 λ_{max} 250 nm（lgε4.6），λ_{max} 330 nm（lgε3.8）相似，因此把（A）与几种已知 1，4 -萘醌的光谱比较，发现（A）与 2，3 -二烷基-1，4 -萘醌（B）的吸收带很接近，这样就推定了（A）的骨架。

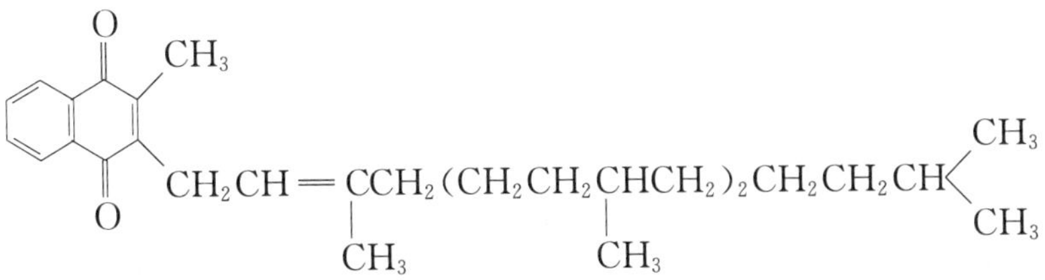

(A)

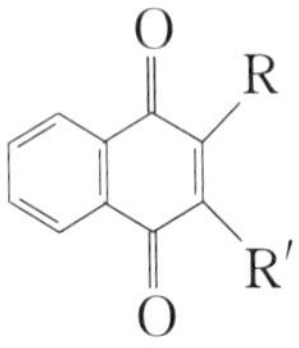

(B)

小 结

1. 紫外-可见吸收光谱的产生。当一定波长的光照射物质分子，其光子能量恰好等于分子某两个能级差ΔE时，分子会从低能级向高能级跃迁，吸收光子：

$$\Delta E_{分子}=E_2-E_1=E_{光子}=h\nu$$

不同分子，能级不同，产生的吸收光谱有可能不同，是吸收光谱用于定性的依据。

2. 电子跃迁和吸收带：

电子跃迁类型比较

ΔE	$\sigma\to\sigma^*$	>	$n\to\sigma^*$	≥	$\pi\to\pi^*$	>	$n\to\pi^*$
λ_{max}(nm)	<150		约 200		约 200		250～500
ε					$>10^4$		<100

吸收带有：R带、B带、K带、E带。

3. 朗伯-比耳定律是定量分析依据，其表达式为：

$$A=-\lg T=EcL$$

其适用条件为：① 稀溶液；② 单色光。

吸光系数有摩尔吸光系数(ε)和百分吸光系数($E_{1cm}^{1\%}$)，二者关系为：

$$\varepsilon=\frac{M}{10}E_{1cm}^{1\%}$$

4. 紫外-可见分光光度计的主要部件有光源、单色器、吸收池、检测器和讯号记录处理装置等五大主要部件。

5. 定性定量分析：可见-紫外分光光度法常用于化合物定性鉴别。对单组分定量分析方法有吸光系数法、标准曲线法和对照法。

6. 光电比色法：对显色反应要求灵敏度高，选择性好，有确定的定量关系。

显色反应的条件需通过实验，确定最佳显色剂用量、pH、显色时间和温度等，并加以严格控制。

思 考 题

1. 紫外-可见光谱是如何产生的？
2. 朗伯-比耳定律的适用条件是什么？
3. 紫外吸收光谱有什么特征？哪些特征和常数可作为鉴定物质的定性参数？
4. 电子跃迁类型有哪几种？哪些跃迁在紫外-可见光谱上可以反映出来？
5. 试解释下列名词：吸光度、透光率、摩尔吸光系数、百分吸光系数、生色团、助色团、长移、短移。
6. 简述紫外-可见分光光度计的主要部件、类型和基本性能。
7. 双波长消去法测定中，如何选择测定波长λ_1与参比波长λ_2？
8. 为什么最好在λ_{max}处测定化合物的含量？
9. 试推测下列各化合物含有哪些跃迁和吸收带。

(1) $CH_2=CHCH_3$　　(2) $CH_2=CHC(=O)CH_3$

(3) C_6H_5-OH　　(4) $C_6H_5-C(=O)-CH_3$

习　题

一、填空题

1. 丙酮分子的紫外吸收光谱上，吸收带是由分子结构中的____________________发生________________跃迁产生的，它属于______________吸收带。

2. 在分光光度法中，通常采用________________作为测定波长，此时，试样浓度的较小变化将使吸光度产生__________变化。

二、选择题

1. 所谓真空紫外区，所指的波长范围是(　　)。

A. 200～400 nm　　B. 400～800 nm　　C. 1 000 nm　　D. 100～200 nm

2. 电子能级间隔越小，电子跃迁时吸收光子的(　　)。

A. 能量越高　　B. 波长越长　　C. 波数越大　　D. 频率越高

3. 使用朗伯-比耳定律的前提条件之一为入射光必须是(　　)。

A. 复合光　　B. 平行单色光　　C. 可见光　　D. 紫外光

4. 某物质的摩尔吸光系数很大，则表明(　　)。

A. 该物质对某波长的吸光能力很强　　B. 该物质浓度很大

C. 光通过该物质溶液的光程长　　D. 测定该物质的精密度高

5. 下列化合物中，同时有 $n \to \pi^*$，$\pi \to \pi^*$，$\sigma \to \sigma*$ 跃迁的化合物是(　　)。

A. 一氯甲烷　　B. 丙酮　　C. 1,3-丁二烯　　D. 庚烷

三、计算题

1. 异丙叉丙酮有两种异构体：(1) $CH_3C(CH_3)=CHCOCH_3$ 及(2) $CH_2=C(CH_3)CH_2COCH_3$。它们的紫外吸收光谱为：(a) 最大吸收波长为 235 nm，ε=12 000；(b) 220 nm 以后无强吸收。根据这两个谱来判别上述异构体并说明理由。

[(a)为 (1)，(b)为 (2)]

2. 安络血的相对分子质量为 236，将其配成 0.496 2 mg/100 ml 的浓度，在 λ_{max} 355 nm 处，于 1 cm 的吸收池中测得吸光度为 0.557，试求安络血的比吸光系数和摩尔吸光系数的值。

(1 123，2.65×10^4)

3. 某维生素 ($M = 296.6\ g \cdot mol^{-1}$) 溶于乙醇中，取此溶液在 1 cm 吸收池中，于 264 nm 处测得其摩尔吸光系数为 18 200，并在一个很宽的范围内服从朗伯-比耳定律。求：(1) 比吸光系数值。(2) 若要测量吸光度约为 0.400 时，则分析浓度约为多少？(以百分浓度表示)。

(459，8.72×10^{-4}%)

4. 某试液用 2.0 cm 的吸收池测量时，$T = 60\%$，若用 1.0 cm 或 3.0 cm 的吸收池测定时，透光率各为多少？

(77.5%，46.5%)

5. 相对分子质量为 156 的化合物，摩尔吸光系数为 6.74×10^3，要使之在 1 cm 吸收池中透光率为 10%左右，浓度 (mg/ml) 应是多少？

(0.023 mg/ml)

6. 同一物质不同浓度的甲、乙两溶液，在同一条件下，测得 $T_甲 = 54\%$，$T_乙 = 32\%$，如果此溶液符合朗伯-比耳定律，试求它们的浓度比。

($c_甲/c_乙 = 0.54$)

7. 取咖啡酸，在 165℃干燥至恒重，精密称取 10.00 mg，加少量乙醇溶解，转移至 200 ml 容量瓶中，加水至刻度，取此溶液 5.00 ml，置于 50 ml 容量瓶中，加 6 mol/L 的 HCl 4 ml，加水至刻度。取此溶液于 1 cm 吸收池中，在 323 nm 处测得吸光度为 0.463。已知该波长处咖啡酸的 $E_{1cm}^{1\%} = 927.9$，求咖啡酸的百分含量。

(99.8%)

8. 精密称取 0.050 0 g 样品，置于 250 ml 容量瓶中，加入 0.02 mol/L HCl 溶解，稀释至刻度。准确量取 2 ml，稀释至 100 ml。以 0.02 mol/L HCl 为空白，在 263 nm 处用 1 cm 吸收池测得透光率为 41.7%，其摩尔吸光系数为 12 000，被测物相对分子质量为 100.0，试计算 263 nm 处 $E_{1cm}^{1\%}$ 和样品的百分含量。

(1 200，79.2)

9. 苦味酸（$C_6H_3O_7N_3$，M=229 g · mol^{-1}）的胺盐醇溶液在 380 nm 有吸收峰，摩尔吸光系数是 1.34×10^4（±1%）。今有一胺 $C_nH_{2n+3}N$，使其成苦味酸盐，精制后，准确配制成 100 ml 含 1.00 mg 的醇溶液，用 1 cm 吸收池在 380 nm 测得透光率为 45.1%，求此胺的相对分子质量。(157)

10. 有一 A 和 B 两化合物的混合溶液，已知 A 在 282 nm 和 238 nm 处的吸光系数 $E_{1cm}^{1\%}$ 值分别为 720 和 270；而 B 在上述两波长处吸光度相等，现把 A 和 B 混合液盛于 1.0 cm 吸收池中，测得 282 nm 处的吸光度为 0.442；在 238 nm 处的吸光度为 0.278，求 A 化合物的浓度（mg/100 ml）。

(0.364 mg/100 ml)

（严拯宇）

第十章　红外分光光度法

第一节　概　　述

一、红外光区的划分

波长大于 0.76 μm、小于 500 μm(或 1 000 μm)的电磁波，称为红外线(infrared ray，IR)。习惯上按波长的不同，将红外分为三个区域，如表 10-1 所示。

表 10-1　红外光谱区

区域	波长(μm)	波数(cm^{-1})	能级跃迁类型
近红外区(泛频区)	0.76～2.5	13 158～4 000	OH、NH 及 CH 键的倍频吸收区
中红外区(基本振动区)	2.5～25	4 000～400	振动、伴随着转动
远红外区(转动区)	25～500(或 1 000)	400～20(或 10)	转动

分子吸收中红外光的能量，发生振动，转动能级跃迁所产生的吸收光谱，称为中红外吸收光谱(mid-infrared absorbtion spectrum，mid-IR)，简称红外吸收光谱或红外光谱(IR)。根据样品的红外吸收光谱进行定性、定量分析及测定物质分子结构的方法，称为红外吸收光谱法(infrared spectroscopy)或红外分光光度法(infrared spectrphotometry)。中红外光谱是目前人们研究最多的光谱，本章只讨论这方面的内容。

二、红外吸收光谱的表示方法

红外吸收光谱的表示方法与紫外吸收光谱有所不同，它是以波数(σ/cm^{-1})或波长($\lambda/\mu m$)为横坐标、相应的百分透光率($T/\%$)为纵坐标所绘制的曲线，即 $T-\sigma$ 曲线或 $T-\lambda$ 曲线。图 10-1、图 10-2 分别为苯酚的两种红外光谱。

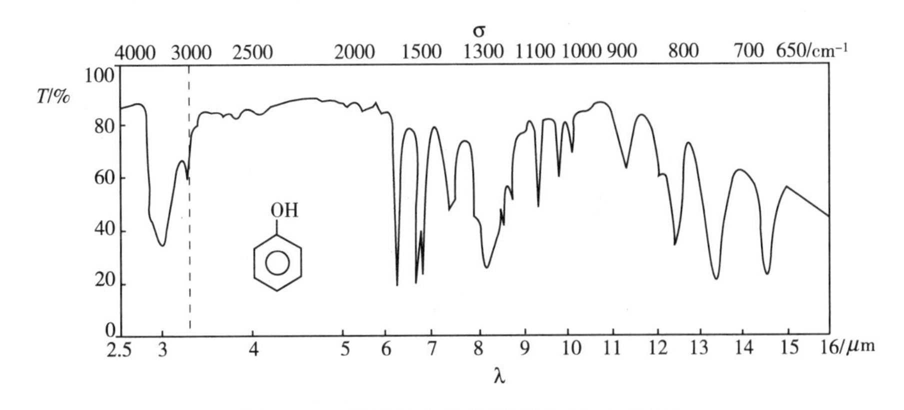

图 10-1　苯酚的红外棱镜光谱($T-\lambda$ 曲线)

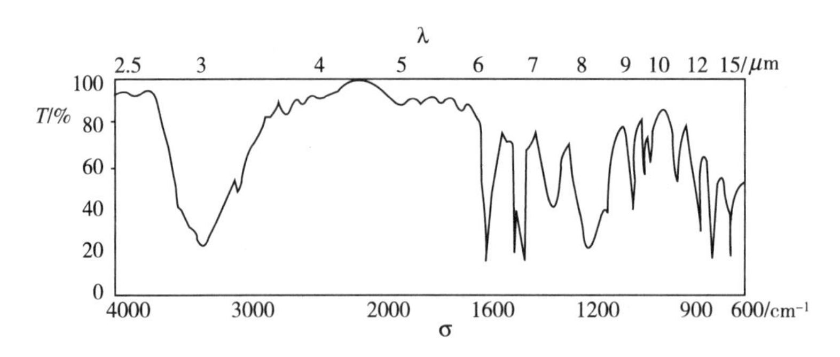

图 10－2　苯酚的红外光栅光谱（T－σ 曲线）

波数（σ）为波长（λ）的倒数，表示单位长度（cm）中所含光波的数目。波数的单位为 cm^{-1}，波长的单位为微米（μm），因为 1 μm＝10^{-4} cm，波长和波数可按下式换算：

$$\sigma(cm^{-1})=\frac{10^4}{\lambda(\mu m)} \quad (10-1)$$

中红外光区的波长范围为 2.5～25 μm，在波长 2.5 μm 处。对应的波数为：

$$\sigma=\frac{10^4}{2.5}=4\ 000(cm^{-1})$$

在波长 25 μm 处，对应的波数值为：

$$\sigma=\frac{10^4}{25}=400(cm^{-1})$$

一般红外光谱的横坐标，都具有波数与波长两种标度，但以一种为主。目前的红外光谱都采用波数为横坐标，扫描范围在 4 000～400 cm^{-1}。为了防止 T－σ 曲线在高波数区（短波长）过分扩张，一般用两种比例尺，多以 2 000 cm^{-1}（5 μm）为界。

三、红外光谱与紫外光谱的区别

1. 起源

紫外吸收光谱与红外吸收光谱都属于分子吸收光谱，但起源不同。

紫外线波长短、频率高、光子能量大，可以引起分子外层电子的能级跃迁，伴随振动及转动能级跃迁，但因后者能级差小，常被紫外吸收曲线淹没。因此就能级跃迁类型而论，紫外吸收光谱是电子光谱，其光谱比较简单。

中红外线波长比紫外线长，光子能量比紫外线小得多，只能引起分子的振动能级伴随转动能级的跃迁，因而中红外光谱是振动-转动光谱。其光谱最突出的特点是具有高度的特征性，光谱复杂。

2. 研究对象

紫外光谱只适于研究不饱和化合物，特别是分子中具有共轭体系的化合物，不适用于饱和有机化合物，而红外光谱不受此限制，所有有机化合物，在中红外光区都可测得其特征红外光谱，除此之外，红外光谱还可用于某些无机物的研究。因此，红外光谱研究对象的范围要比紫外光谱广泛得多。

紫外光谱法测定对象的物态为溶液及少数物质的蒸气；而红外光谱可以测定气、液及固体样品，以测定固体样品最方便。

四、应用

由于红外光谱具有高度的特征性，可用于化合物的定性鉴别、结构分析及定量分析。

红外光谱是有机化合物定性鉴别的最主要手段，因其特征性强，除光学异构体外，一般每个化合物都具有其独一无二的红外吸收光谱。在药物分析中，是鉴别组分单一、结构明确的原料药的首选方法。

在化合物结构分析中，红外光谱可提供化合物具有什么官能团、化合物类别（芳香族、脂肪族）、结构异构、氢键及某些链状化合物的键长等信息，是分子结构研究的主要手段之一。必须指出，对于复杂分子结构的最终确定，需结合紫外、核磁共振、质谱及其他理化数据综合判断。

在定量分析方面，虽然红外光谱可供选择的波长较多，但操作比较麻烦，准确度也比紫外分光光度法低，除用于测定异构体的相对含量外，一般很少用于定量分析。

第二节　基本原理

红外分光光度法主要是研究分子结构与红外吸收曲线之间的关系。一条红外吸收曲线，可用吸收峰的位置（峰位）和吸收峰的强度（峰强）来描述。本节主要讨论红外光谱的产生原因、峰数、峰位、峰强及其影响因素。

一、分子振动与振动光谱

红外吸收光谱是由于分子的振动伴随转动能级跃迁而产生的。为简单起见，先以双原子分子 AB 为例说明分子振动。

若把分子 AB 的两个原子视为两个小球，把其间的化学键看成质量可以忽略不计的弹簧，则两个原子沿其平衡位置的伸缩振动可近似地看成沿键轴方向的简谐振动，两个原子可视为谐振子（图 10－3）。

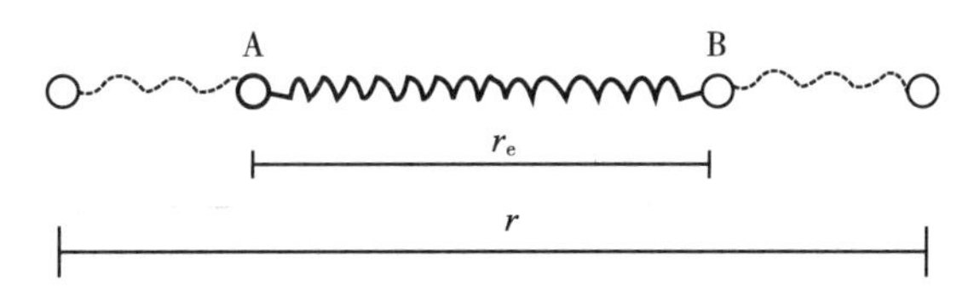

图 10－3　双原子分子伸缩振动示意图

图 10－3 中，r_e 表示平衡位置时核间距，r 表示某一瞬间的核间距。由量子力学可推导出分子在振动过程中所具有的能量 E_v：

$$E_v=(v+\frac{1}{2})h\nu \qquad (10-2)$$

式中：ν 为分子振动频率；v 为振动量子数；h 为 plank 常数；$v=0,1,2,3\cdots$

分子处于基态时，$v=0$，此时分子的能量 $E_0=\frac{1}{2}h\nu$。当分子吸收适宜频率的红外线而跃迁至激发态时，由于振动能级是量子化的，则分子所吸收光子的能量 E_L 必须恰等于两个振动能级的能量差 ΔE_v，即

$$\Delta E_v=E_{激发态}-E_{基态}=(v_{激发态}-v_{基态})h\nu_{振动}=\Delta v h\nu_{振动}=E_L=h\nu_L$$

所以

$$\nu_L=\Delta v\nu_{振动} \quad 或\ \sigma_L=\Delta v\sigma_{振动} \qquad (10-3)$$

式（10－3）说明，若把双原子分子视为谐振子，其吸收红外线而发生能级跃迁时所吸收红外线的频率 ν_L，只能是谐振子振动频率 $\nu_{振动}$ 的 Δv 倍。

当分子由振动基态（$v=0$）跃迁到第一振动激发态（$v=1$）时，$\Delta v=1$，则 $\nu_L=\nu_{振动}$，此时所产

生的吸收峰称为基频峰。因分子振动能级从基态到第一激发态的跃迁较易发生，基频峰的强度一般都较大，因而基频峰是红外光谱上最主要的一类吸收峰。

分子吸收红外光，除发生 $v=0$ 到 $v=1$ 的跃迁外，还有振动能级由基态（$v=0$）跃迁到第二振动激发态（$v=2$）、第三振动激发态（$v=3$）等现象，所产生的吸收峰称为倍频峰，由 $v=0$ 跃迁至 $v=2$ 时，$\nu_L=2\nu_{振动}$，即所吸收红外线的频率（ν_L）是基团基本振动频率（$\nu_{振动}$）的 2 倍，所产生的吸收峰称为 2 倍频峰，例如当分子中有羰基时，除在 1 700 cm^{-1} 附近有 $\nu_{c=0}$ 峰外，在 3 400 cm^{-1} 常见其 2 倍频峰，由 $v=0$ 跃迁至 $v=3$ 时，$\Delta v=3$，所产生的吸收峰称为 3 倍频峰。其他类推。在倍频峰中，2 倍频峰还经常可以观测到，3 倍频峰及 3 倍以上，因跃迁概率很小，一般都很弱，常观测不到。因分子的振动能级差异非等距，v 越大，间距越小，因此倍频峰的频率并非是基频峰的整数倍，而是略小一些。

除倍频峰外，尚有合频峰 $\nu_1+\nu_2$，$2\nu_1+\nu_2$ 等，差频峰 $\nu_1-\nu_2$，$2\nu_1-\nu_2$ 等，这些峰多数为弱峰，在光谱上一般不易辨认。

倍频峰、合频峰及差频峰统称为泛频峰。泛频峰的存在使光谱变得复杂，但增加了光谱的特征性。例如，取代苯的泛频峰出现在 2 000～1 667 cm^{-1} 的区间，主要由苯环上碳氢面外弯曲的倍频峰等构成，特征性较强，可用于鉴别苯环上的取代位置。

二、振动类型和峰数

讨论分子的振动类型，可以了解吸收峰的起源，即吸收峰是由什么振动形式的能级跃迁引起的。讨论分子基本振动的数目，有助于了解红外图谱上基频峰的数目。

1. 振动类型

双原子分子只有一种振动形式——伸缩振动，而多原子分子随着原子数的增加，其振动形式也较复杂，但基本上可分为两大类：伸缩振动和弯曲振动。

（1）伸缩振动（ν）(stretching vibration)

伸缩振动是指化学键沿着键轴方向伸缩，使键长发生周期性变化的振动。伸缩振动又可分为对称伸缩振动及不对称伸缩振动。分别用 ν_s 或 ν^s 及 ν_{as} 或 ν^{as} 表示。例如，亚甲基 $>CH_2$ 中的 2 个碳氢键同时伸长或缩短，称对称伸缩振动。若 1 个碳氢键和另 1 个键交替伸长、缩短，则称不对称伸缩振动。这两种伸缩振动有各自对应的吸收峰。

（2）弯曲振动（bending vibration）

弯曲振动又可分为面内弯曲振动、面外弯曲振动及变形振动。

① 面内弯曲振动（β）：弯曲振动是在由几个原子所构成的平面内进行。面内弯曲振动又可分为剪式振动和面内摇摆振动两种。AX_2 型基团分子易发生此类振动，如 $>CH_2$，$-NH_2$ 等。

a. 剪式振动（δ）是指键角发生周期性变化的振动。由于键角在振动过程的变化与剪刀的开、闭相似，故称剪式振动。

b. 面内摇摆振动（ρ）是基团作为一个整体在平面内摇摆。

② 面外弯曲振动（γ）：弯曲振动是在垂直于几个原子所构成的平面外进行。面外弯曲振动分为面外摇摆振动和面外扭曲振动两种。

a. 面外摇摆振动（ω）：振动时，基团作为整体在垂直于分子对称平面的前后摇摆。如 AX_2 型基团，用纸平面代表几个原子所组成的平面，两个 X 同时向面上（＋）或向面下（－）的振动。

b. 面外扭曲振动（τ）：振动时，两个化学键端的原子同时作反向垂直于平面方向上的运动。如 AX_2 型基团，一个 X 向面上(+)，一个 X 向面下(−)的振动。

③ 变形振动：AX_3 型基团或分子的弯曲振动。变形振动分为对称变形振动和不对称变形振动两种。

a. 对称变形振动(δ_s 或 δ^s)：在振动过程中，3 个 AX 键与轴线组成的夹角 α 同时缩小或增大，犹如花瓣的开闭。

b. 不对称变形振动(δ_{as} 或 δ^{as})：在振动过程中，3 个 AX 键与轴线组成的夹角 α 交替地缩小或增大。

以分子中亚甲基($>CH_2$)和甲基($—CH_3$)为例，图 10－4 和图 10－5 直观地显示了各种振动类型。

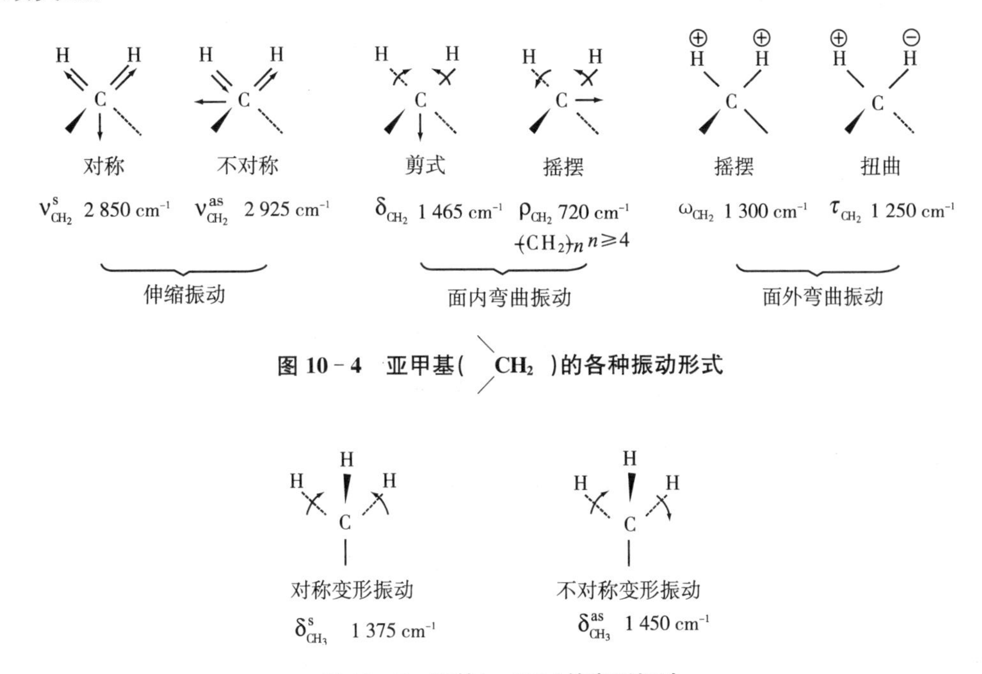

图 10－4 亚甲基($>CH_2$)的各种振动形式

图 10－5 甲基($—CH_3$)的变形振动

2. 振动自由度与峰数

分子基本振动的数目称为振动自由度。研究分子的振动自由度，可以帮助了解化合物红外吸收光谱吸收峰的数目。

用红外光照射物质分子，不足以引起分子的电子能级跃迁。因此，只需考虑分子中三种运动形式：平动(平移)、振动和转动的能量变化。分子的这三种运动形式中，只有振动能级的跃迁产生红外吸收光谱，而分子的平动能级改变不产生光谱，转动能级跃迁产生远红外光谱，不在红外光谱的讨论范围，因此应扣除这两种运动形式。

在三维空间中确定 1 个质点的位置可用 x、y、z 3 个坐标，称为 3 个自由度。每个原子在三维空间都能向 x、y、z 3 个坐标方向独立运动，因此，一个原子有 3 个运动自由度。由 N 个原子组成的分子，总的运动自由度为 $3N$。分子的总自由度($3N$)由分子的平动、转动和振动自由度构成。

由 N 个原子所组成的分子，其重心向任何方向的移动，都可分解为沿 3 个坐标方向的移动，因此，分子有 3 个平动自由度。

在非线性分子中，整个分子可以绕 3 个坐标轴转动，即有 3 个转动自由度。而在线性分子中，由于以键轴为转动轴的转动，其转动惯量为零，不发生能量变化，因而线性分子只有 2 个转动自由度。

分子的振动自由度＝分子的总自由度($3N$)－平动自由度－转动自由度。

非线性分子振动自由度$=3N-3-3=3N-6$

线性分子振动自由度$=3N-3-2=3N-5$

例 10－1 计算非线性分子的振动自由度，以水分子为例。

解 振动自由度$=3N-6=3\times3-6=3$。

说明水分子有 3 种基本振动形式。

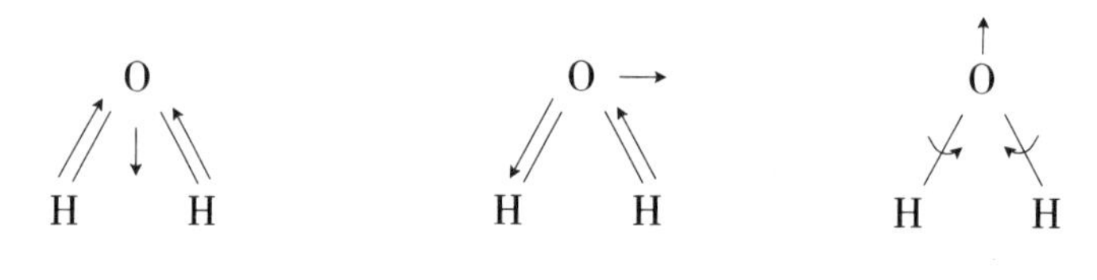

ν^{s}_{OH} 3 652 cm^{-1}　　ν^{as}_{OH} 3 765 cm^{-1}　　δ_{OH} 1 595 cm^{-1}

例 10－2 计算线性分子的振动自由度，以 CO_2 为例。

解 振动自由度$=3N-5=3\times3-5=4$。

说明 CO_2 有 4 种基本振动形式。

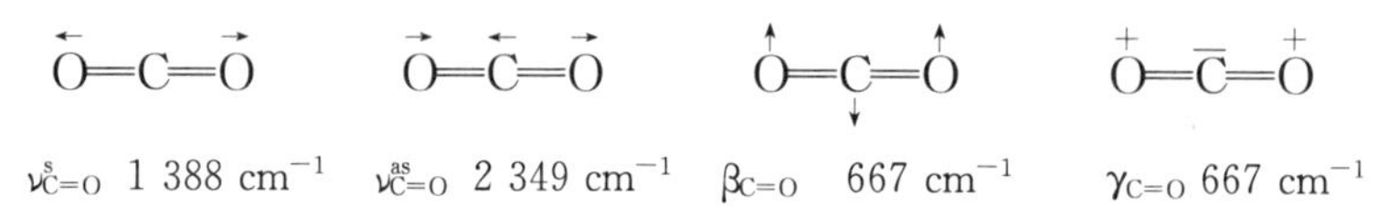

$\nu^{s}_{C=O}$ 1 388 cm^{-1}　$\nu^{as}_{C=O}$ 2 349 cm^{-1}　$\beta_{C=O}$ 667 cm^{-1}　$\gamma_{C=O}$ 667 cm^{-1}

已经介绍，分子吸收一定频率的红外线，其振动能级由基态($v=0$)跃迁至第一振动激发态($v=1$)所产生的吸收峰为基频峰，由于 $\Delta v=1$，所以 $\nu_L=\nu_{振动}$。由分子基本振动的数目即振动自由度可以估计基频峰的可能数目，是否基团的每一个基本振动都产生吸收峰，即振动自由度与基频峰数是否相等？

以 CO_2 为例，CO_2 的振动自由度为 4，但在红外光谱上只能看到 2 349 cm^{-1}和 667 cm^{-1}两个基频峰。基频峰数小于基本振动数。这是因为：

(1) 简并：CO_2 分子的面内及面外弯曲振动，虽然振动类型不同，但振动频率相同，因此，它们的基频峰在光谱上的同一位置 667 cm^{-1}处出现，故只能观察到 1 个吸收峰。这种现象称为简并。

(2) 红外非活性振动：CO_2 的对称伸缩振动频率为 1 388 cm^{-1}，但在图谱上却无此吸收峰。这说明 CO_2 分子的对称伸缩振动并不吸收频率为 1 388 cm^{-1}的红外线，因而不能呈现相应的基频峰。不能吸收红外线发生能级跃迁的振动，称为红外非活性振动，反之则为红外活性振动。

非活性振动的原因，可由 CO_2 对称和不对称伸缩振动的对比说明。不难发现，它们的差别在于振动过程中分子的电偶极矩变化不同。

电偶极矩 μ 是电荷 Q 及正负电荷重心间距离 r 的乘积，即 $\mu=Q\cdot r$。

CO_2 分子及其伸缩振动，如下面的(a)、(b)、(c)所示。

O═C═O　　　O═C═O　　　O═C═O
－ ＋ －　　　－ ＋ －　　　－ ＋ －

(a)　　　(b)　　　(c)

$r=0,\mu=0$　　$r=0,\mu=0,\Delta\mu=0$　　$r\neq0,\mu\neq0,\Delta\mu\neq0$

“＋”“－”表示正负电荷重心。

当 CO_2 分子处于振动平衡位置(a)时，两个 C═O 键的电偶极矩的大小相等，方向相反，分子的正负电荷重心重合，$r=0$，因此分子的电偶极矩 $\mu=0$。在对称伸缩振动(b)中，正负电荷重心仍然重合，因而 $r=0$，$\mu=0$，与处于平衡位置时相比，$\Delta\mu=0$。但在不对称伸缩振动(c)中，由于一个键伸长，另一个键缩短，使正负电荷重心不重合，$r\neq0$，$\mu\neq0$，$\Delta\mu\neq0$，因此，CO_2 的不对称伸缩振动峰在 2 349 cm^{-1}处出现。

由上例可见，只有在振动过程中，电偶极矩发生变化($\Delta\mu\neq0$)的振动才能吸收红外线的能量而发生能级跃迁，从而在红外光谱上出现吸收峰。这种振动类型称为红外活性振动。反之，在振动过程中电偶极矩不发生改变($\Delta\mu=0$)的振动是红外非活性振动。虽有振动存在但不能吸收红外线。这是因为红外线是具有交变电场与磁场的电磁波，不能与非电磁分子或基团发生振动偶合(共振)，即其能量不能被非电磁分子或基团所吸收。

综上所述，某基团或分子的基本振动吸收红外线而发生能级跃迁必须满足两个条件：① 振动过程中 $\Delta\mu\neq0$；② 必须服从 $\nu_L=\Delta v\nu_{振动}$，两个条件缺一不可。

除红外非活性振动及简并外，因仪器分辨率低，对一些频率很相近的吸收峰分不开，或强宽峰往往覆盖了与之频率相近的弱而窄的吸收峰以及一些仪器检测不出的较弱的峰等原因往往使吸收峰数减少。当然也有使峰数增多的因素，如倍频与组合频峰等。

三、振动频率与峰位

基团或分子的红外活性振动，将吸收红外线而发生振动能级的跃迁，在红外图谱上产生吸收峰。吸收峰的位置或称峰位，通常用 σ_{max}(或 ν_{max}，λ_{max})表示，即振动能级跃迁时所吸收红外线的波数 σ_L(或频率 ν_L，波长 λ_L)，对基频峰而言，$\sigma_L=\sigma_{振动}$，所以 $\sigma_{max}=\sigma_{振动}$，基频峰的峰位即分子或基团的基本振动频率。其他峰如倍频峰，则是 $\sigma_{max}=\Delta v\sigma_{振动}$。所以要了解基团或分子的振动能级跃迁所产生的吸收峰的峰位，首先要讨论基团的基本振动频率。

1. 基本振动频率

分子中原子以平衡点为中心，以非常小的振幅(与原子核间距离相比)做周期性的振动，即所谓简谐振动。根据这种分子振动模型，把化学键相连的两个原子近似地看作谐振子，则分子中每个谐振子的振动频率 ν，可用经典力学中胡克定律导出的简谐振动公式(也称振动方程)计算：

$$\nu=\frac{1}{2\pi}\sqrt{\frac{K}{\mu'}}\quad(s^{-1})\tag{10-4}$$

式中：K 为化学键力常数($N\cdot cm^{-1}$)。

将化学键两端的原子由平衡位置拉长 0.1 nm 后的恢复力称为化学键力常数。单键、双键及三键的力常数 K 分别近似为 5 $N\cdot cm^{-1}$、10 $N\cdot cm^{-1}$及 15 $N\cdot cm^{-1}$。化学键力常数大，表明化学键的强度大。μ'为折合质量，$\mu'=\frac{m_A\cdot m_B}{m_A+m_B}$。$m_A$ 及 m_B 为化学键两端原子 A 及 B 的质量。K 越大，折合质量越小，谐振子的振动频率越大。

若用波数 σ 代替 ν，用原子 A、B 的折合相对原子质量 μ 代替 μ'，则公式(10－4)可改为

$$\sigma=1\,302\sqrt{\frac{K}{\mu}}\quad(cm^{-1})\tag{10-5}$$

上式说明了双原子基团的基本振动频率与化学键力常数及折合相对原子质量的关系。由式(10－5)计算出以波数表示的基本振动频率($\sigma_{振动}$)即基频峰的峰位(σ_L 或 σ_{max})。因此，式(10－5)说明基频峰的峰位与 K 的平方根成正比，与 μ 的平方根成反比。即化学键越强，折合

相对原子质量越小，其振动频率越高，即吸收峰的波数越大。举例计算如下：

① $\nu_{C\equiv C}$: $K\approx 15\ N\cdot cm^{-1}$；$\mu=\dfrac{12\times 12}{12+12}=6$ 代入式(10-5)：

$$\sigma=\sigma_{max}=1\ 302\sqrt{\frac{15}{6}}\approx 2\ 060\ cm^{-1}$$

同法可计算下述各键的基本振动频率。

② $\nu_{C=C}$: $K\approx 10\ N\cdot cm^{-1}$，$\mu=6$，$\sigma\approx 1\ 680\ cm^{-1}$

③ ν_{C-C}: $K\approx 5\ N\cdot cm^{-1}$，$\mu=6$，$\sigma\approx 1\ 190\ cm^{-1}$

④ ν_{C-H}: $K\approx 5\ N\cdot cm^{-1}$，$\mu=\dfrac{12\times 1}{12+1}\approx 1$，$\sigma\approx 2\ 910\ cm^{-1}$

上述计算所用的力常数为近似值，各种键的伸缩力常数的具体数值列于表 10-2 中。

表 10-2　伸缩力常数($N\cdot cm^{-1}$)*

键	分子	K	键	分子	K
H—F	HF	9.7	C—H	$CH_2=CH_2$	5.1
H—Cl	HCl	4.8	C—H	$CH\equiv CH$	5.9
H—Br	HBr	4.1	C—Cl	CH_3Cl	3.4
H—I	HI	3.2	C—C		4.5～5.6
H—O	H_2O	7.8	C=C		9.5～9.9
H—O	游离	7.12	C≡C		15～17
H—S	H_2S	4.3	C—O		5.0～5.8
H—N	NH_3	6.5	C=O		12～13
C—H	CH_3X	4.7～5.0	C≡N		16～18

注：* Oslen E D. Modern Optical Methods of Analysis. 1975，166

由式(10-5)可得出各基团振动基频峰峰位的一些规律：

① 由同种原子组成的基团，折合相对原子质量相同，则力常数越大，伸缩振动基频峰的频率越高。如 $\nu_{C\equiv C}>\nu_{C=C}>\nu_{C-C}$；$\nu_{C\equiv N}>\nu_{C=N}>\nu_{C-N}$ 等。

② 若力常数近似相同，则折合相对原子质量越小，伸缩振动频率越高。如各种含氢单键，因 μ 均较小，它们的伸缩振动基频峰均在高波数区，如：

ν_{C-H}　3 100～2 850 cm^{-1}

ν_{O-H}　3 600～3 200 cm^{-1}

ν_{N-H}　3 500～3 300 cm^{-1}

③ 同一基团，由于键长变化比键角变化需要更多的能量，故伸缩振动频率出现在较高波数区，而弯曲振动频率出现在较低波数区，即 $\nu>\beta>\gamma$。例如：

ν_{C-H}　3 100～2 850 cm^{-1}

β_{C-H}　1 500～1 300 cm^{-1}

γ_{C-H}　900～600 cm^{-1}

虽然由式(10-5)可以计算出基频峰的峰位，而且某些计算值与实测值很接近，如甲烷的 ν_{CH} 基频峰计算值为 2 910 cm^{-1}，实测为 2 915 cm^{-1}，这是因为甲烷分子简单，与谐振子差别不大的缘故。实际上，对比较复杂的分子来说，由于分子中各种化学键间相互有影响，可使峰位产生 10～100 cm^{-1}的位移。一些主要基团的基频峰峰位(σ_{max})的实际分布如图 10－6 所示。

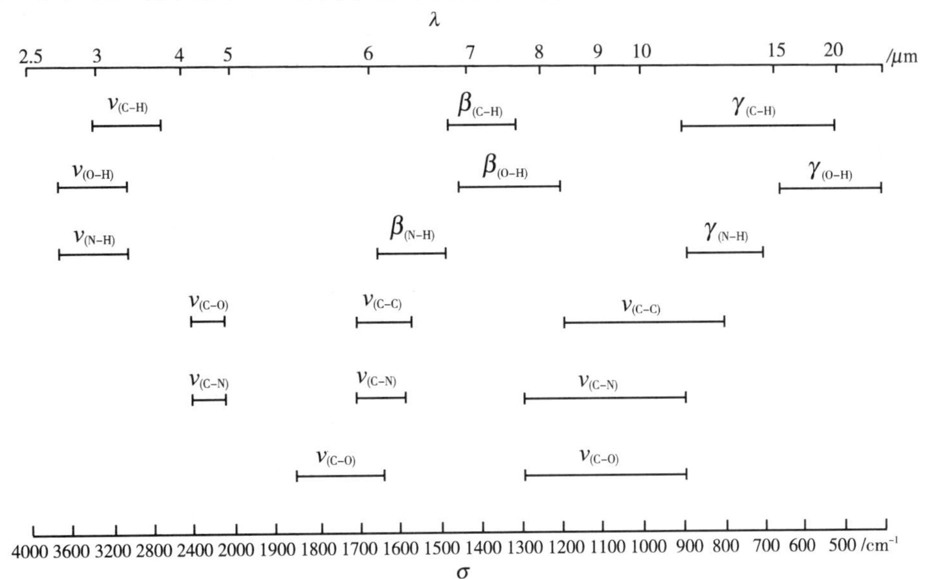

图 10－6　基频峰分布略图

各种基团的基本振动频率除了与化学键强度、化学键两端的相对原子质量以及化学键的振动方式有关外，还与邻近基团的诱导效应、共轭效应、氢键效应等内部因素以及溶剂效应、温度等外部因素有关。

2. 峰位影响因素

(1) 内部因素

① 诱导效应:吸电子基团的诱导效应,常使吸收峰向高波数方向移动。例如:

R—C(=O)—R′　　$\nu_{C=O}$ ～1 715 cm^{-1}

R—C(=O)→OR′　　$\nu_{C=O}$ ～1 735 cm^{-1}

R—C(=O)→Cl　　$\nu_{C=O}$ ～1 800 cm^{-1}

R—C(=O)→F　　$\nu_{C=O}$ ～1 870 cm^{-1}

这是由于吸电子基团的引入,使羰基上的孤对电子向双键转移,羰基的双键性增强,力常数增大,振动频率增加,吸收峰向高波数移动。

② 共轭效应:共轭效应使吸收峰向低波数方向移动。例如:

R—C(=O)—R′　　$\nu_{C=O}$～1 715 cm^{-1}

R—C(=O)—C₆H₅　　$\nu_{C=O}$～1 685 cm^{-1}

这是由于在 π—π 共轭体系中,共轭效应使其电子云密度平均化,羰基的双键性减弱,力常数减小,因此伸缩振动频率减小,吸收峰向低波数方向移动。

③ 氢键效应:分子内或分子间形成氢键后,通常引起伸缩振动频率向低波数方向显著位移,并且峰强增加,峰形变宽。分子内氢键不受其浓度影响,例如 2－羟基苯乙酮形成分子内氢键:

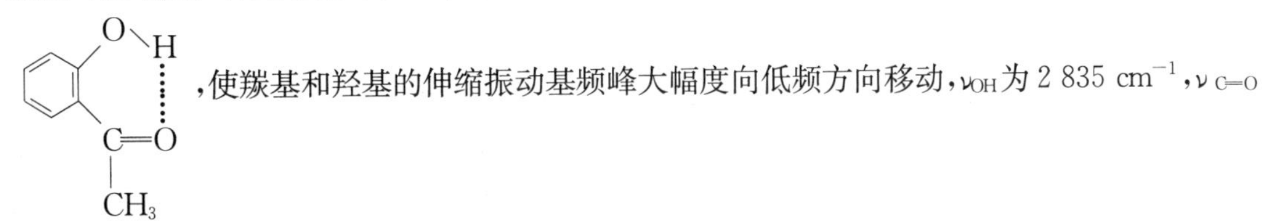

,使羰基和羟基的伸缩振动基频峰大幅度向低频方向移动,ν_{OH}为 2 835 cm^{-1},$\nu_{C=O}$

为 1 623 cm^{-1}。分子间氢键受浓度的影响较大，例如，乙醇在极稀溶液中呈游离状态，随浓度增加而形成二聚体、多聚体，它们的 ν_{OH}分别为 3 640 cm^{-1}、3 515 cm^{-1}及 3 350 cm^{-1}。

除上述因素外，尚有环张力、杂化效应、互变异构、空间位阻等因素，对峰位均有影响。

（2）外部因素

外部因素主要是溶剂及仪器色散元件的影响，温度虽然也有影响，但温度变化不大时，影响较小。

溶剂效应：极性基团的伸缩振动频率随溶剂的极性增大而降低，但其吸收峰强度往往增强，一般是因为极性基团和极性溶剂间形成氢键的缘故。形成氢键的能力越强，吸收带的频率越低。

例如，丙酮在环己烷中 $\nu_{C=O}$ 为 1 727 cm^{-1}，在四氯化碳中 $\nu_{C=O}$ 为 1 720 cm^{-1}，在氯仿中 $\nu_{C=O}$ 为 1 705 cm^{-1}。

3. 费米共振

费米共振（Fermi resonance）是由频率相近的泛频峰与基频峰相互作用而产生的，结果使泛频峰的强度大大增加或发生分裂。

例如，$C_6H_5-\overset{O}{\overset{\|}{C}}-H$ 分子在 2 850 cm^{-1}和 2 750 cm^{-1}处产生两个强吸收峰，这是由 ν_{C-H}（2 800 cm^{-1}）峰和 δ_{C-H}（1 390 cm^{-1}）的倍频率（2 780 cm^{-1}）费米共振形成的。

四、吸收峰的强度

一条红外吸收曲线上各个吸收峰为什么有强有弱，即各峰的相对强度受什么因素影响？

图 10－7 是乙酸丙烯酯（ $CH_3\overset{O}{\overset{\|}{C}}-OCH_2CH=CH_2$ ）的红外光谱。图谱中，1 745 cm^{-1}为 $\nu_{C=O}$ 峰，1650 cm^{-1}为 $\nu_{C=C}$ 峰，在相同浓度下，两谱带强度却相差悬殊。可由分子振动能级跃迁概率来说明。基态分子中的很小一部分，吸收一定频率的红外线，发生振动能级的跃迁而处于激发态。激发态分子通过与周围基态分子的碰撞等过程，损失能量回到基态（弛豫过程），它们之间形成动态平衡。跃迁过程中激发态分子占总分子的百分数，称为跃迁概率，谱带的强度即跃迁概率的量度。跃迁概率与振动过程中电偶极矩的变化（$\Delta\mu$）有关，$\Delta\mu$ 越大，跃迁概率越大，谱带强度越大。

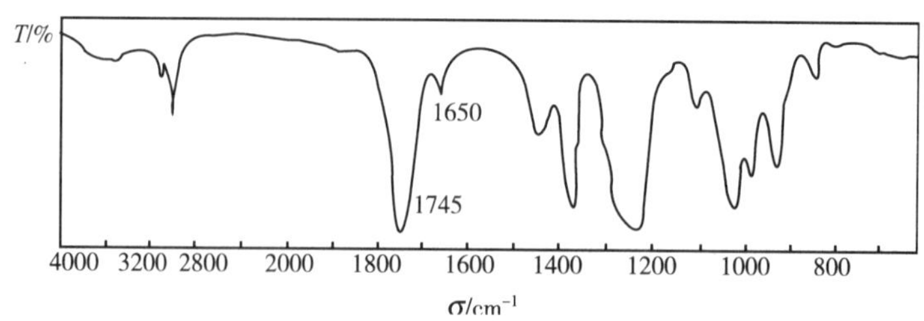

图 10－7　乙酸丙烯酯的红外光谱

因此，电负性相差大的原子形成的化学键（如 C—N、C—O、C═O、C≡N 等）比一般的 C—H、C—C、C═C 键红外吸收要强得多。乙酸乙烯酯的 $\nu_{C=O}$ 峰较 $\nu_{C=C}$ 峰强度大，是因为 C═O 振动电偶极矩变化大于 C═C 振动电偶极矩变化的缘故。由于 C═O 伸缩振动吸收带强度特别大，不易受到干扰，是一个非常特征的吸收峰。若分子中含 Si—O、

C—Cl、C—F 等极性较强的基团，红外图谱上都有强吸收带。

化学键振动时电偶极矩变化的大小主要与下述因素有关。

(1) 原子的电负性：化学键连接的两个原子，电负性相差越大(即极性越大)，则伸缩振动时，产生的吸收峰强度越强，如 $\nu_{C=O} > \nu_{C=C}$；$\nu_{OH} > \nu_{CH} > \nu_{C-C}$ 。

(2) 分子的对称性：分子结构的对称性越强，电偶极矩变化越小；完全对称，变化为零，则没有吸收峰出现。

例如，三氯乙烯($Cl(Cl)C=C(H)Cl$)和四氯乙烯($Cl_2C=CCl_2$)，前者结构不对称，故在 1 585 cm^{-1}处出现 $\nu_{C=C}$ 峰，而后者结构完全对称，则 $\nu_{C=C}$ 峰消失。

(3) 振动类型：由于振动类型不同，对分子的电荷分布影响不同，偶极矩化不同，故吸收峰的强度也不同。一般峰强与振动类型之间有下述规律：

$$\nu_{as} > \nu_s ; \nu > \delta$$

吸收峰的强度，可用摩尔吸收系数 ε 来衡量。通常把峰强分为 5 级。

vs	s	m	w	vw
极强峰	强峰	中强峰	弱峰	极弱峰
ε>100	ε 在 20～100 之间	ε 在 10～20 之间	ε 在 1～10 之间	ε<1

第三节　典 型 光 谱

一、基团的特征峰与相关峰

物质的红外光谱是其分子结构的客观反映，谱图中的吸收峰都对应于分子中各基团的振动。例如分子中含有 —C≡N 基，则在 2 400～2 100 cm^{-1} 出现 $\nu_{C\equiv N}$ 峰，C═O 键的 $\nu_{C=O}$峰一般出现在 1 870～1 650 cm^{-1}，由于各种基团的吸收峰均出现在一定的波数范围内，具有一定的特征性，因此可用一些易辨认、有代表性的吸收峰来确认官能团的存在。凡是可用于鉴别某一官能团存在的吸收峰，称为特征吸收峰，简称特征峰或特征频率。如上述腈基峰、羰基峰等。

在多数情况下，一个官能团通常有数种振动形式，而每一种红外活性振动一般都相应产生一个吸收峰，有时还能观测到泛频峰。例如羧基(—COOH)就有如下一组红外特征吸收峰：ν_{OH}3 400～2 400 cm^{-1}间很宽的吸收峰，$\nu_{C=O}$ 1 710 cm^{-1}附近强而宽的峰，ν_{C-O} 1 260 cm^{-1}中强峰，δ_{OH}1 430 cm^{-1}，这一组特征峰都是由羧基中各化学键的振动而产生的，由一个官能团所产生的一组相互依存的特征峰称为相关吸收峰，简称相关峰。在进行某官能团鉴别时，必须找到该官能团的一组相关峰，有时由于其他峰的重叠或峰强度太弱，并非相关峰都能观测到，但必须找到其主要相关峰才能认定该官能团的存在。这是光谱解析的一条重要原则。一些较常见的官能团的相关峰见图 10 - 8 所示。

熟知化学键与基团的特征峰是解析红外光谱的基础。下面将分别讨论各类有机化合物的基团特征峰。

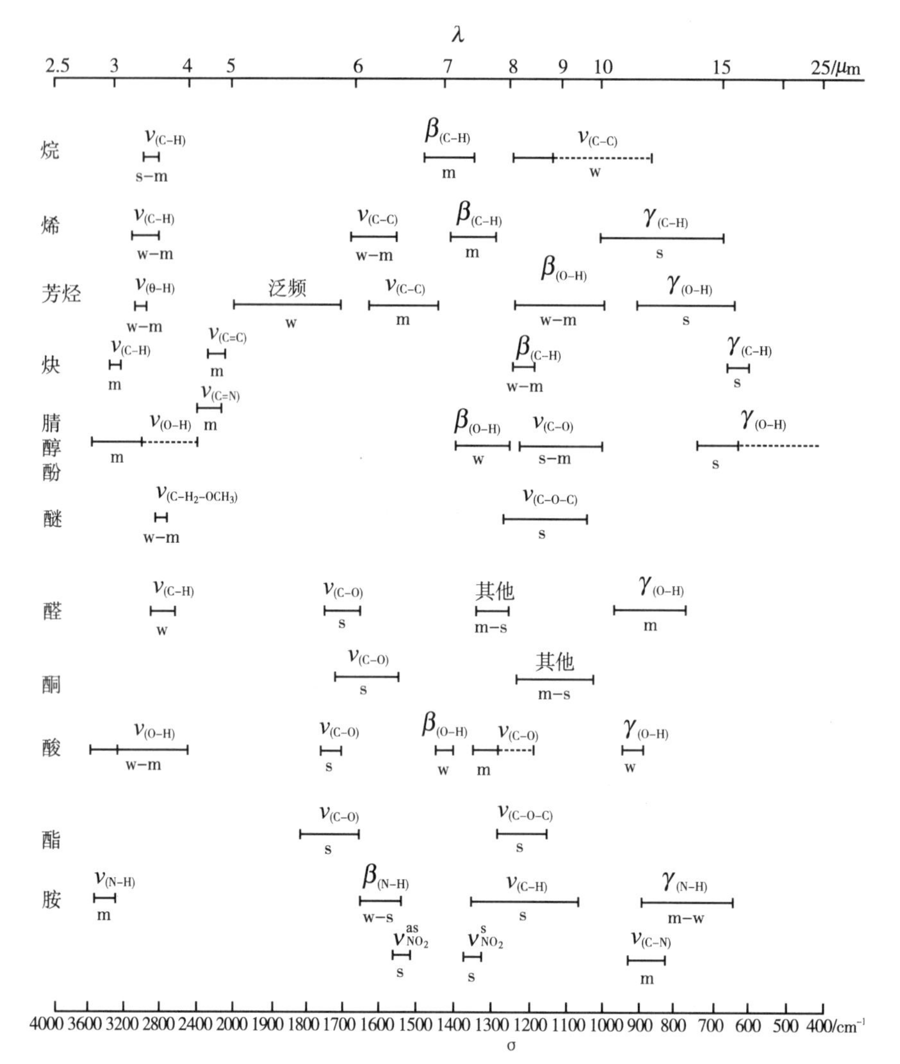

图 10－8　主要基团相关峰图

二、脂肪烃类

以己烷、1-己烯及1-己炔的红外光谱(图 10－9)为例。识别饱和碳氢伸缩振动(ν_{CH})、烯氢伸缩振动($\nu_{=CH}$)及炔氢伸缩振动($\nu_{\equiv CH}$)所产生的吸收峰;碳碳双键伸缩振动($\nu_{C=C}$)及碳碳三键伸缩振动($\nu_{C\equiv C}$)吸收峰;甲基变形振动($\delta_{CH_3}^{as}$,$\delta_{CH_3}^{s}$)及亚甲基(CH_2)剪式振动(δ_{CH_2})和面内摇摆振动(ρ_{CH_2})等吸收峰。

1. 烷烃

烷烃主要特征峰:ν_{C-H} 3 000～2 850 cm^{-1}(s,张力环除外);δ_{CH}1 480～1 350 cm^{-1}。甲基、亚甲基的特征吸收峰如下:

	$\nu(cm^{-1})$		$\delta(cm^{-1})$	
	ν_{as}	ν_s	δ_{as}	δ_s
CH_3	2 960±10(s)	2 870±10(s)	～1 450(m)	～1 375(m)
CH_2	2 925±10(s)	2 850±10(s)	～1 465(m)	

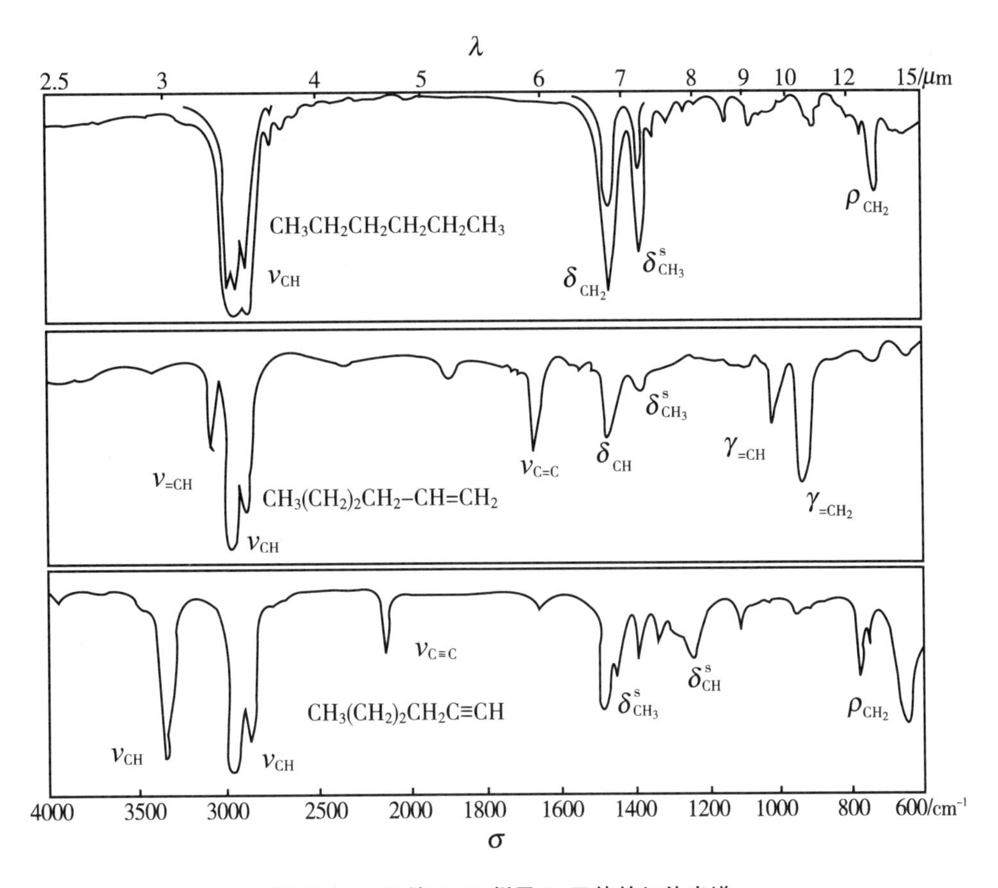

图 10-9　己烷、1-己烯及 1-己炔的红外光谱

(1) 饱和烷烃的碳氢伸缩振动 ν_{C-H} 吸收峰：除张力环（环丁烷、环丙烷）外，都小于3 000 cm^{-1}。

(2) 甲基与亚甲基的弯曲振动峰：亚甲基（CH_2）面内弯曲振动只有剪式振动（δ_{CH_2}）一种形式（1 465 cm^{-1}±20 cm^{-1}）。甲基因具有 3 个碳氢键，而使其变形振动分为反称变形振动（$\delta^{as}_{CH_3}$）与对称变形振动（$\delta^{s}_{CH_3}$）两种振动形式。孤立甲基的这两种振动峰分别为 1 450 cm^{-1}±20 cm^{-1} 及～1 375 cm^{-1}。其中甲基的 $\delta^{s}_{CH_3}$（1 375 cm^{-1}）吸收带峰形尖，中等强度，它的出现说明化合物中存在甲基。当两个甲基同时连接在 1 个碳原子上时（异丙基），由于振动的偶合，使甲基的 $\delta^{s}_{CH_3}$（1 375 cm^{-1}）峰分裂成强度大致相等的双峰（1 380 cm^{-1} 和 1 370 cm^{-1}），称为异丙基裂分，可用来判断异丙基的存在。

(3) 长链脂肪烃如$\leftarrow CH_2 \rightarrow_n$ 中，当 $n \geqslant 4$ 时，其 ρ_{CH_2}（面内摇摆）吸收峰出现在 722 cm^{-1} 处，借此可判断分子链的长短。

2. 烯烃

烯烃主要特征峰：ν_{CH} 3 100～3 000 cm^{-1}（m）；$\nu_{C=C}$ ～1 650 cm^{-1}（w）；$\gamma_{=CH}$ 1 000～650 cm^{-1}（s），峰高与对称情况有关。

(1) $\nu_{=CH}$ 峰：可用于确定取代位置及构型。反式单烯双取代的面外弯曲振动频率（γ_{CH}）大于相同取代基的顺式取代。前者为 970 cm^{-1}±5 cm^{-1}（s），后者为 690 cm^{-1}±30 cm^{-1}（s），差别显著。顺式与反式取代基相同时，顺式峰强大于反式。取代基完全对称时，峰消失。

(2) 共轭效应：共轭双烯或 C═C 与 C═O 、C≡N 、芳环共轭时，C═C 伸缩振动频率降低 10～30 cm^{-1}。例如，乙烯苯中乙烯基的 $\nu_{C=C}$ 为 1 630 cm^{-1}，比正常烯基的 $\nu_{C=C}$ 降低 20 cm^{-1}。具有共轭双烯结构时，常由于两个双键伸缩振动的偶合而出现双峰。其高频吸收峰与低频吸收峰分别为同相（振动相位相同）及反相振动偶合所产生。例如，1,3-戊二烯的双峰近似为 1 650 cm^{-1} 及 1 600 cm^{-1}。

3. 炔烃

炔烃主要特征峰：$\nu_{\equiv CH}$ ～3 300 cm^{-1}；$\nu_{C\equiv C}$ ～2 200 cm^{-1}。$\nu_{\equiv CH}$ 与 $\nu_{C\equiv C}$ 虽是高度特征峰，但因含炔基的化合物较少，重要性较差。

三、芳香烃类

以取代苯为例，图 10-10 为邻、间及对位二甲苯的红外吸收光谱。取代苯的主要特征峰：

$\nu_{\phi H}$（$\nu_{=CH}$）：3 100～3 030 cm^{-1}(m)，大于 3 000 cm^{-1} 为不饱和化合物。

$\nu_{C=C}$（骨架振动）：～1 600 cm^{-1}(m 或 s)及～1 500 cm^{-1}(m 或 s)。

$\gamma_{\phi H}$（γ_{CH}）：910～665 cm^{-1}(s)，用以确定苯环的取代方式。

$\delta_{\phi H}$（$\delta_{=CH}$）：1 250～1 000 cm^{-1}(w)，特征性不强。

泛频峰：出现在 2 000～1 667 cm^{-1}(w 或 vw)，这些弱吸收可用来确定苯环的取代方式。

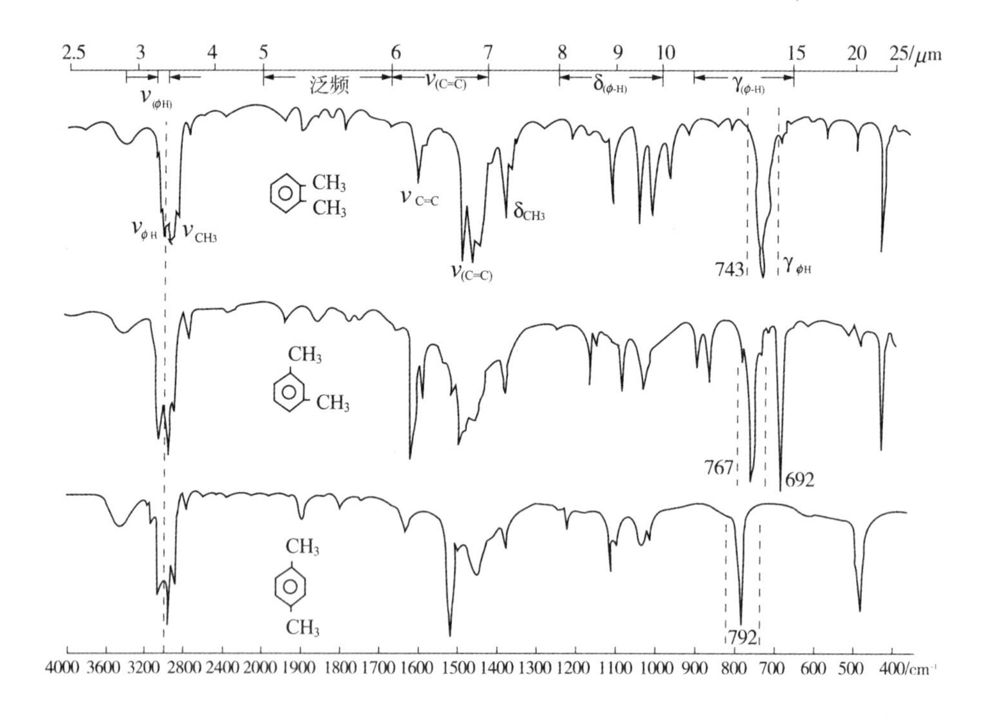

图 10-10 邻、间及对位二甲苯红外吸收光谱

(1) $\nu_{\phi H}$、$\nu_{C=C}$、$\gamma_{\phi H}$ 为决定苯环存在的最主要相关峰。

(2) 苯环骨架伸缩振动（$\nu_{C=C}$）峰出现在～1 600 cm^{-1} 及～1 500 cm^{-1}，为苯环骨架（C=C）伸缩振动的重要特征峰，是鉴别有无芳香环存在的标志之一。1 500 cm^{-1} 峰较强。当苯环与不饱和或与含有 *n* 电子的基团共轭时，由于双键伸缩振动间的偶合，1 600 cm^{-1} 峰分裂为 2 个，约在1 580 cm^{-1} 出现第三个吸收峰，同时使 1 600 cm^{-1} 及 1 500 cm^{-1} 峰加强。也有时在

~1 450 cm^{-1}处出现第四个吸收峰，但常与 CH_3 或 CH_2 的弯曲振动峰重叠而不易辨认。

(3) $\gamma_{\Phi H}$芳环上的 C—H 键面外弯曲振动在 900～690 cm^{-1}出现强的吸收峰，这些极强的吸收是由于苯环上相邻碳氢键强烈偶合而产生的，因此它们的位置由环上的取代形式即留存于芳香环上的氢原子的相对位置来决定，与取代基的种类基本无关，是确定苯环上取代位置及鉴定苯环存在的重要特征峰。$\gamma_{\Phi H}$峰随苯环上相邻氢数目的减少而向高频方向位移，常见的苯环取代类型讨论如下：

① 单取代芳环：常在 710～690 cm^{-1}处有强吸收。如无此峰，则不为单取代苯环。第二强吸收出现在 770～730 cm^{-1}，参见图 10-2 所示。

② 邻位取代芳环：770～735 cm^{-1}处出现 1 个强峰，参见图 10-10 所示。

③ 间位取代芳环：分别在 710～690 cm^{-1}、810～750 cm^{-1}处产生吸收峰。第三个中等强度的峰常在 880 cm^{-1}处出现，参见图 10-10 所示。

④ 对位取代芳环：在 860～790 cm^{-1}处出现一个强峰，参见图 10-10 所示。

(4) 取代苯泛频峰出现在 2 000～1 667 cm^{-1}，是鉴别苯环取代位置的高度特征峰。峰位和峰形与取代基的位置、数目高度相关，但其峰强很弱，必须加大样品量才能观测到，见图 10-11。

2 000　1 600/cm⁻¹		950　650/cm⁻¹
	单取代	
	1、2 二取代	
	1、3 二取代	
	1、4 二取代	
	1、2、3 三取代	
	1、3、5 三取代	
	1、2、4 三取代	

图 10-11　取代苯的泛频峰和 $\gamma_{\Phi H}$峰

四、醇、酚和醚类

1. 醇与酚

对比脂肪醇(图 10-12)和酚(图 10-2)的红外光谱，它们都具有 ν_{OH}及 ν_{C-O} 峰，但峰位不同。此外，酚具有苯环特征。

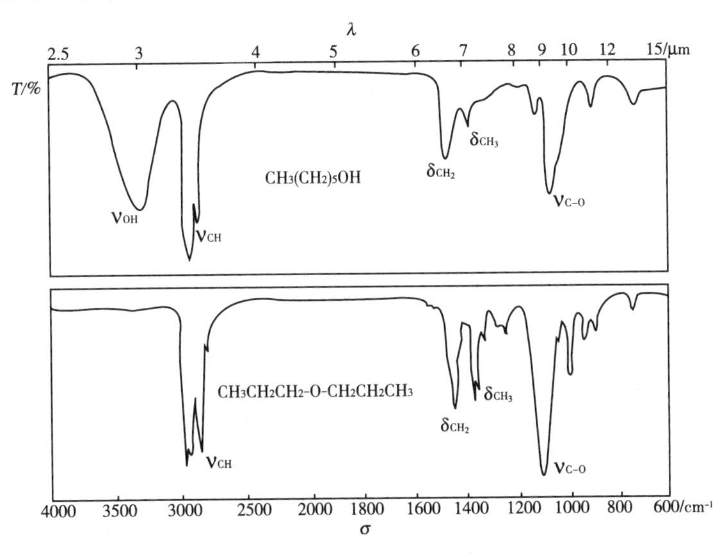

图 10-12　1-正己醇及正丙醚的红外光谱

主要特征峰：

ν_{OH}：游离羟基 3 650～3 600 cm^{-1}(s 或变)锐峰，仅在稀溶液中才能观察到。

缔合羟基：3 500～3 200 cm^{-1}（s或m）钝峰，有时与 ν_{N-H} 重叠。此峰只有在净（纯）液体的光谱中才是唯一的峰。在浓溶液样品的光谱中氢键峰和"游离"峰都存在。

ν_{C-O}：1 250～1 000 cm^{-1}（s），可用于确定醇类的伯、仲、叔结构。

红外光谱区分和确定伯、仲、叔醇类和酚类的结构如表10-3。

表10-3　醇与酚的主要特征峰 ν_{OH}（游离羟基）及 ν_{C-O} 峰对比

化合物	ν_{C-O}（cm^{-1}）		游离 ν_{OH}（cm^{-1}）	
酚	1 220	增↑	3 610	增
叔醇	1 150		3 620	
仲醇	1 100		3 630	
伯醇	1 050	加	3 640	加↓

2. 醚

主要特征峰：ν_{C-O} 1 300～1 000 cm^{-1}。不具有 ν_{OH}峰，是醚与醇类的主要区别。

虽然醚键（C—O—C）具有反称与对称伸缩两种振动形式，但脂链醚的取代基对称或基本对称时，只能看到位于1 150～1 060 cm^{-1}的 ν^{as}_{C-O-C} 强吸收峰，而 ν^{s}_{C-O-O}峰消失或很弱。

醚基氧与苯环或烯基相连时，C—O—C 反称伸缩振动频率增加，对称伸缩峰峰强增大。例如，苯甲醚 ν^{as}_{C-O-C} 1 250 cm^{-1}（s）；ν^{a}_{C-O-C} 1 040 cm^{-1}（s）。有的书中把它们分别视为 Ar—O 及 R—O 伸缩振动峰。

醚基氧与苯环或烯基相连时，反称伸缩振动频率增加，可用共振效应解释。共振结果，醚键的双键性增加，振动频率增大，约为1 220 cm^{-1}，而饱和醚为1 120 cm^{-1}。

$$[\ CH_2{=}CH{-}\ddot{\underset{..}{O}}{-}R \leftrightarrow :CH_2{-}CH{=}\overset{+}{\underset{..}{O}}{-}R\ ]$$

五、羰基化合物

羰基吸收峰是红外光谱上最重要、最易识别的吸收峰。由于羰基在振动中电偶极矩的变化大，而在1 870～1 650 cm^{-1}区间有强吸收，往往是图谱中的第一强峰，并且很少与其他吸收峰重叠，易于识别。羰基峰的重要性还在于含羰基的化合物较多，如酮、醛、羧酸、酯、酸酐、酰卤和酰胺等，而且，在质子核磁共振谱中，不呈现羰基共振峰，因此利用红外光谱鉴别羰基显得更为重要。

下面将含羰基化合物分成两组讨论。

1. 酮、醛及酰氯类化合物（图10-13）

（1）酮类　$\nu_{C=O}$：～1 715 cm^{-1}（s，基准值）。受一些因素的影响，$\nu_{C=O}$ 峰峰位在1 870～1 640 cm^{-1}区间内变化。若 C═O 与其他基团共轭，则 $\nu_{C=O}$ 峰向低波数移动；形成分子内或分子间氢键，$\nu_{C=O}$ 峰向低波数移动；若 C═O 与吸电子基团相连，由于诱导效应，$\nu_{C=O}$ 峰向高波数移动。

例如：

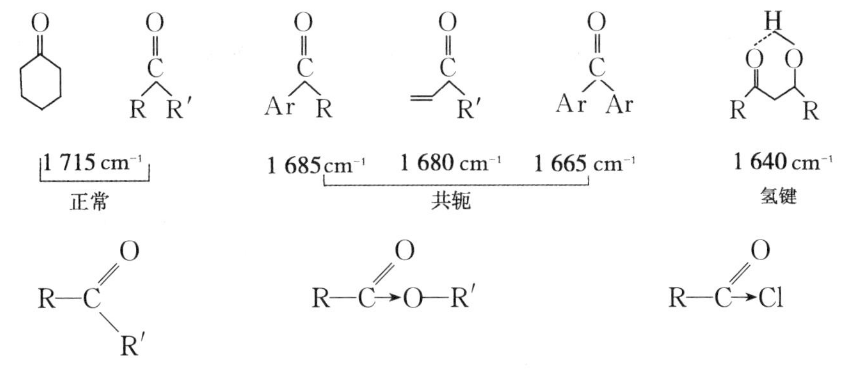

$\nu_{C=O}$ ~1 715 cm^{-1}　　　$\nu_{C=O}$ ~1 735 cm^{-1}　　　$\nu_{C=O}$ ~1 780 cm^{-1}

(2) 醛类　$\nu_{C=O}$:1 725 cm^{-1}(s,基准值),宽峰。共轭,羰基峰向低波数移动。

$\nu_{CH(O)}$:双峰,~2 850 cm^{-1} 及 2 750 cm^{-1}(w)。是由于醛基中的 $\nu_{CH(O)}$ 与其 δ_{CH}(~1 400 cm^{-1})的倍频峰发生费米共振,分裂为两个峰。用此双峰可以区别醛与酮。

(3) 酰氯　$\nu_{C=O}$:1 800 cm^{-1}(s,基准值)。如有共轭效应,则吸收峰向低波数移动。$\nu_{C-C(O)}$:脂肪酰氯伸缩振动在 965~920 cm^{-1},芳香酰氯伸缩振动在 890~850 cm^{-1}。

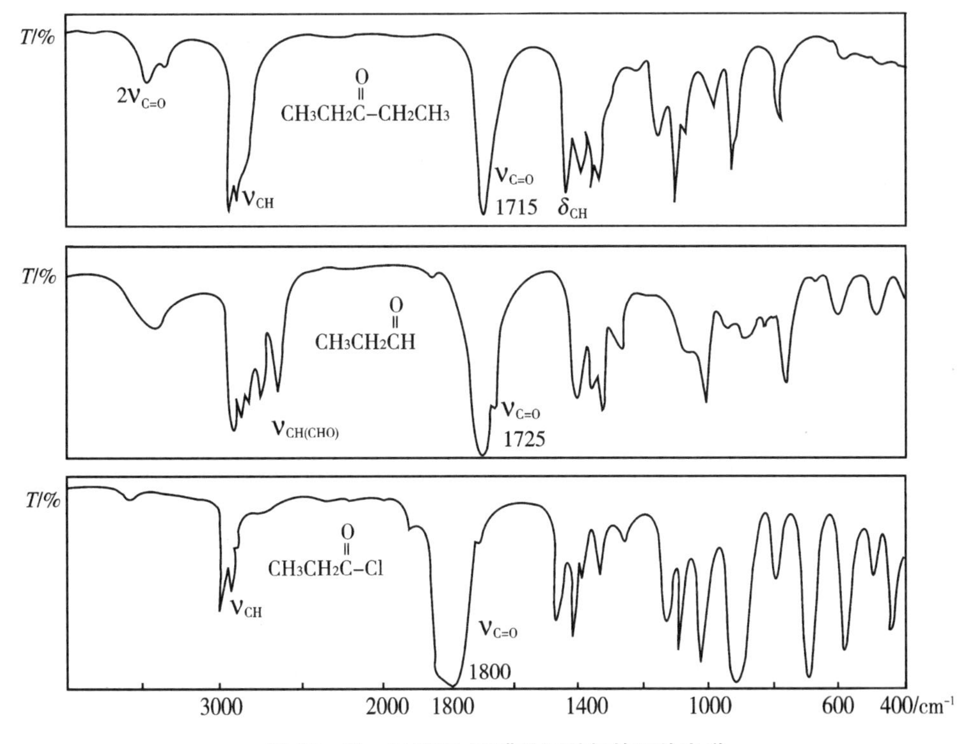

图 10-13　二乙酮、丙醛及丙酰氯的红外光谱

2. 酸、酯及酸酐类化合物(图 10-14)

(1) 羧酸类　主要特征峰为 ν_{OH}:3 400~2 500 cm^{-1};$\nu_{C=O}$:1 740~1 650 cm^{-1}。此外还有 ν_{C-O}:1 320~1 200 cm^{-1}(m)及 δ_{OH}:1 450~1 410 cm^{-1}。

① ν_{OH}峰:液态或固态脂肪酸由于氢键缔合使羟基伸缩峰变宽。通常在 3 400~2 500 cm^{-1} 区间呈现以 3 000 cm^{-1}为中心的宽峰,烷基的碳氢伸缩峰常被它部分淹没,只露峰顶。一般烷基碳链越长,被羟基淹没的越少。芳酸与脂肪酸 ν_{OH}峰的峰位类似,但峰顶更不规则,$\nu_{\Phi H}$峰几

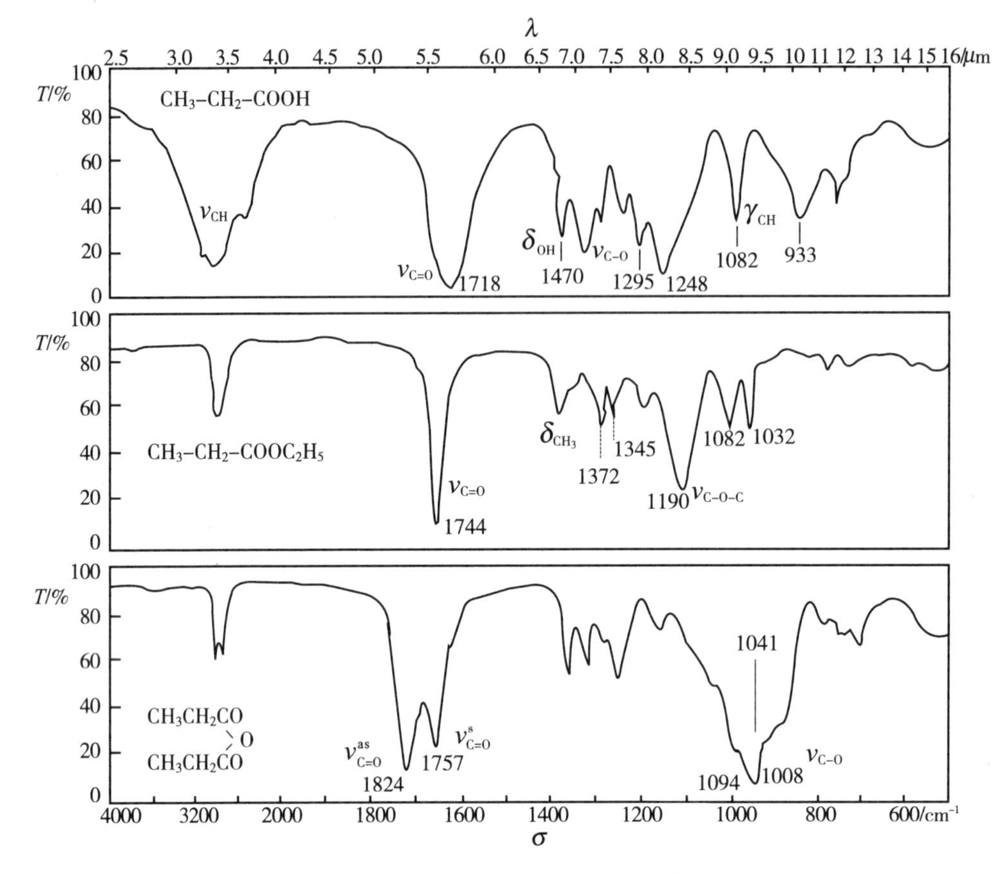

图 10－14　正丙酸、丙酸乙酯及丙酸酐的红外吸收光谱

乎全被 ν_{OH}淹没。

② $\nu_{C=O}$峰：酸的羰基（伸缩）峰比酮、醛、酯的羰基峰钝，是较明显的特征。芳酸与 α、β 不饱和酸比饱和脂肪酸的羰基峰频率低，可由共轭效应解释。

（2）酯类　主要特征峰为 $\nu_{C=O}$峰：～1 735 cm^{-1}（s，基准值）；ν_{C-O-C}峰：1 300～1 000 cm^{-1}。

① $\nu_{C=O}$峰：酯（RCOOR′）的羰基若与 R 基共轭时，峰位右移；若单键氧与 R′发生 $p-\pi$ 共轭，则峰位左移。例如：

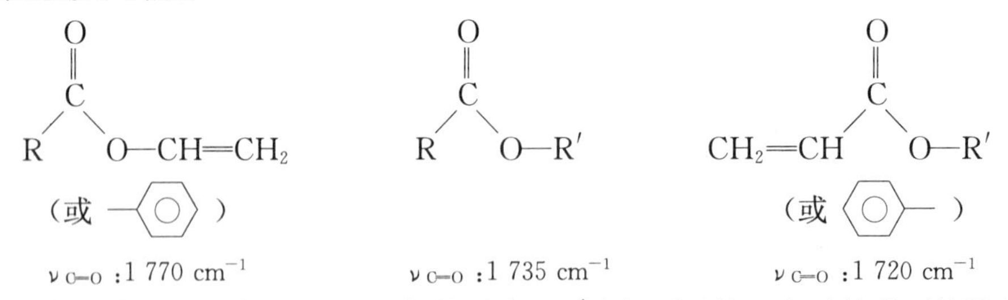

羧酸乙烯酯中的 $\nu_{C=O}$为 1 770 cm^{-1}，是因为 OR′中氧原子的 n 电子转移而使羰基的双键性增强，力常数增大的缘故。

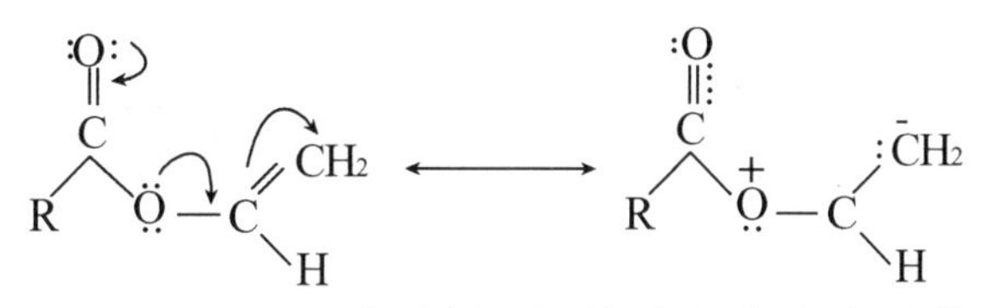

② ν_{C-O-C}峰在 1 300～1 000 cm^{-1} 区间，出现两个或多个吸收峰，ν_{C-O-C}^{as} 在 1 300～1 150 cm^{-1}，峰强而较宽，ν_{C-O-C}^{s}在 1 150～1 000 cm^{-1}，以前者较为有用，并较有特征。

(3) 酸酐类　主要特征峰为 $\nu_{C=O}$双峰：ν^{as}1 850～1 800 cm^{-1}(s)，ν^{s}1 780～1 740 cm^{-1}(s)；ν_{C-O}峰：1 170～1 050 cm^{-1}(s)。

酸酐羰基峰分裂为双峰，是鉴别酸酐的主要特征峰，酸酐与酸相比，不含羟基特征峰。

六、含氮化合物

1. 酰胺类化合物(图 10－15)

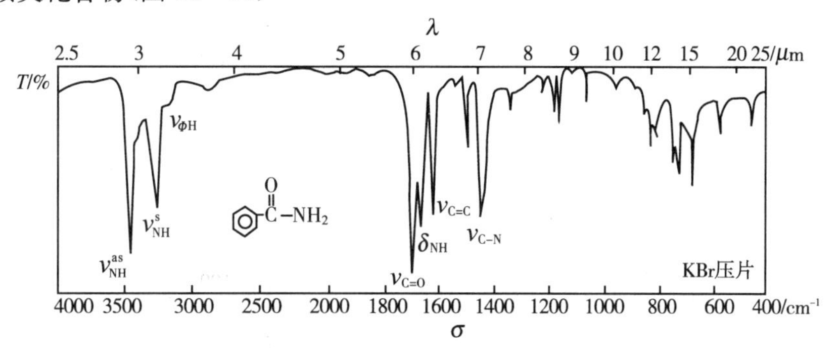

图 10－15　苯酰胺的红外光谱

酰胺类化合物具有羰基和氨基特征峰。ν_{NH} 3 500～3 100 cm^{-1}(s)；$\nu_{C=O}$ 1 680～1 630 cm^{-1}(s)；δ_{NH} 1 640～1 550 cm^{-1}。

(1) ν_{NH} 峰：伯酰胺为双峰：ν_{NH}^{as} ～3 350 cm^{-1} 及 ν_{NH}^{s} ～3 180 cm^{-1}；仲酰胺为单峰：ν_{NH}～3 270 cm^{-1}(锐峰)；叔酰胺无 ν_{NH}峰。

(2) $\nu_{C=O}$峰：即酰胺Ⅰ带。由于氮原子上未共用电子对与羰基的 $p-\pi$ 共轭，使 $\nu_{C=O}$伸缩振动频率降低，$\nu_{C=O}$ 峰出现在较低波数区。

(3) δ_{NH}峰：即酰胺Ⅱ带，此吸收较弱，并靠近 $\nu_{C=O}$ 峰。

2. 胺类化合物(图 10－16)

特征峰：ν_{NH}峰与 δ_{NH}是主要吸收峰；ν_{C-N} 及 γ_{NH}峰是次要峰。

(1) ν_{NH}：3 500～3 300 cm^{-1}(m)，伯胺有 ν_{NH}^{as}及 ν_{NH}^{s}双峰，仲胺单峰，叔胺无 ν_{NH}峰。脂肪胺峰较弱；芳香胺峰较强，左移，而且增加了 $\nu_{\phi H}$、$\nu_{C=C}$ 及 $\gamma_{\phi H}$等苯环特征峰。

(2) δ_{NH}：伯胺在 1 650～1 580 cm^{-1}区间出现中到强的宽峰，脂肪仲胺在此区间的峰是很弱的，通常观察不到。芳香伯胺、仲胺皆有此峰，且强度很大。因此由氨基的 δ_{NH}峰的强弱，可以鉴别氨基是否与苯环直接相连。但有时该峰与苯环的骨架振动峰重叠，不易辨认。

(3) γ_{NH}：900～650 cm^{-1}。

(4) ν_{C-N} ：1 350～1 000 cm^{-1}，脂肪胺在 1 250～1 000 cm^{-1}有吸收，芳香胺在 1 350～1 250 cm^{-1}有吸收。而芳香胺中，由于共轭增大了环碳与氮原子间的双键性，力常数变大，因而 ν_{CN}吸收发生在较高波数。

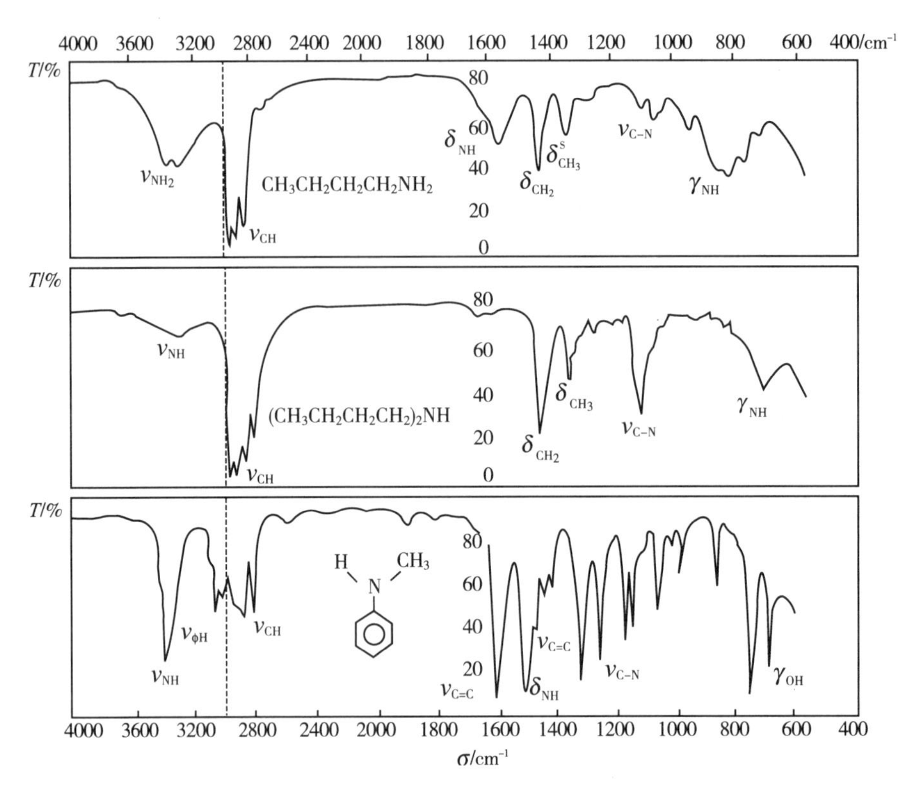

图 10-16　正丁胺、正二丁胺及 N-甲基苯胺的红外光谱

3. 硝基化合物(图 10-17)

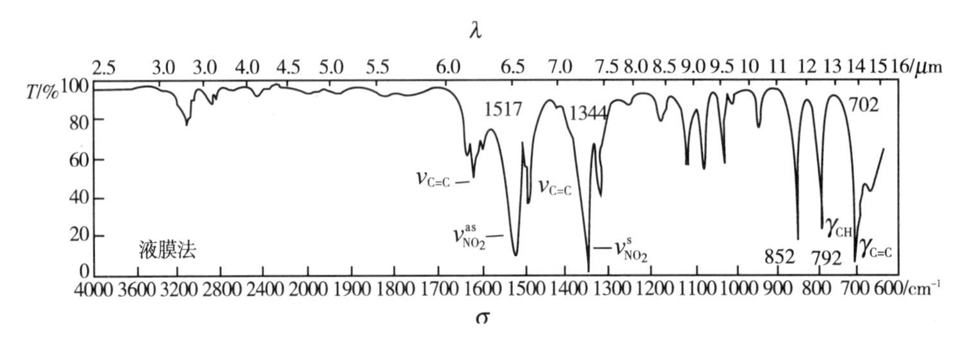

图 10-17　硝基苯的红外吸收光谱

主要特征峰为两个硝基伸缩峰：$\nu^{as}_{NO_2}$ 1 590～1 510 cm^{-1}(s)及 $\nu^{s}_{NO_2}$ 1 390～1 330 cm^{-1}(s)，强度很大，很容易辨认。在芳香族硝基化合物中，由于硝基的存在，使苯环的 $\nu_{\phi H}$ 及 $\nu_{C=C}$ 峰明显减弱。

ν_{C-N} 峰较弱，在脂肪族硝基化合物中，ν_{C-N} 920～850 cm^{-1}，在芳香族中，ν_{C-N} 870～830 cm^{-1}。

4. 腈基化合物

$\nu_{C\equiv N}$ 2 260～2 220 cm^{-1}，是腈类化合物的特征峰。只含 C、H、N 元素的腈类，$\nu_{C\equiv N}$ 吸收较强，峰形尖锐，若 —C≡N 的 α-位上有卤素、氧原子等吸电子基，吸收强度明显下降。

第四节　红外分光光度计和实验技术

红外分光光度计(或称红外光谱仪)是红外光谱的测试工具。

根据单色器的发展,红外分光光度计的发展大体经历了三个阶段。第一代仪器为棱镜红外分光光度计,这类仪器用岩盐棱镜作为色散元件,因其易吸潮损坏及分辨率低等缺点,已被淘汰。20 世纪 60 年代出现了光栅红外分光光度计(第二代仪器),因其分辨率较高,测定波长可延伸到近红外区和远红外区,价格便宜,光栅仪器很快取代了棱镜仪器,并且使用至今。但是它扫描速度慢,灵敏度较低,无法实现色谱-红外光谱联用。70 年代出现了干涉调频分光 Fourier 变换红外分光光度计(FT - IR),属于第三代仪器。这类仪器的分光器多用 Michelson 干涉仪,具有很高的分辨率和极快的扫描速度(一次全程扫描小于 10^{-1} s),且灵敏度极高,因此,Fourier 变换红外分光光度计应用越来越广。

一、光栅红外分光光度计

1. 主要部件

光栅红外分光光度计属于色散型仪器,其色散元件为光栅,是由光源、吸收池、单色器、检测器和放大记录系统等五个基本部分组成。

(1) 光源

光源的作用是产生高强度、连续的红外光。目前在中红外光区常见的光源为硅碳棒、特殊线圈、能斯特灯(已基本淘汰)等。

① 硅碳棒(globar):用硅碳砂压制成中间细两端粗的实心棒,高温煅烧做成,直径为5 mm,长约 5 cm。中间为发光部分,两端绕以金属导线通电,工作温度为 1 200～1 500℃,两端粗是为了降低两端的电阻,使之在工作状态时两端温度低。最大发射波数为 5 500～5 000 cm^{-1},优点是坚固、寿命长、发光面积大、稳定性好、点燃容易。

② 特殊线圈(special coil)或称恒温式加热线圈:由特殊金属丝制成,通电热炽产生红外线。

(2) 分光系统

分光系统也叫单色器,是红外光谱仪的关键部分,其作用是将通过样品池和参比池后的复合光分解为单色光。由反射镜、狭缝和色散元件组成。

反射光栅是光栅红外分光光度计最常用的色散元件。在玻璃或金属坯体上的每毫米间隔内,刻划上数十至百余条等距线槽而构成反射光栅。其表面呈阶梯形。当红外线照射至光栅表面时,由反射线间的干涉作用而形成光栅光谱,各级光谱相互重叠,为了获得单色光,必须在光栅前面或后面加一滤光器。

(3) 检测器

真空热电偶是光栅红外分光光度计最常用的检测器。它是利用不同导体构成回路时的温差电现象,将温差转变为电位差的装置。热电偶用半导体热电材料制成,装在玻璃与金属组成的外壳中,并将壳内抽成高真空,构成真空热电偶。真空热电偶的靶面涂金黑,是为了使靶有吸收红外辐射的良好性能。靶的正面装有岩盐窗片,用于透过红外线辐射。当靶吸收红外线温度升高时,产生电位差。为了避免靶在温度升高后以对流方式向周围散热,而采用高真空,以保证热电偶的高灵敏度及正确测量红外辐射的强度。

Golay 池是灵敏度较高的气胀式检测器,使用寿命 1～2 年,现已较少使用。

（4）吸收池

吸收池分为气体池和液体池，分别用于气体样品和液体样品。为了使红外线能透过，气体池和液体池都采用在中红外光区透光性能好的岩盐做吸收池的窗片。为防止岩盐窗片吸潮损坏，吸收池不用时需在干燥器中保存。

① 气体池：主体是一玻璃筒，直径约 40 mm，长度有 50 mm、100 mm 等，两端为 NaCl（或 KBr）盐片窗，气槽内的压力由气体样品对红外线的吸收强弱而定。

② 液体池：分为固定池、可拆池和其他特殊池（如微量池、加热池、低温池）等。可拆池的液层厚度可由间隔片的厚薄调节，但由于各次操作液体层的厚度的重复性差，误差可达 5%，所以可拆池一般用在定性或半定量分析上，而不用在定量分析。固定池窗片间距离（光径）固定，使用时不拆开，只用注射器注入样品或清洗池子，可用于定量分析和易挥发液体的测定。

2. 工作原理

光栅型红外光谱仪，按仪器的平衡原理分为双光束光学自动平衡式及双光束电学自动平衡式两种。本节简单介绍前者的工作原理（图 10-18）。

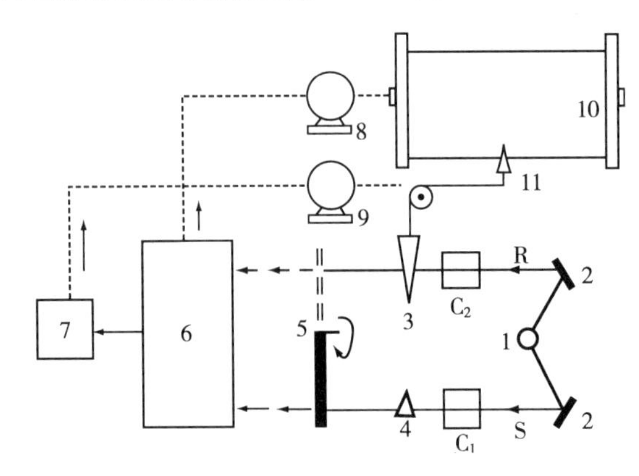

图 10-18　光学平衡式红外光谱仪示意图

1. 光源　2. 反光镜　3. 光楔　4. T 100%调节钮　5. 斩光器　6. 单色器　7. 检测器　8. 记录伺服马达　9. 笔马达　10. 记录纸鼓　11. 记录笔　R. 参考光束　S. 样品光束　C_1. 样品池　C_2. 空白池

自光源发出的连续红外光对称地分为两束，一束通过样品池，一束通过参比池。这两束光经过半圆型扇形镜面调制后进入单色器，再交替地照射在检测器上。当样品有选择地吸收特定波长的红外光后，两束光强度就有差别，在检测器上产生与光强差成正比的交流信号电压。这信号经放大后带动参比光路中的减光器（光楔），使之向减小光强差方向移动，直至两束光强度相等。与此同时，与光楔同步的记录笔可描绘出样品的吸收情况，得到光谱图。

二、干涉分光型红外分光光度计（FT-IR）

Fourier 变换红外分光光度计或称干涉分光型红外分光光度计，简写为 FT-IR，是通过测量干涉图和对干涉图进行 Fourier 变换的方法来测定红外光谱。其光学系统是由光源、Michelson（迈克耳逊）干涉仪、检测器等组成，其中光源吸收池等部件与色散型仪器通用。但两种仪器的工作原理有很大不同，主要在于单色器的差别，FT-IR 用 Michelson 干涉仪为单色器，工作原理示意图如图 10-19。

由光源发出的红外辐射，通过 Michelson 干涉仪产生干涉图，透过样品后，得到带有样品信息的干涉图。用计算机解出比干涉图函数的 Fourier 余弦变换，就得到了样品的红外光谱。

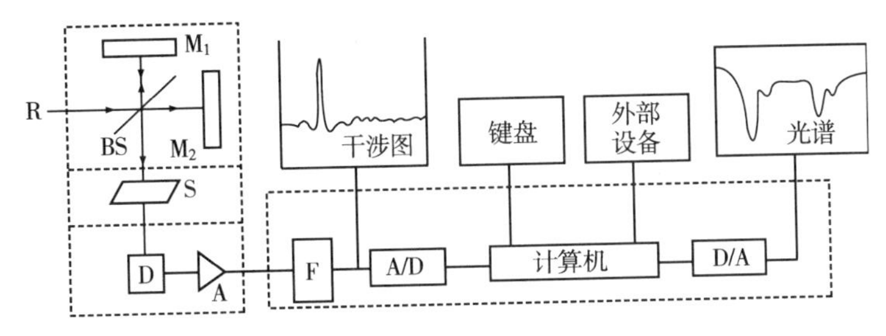

图 10-19　FT-IR 工作原理示意图

R. 红外光源　M_1. 定镜　M_2. 动镜　BS. 光束分裂器　S. 样品　D. 探测器

A. 放大镜　F. 滤光器　A/D. 模数转换器　D/A. 数模转换器

由于 FT-IR 的全程扫描小于 1 s,1 s 检测器的响应时间不能满足要求。因此,多用热电型如硫酸三甘肽(TGS)或光电导型如汞镉碲(MCT)检测器,这些检测器的响应时间约为 1 μs。

FT-IR 具有以下优点:

(1) 分辨率高,波数准确度高达 0.01 cm^{-1}。

(2) 扫描时间短,在几十分之一秒内可扫描一次,在 1 s 内可以得到一张分辨率高、低噪音的红外光谱图。可用于快速化学反应的追踪、研究瞬间的变化。也是实现色谱-红外联用的较理想仪器,已有 GC-FTIR 和 HPLC-FTIR 等联用仪。

(3) 灵敏度高,样品量可少到 10^{-9}~10^{-11} g,可用于痕量分析。

(4) 测量范围宽,可以研究 1 000~10 cm^{-1}范围的红外光谱。

三、样品制备

气、液及固态样品均可测定其红外光谱。

对样品的主要要求:① 样品的纯度需大于 98%;② 样品应不含水分,以免干扰样品中羟基峰的观察。样品若制成溶液,需用符合光谱波段要求的溶剂配制。

1. 固体样品

固体样品可用压片法、糊剂法及薄膜法等三种方法制样。

(1) 压片法:压片法是测定固体样品常用的一种方法。取样品 1~2 mg,加入干燥 KBr 约 200 mg,置玛瑙乳钵中,在红外灯照射下研磨、混匀,装入压片模具,边抽气边加压至压力约 18 MPa,维持压力 10 min,卸掉压力,可得厚约 1 mm 的透明 KBr 样品片。光谱纯 KBr 在中红外区无特征吸收,因此将含样品的 KBr 片放在仪器的光路中,可测得样品的红外光谱。无光谱纯 KBr 时,可用 GR 或 AR 级品重结晶,未精制前,若无明显吸收,也可直接使用。

(2) 糊剂法:压片法无法避免固体粒子对光的散射现象,则可采用糊剂法,把干燥好的样品研细,滴入几滴不干扰样品吸收谱带的液体,在玛瑙乳钵中研磨成糊状,将此糊剂夹在可拆液体池的窗片中测定。通常选用的液体有石蜡油、全氟代烃等,石蜡油适用于 1 300~400 cm^{-1},全氟代烃适用于 4 000~1 300 cm^{-1},可根据样品出峰情况选择使用。

(3) 薄膜法:首先将样品用易挥发的溶剂溶解,然后将溶液滴在窗片上,待溶剂挥发后,样品则遗留在窗片上成薄膜。应该注意,在制膜时一定要把残留的溶剂去除干净,否则溶剂可能干扰样品的光谱。这种方法特别适于测定能够成膜的高分子物质。

2. 液体样品

液体样品制样方法可用夹片法、涂片法和液体池法。

(1) 夹片法:适用于挥发性不大的液态样品,在作定性分析时,此法可代替液体池,方法简易。压制两片空白 KBr 片，将液态样品滴入一片上，再盖上另一片，片的两外侧放上环形保护滤纸垫，放入片剂框中夹紧，放入光路中，即可测定样品的红外吸收光谱。空白片在气候干燥时，可用溶剂洗净，再用一两次。

（2）涂片法：黏度大的液态样品可以涂在一片空白片上测定，不必夹片。

（3）液体池法：将液态样品装入具有岩盐窗片的液体池中测定样品的吸收光谱。样品所用的溶剂，需选择在测定波段区间无强吸收的溶剂，否则即便使用空白抵偿也不能完全抵消。因此在作精密测定时，需按波段选择数个溶剂完成整个区间的测定。一般常用的有 CCl_4（4 000～1 350 cm^{-1}）及 CS_2（1 350～600 cm^{-1}）。CCl_4 在 1 580 cm^{-1}处稍有干扰。

第五节　应用与示例

一、特征区与指纹区

根据红外光谱与分子结构的关系，可将中红外光区分为官能团特征区和指纹区两个区域，下面分述每个区域在光谱解析中主要解决的问题。

1. 特征区（4 000～1 250 cm^{-1}）

特征区的吸收峰较稀疏，易辨认，故称为特征区。此区域包括含氢单键，各种双键、三键的伸缩振动基频峰，还包括部分含氢单键的面内弯曲振动的基频峰。主要解决的问题是：

（1）化合物具有哪些基团。

（2）确定化合物是芳香族、脂肪族饱和与不饱和化合物。

① ν_{CH}出现在 3 300～2 800 cm^{-1}，一般以 3 000 cm^{-1}为界。ν_{CH}>3 000 cm^{-1}为不饱和的碳氢伸缩振动；ν_{CH}<3 000 cm^{-1}为饱和碳氢伸缩振动。

② 根据芳环骨架振动 $\nu_{C=C}$ 、$\nu_{\phi H}$吸收峰的出现与否，判断是否含有苯环。一般 $\nu_{C=C}$ 峰出现在约 1 600 cm^{-1}及 1 500 cm^{-1}处。若有取代基与芳环共轭，往往在 1 580 cm^{-1}会出现第三个峰，同时能增强 1 500cm^{-1}及 1 600 cm^{-1}的吸收峰。

2. 指纹区（1 250～400 cm^{-1}）

指纹区区域出现的吸收峰主要是 C—X（X 为 C、N、O）单键的伸缩振动及各种弯曲振动。由于这些单键的强度相差不大，原子质量又相似，所以吸收峰出现位置也相近，相互间影响较大，加上各种弯曲振动的能级差别小，所以在此区域吸收峰较为密集，犹如人的指纹，故称指纹区。各个化合物在结构上的微小差异在指纹区都会得到反映。该区主要分子结构信息是：

（1）作为化合物含有何种基团的旁证。因指纹区的许多吸收峰是特征区吸收峰的相关峰。

（2）确定化合物较细微的结构。如芳环上的取代位置、几何异构体的判断等。

3. 九个重要区段

通常，可将红外光谱划分为九个重要区段，如表 10－4 所示，根据红外光谱特征，参考表 10－4，可推测化合物可能含有什么基团。

表 10－4　光谱的九个重要区段

波数(cm^{-1})	波长(μm)	振动类型
3 750～3 000	2.7～3.3	ν_{OH}、ν_{NH}
3 300～3 000	3.0～3.4	$\nu_{\equiv CH}>\nu_{=CH}\approx\nu_{ArH}$
3 000～2 700	3.3～3.7	ν_{CH}(—CH_3，饱和 CH_2 及 CH，—CHO)
2 400～2 100	4.2～4.9	$\nu_{C\equiv C}$、$\nu_{C\equiv N}$
1 900～1 650	5.3～6.1	$\nu_{C=O}$（酸酐、酰氯、酯、醛、酮、羧酸、酰胺）
1 675～1 500	5.9～6.2	$\nu_{C=C}$、$\nu_{C=N}$
1 475～1 300	6.8～7.7	δ_{CH}、δ_{OH}(各种面内弯曲振动)
1 300～1 000	7.7～10.0	ν_{C-O}（酚、醇、醚、酯、羧酸）
1 000～650	10.0～15.4	$\gamma_{=CH}$（不饱和 C—H 面外弯曲振动）

二、化合物的定性鉴别

化合物的红外吸收光谱如同熔点、沸点、折射率和比旋光度等物理性质一样，是化合物的一种重要物理特征。因红外光谱的高度特征性，在药物分析中，是鉴别组分单一、结构明确的原料药的首选方法。化合物的红外吸收峰一般多达 20 个以上，指纹区又各不相同，用于鉴定、鉴别化合物以及晶型、异构体区分，较其他物理化学手段更为可靠。在药物分析中，各国药典均将红外光谱法列为药物的常用鉴别方法并对晶型和异构体区分提供有用信息。

药物的红外鉴别方式常用两种：

(1) 与对照品比较法：将供试品与其对照品在相同条件下测定吸收光谱，比较光谱图应完全相同。

(2) 与标准谱图对比法：在与标准谱图一致的测定条件下记录样品的红外吸收光谱，比较，如完全一致，且其他物理常数(m. p. 、b. p. 、比旋光度等)、元素分析结果也一致，则可确证为同一化合物。中国药典(2010 年版)中药物的红外光谱鉴别大多采用此方法，标准图谱为与药典配套出版的《药品红外光谱集》。

三、未知物的结构解析

红外光谱可提供物质分子中官能团、化学键及空间立体结构的信息，还可用于对未知化合物的结构推测，解析红外谱图之前必须尽可能多地了解样品的来源、理化性质。了解样品来源有助于缩小所需考虑的范围。样品的物理常数，如熔点、沸点、折光率、比旋光度等，可作为结构鉴定的旁证。

1. 不饱和度

有条件的应首先测定未知物质的相对分子质量及分子式。根据分子式可计算该化合物的不饱和度 U(即表示有机分子中碳原子的饱和程度)，从而可以估计分子结构中是否含有双键、三键或芳香环等，可初步判断有机化合物的类型，并可验证谱图解析结果是否合理。

计算不饱和度的公式为：

$$U=\frac{2+2n_4+n_3-n_1}{2} \qquad (10-6)$$

式中：n_4、n_3 及 n_1 分别是分子式中 4 价、3 价及 1 价元素(如 C、N、H、Cl 等)的数目。在计算不饱和度时，2 价元素的数目无需考虑，因为它是根据分子结构的不饱和情况以双键或单键来填补的。

式中$(2+2n_4+n_3)$是达到饱和时所需的 1 价元素的数目，n_1 是实有的 1 价元素数。因为饱和时原子间以单键连接，再每缺两个 1 价元素则形成 1 个双键，故除以 2。

例如：HC≡CH　C_2H_2　　$U=\frac{2+2\times2-2}{2}=2$

□　C_4H_8(环丁烷)　　$U=\frac{2+2\times4-8}{2}=1$

CHO

(苯甲醛)　C_7H_6O　$U=\frac{2+2\times7-6}{2}=5$

N

C_5H_5N　　$U=\frac{2+2\times5+1-5}{2}=4$

由上例可归纳如下规律：

① 链状饱和化合物$U=0$。

② 1 个双键或脂环的$U=1$，结构中若含双键或脂环，则$U\geqslant1$。

③ 1 个三键的$U=2$，结构中若含三键时，则$U\geqslant2$。

④ 1 个苯环的$U=4$，结构中若含有苯环时，则$U\geqslant4$。

因此，根据分子式计算出不饱和度，就可初步判断有机化合物的类型。

2. 光谱解析程序

根据测得化合物的红外谱图来解析化合物结构，一般解谱程序如下：

(1) 根据分子式计算不饱和度(U)，从而可初步判断化合物的类型。

(2) 下列经验可供参考：

① 先特征，后指纹；先最强峰，后次强峰，并以最强峰为线索找到相应的主要相关峰。例如，1 695 cm^{-1}的强峰是由于$\nu_{C=O}$引起的，它可能是芳香醛(酮)或不饱和醛(酮)，也可能是酸、酯等的$\nu_{C=O}$峰。这就必须根据相关峰来确定该$\nu_{C=O}$峰属于什么基团的羰基。若在 3 300～2 500 cm^{-1}出现宽而散的ν_{OH}峰，并在 920 cm^{-1}处又出现ν_{OH}的钝峰，即可认为它属于羧酸的$\nu_{C=O}$峰。

② 先粗查，后细找；先否定，后肯定。根据吸收峰的峰位，由图 10－8 粗查该峰的振动类型及可能含有什么基团，根据粗查提供的线索，再细查主要基团特征峰表。由该表提供的某基团的相关峰峰位、数目，再到未知物的谱图上去查找这些相关峰。若找到全部或主要相关峰，即可以肯定化合物含有什么基团，可初步判断化合物的结构，并与标准谱图进行对照。

需要说明的是，红外谱图上吸收峰很多，但并不是所有吸收峰都要解析。因有些峰是某些基频峰、倍频峰、组合频峰或多个基团振动吸收的叠加。

(3) 对分析者来说是未知物，但并非新化合物，而且标准谱图已收载，可根据测得的红外光谱，由谱带检索查找标准谱图或将谱图进行必要的解析，按样品所具有的基团种类、类数及化合物类别由化学分类索引查找标准谱图对照后，进行定性。

核对谱图时，必须注意：

① 所用仪器与标准谱图所用仪器是否一致。

② 测试条件(指样品的物理状态、样品浓度及溶剂等)与标准谱图是否一致。如不同，则谱图会有差异。特别是溶剂的影响较大，须加以注意，以免得出错误结论。

(4) 新发现待定结构的未知物一般仅依据红外光谱不能解决问题。尚需配合紫外、质谱、核磁共振等方法进行综合解析。

3. 谱图解析示例

例 10-3 某化合物的分子式为 $C_3H_5O_2Cl$，试根据其红外图谱(图 10-20)推测其可能结构式。

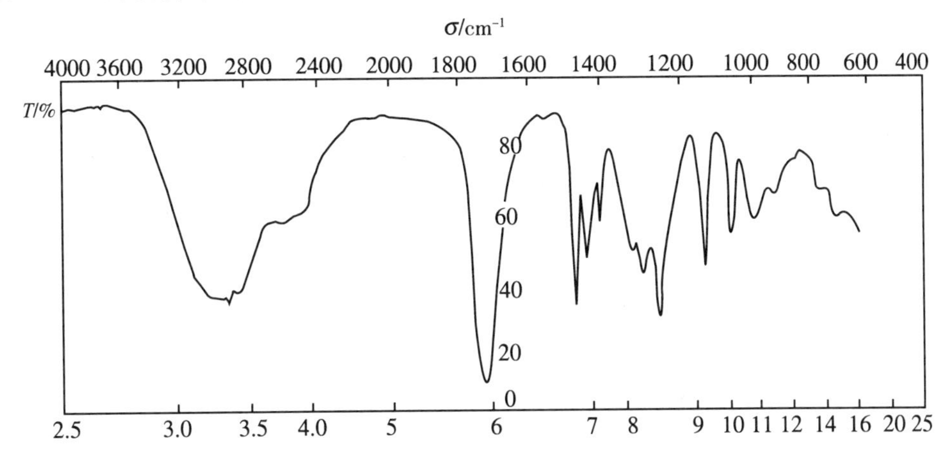

图 10-20 含氯未知物的红外光谱

解 (1) $U=\dfrac{3\times2+2-6}{2}=1$ (分子中有 1 个双键或 1 个环)

(2) 吸收峰(cm^{-1})	振动类型	归属
3 400～2 400(s,宽)	ν_{OH}	—OH
1 720 (s)	$\nu_{C=O}$	—C=O
1 320～1 200 (m)	ν_{C-O}	—C—O
1 380 (m)	$\delta^{s}_{CH_3}$	CH_3

(3) 剩余组成原子 C、H、Cl 各 1 个。

故该化合物结构为：

$$\mathrm{CH_3{-}\underset{\displaystyle Cl}{\underset{|}{CH}}{-}\overset{\displaystyle O}{\overset{\|}{C}}OH}$$

例 10-4 某化合物的分子式为 C_7H_6O，试根据其红外图谱(图 10-21)推断其结构式。

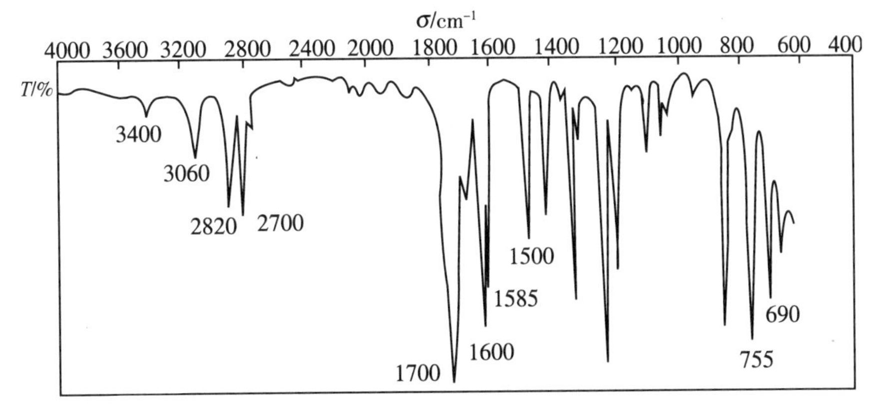

图 10-21 未知物的红外光谱(净液、盐片)

解 (1) $U=\frac{2+2\times7-6}{2}=5$ (可能有苯环存在)

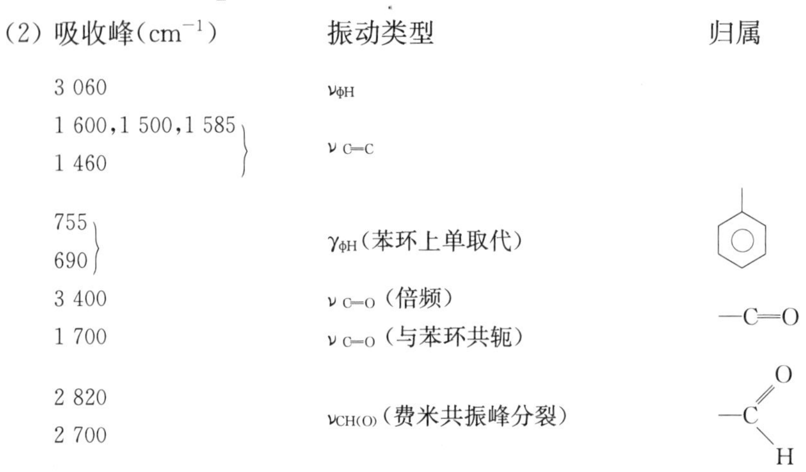

(2) 吸收峰(cm^{-1})	振动类型	归属
3 060	$\nu_{\phi H}$	
1 600,1 500,1 585 1 460	$\nu_{C=C}$	
755 690	$\gamma_{\phi H}$(苯环上单取代)	(单取代苯环)
3 400	$\nu_{C=O}$(倍频)	—C═O
1 700	$\nu_{C=O}$(与苯环共轭)	
2 820 2 700	$\nu_{CH(O)}$(费米共振峰分裂)	—C(═O)—H

故该化合物的结构为 CHO-苯环 (苯甲醛),原子数及不饱和度验证合理。再与标准图核对,其谱图一致,说明上述推断是正确的。

例 10-5 某化合物其分子式为 C_8H_{10},红外吸收光谱如图 10-22 所示,试推测其结构式。

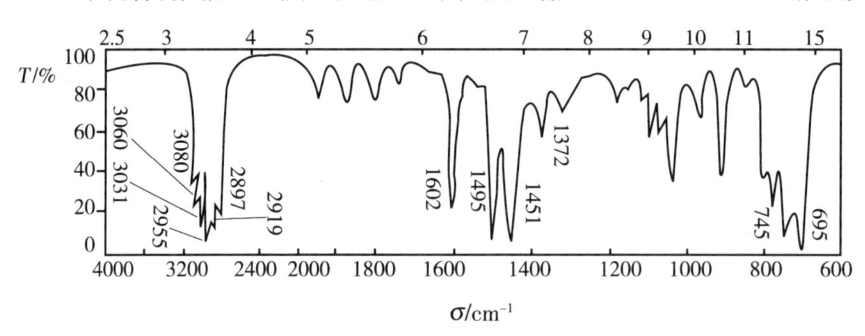

图 10-22 未知物的红外光谱

解 (1) $U=\frac{2+2\times8-10}{2}=4$ (可能有苯环)

(2) 吸收峰(cm^{-1})	振动类型	归属
3 080 3 060 3 031	$\nu_{\phi-H}$	
1 602 1 495	$\nu_{C=C}$(苯环骨架振动)	(单取代苯环)
745 695	$\gamma_{\phi H}$单取代	
2 955 2 919 2 867	ν_{C-H}	CH_3 或 CH_2

1 372
1 451 } δ_{C-H}

因有苯环、$-CH_3$、$-CH_2$，且苯环为单取代，根据以上分析，结合分子式，推断该化合物为乙基苯（$C_6H_5CH_2CH_3$）。与标准谱图对照，证明推断正确。

小　结

1. 红外吸收光谱的条件

红外吸收光谱是由分子振动能级跃迁而产生的，而分子振动能级具有量子化特征，所以产生的红外吸收必须满足以下两个条件：

(1) 分子振动过程中电偶极矩发生改变，$\Delta\mu \neq 0$。

(2) 符合跃迁规律 $\nu_L = \Delta v \nu_{振动}$，$\Delta v = \pm 1, \pm 2, \pm 3 \cdots$ 由 $v=0 \rightarrow v=1$，跃迁产生的吸收峰为基频峰；由 $v=0 \rightarrow v=2, 3 \cdots$ 跃迁产生的吸收峰为倍频峰。

2. 红外吸收光谱可反映分子的结构

分子结构不同，因而吸收光谱也不同，可以从红外吸收光谱的峰位、峰强及峰形来鉴别物质。

(1) 多原子分子振动类型
- 伸缩振动
  - 对称伸缩振动(ν_s)
  - 不对称伸缩振动(ν_{as})
- 弯曲振动
  - 面内弯曲振动(β)
  - 面外弯曲振动(γ)

(2) 分子基本振动的数目称为振动自由度。

非线型分子振动自由度 $=3N-6$

线型分子振动自由度 $=3N-5$

基频峰数一般小于振动自由度，主要原因为：

① 简并。

② 红外非活性振动。

(3) 双原子分子的振动近似简谐振动，其基本振动频率可用简谐振动公式算出：

$$\sigma = 1\ 302\sqrt{\frac{K}{\mu}}\ (\mathrm{cm}^{-1})$$

对基频峰而言，$\sigma_L = \sigma_{振动}$，所以 $\sigma_{max} = \sigma_{振动}$，基频峰的峰位即分子或基团的基本振动频率。

峰位的影响因素有内部因素如诱导效应、共轭效应、氢键等，外部因素如溶剂效应等。

(4) 红外光谱吸收峰的峰强与振动过程中电偶极矩的变化有关，电偶极矩变化大则峰强度大，而电偶极矩的变化与化学键相连的两个原子的电负性差值、分子的对称性、振动类型等有关。

3. 各类有机化合物的典型光谱

脂肪烃类：烷烃、烯烃、炔烃。

芳香烃类：单取代苯及三种双取代苯。

醇、酚、醚类，羰基化合物：醛、酮、酰胺、酸、酯、酸酐。

含氮化合物：酰胺类、胺类、硝基化合物、腈基化合物。

4. 红外分光光度计的主要部件

光栅红外分光光度计常用光源为硅碳棒，常用色散元件为光栅，常用检测器为真空热电偶。

5. 红外光谱法应用

(1) 化合物的定性鉴别，采用对比谱图法，当供试品与对照品谱图或标准谱图完全相同，且其他理化常数也一致时，可认为供试品与对照品具有相同的分子结构。

（2）对于较简单的化合物，可根据红外光谱进行结构解析。常用步骤为：

① 由分子式计算不饱和度。

② 由特征区及指纹区搜索可能存在的基团或化学键。

③ 结合分子式、不饱和度及可能存在基团等信息，综合推测分子结构式。

④ 由标准谱验证。

思考题

1. 红外吸收光谱法与紫外吸收光谱法有何区别？
2. 红外吸收光谱产生的条件是什么？什么是红外非活性振动？
3. 线性和非线性分子的振动自由度各为多少？为什么红外吸收峰数有时会少于或多于其基本振动数？
4. 根据伸缩振动频率计算公式 $\sigma = 1\ 302\sqrt{\frac{K}{\mu}}$，说明 $\nu_{CH} > \nu_{C\equiv C} > \nu_{C=C} > \nu_{C-C}$ 的原因。
5. 为什么共轭效应能使一些基团的振动频率降低，而诱导效应相反？举例说明。
6. $\nu_{C=O}$ 及 $\nu_{C=C}$ 峰都在 1 700～1 600 cm^{-1} 区域附近，哪个峰强度大？为什么？
7. 在醇类化合物中为什么 ν_{OH} 峰随着溶液浓度增大而向低波数方向移动？
8. 特征区和指纹区的吸收各有什么特点？它们在谱图解析中提供哪些分子结构信息？
9. 根据红外光谱，如何区别下述三个化合物：

（1）CH_3CH_2COOH；（2）$CH_3CH_2\overset{\overset{O}{\|}}{C}—H$；（3）$CH_3\overset{\overset{O}{\|}}{C}CH_3$

10. 如何利用红外吸收光谱区别脂肪族饱和与不饱和碳氢化合物？脂肪族与芳香族化合物？

习　题

一、填空题

1. 有机化合物产生红外活性的必要条件为__________和__________。

2. 红外光谱中基频峰是______________________________，基频峰数通常小于振动自由度，其主要原因是__________和______________。

3. 红外光谱中，由 $v=0$ 到 $v=1$ 振动能级间的跃迁而产生的吸收峰称为____，由 $v=0$ 到 $v=2,3\cdots$ 振动能级间的跃迁所产生的吸收峰称为_______________。

4. 一个分子的某些振动，虽然振动形式不同，但其振动频率相等，这种现象称为________________，非线性分子的振动自由度等于________________。

5. 列表比较紫外-可见分光度法与红外分光光度法仪器的区别。

方法	光源	色散元件	样品池	检测器
紫外-可见分光光度法 红外分光光度法				

二、选择题

1. 红外光谱中，分子间氢键的形成使伸缩振动频率(　　)。

A. 升高　　　　B. 降低　　　　C. 不变　　　　D. 无法确定

2. 红外光谱中,下列哪种基团的振动频率最小?(　　)

A. $\nu_{C \equiv C}$　　　　B. $\nu_{C=C}$　　　　C. ν_{C-O}　　　　D. ν_{C-H}

3. 有一未知物分子式为 $C_5H_{10}O$,其红外光谱在 1 725 cm^{-1} 处有强吸收,试判断此未知物可能为下列(　　)物质。

A. 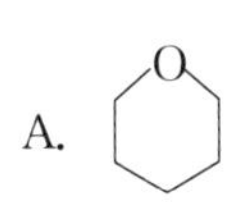

B. $CH_3CH_2\overset{\overset{\displaystyle O}{\|}}{C}CH_2CH_3$

C. 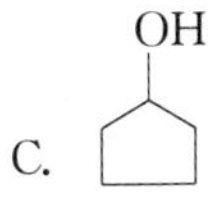

D. OH, CH_3

4. 并不是所有的分子振动其相应的红外谱带都能被观察到,这是因为(　　)。

A. 分子既有振动又有转动,太复杂

B. 有些分子振动是红外非活性振动

C. 分子中有 C、H、O 以外的原子存在

D. 一些波数很接近的吸收峰重叠在一起

三、计算与解谱

1. 指出下列各种振动类型中,哪些是红外活性振动?哪些是红外非活性振动?

分子	振动类型
(1) $CH_3—CH_3$	ν_{C-C}
(2) $CH_3—CCl_3$	ν_{C-C}
(3) SO_2	$\nu^{s}_{SO_2}$

(4)① ν_{CH}:

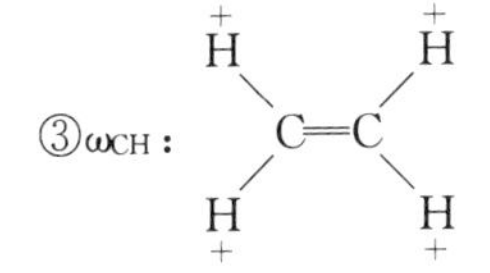

② ν_{CH}: H H C=C H H

③ ω_{CH}: H H C=C H H (+ + + +)

④ τ_{CH}: H H C=C H H (− + + −)

[非活性:(1),(4) ②④;活性:(2),(3),(4) ①③]

2. 将羧酸基(—COOH)分解为 C═O、C—O、O—H 等基本振动。假定不考虑它们之间的相互影响,(1) 试计算各自的基频峰($v=0 \rightarrow v=1$)的波数及波长;(2) 比较 ν_{OH} 与 ν_{C-O} ,$\nu_{C=O}$ 与 ν_{C-O} ,说明力常数与折合质量和伸缩振动频率间的关系(C═O、O—H 及 C—O 的力常数分别为 12.1 N · cm^{-1}、7.12 N · cm^{-1} 及 5.80 N · cm^{-1})。

(1 370 cm^{-1},3 581 cm^{-1},1 197 cm^{-1})

3. 某化合物在 3 640～1 740 cm^{-1} 区间的红外吸收光谱如下图。问该化合物是六氯苯(Ⅰ)、苯(Ⅱ)或 4-叔丁基甲苯(Ⅲ)中的哪一个?并说明理由。

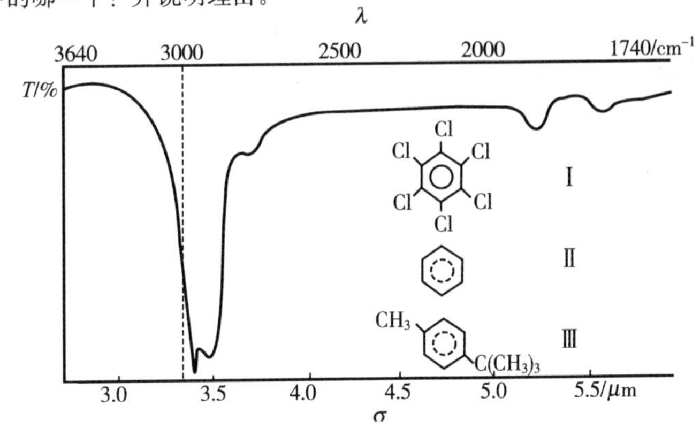

（Ⅲ）

4. 某化合物在 4 000～1 300 cm^{-1}区间的红外吸收光谱如下图。问该化合物的结构是Ⅰ还是Ⅱ？

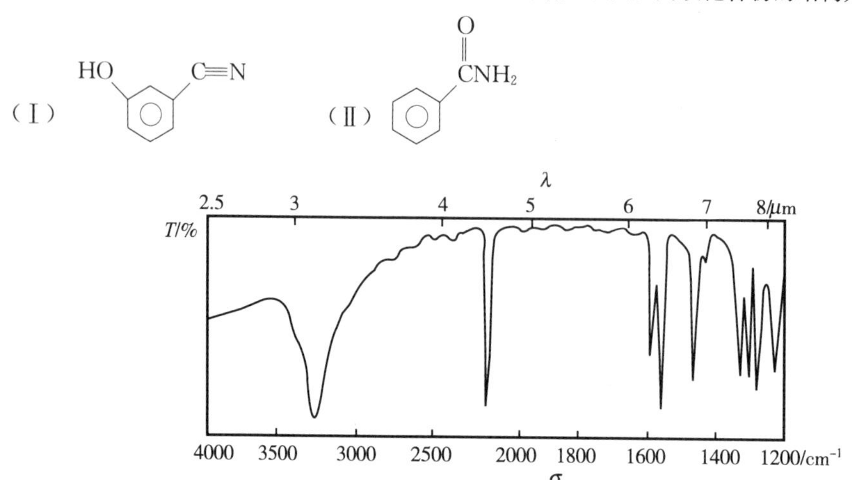

（Ⅰ）

5. 某一检品，由气相色谱分析证明为一纯物质，熔点为 29 ℃，分子式为 C_8H_7N，用液膜法制样，其红外吸收光谱如下图，试确定其结构。

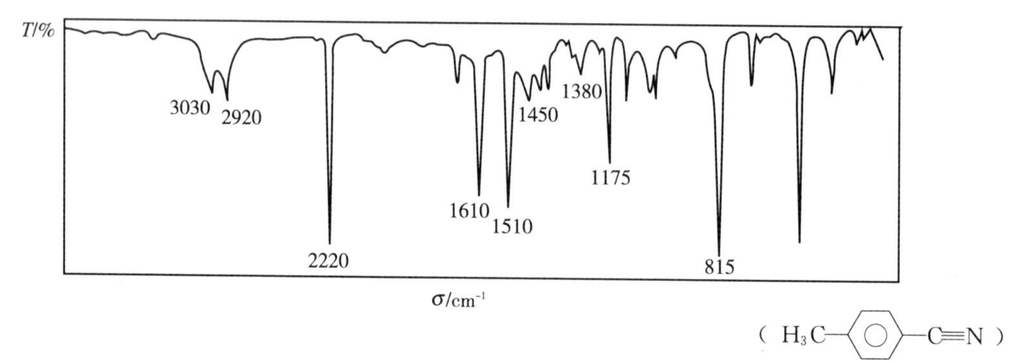

6. 某未知物的沸点为 202 ℃，分子式为 C_8H_8O，在 4 000～1 300 cm^{-1}波段以 CCl_4 为溶剂，在 1 330～600 cm^{-1}以 CS_2 为溶剂，测得其红外光谱如下，试推断其结构。

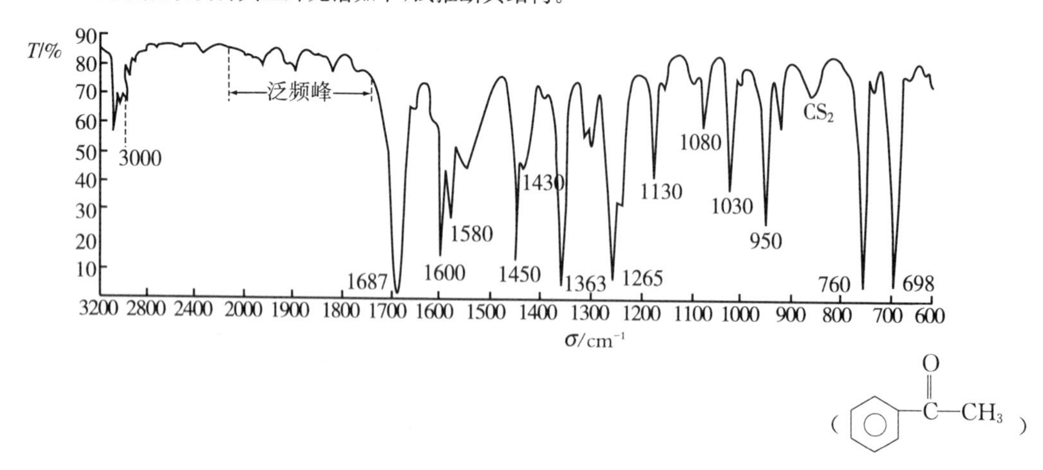

7. 某化合物的分子式为 $C_{14}H_{14}$，m. p. 为 51.8～52.0℃，其红外光谱如下，试推测其结构式。

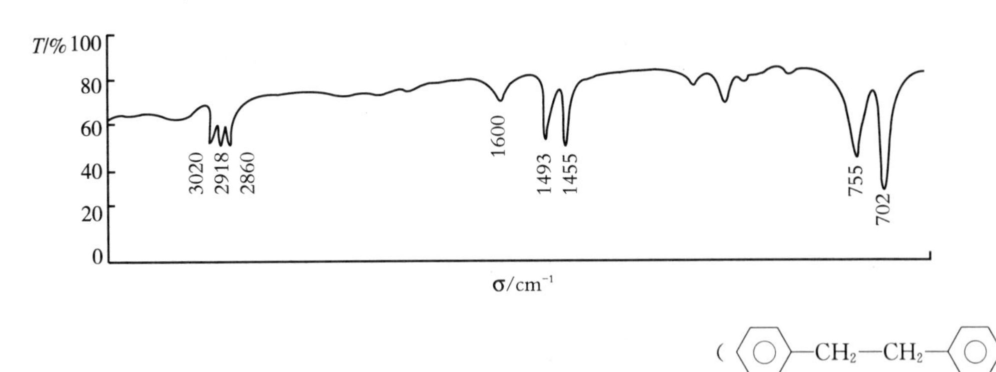

（$C_6H_5-CH_2-CH_2-C_6H_5$）

（王志群）

第十一章　经典液相色谱法

第一节　概　　述

色谱分析法简称色谱法(chromatography),是一种物理或物理化学分离分析方法。色谱法创始于20世纪初,1906年俄国植物学家茨维特(Tsweet)在研究植物色素成分时,把细颗粒碳酸钙放在竖立的玻璃管中,从顶端注入植物色素的石油醚浸取液,然后用石油醚由上而下冲洗。结果各组分从上至下移行速度不同,在管的不同部位形成不同颜色的色带。茨维特发表的论文中将其命名为色谱。管内填充物称为固定相(stationary phase),冲洗剂称为流动相(mobile phase)。其后,色谱法不仅用于有色物质的分离,而且大量用于无色物质的分离,但色谱法名称仍沿用至今。

色谱法的实质就是分离,是根据物质在固定相和流动相中吸附、溶解或其他亲和作用的差异而实现混合组分的分离。

目前,色谱法已发展成为包括许多分支的分离分析科学,可从不同的角度对其进行分类。

一、按流动相与固定相的分子聚集状态分类

在色谱法中流动相可以是气体、液体和超临界流体,这些方法相应称为气相色谱法(gas chromatography, GC)、液相色谱法(liquid chromatography, LC)和超临界流体色谱法(supercritical fluid chromatography, SFC)等。固定相又有固体或液体,气相色谱法又可分为气固色谱法(GSC)与气液色谱法(GLC);液相色谱法又可分为液固色谱法(LSC)与液液色谱法(LLC) 。

二、按操作形式分类

按操作形式可分为柱色谱法(column chromatography)、平面色谱法(plane chromatography)、毛细管电泳法(capillary electrophoresis;CE)等类别。

三、按分离机理分类

按分离机理可分为分配色谱法(partition chromatography)、吸附色谱法(adsorption chromatography)、离子交换色谱法(ion exchange chromatography, IEC)和空间排阻色谱法(steric exclusion chromatography, SCE)等类型。

色谱法是分析复杂混合物最有力的手段,具有高灵敏度、高选择性、高效能、分析速度快及应用范围广等优点。但色谱法对分析对象的鉴别能力较差。目前,色谱法广泛用于生命科学、材料科学、环境科学等各科学领域,在药物分析中有着极为重要的地位,已成为实验室常规分析手段。色谱法的许多理论、技术和方法已趋于成熟,目前的发展主要集中在增强自动化,建立和完善各种联用技术,以及开发新型的固定相和检测器等,以适应日益扩大的应用领域的需要。

第二节　色谱基本理论

一、色谱过程

色谱过程是组分分子在流动相和固定相间多次“分配”的过程。图 11－1 表示的是吸附柱色谱法的色谱过程。含有 A、B 两组分的样品配成溶液后加入色谱柱的顶端后，被吸附剂吸附在柱的上端，形成起始谱带。接着加入流动相洗脱(elution)，则 A、B 两组分随着流动相向下流动而被解吸。但当遇到新的吸附剂颗粒时，又重新被吸附，如此反复多次地在色谱柱上吸附、解吸，由于两组分的结构和理化性质存在微小差异，使得吸附剂对 A、B 两组分的吸附能力产生差异，流动相对两组分溶解能力也不同，经过一定时间的洗脱，A、B 两组分在色谱柱中的距离就逐渐拉开，吸附能力弱的 A 组分在柱中迁移速度较快，先流出色谱柱，B 组分则后流出色谱柱，从而使两组分得到分离。

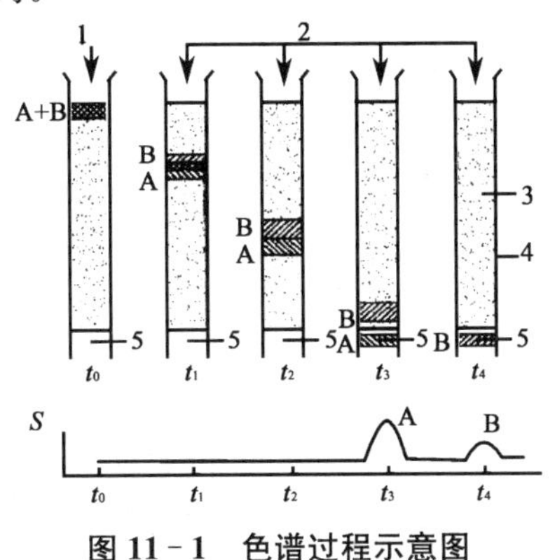

图 11－1　色谱过程示意图

1. 试样　2. 流动相　3. 固定相　4. 色谱柱　5. 检测器

二、色谱基本概念

(一) 色谱流出曲线

色谱分离后的各组分进入检测器后，检测器给出的信号随时间变化的曲线称为色谱流出曲线，亦称色谱图(chromatogram)，如图 11－2 所示。在实验条件下，柱后没有组分通过检测器时所得到的信号-时间曲线称为基线，通常为一水平直线(如图 11－2 中的直线部分)。由于各种偶然因素，如固定液挥发、外界电信号干扰等引起基线起伏的现象称为噪音。

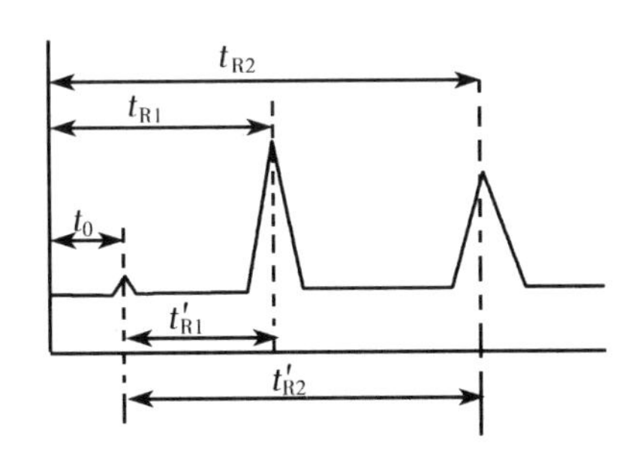

图 11－2　典型色谱流出曲线图

（二）色谱峰

流出曲线凸起的部分为色谱峰。正常色谱峰为对称的正态分布曲线。前沿陡峭、后沿拖尾的不对称峰称为拖尾峰（tailing peak）；前沿平缓、后沿陡峭的不对称色谱峰称为前沿峰（leading peak）。可用对称因子（或拖尾因子）f_s（symmetry factor）来衡量色谱峰的对称性（图 11 - 3）。对称因子在 0.95～1.05 之间为对称峰；小于 0.95 为前延峰；大于 1.05 为拖尾峰。

$$f_s=\frac{W_{0.05h}}{2A}=\frac{A+B}{2A} \tag{11-1}$$

色谱峰的峰高和峰面积可用于定量分析，区域宽度可用于衡量色谱柱效能。

1. 峰高（h）和峰面积（A）

峰高指从色谱峰顶到基线的垂直距离。峰面积（A）是色谱峰与基线围成的面积，是定量分析的主要依据。

2. 区域宽度

色谱峰区域宽度用于衡量色谱柱的效率，常用三种方法表示。

（1）标准差（σ）：当色谱峰呈正态分布时，曲线两侧拐点之间的距离的一半，亦即峰高 0.607倍、峰宽的一半处。由于 0.607 h 不好测量，故区域宽度常用半峰宽描述（见图 11 - 4）。

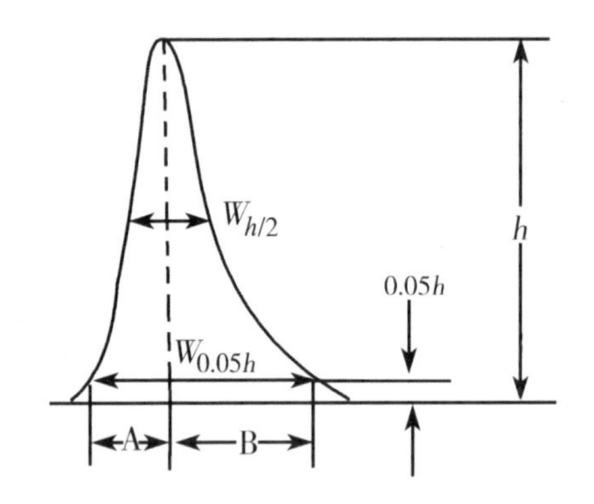

图 11 - 3　对称因子的求算

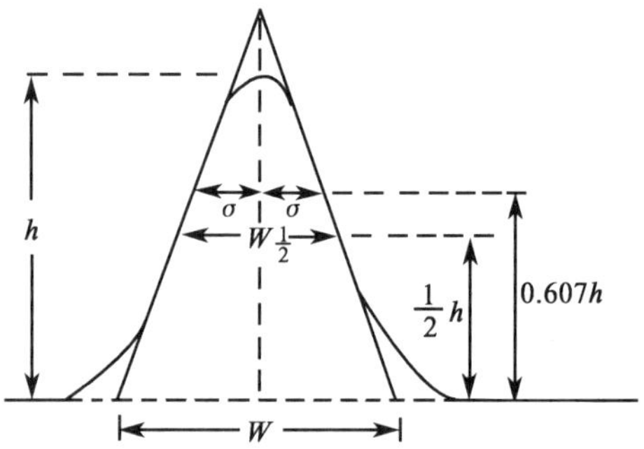

图 11 - 4　色谱峰区域宽度

（2）半峰宽（$W_{1/2}$）：即色谱峰高一半处的宽度。它与标准差的关系为：

$$W_{1/2}=2.355\sigma \tag{11-2}$$

（3）峰宽（W）：亦称基线宽度，即从正态分布曲线两侧拐点作切线，两切线与基线交点之间的距离。它与标准差的关系为：

$$W=4\sigma \tag{11-3}$$

（三）保留值

保留值是表示试样中各组分在色谱柱中停留时间的数值。通常用时间或用将组分带出色谱柱所需流动相的体积来表示。

（1）死时间（dead time ，t_0 或 t_M）：指不被固定相保留的组分从进样开始到其峰顶所对应的时间，亦即流动相到达检测器所需的时间。

（2）保留时间（retention time，t_R）：指被测组分从进样开始到该组分色谱峰顶所对应的时间。

（3）调整保留时间（adjusted retention time，t_R'）：指扣除死时间后的保留时间。

（4）死体积（V_M 或 V_0）：指不被固定相保留的组分从柱后流出所需的流动相体积。死体积可用死时间与色谱柱出口的流动相体积流速 F_c（ml/min）来计算。

$$V_M=t_M \cdot F_c \tag{11-4}$$

(5) 保留体积(V_R):指被测组分从柱后流出所需的流动相体积。

(6) 调整保留体积(V'_R):指扣除死体积后的保留体积。

(四) 分配平衡和相平衡参数

色谱过程是物质分子在相对运动的两相间的分配平衡的过程。混合物中,若两个组分的分配系数不等,则被流动相携带移动的速度不等,产生差速迁移而彼此分离。

1. 分配系数

当组分从柱头加入,流动相就携带组分向前移动,在固定相和流动相之间进行分配。在一定温度下,当分配体系达到平衡时,组分在两相中的浓度之比为一常数。这一常数称为分配系数(distribution constant, K)。

$$K=\frac{c_s}{c_m} \tag{11-5}$$

式中:c_s为组分在固定相中的浓度;c_m为组分在流动相中的浓度。

在条件(流动相、温度等)一定、浓度(c_s、c_m)很小时,分配系数只决定于组分的性质,而与浓度无关。

2. 容量因子

根据式(11-5)得

$$K=\frac{c_s}{c_m}=\frac{\frac{m_s}{V_s}}{\frac{m_m}{V_m}}=\frac{m_sV_m}{m_mV_s} \tag{11-6}$$

式中:m_s和m_m分别为组分分配在固定相和流动相中的量;V_s和V_m分别为固定相和流动相的体积。

将m_s/m_m定义为容量因子(retention factor, k),它指在一定柱温下,组分在两相间达到分配平衡时,分配在固定相和流动相中的总量之比。

$$k=\frac{m_s}{m_m}=K\frac{V_s}{V_m} \tag{11-7}$$

对一给定的分配体系,组分的分离最终决定于组分在两相中的相对量,而不是相对浓度,因此容量因子是衡量分离体系对组分保留能力的重要参数。容量因子越大,停留在固定相中的分子数目越多,该组分移动得越慢。

3. 分配系数和保留时间的关系

不难理解,k值相当于体系达平衡后组分在固定相及流动相中停留时间之比。因此也称为分配比。即

$$k=\frac{t_R-t_M}{t_M}=\frac{t'_R}{t_M} \tag{11-8}$$

因此可得到保留时间与容量因子之间的关系:

$$t_R=t_M(1+k) \tag{11-9}$$

由式(11-8)和式(11-9)可推出分配系数和保留时间的关系:

$$t_R=t_M\left(1+K\frac{V_s}{V_m}\right) \tag{11-10}$$

式(11-10)被称为色谱过程方程,在一定色谱条件下,V_s与V_m为定值,若流速也一定,各组分的保留时间主要取决于组分的分配系数K,如图11-1中,A组分的分配系数小,在固定

相上保留弱 t_R，V_R 也小，因此先流出色谱柱，反之，B 组分分配系数大，后流出色谱柱。

4. 分配系数比（α）

$$\alpha=\frac{K_2}{K_1}=\frac{k_2}{k_1}=\frac{t_{R2}'}{t_{R1}'} \qquad (11-11)$$

K_1、K_2 分别为先后流出的两个组分的分配系数，α 大于 1 是两组分分离的前提。

三、色谱基本理论

气相色谱理论可分为热力学理论和动力学理论两方面。热力学理论是由相平衡观点来研究分离过程，以半经验塔板理论为代表。动力学理论是从动力学观点来研究各种动力学因素对柱效的影响，以速率理论为代表。

（一）塔板理论

塔板理论把色谱柱比作精馏塔，假设在柱的某一段距离（H）所产生的分离效果相当于在精馏塔中一块塔板所完成的分离效果（即完成一次气液相平衡），则该距离相当于一块理论塔板高度。假设整个柱是均匀的，柱长为 L，其柱的分离效率用理论塔板数（n）表示。塔板理论满意地论证了保留值与分配系数间的关系，得出了用来评价柱效的理论塔板数 n 的计算方法。因此，至今这个半经验的理论仍有较大的实用价值。

由图 11-5 可见，经过四次分配平衡后，组分 A（其 K 大）的浓度分布的极大值在第一块塔板上，而组分 B 的浓度分布的极大值在第三块塔板上（见图中虚线包围的数字）。这说明分配系数小的组分移动得快，先流出色谱柱；而分配系数大的组分则相反。可见只要有足够多的理论塔板数，通过反复多次的分配平衡，分配系数相差较小的组分也能获得良好的分离。

由塔板理论可导出理论塔板数 n 与色谱峰宽度的关系：

$$n=\left(\frac{t_R}{\sigma}\right)^2=5.54\left(\frac{t_R}{W_{1/2}}\right)^2=16\left(\frac{t_R}{W}\right)^2 \qquad (11-12)$$

由于 t_M 不反映各组分与固定相相互作用的本质，应从保留值中扣除。以 t_R' 代替 t_R 后计算出来的塔板数值，称有效塔板数（n_{eff}）。

$$n_{eff}=\left(\frac{t'_R}{\sigma}\right)^2=5.54\left(\frac{t'_R}{W_{1/2}}\right)^2=16\left(\frac{t'_R}{W}\right)^2 \qquad (11-13)$$

塔板高度、柱长与塔板数之间的关系如下：

$$H=\frac{L}{n} \qquad (11-14)$$

$$H_{eff}=\frac{L}{n_{eff}} \qquad (11-15)$$

由此可以说明，σ 或 $W_{1/2}$ 越小，峰越窄，色谱柱的塔板高度越小，柱效越高。

例 11-1　在柱长 2 m，5%阿皮松柱，柱温 100℃，记录仪纸速为 2.0 cm/min 的实验条件下，测得苯的保留时间为 1.5 min，半峰宽为 0.2 cm。求理论塔板数。

解

$$n_{苯}=5.54\left(\frac{t_R\cdot}{W_{1/2}}\right)^2=5.54\left(\frac{1.5}{0.2/2.0}\right)^2=1\,247(片)$$

$$H_{(苯)}=\frac{L}{n}=\frac{2\,000}{1\,247}=1.6(mm)$$

（二）速率理论

塔板理论在评价柱效等方面是成功的。但由于它的某些假设与实际色谱过程不符，而且

$K_A=2$，　　$K_B=0.5$

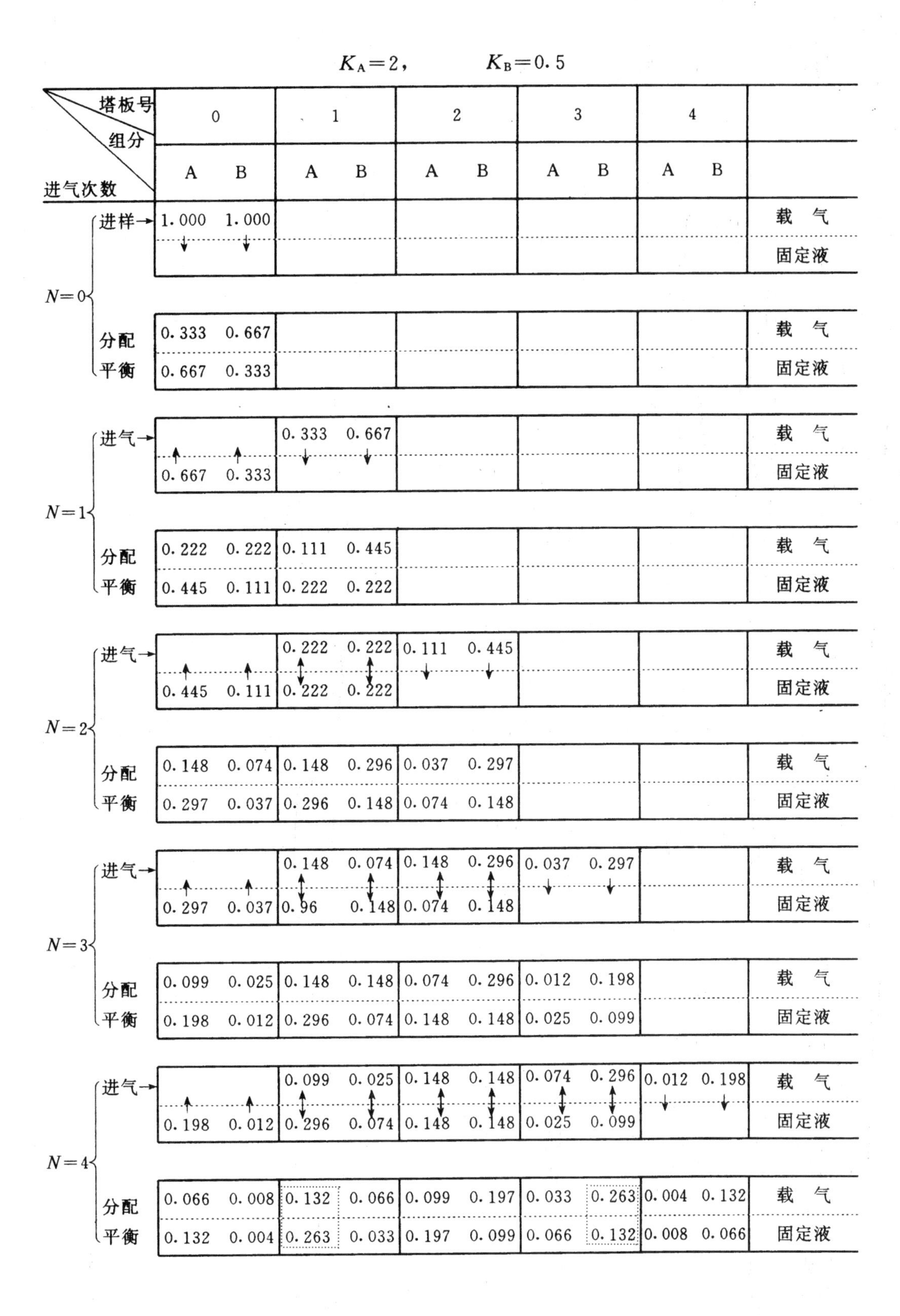

进气次数		组分 / 塔板号	0 A	0 B	1 A	1 B	2 A	2 B	3 A	3 B	4 A	4 B	
$N=0$	进样→		1.000	1.000									载气
													固定液
	分配平衡		0.333	0.667									载气
			0.667	0.333									固定液
$N=1$	进气→				0.333	0.667							载气
			0.667	0.333									固定液
	分配平衡		0.222	0.222	0.111	0.445							载气
			0.445	0.111	0.222	0.222							固定液
$N=2$	进气→				0.222	0.222	0.111	0.445					载气
			0.445	0.111	0.222	0.222							固定液
	分配平衡		0.148	0.074	0.148	0.296	0.037	0.297					载气
			0.297	0.037	0.296	0.148	0.074	0.148					固定液
$N=3$	进气→				0.148	0.074	0.148	0.296	0.037	0.297			载气
			0.297	0.037	0.96	0.148	0.074	0.148					固定液
	分配平衡		0.099	0.025	0.148	0.148	0.074	0.296	0.012	0.198			载气
			0.198	0.012	0.296	0.074	0.148	0.148	0.025	0.099			固定液
$N=4$	进气→				0.099	0.025	0.148	0.148	0.074	0.296	0.012	0.198	载气
			0.198	0.012	0.296	0.074	0.148	0.148	0.025	0.099			固定液
	分配平衡		0.066	0.008	0.132	0.066	0.099	0.197	0.033	0.263	0.004	0.132	载气
			0.132	0.004	0.263	0.033	0.197	0.099	0.066	0.132	0.008	0.066	固定液

图 11-5　分配色谱过程模型

它还排除了一个极其重要的参数——流动相速度，因而不能解释在不同流动相速度时柱效不同的原因，它更未阐述影响塔板高度的原因。为了克服塔板理论的不足，荷兰化学家 Van Deemte 从动力学理论导出板高(H)与流动相速度(u)的关系，以及影响板高的三项主要因素，提出 Van Deemter 方程(范氏方程)：

$$H=A+\frac{B}{u}+Cu \tag{11-16}$$

A、B、C 为常数，式中三项分别代表涡流扩散项、纵向分子扩散项和传质阻力项对总塔板高度的贡献。

1. 涡流扩散

常数 A 称为涡流扩散项或多径扩散项。当组分流动相向柱出口迁移时，由于受到固定相颗粒的障碍，不断改变流动方向，形成类似于“涡流”的流动。由于柱内固定相颗粒的不均匀性，组分中各分子所经过的路径不相同，结果使谱带展宽。填充不均匀引起的峰扩张示意如图 11-6。

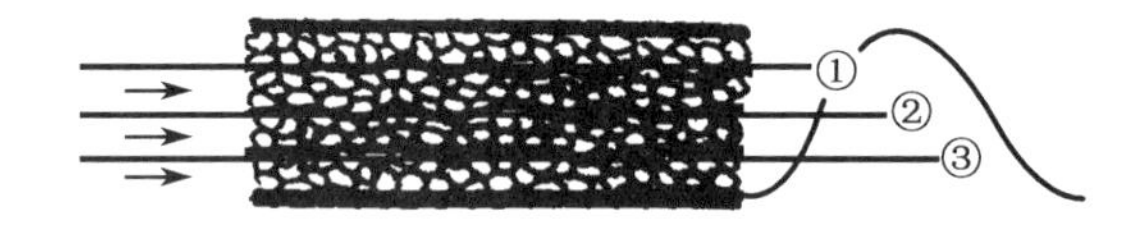

图 11-6　多径扩散对峰展宽的影响

涡流扩散项可表示为：

$$A=2\lambda d_p \tag{11-17}$$

式中：λ 为填充不规则因子，d_p 为填料的平均粒径。

由上式可知，采用适当细的颗粒，且粒度范围窄的固定相，均匀填充，则可缩小 A 值，即缩小此项展宽程度。

2. 纵向分子扩散

B 为纵向扩散系数。纵向扩散是由浓度梯度造成的。组分进入色谱柱后，其浓度分布的构型呈“塞子”状。它随流动相向前推进，由于“塞子”前后存在浓度梯度，必然自发地向前和向后扩散，造成谱带展宽。

$$B=2\gamma D_g \tag{11-18}$$

式中：γ 为弯曲因子，D_g 为组分在流动相中的扩散系数，与许多因素有关，如组分的性质、柱温、压力和流动相性质等。组分不同，D_g 值不同；柱温提高，使分子扩散加剧；D_g 与流动相相对分子质量(M)有如下关系：$D_g \propto 1/M^{1/2}$。同一组分在氢气中的扩散系数要大于在氮气中的扩散系数。因此，气相色谱中用氢气作流动相时，纵向分子扩散更严重。

3. 传质阻力

C 为传质阻力系数，它为流动相传质阻力系数(C_m)和固定相传质阻力系数(C_s)之和。

在气-液色谱中，C_m 很小，可忽略，因此

$$C \approx C_s=\frac{2k}{3(1+k)^2}\cdot\frac{{d_f}^2}{D_l} \tag{11-19}$$

式中：k 为容量因子；d_f 为固定液液膜厚度；D_l 为组分在固定液中的扩散系数。

在气-液填充柱中，组分在气、液两相中分配。由于组分与固定相分子间的作用力，而使组分由气-液界面而进入固定液，并扩散至固定液深部，进而达到动态分配“平衡”。然后又回到气-液界面，被载气带走，这种溶解、扩散、转移的过程称为传质过程。影响此过程进行的阻力，称为传

质阻力，用传质阻力系数描述。降低固定液液膜厚度(d_f)是减小传质阻力系数的主要方法。在能完全覆盖载体表面的前提下，可适当减少固定液的用量。但也不能太少，否则柱的寿命短。

4. 流速对板高的影响

由范氏方程可知，板高与流动相速度之间的关系曲线如图 11－7 所示。由于板高是三个独立展宽过程所贡献的塔板高度的总和，因此一个由三个独立函数总和起来的 $H-u$ 图，可以分解为三个相互独立的函数的图像。

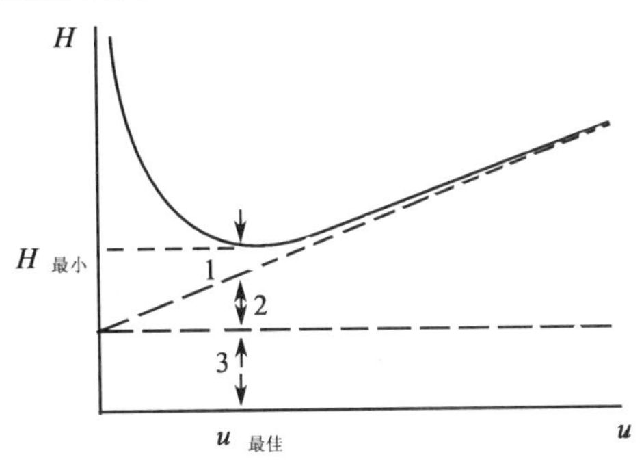

图 11－7　板高-流速曲线

1. B/u　2. Cu　3. A

在 $H-u$ 曲线上有一最低点，在此点兼顾了分子扩散项和传质阻力项，使两者之和最小。与该点相对应的 H 值和 u 值分别称为最小塔板高度(H_{min})和最佳线速(u_{opt})。

当 $u=u_{opt}$ 时，纵向分子扩散项 B/u 对 H 值的影响等于传质阻力项 Cu 的影响，即 $B/u=Cu$；当 $u\geqslant u_{opt}$ 时，传质阻力项 Cu 对 H 值的影响逐渐处于控制地位。即当 u 很大时，影响色谱峰展宽的主要因素是传质阻力项。为了减小传质阻力，宜选用相对分子质量较小的物质作流动相，降低固定液用量；当 $u\leqslant u_{opt}$ 时，分子扩散项 B/u 对 H 值的影响处于控制地位。当 $u\rightarrow 0$ 时，$H\rightarrow\infty$。为了降低分子扩散，此时应采用相对分子质量较大的物质作流动相。

第三节　柱色谱法

一、液-固吸附柱色谱法

吸附色谱法是以吸附剂为固定相的色谱法，包括液-固和气-固吸附色谱法。吸附剂装在管状柱内，用液体流动相进行洗脱的色谱法称为液-固吸附柱色谱法。所谓吸附是指溶质在液-固或气-固两相的交界面上集中浓缩的现象。吸附剂是多孔性物质，表面具有许多吸附活性中心。吸附色谱法是利用吸附剂对混合物中各组分吸附能力的差异，使各组分在柱上迁移速度不同而达到分离。吸附剂的吸附能力可用吸附平衡常数 K 衡量。通常极性强的物质其 K 值大，易被吸附剂所吸附，随流动相向前移动的速率就慢，而具有较大的保留值，后流出色谱柱。

(一)吸附剂

吸附剂吸附能力的大小，一是取决于吸附中心(吸附点位)的多少；二是取决于吸附中心与被吸附物形成氢键能力的大小。吸附活性中心越多，形成氢键能力越强，吸附剂的吸附能力越强。

常用的吸附剂有硅胶、氧化铝、聚酰胺和活性炭等。

硅胶是具有硅氧交联结构的多孔微粒，表面具有许多硅醇基，硅醇基是硅胶的吸附活性中心。硅胶表面的羟基若是与水结合成水合硅醇基，则失去活性或吸附性。将硅胶加热到

100℃左右，结合的水能被可逆地除去（此结合水也称自由水），硅胶又重新恢复吸附能力，这一过程称为活化。所以硅胶的吸附能力与含水量有密切关系（见表11－1所示），含水量高，活性级数高，吸附能力弱。硅胶具有微酸性，适用于分离酸性和中性物质，如有机酸、氨基酸、甾体等。

氧化铝是一种吸附力较强的吸附剂，具有分离能力强、活性可以控制等优点。色谱用的氧化铝，根据制备时pH的不同有碱性、中性和酸性三种类型。一般情况下，中性氧化铝使用得最多。氧化铝的活性与其含水量密切相关（见表11－1所示）。水分的增加可使活性降低，称为去活性。

表11－1　硅胶、氧化铝的活度与水的关系

硅胶含水量（%）	活性级	氧化铝含水量（%）
0	Ⅰ	0
5	Ⅱ	3
15	Ⅲ	6
25	Ⅳ	10
38	Ⅴ	15

（二）色谱条件的选择

吸附色谱的洗脱过程是流动相分子与组分分子竞争占据吸附剂表面活性中心的过程。为了使试样中吸附能力稍有差异的各组分分离，吸附剂和流动相等色谱条件的选择非常重要。在选择色谱条件时必须同时考虑试样的结构与性质、吸附剂的活性和流动相的极性这三个因素。

1. 被测物质的结构与性质

非极性化合物，如饱和烃类，一般不被吸附或吸附不牢，当其结构中被取代上某种官能团后，吸附能力随基团的类别而有所差异。常见的基团按其极性由小到大的顺序是：

烷烃＜烯烃＜醚类＜硝基（$—NO_2$）＜二甲胺[$—N(CH_3)_2$]＜酯类（—COOR）＜酮（—CO）＜醛（—CHO）＜硫醇（—SH）＜胺类（$—NH_2$）＜酰胺（$—NHCOCH_3$）＜醇类＜酚类＜羧酸类

在判断物质极性大小时，有下列规律可循：①基本母核相同，则分子中基团的极性越强，整个分子的极性也越强；②分子中双键越多，吸附能力越强，共轭双键多，吸附力亦增强；③化合物基团的空间排列对吸附性也有影响，如能形成分子内氢键的要比不能形成分子内氢键的相应化合物的极性要弱，吸附能力也弱。

2. 吸附剂的选择

分离极性小的物质，选用吸附能力强的吸附剂，以免分配系数太小，无法分离；反之，分离极性强的物质，应选用吸附能力弱的吸附剂。

3. 流动相的选择

一般根据相似相溶原则，极性物质易溶于极性溶剂，非极性物质易溶于非极性溶剂，因此，分离极性大的物质应选用极性大的流动相，分离极性小的物质应选用极性小的流动相。常用的流动相极性递增的次序是：

石油醚＜环己烷＜四氯化碳＜苯＜甲苯＜乙醚＜氯仿＜醋酸乙酯＜正丁醇＜丙酮＜乙醇＜甲醇＜水

综上所述，一般情况下，用硅胶、氧化铝做吸附剂进行分离时，若被测组分极性较强，应选用吸附性能较弱的吸附剂，用极性较强的洗脱剂；如被测组分极性较弱，则应选择吸附性强的吸附剂和极性弱的洗脱剂。为了得到极性适当的流动相，在实际工作中常采用多元混合流动相。

二、离子交换柱色谱法

离子交换色谱是利用离子交换树脂对不同离子具有不同的交换能力，使各种离子在柱中的迁移速率不同，从而对离子型化合物进行分离的方法。该法固定相常用离子交换树脂，流动相常用水溶液。

(一)离子交换树脂

离子交换树脂是一类具有网状立体结构的高分子聚合物。离子交换树脂的种类很多，最常用的是聚苯乙烯型离子交换树脂。在网状骨架结构上引入不同的可以被交换的活性基团，即成为离子交换树脂。根据所引入的活性基团不同，可以将离子交换树脂分为阳离子交换树脂和阴离子交换树脂两大类。

如果在树脂骨架结构上引入的是酸性基团，如磺酸基—SO_3H、羧基—COOH 和羟基—OH 等。这些酸性基团可以和溶液中阳离子发生交换反应，称为阳离子交换树脂。常用的阳离子交换树脂多为强酸型，如磺酸基阳离子交换树脂，以 R—SO_3H 表示，R 代表树脂骨架部分。

阳离子交换反应为：

$$nR-SO_3H+M^{n+}\xrightarrow{\text{交换}}(R-SO_3)_nM+nH^+$$

当样品溶液加入色谱柱中，金属离子与氢离子交换，金属离子进入树脂网状结构中，氢离子进入溶液。由于交换反应是可逆过程，已经交换的树脂，如果以适当浓度的酸溶液处理，反应逆向进行，树脂又恢复原状，这一过程称为再生。经再生的树脂可继续使用。

如果在树脂骨架上引入的是碱性基团，如季铵基—$N(CH_3)_3^+$、伯胺基—NH_2、仲胺基—$NHCH_3$等，则这些碱性基团上的—OH 可以和溶液中的阴离子发生交换反应，称为阴离子交换树脂。同样，阴离子交换树脂也可分为强碱型阴离子交换树脂和弱碱型阴离子交换树脂。常有的阴离子交换树脂多为强碱型。

阴离子交换反应为：

$$R-N(CH_3)_3^+OH^-+Cl^-\xrightarrow{\text{交换}}R-N(CH_3)_3^+Cl^-+OH^-$$

(二) 离子交换树脂的性能

1. 交联度

交联度(degree of crosslinking)是指离子交换树脂中交联剂的含量，通常用质量百分数表示。例如，聚苯乙烯型磺酸基阳离子交换树脂是由苯乙烯和二乙烯苯聚合而成，其中的苯乙烯为单体，二乙烯苯称为交联剂。二乙烯苯在原料中所占重量百分比称为交联度。树脂的孔隙大小与交联度有关，交联度大，形成的网状结构紧密，网眼就小，因而选择性就好。但是交联度也不宜过大，否则，网眼过小，使交换速率变慢，甚至还会使交换容量下降。通常，阳离子交换树脂交联度以 8%、阴离子交换树脂交联度以 4%左右为宜。

2. 交换容量

交换容量(exchange capacity)有理论交换容量和实际交换容量之分。理论交换容量是指每克干树脂内所含有的酸性或碱性基团的数目。实际交换容量是指在实验条件下，每克干树脂真正参加交换的基团数。实际交换容量往往低于理论值，差别取决于树脂的结构和组成。溶液的 pH 也会影响交换容量。

第四节　薄层色谱法

薄层色谱法与纸色谱法都是在平面上展开的，因此都属于平面色谱法。将固定相均匀地涂铺在具有光洁表面的玻璃、塑料或金属板上形成薄层，在此薄层上进行色谱分离的方法称为薄层色谱法。按分离机制，薄层色谱法可分为吸附、分配和空间排阻法等，本节主要介绍吸附薄层色谱法。

薄层色谱法由于具有分离能力强、操作方便、仪器简单、用途广泛等特点，在实际工作中是一种极有用的分析技术，广泛用于医药学各研究领域和各基层实验室。

一、基本概念

在薄层色谱分析中，待分离的样品溶液点在薄层板的一端，在密闭的容器中用适宜的流动相（展开剂，developer）展开，由于吸附剂对各组分具有不同的吸附能力，展开剂对各组分的溶解、解吸能力也不相同，即各组分的分配系数不同，从而在展开剂展开过程中产生差速迁移，不同的物质彼此分开，最后形成互相分离的斑点。

1. 比移值（R_f）

在平面色谱法中，被分离组分的移动情况通常用比移值（R_f）表示。R_f定义为：组分的迁移距离（l）与展开剂的迁移距离（l_0）之比（见图 11－8）。

$$R_f=\frac{l}{l_0} \tag{11-20}$$

式中：l 为由原点至某组分斑点中心（质量重心）的距离；l_0 为由原点至展开剂前沿的距离。

由于组分被保留在固定相上，它的迁移速率总是小于展开剂的迁移速率，即 $u<u_0$，组分的迁移距离也总是小于展开剂的迁移距离，即 $l<l_0$，因此，R_f值总是小于 1。不被固定相保留的组分的 R_f值等于 l，R_f值的可用范围是 0.2～0.8，最佳范围是 0.3～0.5。

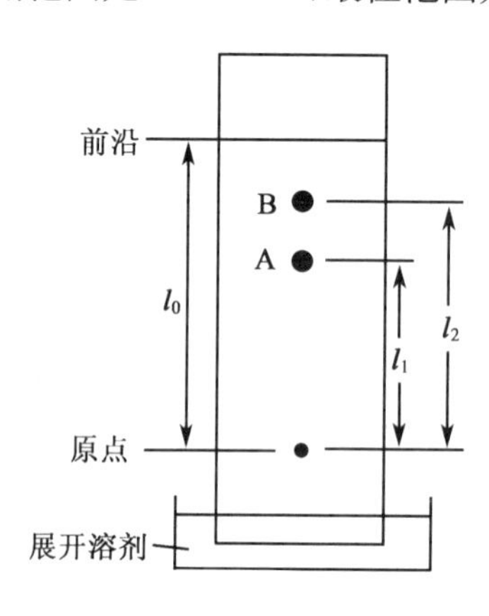

图 11－8　薄层色谱示意图

比移值是平面色谱的基本定性参数，它说明组分在色谱系统中的保留行为。R_f与 K 之间的关系可用下式来表达：

$$R_f=\frac{1}{1+K\frac{V_s}{V_m}} \tag{11-21}$$

比移值的大小除与组分的性质有关外，还与固定相的性质（如吸附剂的活性等）、展开剂的性质（极性、组成等）和温度有关。

2. 分离度（R）

衡量分离效果的指标可用分离度 R 表示，其定义为相邻两斑点的中心至原点的距离之差与两斑点的纵向直径总和之半的比值，即

$$R=\frac{2(l_2-l_1)}{W_1+W_2} \tag{11-22}$$

式中：l_1、l_2 分别为两组分斑点中心至原点的距离；W_1、W_2分别为斑点 1、2 的纵向直径。

R=1.0 时，相邻两斑点基本分开。

二、固定相

薄层色谱法最常用的固定相是硅胶。粒度要求比柱色谱更细，为 40 μm 左右，展开 10～15 cm。高效薄层色谱（HPTLC）硅胶粒度小至 10 μm，展开距离为 5 cm 左右。薄层色谱展开后的斑点一般都比较集中。不含粘合剂的硅胶称硅胶 H。硅胶 G 是由硅胶和煅石膏（占 13%～15%）混合而成。硅胶 GF_{254} 是在硅胶中加入煅石膏及荧光指示剂，下标表示在 254 nm紫外光下呈强烈黄绿色荧光背景，适用于分离本身不发光又无适当显色剂的物质。

通过改变板的活度可以调节被测组分的 R_f 值大小。一般薄层板的活化温度为 105℃，活化 1 h，若要降低板的活度，可通过降低板的活化温度如 105℃降为 80℃、60℃，均可达到降低板的活度的目的，在活度小的板上，吸附剂对各组分的吸附力小，而 R_f 值会升高。

三、展开剂

薄层色谱法中选择展开剂的一般规则与吸附柱色谱法中选择流动相的规则相同，要同时从被测物质的性质、吸附剂的活度及展开剂的极性三方面进行综合考虑。极性大的样品需用极性较大的展开剂，极性小的样品需用极性小的展开剂。通常先用单一溶剂展开，根据被分离物质在薄层上的分离效果，进一步考虑改变展开剂的极性。例如，某物质用氯仿展开时，R_f 值太小，甚至停留在原点，则可加入一定量极性大的溶剂如乙醇、丙酮等，根据分离效果适当改变加入的比例，如氯仿-乙醇 9∶1、8∶2 或 7∶3 等。一般希望 R_f 值在 0.2～0.8 之间，如果 R_f 值较大，斑点都在前沿附近，则应加入适量极性小的溶剂（如环己烷，石油醚等）以降低展开剂的极性。在分离酸性物质和碱性物质时，可在展开剂中加入一定比例的酸（如甲酸、乙酸等）或碱（如二乙胺、三乙胺和氨水等），可防止拖尾现象。

若分离几个组分，要求所选择的展开剂使各组分 R_f 差值至少大于 0.05，$R>1$，以免斑点重叠。

四、操作方法

薄层色谱法一般操作程序可分为制板、点样、展开、显色和定性定量分析等步骤。

（一）制板

制备薄板所用的玻璃板必须表面光滑、平整清洁，不然吸附剂不易涂布，同时可能影响分离和检测，其大小可根据实际需要自由选择，小至载玻片，大至用 20 cm×20 cm 玻璃板。

薄板可分为加粘合剂的硬板和不加粘合剂的软板两种。

(1) 软板的制备:将吸附剂撒在玻璃板的一端,另取比玻璃板宽度稍长的玻璃管,在管的两端各包上橡皮膏,也可以套上塑料管或橡皮管,其厚度即为薄层的厚度。软板制备很简便,但很不坚固,易吹散、松动,现多用硬板。

(2) 粘合薄层板(硬板)的制备:在吸附剂中加入粘合剂。常用的粘合剂有羧甲基纤维素钠(CMC-Na)和煅石膏。用CMC-Na为粘合剂制成的薄层称为硅胶-CMC-Na板。这种板机械强度好,可用铅笔在薄层上做记号,在使用强腐蚀性试剂时,要注意显色温度和时间,以免CMC-Na炭化而影响检测。

硅胶-CMC-Na板的制备:取CMC-Na适量,加适量蒸馏水使其浓度为0.25%~0.75%,加热使溶解,放置使澄清。取上清液分次加入硅胶(每份硅胶约加3份CMC-Na),调成糊状。将糊状的吸附剂倒在清洁的玻璃板上,使其均匀涂布于整块玻璃板,平放自然晾干后,105℃活化1 h,置于干燥器中备用。

以上的手工铺板方法是最简单的铺板方法,要使制备的板厚度均匀一致,最好使用机械涂铺法,其薄层厚度可按需要调节。

(二) 点样

将样品溶于适当溶剂中,尽量避免用水,因为水溶液斑点易扩散,且不易挥发,一般用乙醇、甲醇、丙酮等挥发性有机溶剂。若为液体样品,可直接点样。原点直径为2~4 mm,溶液宜分次点样,每点一次,使其自然干燥,或用电吹风机促其迅速干燥,只有干后,才能点第二次,以免斑点扩散。点样工具一般采用点样毛细管或微量注射器,点样时必须注意勿损伤薄层表面,点样体积要尽可能小,一般2~10 μl。

(三) 展开

将点好样的薄板与流动相接触,使两相相对运动并带动样品组分迁移的过程称为展开。展开装置一般为密闭玻璃缸(见图11-9),粘合薄层常用上行法展开,将薄层板直立于盛有展开剂的展开槽中,展开剂浸没薄板下端的高度不宜超过0.5 cm,薄板上的原点不得浸入展开剂中。待展开剂前沿达一定距离,如10~20 cm时,将薄层板取出,在前沿处作出标记。使展开剂挥散后,显色。在展开之前,薄层板置于盛有展开剂的展开槽内饱和15min,此时薄板不与展开剂直接接触,待展开剂蒸气、薄层与槽内大气达到动态平衡时,也称为饱和时,再将薄板浸入展开剂中。这样操作可以防止边缘效应。边缘效应是同一化合物在同一块板上,因其点样位置不同,而R_f值不同。处于边缘的点样点,其R_f值大于中心点。其原因是由于展开剂在展开槽内未达饱和,造成展开剂挥发速度从薄层中央到两边缘逐渐增加,使边缘上升的溶剂较中央多,致使近边缘溶质的迁移距离比中心处大,导致边缘的R_f值大。

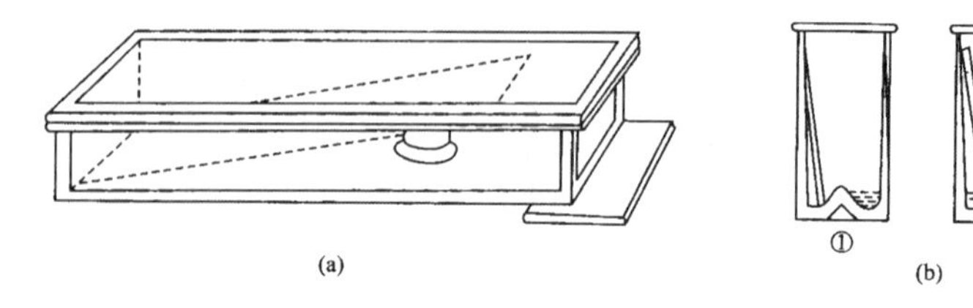

图11-9 展开槽与展开方式

(a) 长方形展开槽,近水平展开

(b) 双底展开槽,上行展开 ① 展开蒸气预饱和过程 ② 展开过程

薄层展开方式除上行法外，还有径向展开法(薄板为圆形)；多次展开法(同一展开剂，重复多次展开)；双向展开法(展开一次后，换 90°角用另一种展开剂展开，适用于非常复杂的样品)。对软板展开，则多用倾斜上行法。

(四) 显色

显色方法有下列三种：

(1) 首先在日光下观察，画出有色物质的斑点位置。

(2) 在紫外灯(254 nm 或 365 nm)下，观察有无暗斑或荧光斑点，并记录其颜色、位置及强弱，GF_{254}板在 254 nm 紫外灯下，整个薄层板呈黄绿色荧光，则以被测物质产生荧光猝灭的暗斑进行定位。

(3) 既无色，又无紫外吸收的物质可采用显色剂显色。通用显色剂有硫酸乙醇、碘蒸气、荧光黄等。专用显色剂是对某个或某一类化合物显色的试剂。如三氯化铁的高氯酸溶液可显色吲哚类生物碱；茚三酮则是氨基酸和脂肪族伯胺的专用显色剂。溴甲酚绿可显色羧酸类物质。

五、定性和定量分析

1. 定性分析

通过显色等方法定位后，测出斑点的 R_f值，与同块板上的已知对照品斑点的 R_f值对比，若一致，即可初步定性该斑点与对照品为同一物质。然后更换几种展开系统，如 R_f值仍然一致，则可得到较为肯定的定性结论。这种定性方法适用于已知范围的未知物。

为可靠起见，对未知物的定性，可将分离后的区带取下，洗脱后再用其他方法，如紫外、红外光谱法进行进一步定性。

2. 定量分析方法

由于受诸多因素的影响，很难控制色谱条件的一致性，如点样量的精确度、展开后斑点面积的规则程度和测定方法的精确度等，致使薄层色谱法的定量分析处于“半定量”或进行限量检查阶段。使用薄层色谱扫描仪等仪器直接测定较为准确，也可在分离后将斑点进行洗脱，再用紫外-分光光度法、气相色谱法等仪器方法进行定量。

(1) 目视比较法：将不同量的对照品配成系列溶液和试样溶液定量地点在同一块薄层上展开，显色后以目视法比较色斑的深度和面积的大小，求出试样的近似含量。在严格控制操作条件下，色斑颜色和面积随溶质量的变化而变化。目视比较法分析的精密度可达±10%。

(2) 洗脱法：样品斑点定位后，可将样品区带定量地取下，再以适当的溶剂洗脱后用其他化学或仪器方法，如重量法、分光光度法、荧光法等进行定量。在用洗脱法定量时，注意同时收集洗脱空白作为对照。

3. 薄层扫描法

薄层扫描法是用一定波长、一定强度的光束照射薄层上的斑点，用仪器测量照射前后光束强度的变化，从而求得化合物含量的方法。薄层扫描仪的种类不少，双波长薄层扫描仪是较常应用的一种仪器。它的特点是双波长测定及对斑点进行曲折扫描。可进行反射法、透射法测定。

图 11－10 为双波长薄层扫描仪的示意图。从光源发射的光，通过两个单色器 MR 和 MS 后成为两束不同波长的光 λ_R和 λ_S。斩光器交替地遮断，光通过狭缝，再通过反光镜照在薄层板上，如为反射法测定，则斑点表面的反射光由光电倍增管 PMR 接收，透射法测定，则透射光由 PMT 光电倍增管接收。用 λ_R和 λ_S两种不同波长光交替照射斑点，测定两波长的吸光度的差值。此外，还可用荧光扫描法测定(用氙灯为光源)。

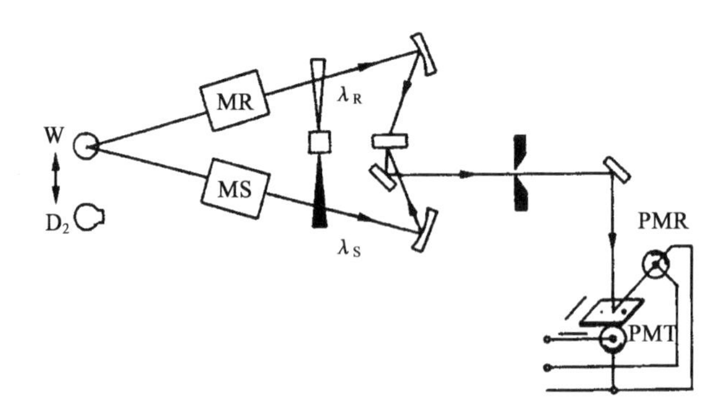

图 11-10　双波长薄层扫描仪示意图

(1) 测定波长 λ_S与参比波长 λ_R的选择：λ_S选用被测组分的最大吸收波长，λ_R选用不被被测组分吸收的波长，一般选择被测组分吸收曲线的吸收峰邻近基线处的波长，故所测值为薄层板的空白吸收。双波长法由于从测量值中减去了薄层本身的空白吸收，所以在一定程度上消除了薄层不均匀的影响，使测定结果准确度提高。

(2) 反射法测定：透射光比反射光强度约大 2.5 倍，但这种方法受外界条件的影响较大，如薄层厚度、均匀度等都有影响。此外，玻璃板不透过紫外光，因此在应用上受一定的限制。反射法测量，重现性较好，基线稳定，受基板及吸附剂层厚度的影响较小。因此常用反射法。

(3) 扫描方法：现有薄层扫描仪都是光源不动，只移动薄层板，扫描方式可分线形扫描及曲折形扫描(图 11-11)两种。线形扫描在斑点形状不规则和浓度不均匀时，测量误差较大，优点为快速，荧光测定时一定要用线形扫描。曲折扫描将光束缩得很小，小到使光束内斑点浓度变化可以忽略的程度，进行一个方向的移动扫描及另一垂直方向的往复扫描，适用于形状不规则及浓度分布不均匀的斑点。

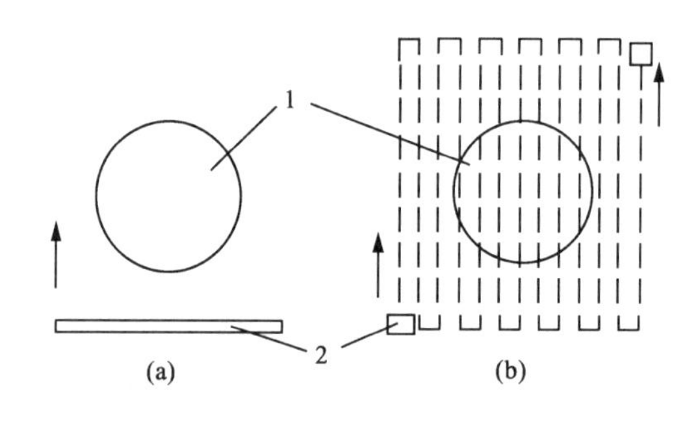

图 11-11　扫描方式示意图

(a) 线形扫描　(b) 曲折形扫描

1. 薄层斑点　2. 光束

(4) 散射参数的选择—非线性关系的校正：因颗粒状吸附剂对光有强烈的散射作用，使吸光度与斑点中组分的量不成线性关系，即不遵守比耳定律。故校正曲线成弯曲状，需要将其校正为直线。曲线校正是将散射参数和处理方法存入计算机。实验前根据薄层板的类型，选择合适的散射参数，由计算机根据适当的修正程序，自动进行校正，给出准确的定量结果。

(5) 外标法定量：薄层扫描定量分析主要采用外标法。先用对照品作校正曲线，求得线性范围。由于薄层扫描定量方法往往存在较大的系统误差，所得的校正曲线截距较大，因此多采用外标两点法定量。

六、应用与实例

薄层色谱法广泛应用于各种天然和合成有机物的分离和鉴定，如生物碱、氨基酸、核苷酸、肽、蛋白质、糖类、酯类、甾类、酚类、激素类等。可用于测定药物的纯度和检查降解产物，并可对杂质和降解产物进行限度试验。在生产上可用于判断反应的终点，监视反应过程。对中药和中成药，薄层色谱鉴别应用广泛，可鉴别有效成分，进一步进行含量测定。

1. 判断合成反应进行的程度

例如，判断普鲁卡因合成反应进行的程度。

普鲁卡因合成最后一步从硝基卡因还原为普鲁卡因，反应不同的时间后，分别取样展开，当原料点全部消失，即反应已达终点。经薄层色谱检查，发现只需 2 h 原料点已完全消失，以前生产上还原时间定为 4 h，现可大大缩短反应时间。色谱条件为：硅胶- CMC 板，环已烷-苯-二乙胺(8∶2∶0.4)为展开剂。色谱图见图 11 - 12。

2. 药品的鉴别和纯度检查

薄层色谱也可用于化学药品的鉴别和纯度检查。对药品中存在的已知或未知杂质进行限度试验。

例如，硫酸长春碱的杂质检查。

色谱条件：硅胶 GF_{254} 板，展开剂为石油醚(沸程为 30～60℃)-氯仿-丙酮-二乙胺(12∶6∶1∶1)，在紫外灯(254 nm)下检测。

取硫酸长春碱，加甲醇制成每 1 ml 含 10 mg 的溶液，作为供试品溶液；精密量取适量，加甲醇稀释成每 1 ml 中含 0.20 mg 的溶液，作为对照溶液。吸取两种溶液各 5 μl，分别点在同一薄层板上。供试品溶液如显杂质斑点，不得超过 2 个，其颜色与对照溶液的主斑点比较，不得更深。色谱图见图 11 - 13。

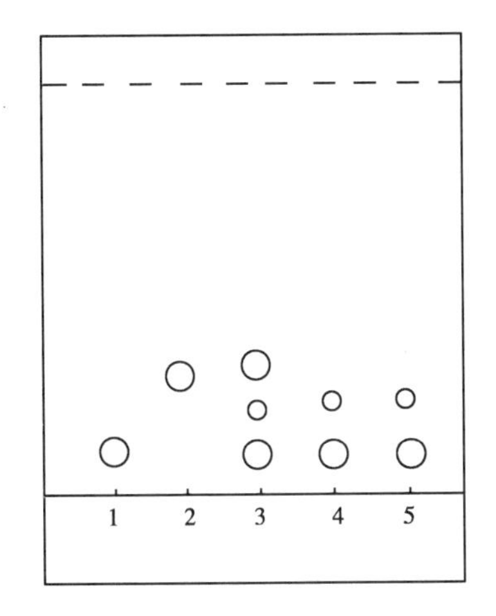

图 11 - 12　硝酸卡因和普鲁卡因的薄层色谱图

1. 普鲁卡因　2. 硝酸卡因　3. 还原 1h 取样　4. 还原 2h 取样　5. 还原 3h 取样

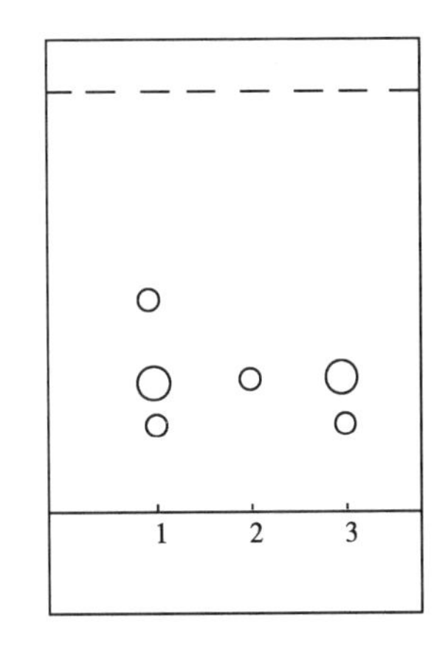

图 11 - 13　硫酸长春碱中的杂质的限量检查

1、3. 硫酸长春碱样品　2. 对照溶液

3. 天然药物的鉴别和定量测定。

薄层色谱是中药和天然药物的鉴别和有效成分含量测定常用的方法。

例如，六应丸中有效成分的定性和定量测定。

六应丸由牛黄、蟾蜍、珍珠、冰片等多味药组成，薄层色谱法可对该丸中几味主药进行定性鉴别，如牛黄中胆酸、去氧胆酸、鹅去氧胆酸、猪去氧胆酸和胆红素；蟾蜍中酯蟾毒配基；丁香中丁香酚以及冰片均被检出，色谱图见图 11－14。同时用双波长薄层扫描法测定六应丸中牛黄的两种有效成分胆酸和猪去氧胆酸的含量。色谱条件：硅胶－CMC 板，展开剂为氯仿－乙酸乙酯－冰醋酸（5：5：1），5％硫酸乙醇溶液为显色剂。扫描参数：λ_S＝385 nm，λ_R＝700 nm，SX＝3。灵敏度：胆酸 X1，猪去氧胆酸 X3，反射法测定。用外标两点法计算试样中胆酸和猪去氧胆酸的含量。

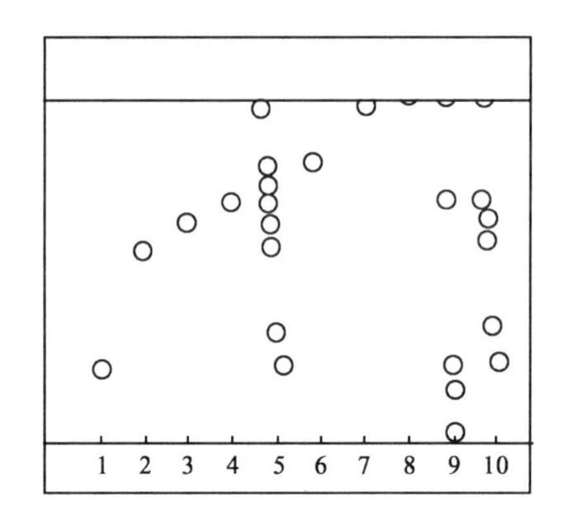

图 11－14　六应丸薄层色谱图

1. 胆酸　2. 猪去氧胆酸　3. 鹅去氧胆酸　4. 去氧胆酸　5. 胆红素　6. 酯蟾毒配基　7. 丁香酚　8. 冰片　9. 天然牛黄　10. 人工牛黄

第五节　纸色谱法

一、基本原理

纸色谱法（paper chromatography，PC）是以纸为载体的色谱法，分离原理属于分配色谱的范畴。固定相一般为纸纤维上吸附的水分，流动相为不与水相互混溶的有机溶剂或用水饱和的有机溶剂。

纸色谱过程可以看成是溶质在固定相和流动相之间连续萃取的过程。依据溶质在两相间分配系数的不同而达到分离的目的。与薄层色谱相同，纸色谱也常用比移值 R_f 来表示各组分在色谱中位置。

化合物在两相中的分配系数的大小，直接与化合物的分子结构有关。一般地讲，纸色谱属于正相分配色谱，化合物的极性大或亲水性强，在水中分配量多，则分配系数大，在以水为固定相的纸色谱中 R_f 值小。如果极性小或亲脂性强，则分配系数小，R_f 值大。R_f 值与分配系数或容量因子的关系符合式(11-21)。应该根据整个分子及组成分子的各个基团来考虑化合物的极性大小。同类化合物中,含极性基团多的化合物通常极性较强。例如,同属于六碳糖的葡萄糖、鼠李糖和洋地黄毒糖在同一条件下,R_f值是不相同。因为葡萄糖的羟基最多,极性最大,R_f值最小,洋地黄毒糖分子的极性最小,R_f值最大。

二、操作方法

(1) 色谱纸的选择:① 要求滤纸质地均匀,应有一定的机械强度。② 纸纤维的松紧适宜,过于疏松易使斑点扩散,分离效果差。过于紧密则流速太慢。③ 纸质要纯,含各种金属离子或其他显色剂越少越好,无明显的荧光斑点。在选用滤纸型号时,应结合分离对象加以考虑,对 R_f值相差很小的化合物宜采用慢速滤纸。R_f值相差较大的化合物,则可用快速滤纸。在选用薄型或厚型滤纸时,应根据分离分析目的决定。厚纸载样量大,供制备或定量用,薄纸一般供定性用。

(2) 固定相:滤纸纤维有较强的吸湿性,通常可含 20%～25%的水分,而其中有 6%～7%的水是以氢键缔合的形式与纤维素上的羟基结合在一起,在一般条件下较难脱去。所以纸色谱法实际上是以吸着在纤维素上的水作固定相,而纸纤维则是起到一个惰性载体的作用,在分离一些极性较小的物质或酸、碱性物质时,为了增加其在固定相中的溶解度,常将滤纸吸留的甲酰胺、二甲基甲酰胺、丙二醇或缓冲溶液等作为固定相。

(3) 展开剂的选择:展开剂的选择要从欲分离物质在两相中的溶解度和展开剂的极性来考虑。对极性物质,增加展开剂中极性溶剂的比例,可以增大 R_f值;增加展开剂中非极性溶剂的比例,可以减少 R_f值。

纸色谱法最常用的展开剂是水饱和的正丁醇、正戊醇、酚等,即含水的有机溶剂。此外,为了防止弱酸、弱碱的离解,加入少量的酸或碱。如甲酸、醋酸、吡啶等。如采用正丁醇-醋酸-水(4∶1∶5)为展开剂,先在分液漏斗中振摇,分层后,取有机层(上层)为展开剂。

纸色谱法的操作步骤与薄层色谱法的操作步骤相似,有点样、展开、显色、定性定量分析等几个步骤。具体方法可参照薄层色谱法。

小　结

一、基本理论

1. 色谱法是一种分离技术,适合于复杂物质的分离、分析,其分离原理是:不同组分在固定相和流动相中吸附、溶解或其他亲和作用的差异,而使分配系数(或容量因子)不同而实现分离。色谱法可分为多种类型,各种色谱法分离机制有所不同。

2. 塔板理论:可用于计算 n、H,峰形窄,理论塔板数高,板高小,柱效高。

3. 速率理论:解释了影响塔板高度或使色谱峰展宽的各种因素,包括涡流扩散、纵向扩散、传质阻力和流动相的线速度等,用 Van Deemter 方程式表示:

$$H=A+\frac{B}{u}+Cu$$

4. 液-固吸附色谱法:吸附色谱法是利用吸附剂对混合物中各组分吸附能力的差异,使各组分在柱上迁移速率不同而达到分离。吸附剂的吸附能力,可用吸附平衡常数 K 衡量。通常极性强的物质其 K 值大,易被吸附剂所吸附,随流动相向前移动的速率就慢,而具有较大的保留值,后流出色谱柱。

(1) 吸附剂的活度与含水量的关系:吸附剂含水量高,活性级数高,活度小,吸附能力弱;反之,吸附剂含水量低，活性级数低，活度大，吸附能力强。

(2) 吸附剂和流动相的选择：一般情况下，用硅胶、氧化铝做吸附剂进行分离时，若被测组分极性较强，应选用吸附能力较弱的吸附剂，用极性较强的洗脱剂；若被测组分极性较弱，则应选择吸附能力强的吸附剂和极性弱的洗脱剂。为了得到极性适当的流动相，在实际工作中常采用多元混合流动相。

(3) 薄层色谱：薄层色谱法一般操作程序可分为制板、点样、展开、显色以及定性定量分析等。

二、基本术语和计算公式

1. 保留值：$t'_R = t_R - t_M$，$V'_R = V_R - V_0$，$V_M = t_M \cdot F_c$

2. 色谱峰区域宽度：$W_{1/2} = 2.355\sigma$，$W = 4\sigma$

3. 分配系数和容量因子：$K = \dfrac{c_s}{c_m}$，$k = \dfrac{m_s}{m_m} = K\dfrac{V_s}{V_m}$

$$t_R = t_M\left(1 + K\frac{V_s}{V_m}\right),\ t_R = t_M(1+k)$$

4. 分配系数比：$\alpha = \dfrac{K_2}{K_1} = \dfrac{k_2}{k_1} = \dfrac{t'_{R2}}{t'_{R1}}$ $(t'_{R2} > t'_{R1})$

5. 柱效：

$$n = \left(\frac{t_R}{\sigma}\right)^2 = 5.54\left(\frac{t_R}{W_{1/2}}\right)^2 = 16\left(\frac{t_R}{W}\right)$$

$$n_{eff} = \left(\frac{t'_R}{\sigma}\right)^2 = 5.54\left(\frac{t'_R}{W_{1/2}}\right)^2 = 16\left(\frac{t'_R}{W}\right)^2$$

6. 比移值：$R_f = \dfrac{l}{l_0}$，$R_f = \dfrac{1}{1 + K\dfrac{V_s}{V_m}}$

思考题

1. 名词解释：容量因子，保留时间，死时间，分离度，对称因子，分配系数，比移值，荧光薄层板，边缘效应。
2. Van Deemter 方程式各项的含义是什么？主要受哪些因素的影响？
3. 为什么说分配系数和容量因子的不同是分离的前提？
4. 在吸附色谱法中，如何选择流动相？
5. 薄层硅胶有哪些类型？何时应使用荧光薄层板？
6. 已知某样品 A、B、C 三个组分在某薄层色谱系统中的分配系数分别为 430、460、490，问在该系统中，三组分的 R_f 大小顺序如何？
7. 硅胶薄层板上，以氯仿为展开剂，a 组分的 R_f 为 0.35，b 组分的 R_f 为 0.38，未能分开，如果以氯仿：甲醇(1：1)为展开剂，则 a 组分的 R_f 为 0.51，b 组分的 R_f 为 0.40。问：a、b 两组分哪个极性大？
8. 当出现下列三种情况时，Van Deemter 曲线是什么形状？

(1) $B/u = Cu = 0$；(2) $A = Cu = 0$；(3) $A = B/u = 0$

习　题

一、填空题

1. 色谱法的理论主要有______理论和______理论，前者解决了________________等问题，而后者解决了__________________________。

2. 平面色谱法中，常采用_______作为定性参数，其定义为_________________________，其可用数值范围一般为__________________。

3. 在线速度较低时，____________项是引起色谱峰扩展的主要因素，此时宜采用相对分子量________的气体作载气，以提高柱效。

二、选择题

1. 在液相色谱法中，按分离原理分类，液固色谱法属于(　　)。

A. 分配色谱法　　B. 排阻色谱法

C. 离子交换色谱法　　D. 吸附色谱法

2. 下列哪个因素将使组分的保留时间增大(　　)。

A. 减少固定液用量　　B. 降低柱温

C. 增加流速　　D. 减小柱长

3. 根据范氏方程，色谱峰扩张、板高增加的主要原因是(　　)。

A. 当 u 较小时，分子扩散项　　B. 当 u 较小时，涡流扩散项

C. 当 u 比较小时，传质阻力项　　D. 当 u 较大时，分子扩散项

4. 俄国植物学家茨维特在研究植物色素的成分时，所采用的色谱方法属于(　　)。

A. 气-液色谱　　B. 气-固色谱

C. 液-液色谱　　D. 液-固色谱

三、计算题

1. 一柱长 100 cm，某组分停留在固定相中的时间分数为 0.70，在流动相中为 0.30。计算：

(1) 组分的移动速度是流动相线速度的几倍？

(2) 组分洗脱出柱的时间是它停留在流动相中时间的几倍？

(0.3 倍，3.3 倍)

2. 当色谱峰的半峰宽为 2 mm，保留时间为 4.5 min，色谱柱长为 2 m，记录仪纸速为2 cm/min时，计算色谱柱的理论塔板数和理论塔板高度。

(11 218，0.18 mm)

3. 一根色谱柱长 10 cm，流动相流速为 0.6 cm/min，组分 A 的洗脱时间为 40 min。问：A 在流动相中消耗多少时间？

(16.7 min)

4. 化合物 A 在薄层板上从原点迁移 7.6 cm，溶剂前沿距原点 16.2 cm。(1) 计算化合物 A 的 R_f 值。(2) 在相同的薄层系统中，溶剂距原点 14.3 cm，化合物 A 的斑点应在此薄层板的何处？

(0.47，6.72 cm)

5. 用纸色谱法分离 A、B 两组分，R_f 分别为 0.45 和 0.63，欲使分离后两斑点中心距离为2 cm，问：滤纸条至少为多长？

(l_0＝11 cm，滤纸条至少 13 cm 长)

6. 一分配色谱的流动相、固定相、载体的体积比为 0.33 ∶ 0.10 ∶ 0.57，若溶质在固定相和流动相间的分配系数为 0.50，试计算它的容量因子 k。

(0.15)

(季一兵)

第十二章　气相色谱法

第一节　概　　述

气相色谱法(gas chromatography, GC)是以气体作为流动相的色谱分析法。用作流动相的气体称为载气。

一、气相色谱法分类

气相色谱属于柱色谱,有三种分类方法,按固定相的聚集状态不同,分为气-固色谱法(GSC)及气-液色谱法(GLC);按分离原理分为吸附色谱法及分配色谱法。按柱径不同,还可分为填充柱及毛细管色谱法两种,前者是将固定相填充在内径常为 2～6 mm 的金属或玻璃柱中,后者是将固定相涂布、键合或填充在内径为 0.1～0.5 mm 的玻璃或石英毛细柱中。

二、气相色谱仪的一般流程

气相色谱仪是实现气相色谱分离分析技术的装置。它的简单流程如图 12－1 所示。

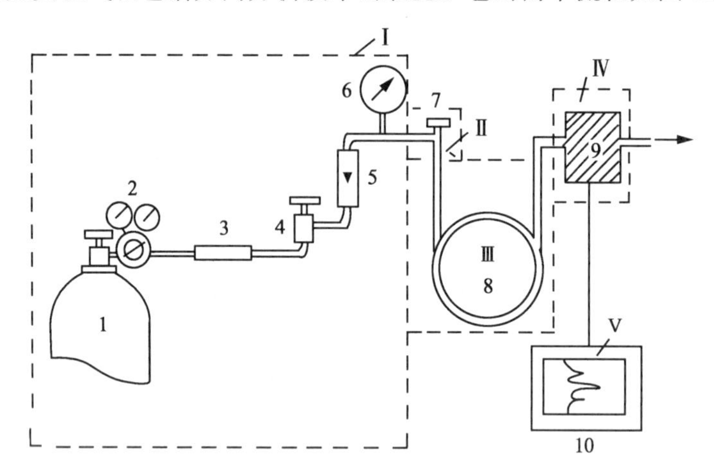

图 12－1　气相色谱流程图

1. 高压钢瓶　2. 减压阀　3. 载气净化干燥管　4. 针形阀　5. 流量计
6. 压力表　7. 气化室　8. 色谱柱　9. 检测器　10. 记录仪或色谱工作站

气相色谱仪一般有五个部分组成:

(1) 载气系统Ⅰ,包括气源、气体净化、气体流速控制和测量装置。载气系统的作用是提供纯净、流量稳定的载气。

(2) 进样部分(包括气化室)Ⅱ,它的作用是引入试样并使其迅速气化。

(3) 色谱柱Ⅲ,包括温度控制装置,是实现试样色谱分离的部分。

(4) 检测系统Ⅳ,包括检测器等。其作用是对柱后已被分离的组分进行检测。

(5) 记录系统Ⅴ,包括放大器、记录仪和数据处理装置等,其作用是记录检测器产生的信号,并进行数据处理及给出分析结果。

三、气相色谱的特点及应用

气相色谱具有高柱效、高选择性、高灵敏度、用样量少、分析速度快及应用范围广等优点。但受样品蒸气压限制是其弱点。据统计,能用气相色谱法直接分析的有机物,约占全部有机物的 20%。定性困难是其又一个弱点,但采用联用技术能弥补这一不足。

气相色谱法是从 1952 年才迅速发展起来的一种分离分析方法。最早是用来分离分析石油产品,目前已广泛用于石油化学、化工、有机合成、医药、生物化学及食品等方面的科学研究和生产分析等,特别适用于测定药品中残留有机溶剂、中草药中挥发性组分等。

第二节　色　谱　柱

在色谱分析中,分离过程是在色谱柱内完成的,因此色谱柱就好比色谱仪的心脏。气相色谱柱按柱径不同,可分为填充柱及毛细管柱两种。按分离原理分为吸附色谱柱及分配色谱柱。在此着重介绍气-液色谱填充柱。

一、气-液色谱固定相

(一) 固定液

固定液一般为高沸点液体,在操作温度下为液态,在室温时为固态或液态。

1. 固定液的要求

(1) 操作温度下呈液体状态,热稳定性好,蒸气压低。

(2) 试样各组分有足够的溶解能力,分配系数较大。

(3) 选择性高,对性质相近的不同组分有尽可能高的分离能力。

(4) 化学稳定性好,不与被分析组分发生化学反应。

2. 固定液的分类

可供选择的固定液有四百余种,分类有利于选择。固定液分类方法有多种,1959 年,Rohrschneider提出的相对极性分类法,虽然较老,但因为简单实用,至今仍沿用。

相对极性(P)描述固定液的分离特征。规定极性最强的固定液 β,β'-氧二丙腈的相对极性 $P=100$;极性最小的角鲨烷的相对极性 $P=0$。将其他固定液与它们比较,测出相对极性。固定液以每 20 个相对极性为单位,分为一级。在 $P=0\sim100$ 之间,分为五级(五级分法)。$P=0\sim20$ 相对极性等级标为"+1",多为烃类固定液; +2 级主要为硅氧烷类或酯类; +3 级多为聚酯类或醇类固定液; +4 和+5 级一般为强极性的多元醇或腈类固定液。一些常用固定液的相对极性数据见表 12-1。

表 12-1　常用固定液的相对极性

固定液	相对极性	级别	固定液	相对极性	级别
角鲨烷	0	0	XE-60	52	+3
阿皮松	7～8	+1	新戊二醇丁二酸聚酯	58	+3
SE-30,OV-1	13	+1	PEG-20M	68	+3
DC-550	20	+2	PEG-600	74	+4
己二酸二辛酯	21	+2	己二酸聚乙二醇酯	72	+4
邻苯二甲酸二壬酯	25	+2	己二酸二乙二醇酯	80	+4
邻苯二甲酸二辛酯	28	+2	双甘油	89	+5
聚苯醚 OS-124	45	+3	TCEP	98	+5
磷酸三甲酚酯	46	+3	β,β'-氧二丙腈	100	+5

由于相对极性分类法主要反映了样品与固定液间的诱导作用力，而不能反映分子间的全部作用力，因此，1966 年，Rohrschneider 又提出用固定液特征常数（简称罗氏常数）描述固定液的极性。1970 年，McReynold 在罗氏常数基础上改进，提出麦氏固定液特征常数。固定液特征常数能更确切地反映固定液的极性及评价固定液，有利于固定液的选择。

固定液的选择一般可以根据相似性原则选择固定相，即所选的固定液的性质应与被分离组分在某些性质如官能团、化学键、极性和某些化学性质等方面有所相似，则组分与固定液分子间的作用力大，溶解度大，从而有较大的分配系数，以实现良好的分离。一般选择方法及流出顺序见表 12-2。

表 12-2　固定液选择的一般规律

分离对象	固定液（级别）	主要作用力	流出顺序
非极性物质	非极性（0，+1）	色散力	沸点低的组分先流出色谱柱 沸点相同，极性大的组分先流出色谱柱
中等极性物质	中等极性（+2，+3）	色散力	沸点低的组分先流出
		诱导力	沸点相同，极性小的先流出
强极性物质	极性（+4，+5）	定向力	极性小的组分先流出
能形成氢键的物质	氢键型	色散力	难形成氢键的先流出

（二）载体

气-液色谱固定相由载体和固定液构成，载体为固定液提供了一个惰性表面，使它能在表面铺展成薄而均匀的液膜，成为分配平衡的相。

（1）一般要求：① 单位重量的载体要有较大的表面积，有合适的孔隙结构；② 具有化学惰性；③ 热稳定性好；④ 要有一定的机械强度，保证固定相在制备和填充过程中不易粉碎。

（2）载体的分类：气相色谱用载体种类很多，但常将其分为硅藻土型和非硅藻土型两大类。非硅藻土型载体种类不一，用于特殊用途，下面主要介绍硅藻土类载体。

（3）硅藻土型载体：硅藻土载体是气-液色谱柱中最常用的载体，主要成分是二氧化硅及少量无机盐。根据制造方法的不同，又可分为红色和白色两种载体。

红色和白色载体为同一原料，只是制造方法有所不同，结果两种载体的物理性质也有所不同:红色载体基本保持原有的细孔结构,表面孔隙密集,孔径较小,平均约 1 μm;结构紧密,机械强度较好;表面积较大,能够负荷较多的固定液,柱效较高,适宜与非极性固定液配伍,用于分析非极性物质。白色载体由于助熔剂(Na_2CO_3)的作用,破坏了硅藻土中大部分细孔结构,由硅酸钠玻璃把它们黏结为较大的疏松颗粒,于是孔径大,表面积较小,机械强度较差。但白色载体有一个较为惰性的表面,故其表面吸附作用和催化作用较小,常与极性固定液配伍,分析强极性组分。

(4) 载体的钝化:由于某些载体的表面对组分和固定液不是惰性的,使用时根据分析的目的,往往要作必要的表面处理,常采用下面的方法。

① 酸洗法:一般用 6 mol/L 的盐酸浸泡 20～30 min,滤去盐酸,水洗至呈中性。然后用甲醇或乙醇漂洗,烘干备用。酸洗可除去铁和铝杂质原子,适宜分析酸性组分。

② 碱洗法:一般用 5%KOH -甲醇溶液浸泡,再用水冲洗至中性,烘干备用。碱洗目的是除去表面的 Al_2O_3 等酸作用点,适宜于分析碱性组分。

③ 硅烷化法:用硅烷化试剂和载体表面的硅醇基团起反应,可以除去表面的氢键结合能力,从而改进载体的性能。硅烷化载体适宜于涂布非极性和弱极性固定液。

二、气-液色谱填充柱的制备

(一) 固定液的涂渍

准确称取与载体重量一定比例的固定液,溶于适量的挥发性溶剂中(溶剂刚浸没载体即可),待完全溶解后,将载体一次加入。待溶剂完全挥发后,则涂渍完毕。乙醚、氯仿、丙酮、乙醇、苯等为常用溶剂。

固定液与载体的比例一般为 3%～20% ,高温固定液用低配比,又根据范氏方程式的讨论,固定液薄膜薄时,柱效高。因而在容量因子(k)适当的前提下,应尽量降低固定液的配比。

(二) 固定相的老化

涂渍完毕的固定相,不能马上使用,必须加热老化。其目的有二:一是彻底除去残余的溶剂及挥发性杂质;二是促进固定液均匀地、牢固地分布在载体表面。

老化方法可采用两步老化法。先放入烘箱老化(静态老化);然后装入柱子再连在仪器上,用较低的载气流速,在略高于实验使用温度、低于固定液的最高使用温度的条件下,处理几小时至十几小时,至基线平直为止(动态老化)。

(三) 色谱柱的填充

新不锈钢空柱管可用 5%NaOH 溶液、水(洗至中性)、醇、乙醚依次洗涤。洗毕,放入烘箱烘干,在干燥器中保存。螺旋柱可用抽气减压法填充。用玻璃棉将空柱的一端塞牢,经缓冲瓶与抽气机连接,柱的另一端装上漏斗,徐徐倒入装有固定液的载体,边抽边轻敲柱,至装满为止。

第三节 检 测 器

检测器是将流出色谱柱的载气中被分离组分的浓度(或质量)变化转化为电信号(电压或电流)变化的装置。常用检测器可分为浓度型及质量型检测器两大类。

浓度型检测器:检测器给出的信号强度与进入检测器的载气中组分的浓度成正比。进样量一定时,峰面积与载气流速成反比。浓度型检测器包括热导、电子捕获及截面积离子化检测器等。

质量型检测器:检测器给出的信号强度与单位时间内由载气引入检测器中组分的质量成正比,与组分在载气中的浓度无关,因此峰面积与载气流速无关。质量型检测器包括氢焰离子化、氩离子化、氦离子化及火焰光度检测器等。

一、热导检测器

热导检测器(thermal conductivity detector ,TCD)结构简单,稳定性好,线性范围宽,对无机和有机可挥发性物质均有响应。灵敏度低是其缺点。

1. 测定原理

热导检测器实际上就是个热导池,由池体、热敏元件及相应的电路组成,在各对称孔道里,同轴安装一根材质、长短、阻值均相等的螺旋形热阻丝,一对孔道里流过纯载气,这一对热丝称为参考臂,另一对孔道接在色谱柱后,流过带有组分蒸气的载气,称为测量臂。目前仪器多采用四臂池提高检测灵敏度,见图 12-2 所示。

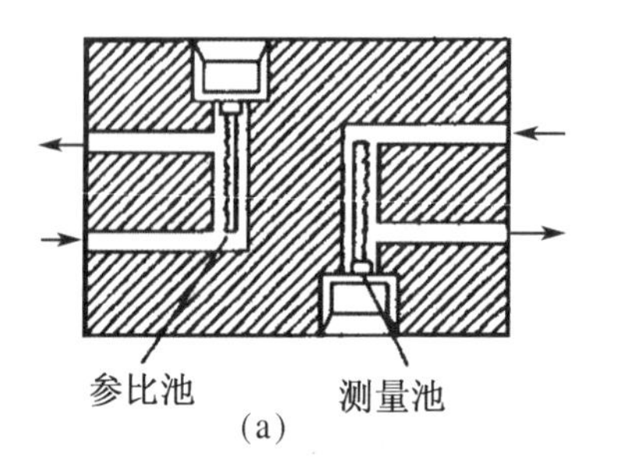

(a)

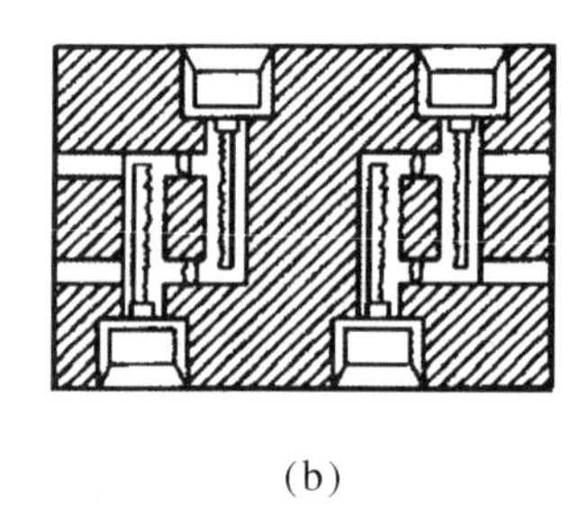
(b)

图 12-2 热导池示意图
(a) 双臂池 (b) 四臂池

热导检测器的检测原理基于不同的组分有与载气不相同的热导率(λ)。经色谱分离后的组分先后进入测量臂时,由于组分和载气组成的二元混合物的热导率与纯载气不同,引起测量臂热丝温度的变化。热丝温度的变化引起其电阻值的变化,结果使测量臂电阻值与参考臂电阻值不等,则电桥有信号输出。在其他操作条件恒定时,输出信号大小是组分浓度的函数。

2. 载气的选择

在热导池体温度与载气流速等实验条件恒定时,检测器的灵敏度决定于载气与组分热导率λ之差,两者相差越大,电阻改变越大,越灵敏。常用的载气有氮气、氢气和氦气。氮气的热导率比较小,与多数有机物的热导率[一般小于 3×10^{-2} W/(m·K)]相差较小,因此用氮气为载气时,灵敏度低,有时出倒峰是又一缺点。若选用氢气为载气可获得较高的检测灵敏度,而且不出倒峰,但其缺点是不安全。氦气较理想,但价格较贵。

3. 使用热导检测器需注意的几个问题

(1) 热导检测器为浓度型检测器,在进样量一定时,峰面积与载气流速成反比,因此用峰面积定量时,需保持流速恒定。

(2) 不通载气不能加桥电流,否则热导池中的热敏元件易烧断。

(3) 桥电流的大小与载气的热导率及检测器恒温箱(检测器室)的温度有关。选择的原则是,散热多(载气的热导率大、检测室温度低)可选较大的桥电流。在灵敏度够用的情况下,应尽量采用低桥电流，以保护热敏元件。

二、氢火焰离子化检测器

氢火焰离子化检测器(hydrogen flame ionization detector)，简称氢焰检测器(FID)，是目前应用最广的一种检测器。它的特点是几乎对所有有机物都产生响应，而且灵敏度高(可达 10^{-12} g/s 左右)；线性范围宽，在 10^7 以上；死体积小，响应迅速，可用于快速色谱分析，特别适合于毛细管柱。但是它对非烃类、惰性气体、火焰中不电离(如水)的物质信号很小或无信号。

1. 结构与原理

氢焰检测器由一个能源和一个电场组成，能源就是氢氧焰。电场由置于火焰上方的圆筒状收集极和一端置于下方的圆环状发射极组成，燃气(氢气)和载气从喷嘴进入检测室，助燃气从喷嘴四周导入。引燃后，在喷嘴尖端形成氢氧扩散焰，当组分随载气进入火焰时，就生成正离子和负离子。它们各自向相反的电极运动而形成电流，此电流很微弱，只有 10^{-8}～10^{-13} A。输入放大器放大后，在记录仪上被记录下来，见图 12-3 所示。

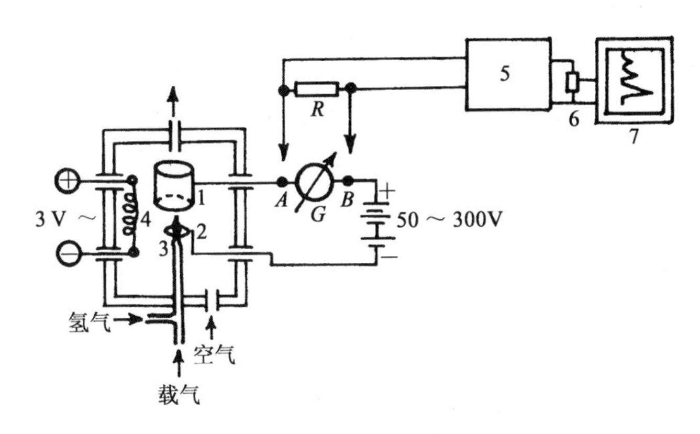

图 12-3　氢焰检测器检测原理示意图

1. 收集极　2. 极化环　3. 氢火焰　4. 点火线圈
5. 微电流放大器　6. 衰减器　7. 记录器

2. 使用氢焰检测器的几个注意事项

(1) 氢焰检测器为质量型检测器，峰面积取决于单位时间引入检测器中组分的质量。在进样量一定时，峰高与载气流速成正比。在用峰高定量时，需保持载气流速恒定。而用峰面积定量则与载气流速无关。

(2) 用氢焰检测器时，多用氮气为载气。通常流量之比为 N_2 ∶ H_2(燃气)＝1∶1～1.5∶1，H_2 ∶空气(助燃气)＝1∶5～1∶10。

三、检测器的性能指标

一台性能优良的检测器应具备灵敏度高、检测限低、死体积小、响应迅速、线性范围宽、稳定性好(对温度、流动相速度、电压等操作条件的变化不敏感)的特点。

1. 灵敏度(sensitivity)

灵敏度可定义为响应信号对进入检测器的组分量的变化率。

由于各种检测器的响应特征不同，灵敏度的表示方式和量纲也不同。对于浓度型检测器，其响应信号正比于载气中组分的浓度；对质量型检测器，响应值取决于单位时间进入检测器的组分量。

2. 检测限(detectability)

要使检测器的灵敏度提高，可以通过放大器把信号放大到所需水平。但同时也将检测器本身的噪声放大。在噪音比较大的情况下，微量组分是无法检测的。此时灵敏度虽然很高，但缺乏实际意义。噪音限制了被测组分的检出量。可见性能优良的检测器不仅灵敏度要高，且本身的噪声要小，即检测限低。检测限定义为信号是噪音 2 倍或 3 倍(信噪比等于 2 或 3)时该信号所代表的是物质的质量(或浓度)。

3. 线性范围(linear range)

线性范围指检测器对组分的响应呈线性关系时的最大允许样品量与最小样品量之比。线性范围与定量分析有密切关系，线性范围宽表明该检测器对常量、微量组分都能准确地进行定量。

第四节　分离条件的选择

固定相、柱温及载气流速的选择是气相色谱分离条件选择的三个主要方面。而条件选择的最后效果要以最难分离物质对的分离情况而定，色谱分析用分离度 R 来衡量两物质分离的程度。

一、分离度

分离度(R)又称分辨率，定义式如下：

$$R=\frac{t_{R2}-t_{R1}}{\frac{W_1+W_2}{2}}=\frac{2(t_{R2}-t_{R1})}{W_1+W_2} \tag{12-1}$$

式中：t_{R2}、t_{R1}分别为组分 1、2 的保留时间；

W_1、W_2分别为组分 1、2 的色谱峰的峰宽。

两色谱峰峰尖距离与峰宽均值的比值为分离度。

假设色谱峰为正常峰，且 $W_1 \approx W_2$。若 $R=1$，峰尖距(Δt_R)$=4\sigma$，此种分离状态称为 4σ 分离，峰基略有重叠，裸露峰面积$\geqslant$95.4%($t_R \pm 2\sigma$)。若 $R=1.5$，峰尖距(Δt_R)$=6\sigma$，称为 6σ 分离，两峰完全分开，裸露峰面积$\geqslant$99.7%($t_R \pm 3\sigma$)。在做定量分析时，为了能获得较好的精密度和准确度，应使 $R \geqslant 1.5$。

经式(12-1)推导，分离度与柱效(n)、分配系数比(α)及容量因子(k)间关系如下：

$$R=\underset{(a)}{\frac{\sqrt{n}}{4}}\underset{(b)}{\left(\frac{\alpha-1}{\alpha}\right)}\underset{(c)}{\left(\frac{k_2}{1+k_2}\right)} \tag{12-2}$$

a 为柱效项，b 为柱选择性项，c 为柱容量项，n 为理论塔板数，k_2为色谱柱上相邻两组分的第二组分的容量因子，α 为分配系数比，$\alpha=K_2/K_1=k_2/k_1$。

由式(12-2)可看出，若 $K_1=K_2$，则 $\alpha=1$、$(\alpha-1)/\alpha=0$，无法分离。这也证明了分配系数不等是分离的前提。在 $K_1 \neq K_2$的前提下，n、α 及 k_2越大，分离度越大。但三个参数对 R 的影响有所不同，n 影响峰胖瘦，α 影响峰间距，k 影响峰位，如图 12-4 所示。

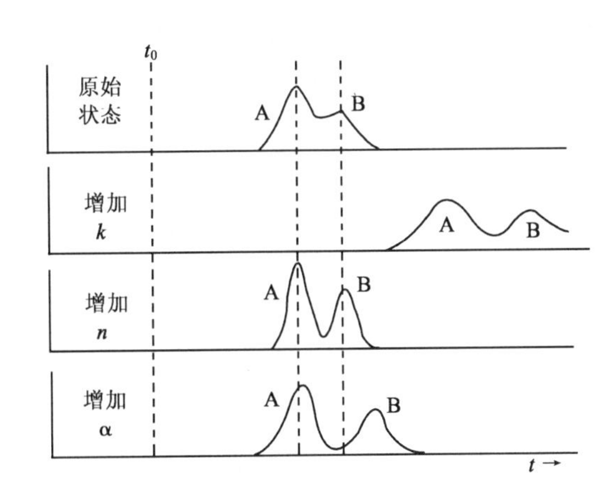

图 12-4　容量因子(k)、柱效(n)及分配系数比(α)对分离度的影响

二、实验条件的选择

在分离度的三项影响因素中，n 主要由色谱柱的性能(固定相的粒度与粒度分布、固定液涂层厚度、柱填充均匀程度及柱长等)所决定。α 主要受固定相性质的影响，而 k 主要受柱温所左右。选择不同性质的固定相，才有可能使几个被分离组分与固定相的分子间作用力存在着差别，而使这些组分的 k 及 K 不等或增大。只有在 $\alpha \neq 1$ 的前提下，改变柱温才可能使 R 增大。除了难分离的物质对之外，在多数情况下，组分的性质、分子结构存在着差别，因此，最常用改变柱温的办法来改善分离度。

1. 柱温的选择

柱温是一个重要的操作变数，而且柱温的变化对不同组分的影响程度不是等效的。若有两类化合物在某一柱温下不能分离，当柱温改变 20℃，就有可能完全分离。柱温主要影响分配系数、容量因子、组分在流动相中的扩散系数和在固定相中的扩散系数，从而通过影响柱选择性、柱效来影响分离度和分析时间。

选择柱温首先要考虑到每种固定液都有一定的使用温度。柱温不能高于固定液的最高使用温度，否则固定液挥发流失。柱温对组分分离的影响较大，提高柱温使柱选择性降低，不利于分离，所以从分离的角度考虑，宜采用较低的柱温；但柱温太低，被测组分在两相中的扩散速率大大减小，分配不能迅速达到平衡，峰形变宽而柱效下降，并延长分析时间。选择的原则是：在使最难分离的组分有尽可能好的分离前提下，尽可能采取较低的柱温，但以保留时间适宜、峰形不拖尾为度。

具体操作条件的选择应根据样品的性质确定。对于高沸点(300～400℃)化合物，一般低于其沸点 100～200℃。为了改善液相传质速率，可用低固定液配比(1%～3%)的色谱柱。

对于沸点不太高(200～300℃)的混合物，柱温比其平均沸点低 100℃，固定液含量 5%～10%。对于沸点在 100～200℃的混合物，柱温可选在其平均沸点的 2/3 左右处，固定液含量 10%～15% 。对于气体、气态烃等低沸点混合物，柱温选在其沸点或沸点以上，以便能在室温或 50℃以下分析；固定液含量一般在 15%～25% 。

对于沸点范围较宽的试样，宜采用程序升温，即柱温按预定的加热速度，随时间作线性或非线性的增加。在较低的初始温度，沸点较低的组分(即最早流出的峰)可以得到良好的分离。随柱温增加，较高沸点的组分也能较快地流出，并和低沸点组分一样也能得到分离良好的尖峰。图 12-5 为宽沸程试样在恒定柱温及程序升温时的分离效果比较。图中(c)为程序升温时的分离情况,从 30℃开始,升温速度为 5℃/min,低沸点及高沸点组分都能在各自适宜的温度下得到良好的分离。

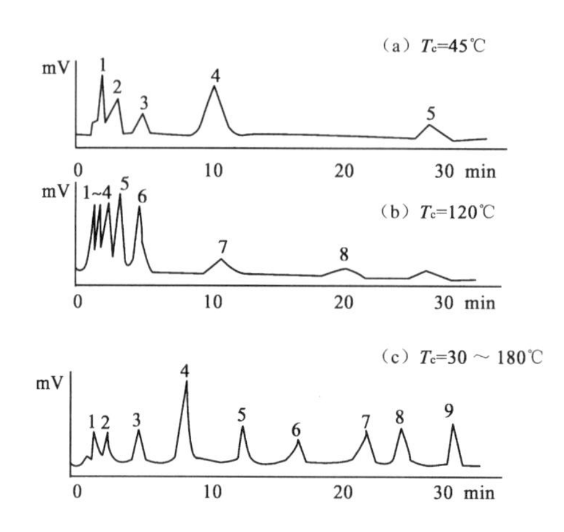

图 12-5　宽沸程混合物的恒温色谱与程序升温色谱分离效果的比较

1. 丙烷(-42℃)　2. 丁烷(-0.5℃)　3. 戊烷(36℃)　4. 己烷(68℃)　5. 庚烷(98℃)　6. 辛烷(126℃)　7. 溴仿(150.5℃)　8. 间氯甲苯(161.6℃)　9. 间溴甲苯(183℃)

2. 柱长和内径的选择

分离度随柱长平方根的增加而增加,但分析时间却随柱长增加而呈线性增加。因此在达到一定分离度的条件下应尽可能使用短柱,一般填充柱柱长为 1～5 m。色谱柱的内径增加会使柱效下降,一般柱内径常为 2～6 mm。

3. 载气及其流速的选择

对一定的色谱柱和样品,有一个最佳的载气流速,此时柱效最高。在实际工作中,为了缩短分析时间,往往使流速稍高于最佳流速,因为 $H-u$ 曲线底部较平坦,流速适当提高,柱效下降很少,而分析时间却可以节省许多。由范氏方程可知,当流速较小时,分子扩散项(B/u 项)成为色谱峰扩张的主要因素,此时应采用相对分子质量较大的载气(N_2,Ar),使组分在载气中有较小的扩散系数;而当流速较大时,传质阻力项(Cu 项)为控制因素,宜采用低相对分子质量的载气(H_2,He),此时组分在载气中有较大的扩散系数,可减小气相传质阻力。选择载气还应考虑对不同检测器的适应性。

4. 进样量

对于高灵敏度的检测器,样品量小有利于得到良好分离。液体试样一般进样量为 0.1～5 μl,气体试样为 0.1～10 μl。

5. 气化温度

气化温度一般等于或高于样品沸点,以保证瞬间气化,减小初始带宽。但过高的气化温度会造成某些热稳定性差的样品分解。在保证试样不分解的情况下,适当提高气化温度对分离及定量分析有利,尤其当进样量大时更是如此。一般选择气化温度比柱温高 30～70℃。

第五节　定性与定量分析方法

一、定性分析

（一）利用保留值定性

利用保留值定性是最常用的色谱定性方法，这种方法只需在固定相和操作条件不变时，比较保留值就可判断组分的异同。

1. 利用相对保留值定性

在实际工作中会发现，尽管固定相相同，但由于填充密度、固定液配比、载体惰性、柱使用时间及其他操作条件的差别，同一组分的保留值不同。相对保留值仅与柱温有关，不受操作条件的影响，可以消除操作条件不一致带来的误差。

2. 利用多柱定性

不同组分有可能在同一柱上具有相同的保留值，因此未知组分和已知物的保留值一致，有时也不能完全肯定两者是同一物质。利用双柱或多柱进行保留值比较定性，使原来具有相同保留值的不同组分分开，增加了定性的可靠性。在选择不同柱子时，应使柱的极性有较大差别。

（二）与其他方法结合定性

1. 利用化学反应进行定性

利用化学反应进行定性分析是一种简易而不需要附加复杂仪器的方法。可在柱后安装一分流装置，让一部分柱后流出物进入检验试剂中，另一部分仍进入检测器。从检验试剂的颜色变化可以估计出含何种官能团。

例如，鉴定醛、酮可用 2,4 -二硝基苯肼试剂，产生橙色沉淀，则说明组分为 1～8 个碳原子的酮或醛，检查极限为 20 μg。

2. 与质谱、红外光谱仪等联用定性

气相色谱与质谱、红外光谱等联用技术是近年来发展起来的定性方法，是目前解决复杂未知物定性问题的最有效工具。联用技术是利用了气相色谱法的分离特性，又发挥了质谱或光谱的定性功能。联用方式有两种，一种是色谱流出物直接进入质谱仪或红外光谱仪，或其他物理检测器；另一种是将柱后流出物先用冷阱或其他收集器收集后，再送入相应的仪器进行分析。

(1) 气相色谱-质谱联用仪(GC - MS)：由于质谱的灵敏度高(需样量仅为10^{-11}～10^{-8}g)、扫描时间快(0～1000 质量数，扫描时间可小于 1 s)的特点，可以与毛细管色谱仪联用，是目前最成功的联用仪器。用联用仪测定，在获得色谱图的同时，可得到对应于每个色谱峰的质谱图。根据质谱可对每个色谱组分(峰)定性。

(2) 气相色谱-红外光谱联用：一般光栅红外分光光度计扫描速度慢(全波数扫描需时数分钟)及灵敏度低，不能满足“在线”联用的要求。傅里叶变换红外分光光度计(FTIR)扫描速度快(全波数扫描 0.1 至几秒)，灵敏度高(可累加)，还由于红外吸收光谱的特征性强，因此 GC - FTIR 也是一种很好的联用仪器。但其灵敏度与图谱自动检索还不如 GC - MS。

二、定量分析

色谱定量分析的依据是被测组分的重量或其在载气中的浓度与检测器的响应信号成正比。对普遍应用的微分型检测器来说，即物质的量正比于色谱峰面积(或峰高)。欲准确定量，必须准确地测出峰面积 A 或峰高 h，求出比例常数 f(称为定量校正因子)，并正确选用定量计算方法，将测得组分的峰面积换算为百分含量。

(一) 校正因子

由于同一检测器对不同的物质具有不同的响应值，所以两个相等量的物质得出的峰面积往往不相等，因此不能用峰面积直接计算物质的含量。为了使检测器产生的响应信号能真实地反映出物质的含量，就要对响应值进行校正，因此引入定量校正因子。

(1) 绝对校正因子 f'_i

色谱分析中，物质的量正比于色谱峰面积：

$$W_i = f'_i A_i \tag{12-3}$$

式中：f'_i 称为绝对重量校正因子，物理意义是单位峰面积所代表物质的重量。

(2) 相对校正因子 f_i

由于 f'_i 值与质量绝对值成正比，在定量时要精确求出 f'_i 值往往是比较困难的。为此，提出相对校正因子的概念来解决色谱定量中样品质量与峰面积的关系。

所谓相对校正因子，即某物质与一标准物质的绝对校正因子之比值，我们平常所指的校正因子都是相对校正因子。按被测组分使用的计量单位的不同，可分为重量校正因子、摩尔校正因子和体积校正因子。重量校正因子(f_W)是一种最常用的定量校正因子，即

$$f_W = \frac{f'_i(W)}{f'_s(W)} = \frac{A_s \cdot W_i}{A_i \cdot W_s} \tag{12-4}$$

式中：下标分别代表被测物和标准物。

摩尔校正因子(f_M)是以摩尔数计量的，体积校正因子(f_V)用于气体样品，以体积计量，因为 1 摩尔任何气体在标准状态下其体积都是 22.4 L，所以对于气体分析，使用摩尔校正因子可得体积百分数。

(二) 几种常用的定量方法

定量方法是把峰面积计算数据与各组分的响应特性联系起来，通过计算求得组分的含量。

1. 归一化法

当试样中各组分都能流出色谱柱，而且检测器对它们都产生信号时，可用此法进行定量计算。若样品含 n 个组分，则组分 i 的百分含量为

$$c_i(\%) = \frac{A_i f_i}{A_1 f_1 + A_2 f_2 + A_3 f_3 + \cdots + A_n f_n} \times 100 \tag{12-5}$$

f_i 为校正因子，归一化法适用于常量分析，其优势在于简便、定量结果与进样量无关(在色谱柱不超载的范围内)、操作条件变化时对结果影响小。但是，当在一定时间内高沸点组分不能从色谱柱流出、某组分在检测器上没有响应的样品、测定低含量尤其是微量杂质组分时，一般不宜采用归一化法定量计算。

2. 内标法

若测定样品中一个或几个组分的含量，可以把一定量的样品中不含有的某一种纯物质加入到样品中作为内标物，然后进行色谱定量分析。通过测出内标物的峰面积和待测定的组分峰面积计算该组分含量的方法叫做内标法。如测定试样中组分 i(重量为 m_i)的百分含量 $c_i\%$，可于试样中加入重量为 m_s 的内标物，试样重为 m，则

$$\frac{m_i}{m_s} = \frac{A_i f_i}{A_s f_s}$$

$$\therefore c(\%)=\frac{m_i}{m}\times 100=\frac{A_i f_i}{A_s f_s}\cdot\frac{m_s}{m}\times 100 \quad (12-6)$$

内标法是通过测量内标物及待测组分的峰面积的相对值来进行计算的。因而由操作条件而引起的误差，都将同时反映在内标物及待测组分上而得到抵消，所以可得到较准确的结果。内标物很重要，选择时要注意：① 应该是试样中不存在的纯物质；② 加入量应接近被测组分的含量；③ 内标物的色谱峰位于被测组分色谱峰附近或几个被测组分色谱峰中间；④ 内标物与被测组分的理化性质相近。

内标法定量较准确，定量结果与进样量无关，且不像归一化法有使用上的限制；但每次分析都要准确称取试样和内标物的重量，操作繁琐，不宜于作快速分析。内标法也可以采用制作标准曲线的方法，求得组分的含量。配制一系列组分标准品与内标物(m_i/m)不同的混合物，分别进样分离后测得它们的峰面积比(A_i/A)，然后以组分和内标物的峰面积比对重量比（或浓度比）作图，得一校正曲线。称取一定量样品，加入一定量内标物，分离后测组分和内标物峰面积比，从校正曲线上查得相应重量比，计算百分含量。这种方法称为内标标准曲线法。

例如：无水乙醇中的微量水分的测定。

(1) 样品配制

准确量取被检无水乙醇 100 ml，称量为 79.37 g。用减重法加入无水甲醇（内标物）约 0.25 g，精密称定为 0.257 2 g，混匀待用。

(2) 实验条件

色谱柱：上试 401 有机载体（或 GDX-203）；柱长 2 m；柱温：120℃；气化室温：160℃。

检测器：热导池。

载气：H_2，流速 40～50 ml/min。

测得数据：① 水：$h=4.60$ cm，$W_{1/2}=0.130$ m（用读数显微镜测得）；② 甲醇：$h=4.30$ cm，$W_{1/2}=0.187$ cm（用读数显微镜测得）。

(3) 重量百分含量计算

① 用峰面积表示的相对重量校正因子 $f_{H_2O}=0.55$；$f_{甲醇}=0.58$。计算：

$$w_{H_2O}(\%)=\frac{1.065\times 4.60\text{ cm}\times 13.0\text{ cm}\times 0.55}{1.065\times 4.30\text{ cm}\times 0.187\text{ cm}\times 0.58}\times\frac{0.257\,2\text{ g}}{79.37\text{ g}}\times 100$$
$$=22.8=23(W/W)$$

② 用峰高表示重量校正因子 $f_{H_2O}=0.224$；$f_{甲醇}=0.340$。计算：

$$w_{H_2O}(\%)=\frac{4.60\text{ cm}\times 0.224}{4.30\text{ cm}\times 0.340}\times\frac{0.257\,2\text{ g}}{79.37\text{ g}}\times 100=0.228(W/W)$$

(4) 重比容百分含量(W/V)在药物分析中常用，可将$W/W(\%)$用乙醇的密度换算成$W/V(\%)$，也可直接计算。

$$w_{H_2O}(\%)=\frac{4.60\text{ cm}\times 0.224}{4.30\text{ cm}\times 0.340}\times\frac{0.257\,2\text{ g}}{100\text{ ml}}\times 100=0.18(W/V)$$

用内标法定量需已知校正因子，查表或自测，否则可用内标对比法定量。

3. 内标对比法（已知浓度样品对照法）

内标对比法是内标法的一种应用，在药物分析中，校正因子经常不知，则可用此法。先配制已知浓度的标准样品，加入一定量内标物，再将内标物按相同量加入同体积样品溶液中，分别进样，由下式计算样品含量。

$$\frac{\left(\frac{A_i}{A_s}\right)_{样品}}{\left(\frac{A_i}{A_s}\right)_{标准}}=\frac{(c_i\%)_{样品}}{(c_i\%)_{标准}}$$

$$(c_i\%)_{样品}=\frac{\left(\frac{A_i}{A_s}\right)_{样品}}{\left(\frac{A_i}{A_s}\right)_{标准}}\cdot(c_i\%)_{标准} \tag{12-7}$$

对于正常峰,则可用峰高 h 代替峰面积 A 计算含量,计算大为简化。

$$(c_i\%)_{样品}=\frac{\left(\frac{h_i}{h_s}\right)_{样品}}{\left(\frac{h_i}{h_s}\right)_{标准}}\cdot(c_i\%)_{标准} \tag{12-8}$$

配制标准样品溶液相当于测定相对校正因子。

4.外标法

外标法可分为工作曲线法和外标一点法。工作曲线法就是应用待测组分的纯物质来制作标准曲线:配不同浓度的欲测组分的标准样品,测得响应值(峰面积或峰高),然后绘制响应值与含量关系的校正曲线。在相同条件下,注入相同体积的被测样品,测得响应值,再从校正曲线上查得含量。此法的优点是操作简单,计算方便,但结果的准确度受进样量重现性和操作条件稳定性的影响。当被测试样中组分浓度变化范围不大时可不必绘制标准曲线,而用外标一点法:配制一个和被测组分含量十分接近的标准溶液,定量进样,由被测组分和外标组分峰面积比或峰高比来求被测组分的含量:

$$c_i\%=\frac{A_i}{(A_i)_s}(c_i)_s\% \tag{12-9}$$

式中:A_i和$(A_i)_s$分别为被测组分和外标物的峰面积;$(c_i)_s\%$为外标物浓度。

此法假定标准曲线是通过坐标原点的直线,因此可由一个外标物浓度及响应值决定校正直线,因而称之为外标一点法。

第六节　应用与实例

气相色谱法在药物分析中的应用非常广泛,主要包括:微量水分测定、杂质检查、药物的含量测定、药物合成反应程度的监控、中药成分分析、制剂分析、药物代谢研究及临床诊断等。现举几例说明。

1. 微量水分的测定

气相色谱法可以测定许多有机溶剂或药物中微量水分的含量。由冰醋酸中微量水分测定证明完全可以代替 Karl Fisher 法,准确度相当,省去了配制卡氏试剂的麻烦,而且不受环境湿度的影响。除柱温 140℃外,与本章第五节"无水乙醇中微量水分的测定"实验条件及实验方法完全一致。还可用类似的条件测定抗生素类药物中的微量水分。

2. 药物有机溶剂残留量的测定

药物中有机溶剂残留量测定在药典中可用不同的方法表述:

(1) 有机溶剂残留量限度,列在质量标准项下,如秋水仙碱中的氯仿和醋酸乙酯。

(2) 列出一个应限制残留溶剂的总表,中国药典(2010 年版)、美国药典、欧洲药典的有机溶剂残留量都列出了限度范围。苯、氯仿、1,4-二氧六环、二氯甲烷、吡啶、甲苯及环氧乙烷等有机溶剂残留量测定法参见中国药典(2010 年版)二部。

3. 药品含量测定

中成药中挥发性成分可用气相色谱分析,如冰片及麝香等的含量测定。

例如牛黄解毒片、冠心苏合丸及复方丹参片中冰片的含量测定(图 12-6)。

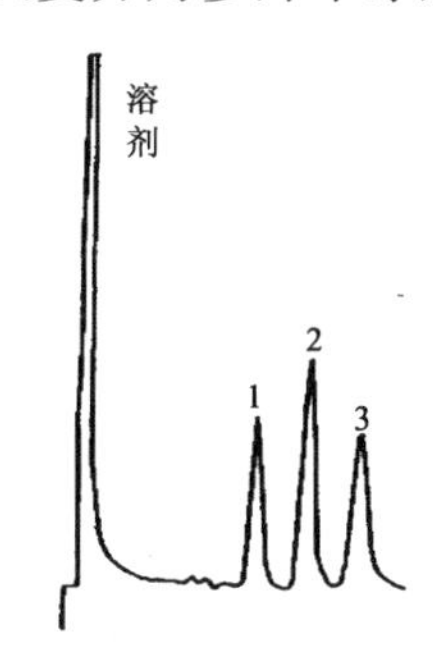

图 12-6 牛黄解毒片中冰片的含量测定

1. 异龙脑 2. 龙脑 3. 内标物(十五烷) 溶剂:乙酸乙酯

(1) 实验条件

色谱柱:聚乙二醇己二酸酯/101AW 载体(100～120 目),内径 3 mm,长 2 m。

柱温:100℃;进样器:220℃;检测器:FID;载气:氮气 20 ml/min;内标物:正十五烷。

(2) 样品溶液的配制

以牛黄解毒片为例。取样品 10 片,精密称重,求出平均片重,粉碎,混匀,精密称取平均片重的 4 片量药粉,加 25 ml 乙酸乙酯,振摇后静置。取上层清液 2 ml 与 0.20%内标液 2 ml 混匀,进样 1 μl。

(3) 标准溶液配制

以牛黄解毒片的分析为例。按药典取 4 片牛黄解毒片所含冰片量(4×25 mg)精密称定,放入 50 ml 容量瓶中,加入 25 ml 0.20%内标液 2 ml 混匀,进样 1 μl。

(4) 含量计算

用内标对比法计算含量。

小 结

一、基本理论

1. 气相色谱属于柱色谱,分为气-固色谱法(GSC)及气-液色谱法(GLC);按柱径不同,还可分为填充柱及毛细管色谱法两种。固定液一般按极性分类,固定液的选择主要遵循相似性原则。

2. 常用检测器可分为浓度型及质量型检测器两大类。热导检测器属于浓度型检测器,检测灵敏度取决于组分与载气热导率的差异大小,载气选用氢气、氦气灵敏度高;氢火焰离子化检测器属于质量型检测器,灵敏度高,死体积小,常用于检测含碳有机化合物,载气常选氮气,氢气为燃气,空气为助燃气。

3. 柱温选择原则:在使最难分离的组分有尽可能好的分离前提下,尽可能采取较低的柱温,但以保留时间适宜、峰形不拖尾为度。对宽沸程样品,可采用程序升温的方式。

4. 定性定量分析:定量方法常用归一化法和内标法,在没有校正因子的情况下,可使用内标对比法。

二、基本术语和计算公式

1. 分离度:$R=\dfrac{t_{R2}-t_{R1}}{\dfrac{W_1+W_2}{2}}=\dfrac{2(t_{R2}-t_{R1})}{W_1+W_2}$

$$R=\frac{\sqrt{n}}{4}\left(\frac{\alpha-1}{\alpha}\right)\left(\frac{k_2}{1+k_2}\right),\frac{R_1{}^2}{R_2{}^2}=\frac{L_1}{L_2}$$

2. 归一化法：$c_i(\%)=\frac{A_i f_i}{A_1 f_1+A_2 f_2+A_3 f_3+\cdots+A_n f_n}\times 100$

3. 外标法：$c_i(\%)=\frac{A_i}{(A_i)_s}(c_i)_s$

4. 内标法：$c(\%)=\frac{m_i}{m}\times 100=\frac{A_i f_i}{A_s f_s}\cdot\frac{m_s}{m}\times 100$

5. 内标对比法：$(c_i\%)_{样品}=\frac{\left(\frac{A_i}{A_s}\right)_{样品}}{\left(\frac{A_i}{A_s}\right)_{标准}}\times(c_i\%)_{标准}$

思考题

1. 名词解释：分离度，内标法，内标对比法。
2. 浓度型和质量型检测器有何不同？请各举一例说明其优缺点及应用范围。
3. 由分离度 $R=\frac{2(t_{R2}-t_{R1})}{W_1+W_2}$ 推导 $R=\frac{\sqrt{n}}{4}\left(\frac{\alpha-1}{\alpha}\right)\left(\frac{k_2}{1+k_2}\right)$，并说明 n、α、k_2 对色谱峰的影响。
4. 有下列几组样品，请分别选择气-液色谱所需固定液，并说明流出顺序：

(1) 一甲胺，二甲胺，三甲胺。

(2) 2,2-二甲基戊烷(b. p. 79.2℃)和乙醇(b. p. 78.4℃)。

(3) 二氯甲烷，三氯甲烷，四氯化碳。

习　题

一、填空题

1. 气相色谱中，________的选择是实验条件选择的关键，其选择原则是______________，对于宽沸程的样品，常采用___________的方法进行分析。

2. 氢火焰离子化检测器是气相色谱中最常用的_________型检测器，常用_______作为载气，_______为燃气，_______为助燃气。

3. 气相色谱法中，常用归一化法进行定量计算，其计算关系式为________________________________。用归一化法定量时，要求____。

二、选择题

1. 根据检测的原理和适用范围，氢火焰离子化检测器属于(　　)。

A. 通用型，质量型　　B. 通用型，浓度型

C. 选择型，质量型　　D. 选择型，浓度型

2. 采用外标法进行色谱定量分析时(　　)。

A. 要求所有组分都出峰　　B. 要求准确地进样

C. 要求已知所有组分的定量校正因子　　D. 不要求准确地进样

3. 在气液色谱中，色谱柱的使用上限温度取决于(　　)。

A. 样品中沸点最高组分的沸点　　B. 样品中各组分沸点的平均值

C. 固定液的沸点　　D. 固定液的最高使用温度

4. 气相色谱中，采用 TCD 为检测器，则哪种气体作载气灵敏度最高(　　)。

A. 氮气　　B. 氢气　　C. 氦气　　D. 空气

三、计算题

1. 在某气相色谱分析中得到以下数据：保留时间 $t_R=5.0$ min，$t_m=1.0$ min，固定液体积 $V_s=2.0$ ml，柱出口载气体积流速为 $F=15$ ml/min。计算：(1) 容量因子；(2) 死体积；(3) 分配系数；(4) 保留体积。

($k=4.0$，$V_m=15$ ml，$K=30$，$V_R=75$ ml)

2. 用一根 2 m 长的色谱柱将组分 A、B 分离，实验结果如下：空气保留时间 30 s，A 峰与 B 峰的保留时间分别为 230 s 和 250 s，B 峰峰宽为 25 s，求：色谱柱的理论塔板数；两峰的分离度；若将两组分完全分离，柱长至少为多少？

(1 600，7 m)

3. 在 2 m 的某色谱柱上，分析 A、B 的混合物。测得死时间为 0.20 min，B 的保留时间为 2.10 min，半峰宽为 0.285 cm，记录纸速为 2 cm/min。已知 A 比 B 先流出色谱柱，且 A 与 B 的分离度为 1.0。求：(1)A 与 B 的分配系数比(α)；(2)A 的容量因子与保留时间；(3)若 A、B 完全分离，柱长需几米？

($\alpha=1.1$，$k_1=8.3$，$t_{R1}=1.9$ min，柱长 4.5 m)

4. 一色谱柱的效率相当于 4.2×10^3 个理论塔板数，对于 A 和 B 的保留时间分别为 15.05 min 和 14.82 min。求：(1) 该柱能将这两个化合物分离到什么程度？(2) 若保留时间不变，分离度要达到 1.0，需要理论塔板数多少？(3) 在分离度为 1.0 时，若塔板高度为 0.10 mm，应采用多长的柱子？

($R=0.25$，675 00，6.7 m)

5. 化学纯二甲苯为邻、间、对二甲苯的混合物，用气相色谱分析，测得数据如下：

对二甲苯：$h=4.95$ cm，$W_{1/2}=0.92$ cm；

间二甲苯：$h=14.40$ cm，$W_{1/2}=0.98$ cm；

邻二甲苯：$h=3.22$ cm，$W_{1/2}=1.10$ cm。

用归一化法计算它们的含量。 (20.4%，63.4%，16.4%)

6. 用热导检测器进行冰醋酸的含水量测定，内标物为甲醇(AR)，重 0.489 6 g，冰醋酸重 52.16 g，峰高为 16.30 cm，半峰宽为 0.159 cm，甲醇峰高 14.40 cm，半峰宽为 0.239 cm，用内标法计算该冰醋酸中的含水量(%)。

(以高度及峰面积校正因子计算，含量分别为 0.70%和 0.67%)

(季一兵)

第十三章　高效液相色谱法

第一节　概　　述

高效液相色谱法(high performance liquid chromatography, HPLC)是在20世纪60年代末,以经典液相色谱为基础,引入了气相色谱的理论与实验方法,流动相改为高压输送,采用高效固定相及在线检测手段发展而成的分离分析方法。该法具有分离效能高、分析速度快及仪器化等特点,因此人们称为高效液相色谱法、高速液相色谱法(high speed liquid chromatography HSLC),高压液相色谱法(high pressure liquid chromatography)或高分辨液相色谱法(high resolution liquid chromatography)等。这些名称是在发展过程中人们根据该法的某些特点而命名的,目前多采用高效液相色谱法这一名称。

气相色谱法虽也具有快速、分离效率高、用样量少等优点,但它要求样品能够气化,从而常受到样品的挥发性限制。而高效液相色谱法只要求样品能制成溶液,而不需要气化,因此不受样品挥发性的约束。对于挥发性低、热稳定性差、相对分子质量大的高分子化合物以及离子型化合物尤为有利,如氨基酸、蛋白质、生物碱、核酸、甾体、类脂、维生素、抗生素等。相对分子质量较大、沸点较高的合成药物以及无机盐类,都可用高效液相色谱法分析。

高效液相色谱法的特点:① 适用范围广;② 分离效率高;③ 速度快;④ 流动相可选择性范围宽;⑤ 灵敏度高;⑥ 色谱柱可反复使用;⑦ 流出组分容易收集;⑧ 安全。

高效液相色谱法的分类:与经典液相色谱法的分类相同,按固定相的聚集状态可分为液-液色谱(LLC)及液-固色谱(LSC)两大类。按分离机制可分为分配色谱、吸附色谱、离子交换色谱、分子排阻色谱、亲和色谱及胶束色谱等类型,前四类为基本类型液相色谱法。

第二节　基 本 原 理

高效液相色谱法的分离机制与经典液相色谱法一致。由于流程、柱效与气相色谱法类似,因而气相色谱法中的塔板理论及动力学理论都可用于高效液相色谱,所不同的是,流动相为液体,溶质在流动相中的纵向扩散可以忽略。色谱保留值与塔板理论已在第十一章介绍,本章只介绍速率理论在高效液相色谱法中的表现形式。

根据式(11-18),液相色谱中的纵向扩散系数 $B=2\gamma D_m$,D_m为被分离组分的分子在流动相中的扩散系数(在气相色谱中用 D_g表示)。在液相色谱中,流动相为液体,粘度(η)比气体大很多,而且柱温多采用室温,一般比气相色谱低得多,而 $D_m \propto T/\eta$,因此液相色谱的 D_m约是气相色谱的 $1/10^5$。其次,为了节约分析时间,一般采用的流动相流速至少是最佳流速的3~10倍。这些因素都促使纵向扩散项 B/u 减小,一般可忽略不计。因此:

$$H=A+Cu \tag{13-1}$$

式(13-1)说明,在液相色谱法中,可以近似地认为流动相的流速与板高成直线关系。

1. 涡流扩散项

根据式(11－17),涡流扩散项 $A=2\lambda d_p$,为了使 A 减小,以提高液相色谱柱的柱效,可从两方面采取措施:

(1) 采用小粒度、粒度分布均匀及球形或接近球形的固定相(填料)。填料的直径(d_p)越小,A 越小;但 d_p越小,越难填匀(λ 大)。因此,通常多用 d_p在 3～10 μm之间的填料。选用球形与粒度均匀(RSD≤5%)的填料是为了降低 λ。另外,球形填料有助于提高柱的渗透性,降低柱压。

(2) 采用匀浆法装柱,降低 λ。目前填充高效液相色谱柱的柱效已达到每米 10 万片的水平。

2. 传质阻力系数

在液相色谱法中的传质阻力系数与气相色谱法不同,由三部分组成:

$$C=C_m+C_{sm}+C_s \tag{13-2}$$

C_m、C_{sm}及 C_s分别为在流动相、静态流动相及固定相中的传质阻力系数。静态流动相是指停留在固定相较深孔穴中的静止流动相。在填充气相色谱法中,固定液传质阻力是主要传质阻力因素,因此 $C\approx C_l$。在液相色谱法中,只有使用厚涂层并具有深孔的离子交换树脂时,C_s才起作用。而一般都采用化学键合相,"固定液"只是在载体表面的一层单分子层,因此在固定液中的传质阻力可以忽略。则 $C=C_m+C_{sm}$,将此式代入式(13－1)得:

$$H=A+C_m u+C_{sm} u \tag{13-3}$$

上式为 Van Deemter 方程式用于液相色谱法的一般表现形式。该式说明液相色谱柱的塔板高度主要由涡流扩散项、流动相传质阻力项及静态流动相传质阻力项三项组成。

3. 分离条件的选择

已知液相色谱柱的板高主要由 A、$C_m u$ 及 $C_{sm} u$ 三项组成。涡流扩散项 A 与固定相的粒度、粒度分布、形状及柱填充均匀程度等因素有关,前已讨论,不再重述。现主要讨论传质阻力对板高的影响。

降低 C_m及 C_{sm}以提高柱效,主要可从减小 d_p和增大 D_m考虑。固定相粒度对 C_m及 C_{sm}的影响,与对 A 的影响一致,可以借鉴。采用低黏度的流动相及增加柱温可以增大 D_m。在用有机溶剂为流动相的色谱法中,增加柱温易产生气泡,因此一般都在室温下实验。室温以 25℃左右为宜,太低不仅减小 D_m,而且流动相的黏度增大,柱阻加大。因此在液相色谱法中多采用低黏度流动相。例如,虽然甲醇对人体有害,因为它的黏度(0.6 mPa·s)是乙醇的 1/2,因此多用甲醇而很少用乙醇。低黏度流动相不仅能提高柱效,而且可以降低柱压。

由讨论 Van Deemter 方程式所获得的选择高效液相色谱适宜分离条件的信息可概括为:

(1) 固定相与装柱:采用小粒度、均匀分布球形固定相。LLC 及 IEC 首选化学键合相,装柱用匀浆法。

(2) 流动相:低黏度、低流量(常量分析柱用 1 ml/min)。

(3) 柱温 25℃左右为宜。

第三节　各类高效液相色谱法

近年来,高效液相色谱法发展迅猛,许多新方法相继涌现。了解其分类有助于了解各方法间的关系。分类如下:

分类表中代号:LSC 液-固吸附色谱法;LLC 液-液分配色谱法[N(normal phase)正相,R(reversed phase)反相];PIC 离子对色谱法;ISC 离子抑制色谱法;IEC 离子交换色谱法;IC 离子色谱法。AAA(amino acid analysis)氨基酸分析法;SEC 空间排阻色谱法;GPC 凝胶渗透色谱法;GFC 凝胶过滤色谱法;AC(affinity chromatography)亲和色谱;PPC(pseudophase chromatography)假相色谱法;MC(micellar chromatography)胶束色谱法;CDC (cyclodextrin chromatography) 环糊精色谱法;CEC 毛细管电色谱法;BPC 键合相色谱法(使用键合相为固定相的 LLC 与 IEC)。

前四种液相色谱法为基本类型色谱法,以 RLLC 应用最广,以 CEC 最新。CE 柱效可达 10^7 片,是生命科学研究的有力手段。

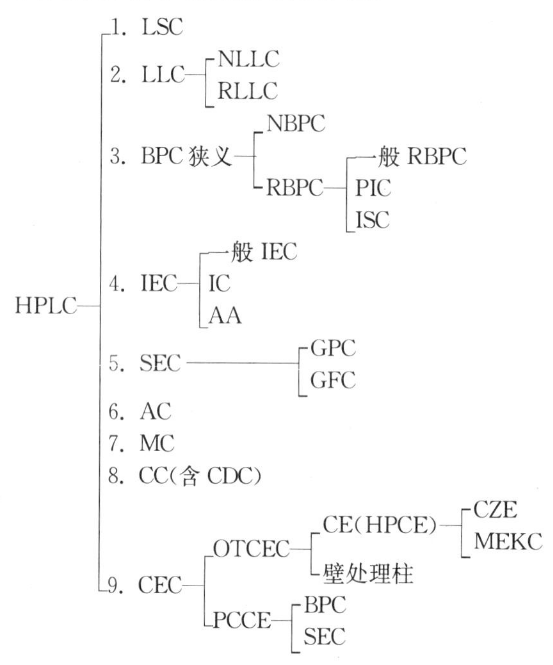

一、固定相和流动相

(一) 固定相

HPLC 固定相按承受的高压能力可分为刚性固体和硬胶两大类。刚性固体以二氧化硅为基质,它可以承受的压力为 70~100 MPa,若在它的表面键合各种官能团,其应用更广泛。硬胶由聚苯乙烯与二乙烯基苯交联而成,承受压力上限为 35 MPa,主要用于离子交换和空间排阻色谱。

固定相按孔隙深度可分为表面多孔型和全多孔微粒型两类。如图 13 - 1 所示,表面多孔型是在实心玻璃珠外面覆盖一层多孔活性物质,如硅胶、氧化铝、离子交换剂和聚酰胺等,其厚度为 1~2 μm ,以形成无数向外开放的浅孔。全多孔微粒型由直径为 10^{-3} μm 数量级的硅胶微粒凝聚而成。

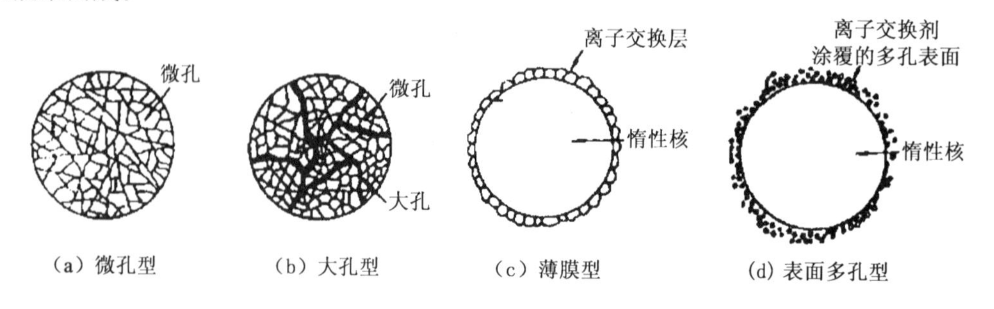

图 13 - 1 高效液相固定相类型

表面多孔型固定相的多孔层厚度小，孔浅，相对死体积小，出峰快，柱效高。但因多孔层厚度小，最大允许样品量受限制。全多孔微粒型固定相颗粒细，孔仍然浅，因此传质速率仍很快，柱效高，但需更高的操作压力，最大允许样品量比表面多孔型大 5 倍。

（二）流动相

1. 对分离的影响

流动相对分离的影响仍可用第十二章式(12-2)说明。

$$R=\underset{(a)}{\frac{\sqrt{n}}{4}}\underset{(b)}{\left(\frac{\alpha-1}{\alpha}\right)}\underset{(c)}{\left(\frac{k_2}{1+k_2}\right)}$$

虽然 n 也受流动相的流量及黏度的影响，但主要由色谱柱的性能所决定，溶剂系统主要影响容量因子 k 和分配系数比 α。选择不同种类的溶剂，会改变组分分子与固定相分子及溶剂分子的相互作用力；会改变多元溶剂系统的配比，从而改变溶剂的极性、洗脱能力；这些都会改变 k 和 α 值，影响分离度。

2. 基本要求

在 HPLC 中，流动相对分离起着极其重要的作用，在色谱柱选定之后，流动相的选择是最关键的。不论采用哪一种色谱分离方式，对用作流动相的溶剂的要求如下：

(1) 纯度高：溶剂的纯度极大地影响色谱系统的正常操作和分离效果。溶剂中若存在杂质会污染柱子，存在固体颗粒会损害高压泵或堵塞输液通道，使柱压力升高，基线漂移。

(2) 黏度低：在 HPLC 中，为获得一定流速必须使用高压，若溶剂黏度较高，压力也更高。太高的压力会使色谱柱性能降低，而且泵也容易损坏。

(3) 化学稳定性好：流动相不能与固定相或组分发生任何化学反应。

(4) 溶剂沸点要高于 55℃：低沸点溶剂挥发度大，容易使流动相浓度或组成发生变化，也容易产生气泡。

(5) 溶剂要能完全浸润固定相：溶剂对所测定的组分要有合适的极性，最好选择流动相作样品的溶剂，因为若用其他极性溶剂溶解样品，极性溶剂带入到流动相中易使组分保留时间发生变化，或者发生溶剂与流动相不相混溶的情况。

(6) 溶剂要与检测器匹配：溶剂要适合于检测器，例如采用示差折光率检测器，必须选择折光率与样品有较大差别的溶剂作流动相；采用紫外吸收检测器，所选择的溶剂在检测器的工作波长下不能有紫外吸收。

3. 洗脱方式

(1) 恒组成溶剂洗脱(isocratic elution)：用恒定配比的溶剂系统洗脱是最常用的色谱洗脱方式。方法简便、柱易再生等是其优点。但对于成分复杂的样品，往往不能兼顾两头(性质相差较大组分)的分离要求，此时需用梯度洗脱。

(2) 梯度洗脱(gradient elution)：梯度洗脱又称为梯度淋洗或程序洗提。在气相色谱法中，为了改善对宽沸程样品的分离和缩短分析周期，广泛采用程序升温的方法。而在液相色谱法中则采用梯度洗脱的方法。在同一个分析周期中，按一定程度不断改变流动相的浓度配比，称为梯度洗脱。从而可以使一个复杂样品中的性质差异较大的组分能按各自适宜的容量因子 k 达到良好分离的目的。

采用梯度洗脱的优点：① 缩短分析周期；② 提高分离能力；③ 峰形得到改善，很少拖尾；④ 增加灵敏度。但有时引起基线漂移。

现代 HPLC 仪的梯度洗脱都由微计算机控制。洗脱曲线可以指定任意形状(阶梯形、直线、曲线)。梯度洗脱又分为高压与低压梯度两种方式。高压梯度洗脱是将两种溶剂分别加压后再混合,混合比由两个泵的速度决定。低压洗脱是先将多种溶剂按比例混合,然后加压,输至色谱柱。低压梯度可用比例阀来实现。

二、液-固吸附色谱法

常用的液-固色谱固定相是硅胶、氧化铝等,一般采用5～10 μm的全多孔型微粒。通常以硅胶为固定相,实现最佳分离与流动相的选择有关。相对而言,对极性较大的组分可选较强极性的流动相,对极性小的则选择弱极性的流动相。

液-固色谱的应用范围比气-固色谱广。它特别适用于非离子的、水不溶的化合物以及几何异构体。例如非极性石油烃族的组成分析,马钱子类生物碱、吩噻嗪类药物的分析以及许多芳香族异构体分析都可以用液-固色谱来完成。

三、液-液分配色谱法

按照固定相与流动相的极性差别,可把液-液色谱法分为正相分配色谱法与反相分配色谱法两类。若流动相是非极性溶剂,固定相是极性化合物,或流动相的极性远比固定相小,称为正相分配色谱;反之,流动相是极性的,固定相是非极性的,或固定相的极性远小于流动相,称为反相分配色谱。简称正相色谱和反相色谱。

原则上,气-液色谱使用的固定液在液-液色谱中都可采用。由于在液-液色谱中,固定液容易流失,因此常用的只有几种,如氧二丙腈(ODPN),聚乙二醇(PEG),三甲撑二醇(TMG),十八烷(ODS),角鲨烷(SQ)等。

液-固色谱用的固体吸附剂可以作为液-液色谱的载体。对全多孔型载体,固定液的涂布量为5%～10%;表面多孔型载体为0.5%～1.5%。

液-液色谱的最大缺点是固定液易流失,分离的稳定性和重现性差,不适合梯度洗脱,为了减小固定液的流失,在柱前加一前置柱。前置柱的载体上涂布高含量的与分析柱相间的固定液,使流动相流经前置柱后,预先被固定液饱和。但目前绝大多数不采用物理涂布的方式,而采用键合相。使用化学键合固定相可以防止固定液的流失,增加柱寿命和稳定性,提高固定相的选择性。

在正相分配色谱中,流动相是非极性的,因此增加溶剂极性可以增强将组分从色谱柱上洗脱下来的能力。组分的出峰次序是,极性弱的组分 k 值小,先出峰;极性强的组分 k 值大,后出峰。

在反相分配色谱中,减小溶剂的极性可以增强将组分从色谱柱上洗脱下来的能力。极性弱的组分 k 值大,后出峰;极性强的组分 k 值小,先出峰。

液-液色谱可用于分离极性或非极性物质。由于出现了不同极性的键合固定相,液-液色谱法已基本上由化学键合相色谱法代替。

四、化学键合相色谱法

采用化学键合相的液相色谱称为化学键合相色谱法(chemical bond based chromatog-raphy, BPC)。化学键合相是通过化学反应将有机物分子键合在载体表面所形成的柱填充剂。这种固定相的分离机理既不是单一的吸附作用,也不是单一的液液分配机理。一般认为吸附和分配两种机理兼有,键合相的表面覆盖度大小决定何种机理起主导作用。对多数键合相来说，以分配机理为主。化学键合相具有以下优点：① 耐溶剂冲洗，这是传统的液-液分配色谱逐渐被键合相色谱取代的根本原因。② 热稳定性和化学稳定性好。在 HPLC 中，热稳定性也有一定意义，因为某些分离是在升温条件下进行的。化学键合相减少了复杂样品在表面上的不可逆化学吸附。此外，可用溶剂范围很宽，在 pH 2～8 范围内的溶剂不变质。③ 适于作梯度洗脱，有助于提高分离的选择性。

通常，化学键合相的载体是硅胶，硅胶表面的硅醇基能与合适的有机化合物反应，使具有不同极性官能团的有机物分子键合在表面而获得不同性能的化学键合相，它的制备方法主要有以下几种：硅酯化键合(Si—O—C 型)、Si—C 或 Si—N 键合型和硅烷化键合(Si—O—Si—C 型)。Si—O—Si—C 型键合相最稳定，在 pH 2～8 范围内对水稳定，且由于有机分子与载体间的牢固结合，固定相不易流失，稳定性好。

化学键合固定相根据表面键合基团的极性又可分为非极性、极性和离子性三种，非极性键合相表面都是极性很小的烃基，如十八烷基、辛烷基、甲基、苯基等。极性键合相表面则是极性较大的基团，如氰基(—CN)、氨基(—NH_2)等。离子性键合相表面键合各种离子交换基团。常用化学键合相见表 13-1。

表 13-1 常用化学键合固定相

类 型	基 团	粒 度(μm)	型 号
表面多孔型	十八烷基硅烷	37～50	ODS/Corasil
		30～40	Vydac Reverse Phase
	十八烷基三氯硅烷	27～50	Bondapak C18/Coralil
	醚 基	37～44	Permaphase ETH
	氰基硅烷	25～37	薄壳硅珠-氰基
	氨基硅烷	25～37	薄壳硅珠-氨基
	聚乙二醇	37～50	Durapal-Carbowax 400/Corasil
全多孔型	十八烷基硅烷	～10	Micropak-CH，Partisil-10ODS
	氰基硅烷	～10	Micropak-CN，Partisil-10PAC
	氨基硅烷	～10	Micropak-NH_2
	烷基苯基硅烷	13±5	Allylpheny-Sil-X-1

（一）正相键合相色谱法

正相键合相色谱法的流动相极性远小于固定相极性，采用极性键合相。流动相往往是一种混合溶剂，由非极性烃类溶剂如己烷、庚烷、异辛烷等及适量的极性溶剂如氯仿、醇、乙腈等配成，若溶剂极性增加，流动相的溶剂强度增加，则样品中组分的 k 值减小。

（二）反相键合相色谱法

反相键合相色谱法的流动相极性大于固定相极性。键合相表面都是极性很小的烃基，如十八烷基、辛烷基、甲基、苯基等。最常用的是十八烷基硅烷键合硅胶，又称 ODS 或 C_{18}。流动相为强极性的溶剂，如最常用的甲醇-水，乙腈-水等。在反相键合相色谱中，通常，容量因子 k 随着有机溶剂的增加而减小。

反相键合相色谱分离弱酸或弱碱样品时会发生拖尾，可以通过调节流动相的 pH 来抑制它们的离解，从而使分离改进，这种方法称为离子抑制法。流动相的 pH 应调节至比组分的 pK 值大(对碱)或小(对酸)两个单位以上。

在 HPLC 法中，约 80%的分离可采用化学键合相色谱法解决，特别是反相键合相色谱法，它是应用最为广泛的 HPLC 法，其主要原因是这个操作系统的简单性和灵活性。用作流动相的水和能与水互溶的有机溶剂在价格和获取方便的程度上都比正相色谱中的烃类溶剂有利。

正相键合相色谱法适用于分离中等极性化合物，如脂溶性维生素、甾族、芳香醇、芳香胺、酯、有机氯农药等。反相键合相色谱法适用于极性较小的样品的分离，它可以分离同系物、复杂的稠环芳烃及其痕量杂质，亲脂化合物如甘油三酸酯、长链烃类等，也可用于分析药物、激素、天然产物和农药残留等。

五、分离方法的选择

一般总是从相对分子质量出发，考虑样品的水溶性以及样品分子的极性与分子结构来选择分离方法。液-固色谱法主要用于分离异构体；液-液色谱法主要用于分离同系物；离子色谱法用于分离离子或可电离的物质；分子排阻色谱法用于分离分子大小不同的高聚物。

对于不同样品的分离方式的选择可参见图 13－2 。但对某一给定样品，不是只有唯一的一种分离方式可选择。采用何种方式更为合理，要综合考虑样品性质、方法特点及个人经验等因素。

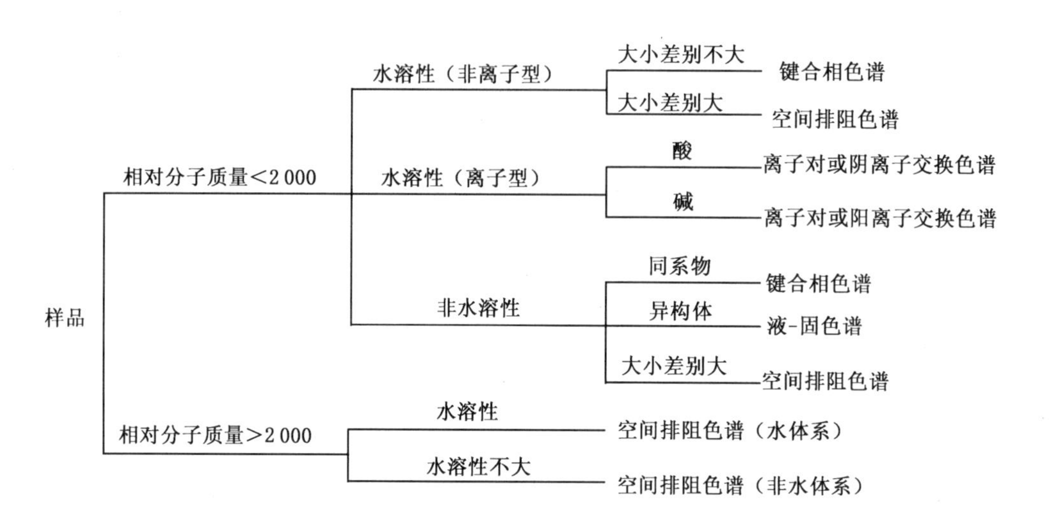

图 13－2　分离方式的选择

第四节　仪　　器

HPLC 仪是由输液泵、进样器、色谱柱、检测器及记录装置等组成(图 13－3)。输液泵、色谱柱及检测器是仪器关键部件。

一、输液泵

在 HPLC 中，是利用高压泵来实施流动相的输送任务。由于色谱柱填充物粒度细，因此阻力很大，为了达到快速、高效的分离，必须有很高的柱前压力。HPLC 仪对泵的要求主要

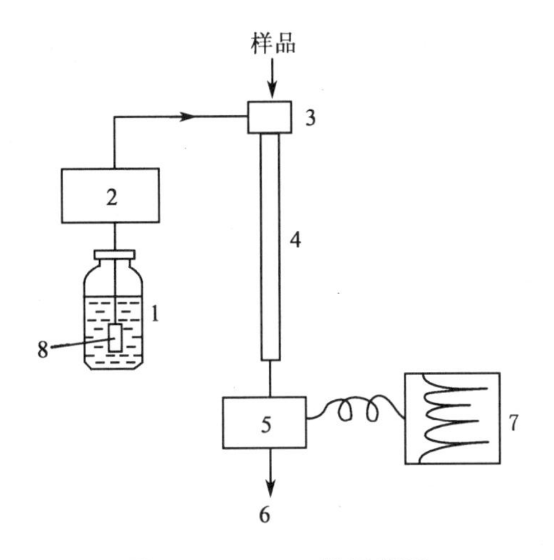

图 13－3　HPLC 仪示意图

1. 流动相贮瓶(8. 过滤器)　2. 输液泵　3. 进样器
4. 色谱柱　5. 检测器　6. 废液出口或至收集器　7. 记录装置

有:无脉动,流量恒定(流量变化在 2%～3%以内);流量范围宽,可以自由调节;耐高压,耐腐蚀及易于清洗,适于梯度洗脱等。

输液泵的种类很多,按输出液体的情况,可分为恒压泵及恒流泵两类。按泵结构的不同,可分为螺旋泵及往复泵等。目前应用最广泛的是柱塞往复泵。柱塞往复泵(图 13－4)利用驱动机构带动柱塞向前运动,液体输出,流向色谱柱;向后运动,将贮瓶中的液体吸入缸体。如此前后往复运动,将流动相源源不断地输送到色谱柱中。这种泵的容积一般只有几毫升,容易清洗及更换流动相,柱塞往复泵属于恒流泵,流量不受柱阻影响。泵压一般最高为 39.2MPa ($400kgf/cm^2$)。但输液泵的脉动性较大是其缺点。

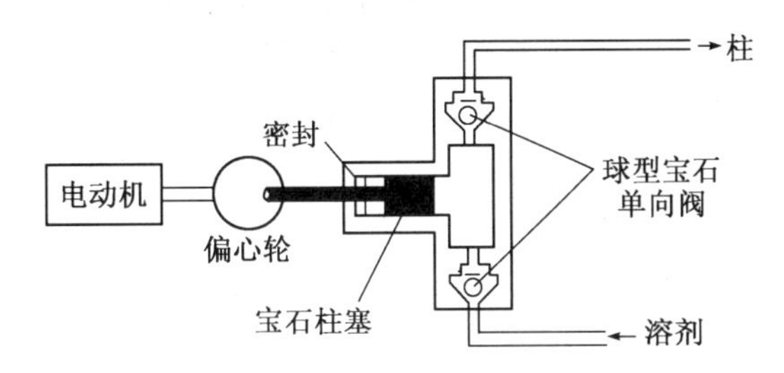

图 13－4　柱塞往复泵示意图

目前多采用多头泵交替联动克服脉动性。图 13－5 为三头泵的流量曲线,因为泵的三个泵头相互之间有 120 度相差,输出流量得到了相互补偿,减小了输液脉冲,基本实现无脉动溶剂输出。

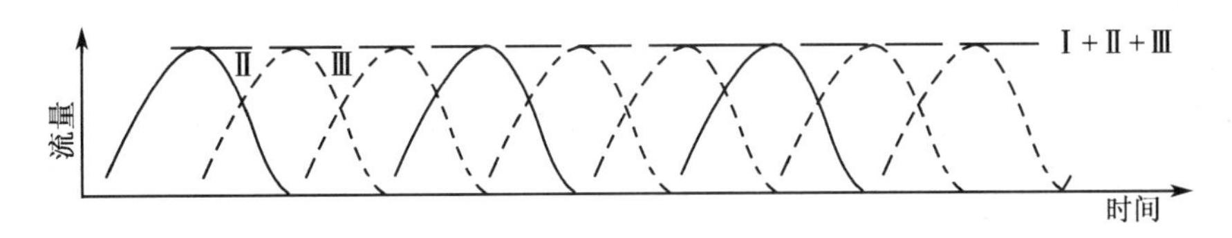

图 13－5　串联泵流量曲线图

二、进样器

进样器是将被分析试样导入色谱柱的装置，装在色谱柱的进口处。有进样阀和自动进样装置两种，目前仪器常采用六通进样阀，而大数量试样的常规分析则要求使用自动进样装置。六通进样阀如图 13－6 所示。在状态 a 的位置，用微量注射器将样品注入贮样管，然后转动六通阀手柄至状态 b，贮样管内的样品被流动相带入色谱柱。贮样管有一定体积，可按需要更换。用六通阀进样，进样量准确，重复性好，并可带压进样。

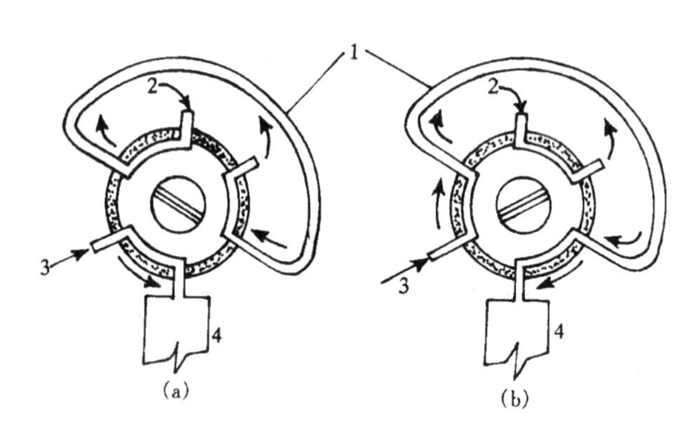

图 13－6　六通阀示意图

1. 贮样管　2. 样品入口　3. 流动相入口　4. 色谱柱

三、色谱柱

色谱柱是 HPLC 仪的核心部分，要求分离度高、柱容量大及分析速度快等。

1. 色谱柱结构

色谱柱柱管多用优质不锈钢，柱内壁要求精细的抛光加工。通常采用匀浆高压[9.8～49MPa(100～500 kgf/cm^2)]装柱法填充固定相，装填式的压力由固定相的粒度、柱径、柱长等因素决定。色谱柱按规格的不同分为分析型和制备型两类。

(1) 分析型柱　常量柱：内径 2～5 mm，长 10～30 cm；半微量柱：内径 1～1.5 mm，长 10～20 cm。

(2) 实验室制备型柱　内径 20～40 mm，长 10～30 cm。

2. 色谱柱柱效评价

柱效评价可以了解色谱柱是否合乎要求，用 HPLC 法建立分析方法时，需进行“色谱条件与系统适应性实验”，给出分析状态下色谱柱应达到的最小理论塔板数、分离度和拖尾因子。常用色谱柱柱效评价条件如下：

(1) 硅胶柱　样品：苯、萘、联苯及菲(用己烷配置)；流动相：无水己烷。

(2) 反相色谱柱(ODS 柱等)　样品：尿嘧啶(测死时间)、硝基苯、萘及芴(或甲醇配置的硅胶柱样品)；流动相：甲醇-水(85∶15，V∶V)或乙腈-水(60∶40，V∶V)。

(3) 正相色谱柱(氰基与氨基柱等)　样品：偶氮苯、氧化偶氮苯及硝基苯的混合物；流动相：正庚烷。

四、检测器

HPLC 仪所用的检测器的作用是反映色谱过程中组分浓度的变化，要求具有灵敏度高、噪音低、线性范围宽、重复性好、适用性广等性能。目前，应用最多的是紫外检测器(UVD)，其次有荧光检测器(FD)、电化学检测器(ECD)和通用型的示差折光检测器(RID)等。新发展起来的有蒸发光检测器(ELSD)、化学发光检测器等。下述主要介绍紫外检测器。

(一) 紫外检测器

紫外检测器(ultraviolet detector，UVD)是HPLC中应用最普遍的检测器。灵敏度、精密度及线性范围均较好，但只能用于具有紫外吸收的组分的检测。紫外检测器的原理都已熟悉。通过检测器的组分，对特定波长紫外线的吸收服从朗伯-比耳定律。检测器由光源、流通池(相当于比色池，池体积一般为8μl)、光电转换元件、放大器及记录器组成。

紫外检测器分为三种类型：固定波长型、可变波长型和光电二极管阵列检测器。其中固定波长检测器是光源固定的光度计，一般波长为254 nm，由低压汞灯发射，相当于定波长紫外光度计。由于这类检测器波长不能调节，不能选择在被测组分的最佳波长下检测，现已基本被淘汰。

1. 可变波长型检测器

相当于一台紫外-可见分光光度计或紫外分光光度计。波长可按需要任意选择，可以选择被测组分最大吸收波长为检测波长，以增加检测灵敏度。目前，可变波长检测器是HPLC仪配置最多的检测器。其光学结构与一般紫外分光光度计一致，主要区别是使用流通池替代了比色池。

2. 光电二极管阵列检测器(photodiode array detector，DAD)

20世纪80年代出现的这种检测器可以获得“在流”色谱的全部光谱信息，即不必停流，可跟随色谱峰扫描，用来观察色谱柱流出组分的每个瞬间的动态光谱吸收图。

二极管阵列检测器一般是一个光电二极管对应光谱上一个纳米(nm)的波长范围。复合光通过流通池后，被组分选择性吸收，而具有了组分光谱特征。此透过光被光栅分光后的光谱，照射在光电二极管阵列装置上，使每个纳米光波的光强变成相应的电信号强度，信号经多次累加，则可获得组分的吸收光谱。由于这种记录方式无需扫描，因此最短能在几个毫秒的瞬间内获得流通池中色谱组分的吸收光谱。图13-7为该检测器的示意图。

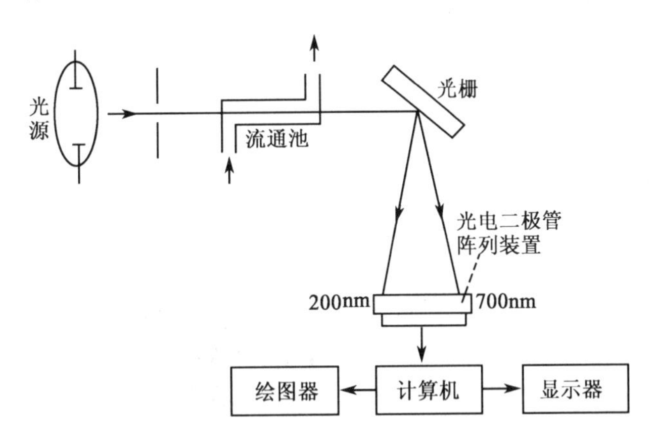

图13-7 二极管阵列检测器示意图

用二极管阵列装置可以同时获得样品的色谱图($A-t$曲线)及每个色谱组分的光谱图($A-\lambda$)曲线。色谱图用于定量，光谱图用于定性。也可以用计算机将两个图谱绘在一张三维坐标图上(t、A、λ分别为x、y、z轴)。而获得三维光谱-色谱图(3D-spectro-chromatogram，简称三维谱)(图13-8)。在一张三维谱上，同时可以得到定性、定量信息。在定性方面，可用于色谱峰纯度检查和色谱峰鉴定等。

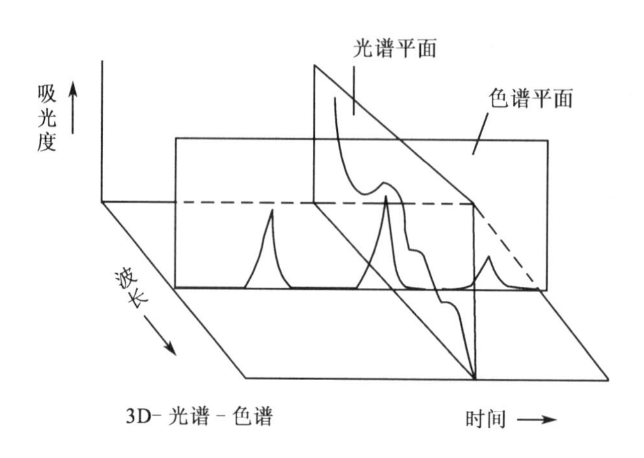

图 13-8　三维光谱-色谱图

(二) 仪器性能指标

仪器主要技术指标有：流量重复性、噪声、漂移、敏感度、线性、定性重复性及定量重复性等。紫外检测器、荧光检测器等光学检测器还有波长精度等指标。

第五节　应用与实例

高效液相色谱主要用于有机混合物的分离、鉴定及定量分析，其定性定量方法与气相色谱有很多相似之处，详见第十二章。由于它不受沸点、热稳定性、相对分子质量、有机物或无机物等的限制，因此它的适用范围较气相色谱法更为广泛。对纳克级水平以上的绝大多数有机物都能达到分离分析的目的。已被广泛用于微量有机药物包括中草药有效成分的分离、鉴定及含量测定。近年来，对体液中原形药物及其代谢产物的分离分析无论在灵敏度、专属性及快速性等方面都有独特的优点，堪称为高效、微量的分离、分析方法。

(一) 药品质量控制研究

1. 药物纯度检查

乙酰水杨酸(ASA)在临床上的药物反应有过敏性荨麻疹、哮喘、胃肠出血、鼻息肉等。过去以为系杂质水杨酸(SA)所引起，虽然在药典上规定了检查以上杂质，但仍未能防止这些副作用。随着色谱法的进展，20 世纪 70 年代末从 ASA 中分离得到除 SA 外的几种水杨酸衍生物，如乙酰水杨酸酐(ASAN)、乙酰水杨酰水杨酸(ASSA)、水杨酰水杨酸(SSA)等。这些杂质一般由生产过程中引入。通过动物试验表明以上杂质具有免疫活性，可导致过敏。因此认为 ASA 的过敏性反应是由于存在以上杂质所引起。含 ASAN 的量在 0.003%以下方可免于致敏。一方面在生产上注意改进工艺，能很大程度减少以上杂质的引入；另一方面对 ASA 的质量应加强控制。HPLC 可有效地检出和定量这些杂质(见图 13-9)。

2. 药物含量测定

葡萄糖酸钙的含量测定：采用络合滴定法测定葡萄糖酸钙及其制剂的含量，杂质检查均为限度检查。离子色谱法可在 10 min 内完成葡萄糖酸根离子及其杂质(Cl^-，SO_4^{2-})的分离，并用外标法和外标单点校正法同时测定葡萄糖酸钙、氧化物和硫酸盐的含量。

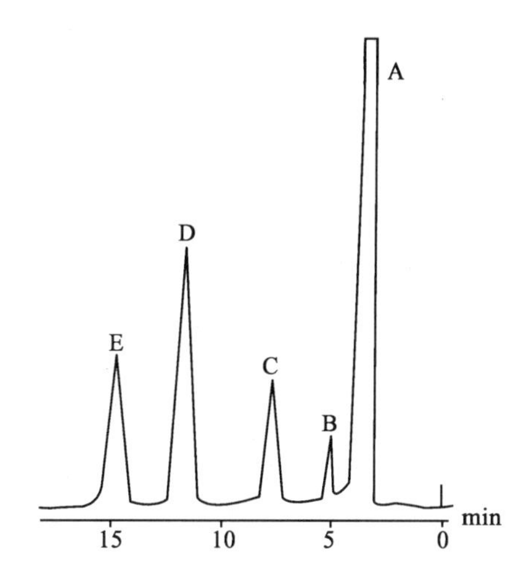

图 13 - 9　ASA 及其所含杂质的 HPLC 图

A. ASA　B. SA　C. ASSA　D. ASAN　E. SSA

色谱柱：250 nm×4.6 mm(i. d.)，填充 LiChrosorb，RP18，10 μm

流动相：醋酸-水-甲醇(2.5∶46∶54)　流速：1.5 ml/min

检测波长：254 nm

（二）体内药物分析

生物体液内多胺的测定：生物胺是生物机体代谢反应过程中产生的胺类化合物，已引起人们的广泛注意，目前发现心肌梗塞和高血压都会引起儿茶酚胺排泄异常，某些肿瘤病人的尿液中多胺含量增加。因此生物胺及其代谢产物的研究，对疾病的诊断、治疗和药物研究都有重要意义。

色谱条件：

色谱柱：μBoundapak C_{18}(4.6mm×150 mm，5 μm)。流动相 A：甲醇-四氢呋喃-水-冰醋酸(26∶20∶54∶0.05)；流动相 B：0.05%冰醋酸-甲醇液。0～12 min，20%～65%（B%）；12～16 min，65%～85%（B%）；16～18 min，85%～20%(B%)，18～20 min，20%(B%)。流速：1.0 ml/min。荧光检测器：激发波长 370 nm，发射波长 530 nm，(色谱图见图 13 - 10 所示)。

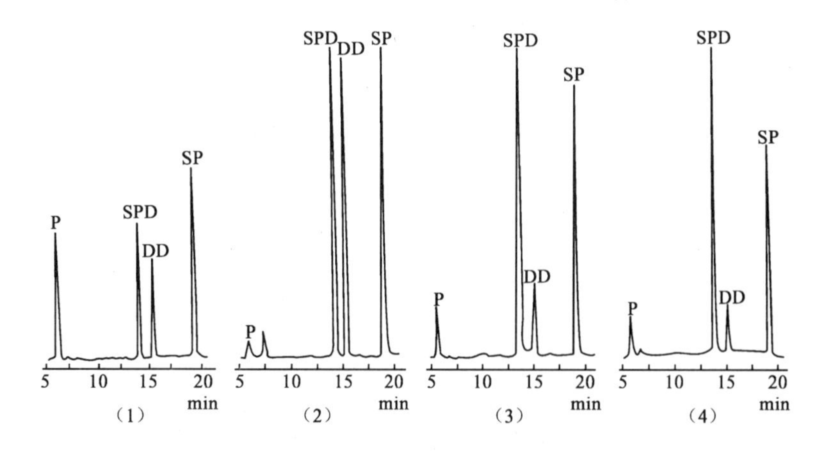

图 13 - 10　标准品混合物和样品的色谱图

(1) 标准溶液　(2)生殖细胞　(3) 附睾　(4) 前列腺

P：腐胺　SPD：精脒　SP：精胺　DD：110 -二氨基癸胺

小　结

基本理论

1. Van Deemter 方程式用于 HPLC 的一般表现形式为

$$H=A+C_{m}u+C_{sm}u$$

该式说明液相色谱柱的塔板高度主要由涡流扩散项、流动相传质阻力项及静态流动相传质阻力项三项组成。

2. 正相色谱和反相色谱：在正相分配色谱中，流动相是非极性的，增加溶剂极性可以增强将组分从色谱柱上洗脱下来的能力。组分的出峰次序是，极性弱的组分 k 值小，先出峰；极性强的组分 k 值大，后出峰；在反相分配色谱中，减小溶剂的极性可以增强将组分从色谱柱上洗脱下来的能力。极性弱的组分 k 值大，后出峰；极性强的组分 k 值小，先出峰。

3. 反相键合相色谱：反相键合相色谱法的流动相极性大于固定相极性。键合相表面都是极性很小的烃基，最常用的是十八烷基硅烷键合硅胶，又称 ODS 或 C_{18}。流动相为强极性的溶剂，如最常用的甲醇-水，乙腈-水等。在反相键合相色谱中，通常，容量因子 k 随着有机溶剂的增加而减小。

4. 离子抑制色谱：反相键合相色谱分离弱酸或弱碱样品时会发生拖尾，可以通过调节流动相的 pH 来抑制它们的离解，从而使分离改进的方法称为离子抑制法。流动相的 pH 范围一般在 2～8 之间。

5. HPLC 仪是由输液泵、进样器、色谱柱、检测器及记录装置等组成。输液泵、色谱柱及检测器是仪器关键部件。

思 考 题

1. 名词解释：化学键合相色谱，正相色谱和反相色谱，梯度洗脱，ODS。
2. 利用范氏方程说明 HPLC 中如何选择实验条件。
3. 若用反相键合相分离弱酸或弱碱时产生拖尾，如何克服？
4. 简要说明 HPLC 仪的组成及各类检测器的特点。

习　题

一、填空题

1. 高效液相色谱中的__________技术类似于气相色谱中的程序升温，不过前者连续改变的是流动相的____________________，而不是温度。

2. 高效液相色谱中最常用的检测器是____________，其适用于检测________________物质。

3. 高效液相色谱法最常采用的定量分析方法是____________，因为____________________。

二、选择题

1. 反相 HPLC 中，采用甲醇∶水＝50∶50 作流动相，若需缩短组分保留时间，最有效方法为(　　)。

A. 流动相中加入三乙胺　　B. 增加水的比例

C. 增加甲醇比例　　D. 加入少量酸

2. 高效液相色谱法的分离效能比经典液相色谱法高，主要原因是(　　)。

A. 固定相种类多　　B. 操作仪器化

C. 采用高效固定相　　D. 采用高灵敏度检测器

3. 选择色谱分离方法的主要根据是试样中相对分子质量的大小，试样在水中和有机相的溶解性、极性、稳定性以及化学结构等物理性质和化学性质。对于相对分子质量高于 2 000 的，则首先考虑(　　)。

A. 气相色谱　　　　B. 空间排阻色谱
C. 离子交换色谱　　　　D. 液液分配色谱

三、计算题

1. 某长度为 25 cm 的 ODS 柱，用苯和萘为样品，甲醇-水为流动相，求柱效、分离度与定性重复性(RSD)。已知记录纸速为 5 mm/min，进样 5 次，测得数据如下：

苯	t_R(min)	4.65	4.65	4.65	4.64	4.65
	$W_{1/2}$(mm)	0.79	0.74	0.74	0.78	0.78
萘	t_R(min)	7.39	7.38	7.37	7.36	7.35
	$W_{1/2}$(mm)	1.14	1.16	1.13	1.19	1.13

($R=8.3$；$n_{苯}=2.02\times10^4\,m^{-1}$；$n_{萘}=2.28\times10^4\,m^{-1}$；$RSD_{苯}=0.096\%$；$RSD_{萘}=0.22\%$)

2. 在某一色谱柱上分离一样品，得到以下数据：组分 A、B 及非滞留组分 C 的保留时间分别是 2 min、5 min 和 1 min。问：(1) B 停留在固定相中的时间是 A 的几倍？(2) B 的分配系数是 A 的几倍？(3) 当柱长增加一倍时，峰宽增加多少倍？

(4 倍，4 倍，$\sqrt{2}$倍)

3. 用 15 cm 长的 ODS 柱分离两组分，已知在实验条件下柱效 $n=2.84\times10^4\,m^{-1}$。测得死时间为1.31 min，$t_{R1}=4.10$ min，$t_{R2}=4.38$ min。求：(1) k_1，k_2，α，R；(2) 若增加柱长至 30 cm，分离度可否达到 1.5？

($k_1=2.13$，$k_2=2.34$，$\alpha=1.10$，$R=1.04$，$R'=1.47$)

4. 组分 X 和 Y 在一色谱柱上的分配系数分别为 0.15 和 0.18，该柱相比 $\beta(V_m/V_s)$为 1/3 。试计算要获得完全分离需要的理论塔板数。

(1.05×10^4)

5. 色谱柱分离 A、B、C、D 混合组分的操作条件如下：

柱长：22.6 cm；流动相流速：1.00 ml/min；流动相体积：1.26 ml；固定相体积：0.15 ml。实验测得数据如下：

	保留时间 t_R(min)	峰宽 W(min)
非滞留组分	4.2	
A	6.4	0.45
B	14.4	1.07
C	15.4	1.06
D	20.7	1.45

试求：(1)各组分的理论塔板数和塔板高度；
(2) 各组分的容量因子和分配系数；
(3) 该柱对组分 B、C 的分离度；
(4) 组分 B、C 完全分离所需的时间。

[(3) 0.939，(4) 39.3 min]

(季一兵)

第十四章　其他仪器分析法简介

第一节　原子吸收光谱法

原子吸收光谱法是基于蒸气相中被测元素的基态原子对其原子共振辐射的吸收来测定样品中该元素含量的一种分析方法。与紫外-可见分光光度法和红外分光光度法等分子吸收光谱法类似，原子吸收光谱法也是利用吸收原理进行分析的，所以两者在形式上并无差异。但就吸收机制而言，这两种吸收分析具有本质区别。分子光谱的本质是分子吸收，除了分子外层电子能级跃迁外，同时还有振动能级和转动能级的跃迁，所以是一种宽带吸收，带宽从 0.1～1nm，甚至更宽，可以使用连续光源。原子吸收只有原子外层电子的跃迁，是一种窄带吸收，又称谱线吸收，吸收宽度仅有 10^{-3}nm 数量级，通常只使用锐线光源。

与分子吸收光谱法相比，原子吸收光谱法具有以下特点：

(1) 灵敏度高。常规分析中，大多数元素为 10^{-6} 数量级，如果采用特殊手段，还可达到 10^{-9}数量级。

(2) 选择性好，抗干扰能力强。

(3) 精密度高。在一般低含量测定中，RSD 为 1%～3%，如果采用高精密度测量方法，RSD 可低于 1%。

(4) 测量范围广。目前可采用原子吸收光谱法测定的元素已达 70 多种。

此法的局限性主要是：

(1) 标准曲线的线性范围窄，一般仅为一个数量级。

(2) 每测一种元素通常要使用一种元素灯，使用不便。

一、基本原理

(一) 共振吸收线

原子具有多种能量状态，当原子受外界能量激发时，其外层电子可以从基态跃迁到不同的激发态，从而产生原子吸收谱线。一般来说，原子外层电子从基态到第一激发态的跃迁最容易发生，所产生的原子吸收线也最灵敏，如 Mg 285.2 nm，Cu 324.7 nm 等。原子外层电子这种由基态跃迁到第一激发态时，吸收一定频率的光而产生的吸收线称为共振吸收线，简称共振线。由于各种元素原子的结构和外层电子的排布不同，不同元素的原子从基态跃迁到第一激发态时所吸收的能量不同，各种元素的共振线各具其特征性，故又称为元素的特征谱线。

原子吸收光谱法主要用于微量分析，所以在实际工作中，大多利用元素最灵敏的共振吸收线作为分析线来进行定量分析。每个元素都有若干条共振线，通常选用最灵敏线进行分析。但如待测元素浓度高或共振线遇到干扰，也可以选用次灵敏线或其他吸收线进行分析。表 14-1 列出了各元素常用的分析线，可供实际工作中参考。

表 14-1　原子吸收分光光度法中常用的分析线

元素	分析线(nm)		元素	分析线(nm)	
Ag	328.2,	338.3	La	550.1,	323.3
Al	309.3,	308.2	Li	670.8,	323.3
As	193.6,	197.2	Mg	285.2,	279.6
Ba	553.2,	455.4	Mn	279.5,	403.7
Bi	223.1,	222.8	Mo	313.3,	317.0
Ca	422.7,	239.9	Na	589.0,	330.3
Cd	228.8,	326.1	Ni	232.0,	341.5
Ce	520.0,	369.7	Pb	216.7,	283.3
Co	240.7,	242.5	Pd	247.6,	244.8
Cr	357.9,	359.4	Se	196.1,	204.0
Cs	852.1,	455.5	Si	251.6,	250.7
Cu	324.8,	327.4	Sn	224.6,	286.3
Fe	248.3,	352.3	Sr	460.7,	407.8
Hg	253.7,		Zn	213.9,	307.6
K	766.5,	769.9			

(二) 原子吸收值与原子浓度的关系

当用一强度为 $I_{0\lambda}$ 的光通过原子蒸气时，和通常的吸收光谱法一样，光强度要减弱(图 14-1)，并服从朗伯-比耳定律，即

$$I_\lambda = I_{0\lambda} e^{-K_\lambda L} \quad (14-1)$$

式中：I_λ 为波长为 λ 的透射光的强度；

$I_{0\lambda}$ 为波长为 λ 的入射光的强度；

L 为原子蒸气的厚度；

K_λ 为原子蒸气对波长为 λ 的光的吸光系数，是波长的函数。

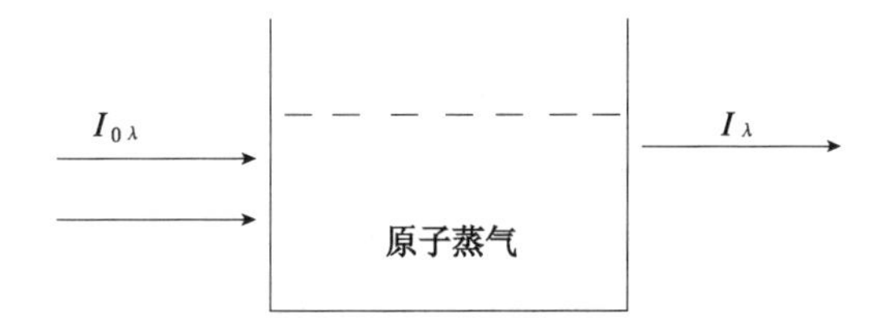

图 14-1　气态原子对光的吸收

式(14-1)表明，透射光的强度与吸光系数 K_λ 及原子蒸气厚度 L 有关。当燃烧器的缝长一定时，L 为一定值，而吸光系数 K_λ 随入射光波长 λ 的改变而改变，所以当入射光强度一定时，透射光的强度随入射光波长 λ 的改变而改变，其变化规律如图 14-2(a)所示。在波长 λ_0 处，透射光的强度最小，吸收最大，即原子蒸气在特征波长 λ_0 处有最大吸收。吸收线并非单一

波长的几何线，它具有一定宽度。对于稀薄物质，如气体，吸光系数表现为一个类似于图14－2(b)的波长分布，此分布曲线称为吸收线的轮廓。

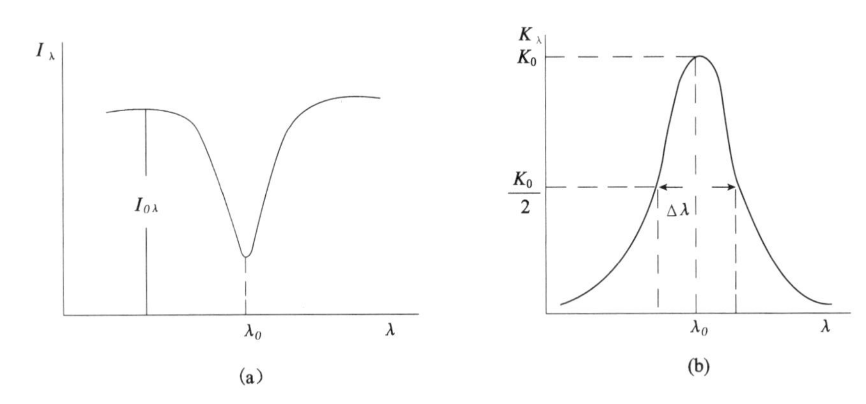

图 14－2　吸收线的轮廓

(a) 透射光强度与波长的关系　(b)吸光系数与波长的关系

与分子吸收光谱法不同的是，分子吸收宽带上的任意各点与不同的能级跃迁相联系，其吸光系数与分子浓度成正比。而原子吸收线轮廓是同种基态原子在吸收其共振辐射时被展宽了的吸收带，原子吸收线轮廓上的任意各点都与相同的能级跃迁相联系，所以原子浓度 N 与吸收线轮廓所包围的面积(称为积分吸光系数)成正比。因此，只有测定了积分吸收值，才能确定蒸气中的原子浓度。但由于原子吸收线很窄，宽度只有约 0.002 nm，要在如此小的轮廓准确积分是一般光谱仪所不能达到的。

所以由 Walsh 提出测量与最大吸收波长对应的峰值吸光系数 K_0，因为 K_0 正比于待测原子蒸气中的原子数，可将式(14－1)整理，得

$$A=\lg\frac{I_{0\lambda}}{I_\lambda}=KNL \tag{14-2}$$

式中：K 为比例常数。

实际工作中，通常要求测定被测试样中的某组分浓度，而当试样中被测组分浓度 c 与蒸气相中原子浓度 N 之间保持某种稳定的比例关系时，得

$$N=\alpha c$$

式中：α 为比例系数。

令 $K'=KL\alpha$，则得原子吸收光谱法常用的定量公式：

$$A=K'c \tag{14-3}$$

即吸光度与试样中被测组分的浓度呈线性关系。

应用此式进行测定，其前提条件是必须使用被测原子的共振发射线作为光源，即：

(1) 光源必须是锐线光源，即发射谱线很强很窄，其宽度必须小于待测元素吸收线的宽度。

(2) 发射线最大发射波长和吸收线的最大吸收波长必须重叠，见图 14－3。

(三) 影响谱线变宽的因素

在原子吸收光谱分析中，我们希望吸收线尽量窄，但实际上吸收线总有一定的宽度，下面简要介绍影响谱线变宽的因素。

1. 自然宽度

在无外界影响下，谱线仍有一定宽度(称为自然宽度)，不同谱线有不同的自然宽度，与它的

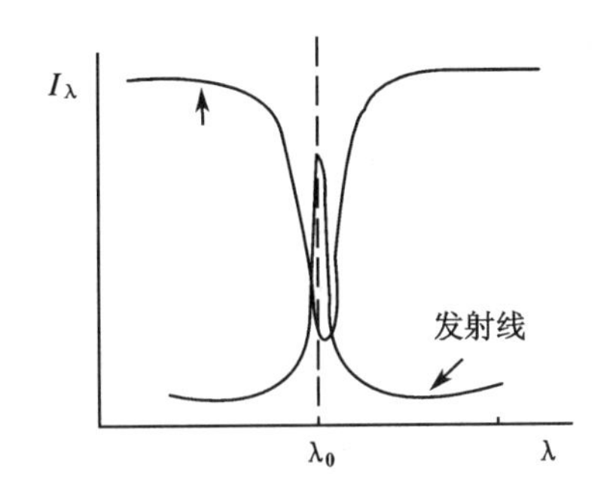

图 14-3　锐线光源与峰值吸收示意图

周围环境无关。大多数元素共振线的自然宽度约为 10^{-14} m(10^{-4} Å),在原子吸收光谱法中可忽略不计。

2. 多普勒(Doppler)变宽

在原子蒸气中,原子处于杂乱无章的热运动中,有的趋向检测器运动,有的离开检测器运动。相对于吸收中心的波长而言,既有变短,又有变长,结果使谱线变宽,吸收线变宽对灵敏度稍有影响,而发射线变宽对吸收更不利。因此,在不影响灵敏度情况下,通常尽可能减小空心阴极灯的灯电流,以降低多普勒变宽。

3. 压力变宽

压力变宽是由同类原子或与其他粒子(如外来气体分子)相互碰撞时产生的。同类原子碰撞,只有被测元素含量较高时才会发生,一般可忽略不计。在火焰原子化时,燃气压力升高,使被测原子与其他分子碰撞加剧,导致谱线变宽,严重时导致谱线轮廓不对称,结果 λ_0 向长波移动,因而使光源发射线中心波长与吸收线中心波长不重合,影响测定的灵敏度和准确度。所以进行原子吸收光谱分析时,必须保持适当的燃气和助燃气压力。

二、原子吸收分光光度计

原子吸收分光光度计一般有两种类型(单光束和双光束),其光路系统如图 14-4。虽然仪器型号很多,但主要由光源、原子化系统、分光系统和检测系统等所组成。

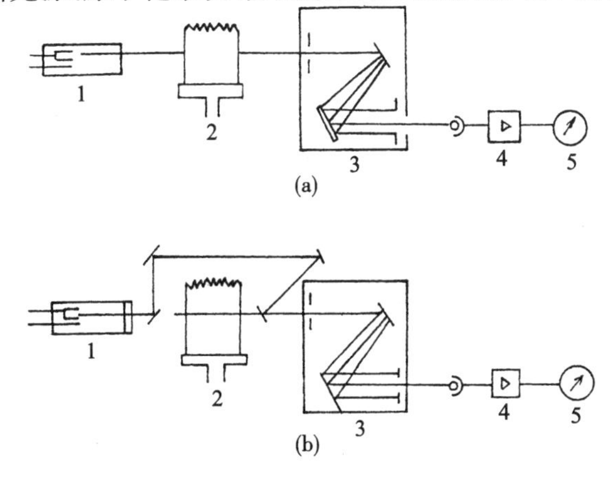

图 14-4　原子吸收分光光度计光路系统

(a) 单光束装置　(b) 双光束装置

1. 空心阴极灯　2. 原子化器　3. 分光系统　4. 光电倍增管　5. 检测设备

（一）光源

光源的作用是发射待测元素的共振发射线。目前常用空心阴极灯。

空心阴极灯是一种辐射强度大、稳定性好的光源。它是由一个阳极和一个空心圆柱形阴极组成的气体放电管，见图 14－5。阴极内含有被测定的元素，管内充填有低压惰性气体（氖或氩、氦、氙等）。当接通电源使空心阴极灯放电时，由于惰性气体原子的轰击，使阴极溅射出自由原子，并激发产生很窄的光谱线。阳极多用钨棒，窗口材料多用石英。

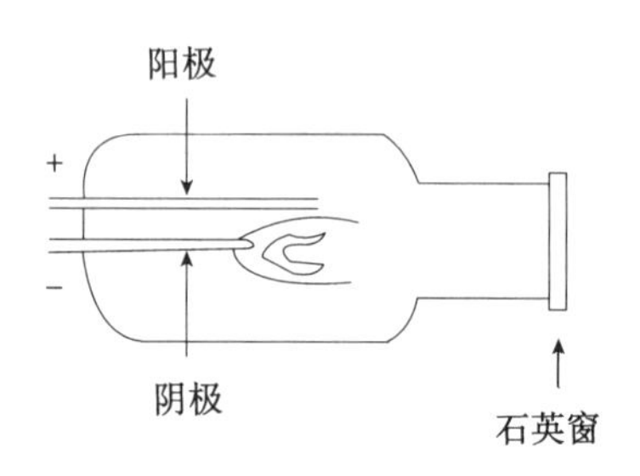

图 14－5　空心阴极灯的构造

（二）原子化器

原子化器的作用是提供足够的能量，使样品原子化，这是原子吸收光谱分析法中的关键部件之一。常用的原子化器有火焰原子化器和无火焰原子化器。

火焰原子化器是一种利用火焰的能量使样品原子化的简便装置（图 14－6），由雾化器和燃烧器两部分组成。将样品制成溶液后，通过雾化器变成高度分散的小雾滴，然后随同助燃的空气进入燃烧器，再通过火焰的燃烧作用，使样品原子化。火焰原子化器具有设备简单、操作方便、稳定性好等优点，缺点是原子化效率低、灵敏度不高。无火焰的管式石墨炉原子化器可以克服这些缺点。

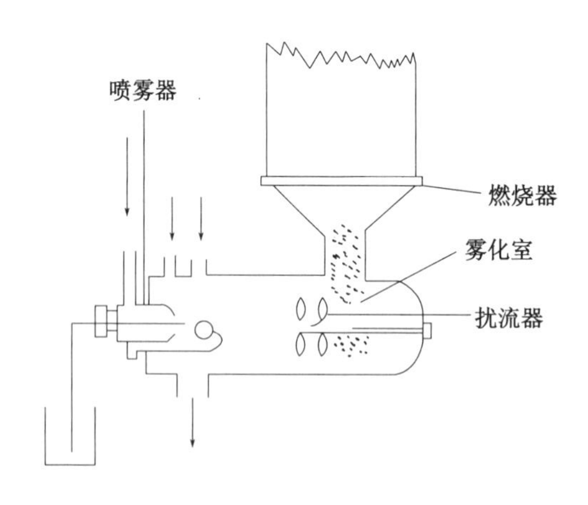

图 14－6　预混合型火焰原子化器

（三）分光系统

原子吸收分光光度计分光系统的作用和组成元件与紫外-可见分光光度计基本相同，区别是原子吸收分光光度计的分光系统在光源辐射光被原子吸收之后。

(四) 检测系统

检测系统与紫外-可见分光光度计基本相同。

三、定量分析方法

(一) 标准曲线法

标准曲线法是原子吸收光谱分析中最常用的定量方法。与光电比色法和紫外-可见分光光度法一样,绘制吸光度与浓度关系的标准曲线,并从标准曲线上查出待测元素的含量。

(二) 标准加入法

当样品基体影响较大又没有纯净的基体空白,或测定纯物质中极微量元素时,可以采用标准加入法。具体做法如下:分取 n 份相同体积的被测样品,其中一份不加入被测元素,其余各份分别加入不同已知浓度的被测元素,然后分别测定它们的吸光度,绘制吸光度对加入的被测元素浓度的标准曲线,如图 14－7 所示。如果样品中不含被测元素,则在正确扣除背景后,标准曲线应通过原点。若标准曲线不通过原点,说明样品中含有被测元素。标准曲线在纵坐标轴上的截距所对应的吸光度显然是由样品中被测元素产生的,所以,如果外延标准曲线与横坐标轴相交,则原点至此交点的距离相当的浓度,即为样品中被测元素的浓度。

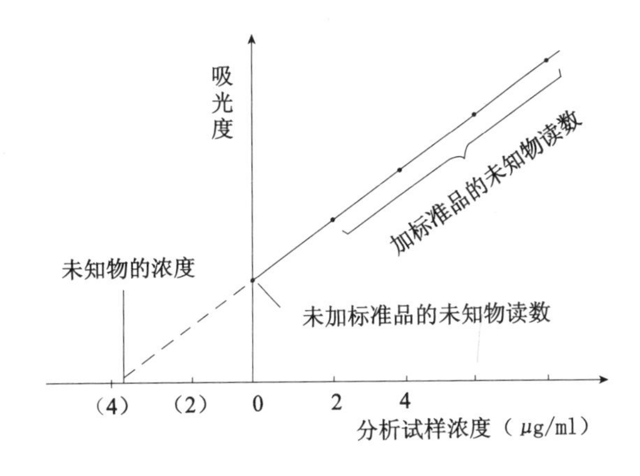

图 14－7　标准加入法图解

此法也可以不作图而用公式计算:

$$c_x = c_s \frac{A_x}{A_{x+s} - A_x}$$

式中:c_x为待测元素的浓度;

c_s为标准溶液的浓度;

A_x为待测溶液的吸光度;

A_{x+s}为待测溶液中加入标准溶液后的吸光度。

四、应用

由于原子吸收光谱法具有灵敏度高、检测限低、干扰少、操作简单、快速等优点,已在地质、冶金、化工、环保、医药和科学研究等各个领域得到广泛应用,周期表中大多数元素(达 60～70 种)都可用原子吸收光谱法直接或间接测定。药物分析中,此法可用于药品中杂质金属离子,特别是碱金属离子的限度检查,也可用于药物的含量测定,例如通过测定维生素 B_{12}钴原子的含量，可以求得维生素 B_{12} 的含量。人体中含有 30 多种金属元素，如 K、Na、Ca、Mg、Fe、Mn 等，这些金属元素常与生理机能或疾病有关，分析体液中金属元素可以采用直接法。中国药典(2010 年版)收载的乳酸钠林格注射液和复方乳酸钠葡萄糖注射液中 KCl 的测定、KCl 缓释片的含量测定、口服补盐液Ⅱ中 K 的测定及 Li_2CO_3 中 K、Na 的检查等均采用原子吸收光谱法。

第二节　荧光分析法

荧光是分子吸收了较短波长的光(通常是紫外和可见光)，在很短时间内(延迟几纳秒至几微秒)发射出的较照射光波长更长的光。所以荧光光谱是一种发射光谱。根据物质的荧光波长可确定物质分子具有某种结构，从荧光强度可测定物质的含量。这就是荧光分析法(fluorimetry)。

与紫外-可见分光光度法相比，荧光分析法具有灵敏度高(浓度可低至 10^{-4} $\mu g/ml$)、选择性强、所需试样量少(几十微克或几十微升)等特点，所以被广泛应用于痕量分析，特别适用于生物样品中药物或代谢产物的分析。但荧光分析法干扰因素较多，实验条件要求严格，因而限制了它的某些实际应用。

一、基本原理

(一) 荧光的产生

某些物质吸收紫外可见光后，先在分子内部转移，消耗一部分能量。也就是说，分子中的某些电子从基态中的最低振动能级跃迁到较高电子能级之后，由于同类分子或与其他分子撞击等原因，先消耗一部分能量，下降到第一电子激发态的最低振动能级，能量的这种转移形式称为无辐射跃迁。然后由此最低振动能级下降到电子基态的不同振动能级，同时发射出比照射光波长更长的光，这种光称为荧光，见图 14－8。

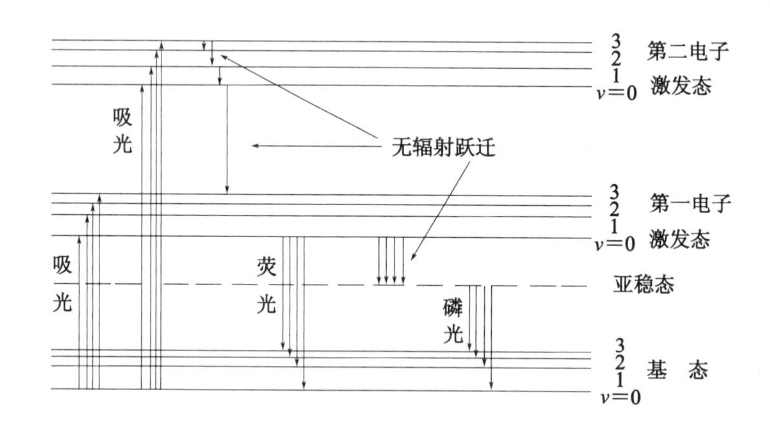

图 14－8　光能的吸收、转移和发射示意图

从图 14－8 的虚线还可看出，某些物质通过无辐射跃迁下降到第一电子激发态的最低振动能级后，又通过另一次无辐射跃迁下降至一个亚稳状态，这些分子在亚稳状态稍逗留后，再放出能量，下降到电子基态的不同振动能级，这时发射的光即为磷光。

荧光和磷光的区别在于激发态分子从激发态回到基态所经过的途径不同，磷光的能量比荧光小，波长更长；从激发到发光，磷光所需的时间较荧光长，甚至有时在入射光源关闭后，还能看到磷光，荧光的发射时间在照射后 10^{-8}～10^{-14} s 之间，而磷光的发射时间在照射后 10^{-4}～10 s 以上。

（二）荧光（量子）效率（Φ）

有些物质能发射荧光，但并不是所有的物质都能发射荧光。这是因为产生荧光必须满足两个基本条件：物质分子能吸收紫外可见光；必须有较高的荧光效率。所谓荧光效率就是激发态分子发射荧光的光子数与基态分子吸收激发光的光子数之比。

$$\Phi = \frac{\text{发射荧光的光子数}}{\text{吸收激发光的光子数}} \tag{14-4}$$

此值往往小于 1，例如在乙醇中，罗丹明 B、蒽和菲的 Φ 分别为 0.97、0.30 和 0.10 等等。许多物质的荧光效率很低，因而不能发射荧光。

（三）荧光效率与物质结构的关系

有机化合物中具有 π 电子共轭结构（具有紫外吸收）的物质，其受激分子去活过程在发生 $\pi^* \to \pi$ 或 $\pi^* \to n$ 跃迁时一般会产生荧光。$\pi^* \to \pi$ 跃迁比 $\pi^* \to n$ 跃迁具有更大的荧光效率，这是因为 $\pi \to \pi^*$ 跃迁的摩尔吸光系数比 $n \to \pi^*$ 跃迁要大 100～1000 倍，π^* 的寿命在 $\pi \to \pi^*$ 中比在 $n \to \pi^*$ 中要短（前者为 10^{-7}～10^{-9}s，后者为 10^{-5}～10^{-7}s）。事实证明，最强和最有用的荧光现象发生在含有 $\pi \to \pi^*$ 跃迁的芳香族化合物中。具有高共面性的刚性多环不饱和结构分子，如芴、荧光素等化合物，它们的荧光效率高，此外，不饱和稠环结构的化合物如喹啉、异喹啉和吲哚类等，多环芳香族结构如嘌呤和激素等，其荧光效率也较高。

有机化合物中具有 π 电子共轭结构者，其荧光效率随 π 电子共轭程度的增加而增大，所产生的荧光光谱也将向长波长方向移动。因此，任何有利于提高 π 电子共轭程度的结构改变，都能提高荧光效率并使荧光波长长移，如表 14－2 所示。

表 14－2　荧光效率与物质结构变化

物质	Φ	荧光 λ_{max} (nm)	结构变化	衍生物	Φ	荧光 λ_{max} (nm)
苯	0.07	283	对苯基化	联　苯	0.18	316
苯	0.07	283	间苯基化	1,3,5-三苯基苯	0.27	355
苯	0.07	283	烷基化	甲　苯	0.17	285
联苯	0.18	316	乙烯化	4-乙烯基联苯	0.61	333
苯	0.07	283	取代基影响	卤代苯		
				氟代	0.16	—
				氯代	0.05	—
				溴代	0.01	—
				碘代	0.00	—
				苯酚	0.08	295
				苯甲醚	0.29	296
				苯　胺	0.08	321
$Ph^*(CH=CH)_2Ph$	0.31	—	多烯化	$Ph(CH=CH)_3Ph$	0.43	—
1-二甲氨基-萘-7-磺酸盐	0.75	—	空间位阻	1-二甲氨基-萘-8-磺酸盐	0.03	—

注：* Ph 为苯环。

（四）荧光强度与荧光物质浓度的关系

荧光物质的浓度与所发射的荧光强度之间有一定的定量关系，即：

$$F=\Phi I_0 \varepsilon c L \tag{14-5}$$

式中：F 为荧光强度；

I_0 为照射光强度；

ε 为荧光物质的摩尔吸光系数；

L 为溶液厚度。

对于给定物质来说，当入射光的波长和强度固定、液层厚度固定时，荧光强度与荧光物质的浓度间有定量关系：

$$F=Kc \tag{14-6}$$

式(14－6)表明，在一定条件下，荧光强度与被测物质的浓度成正比。这是荧光分析法的定量计算公式，其条件是 $\varepsilon cL<0.05$，否则荧光强度与溶液浓度不呈线性关系。

荧光分析法所测定的是荧光强度，测定的灵敏度取决于检测器的灵敏度，即只要增大检测器的灵敏度，使极弱的荧光也能检测到，就可以测定很稀的溶液浓度，因此荧光分析法的灵敏度很高。

紫外-可见分光光度法测定的是吸光度或透光率，测定值为透过光强与入射光强的比值。因此，即使将光强信号放大，比值仍然不变，对提高检测灵敏度不起作用。故紫外-可见分光光度法的灵敏度不如荧光分析法高。

荧光分析法的定量方法与紫外-可见分光光度法基本相同。在紫外-可见分光光度法中，吸光度与溶液浓度呈线性关系；在荧光分析法中，荧光强度与荧光物质浓度呈线性关系。两者均可采用标准曲线法和比较法进行定量计算，这里不再讨论。

（五）激发光谱与荧光光谱

荧光物质吸收紫外可见光后被激发并发射荧光，如果将激发光源发出的入射光先通过激发单色器分光后，以不同波长的入射光激发荧光物质，所产生的荧光通过固定在某一波长的发射单色器后由检测器检测相应的荧光强度，记录荧光强度对激发光波长的光谱曲线，即得到激发光谱。

激发光谱中最高峰的波长能使荧光物质发出最强的荧光。荧光的发生是由分子第一电子激发态最低振动能级开始的，而与荧光物质的分子被激发到哪一个电子能级无关。如果保持激发光的波长和强度不变，而将荧光物质所发生的荧光通过单色器分光后照射于检测器上，并依次测定其荧光强度，记录荧光强度对发射光波长的光谱曲线，所得到的谱图称为荧光发射光谱，简称荧光光谱。图 14－9 是硫酸奎宁在 0.05 mol/L 硫酸水溶液中的激发光谱及荧光光谱。荧光光谱的形状和激发光谱的形状常成镜像对称关系。

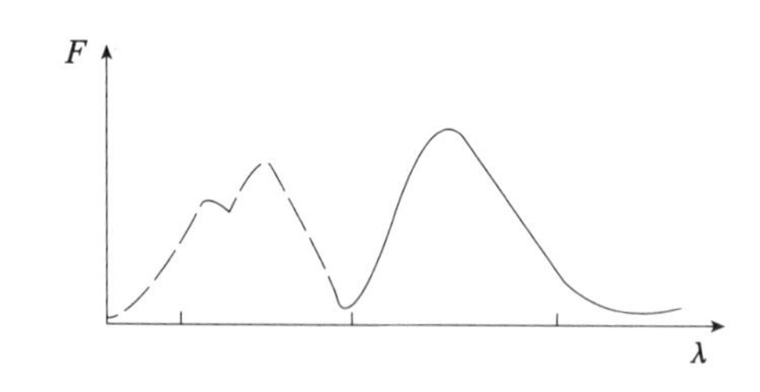

图 14－9　硫酸奎宁的激发光谱(虚线)及荧光光谱(实线)

二、荧光分光光度计

荧光分光光度计和紫外-可见分光光度计的构造基本相同，仪器包括四个主要部件：激发光源、单色器、样品池和检测器。但部件的布置有些差别，见图 14－10 所示。

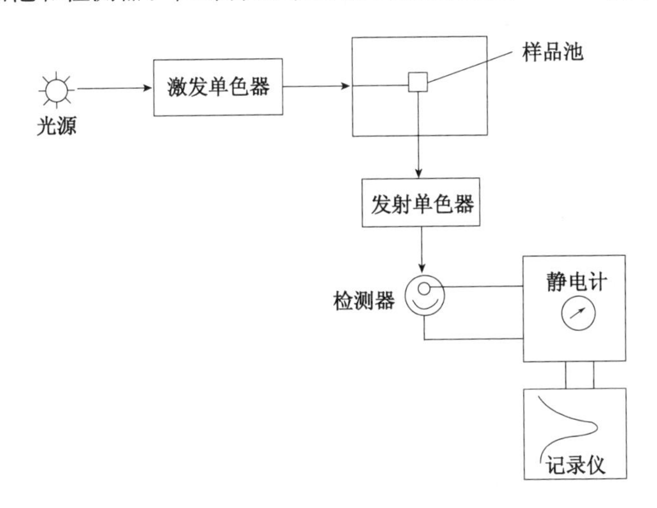

图 14－10　荧光分光光度计示意图

1. 激发光源

通常紫外-可见分光光度计的光源为钨灯和氢灯，而荧光激发光源常用更强的汞灯或氙弧灯。

2. 单色器

荧光分光光度计装有两个光栅单色器，即激发单色器和发射单色器。

3. 样品池

测定荧光用的样品池需用低荧光的玻璃或石英材料制成，常用的是 1 cm 方形截面矩形样品池。和紫外-可见分光光度计的吸收池不同的是，荧光分析法的样品池四面都是透光的。在荧光分析法中，测定的荧光方向与激发光成直角，这样可在零背景下检测微小的荧光信号，这也是荧光分析法灵敏度高于紫外-可见分光光度法的原因之一。

4. 检测器

常用光电倍增管作检测器。

三、应用

（一）有机化合物的荧光分析

绝大多数具有共轭不饱和取代基的芳香族化合物因有共轭体系容易吸收光能，大多能产生荧光。因此，荧光分析法在有机物测定方面的应用很广，很多药品、临床样品、天然产物、农药、食品等都能用荧光分析法测定。

多环胺类、萘酚类、嘌呤类、吲哚类、多环芳烃类药物，具有芳环或芳杂环结构的氨基酸及蛋白质，生物碱类如麦角碱、蛇根碱、麻黄碱、喹啉类等，甾体类如皮质激素及雌醇等。还有中草药中的许多属于芳香性结构的大分子杂环类有效成分，都能产生荧光，可以荧光分析法作为鉴别及含量测定的方法。

（二）无机化合物的荧光分析

无机离子中除铀盐等少数例外，一般不显荧光。然而很多金属或非金属无机离子可以和有 π 电子共轭结构的有机化合物形成有荧光的络合物，可用荧光分析法进行测定。

第三节　核磁共振波谱法

核磁共振光谱是将频率为兆周数量级的电磁波（无线电波）作用到磁性原子核后，原子核产生自旋能级跃迁所得到的吸收光谱。利用核磁共振光谱进行结构测定、定性及定量分析的方法称为核磁共振波谱法或核磁共振光谱法（NMR）。核磁共振波谱法包括氢核磁共振波谱法（^{1}HNMR）和碳-13核磁共振波谱法（^{13}CNMR），这里只介绍前者。

核磁共振波谱法的应用极为广泛，可概括为结构测定、物理化学研究、生物活性测定、药理研究以及物质的定性与定量分析等方面。

一、基本原理

（一）原子核的自旋和磁矩

原子核为带电粒子，近似于球形，电荷均匀地分布于其表面，自然界大约有一半原子核具有自身的旋转运动，这些原子核是核磁共振波谱法的研究对象。在量子化学中，常用下述物理量来描述原子核的自旋运动。

1. 自旋量子数（I）

自旋量子数与原子质量数和原子序数（电荷数）有关，$I=1/2$ 的核（如^{1}H和^{13}C）是核磁共振波谱法的主要研究对象。有的原子核（如^{12}C和^{16}O）不自旋，这类核的 $I=0$，不能产生核磁共振。

2. 磁矩（μ）

根据电磁场理论，电荷运动时，在其周围产生磁场，故能产生核磁矩。磁矩是矢量，方向与自旋轴相平行重合，见图14－11所示，各种自旋核有其特定的 μ 值。

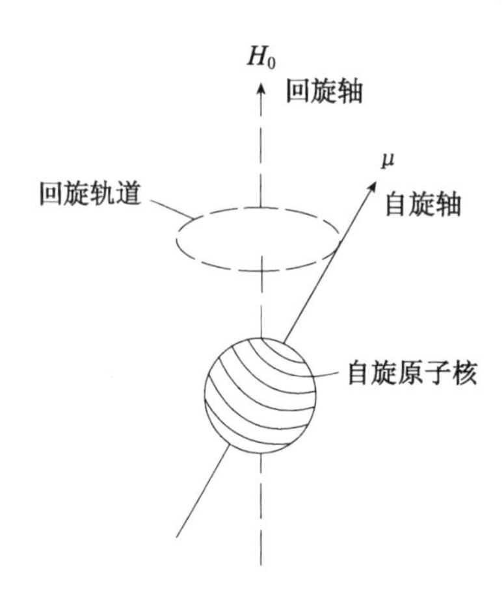

图 14－11　原子核在磁场中的自旋与回旋（H_0 为外加磁场）

3. 磁旋比（γ）

γ 值与 μ 值一样，是各种核的特征常数，对于一定的原子核，γ 值为一定值。

（二）自旋核在磁场中的性质

1. 自旋核的取向和能量

自旋核在无磁场的空间中，核磁矩是无一定取向的。但在外磁场中，核磁矩受外磁场（强度为 H_0）扭力矩的作用，进行定向排列。$I=1/2$ 的自旋核，核磁矩可以有两种取向（图14－12）。

不同取向的核磁矩有不同的能量，与外磁场平行时为低能态（$E_1=-\frac{1}{2}\gamma\hbar H_0$），与外磁场逆平行时为高能态（$E_2=+\frac{1}{2}\gamma\hbar H_0$）。所以原子核在外磁场中产生了自旋能级裂分，其能量差为

$$\Delta E=E_2-E_1=\gamma\hbar H_0 \tag{14-7}$$

式中：$\hbar=\frac{h}{2\pi}$，h 为 Planck 常数。

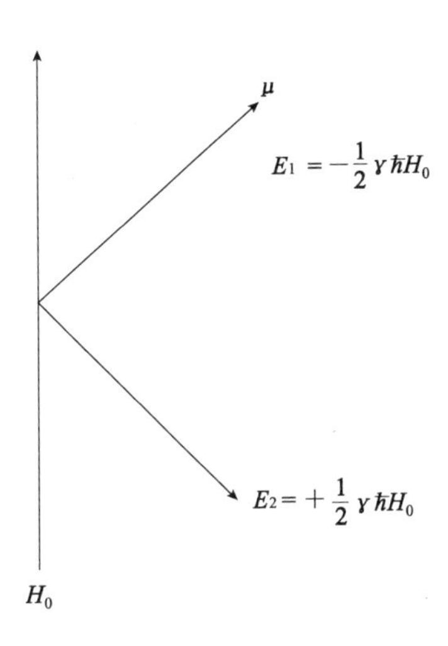

图 14-12　$I=1/2$ 的核磁矩在外磁场中的取向及能量

2. 自旋核的进动与核磁共振现象

原子核的磁矩除自旋外还绕着外磁场方向旋转，产生回旋运动，称为进动（图 14-11）。这种现象与旋转的陀螺类似。进动频率（$\nu_{进动}$）与外磁场强度 H_0 成正比。对于 $I=1/2$ 的自旋核，其进动频率可以用下式表示：

$$\nu_{进动}=\frac{\gamma H_0}{2\pi} \tag{14-8}$$

当向该核照射与 ΔE 相等能量的电磁波（频率为 ν）时，即

$$h\nu=\Delta E=\gamma\hbar H_0=\frac{h}{2\pi}\gamma H_0$$

$$\nu=\frac{\gamma H_0}{2\pi}=\nu_{进动} \tag{14-9}$$

照射电磁波就与核磁矩发生作用，使处于低能态的原子核吸收电磁波跃迁至高能态（核磁矩对 H_0 的取向发生倒转），这种现象称为核磁共振。式（14-9）是核磁共振最基本的表达式，可以通过调节照射电磁波的频率（ν）或核所受的外磁场强度（H_0）以达到式（14-9）中的共振条件，实际应用中多采用后者。

产生核磁共振的电磁波波长为 10～100 m，属于电磁波中的射频波（无线电波）波段。

二、核磁共振波谱仪

由上述核磁共振原理可知，NMR 波谱仪必须有个外磁体和产生射频波的振荡器。其余部分还包括样品系统（即探头系统）、射频波接受器、扫描发生器和记录器等，如图 14-13 所

示。外磁场的磁体分为永久磁铁、电磁铁和超导磁铁三种。永久磁铁磁场强度固定不变，通常多固定在 1.4 T(Tesla)或 60 MHz(兆赫，指在该磁场强度下原子核的共振频率)，用于简易型仪器；电磁铁强度可调，最高可达 2.35 T 或 100 MHz，目前大多数仪器采用电磁铁；超导磁铁是用超导材料制成的，须浸在液氮中，磁场强度可高达几个至十几个特斯拉，100 MHz 以上的仪器均采用超导磁铁，但由于价格高昂且必须使用液氮，所以只有少数实验室才拥有。

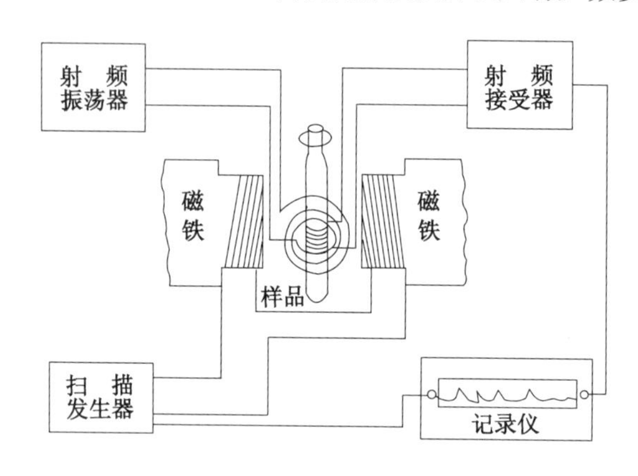

图 14-13　核磁共振波谱仪示意图

射频振荡器产生的射频波，经过调制进入探头，探头位于磁铁间隙，探头中装有样品管和向样品发射射频波及从样品接收射频波的线圈。外磁场、射频发射器和射频接受器三者的方向相互垂直。射频振荡器发射射频波时，扫描发生器可采用固定外磁场强度、改变射频波频率的方法，使它由低于共振频率开始向高于共振频率连续扫描，这种方式称为扫频；也可以采用固定射频波频率而改变外磁场强度的方法，使它从低于共振条件的磁场强度连续地向高于共振条件的磁场强度扫描，即为扫场。核磁共振信息经射频波接受器检测、放大，送入记录器即可绘制出 NMR 谱图。

三、氢核磁共振光谱与化学结构

(一) 化学位移

由核磁共振条件式(14-9)可知，共振频率 ν 只取决于磁旋比 γ 和外磁场强度 H_0，因此同一种原子核只可能有一个共振频率，在谱图上只出现一个核磁共振吸收峰。但实践中发现，当同一种原子核处于分子中的不同部位时，却有不同的共振频率，谱图上可出现多个吸收峰。这种现象表明，共振频率不完全取决于核本身，还与被测核在分子中所处的化学环境有关。分子中的原子核并不是“裸露”核，其周围还有核外电子，而上述核磁共振条件是指“裸露”核的共振条件。绕原子核旋转的核外电子，在外磁场诱导下产生与外磁场方向相反的感应磁场。这将抵消一部分外磁场，使原子核实际受到的磁场强度小于外磁场强度，这种现象叫做磁屏蔽效应。由于磁屏蔽效应的存在，分子中原子核的共振条件应改写为

$$\nu=\frac{\gamma}{2\pi}H_0(1-\sigma) \qquad (14-10)$$

式中：σ 为屏蔽常数。

由此可见，同一种核在分子中所处的部位不同，即化学环境不同，核外电子云密度有所差异，则受到的屏蔽大小也就不同，从而引起共振频率有所差异，即在谱图上吸收峰出现的位置

就不同。这种由于磁屏蔽作用引起吸收峰位置的变化叫做化学位移。由此我们可以把核磁共振与化学结构关联起来。

（二）化学位移的表示方法

由于屏蔽常数 σ 值很小，所以不同化学环境的原子核虽然有不同的共振频率，但差别非常微小，要准确测定其绝对值非常困难。现均用相对差值来表示化学位移，符号为 δ。相对值较易测量，精确度可达 1Hz 以内。测定时，以某标准物质的共振峰为原点（$\delta=0$），测出各峰与原点的距离，最常用的标准物质是四甲基硅烷（TMS）。δ 按下式进行计算：

$$\delta=\frac{H_{标准}-H_{样品}}{H_{标准}}\times10^{6} \quad 或 \quad \delta=\frac{\nu_{样品}-\nu_{标准}}{\nu_{标准}}\times10^{6} \tag{14-11}$$

用相对值表示化学位移的另一个原因是，δ 值与仪器的磁场强度无关。

核磁共振波谱的横坐标常用 δ 表示，TMS 的 δ 值定为 0，在图右端。坐标轴向左，δ 值增大。一般氢核磁共振波谱的横坐标 δ 值为 0～10。若共振峰出现在 TMS 峰之右，则 δ 为负值。

化学位移是核磁共振波谱法研究分子化学结构的三大信息之一，现将一些常见基团质子的 δ 值列于表 14－3 中。

表 14－3　一些常见基团质子的 δ 值

化合物	δ 值	化合物	δ 值
脂肪族 C—H	0～1.8	脂环族 C—H	1.5～5.0
R—CH_3	～0.9	HC—OR	3.3～4
R—CH_2	～1.3	R—C(=O)—CH	2～2.27
R—CH	～1.5	R—C(=O)—OCH	3.6～4.1
		HC—C(=O)—OR	2～2.2
		Ar—CH	2.1～2.9
		烯 >C=C—H	4.5～7.5
		炔 —C≡C—	1.8～3.0
		芳香氢核	6.0～9.5
		—C(=O)—H	9.0～10.0

注：表左栏中化合物除了邻接氢和 sp^3 杂化碳以外没有接任何原子，表右栏中化合物碳上接 X、O、N（Cl—C—H；O—C—H；N—C—H）或接 sp^2、sp 杂化碳原子（>C= C—H，—C≡C—H ）。

（三）自旋-自旋耦合

为了说明自旋-自旋耦合现象及其机理，现以结构简单的乙醇的高分辨氢核磁共振谱为例进行讨论，见图 14－14 所示。由此图可知，在 δ4.06 处出现单峰，δ3.59 为中心处出现一组四重峰，δ1.16 为中心处出现一组三重峰。

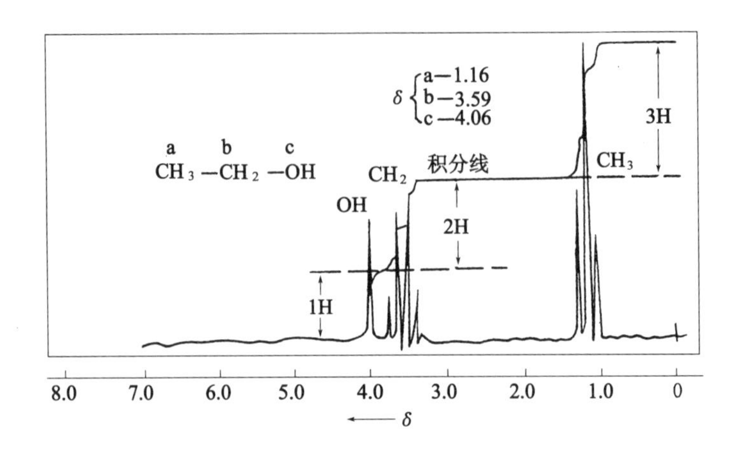

图 14-14 乙醇的(自旋分裂)¹H 核磁共振谱

这些峰的归属分别为乙醇分子中—OH(δ4.06)、—CH_2—(δ3.59)和—CH_3(δ1.16)基团上的质子。δ3.59 和 δ1.16 处共振峰分裂的现象是由于—CH_3、—CH_2—基团中的质子之间核磁矩相互作用引起的,称为自旋-自旋耦合,简称自旋耦合。由自旋耦合引起的共振峰分裂现象称为自旋分裂。在一级耦合(相互耦合核间的化学位移差与耦合常数之比大于 10 时)中,自旋耦合产生的多重峰裂距即为耦合常数,一般用 J 表示,单位为 Hz,J 值的大小,表示自旋核之间相互作用强度的大小。自旋耦合现象可提供相邻基团氢原子的数目及有关立体化学的信息,也是核磁共振波谱法研究分子化学结构的三大信息之一,这里不再讨论。

(四) 积分曲线

氢核磁共振光谱中,各个共振吸收峰的峰面积与引起该吸收的质子的数目成正比,峰面积以积分曲线高度表示,见图 14-14 所示。当已知化合物中含有的氢原子总个数时,可根据积分曲线高度确定谱图中各峰所对应的氢原子数目。这是核磁共振波谱法研究分子化学结构的第三大信息。此外,根据吸收峰的积分曲线高度还可进行定量分析。

第四节 质谱分析法

质谱法(mass spectrometry,MS)是在真空系统中,通过对由样品所生成的离子的质量及其强度的测定而进行成分和结构分析的方法。质谱法是一种微量分析方法,通常样品用量约为 10^{-9} g,采用特殊的检测方法,样品量可减少到 10^{-12} g。将质谱法与各种色谱技术在线联用,进行复杂样品中组分的鉴别和定量,已成为分析复杂样品的最有效手段之一。目前,质谱法已广泛应用于有机化学、石油化学、地球化学、药物化学、生物化学、药物代谢研究、食品化学、香料工业、农业化学和环境保护等各个领域。

一、质谱仪

质谱仪的类型很多,一般均由离子源、质量分析器、离子检测器和一个高度真空系统组成。图 14-15 简述了各组成部件的结构及其作用。

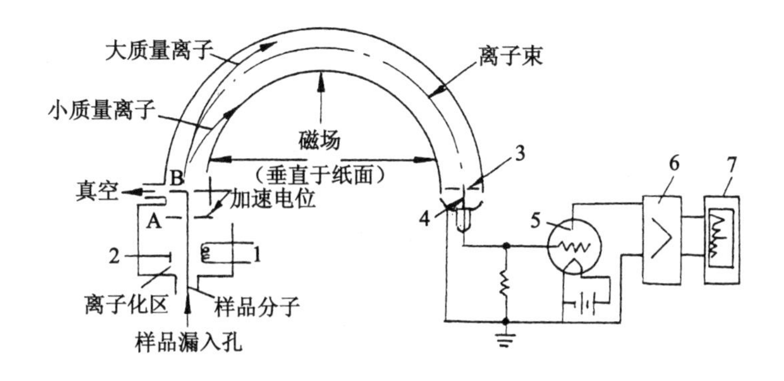

图 14-15　简单质谱仪的原理示意图

1. 产生电子束灯丝　2. 阴极　3. 出射狭缝　4. 收集极
5. 静电计管　6. 直流放大器　7. 记录器

(一) 离子源

质谱仪中,离子源的作用是使样品离子化。质谱仪的离子源种类很多,原理和用途各不相同,最常用的是电子轰击离子源(EI),简述如下。

气化的样品分子(或原子)受到灯丝发射的电子束的轰击,如果轰击电子的能量大于分子的电离能,分子将失去电子而发生电离,通常失去 1 个电子:

$$M + e^-(\text{高速}) \longrightarrow M^{\dot{+}} + 2e^-(\text{低速})$$

式中:M 表示分子;$M^{\dot{+}}$ 表示自由基阳离子(常称为分子离子)。

如果再提高电子的能量,将引起分子中某些化学键的断裂,如果电子的能量大大超过分子的电离能,则足以打断分子中各种化学键而产生各种各样的碎片,如阳离子、离子—分子复合物、阴离子和中性碎片等。在推斥极作用下阳离子进入加速区,被加速和聚集成离子束,并引入质量分析器,而阴离子和中性碎片则被真空抽走。

电子轰击离子源的轰击电子能量常为 70eV,质谱仪谱库中的质谱图都是用 70eV 轰击电子得到的。EI 的优点是,离子流较稳定,碎片离子较丰富,因而应用最广泛。其缺点是,相对分子质量较大或稳定性差的样品,常常得不到分子离子峰,因而也不能测定其相对分子质量。

(二) 质量分析器

质量分析器是指质谱仪中将不同质荷比的离子分离的装置。质量分析器种类较多,分离原理也不相同,通常根据质量分析器的不同来对质谱仪进行分类、命名。目前用于质谱仪的质量分析器主要是磁偏转式和四极杆式。属于前者的仪器称为磁质谱仪,后者称为四极杆质谱仪或四极质谱仪。下面仅简单介绍磁偏转式质量分析器的原理。

磁偏转式质量分析器实际上是一个处于磁场中的真空容器,如图 14-15 所示。自离子源产生的正离子,受静电场(加速电压 U)加速后,进入与离子运动方向互相垂直的强度为 H 的均匀磁场,离子受到劳伦斯力(即向心力)和离心力的作用,以半径为 R 做圆周运动,得到如下质谱方程式:

$$\frac{m}{z}=\frac{H^2R^2}{2U} \tag{14-12}$$

或

$$R=\sqrt{\frac{2U}{H^2}\cdot\frac{m}{z}} \tag{14-13}$$

式中：z 为离子所带的电荷；

m 为离子的质量。

可见，离子在磁场中运动的半径 R 是由 U、H、m/z 三者决定的。假如仪器所用的加速电压和磁场强度是固定的，离子的轨道半径就仅仅与离子的质荷比有关，也就是说，不同质荷比的离子通过磁场后，由于偏转半径不同而彼此分离。在质谱仪中，离子检测器是固定的，即 R 是固定的，当加速电压 U 和磁场强度 H 为某一固定值时，就只有一定质荷比的离子可以满足式(14－13)而通过狭缝到达检测器。改变加速电压或磁场强度，均可改变轨道半径。如果使 H 保持不变，连续地改变 U(称为电压扫描)，可以使不同 m/z 的离子顺序通过狭缝到达检测器，得到某个范围的质谱；同样，若使 U 保持不变，连续地改变 H(称为磁场扫描)也可使不同 m/z 的离子被检测。

(三) 检测器

最常用的检测器是电子倍增管，原理和光电倍增管很相似。一定能量的离子打到电子倍增管电极表面，产生二次电子，二次电子又经多级倍增放大，然后输出到放大器。信号经放大后由计算机处理，储存或打印出报告。

报告以质谱的棒图和质谱表的形式打印出来，但最常用的是以质荷比为横坐标，强度为纵坐标绘成的质谱图，即棒图(图 14－16)。质谱峰的强度常以相对强度表示，即把质谱中最强峰(基峰)的高度定为 100%，算出各个质谱峰的相对百分强度。

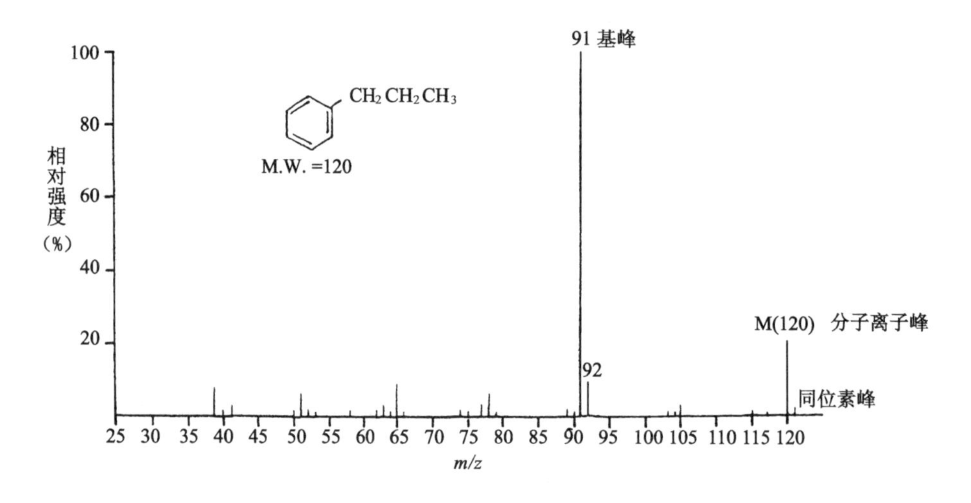

图 14－16 正丙苯的质谱图

二、质谱中的离子和裂解类型

(一) 离子类型

质谱中主要有 4 种离子，即分子离子、同位素离子、碎片离子和亚稳离子，每种离子形成的质谱峰在质谱解析中各有用途。这里只简要介绍前 3 种离子。

1. 分子离子

分子在离子源中失去一个电子而形成的离子称为分子离子。分子离子常以 $M^{+\cdot}$ 表示，含奇数个电子，一般出现在质谱的最右端。分子离子峰的质荷比是确定相对分子质量和分子式的重要依据。

2. 同位素离子

大多数元素都是由具有一定自由丰度的同位素组成的，在质谱图中，会出现含有丰度较低的重质同位素的离子峰。这些含有重质同位素的离子称为同位素离子。有机化合物一般由C、H、O、N、S、Cl 及 Br 等元素组成，它们的同位素丰度比如表 14－4 所示。表中丰度比是以丰度最大的轻质同位素为 100％计算而得。

表 14－4　同位素的丰度比

同位素	$^{13}C/^{12}C$	$^{2}H/^{1}H$	$^{17}O/^{16}O$	$^{18}O/^{16}O$	$^{15}N/^{14}N$	$^{33}S/^{32}S$	$^{34}S/^{32}S$	$^{37}Cl/^{35}Cl$	$^{81}Br/^{79}Br$
丰度比(％)	1.12	0.015	0.040	0.20	0.36	0.80	4.44	31.98	97.28

同位素离子峰与分子离子峰的峰强比用$\frac{M+1}{M}$、$\frac{M+2}{M}$……表示，其数值由同位素丰度比及原子数目决定。^{34}S、^{37}Cl 及 ^{81}Br 的丰度比很大，它们的同位素离子峰非常特征，因而可以利用同位素离子峰与分子离子峰的峰强比推断分子中是否含有 S、Cl、Br 及原子的数目。举例说明如下：

分子中含一个 Cl 原子时，M ∶M＋2＝100 ∶32.0≈3 ∶1；含一个 Br 原子时，M ∶M＋2＝100 ∶97.3≈1 ∶1；含三个 Cl 原子时，如 $CHCl_3$，会出现 M、M＋2、M＋4 及 M＋6 峰，峰强比为 27 ∶27 ∶9 ∶1(图 14－17)。

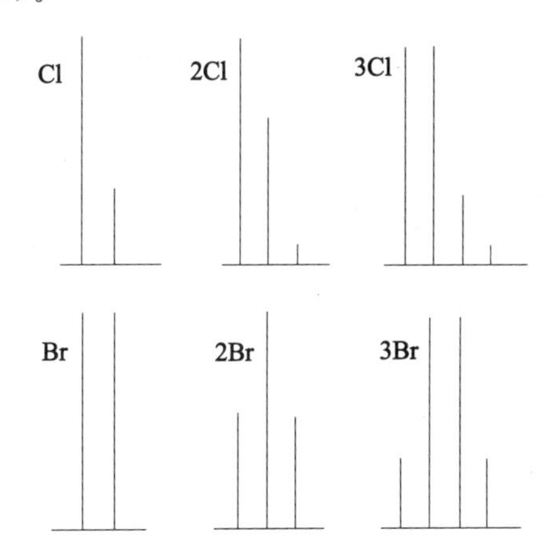

图 14－17　含有 Cl、Br 原子的化合物分子离子峰及其同位素离子峰的强度比

3. 碎片离子

分子在离子源中获得的能量超过分子离子化所需要的能量时，过剩的能量会切断分子离子中的某些化学键而产生碎片离子。碎片离子再获得能量(例如被电子轰击)又会进一步裂解产生更小的碎片离子。由于各种有机化合物的分子结构不同，因此裂解方式不同，产生的碎片离子的种类和数量不同。所以，研究已知结构的各种类型化合物的裂解方式，研究碎片离子的信息，对于鉴定化合物和推断新化合物结构很有意义。各种典型有机化合物的碎片离子信息及裂解过程，限于篇幅，这里不再介绍。

(二) 裂解类型

阳离子的裂解类型和裂解规律是质谱解析的重要依据，因篇幅所限，不再介绍。

三、有机化合物的质谱分析

质谱提供的分子结构信息主要包括三个方面：相对分子质量；元素组成；由质谱裂解碎片检测官能团，辨认化合物类型，推测化合物结构。现简述如下：

（一）相对分子质量的测定

分子离子峰所对应的质量就是该化合物的相对分子质量，因此，质谱法测定相对分子质量的关键是确定分子离子峰。但是有些化合物的质谱中，分子离子峰很弱，或者根本不存在分子离子峰；有时样品中混有杂质，质谱中会出现杂质离子峰。上述情况下，分子离子峰就很难判别，甚至还会误判，所以必须掌握判别分子离子峰的方法。识别分子离子峰时，以下规则可供参考。

(1) 分子离子峰一定是质谱中质量数最大的峰，多数情况下，质谱高质量端较强峰就是分子离子峰。

(2) 分子离子峰的质量数应符合氮律，即只含 C、H、O 的化合物，分子离子峰的质量数是偶数；由 C、H、O、N 组成的化合物，若含奇数个氮，则分子离子峰的质量数为奇数，若含偶数个氮，则分子离子峰的质量数为偶数。凡不符合氮律者，就不是分子离子峰。

(3) 所假定的分子离子峰与相邻的质谱峰间的质量数差是否有意义。如果在比该峰小3～14个质量数处出现峰，则该峰不是分子离子峰。因为一个分子离子直接失去一个亚甲基（CH_2，m/z14），一般是不可能的。同时失去 3～5 个氢，需要很高的能量，也不可能。

（二）元素组成的测定

过去运用质谱测定化合物元素组成，即分子式或实验式，是用同位素离子峰与分子离子峰的峰强比。目前已很少用这种方法，因为同位素离子峰一般很弱，很难准确测定。目前主要采用高分辨质谱法。

高分辨质谱法可测得小数点后 4～6 位数字、实验误差约为 ±0.006 的准确数值。当用高分辨质谱仪测得分子离子峰的精确质量后，符合这一精确数值的可能分子式数目大大减少，若再配合其他信息，便可确定化合物的元素组成。

有人将 C、H、O、N 各种组合构成的分子式的精确质量排成“质谱用质量与丰度表”，将实测精确分子离子峰的质量与该数据表核对，即可方便地推定分子式。

（三）推测官能团和化合物结构

各种不同类型的有机化合物，有不同的特征碎片离子峰。例如，醇类有 m/z 为M－18和 m/z 31的特征离子峰；胺类有 m/z 30 的特征离子峰；芳烃有 m/z 91、77、65、51、39 等特征离子峰。根据特征碎片离子峰及形成过程，可推测官能团和化合物的结构。由于篇幅所限，不再介绍。

思考题

1. 原子吸收光谱法的定量依据是什么？有几种定量方法？
2. 为什么原子吸收光谱法常采用峰值吸收而不使用积分吸收？
3. 原子吸收光谱法中为何使用锐线光源？影响原子吸收线峰宽的因素有哪些？
4. 原子吸收光谱仪由哪些部件组成？其作用如何？
5. 荧光和磷光有何区别？

6. 荧光量子效率的含义是什么？

7. 荧光分析法的定量依据是什么？影响因素有哪些？

8. 荧光分光光度计与紫外-可见分光光度计有哪些不同？

9. 哪些原子核能产生核磁共振？产生核磁共振的必要条件是什么？

10. 核磁共振谱可提供哪三大信息？它们与分子结构之间有何关系？

11. 化学位移的意义是什么？用 δ 值表示化学位移有何优点？

12. 质谱仪由哪些主要部件构成？其功能是什么？

13. 什么是分子离子峰？如何确定分子离子峰？

14. 如何从质谱提供的信息确定分子式和鉴定 S、Cl、Br 等元素的存在？

（杜迎翔）

实　　验

实验 1　天平与称量练习

1. 目的要求

(1) 学会正确使用天平。

(2) 掌握直接称量、固定重量称量和减量法称量的方法。

2. 实验原理

使用电光天平时，按其机械加砝码程度不同，可从砝码盒中取砝码或转动天平箱上的加码器直接读取所加重量。10 mg 以下的重量均从光幕上读取。

3. 仪器及试剂

(1) 仪器

半自动双盘电光天平或电子天平，高型称量瓶，烧杯(50 ml 或 100 ml)或锥形瓶(250 ml)，牛角匙。

(2) 试剂

$K_2Cr_2O_7$ 等。

4. 实验内容

以半自动双盘电光天平为例。

(1) 直接称量法

调节好天平零点，将待称物品置于天平左盘上，天平右盘加上砝码，使其平衡，读数。记录该物重量。

(2) 固定重量称量法

此法适用于称量不易吸水、在空气中稳定的试样，如 $K_2Cr_2O_7$ 基准物质。称量方法如下：

① 先称出适当的容器(称量瓶、小烧杯或称量纸)重量 W_1。

② 在已有的砝码重量 W_1 上再加上所需重量的砝码。

③ 在容器中慢慢加入试样后，再称量至天平平衡点与容器的平衡点一致。

(3) 减重称量法

本法适用于称取易吸水、易氧化或易与二氧化碳等反应的物质。如称取固体试样时，称量方法如下：

① 取约 0.2 g 左右的 $K_2Cr_2O_7$ 试样于称量瓶中，置于天平的左称盘上，加砝码于天平的右称盘使其平衡，得一精确重量 W_1 g。

② 取出称量瓶，在接收容器上方，将称量瓶倾斜并转动使试样集中于某一边。轻轻开启瓶盖。用称量瓶盖(或食指)轻轻敲击称量瓶口上部，使试样慢慢落入容器中。当倾出的试样已接近所需重量时(用估堆法)，慢慢将称量瓶竖直，用瓶盖轻敲称量瓶口，使粘附在瓶口上的试样落回称瓶底部，盖好称量瓶盖。将称量瓶放回天平称盘，称得重量为 W_2。若样品量不足，按上法再倒取适量样品，直至取样量符合允许范围为止。同理，可按上述方法连续称取多

份试样。见实验图 1－1 所示。

实验图 1－1　取样方法示意图

试样重量为两次重量 W_1 和 W_1 之差。

第一份试样重＝W_1-W_2(g)；

第二份试样重＝W_2-W_3(g)。

记录格式：

例如　第一次称重 W_1：14.467 4 g

　　　第二次称重 W_2：14.266 0 g

　　　第一份试样量：　0.201 4 g

5. 注意事项

(1) 称量时，不能将称量的药品、试剂直接放在天平盘上称。

(2) 用分析天平称取用于滴定分析的试样的称量范围为所需称取的试样重 $W \pm W \times 10\%$。如需精密称取 $K_2Cr_2O_7$ 基准物质 0.2 g，则称量范围是 $0.2 \pm 0.2 \times 10\%$，即 0.18～0.22 g 之间。

(3) 减重称量法时先用“估堆法”估计倾出试样的重量，不能一次倾出太多，否则超出称量范围，则要重新称取。

6. 思考题

(1) 在减重称量法中，零点为什么可以不参加计算？

(2) 称量瓶减少的重量是否正好等于小烧杯增加的重量？如有差别，是如何产生的？

(3) 在称量记录和计算中，如何正确运用有效数字？

[附 1]　分析天平

1. 分析天平的结构原理

分析天平是分析工作中常用的仪器之一。每一项分析工作都直接或间接地需要使用天平，而且称量的准确与否又直接影响分析结果。

目前，天平型号繁多，但其基本称量原理相同，即根据第一杠杆原理制作的。如实验图 1－2 所示。设天平两臂的长度分别是 L_1 及 L_2，当受力平衡时，按力矩相等的关系可知：$F_1L_1=F_2L_2$。

因为 $F_1=m_1g \quad F_2=m_2g$

有 $m_1gL_1=m_2gL_2$

而 $L_1=L_2$

所以 $m_1=m_2$

实验图 1－2　双盘天平原理示意图

从砝码的质量 m_2 就知道物体的质量。质量不随地域而改变，重量则随地域不同而改变。在分析工作中所谓重量实际是质量。

2. 天平的分类

目前国内外尚没有一个比较完善、准确的天平分类方法。通常可按天平结构特点，分为等臂双盘天平和不等臂单盘天平。双盘天平又分为阻尼天平和无阻尼天平。无阻尼天平称摇摆天平；有阻尼的天平称阻尼天平。若按天平精度分类，则可分为“万分之一天平”、“十万分之一天平”及“百万分之一天平”。这说明这些天平的最小分度值分别为万分之一克、十万分之一克及百万分之一克。我们国家采用按相对精度分类的方法。根据《天平检定规程 JJG—98—72 试行本》的规定，按天平的名义分度值与最大载荷之比，把天平分为 10 级。这种相对精度分类法虽然考虑到最小分度值，又考虑到最大负荷，但也还不能反映其衡量精度。例如，同样是三级天平，其中一台最大负荷为 200 g，分度值为 0.1 mg；另一台最大负荷为 200 g，分度值为 1 mg，二者绝对精度相差 10 倍。在实际工作中，也可根据用途分类，则有标准天平、分析天平及微量天平、超微量天平、电子天平等。

3. 分析天平的结构

目前我国生产的天平都有空气阻尼装置和光学读数装置。天平按结构分，有半机械加码双盘电光天平及单盘电光天平。以半机械加码双盘电光天平为例，主要结构包括：横梁、立柱、天平箱、砝码及光学读数装置。其结构如实验图 1－3 所示。

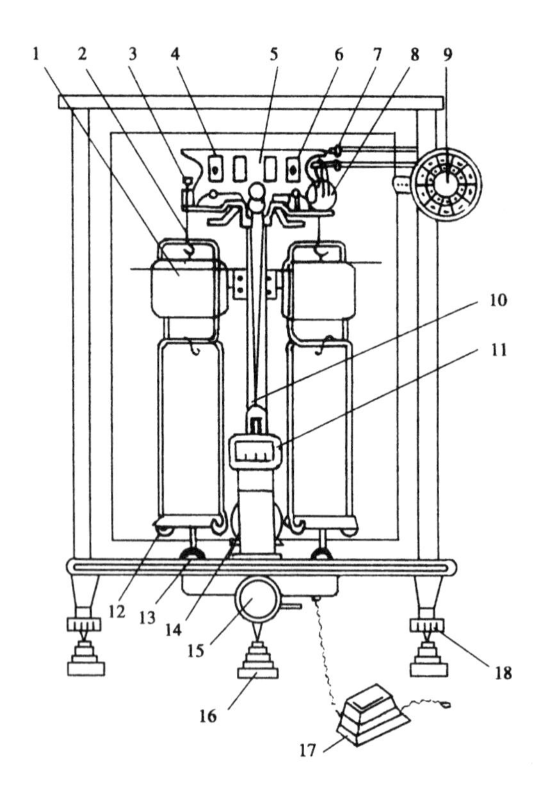

实验图 1－3　半自动双盘电光天平

1. 阻尼器　2. 挂钩　3. 吊耳　4、6. 平衡螺丝　5. 天平梁
7. 环码钩　8. 环码　9. 指数盘　10. 指针　11. 投影屏　12. 称盘
13. 盘托　14. 光源　15. 旋钮　16. 垫脚　17. 变压器　18. 螺旋脚

(1) 横梁:天平横梁本身由铝合金制成。其上嵌有三个玛瑙刀口,中间为支点刀,刀口向下;两侧为承重刀,刀口向上。三个刀口必须在同一水平面上,且互相平行。当横梁放下时,由支点刀支架于立柱上的刀承上,而承重刀则支架于两侧吊耳下面的玛瑙刀承上,故玛瑙刀口保持锋锐是十分重要的。平衡螺丝可水平移动,用它调节天平的零点。重心螺丝可以上下移动来调节横梁的重心,从而改变天平的灵敏度及稳定性,一般在天平出厂前已调节好,在使用时不轻易进行调节。天平盘通过吊耳挂在横梁上,刻有"1"标记的挂在左侧,刻有"11"标记的挂在右侧。指针用于指示天平横梁的平衡位置。在指针下端连有小的透明标尺,标尺上刻有刻度,通过聚光装置放大即读数。

(2) 立柱:天平立柱包括升降枢旋钮、升降枢旋钮杆、盘托、空气阻尼器及水平仪。升降枢旋钮是升降枢旋钮杆联动装置的控制钮。称量时轻轻旋转升降枢旋钮,使天平横梁和吊耳下降,三对刀口和刀承相接触,同时盘托下降,天平梁自由摆动。再向相反方向旋转则天平横梁架起,天平处于停止状态。凡不称量时都应如此。空气阻尼器也称空气制摆器,是由两个无盖的金属圆筒及两个悬挂在吊耳上的两个金属圆筒配套组成。当天平横梁摆动时,圆筒内的空气受到压缩或膨胀而产生一种阻止天平梁摇摆的力量,这样就使天平很快停止。

(3) 天平箱:主要用来保护天平,包括放环码的旋转器、环码及天平脚等。天平箱左右门供称量时使用,前门供安装及修理天平时使用。天平的三个垫脚,防止天平箱滑动。前面两只脚可以转动,用来调节天平箱的水平位置。

(4) 砝码:每台天平均配有一盒钢合金的表面镀铬的砝码和取放砝码的镊子。砝码只能放在砝码盒及天平盘上,不能放在其他位置。一套砝码一般包括 50 g、20 g、20 g、10 g、5 g、2 g、2 g、1 g,视最大载重而定。1 g 以下的砝码做成环状,称环码,挂在加码杆上,共 8 个环码,其重量分别为 500 mg、200 mg、100 mg、100 mg、50 mg、20 mg、10 mg、10 mg。环码的重量可以从旋转器上读得。

4. 天平的使用方法

以半自动双盘电光天平为例。

(1) 称量前的准备

① 取下天平罩,检查天平箱中干燥剂是否失效,并小心清除天平箱中的灰尘。

② 检查砝码是否齐全,天平各部件如横梁、称盘、吊耳等是否均处于正常状态,天平箱是否水平等。

③ 轻轻旋转升降枢旋钮,使天平梁轻轻落下,观察指针摆动是否正常。若属正常即可使用。

④ 调整好天平零点。

(2) 称样

① 轻轻开启天平箱左边门,把待称物体置于左称盘上(称量物体应装在称量瓶中或称量纸上,药品等不能直接置于盘上)。

② 用"对分法"加码:根据估计重量由大到小顺序选取砝码及环码试称(每次试称时天平升降枢旋钮不能全部打开),直至砝码与称物重量相近。全部打开升降枢旋钮,待标尺在光幕上的标线稳定后,即可读数。

③ 读数方法:先读砝码盒中"空位"(克砝码已被取去),再读旋转器上的读数盘示值,最后读取光幕上标尺的示值。正确记录。

④ 称量完毕应关好天平,检查天平"零点",登记使用情况,遮好天平罩,关掉电源。

5. 分析天平的使用规则

(1) 揭开分析天平布罩并折叠整齐,放在天平箱上。

(2) 检查砝码盒中砝码是否齐全,天平安装是否正确,天平是否处于水平位置。若气泡式水准器的气泡不在圆圈的中心,应站立,目视水准器,用手旋转天平底板下面的两个垫脚螺丝,以调节天平两侧高度直至达到水平位置。

(3) 天平箱内必须保持干燥、洁净,并定时放置和更换干燥剂(变色硅胶)。若天平箱内有灰尘,应用软毛刷轻轻扫净。

(4) 天平箱的前门不得随意打开(它主要供装卸、调节和维修用)。称量过程中,取放物体、加减砝码时,一般只打开天平左、右两边的侧门,并且侧门开用后应立即关上,以保证天平箱的干燥和避免空气流动对称量的影响。称量物和砝码要放在天平盘的中央,以防盘的摆动。化学试剂和试样不得直接放在天平盘上,必须盛放在干净的容器中称量。如果称取的化学试剂和试样性质稳定,可选用小烧杯或表面皿等器皿称取。称取具有腐蚀性或吸湿性的物质,必须放在称量瓶或其他适当的容器中称量。为了防止天平盘被腐蚀,可在天平盘上配备表面皿。

(5) 在使用天平的过程中,要特别注意保护玛瑙刀口和刀承。开关升降枢旋钮应缓慢、动作轻,不得使天平剧烈振动。取放物体、加减砝码和移动砝码时,必须将天平梁托起,以免横梁或吊耳移位,甚至脱落而损伤刀口。开或关升降枢旋钮时,应特别小心,要轻、慢、稳。开启升降枢旋钮,要先半开,看指针移动情况,如明显不平衡,应立即关上,增减砝码或样品,直到半开升降枢旋钮后指针移动缓慢且平稳时,才可逐渐全开。读数时,升降枢旋钮一定要处于全开位置。

(6) 取放砝码必须用镊子夹取,严禁用手拿,以免沾污。砝码由大到小逐一加放到天平盘上,用过以后的砝码要放回原处,不能随便乱放。半自动电光天平或全自动电光天平加、减环码时,应一挡一挡慢慢地加减,防止环码跳落或互撞。

(7) 称量的物体必须与天平室内温度一致,不得把热的或冷的物体放在天平上称量。温度差异太大将引起空气定向流动,造成称量结果的误差。太热或太冷的称量物,必须在干燥器中放置一定的时间,使其温度达到室温始可称量。

(8) 天平的载重绝对不可超过天平的最大负载。在同一次实验中,如标定和测定中,称量物体时,应使用同一台天平、同一盒砝码以减免称量的系统误差。

(9) 称量完毕后,应托起天平。检查砝码是否全部放在砝码盒原位置上,称量瓶等物是否已从天平盘中取出,天平门是否关好。如是电光天平,应把加环码装置恢复到零位。检查天平零点,盖好天平罩,最后关掉天平室电源总闸。

(10) 称量数据应及时记在记录本上。

6. 天平室规则

天平室要求安静、防震、干燥、避光、整齐、清洁。

(1) 不许在天平室内大声喧哗、吵闹和吸烟。

(2) 在天平室内走动要轻,不要发生剧烈的震动,以免天平位置偏移,天平零件受损。

(3) 天平室应保持干燥(相对湿度为50%～70%),过潮时可增设干燥剂箱防潮。

(4) 防止阳光直射入室内。天平室窗户应加深色窗帘。温度在20～25℃为好(加空调装置)。

(5) 天平台面、地面均应保持清洁。地面可打蜡,用油帚清洁地面,不宜用水擦地板。

［附 2］ BS110S 电子天平使用说明

1. 部件

BS110S 电子天平部件如实验图 1－4 所示。

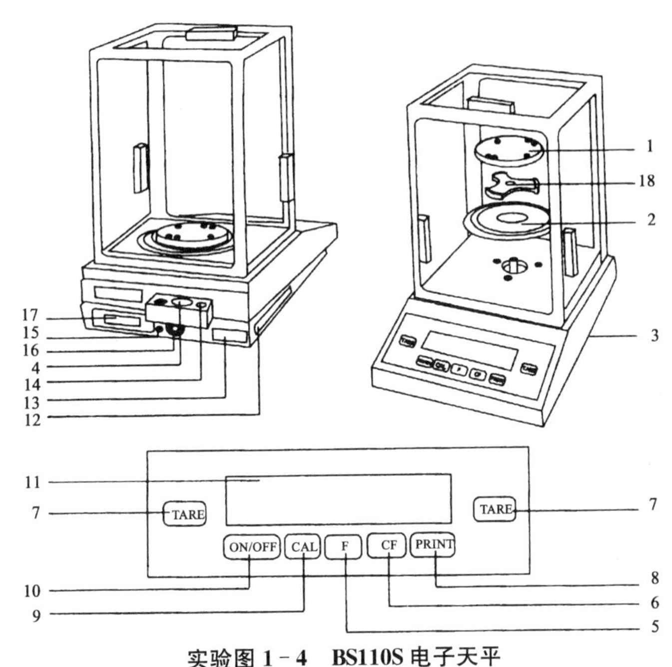

实验图 1－4　BS110S 电子天平

1. 称盘　2. 屏蔽环　3. 地脚螺栓　4. 水平仪　5. 功能键
6. CF 清除键　7. 除皮键　8. 打印键(数据输出)　9. 调校键　10. 开关键
11. 显示器　12. CMC 标签　13. 具有 C∈标记的型号牌　14. 防盗装置
15. 菜单—去联锁开关　16. 电源接口　17. 数据接口　18. 称盘支架

2. 操作步骤

(1) 调水平

调整地脚螺栓高度,使水平仪内空气气泡位于圆环中央。

(2) 开机

接通电源,按下 ON/OFF 键,系统自动实现自检功能。当显示器显示零时,自检过程即告结束,此时,天平工作准备就绪。

(3) 称量

按下除皮键 TARE ,以便使重量显示为零。将物品放到称盘上,当显示器上出现作为稳定标记的重量单位“g”或其他选定的单位时,读出重量数值。

(4) 关机

天平应一直保持通电状态(24 h),不使用时将开关键关至待机状态,使天平保持保温状态,可延长天平使用寿命。

实验2　氯化钡结晶水的测定

1. 目的要求

(1) 通过本实验进一步巩固分析天平的使用。

(2) 掌握挥发重量法测定水分的原理和方法。

(3) 明确恒重的意义。

2. 实验原理

$BaCl_2 \cdot 2H_2O$ 中结晶水的蒸气压，20℃时为 0.17 kPa(1.3 mmHg 柱)，35℃时为 1.57 kPa(11.8 mmHg 柱)。所以氯化钡除在特别干燥气候中外，一般情况下所含 2 分子结晶水，十分稳定。$BaCl_2 \cdot 2H_2O$ 于 113℃失去结晶水，无水氯化钡不挥发，也不易变质。故干燥温度可高于 113℃。

$BaCl_2 \cdot 2H_2O$ 结晶水含量的计算：

$$\begin{aligned}\text{理论结晶水含量}(\%) &= \frac{2M_{H_2O}}{M_{BaCl_2 \cdot 2H_2O}} \times 100 \\ &= \frac{2 \times 18.05}{244.27} \times 100 \\ &= 14.75\end{aligned}$$

3. 仪器及试剂

(1) 仪器

分析天平，扁形称量瓶，电热干燥箱，坩埚钳，干燥器。

(2) 试剂

$BaCl_2 \cdot 2H_2O$ 样品：AR。

4. 实验内容

(1) 称量瓶恒重

取直径约为 3 cm 的扁形称量瓶 3 个，洗净，于电热干燥箱中 115℃干燥后，置于干燥器中放冷至室温(30 min)后，称重。重复上述条件再烘，放冷，称重。至连续两次干燥后的重量差小于 0.3 mg 为达到恒重要求。

(2) 样品结晶水测定

将 $BaCl_2 \cdot 2H_2O$ 样品在研钵中研成粗粉，分别精密称取 3 份试样，每份约 1 g，置于已恒重的称量瓶中，使样品平铺于瓶底(厚度不超过 5 mm)，称量瓶盖斜放于瓶口。置称量瓶于电热干燥箱中，于 115℃干燥 1 h，移至干燥器中，盖好称量瓶盖，放置 30 min，冷至室温，称定其重量。再重复上述操作，直至恒重。

5. 数据处理

计算公式为：

$$\text{结晶水含量}(\%) = \frac{\text{失重(g)}}{W_{\text{样品}}\text{(g)}} \times 100$$

取平行操作 3 份的数据，求出百分含量，计算平均值及相对平均偏差。

6. 实验报告示例

氯化钡结晶水含量测定

1）原始记录

（1）空称量瓶恒重(g)

Ⅰ 20.024 1　　Ⅱ 17.223 2　　Ⅲ 18.854 1

20.024 0　　17.223 3　　18.854 0

（2）称量瓶加样品重(g)

Ⅰ 21.108 8　　Ⅱ 18.194 7　　Ⅲ 19.907 2

（3）干燥恒重(g)

Ⅰ 20.949 5　　Ⅱ 18.051 8　　Ⅲ 19.751 8

20.948 4　　18.051 9　　19.751 6

20.948 2

（4）样品重与干燥失重(g)

	Ⅰ 21.108 8	Ⅱ 18.194 7	Ⅲ 19.907 2
样品重：	Ⅰ 20.024 0 1.084 8	Ⅱ 17.223 2 0.971 5	Ⅲ 18.854 0 1.053 2
	21.108 8	18.194 7	19.907 2
干燥失重：	Ⅰ 20.948 2 0.160 6	Ⅱ 18.051 8 0.142 9	Ⅲ 19.751 6 0.155 6

2）实验报告(示例)

$BaCl_2 \cdot 2H_2O$ 中结晶水含量测定　　　　年　　月　　日

		1	2	3
空扁形称量瓶恒重(g)	第一次干燥	20.024 1	17.223 2	18.854 1
	第二次干燥	20.024 0	17.223 3	18.854 0
	第三次干燥			
称量瓶＋试样重(g)		21.108 8	18.194 7	19.907 2
称量瓶加样品干燥后恒重(g)	第一次干燥	20.949 5	18.051 8	19.751 8
	第二次干燥	20.948 4	18.051 9	19.751 6
	第三次干燥	20.948 2		
样品重(g)		1.084 8	0.971 5	1.053 2
结晶水重量(g)		0.160 6	0.142 9	0.155 6
结晶水含量(%)		14.80	14.71	14.77
平均值(%)	14.76			
相对平均偏差(%)	0.2			

7. 注意事项

（1）称恒重应注意平行原则，即连续称重、烘干应控制好一定时间。

（2）正确使用干燥器及坩埚钳。

（3）样品要均匀地平铺在扁形称量瓶底部，以便样品中水分充分挥发。

8. 思考题

粗样为什么要研碎？是否研得愈细愈好？

实验 3　容量仪器的校正

1. 目的要求

(1) 熟悉校正容量仪器的原理及方法。

(2) 掌握容量仪器——滴定管、移液管及容量瓶的校正方法。

2. 实验原理

滴定分析法常用的容器有容量瓶、移液管及滴定管。它们的容积在生产过程中已经检定，其所刻容积有一定的精确度，可满足一般分析的要求。但在准确度要求较高的分析工作中，必须对以上三种容器的容积进行校正。

校正容器常采用称量法。即称量容器容纳或放出纯水的重量，按其与密度的关系换算成20℃时的标准容积。

$$V_s = \frac{W_t}{d_t}$$

式中：V_s 为在 t℃时水的容积(ml)；

W_t 为在空气中 t℃时水的质量(g)；

d_t 为 t℃时在空气中用黄铜砝码称量 1 ml 水(在玻璃容器中)的重量(g/ml)。

校正时必须考虑下述三种因素：

(1) 由于水随温度而改变的校正；

(2) 由于空气浮力使重量改变的校正；

(3) 由于玻璃容器本身的容积随温度而改变的校正。

通过上述三项校正，即可计算出在 t℃时需称取多少克的水(在空气里，用黄铜砝码)使它所占容积恰好等于 20℃时该容器所指的容积。

为了便于计算，将 20℃时容量为 1 ml 的玻璃容器在不同温度时所盛水的重量列于实验表 3-1。

实验表 3-1　在不同温度下，1 ml 的玻璃量器所量得的水在空气中的重量(用黄铜砝码称量)

温度(℃)	d_t(g/ml)	温度(℃)	d_t(g/ml)	温度(℃)	d_t(g/ml)
5	0.998 53	14	0.998 04	23	0.996 55
6	0.998 53	15	0.997 92	24	0.996 34
7	0.998 52	16	0.997 78	25	0.996 12
8	0.998 49	17	0.997 64	26	0.995 88
9	0.998 45	18	0.997 49	27	0.995 66
10	0.998 39	19	0.997 33	28	0.995 39
11	0.998 33	20	0.997 15	29	0.995 12
12	0.998 24	21	0.996 95	30	0.994 85
13	0.998 15	22	0.996 76		

应用此表来校正容量仪器是很方便的。例如:在15℃时欲取得20℃时容量为1 L的水,可于空气中用黄铜砝码称量997.92 g的水;反之,亦可从水的重量换算成体积。

3. 仪器及试剂

(1) 仪器

酸式滴定管(25 ml),容量瓶(100 ml),移液管(25 ml,20 ml),温度计,磨口塞锥形瓶(50 ml),洗耳球。

(2) 试剂

蒸馏水。

4. 实验内容

1) 移液管的校正(25 ml)

(1) 洗净移液管(以不挂水为度)。

(2) 取50 ml磨口锥形瓶洗净,干燥,称重(称准至1 mg)。

(3) 用待校正的移液管,正确吸取已测温度的蒸馏水至刻度线,放入上述锥形瓶中,称重得锥形瓶与水的总重量(称准至1 mg)。

(4) 查表得该温度下水的密度 d_t,计算出移液管的真实体积。

2) 滴定管的校正

(1) 将25 ml滴定管洗净,装入已测温度的水。

(2) 取已洗净且干燥的50 ml磨口锥形瓶,在分析天平上称重,称准至1 mg。

(3) 将滴定管的液面调节至0.00刻度处。按滴定时常用速度(如每秒钟3滴)将水放入已称重的锥形瓶中,使其体积至5.00刻度处,然后再称重,得瓶加水的重量,称准至1 mg。

(4) 算出水重,并查出 d_t,即可算出滴定管0.00～5.00刻度之间的真实容积。

(5) 用上述方法继续校正0.00～10.00,0.00～15.00……刻度之间的真实容积。

(6) 重复校正一次。两次校正所得同一刻度的体积相差不应大于0.01 ml。

(7) 算出各个体积处的校正值(两次平均值)。以读数值为横坐标,校正值为纵坐标作出校正曲线,以备滴定时查取。

如校正50 ml滴定管,方法同上,只是每隔10 ml测一个校正值。

现将水温21℃时校正25 ml滴定管的实验数据列于实验表3-2供参考。

实验表3-2 滴定管的校正

水温:21℃　　　1ml水重:0.996 95(g)

滴定管读取容积	瓶+水重(g)	空瓶重(g)	水重(g)	真实容积	校正值
0.00～5.00	34.14	29.20	4.94	4.96	−0.04
0.00～10.00	39.31	29.31	10.00	10.03	+0.03
0.00～15.00	44.30	29.35	14.95	15.00	0.00
0.00～20.00	49.39	29.43	19.96	20.02	+0.02
0.00～25.00	54.28	29.38	24.90	24.98	−0.02

3) 容量瓶与移液管的相对校正

用洗净的20 ml移液管吸取蒸馏水,放入洗净且沥干的100 ml容量瓶中,共放入5次,观察容量瓶中弯月面下缘是否与体积刻度线相切。若不相切,记下弯月面下缘的位置。再重复上述实验一次。连续两次实验结果符合后，作出新标记，本实验中所用的容量瓶与移液管即可配套使用。

5. 注意事项

(1) 从滴定管放水至锥形瓶时，水滴不应滴在锥形瓶的外壁及瓶口。

(2) 若没有磨口锥形瓶，所用锥形瓶应加盖，避免水的蒸发。

(3) 在容量器皿校正过程中，操作必须正确，否则校正值均为不可信值。

6. 思考题

(1) 为什么校正 25 ml 滴定管及 25 ml 移液管时要称准至 1 mg?

(2) 滴定管尖端存在气泡对滴定有什么影响？应如何排除？

(3) 移液管放完液体后为什么要停留 15 s？最后留于管尖的液体如何处理？为什么？

[附] 容量仪器的操作

1. 滴定管及其使用方法

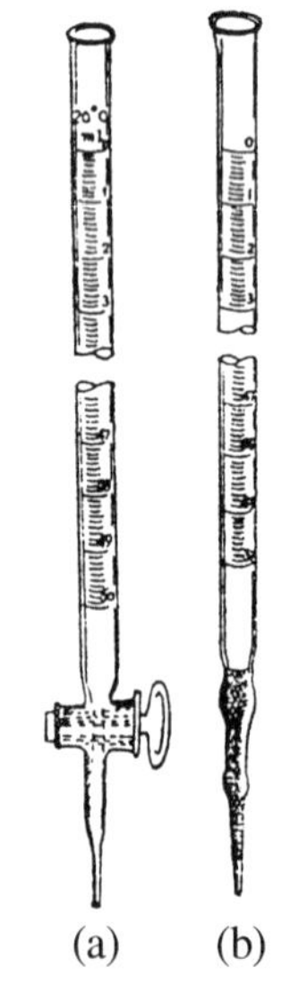

实验图 3-1 (a) 酸式滴定管 (b) 碱式滴定管

滴定管是用来进行滴定的器皿，用于测量在滴定中所用溶液的体积。滴定管是一种细长、内径大小比较均匀而具有刻度的玻璃管，管的下端有玻璃尖嘴。滴定管有 10 ml、25 ml、50 ml 等不同的容积。如 25 ml 滴定管上刻有 25 等份，每一等份为 1 ml，1 ml 中再分 10 等份，每一小格为 0.1 ml，读数时，在每一小格间可再估计出 0.01 ml。

滴定管一般分为两种，一种是酸式滴定管(实验图 3-1(a))，另一种是碱式滴定管(实验图 3-1(b))。酸式滴定管的下端有玻璃活塞，可盛放酸液及氧化剂，不能盛放碱液，因碱液常使活塞与活塞套粘合，难于转动。碱液作为滴定液时要使用碱式滴定管，它的下端连接一橡皮管，内放一玻璃珠，以控制溶液的流出，下面再连有一尖嘴滴管，碱式滴定管不能盛放酸或氧化剂等腐蚀橡胶的溶液。此外，还有自动滴定管，若滴定管满刻度为 10 ml，则称为微量滴定管。

为了防止滴定管漏液，在使用之前要将已洗净的滴定管活塞拔出，用滤纸将活塞及活塞套擦干。在活塞粗端和活塞套的细端分别涂一层凡士林，把活塞插入活塞套内，向同一方向旋转数次，直到在外面观察时呈透明即可。亦可在玻璃活塞孔的两端涂上一层凡士林(小心不要涂在塞孔处，以防堵塞孔眼)，然后将其放入活塞套内，向同一方向旋转活塞数次至透明为止(实验图 3-2)。在活塞末端套一橡皮圈以防在使用时将活塞顶出。然后在滴定管内装入蒸馏水，垂直放在滴定管架上，2 min 后观察有无水珠滴下，缝隙中是否有水渗出，然后将活塞转 180°再观察一次，没有漏水即可使用。

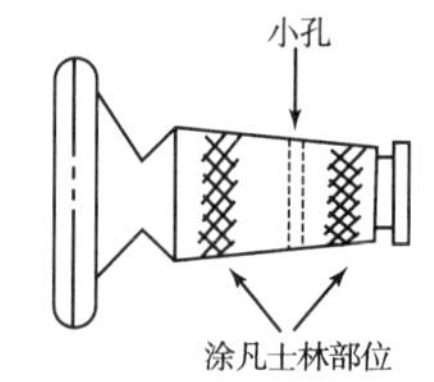

实验图 3-2 涂凡士林部位

为了保证装入滴定管溶液的浓度不被稀释，因此要用该溶液荡洗滴定管 3 次，每次用 7～8 ml。洗法是注入溶液后，将滴定管横过来，慢慢转动，使溶液流遍全管，然后将溶液自下放出。洗好后，即可装入溶液。装溶液时要直接从试剂瓶倒入滴定管，不要再经过漏斗等其他容器。

将标准溶液充满滴定管后，应检查管下部是否有气泡，如有气泡，可转动活塞，使溶液急速下流驱除气泡。如为碱式滴定管，则可将橡皮管向上弯曲，并在稍高于玻璃珠处用两手指挤压，使溶液从尖嘴口喷出，气泡即可除尽(实验图 3-3)。

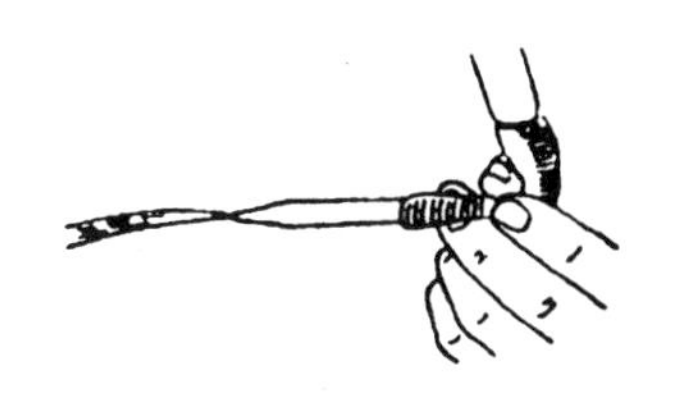

实验图 3-3 排除气泡方法

滴定管的读数：在读数时，应将滴定管垂直地夹在滴定管夹上，并将管下端悬挂的液滴除去。滴定管内的液面呈弯月形，无色溶液的弯月面比较清晰，读数时，眼睛视线应与溶液弯月面下缘最低点在同一水平上，眼睛的位置不同会得出不同的读数(实验图 3-4)。为了使读数清晰，亦可在滴定管后边衬一张纸片为背景，形成颜色较深的弯月面，读取弯月面的下缘，这样做不受光线的影响，易于观察(实验图 3-5)。深色溶液的弯月面难以看清，如 $KMnO_4$ 溶液，可以观察液面的上缘。乳白板蓝线衬背的滴定管，应当以蓝线的最尖部分的位置读数(实验图 3-6)，读数时应估读到 0.01 ml。

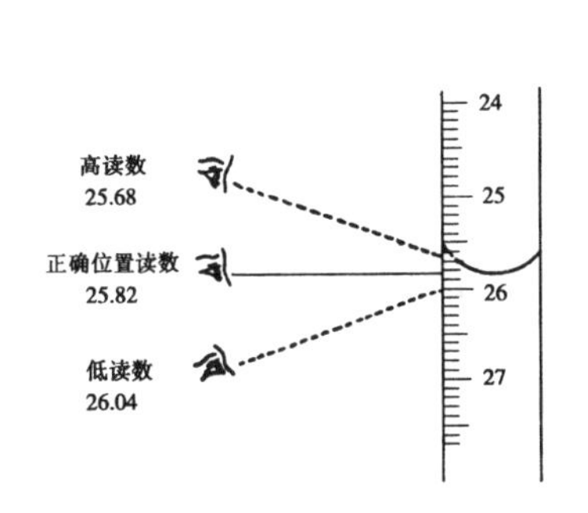

实验图 3-4 读数视线的位置

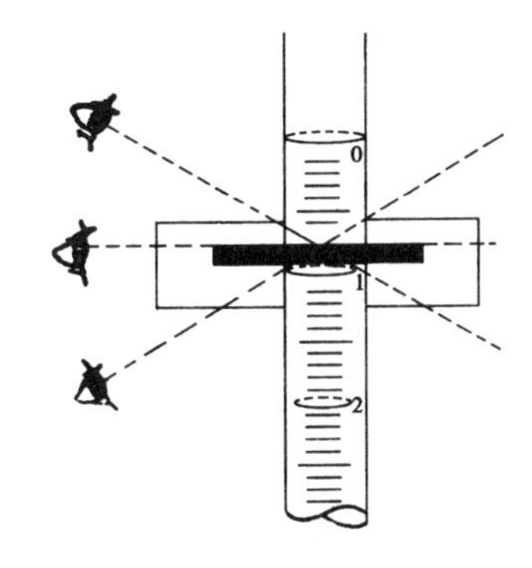

实验图 3-5 托读数法

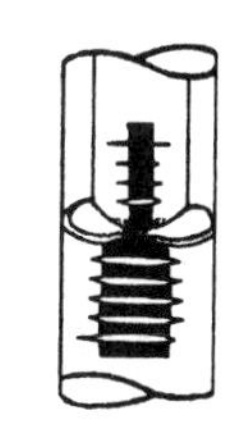

实验图 3-6 蓝条滴定管

由于滴定管刻度不可能非常均匀，所以在同一实验的每次滴定中，溶液的体积应该控制在滴定管刻度的同一部位。例如第一次滴定是在 0～30 ml 的部位(如为 50 ml 滴定管)，那么第二次滴定也使用这个部位。这样由于刻度不准而引起的误差可以抵消。

滴定：用左手控制滴定管的活塞，右手拿锥形瓶。使用酸式滴定管时，左手拇指在前，食指及中指在后，一起控制活塞，在转动活塞时，手指微微弯曲，轻轻向里扣住，手心不要顶住活塞小头端，以免顶出活塞，使溶液溅漏(实验图 3-7)。使用碱式滴定管时，用手指捏玻璃珠上半珠部位的橡皮管，使之形成一条缝隙，溶液即可流出(实验图 3-8)。

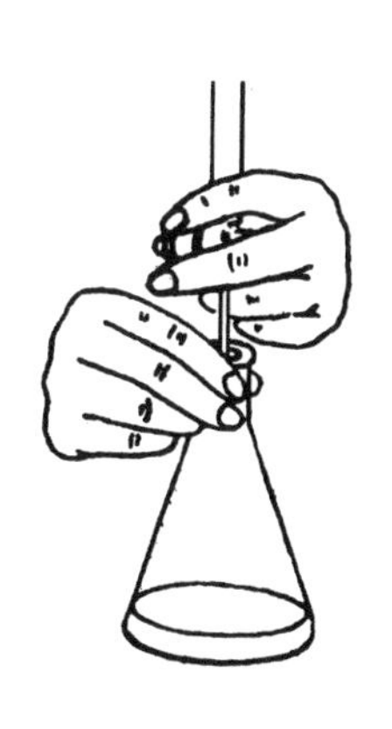

实验图 3-7 酸式滴定管滴定操作

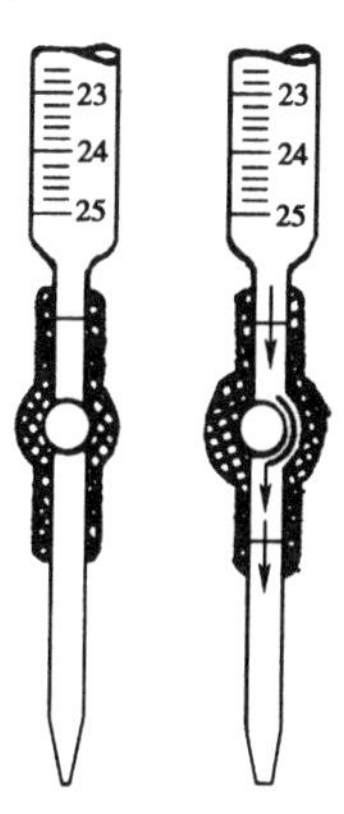

实验图 3-8 碱式滴定管滴定操作

滴定时，按实验图 3－7 所示，左手控制溶液流量，右手拿住瓶颈，并向同一方向做圆周运动，旋摇，这样使滴下的溶液能较快地分散而进行化学反应。但注意不要使瓶内溶液溅出。在接近终点时，必须用少量蒸馏水吹洗锥形瓶内壁，使溅起的溶液淋下，完全反应。同时，滴定速度要放慢，以防滴定过量，每次加入 1 滴或半滴溶液，不断旋摇，直至到达终点。

2. 容量瓶及其使用方法

容量瓶(实验图 3－9)是一种细颈梨形平底瓶，带有磨口塞或塑料塞。颈上刻有体积标线，表示在所指温度下，当溶液达到标线时的液体的正确体积。容量瓶一般用来配制标准溶液或试样溶液。

容量瓶在使用前先检查其是否漏水。检查的方法是：放入自来水至标线附近，盖好瓶塞，瓶外水珠用布擦拭干净，用左手按住瓶塞，右手手指托住瓶底边缘，把瓶倒立 2 min，观察瓶塞周围是否有水渗出。如果不漏，将瓶直立，把瓶塞转动约 180°后，再倒立过来一次。检查两次，以防瓶塞与瓶口不密合(实验图 3－10)。

在配制溶液时，先将容量瓶洗净。如用固体物质配制溶液，先将固体物质在烧杯中溶解后，再将溶液定量转至容量瓶中。定量转移溶液时，右手拿玻璃棒，左手拿烧杯，使烧杯嘴紧靠玻璃棒，而玻璃棒则悬空伸入容量瓶口中，棒的下端应靠在瓶颈内壁上，使溶液沿玻璃棒和内壁流入容量瓶中(实验图 3－11)。烧杯中溶液全部流完后，将烧杯沿玻璃棒上提，并使烧杯直立，再将玻璃棒放回烧杯中。然后，用洗瓶吹洗玻璃棒和烧杯内壁，再将溶液定量转入容量瓶中。如此吹洗、转移的定量转移溶液的操作，一般应重复 3～4 次，以保证转移完全。然后加蒸馏水至容量瓶容量的 2/3 处，摇动容量瓶，使溶液初步混匀。继续加水至距离标线约1 cm 处，等 1～2 min，使附在瓶颈内壁的溶液流下后，再用细长的滴管慢慢滴加，直至溶液的弯月面与标线相切为止。必须指出，在一般情况下，若用水稀释时超过了标线，应弃去重做。

当加水至容量瓶的标线时，盖上干的瓶塞，将容量瓶倒转，使瓶内气泡上升到顶部，并将溶液振荡数次，再倒转过来，使气泡直升到顶。如此反复 10 次左右，直至溶液混匀为止。

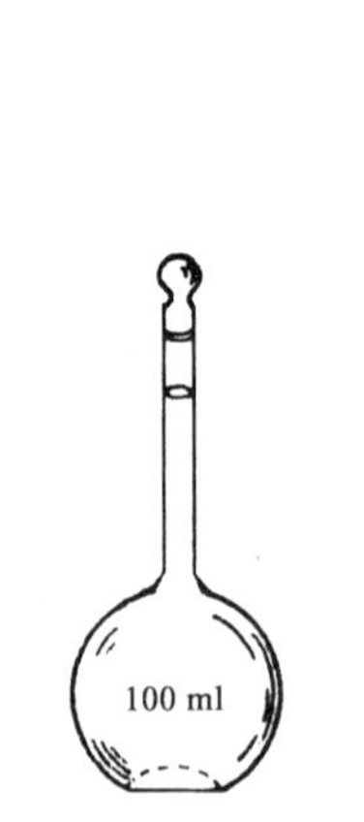

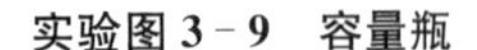
实验图 3－9　容量瓶

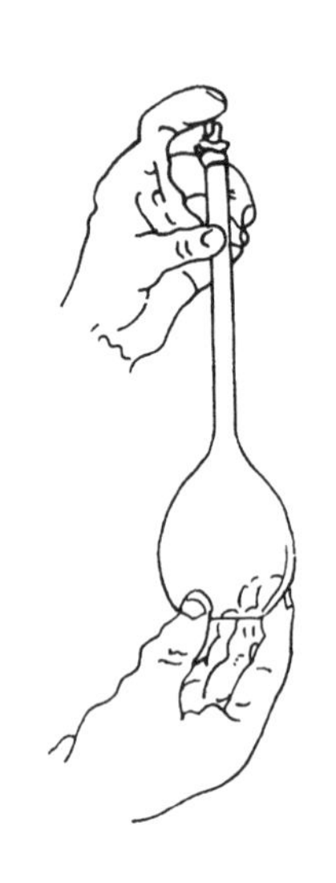

实验图 3－10　检查漏水和混匀溶液操作

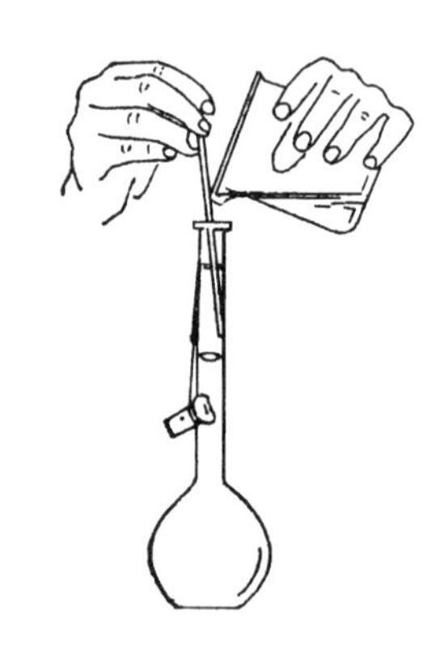

实验图 3－11　转移溶液操作

有时，可以把一干净漏斗放在容量瓶上，将已称好的样品倒入漏斗中(这时大部分已落入容量瓶中)。然后，以洗瓶吹出少量蒸馏水，将残留在漏斗上的样品完全洗入容量瓶中。冲洗几次后，轻轻提起漏斗，再用蒸馏水充分冲洗后，移去漏斗，然后如前操作。

容量瓶不能久贮溶液，尤其是碱性溶液会侵蚀瓶塞，使之无法打开。所以，如需将配制好的溶液长期保存，应将溶液倒入清洁干燥的试剂瓶中贮存。

容量瓶使用完毕应立即用水冲洗干净。如长期不用，磨口处应洗净擦干，并用纸片将磨口隔开。

容量瓶不能用直火加热或在烘箱中烘烤。如需使用干燥的容量瓶时，可先将容量瓶洗净，再用乙醇等有机溶剂荡洗，然后晾干或用电吹风的冷风吹干。

3. 移液管及其使用方法

移液管用于准确移取一定体积的溶液。移液管通常有两种形状，一种移液管中间有膨大部分，称为移液管(胖肚吸管)，常用的有 1 ml、2 ml、5 ml、10 ml、25 ml、50 ml 等几种，如实验图 3－12(a)所示。另一种是直形的，管上刻有分度，称为吸量管(刻度吸管)，如实验图 3－12(b)、(c)。常用的有 1 ml、2 ml、5 ml、10 ml 等规格。有些吸量管使用时要注意，其分刻度不是刻到管尖，而是离管尖尚差 1～2 cm，如实验图 3－12(d)所示。

移取溶液前，先将洗净的移液管用吸水纸除掉尖端内外的水，然后用待吸取的溶液润洗 3 次。方法是：吸取待吸溶液至球部的 1/4 处(注意，勿使溶液流出，以免稀释溶液)，将管横放转动，使溶液流过管内所有内壁，然后使管直立，将润洗的溶液由尖嘴口放出，弃去(实验图 3－13)。如此反复润洗 3 次。润洗这一操作很重要，其目的是使移取的溶液与待吸溶液的浓度相同。

吸取溶液时，一般可以用左手拿洗耳球，右手把移液管插入溶液中吸取。当溶液吸至标线以上时，马上用右手食指堵住管口，取出，用滤纸擦干下端。然后稍松食指，使液面平稳下降，直至液面的弯月面与标线相切，立即按紧食指，如实验图 3－14(a)所示。将移液管垂直放入接受溶液的容器中，管尖与容器壁接触，如实验图 3－14(b)所示，放松食指，使溶液自由流出，流完后再等 15 s，残留在管尖的液体一般不必吹出，因为在工厂生产检定移液管时是没有把这部分体积计算进去的。但必须指出，由于一些管口尖部不是很圆滑，为此，可在等待 15 s 后，将移液管身左右旋转一下，这样管尖部分留存的体积会基本相同，不会造成平行测定时的过大误差。若移液管侧写有“吹”字，则残留在管尖的液体应吹入接受容器内。

移液管使用后，应立即洗净，并放在移液管架上备用。

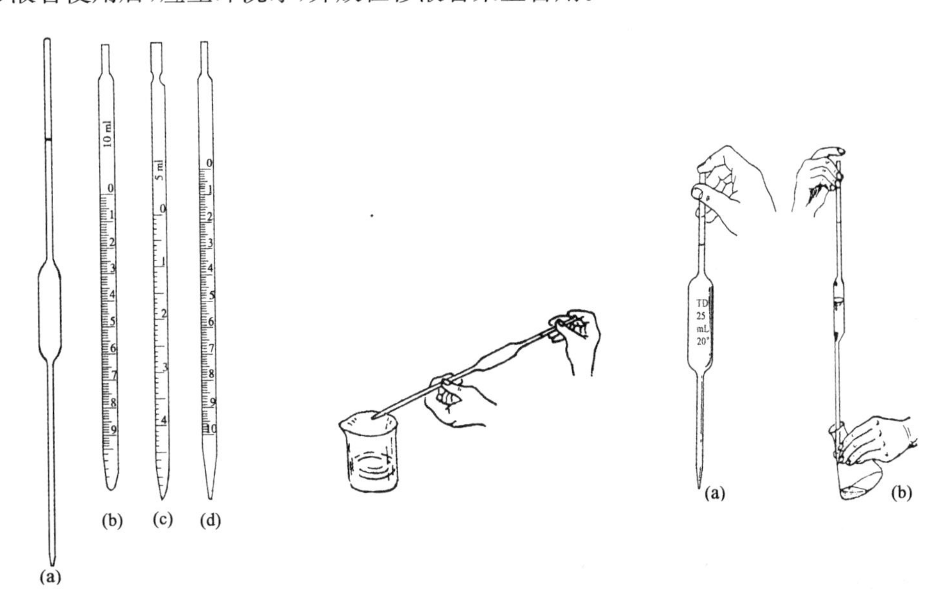

实验图 3－12　移液管和吸量管　　实验图 3－13　移液管的洗涤　　实验图 3－14　移液管的使用操作

实验4 氢氧化钠标准溶液(0.1 mol/L)的配制与标定

1. 目的要求

(1) 掌握标准溶液的配制和用基准物质来标定标准溶液浓度的方法。

(2) 基本掌握滴定操作和滴定终点的判断。

(3) 学会用减重法称量固体物质。

2. 实验原理

NaOH易吸收空气中的水分及CO_2,故只能用间接法配制,然后用基准物质间接确定其准确浓度。其反应方程式为

$$2NaOH + CO_2 \longrightarrow Na_2CO_3 + H_2O$$

经过标定的含有碳酸盐的标准碱溶液,用它测定酸含量时,若使用与标定时相同的指示剂,则含碳酸盐对测定结果并无影响。若标定与测定不是用相同的指示剂,则将发生一定的误差。因此应配制不含碳酸盐的标准碱溶液。

配制不含Na_2CO_3的标准NaOH溶液,最常见的方法是用NaOH饱和水溶液配制。Na_2CO_3在饱和NaOH溶液中不溶解,待Na_2CO_3沉淀沉下后,量取一定量上层澄清溶液,再用水稀释至所需浓度,即可得到不含Na_2CO_3的NaOH溶液。

饱和NaOH溶液的比重为1.56,含量约为52%(*W*/*W*),故其摩尔浓度为

$$\frac{1\ 000 \times 1.56 \times 0.52}{40} \approx 20\ (\text{mol/L})$$

取5 ml加水稀释至1 000 ml即得0.1 mol/L NaOH溶液。为保证其浓度略大于0.1 mol/L,故规定取5.6 ml。

标定碱溶液常用的基准物质是邻苯二甲酸氢钾。其滴定反应如下:

$$C_6H_4(COOH)(COOK) + NaOH = C_6H_4(COONa)(COOK) + H_2O$$

计量点时,由于弱酸盐的水解,溶液呈微碱性,应采用酚酞为指示剂。

3. 仪器及试剂

(1) 仪器

碱式滴定管(25 ml),锥形瓶(250 ml),量筒(100 ml),量杯(500 ml),烧杯(50 ml或100 ml),试剂瓶(500 ml),橡皮塞。

(2) 试剂

氢氧化钠:AR;邻苯二甲酸氢钾基准物质:在105℃干燥至恒重后,放入干燥器中备用;酚酞指示液:0.1%乙醇溶液。

4. 实验内容

1) NaOH溶液(0.1 mol/L)的配制

(1) 在台秤上称量4.4 g粒状NaOH(NaOH应置于什么器皿上称量?为什么?),置于烧杯中,立即加水1 000 ml溶解,转移至带橡皮塞的细口试剂瓶中,充分摇匀。

(2) 配制不含CO_3^{2-}的NaOH溶液,常用两种方法:

① 浓碱法:称取NaOH约120 g,加蒸馏水100 ml,搅拌使成饱和溶液。冷却后,置于聚乙烯塑料瓶中,静置数日,澄清后作贮备液。量取上述贮备液5.6 ml,置于带有橡皮塞的试剂瓶中,加新煮沸过的冷蒸馏水至1 000 ml,摇匀即得。

② 在台秤上称取 4.4 g 固体 NaOH 于烧杯中，用少量水溶解后倒入试剂瓶中，再用水稀释至 1 L，加入 1～2 ml 20% $BaCl_2$ 溶液，摇匀后用橡皮塞塞紧，静置过夜。待沉淀沉降后，用倾泻法把上层清液转入另一试剂瓶中，塞好备用。

2) NaOH 溶液(0.1 mol/L)的标定

在分析天平上精密称取 3 份已在 105～110℃干燥至恒重的基准物质邻苯二甲酸氢钾，每份约 0.45 g。放入 250 ml 锥形瓶中，加新煮沸放冷的蒸馏水 50 ml，小心摇动，使其溶解(若没有完全溶解，可稍微加热)。冷却后，加酚酞指示液 2 滴，用 0.1 mol/L NaOH 溶液滴定至溶液呈微红色，半分钟内不褪，即为终点。记录所耗用的 NaOH 溶液的体积。

5. 数据处理

标准溶液浓度按下式计算：

$$c_{NaOH}=\frac{W_{KHC_8H_4O_4}(g)}{V_{NaOH}\times\frac{M_{KHC_8H_4O_4}}{1\,000}}$$

$$M_{KHC_8H_4O_4}=204.2\ g/mol$$

取 3 份平行操作的数据，分别计算浓度，求浓度平均值及相对平均偏差。

6. 实验报告示例

1) 原始记录

(1) 邻苯二甲酸氢钾重量(g)

Ⅰ	Ⅱ	Ⅲ
W_1=14.675 8	W_2=14.220 0	W_3=13.763 9
W_2=14.220 0	W_3=13.763 9	W_4=13.287 7
0.455 8	0.456 1	0.476 2

(2) 所耗用 NaOH 溶液的体积

	Ⅰ	Ⅱ	Ⅲ
NaOH 最终读数：	21.78 ml	21.81 ml	22.73 ml
NaOH 最初读数：	0.00 ml	0.00 ml	0.00 ml

2) 实验报告(示例)

	Ⅰ	Ⅱ	Ⅲ
基准物＋称量瓶重(g) 基准物＋称量瓶重(g)	W_1 14.675 8 W_2 14.220 0	W_2 14.220 0 W_3 13.763 9	W_3 13.763 9 W_4 13.287 7
基准物重(g)	0.455 8	0.456 1	0.476 2
V_{NaOH}(ml)	21.78	21.81	22.73
c_{NaOH}(mol/L)	0.102 5	0.102 4	0.102 6
平均值(mol/L)	0.102 5		
相对平均偏差(%)	0.07		

7. 注意事项

(1) 固体 NaOH 应在表面皿上或小烧杯中称量，不能在称量纸上称量。

(2) 用来配 NaOH 溶液的蒸馏水，应加热煮沸放冷，除去其中的 CO_2。

(3) 配制好的 NaOH 溶液，应贮于带有橡皮塞的试剂瓶中，并立即在贮液试瓶上贴一标签，注明试剂名称、配制日期、使用者姓名，且留一空位以备填入此溶液的标准浓度。

(4) 盛装邻苯二甲酸氢钾的 3 个锥形瓶应编号，以免张冠李戴。

(5) 在每次滴定结束后，要将标准溶液加至滴定管零点，然后进行第二次滴定，以减少误差。

8. 思考题

(1) 配制标准碱溶液时，用台秤称取固体 NaOH 是否会影响溶液浓度的准确度？能否用纸称取固体 NaOH？为什么？

(2) 用邻苯二甲酸氢钾为基准物质标定 NaOH 溶液的物质的量浓度，一般应消耗 0.1 mol/L NaOH 溶液约 22 ml。问应称取邻苯二甲酸氢钾多少克？

(3) 称取 $KHC_8H_4O_8$ 为什么一定要在 0.40～0.48 g 范围内？能否少于 0.40 g 或多于 0.48 g，为什么？

(4) 邻苯二甲酸氢钾没按规定烘干，温度高于 125℃，致使此基准物质中有少部分变成了酸酐，问仍使用此基准物质标定 NaOH 溶液时，其 c_{NaOH} 会如何变化？

实验5　阿司匹林(乙酰水杨酸)的含量测定

1. 目的要求

(1) 掌握用酸碱滴定法测定阿司匹林含量的原理和操作。

(2) 掌握酚酞指示剂的滴定终点。

2. 实验原理

阿司匹林属芳酸酯类药物,分子结构中含有羧基,在溶液中可离解出 H^+,故可用标准碱溶液 NaOH 直接滴定,其滴定反应为:

$$C_6H_4(COOH)(OCOCH_3) + NaOH \xrightarrow{10℃以下} C_6H_4(COONa)(OCOCH_3) + H_2O$$

化学计量点时,生成物是强碱弱酸盐,溶液呈微碱性,应选用碱性区域变色的指示剂,本实验选用酚酞作指示剂,终点颜色由无色变为淡红色。

3. 仪器及试剂

(1) 仪器

碱式滴定管(25 ml),锥形瓶(250 ml),烧杯(100 ml),量筒(10 ml,100 ml)。

(2) 试剂

阿司匹林(原料药),NaOH 标准溶液(0.1 mol/L),酚酞指示液(0.1%乙醇液)。

中性乙醇:取 40 ml 95%乙醇,加酚酞指示液 8 滴,用 0.1 mol/L NaOH 溶液滴定至淡红色,即得。

4. 实验内容

取本品约 0.4 g,精密称定。加中性乙醇(对酚酞指示液显中性)10 ml 溶解后,在不超过10℃的温度下,用 NaOH 溶液(0.1 mol/L)滴定至淡红色,半分钟内不褪,即为终点。

5. 数据处理

阿司匹林的百分含量按下式计算:

$$w_{C_9H_8O_4}(\%) = \frac{c_{NaOH} \times V_{NaOH} \times \frac{M_{C_9H_8O_4}}{1000}}{W_{样品}} \times 100$$

$$M_{C_9H_8O_4} = 180.2\ g/mol$$

取平行操作 3 份的数据,分别计算百分含量,求出百分含量平均值及相对平均偏差。

6. 实验报告示例

1) 原始记录

(1) 阿司匹林的重量(g)

	Ⅰ	Ⅱ	Ⅲ
	W_1=16.884 5	W_2=16.463 0	W_3=16.058 8
	W_2=16.463 0	W_3=16.058 8	W_4=15.664 6
	0.421 5	0.404 2	0.394 2

(2) 所耗用 NaOH 溶液的体积

	Ⅰ	Ⅱ	Ⅲ
NaOH 最终读数:	22.80 ml	21.82 ml	21.25 ml
NaOH 最初读数:	0.00 ml	0.00 ml	0.00 ml

2) 实验报告(示例)

	Ⅰ	Ⅱ	Ⅲ
样品＋称量瓶重 样品＋称量瓶重	W_1 16.884 5 W_2 16.463 0	W_2 16.463 0 W_3 16.058 8	W_3 16.058 8 W_4 15.664 6
样品重(g)	0.421 5	0.404 2	0.394 2
c_{NaOH}(mol/L)	0.102 5		
V_{NaOH}(ml)	22.80	21.82	21.25
$w_{C_9H_8O_4}$(%)	99.91	99.71	99.57
平均值(%)	99.73		
相对平均偏差(%)	0.1		

7. 注意事项

(1) 操作中必须控制温度在10℃以下,是为了防止NaOH与阿司匹林分子结构中另一基团(酯基:—$OCOCH_3$)发生水解反应而多消耗NaOH溶液,使分析结果偏高。其反应式如下:

$$C_6H_4(COOH)(OCOCH_3) + 2NaOH \longrightarrow C_6H_4(COONa)(OH) + CH_3COONa + H_2O$$

(2) 样品为极细粉末,称量时应防止飞散。

(3) 阿司匹林在水中微溶,在乙醇中易溶,故选用乙醇为溶剂。乙醇的极性又较小,使阿司匹林的水解度降低,从而抑制了阿司匹林的水解。

(4) 实验中应尽可能少用水。为此,洗净的锥形瓶应倒置沥干,近终点时,不用水而用中性乙醇荡洗瓶的内壁。

(5) 滴定速度稍快,注意旋摇,防止局部过浓。

8. 思考题

(1) 配制酸、碱标准溶液时,溶液已充分摇匀,以后使用时是否还需摇匀?

(2) 根据操作步骤,每份样品应称取在0.4 g±0.4×10%的范围内。如一份样品重0.449 3 g,问该份样品是否需要重称?

实验6　高氯酸标准溶液(0.1 mol/L)的配制与标定

1. 目的要求

(1) 掌握非水溶液酸碱滴定的原理及操作。

(2) 熟悉微量滴定管的使用方法。

(3) 熟悉结晶紫指示剂的滴定终点。

2. 实验原理

在冰醋酸中以高氯酸的酸性最强，且形成的盐易溶于有机溶剂，故常用高氯酸作标准溶液。以邻苯二甲酸氢钾作基准物质，结晶紫作指示剂，根据基准物质的重量及所消耗的高氯酸标准溶液的体积，即可求得高氯酸溶液的物质的量浓度。其滴定反应为：

$$C_6H_4(COOK)(COOH) + HClO_4 \xrightarrow[\text{紫}\rightarrow\text{蓝}]{\text{结晶紫}} C_6H_4(COOH)_2 + KClO_4$$

生成的 $KClO_4$ 不溶于冰醋酸-醋酐溶剂，因而有沉淀生成。

3. 仪器及试剂

(1) 仪器

微量滴定管(10 ml)，锥形瓶(50 ml)，量杯(10 ml)。

(2) 试剂

邻苯二甲酸氢钾：基准物质；高氯酸：AR，浓度为70%～72%(W/W)，相对密度为1.75；冰醋酸：AR；醋酐：AR，浓度为97%，相对密度为1.08；结晶紫指示液：0.5%冰醋酸溶液。

4. 实验内容

(1) $HClO_4$ 标准溶液(0.1 mol/L)的配制

取无水冰醋酸750 ml，加入高氯酸(70%～72%)8.5 ml，摇匀，在室温下缓缓滴加醋酐24 ml，边加边摇，加完后再振摇均匀，放冷，加适量的无水冰醋酸使成1 000 ml，摇匀，放置24 h。若所测样品易乙酰化，则须用水分测定法测定本液的含水量，再用水和醋酐反复调节至本液的含水量为0.01%～0.2%。

(2) $HClO_4$ 标准溶液的标定

取在105～110℃干燥至恒重的基准物质约0.16 g，精密称定。加醋酐-冰醋酸(1∶4)混合溶剂10 ml使之溶解，加结晶紫指示液1滴，用高氯酸标准溶液(0.1 mol/L)滴定至蓝色，即为终点。将滴定结果用空白试验校正。

5. 数据处理

$HClO_4$ 标准溶液的浓度按下式计算：

$$c_{HClO_4} = \frac{W_{KHC_8H_4O_4}}{V_{HClO_4} \times \frac{M_{KHC_8H_4O_4}}{1\,000}}$$

$$M_{KHC_8H_4O_4} = 204.2 \text{ g/mol}$$

式中：V_{HClO_4} 为空白校正后的体积。

取3份平行操作的数据，分别计算浓度，求出浓度平均值及相对平均偏差。

6. 注意事项

(1) 配制高氯酸冰醋酸溶液时，不能将醋酐直接加入高氯酸中，应先用冰醋酸将高氯酸稀释后再缓缓加入醋酐。

(2) 使用的仪器预先洗净烘干。

(3) 高氯酸、冰醋酸能腐蚀皮肤、刺激黏膜,应注意防护。

(4) 标准溶液应置于棕色瓶中密闭保存。

(5) 标定时应记下室温。

(6) 滴定管应用真空脂润滑活塞。

(7) 实验结束后应回收溶剂。

(8) 微量滴定管的使用和读数(估样时用 8 ml 计算;读数可读至小数点后 3 位,最后一位为“5”或“0”)。

(9) 近终点时,用少量溶剂荡洗瓶壁。

7. 思考题

(1) 标定时称取 0.16 g 邻苯二甲酸氢钾,估计应消耗 $HClO_4$ 标准溶液(0.1 mol/L)多少毫升? 使用何种滴定管为宜?

(2) 为什么邻苯二甲酸氢钾既可标定碱(NaOH 溶液),又可标定酸($HClO_4$ 冰醋酸溶液)?

(3) 为什么要做空白试验?

实验7　药物水杨酸钠的含量测定

1. 目的要求

(1) 掌握有机酸碱金属盐的非水滴定方法。

(2) 进一步巩固非水滴定操作。

2. 实验原理

水杨酸钠为有机酸的碱金属盐，在水溶液中碱性较弱，不能直接进行酸碱滴定，选择适当溶剂，使其碱性增强，可用标准高氯酸溶液进行滴定，其滴定反应为：

$$HClO_4 + HAc \rightleftharpoons H_2Ac^+ + ClO_4^-$$

$$C_7H_5O_3Na + HAc \rightleftharpoons C_7H_5O_3H + Ac^- + Na^+$$

$$H_2Ac^+ + Ac^- \rightleftharpoons 2HAc$$

总反应式：

$$HClO_4 + C_7H_5O_3Na \xrightarrow[\text{紫}\rightarrow\text{蓝绿}]{\text{结晶紫}} C_7H_5O_3H + ClO_4^- + Na^+$$

选用醋酐-冰醋酸(1∶4)混合溶剂，以增强水杨酸钠的碱度，便可用结晶紫为指示剂，用高氯酸溶液滴定。

3. 仪器及试剂

(1) 仪器

微量滴定管(10 ml)，锥形瓶(50 ml)，量杯(10 ml)，量筒(100 ml)。

(2) 试剂

水杨酸钠：药用；$HClO_4$ 标准溶液：0.1 mol/L；醋酸：AR；醋酐：AR，97%，相对密度 1.08；结晶紫指示液：0.5%冰醋酸溶液。

4. 实验内容

取在105℃干燥至恒重的水杨酸钠样品约0.13 g，精密称定。将样品置于50 ml干燥的锥形瓶中，加醋酐-冰醋酸(1∶4)10 ml使其溶解，加结晶紫指示液1滴，用高氯酸标准溶液(0.1 mol/L)滴定至蓝绿色，即为终点。将滴定结果用空白试验校正。

5. 数据处理

水杨酸钠百分含量按下式计算：

$$w_{C_7H_5O_3Na}(\%) = \frac{c_{HClO_4} \times V_{HClO_4} \times \frac{M_{C_7H_5O_3Na}}{1\,000}}{W_{\text{样品}}} \times 100$$

$$M_{C_7H_5O_3Na} = 160.10\ \text{g/mol}$$

式中：V_{HClO_4} 为空白校正后的体积。

取3份平行操作的数据，分别计算百分含量，求出百分含量平均值及相对平均偏差。

6. 注意事项

冰醋酸的体膨胀系数较大，其体积随温度改变较大，故测定时与标定时温度若超过10℃，则应重新标定；若未超过10℃，则可根据下式将高氯酸的浓度加以校正。即

$$c_1=\frac{c_0}{1+0.001\,1(t_1-t_0)}$$

式中：0.001 1为冰醋酸的体积膨胀系数；t_0 为标定时的温度；t_1 为测定时的温度；c_0 为标定时的浓度；c_1 为测定时的浓度。

7. 思考题

在非水酸碱滴定中，若容器、试剂含有微量水分，对测定结果有什么影响？

实验 8 EDTA 标准溶液(0.05 mol/L)的配制与标定

1. 目的要求

(1) 掌握 EDTA 标准溶液的配制和标定方法。

(2) 熟悉铬黑 T 指示剂滴定终点的判断。

(3) 熟练进行定量转移及移液管的操作。

2. 实验原理

乙二胺四乙酸(简称 EDTA)难溶于水,在分析中常用其二钠盐配制标准溶液。乙二胺四乙酸二钠盐不易得到纯品,一般采用间接法配制标准溶液,以 ZnO 为基准物质标定其浓度。滴定在 pH≈10 条件下进行,铬黑 T 为指示剂,终点溶液由紫红色变为纯蓝色。滴定反应为:

滴定前: $Zn^{2+} + HIn^{2-} \rightleftharpoons ZnIn^{-} + H^{+}$

终点前: $Zn^{2+} + H_2Y^{2-} \rightleftharpoons ZnY^{2-} + 2H^{+}$

终点时: $ZnIn^{-} + H_2Y^{2-} \rightleftharpoons ZnY^{2-} + HIn^{2-} + H^{+}$

(紫红色)　　　　(纯蓝色)

3. 仪器与试剂

(1) 仪器

酸式滴定管(25 ml),锥形瓶(250 ml),烧杯(50 ml),容量瓶(100 ml),移液管(20 ml),量筒(10 ml,100 ml),洗耳球。

(2)试剂

乙二胺四乙酸二钠盐($Na_2H_2Y \cdot 2H_2O$):AR;ZnO 基准物质:800 ℃灼烧至恒重;稀 HCl:3 mol/L;甲基红指示液:0.1%的 60%乙醇溶液;氨试液:40 ml 浓氨水加水到 100 ml。

$NH_3 \cdot H_2O - NH_4Cl$ 缓冲液(pH≈10):取 54 g NH_4Cl 溶于水中,加氨水 350 ml,用水稀释至 1 000 ml。

铬黑 T 指示液:取铬黑 T 0.2 g 溶于 15 ml 三乙醇胺中,待完全溶解后,加入 5 ml 无水乙醇即得(此溶液可在数月内不变质,如单用乙醇配制,则只能使用 2～3 天即失效)。

4. 实验内容

(1) EDTA 标准溶液(0.05 mol/L)的配制

取 $Na_2H_2Y \cdot 2H_2O$ 约 9.5 g,加蒸馏水 500 ml 使其溶解,摇匀,贮存于硬质玻璃瓶中。

(2) EDTA 标准溶液(0.05 mol/L)的标定

精密称取已在 800℃灼烧至恒重的基准物质 ZnO 约 0.45 g 至一小烧杯中,加稀盐酸(3 mol/L)10 ml,搅拌使其溶解,并定量转移至 100 ml 容量瓶中,加水稀释至刻度,摇匀。用移液管吸取 20.00 ml 液体至锥形瓶中,加甲基红指示剂 1 滴,用氨试液调至溶液刚呈微黄色。再加蒸馏水 25 ml,加 $NH_3 \cdot H_2O - NH_4Cl$ 缓冲液(pH≈10)10 ml,加铬黑 T 指示剂 4 滴,摇匀。用 EDTA 标准溶液滴定至溶液由紫红色转变为纯蓝色,即为终点,记下消耗的 EDTA 溶液的体积。

5. 数据处理

EDTA 标准溶液浓度计算如下:

$$c_{EDTA} = \frac{W_{ZnO}(g) \times \frac{20}{100}}{V_{EDTA} \times \frac{M_{ZnO}}{1\,000}}$$

$$M_{ZnO}=81.38\ g/mol$$

取 3 份平行操作的数据，分别计算浓度，求出浓度平均值及相对平均偏差。

6. 注意事项

(1) 乙二胺四乙酸二钠盐溶解慢，可加热促溶或放置过夜。

(2) EDTA 标准溶液应贮于硬质玻璃瓶中，如聚乙烯塑料瓶贮存更好。

(3) ZnO 加稀盐酸溶解，务使 ZnO 完全溶解后，方可定量转移。

(4) 配合反应速度较慢，故滴定速度不宜太快。

(5) 滴加氨试液后若出现 $Zn(OH)_2$ 沉淀，一般加缓冲液后即可溶解。

7. 思考题

(1) 为什么在滴定液中要加 $NH_3 \cdot H_2O$ - NH_4Cl 缓冲溶液？

(2) 为什么 ZnO 溶解后要加甲基红指示剂，以氨试液调节至微黄色？

实验9　水的硬度测定

1. 目的要求

(1) 了解络合滴定法测定水的硬度的原理及方法。

(2) 掌握水的硬度测定方法及计算。

2. 实验原理

水的硬度主要是指水中含有可溶性的钙盐和镁盐的量。此种盐类含量多的水称为硬水，含量较少的则称为软水。常用水(自来水、河水、井水等)都是硬水。常用水用作锅炉用水或制备去离子水时都需要测定其硬度。

测定原理：取一定量的水样，调节 pH≈10，以铬黑 T 为指示剂，用 EDTA 标准溶液(0.01 mol/L)滴定 Ca^{2+}、Mg^{2+} 的总量，即可计算水的硬度。反应过程如下：

滴定前：　$Mg^{2+} + HIn^{2-} \rightleftharpoons MgIn^{-} + H^{+}$

终点前：　$Ca^{2+} + H_2Y^{2-} \rightleftharpoons CaY^{2-} + 2H^{+}$

　　　　　$Mg^{2+} + H_2Y^{2-} \rightleftharpoons MgY^{2-} + 2H^{+}$

终点时：　$MgIn^{2-} + H_2Y^{2-} \rightleftharpoons MgY^{2-} + HIn^{2-} + H^{+}$

　　　　　(酒红色)　　　　　　　　　(纯蓝色)

表示硬度常用两种方法：

(1) 将测得的 Ca^{2+}、Mg^{2+} 总量折算成 $CaCO_3$(M_{CaCO_3}=100.1 g/mol)的重量，以每升水中含有 $CaCO_3$ 的重量(mg)表示水的硬度，1 mg/L 可写作 1×10^{-6}。

(2) 将测得的 Ca^{2+}、Mg^{2+} 总量折算成 CaO(M_{CaO}=56.08 g/mol)的重量，以每升水中含有 10 mg CaO 为 1 度，以表示水的硬度。

3. 仪器与试剂

(1) 仪器

酸式滴定管(25 ml)，锥形瓶(250 ml)，量筒(10 ml，100 ml)，容量瓶(100 ml)，移液管(20 ml)，洗耳球。

(2) 试剂

EDTA 标准溶液(0.01 mol/L)：用移液管吸取 20.00 ml EDTA 标准溶液(0.05 mol/L)置于 100 ml 容量瓶中，加水稀释至刻度，即得。

$NH_3\cdot H_2O$-NH_4Cl 缓冲液(pH≈10)；铬黑 T 指示液；水样。

4. 实验内容

用 100 ml 量筒取水样 100 ml 于锥形瓶中，加 $NH_3\cdot H_2O$-NH_4Cl 缓冲液(pH≈10) 5 ml，加铬黑 T 指示剂 5 滴，用 EDTA 标准溶液(0.01 mol/L)滴定，溶液由酒红色转变为纯蓝色，即达终点。

5. 数据处理

水的硬度可用下面两式计算：

$$硬度 = c_{EDTA}V_{EDTA}\times100.1\times10 \quad (mg/L)$$

或　$$硬度 = c_{EDTA}V_{EDTA}\times56.08/10 \quad 度(10\ mg/L)$$

取 3 份平行操作的数据，分别计算水的硬度，求硬度平均值及相对平均偏差。

6. 注意事项

(1) 应注意水样采集时间、方式、容器等。

(2) 用量筒取 100 ml 水样时,最后结果应保留 3 位有效数字。

7. 思考题

(1) 试说明硬度计算公式的来源?

(2) 硬度测定结果为什么只保留 3 位有效数字?

实验10 碘标准溶液(0.05 mol/L)的配制与标定

1. 目的要求

(1) 掌握碘标准溶液的配制方法和注意事项。

(2) 了解直接碘量法的原理及操作过程。

2. 实验原理

碘在水中的溶解度很小,但有大量 KI 存在时,I_2 与 KI 形成可溶性的 I_3^- 配离子,既增大了 I_2 的溶解度,又降低了碘的挥发性,所以配制 I_2 标准溶液时都要加入过量 KI。

I_2 标准溶液可以用 As_2O_3 为基准物质测定其浓度,但 As_2O_3 难溶于水,须先用 NaOH 溶解,使之成易溶的 Na_3AsO_3:

$$As_2O_3 + 6NaOH = 2Na_3AsO_3 + 3H_2O$$

过量的 NaOH 用 H_2SO_4 中和,AsO_3^{3-} 和 I_2 之间的反应为:

$$AsO_3^{3-} + I_2 + H_2O \rightleftharpoons AsO_4^{3-} + 2I^- + 2H^+$$

此反应在碱性溶液中才能进行完全,但碱性又不能太强,故标定时应加入 $NaHCO_3$,保持溶液的 pH 约为 8。

3. 仪器与试剂

(1) 仪器

酸式滴定管(25 ml),锥形瓶(250 ml),量筒(10 ml,100 ml),研钵。

(2) 试剂

碘:AR;碘化钾:AR;浓盐酸:相对密度为 1.18,浓度为 36%~38%;三氧化二砷:基准物;氢氧化钠溶液:1 mol/L;酚酞指示液:0.1%乙醇溶液;硫酸溶液:1 mol/L;碳酸氢钠:AR;淀粉指示液:0.5%水溶液。

4. 实验内容

(1) I_2 标准溶液(0.05 mol/L)的配制

称取 13 g I_2 和 36 g KI 置于研钵中,加 30 ml 水,研磨至 I_2 全部溶解后,转移至棕色瓶中,加水稀释至 1 000 ml,加入 3 滴浓盐酸,塞紧,摇匀后放置过夜,待标定。

(2) I_2 标准溶液(0.05 mol/L)的标定

精密称取在 105℃干燥至恒重的基准物 As_2O_3 约 0.11 g,加 NaOH(1 mol/L)4 ml,使其溶解。加蒸馏水 20 ml,酚酞指示液 1 滴,滴加 H_2SO_4 溶液(1 mol/L)至粉红色褪去。然后再加 $NaHCO_3$ 2 g、蒸馏水 30 ml 和淀粉指示液 2 ml,用碘液滴定至溶液显紫红色,即为终点。

5. 数据处理

I_2 标准溶液的浓度按下式计算:

$$c_{I_2} = \frac{2 \times W_{As_2O_3}}{V_{I_2} \times \frac{M_{As_2O_3}}{1\,000}}$$

$$M_{As_2O_3} = 197.82\ g/mol$$

取 3 份平行操作的数据,分别计算浓度,求出浓度平均值及相对平均偏差。

6. 注意事项

(1) 碘必须溶解在浓 KI 溶液中,然后再加水稀释。

(2) 碘有挥发性、腐蚀性，应在干净的表面皿上称量。

(3) 碘易受有机物的影响，故 I_2 溶液不能装在碱式滴定管中。

(4) 碘标准溶液为深棕色，装入滴定管中弯月面看不清楚，读数时看水平面。

(5) 用 NaOH 溶液溶解 As_2O_3 时，As_2O_3 浮于溶液表面，且易沿锥形瓶壁上爬，故应将溶液放置，使 As_2O_3 自行溶解，或轻旋溶液。必须待 As_2O_3 完全溶解后再加水稀释，否则不易溶解。

7. 思考题

(1) 配制 I_2 标准溶液时为什么加 KI? 将称得的 I_2 和 KI 一起加水到一定体积，这样操作是否可以?

(2) 用 As_2O_3 标定 I_2 溶液时，为什么加 NaOH、H_2SO_4 和 $NaHCO_3$?

实验 11　维生素 C 的含量测定(直接碘量法)

1. 目的要求

(1) 通过对维生素 C 含量的测定,了解直接碘量法的过程。

(2) 进一步掌握碘量法操作。

2. 实验原理

维生素 C 又叫抗坏血酸,分子式为 $C_6H_8O_6$。维生素 C 是强还原性物质,可以用 I_2 标准溶液直接测定。反应在稀酸性溶液中进行,维生素 C 分子中的二烯醇基被 I_2 氧化成二酮基。

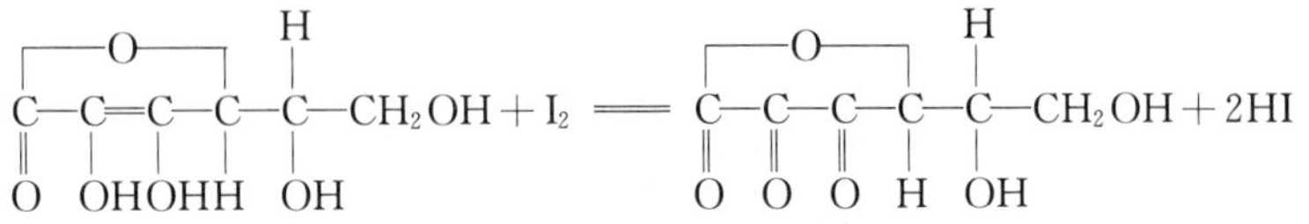

```
 ┌───O───┐     H                    ┌───O───┐     H
 │       │     │                    │       │     │
 C─C═C─C─C─CH₂OH + I₂  ══  C─C─C─C─C─CH₂OH + 2HI
 ‖ │ │ │ │                          ‖ ‖ ‖ │ │
 O OHOHH OH                         O O O H OH
```

此反应进行很完全,由于维生素 C 的还原性相当强,易被空气氧化,特别是在碱性溶液中,所以加稀醋酸使它保持在酸性溶液中,以减少副反应。

3. 仪器与试剂

(1) 仪器

酸式滴定管(25 ml),锥形瓶(250 ml),量筒 (10 ml,100 ml)。

(2) 试剂

维生素 C:药用;稀 HAc:6 mol/L;淀粉指示液:0.5%水溶液;碘标准溶液:0.05 mol/L。

4. 实验内容

取维生素 C 约 0.2 g,精密称定,加新煮沸放冷的蒸馏水 100 ml 与稀 HAc 10 ml 的混合液使其溶解,加淀粉指示液 1 ml,立即用碘标准溶液(0.05 mol/L)滴定至溶液显持续的蓝色。

5. 数据处理

维生素 C 的百分含量按下式计算:

$$w_{\text{维生素C}}(\%)=\frac{c_{I_2}\times V_{I_2}\times\frac{M_{C_6H_8O_6}}{1\,000}}{W_{\text{样品}}}\times 100$$

$$M_{C_6H_8O_6}=176.12\ \text{g/mol}$$

取 3 份平行操作的数据,分别计算百分含量,求出百分含量平均值及相对平均偏差。

6. 注意事项

(1) 维生素 C 的滴定反应多在 HAc 酸性溶液中进行,因在酸性介质中,维生素 C 受空气中氧的氧化速度稍慢,较为稳定。但样品溶于稀酸后,仍需立即进行滴定。

(2) 维生素 C 在有水或潮湿的情况下易分解成糠醛。

(3) 量取稀 HAc 和量取淀粉的量筒不得混用。

7. 思考题

(1) 为什么维生素 C 含量可以用直接碘量法测定?

(2) 如果需要,应如何干燥维生素 C 样品?

(3) 溶解时为什么用新煮沸放冷的蒸馏水?

(4) 维生素 C 本身就是一种酸,为什么测定时还要加酸?

实验 12　高锰酸钾标准溶液(0.02 mol/L)的配制与标定

1. 目的要求

(1) 掌握 $KMnO_4$ 标准溶液的配制方法和保存方法。

(2) 掌握用 $Na_2C_2O_4$ 作基准物标定 $KMnO_4$ 溶液的原理、方法及滴定条件。

(3) 练习应用自身指示剂指示终点。

2. 实验原理

$KMnO_4$ 为一强氧化剂,其溶液浓度常用 $Na_2C_2O_4$ 作基准物来标定。$KMnO_4$ 与 $Na_2C_2O_4$ 的反应如下:

$$2MnO_4^- + 5C_2O_4^{2-} + 16H^+ \xrightleftharpoons[\triangle]{75\sim85℃} 2Mn^{2+} + 10CO_2\uparrow + 8H_2O$$

由于 $KMnO_4$ 与 $Na_2C_2O_4$ 反应较慢,需加热,但反应仍然较慢,故开始滴定时加入的 $KMnO_4$ 颜色不能立即褪去,一经反应生成 Mn^{2+} 后,Mn^{2+} 对反应有催化作用,反应速率加快。滴定时利用 MnO_4^- 本身的颜色指示滴定终点。

3. 仪器与试剂

(1) 仪器

酸式滴定管(25 ml),锥形瓶(250 ml),量筒(10 ml,100 ml),棕色试剂瓶(500 ml),微孔玻璃漏斗,抽滤装置,水浴锅,电炉,温度计(100～200℃)。

(2) 试剂

$KMnO_4$:AR;$Na_2C_2O_4$:基准物质;浓 H_2SO_4:相对密度为 1.83～1.84。

4. 实验内容

(1) $KMnO_4$ 标准溶液(0.02 mol/L)的配制

称取 $KMnO_4$ 1.6 g,溶于 500 ml 新煮沸放冷的蒸馏水中,混匀,置棕色玻璃瓶中,于暗处放置 7～10 天,用微孔玻璃漏斗过滤,保存于另一棕色玻璃瓶中。

(2) $KMnO_4$ 标准溶液(0.02 mol/L)的标定

取 105℃干燥至恒重的 $Na_2C_2O_4$ 基准物约 0.15 g,精密称定,置 250 ml 锥形瓶中,加新鲜蒸馏水 125 ml 与浓 H_2SO_4 5 ml,旋摇使其溶解,置水浴锅中加热至 75～85℃,取出。迅速自滴定管中加入 $KMnO_4$ 标准溶液约 15 ml,待褪色后,继续滴定至溶液显淡红色并保持 0.5 min 不褪。到达滴定终点时,溶液温度不低于 55℃。

5. 数据处理

$KMnO_4$ 标准溶液浓度按下式计算:

$$c_{KMnO_4} = \frac{2\times W_{Na_2C_2O_4}}{5\times V_{KMnO_4}\times\dfrac{M_{Na_2C_2O_4}}{1\,000}}$$

$$M_{Na_2C_2O_4} = 134.0\ g/mol$$

取 3 份平行操作的数据,分别计算浓度,求出浓度平均值及相对平均偏差。

6. 注意事项

(1) 市售 $KMnO_4$ 中常含少量 MnO_2 杂质,配成溶液后,有 MnO_2 混在里面会起催化作用而使 $KMnO_4$ 分解,所以必须过滤除去,$KMnO_4$ 见光能分解,在空气中易还原,故配好的溶液应放在棕色玻璃磨口瓶中，密闭保存。

(2) 蒸馏水常含有少量有机杂质，能还原 $KMnO_4$，因此必须使用新煮沸并放冷的蒸馏水。

(3) 氧化还原反应速率较慢，滴定速率不宜过快。

(4) 滴定到终点时，溶液温度不应低于 55℃。

(5) 不能直火加热，而应在水浴上加热，否则可能引起 $H_2C_2O_4$ 的分解。

$$H_2C_2O_4 \longrightarrow CO_2\uparrow + CO\uparrow + H_2O$$

(6) 过滤 $KMnO_4$ 溶液时不能用滤纸，因其能还原 $KMnO_4$。

7. 思考题

(1) 在配制 $KMnO_4$ 溶液时，应注意哪些问题？为什么？

(2) 为什么用 H_2SO_4 调节溶液呈酸性？用 HCl 或 HNO_3 可以吗？

(3) 用 $Na_2C_2O_4$ 标定 $KMnO_4$ 溶液时，应在什么反应条件下进行？溶液的酸度和温度过高或过低对滴定有什么影响？

实验 13　药用硫酸亚铁的含量测定

1. 目的要求

熟悉用 $KMnO_4$ 标准溶液测定 $FeSO_4 \cdot 7H_2O$ 含量的方法。

2. 实验原理

在硫酸酸性溶液中，$KMnO_4$ 能将亚铁盐氧化成高铁盐，利用 $KMnO_4$ 自身作为指示剂指示终点。反应式如下：

$$MnO_4^- + 5Fe^{2+} + 8H^+ \rightleftharpoons Mn^{2+} + 5Fe^{3+} + 4H_2O$$

$$E^{\ominus}_{MnO_4^-/Mn^{2+}} = 1.51\ V \qquad E^{\ominus}_{Fe^{3+}/Fe^{2+}} = 0.771\ V$$

3. 仪器与试剂

(1) 仪器

酸式滴定管(25 ml)，锥形瓶(250 ml)，量筒(100 ml)。

(2) 试剂

$KMnO_4$ 标准溶液：0.02 mol/L；硫酸亚铁($FeSO_4 \cdot 7H_2O$)：药用；硫酸溶液：1.5 mol/L。

4. 实验内容

取本品约 0.6 g，精密称定，加硫酸溶液(1.5 mol/L)与蒸馏水各 15 ml，溶解后，立即用 $KMnO_4$ 标准溶液(0.02 mol/L)滴定至淡红色且 30 s 不褪，即达终点。

5. 数据处理

硫酸亚铁的百分含量按下式计算：

$$w_{FeSO_4 \cdot 7H_2O}(\%) = \frac{c_{KMnO_4} \times V_{KMnO_4} \times 5 \times \frac{M_{FeSO_4 \cdot 7H_2O}}{1\ 000}}{W_{样品}} \times 100\%$$

$$M_{FeSO_4 \cdot 7H_2O} = 278.01\ g/mol$$

取 3 份平行操作的数据，分别计算百分含量，求出百分含量平均值及相对平均偏差。

6. 注意事项

(1) 药用硫酸亚铁易结块，称量时应注意。

(2) 溶解硫酸亚铁样品应先加酸后加水，否则 Fe^{2+} 水解。

7. 思考题

(1) 在硫酸酸性溶液中，用 $KMnO_4$ 滴定 Fe^{2+} 时，反应能够进行完全吗？

(2) 硫酸亚铁糖浆能否用 $KMnO_4$ 标准溶液滴定？为什么？

实验 14　用酸度计测定药物液体制剂的 pH

1. 目的要求

（1）掌握用 pH 计测定溶液 pH 的方法。

（2）通过实验，加深对用 pH 计测定溶液 pH 的原理的理解。

2. 实验原理

电位法测定 pH 目前都用玻璃电极为指示电极，将它作为负极，饱和甘汞电极为参比电极，将它作为正极，组成电池。

（－）Ag，AgCl（固）| HCl（0.1 mol/L）| H^+（x mol/L）‖ KCl（饱和）| Hg_2Cl_2 · Hg（＋）

（玻璃电极）　　　　　　　　（盐桥）　　（饱和甘汞电极）

电池的电动势为

$$
\begin{aligned}
E &= \varphi_+ - \varphi_- = \varphi_{甘} - \varphi_{玻} \\
&= \varphi_{SCE} - \varphi_{AgCl/Ag} - K' + \frac{2.303\,RT}{F}\text{pH} \\
&= K + \frac{2.303\,RT}{F}\text{pH} \\
&= K + 0.059\ \text{pH}(25℃)
\end{aligned}
$$

上式说明，测得电池的电动势与溶液 pH 呈线性关系，斜率为 $\frac{2.303\,RT}{F}$，其值随温度而改变，因此，pH 计上都设有温度调节钮来调节温度，使适合上述要求。

上式中 K 值是由内外参比电极及难于计算的不对称电位和液接电位所决定的常数，其值不定，不易求得，因此实际工作中都采用两次测定法，即先用标准缓冲溶液来校正酸度计（也叫“定位”）。校正时应选用与被测溶液 pH 接近的标准缓冲溶液。有些玻璃电极或酸度计的性能可能有缺陷，因此，有时要用两种标准缓冲溶液来校正酸度计。

应用校正后的酸度计，就可测定待测溶液的 pH。

3. 仪器与试剂

（1）仪器

pH S－25 型酸度计，221 型玻璃电极，222 型饱和甘汞电极或复合电极，烧杯（25 ml，50 ml）。

（2）试剂

邻苯二甲酸氢钾标准缓冲溶液，混合磷酸盐标准缓冲溶液，注射用葡萄糖溶液，生理盐水。

4. 实验内容

（1）按仪器使用说明进行安装和操作。

（2）实验测量

校准：用邻苯二甲酸氢钾缓冲溶液按 pH 计的使用方法定位，再测定混合磷酸盐的 pH，观察与理论值的差值。

测定：用校准过的 pH 计测定注射用葡萄糖溶液和生理盐水，各读取测定的 pH 3 次。

（3）测定完毕，洗净电极和烧杯，仪器还原，并关闭仪器电源。

5. 数据处理

分别求出 3 次测定的葡萄糖溶液和生理盐水的 pH 的平均值。

6. 注意事项

(1) 玻璃电极下端的玻璃球很薄,所以切忌与硬物接触,一旦破裂,则电极完全失效。

(2) 玻璃电极使用前,应把玻璃球部位浸泡在蒸馏水中至少一昼夜。若在 50℃蒸馏水中保温 2 h,冷却至室温后可当天使用。不用时也最好浸泡在蒸馏水中,供下次使用。

(3) 玻璃电极测定碱性溶液时,应尽量快测,对于 pH>9 的溶液的测定,应使用高碱玻璃电极。在测定胶体溶液、蛋白质或染料溶液后,玻璃电极宜用棉花或软纸沾乙醚小心地轻轻擦拭,然后用酒精洗,最后用水洗。电极若沾有油污,应先浸入酒精中,最后用水洗。

(4) 使用甘汞电极时,注意 KCl 溶液应浸没内部的小玻璃管下口,且在弯管内不得有气泡将溶液隔断。

(5) 甘汞电极不使用时,要用橡皮套把下端毛细管口套住,存放于电极盒内。测定时侧管套子应拿掉。

(6) 甘汞电极内装饱和 KCl 溶液,并应有少许 KCl 结晶存在。注意不要使饱和 KCl 溶液放干,以防电极损坏。

(7) 安装电极时,应使甘汞电极下端较玻璃电极下端稍低 2~3 mm,以防玻璃电极碰触杯底而破损。

(8) 校准仪器时应尽量选择与被测溶液 pH 接近的标准缓冲溶液,pH 相差不应超过 3 个单位。

(9) 校准仪器的标准溶液与被测溶液的温度相差不应大于 1℃。

(10) 仪器使用后,电源开关应在关处,量程选择开关应在“0”处。

(11) 本仪器应置于干燥环境中,并防止灰尘及腐蚀性气体侵入。

(12) 玻璃电极的玻璃球极薄,安装要小心,冲洗后用滤纸吸干。

(13) 浸泡玻璃电极的水应经常更换。

7. 思考题

(1) 为什么要用与待测溶液 pH 接近的标准缓冲液来校准仪器?

(2) 一个缓冲溶液是一个共轭酸和碱的混合物,那么,邻苯二甲酸氢钾、硼砂为什么也可看作为一个缓冲溶液?

(3) 电极安装时,应注意哪些问题?

[附] pH S-25 型酸度计

1. 仪器的安装

仪器外形见实验图 14-1 所示。按图所示方式装好电极杆及电极夹,并按需要的位置紧固。然后装上电极,见实验图 14-2、实验图 14-3、实验图 14-4 所示,支好仪器背部的支架。在开电源开关前,把量程选择开关置于中间的位置。

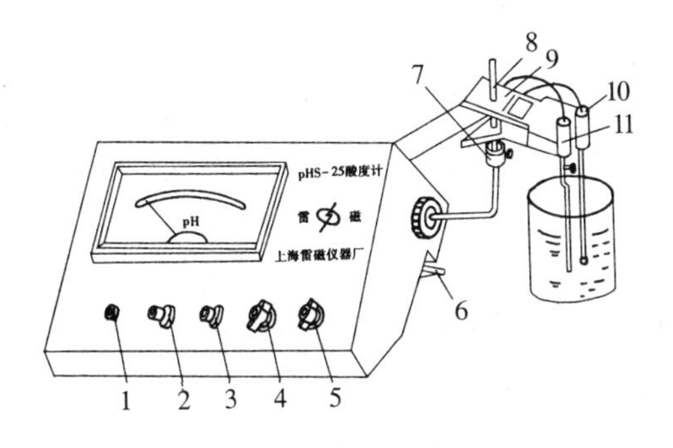

实验图 14-1　pH S-25 型酸度计外形图

1. 电源指示灯　2. 温度补偿器　3. 定位调节器　4. 功能选择器　5. 量程选择器　6. 仪器支架
7. 电极杆固定圈　8. 电极杆　9. 电极夹　10. pH 玻璃电极　11. 甘汞参比电极

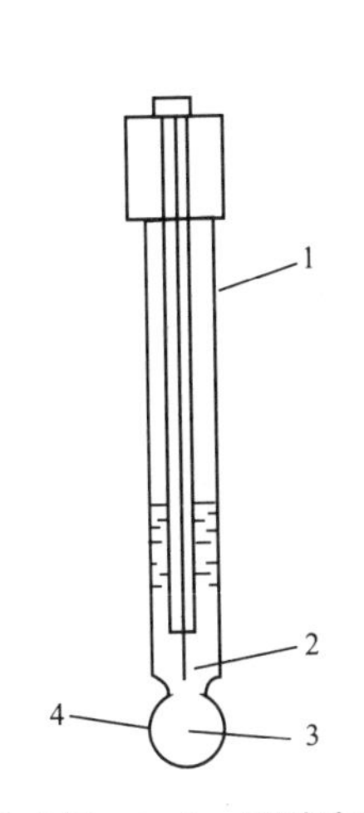

实验图 14-2　玻璃电极

1. 玻璃外壳　2. Ag-AgCl 电极
3. 含 Cl^- 的缓冲溶液　4. 玻璃薄膜

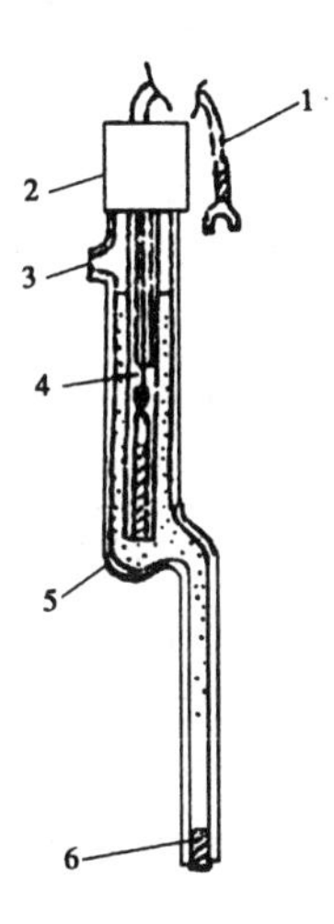

实验图 14-3　饱和甘汞电极

1. 导线　2. 绝缘帽　3. 加液口　4. 内电极
5. 饱和 KCl 溶液　6. 多孔性物质

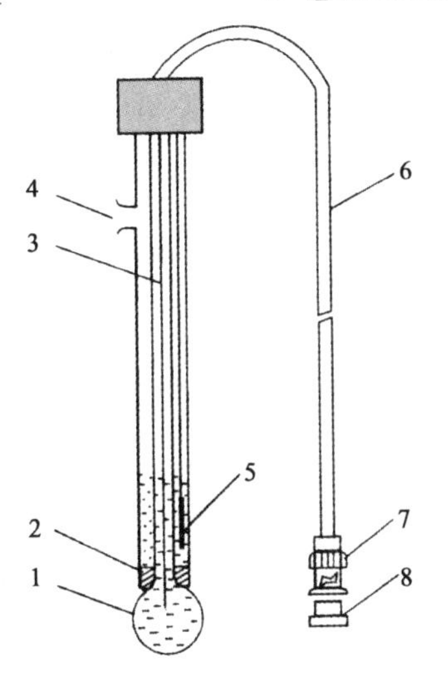

实验图 14-4　复合电极

1. 玻璃电极　2. 瓷塞　3. 内参比电极　4. 充液口
5. 参比电极体系　6. 导线　7. 插口　8. 防尘塞

用下列方法检查仪器是否正常：

(1) 将“功能选择”开关置于“+mV”或“-mV”，电极插座不能插入电极。

(2) “量程选择”开关置于中间位置，打开仪器电源开关，此时电源指示灯应亮，表针位置在未开机时的位置。

(3) 将“量程选择”开关置于“0～7”挡，指示电表的示值应为 0 mV(±10 mV)位置。

(4) 将“功能选择”置于“pH”挡，调节“定位”，应能使电表示值小于 6。

(5) 将“量程选择”开关置于“7～14”挡，调节“定位”，应能使电表示值大于 8。

当仪器经过以上方法检验均符合要求后，则可认为仪器的工作性能基本正常。

2. 测定步骤

(1) 校准：用蒸馏水冲洗电极，并用滤纸吸干后，即可把电极插入已知 pH 的标准缓冲溶液中，调节温度调节器，使所指的温度与溶液温度一致。

置“量程选择”开关于所测 pH 标准缓冲溶液的范围这一挡(如 pH=4.00，或 pH=6.86 的溶液，则置“0～7”挡)。

调节“定位”按钮，使电表指示该缓冲溶液的 pH。

经上述步骤校准后的仪器，“定位”旋钮不应再有任何变动。一般情况下，无论电源是连续开或是间隔开，当天使用仪器不需再校准。

(2) 测定：经过 pH 校准的仪器，即可用来测定样品溶液的 pH。把电极插在未知溶液之内，稍稍摇动烧杯，缩短电极响应时间。调节“温度”电位器，使其指在溶液温度示数。

置“功能选择”开关于“pH”挡，置“量程选择”开关于被测溶液的可能 pH，此时仪器所指示的 pH 即为待测溶液的 pH。

(3) 测量电极电位：测量电极电位时，根据电极电位极性置“功能选择”开关，当此开关置于“+mV”时，仪器所指示的电极电位值的极性与仪器后面板上标志相同；当此开关置于“-mV”时，电极电位极性与后面板上标志相反。

当“量程选择”挡置于“0～7”时，测量范围为 0～±700 mV；置于“7～14”时，测量范围为±700～±1400 mV。

实验 15　磷酸的电位滴定

1. 目的要求

(1) 掌握电位滴定的方法及确定计量点的方法。

(2) 学会用电位滴定法测定弱酸的 pK_a。

2. 实验原理

电位滴定法是根据滴定过程中电池电动势的突变来确定终点的方法。

磷酸的电位滴定是以 NaOH 标准溶液为滴定剂,饱和甘汞电极为参比电极,玻璃电极为指示电极。将此两电极插入试液中,组成原电池(实验图 15－1)。随着滴定剂不断加入,被测物与滴定剂发生反应,溶液的 pH 不断变化。以加入滴定剂的体积为横坐标,相应的 pH 为纵坐标,则可绘制 pH－V 滴定曲线,由曲线确定滴定终点。也可采用一级微商法 $\Delta pH/\Delta V-V$ 或二级微商法 $\Delta^2 pH/\Delta V^2-V$ 确定滴定终点。

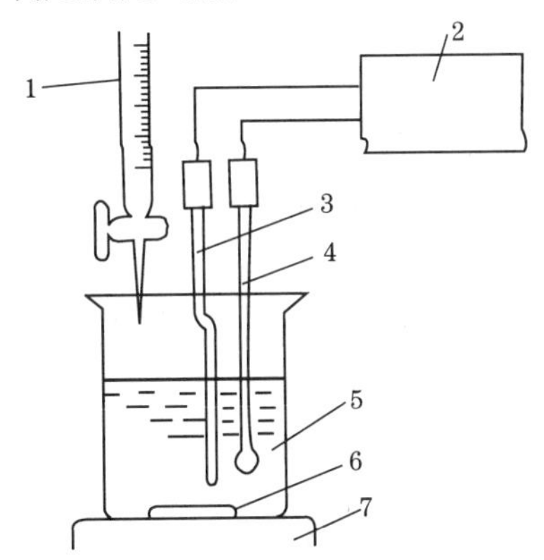

实验图 15－1　电位滴定装置示意图

. 滴定管　2. 酸度计　3. 参比电极　4. 指示电极
5. 试液　6. 铁芯搅拌棒　7. 电磁搅拌器

用电位滴定法绘制 NaOH 溶液滴定 H_3PO_4 的 pH－V 曲线,如实验图 15－2 所示。从曲线上不仅可以确定滴定终点,而且也能求算 H_3PO_4的浓度及其 K_{a_1} 和 K_{a_2}。H_3PO_4 在水溶液中是分步离解的,即

$$H_3PO_4 \rightleftharpoons H^+ + H_2PO_4^-$$

$$K_{a_1}=\frac{[H^+][H_2PO_4^-]}{[H_3PO_4]} \tag{1}$$

当用 NaOH 标准溶液滴定到$[H_3PO_4]=[H_2PO_4^-]$时,根据(1)式,此时 $K_{a_1}=[H^+]$,即 pK_{a_1}=pH。故 $1/2V_{eq1}$(第一半中和点)对应的 pH 即为 pK_{a_1}。

$$H_2PO_4^- \rightleftharpoons H^+ + HPO_4^{2-}$$

$$K_{a_2}=\frac{[H^+][HPO_4^{2-}]}{[H_2PO_4^-]} \tag{2}$$

当继续用 NaOH 标准溶液滴定到$[H_2PO_4^-]=[HPO_4^{2-}]$时,根据(2)式,此时的 $K_{a_2}=[H^+]$,即 pK_{a_2}=pH,故第二半中和点体积对应的 pH 即为 pK_{a_2}。

电位滴定可以用来测定某些弱酸或弱碱的离解平衡常数。

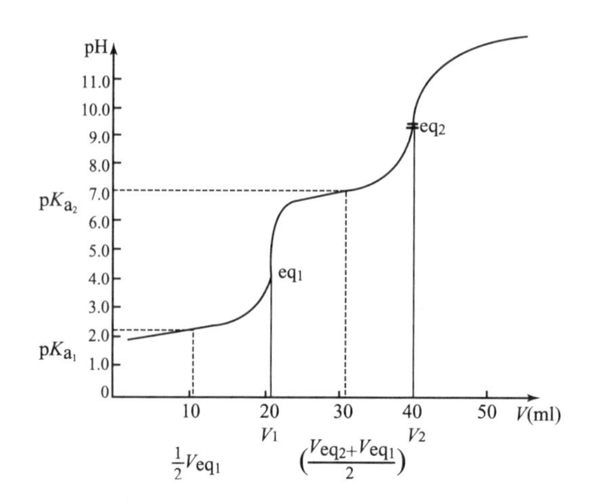

实验图 15－2　NaOH(0.1 mol/L)滴定 H_3PO_4 (0.1 mol/L)电位滴定曲线

3. 仪器与试剂

(1) 仪器

pH S－25 型酸度计，221 型玻璃电极，222 型饱和甘汞电极或复合电极，电磁搅拌器，搅拌子，烧杯(100 ml)，移液管(10 ml)，碱式滴定管(25 ml)，洗耳球。

(2) 试剂

邻苯二甲酸氢钾标准缓冲溶液：0.05 mol/L；NaOH 标准溶液：0.1 mol/L；磷酸样品溶液：0.1 mol/L。

4. 实验内容

(1) 用 0.05 mol/L 邻苯二甲酸氢钾(pH＝4.00，25℃)标准缓冲液校准 pH 计。

(2) 精密吸取磷酸样品溶液 10.00 ml，置于 100 ml 烧杯中，加蒸馏水 20 ml，插入甘汞电极与玻璃电极。用 NaOH(0.1 mol/L)标准液滴定，在滴入 10.00 ml 前，每加 2.00 ml 记录一次 pH，在接近计量点时(即加入 NaOH 溶液引起溶液的 pH 变化逐渐变大)，每次加入 NaOH 液体体积逐渐减小，在计量点前后，每加入 0.1 ml 记录一次 pH，这样每次加入体积相等为宜，便于处理数据。继续滴定至过了第 2 个计量点为止。

5. 数据处理

(1) 按下表记录 NaOH 标准溶液体积及相应的 pH，并按 $\Delta^2 pH/\Delta V^2-V$ 曲线法(二级微商法)求出第一、第二化学计量点消耗的 NaOH 标液的体积，必要时，可用线性内插法计算，并由此求得第一、第二半中和点所消耗滴定剂的体积。

(2) 绘制 pH－V 曲线，第一、第二半中和点体积所对应的 pH，即分别为 H_3PO_4 的 pK_{a_1} 与 pK_{a_2}。实验数据见表。

H_3PO_4 电位滴定数据处理表

滴定剂体积 V(ml)	酸碱计读数 pH	ΔpH	ΔV	$\Delta pH/\Delta V$	平均体积 $\bar{V}$(ml)	$\Delta(\frac{\Delta pH}{\Delta V})$	$\Delta\bar{V}$	$\Delta^2 pH/\Delta V^2$

(3) 计算 H_3PO_4 的摩尔浓度：

$$c_{H_3PO_4}=\frac{c_{NaOH}\times V_{eq1}}{10.00}$$

式中：V_{eq1} 是第一计量点所消耗的氢氧化钠标准溶液的体积。

6. 注意事项

(1) 先将仪器装好，用邻苯二甲酸氢钾标准缓冲液（0.05 mol/L）校准 pH 计后，勿动定位钮。

(2) 电极浸入溶液的深度应合适，搅拌子不能碰及电极。

(3) 滴定剂加入后，要充分搅拌溶液，停止时再测定 pH，以求得到稳定的数据。

(4) 滴定过程中尽量少用蒸馏水冲洗，以免溶液过度稀释而导致突跃不明显。

(5) 搅拌速度略慢些，以免溶液溅出。

(6) 电位滴定中的测量点分布，应控制在计量点前后密些，远离计量点疏些，在接近计量点前后时，每次加入的溶液量应保持一致（如 0.1 ml），这样便于数据处理和滴定曲线的绘制。

7. 思考题

(1) 为何在滴定过程中近终点前后要加入等体积的 NaOH 标准溶液为好？

(2) 磷酸的第三离解常数可以从滴定曲线上求得吗？

(3) 在滴定过程中能否用 E 的变化代替 pH 变化？

实验 16　亚硝酸钠标准溶液(0.1 mol/L)的配制与标定

1. 目的要求

(1) 了解重氮化滴定的原理。

(2) 掌握永停滴定的原理及操作。

2. 实验原理

对氨基苯磺酸是具有芳伯胺基的化合物,在酸性条件下,可与 $NaNO_2$ 发生重氮化反应而定量地生成重氮盐,其反应式如下:

$$H_2N-C_6H_4-SO_3H + NaNO_2 + 2HCl \longrightarrow [HO_3S-C_6H_4-N\equiv N]^+Cl^- + NaCl + H_2O$$

计量点前,两个电极上无反应,故无电解电流产生,计量点时,溶液中少量的亚硝酸及其分解产物一氧化氮在两个铂电极上产生如下反应:

$$阴极:HNO_2 + H^+ + e^- \rightleftharpoons H_2O + NO$$

$$阳极:NO + H_2O \rightleftharpoons HNO_2 + H^+ + e^-$$

因此在计量点时,检流计指针发生偏转,并不再回零。

3. 仪器与试剂

(1) 仪器

永停滴定仪,酸度计,电磁搅拌器,铂电极,酸式滴定管(25 ml),烧杯(100 ml),细玻璃棒,搅拌子。

(2) 试剂

对氨基苯磺酸:基准物质;浓氨试液;$NaNO_2$ 标准溶液:0.1 mol/L;盐酸(1→2);淀粉碘化钾试纸;$FeCl_3$:AR;HNO_3:AR。

4. 实验内容

(1) $NaNO_2$ 标准溶液(0.1 mol/L)的配制

称取亚硝酸钠 7.2 g,加无水碳酸钠 0.1 g,加水使其溶解并稀释至 1 000 ml,摇匀。

(2) $NaNO_2$ 标准溶液的标定

精密称取在 120℃干燥至恒重的基准物质对氨基苯磺酸 0.4 g,置于烧杯中,加水30 ml和浓氨溶液 3 ml。溶解后,加盐酸(1→2)20 ml,搅拌。在 30℃以下用 $NaNO_2$ 溶液迅速滴定。滴定时,将滴定管尖端插入液面下约 2/3 处,边滴边搅拌。在临近终点时,将滴定管尖端提出液面,用少量蒸馏水洗涤尖端,洗液并入溶液中,继续缓缓滴定,用永停法指示终点,至检流计指针发生较大偏转,持续 1 min 不回复,即为终点。

5. 数据处理

$$c_{NaNO_2} = \frac{W_{C_6H_7O_3NS}}{V_{NaNO_2} \times \frac{M_{C_6H_7O_3NS}}{1\,000}}$$

$$M_{C_6H_7O_3NS} = 173.19\ g/mol$$

取 3 份平行操作的数据,分别计算 $NaNO_2$ 浓度,求出浓度平均值及相对平均偏差。

6. 注意事项

(1) 电极活化:用加入少量 $FeCl_3$ 的浓 HNO_3 液浸泡 30 min 以上。

(2) 注意接头处接触是否良好。

(3) 基准物必须用浓氨溶液溶解完全后再加盐酸。

(4) 滴定管尖端插入液面下 2/3 处进行滴定,滴定速度要快些。当光标有明显摆动时,可将滴定管尖端提出液面,一滴一滴地加入 $NaNO_2$ 滴定液,直至光标不再回复,即达到终点。

(5) 终点的确定,可配合淀粉- KI 试纸。近终点时,用细玻璃棒蘸取少量溶液点在淀粉-KI 试纸上,若立即变蓝,则到达终点。

(6) 外加电压应小于 100 mV,以防电解反应发生。

7. 思考题

(1) 永停滴定法与电位滴定法在原理上有何不同?

(2) 永停滴定法与电位滴定法在装置、测量值、指示终点的方法上有何不同?

[附] 永停滴定装置电路图

按实验图 16-1 连接好线路,图中 R 为 5 000Ω 的电阻,R' 为电阻箱或 500Ω 的可变电阻,B 为 1.5 V 电池,E,E' 为铂电极,G 为灵敏检流计。调节 R' 的大小可以得到需要的外加电压,R' 值的大小可以根据欧姆定律进行计算。本实验中所用外加电压约 90 mV,R' 的大小为 100~200 Ω。

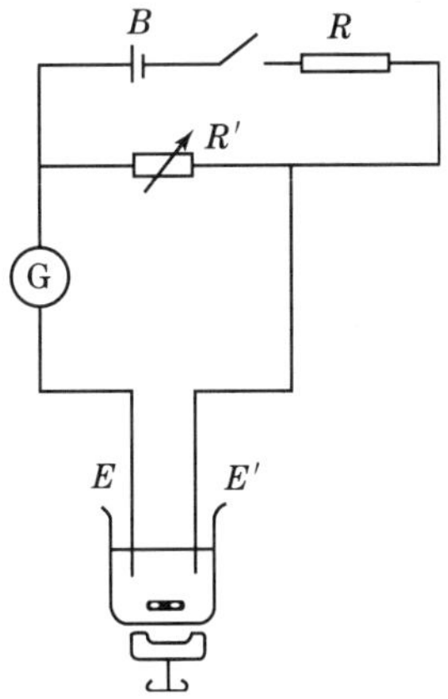

实验图 16-1 永停滴定装置电路图

实验 17　磺胺嘧啶的重氮化滴定（永停滴定）

1. 目的要求

(1) 掌握永停滴定法的操作。

(2) 了解重氮化滴定中永停滴定的原理。

2. 实验原理

磺胺嘧啶是具有芳伯氨基的药物，它在酸性溶液中可与 $NaNO_2$ 定量完成重氮化反应而生成重氮盐，反应式如下：

$$H_2N-C_6H_4-SO_2NH-C_4H_3N_2 + NaNO_2 + 2HCl \longrightarrow$$

$$\left[C_4H_3N_2-HNO_2S-C_6H_4-N\equiv N \right]^+ Cl^- + NaCl + 2H_2O$$

若把两个相同的铂电极插入滴定溶液中，在两个电极间外加一个小电压（约 90 mV），用 $NaNO_2$ 标准溶液滴定。

化学计量点前，溶液中无可逆电对，无电流产生，电流计指针停止在零位(或接近于零位)。化学计量点后有稍过量的 $NaNO_2$，使溶液中有 HNO_2 及其分解产物 NO 的可逆电对存在，此时在有外加小电压的两个铂电极上有如下电极反应：

$$阳极：NO + H_2O \longrightarrow HNO_2 + H^+ + e^-$$

$$阴极：HNO_2 + H^+ + e^- \longrightarrow NO + H_2O$$

因此，在化学计量点时，电路由原来的无电流通过变为有电流通过，检流计指针偏转并不再回零。

3. 仪器与试剂

(1) 仪器

永停滴定仪，酸度计，电磁搅拌器，铂电极，酸式滴定管(25 ml)，烧杯(100 ml)，细玻璃棒，搅拌子。

(2) 试剂

磺胺嘧啶：原料药；盐酸(1→2)；溴化钾：AR；$NaNO_2$ 标准溶液：0.1 mol/L；淀粉-KI 试纸；浓 HNO_3：AR；$FeCl_3$：AR。

4. 实验内容

(1) 取磺胺嘧啶(SD)约 0.5 g，精密称定，加盐酸(1→2)10 ml 使其溶解。再加蒸馏水 50 ml 及溴化钾 1 g，在电磁搅拌下用 $NaNO_2$ 标准溶液(0.1 mol/L)滴定。将滴定管尖端插入液面下约 2/3 处。至近终点时，将滴定管尖端提出液面，用少量蒸馏水洗涤滴定管尖端。洗液并入溶液中，继续缓缓滴定，直至检流计发生明显偏转并不再回复，即达终点。在终点附近，同时用细玻璃棒蘸取溶液少许，点在淀粉-KI 试纸上试之，比较两种方法确定终点的情况。记录所用 $NaNO_2$ 溶液的体积。

(2) 重复上述实验，但不加 KBr，比较终点的情况。

5. 数据处理

磺胺嘧啶的百分含量按下式计算：

$$w_{C_{10}H_{10}N_4O_2S}(\%)=\frac{c_{NaNO_2}\times V_{NaNO_2}\times\frac{M_{C_{10}H_{10}N_4O_2S}}{1\,000}}{W_{样品}}\times 100$$

$$M_{C_{10}H_{10}N_4O_2S}=250.3\ \text{g/mol}$$

取 3 份平行操作的数据，分别计算百分含量，求百分含量平均值及相对平均偏差。

6. 注意事项

(1) 电极处理

铂电极在使用前浸泡于含 $FeCl_3$ 溶液(0.5 mol/L)数滴的浓 HNO_3 液中 30 min，临用时用水冲洗以除去其表面杂质。

(2) 严格控制好外加电压(80～90 mV)，实验前先进行测量。

(3) 酸度：一般在 1～2 mol/L 为宜。

(4) 温度不宜过高(30℃以下)，滴定管插入液面 2/3 处时滴定速度略快，则重氮化反应完全。

(5) 加 KBr 目的是为了加速反应，起催化作用，使终点敏锐。

(6) 实验完毕，电极浸泡于含 $FeCl_3$ 溶液(0.5 mol/L)数滴的浓 HNO_3 液中，电源开关置于“关”的位置。

(7) 待样品用 HCl 完全溶解后，再加水及 KBr。

7. 思考题

(1) 通过实验，比较一下淀粉-KI 外指示剂法与永停滴定法的优缺点。

(2) 滴定中，如用过高的外加电压会出现什么现象？

(3) 加 KBr 的意义何在？

实验 18 吸收曲线的测绘

1. 目的要求

(1) 掌握 721 型分光光度计的使用方法。

(2) 熟悉测绘吸收曲线的一般方法。

2. 实验原理

有色溶液对可见光的吸收具有选择性。利用分光光电比色计能连续变换波长的性能，可以测绘有色溶液在可见光区的吸收曲线。虽然由于仪器所能提供的单色光不够纯，得到的吸收曲线不够精密准确，但亦足以反映溶液吸收最强的光带波段，可用作光电比色时选择波长的依据。

本实验用 721 型分光光度计测绘邻二氮菲-Fe(Ⅱ)的吸收曲线。

邻二氮菲是测定微量铁的一种较好试剂。在 pH 为 2～9 的范围内，Fe^{2+} 与邻二氮菲生成极稳定的橙红色配位离子，反应式如下：

Fe^{2+} +3 (N, N) ⟶ [(N, N)$_3$ Fe]$^{2+}$

该配位离子 $\lg\beta_3=21.3$(20℃)，$\varepsilon_{510}=1.1\times10^4$。$Fe^{3+}$ 与邻二氮菲也生成 1∶3 的淡蓝色配合物，其 $\lg\beta_3=14.1$，故在显色前应先用盐酸羟胺将 Fe^{3+} 还原为 Fe^{2+}，其反应式如下：

$$2Fe^{3+}+2NH_2OH\cdot HCl\longrightarrow 2Fe^{2+}+N_2\uparrow+2H_2O+4H^{+}+2Cl^{-}$$

3. 仪器与试剂

(1) 仪器

721 型分光光度计，容量瓶(50 ml)，吸量管(1 ml,2 ml,5 ml)，洗耳球。

(2) 试剂

铁标准溶液(10^{-3} mol/L)：准确称取 0.482 2 g $NH_4Fe(SO_4)_2\cdot 12H_2O$ 置于 150 ml 烧杯中，加入 HCl 溶液(6 mol/L)80 ml 和少量水，溶解后，转移至 1 L 容量瓶中，加水稀释至刻度，摇匀。

0.15%邻二氮菲水溶液(临用时配制)：先用少许酒精溶解，再用水稀释。

10%盐酸羟胺水溶液(临用时配制)；醋酸钠溶液：1 mol/L。

4. 实验内容

用吸量管吸取标准铁溶液(10^{-3}mol/L)2.00 ml 于 50 ml 容量瓶中，加入 10%盐酸羟胺溶液 1 ml，摇匀，加入 0.15%邻二氮菲溶液 2 ml，醋酸钠溶液(1 mol/L)5 ml，以水稀释到刻度，摇匀。将邻二氮菲-Fe(Ⅱ)溶液和空白溶液分别盛于 1 cm 比色皿中，安置于仪器中比色皿架上。按仪器使用方法操作，在 440～560 nm 间测定被测溶液的吸收度。每次改变波长后，用空白调节 100%透光率。在 440～500 nm，每隔 10 nm 测定 1 次；在 500～520 nm，每隔 2 nm 测定 1 次；在 520～560 nm，每隔 10 nm 测定 1 次。记录不同波长处的吸收度。

5. 数据处理

以波长为横坐标，吸收度为纵坐标，将测得值逐点描绘在坐标纸上并连成光滑曲线，即得吸收曲线。从曲线上可查见溶液吸收最强的光带波长。

6. 注意事项

(1) 吸收池的配对及正确使用。

(2) 仪器不测定时,应打开暗盒箱盖,以保护光电管。

(3) 在满足分析要求时,灵敏度应尽量选用低挡。

(4) 作图时,坐标比例要恰当,曲线应光滑。

7. 思考题

(1) 单色光不纯对测得的吸收曲线有什么影响?

(2) 标准溶液在显色前加盐酸羟胺的目的是什么?

(3) 利用邻组同学的实验结果,比较同一溶液在不同仪器上测得的吸收曲线的形状、吸收峰波长及相同浓度的吸收度有无不同,试作解释。

[附] 721 型分光光度计

1. 仪器外型结构

721 型分光光度计外形结构如实验图 18-1 所示。

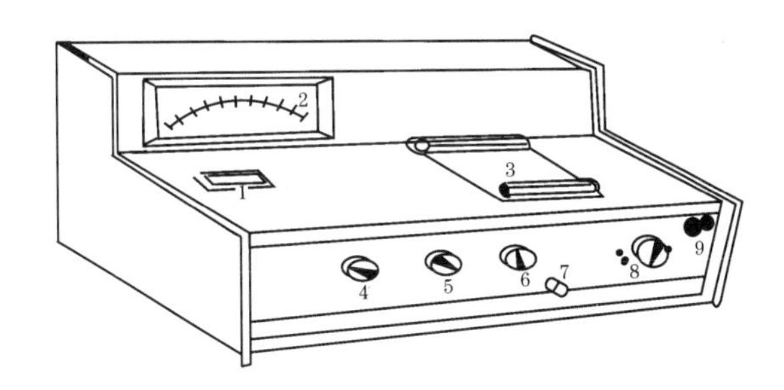

实验图 18-1 721 型分光光度计外形结构图

1. 波长读数盘 2. 电表 3. 液槽暗盒盖 4. 波长调节 5. "0"透光率调节 6. "100%"透光率调节 7. 液槽架拉杆 8. 灵敏度选择 9. 电源开关

2. 使用方法

(1) 在仪器未接通电源时,电表指针必须位于"0"刻度线上,若不在零位,则调节电表上零点校正螺丝,使指针指向"0"。

(2) 接通电源开关(接 220V 交流电),打开比色槽暗盒箱盖,使电表指针处于"0"位,预热 20 min 后,选择所用单色光波长和相应的灵敏度档,用调"0"电位器校正电表"0"位。

(3) 合上比色槽暗盒箱盖,比色皿处于空白校正位置。使光电管受光,旋转光量调节器,调节光电管输出的光电信号,使电表指针正处于 100%位置。

(4) 按上述方法连续几次调节"0"位和 100%位置。

(5) 把待测溶液置于比色皿中,按空白校正方法,把待测溶液置于光路中,测定、记录光电信号(吸收度 A 或百分透光率)。

(6) 测定完毕,切断电源,开关置于"关"位。洗净比色皿。在比色槽暗盒箱中放好干燥硅胶。

3. 维护及注意事项

(1) 仪器应安放在干燥的房间内,置于坚固平稳的工作台上,室内照明不宜太强。热天不能用电风扇直接向仪器吹风，防止灯丝发光不稳。仪器灵敏度挡的选择是根据不同的单色光波长光能量不同而分别选用，第一挡为1(为常用挡)，灵敏度不够时再逐级升高。但改变灵敏度后须重新校正"0"和"100%"旋钮。选择原则是使空白挡能良好地用光量调节器调至100%处。

(2) 使用前，使用者首先应该了解本仪器的工作原理以及各操作旋钮的功能。在接通电源之前，应对仪器的安全性进行检查，各调节旋钮的起始位置应该正确，然后接通电源。

(3) 仪器中各存放有干燥剂筒处应保持干燥，发现干燥剂变色应立即更换。

(4) 仪器长期工作或搬动后，要检查波长精度等，以确保测定结果的精确。

(5) 在使用过程中应注意的问题：

① 在测定过程中随时关闭遮盖光路的闸门以保护光电管。

② 比色皿要保持清洁，池壁上液滴应用擦镜纸或绸布擦干。不能用手拿透光玻璃面。

③ 仪器连续使用时间不宜过长，更不允许仪器处于工作状态而测定人员离开工作岗位。最好是工作 2 h 左右让仪器间歇 30 min 再工作。

④ 关于仪器各项性能指标的检查，可参阅使用说明书。

实验 19　原料药扑尔敏的吸光系数测定

1. 目的要求

掌握测定原料药品吸光系数的知识和操作方法。

2. 实验原理

药品中如有紫外吸收，则配制一个溶液，使其浓度于最大吸收波长处的吸光度在 0.4～0.7 之间，测定完整的吸收光谱，找出干扰小而比较能准确测定的最大吸收波长。然后再配制准确浓度的溶液，在选定的吸收峰波长处测定吸光度，按 $E_{1\mathrm{cm}}^{1\%}\lambda_{\max}=\dfrac{A}{c\cdot L}$ 计算其吸光系数。

欲测定吸光系数的药品，必须重结晶数次或用其他方法提纯，使熔点敏锐，熔距短，在纸上或薄层色谱板上色谱分离时，无杂斑。此外，所用分光光度计及天平、容量瓶、移液管都必须按照鉴定标准经过校正，符合规定标准的才能用于测定药品的吸光系数。

样品应事先干燥至恒重(或测定干燥失重，在计算中扣除)。称重时要求称量误差不超过 0.2%，例如称取 10 mg 应称准至 0.02 mg，测定时应同时称取两份样品，准确配制成吸光度在 0.6～0.8 的溶液，分别测定吸光度，换算成吸光系数，两份间相差应不超过 1%，再将溶液稀释一倍，使吸光度在 0.3～0.4 之间，同上测定、换算，两份间差值亦应在 1%以内。药品的吸光系数经过 5 台以上不同型号的紫外分光光度计测定，所得结果再经数理统计方法处理，相对偏差在 1%以内，最后确定吸光系数的值。

3. 仪器与试剂

(1) 仪器

5 台以上不同型号的紫外分光光度计，容量瓶(100 ml，50 ml)，移液管(10 ml，5 ml)，洗耳球。

(2) 试剂

扑尔敏：分析纯，在 105℃干燥至恒重；H_2SO_4 溶液：0.05 mol/L。

4. 实验内容

1) 溶液的配制

用于称量的天平、砝码与配制溶液的容量瓶、移液管等仪器都需预先经过校正。所用溶剂须先测定其空白透光率，应符合规定。

取在 105℃干燥至恒重的扑尔敏纯品约 0.015 00 g，精密称定，同时称取 2 份。分别用 H_2SO_4 溶液(0.05 ml/L)溶解，定量转移至 100 ml 容量瓶中，用 H_2SO_4 溶液(0.05 ml/L)稀释至刻度，得标准溶液(Ⅰ)及(Ⅱ)。标准溶液(Ⅰ)及(Ⅱ)作为两组，每组各取 3 只 50 ml 容量瓶，用移液管分别加入 5.00 ml 和 10.00 ml 扑尔敏标准溶液于两只容量瓶中，另 1 只容量瓶作空白，分别用 H_2SO_4 溶液(0.05 ml/L)稀释至刻度，摇匀。

2) 吸收系数的测定

(1) 首先找出吸收峰的波长：以 H_2SO_4 溶液(0.05 ml/L)为空白，测定扑尔敏标准溶液吸收峰的波长(在扑尔敏 $\lambda_{\max}$264 nm 前后测几个波长的吸收度，以吸收度最大的波长作为吸收峰波长)。

(2) 测定溶液的吸收度：用已经校验过的紫外分光光度计进行测定，以选定的吸收池盛空白溶液，用已测出校正值的另一吸收池盛样品溶液，在选定的吸收峰波长处按常规方法测定吸收度。

用上述选定的吸收峰波长，分别测定 2 份样品浓、稀溶液共 4 个测试溶液的吸收度，减去空白校正值为实测吸收度值。

5. 数据处理

（1）药品浓、稀溶液的吸收系数按下式计算：

$$E_{1cm}^{1\%}\lambda_{max} = \frac{A}{\frac{W_{样}(g)}{100} \times \frac{5}{50} \times 100\ L(cm)} \quad （稀的）$$

$$E_{1cm}^{1\%}\lambda_{max} = \frac{A}{\frac{W_{样}(g)}{100} \times \frac{10}{50} \times 100\ L(cm)} \quad （浓的）$$

（2）计算同一组浓、稀溶液的吸收系数，其差值应在 1%以内。

6. 注意事项

（1）样品若不是干燥至恒重的样品，应扣除干燥失重，即：

样重＝称量值×(1－干燥失重%)。

（2）注意吸收池的配对性和方向性。

（3）光源采用氘灯(或氢灯)，比色池采用石英比色池。

7. 思考题

（1）吸光系数是物质的物理常数之一，这是一个理论值还是一个经验值？吸光系数值在什么条件下才能成为一个普适常数？要使用吸光系数作测定依据，需要哪些实验条件？

（2）确定一个药品的吸光系数为什么要这么多的要求？它的测定和使用将涉及哪些主要因素。

（3）比吸收系数与摩尔吸收系数的意义和作用有何区别？怎样换算？将你测得的比吸收系数换算成摩尔吸收系数。为什么摩尔吸收系数的表示方法常取 3 位有效数字或用其对数值表示？

［附］ 752 型紫外光栅分光光度计

1. 仪器外型结构

752 型紫外光栅分光光度计外形结构见实验图 19－1 所示。

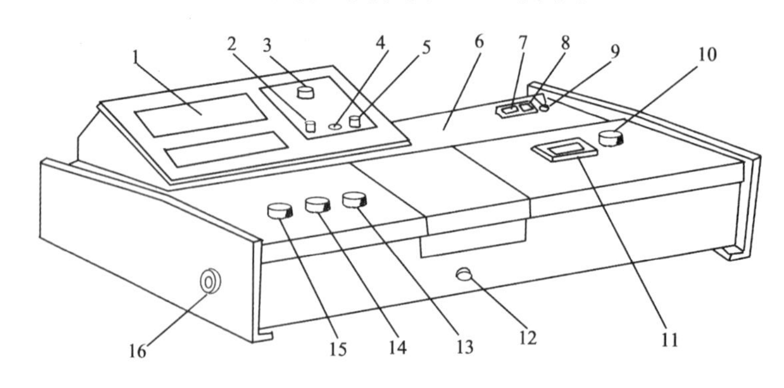

实验图 19－1　752 型紫外光栅分光光度计外形结构图

1. 数字显示器　2. 吸光度调零旋钮　3. 选择开关　4. 吸光度斜率电位器　5. 浓度旋钮　6. 光源室　7. 电源开关　8. 氢灯电源开关　9. 氢灯触发按钮　10. 波长手轮　11. 波长刻度窗　12. 试样架拉手　13. 100%"T"旋钮　14. 0%"T"旋钮　15. 灵敏度旋钮　16. 干燥器

2. 使用方法

(1) 将灵敏度旋钮调至“1”挡。

(2) 按“电源”开关(开关内两只指示灯亮),钨灯点亮;按“氢灯”开关(开关内左侧指示灯亮),氢灯电源接通,再按“氢灯触发”按钮(开关内右侧指示灯亮),氢灯点亮。仪器预热 30 min(注:仪器后背部有一只“钨灯”开关,如不需要用钨灯时可将它关闭)。

(3) 选择开关置于“T”。

(4) 打开试样室盖(光门自动关闭),调节“0%”(T)旋钮,使数字显示“00.0”。

(5) 将波长指示置于所需测的波长。

(6) 将装有待测溶液的比色皿放置于比色皿架中(注:波长在 360 nm 以上时,可以用玻璃比色皿;波长在 360 nm 以下时,要用石英比色皿)。

(7) 盖上样品室盖,将参比溶液比色皿置于光路,调节透光率“100”旋钮,使数字显示为 100%(T)(如果显示不到 100%(T),可适当增加灵敏度的挡数,同时应重复“④”,调整仪器的“00.0”)。

(8) 按上述方法连续几次调节“00.0”和“100.0”位置。

(9) 将被测溶液置于光路中,从数字显示器上直接读出被测溶液的透光率(T)值。

(10) 吸收度 A 的测量:参照使用方法“(4)”和“(7)”,调整仪器的“00.0”和“100.0”。将选择开关置于“A”。旋动吸收度调整旋钮,使得数字显示为“0.00”。然后移入被测溶液,显示值即为试样的吸收度 A 值。

(11) 浓度 c 的测量:选择开关由“A”旋至“C”,将已标定浓度的溶液移入光路,调节“浓度”旋钮使得数字显示为标定值。将被测溶液移入光路,即可读出相应的浓度值。

(12) 如果大幅度改变测试波长,需要等数分钟后才能正常工作(因波长由长波向短波或由短波向长波移动时,光能量急剧变化,使光电管受光后响应缓慢,需一定的移光响应平衡时间)。

(13) 改变波长时,重复使用方法“(4)”及“(7)”两项操作。

(14) 每台仪器所配套的比色皿不能与其他仪器上的比色皿单个调换。

(15) 本仪器数字显示后背部带有外接插座,可输出模拟信号。插座 1 脚为正,2 脚为负,接地线。

实验 20　红外分光光度法测定药物的化学结构

1. 目的要求

(1) 熟悉固体样品的制备。

(2) 红外光谱的测绘方法及仪器使用规程。

2. 实验原理

红外吸收光谱是由分子的振动—转动能级跃迁产生的光谱。化合物中每个官能团都有几种振动形式，在中红外区相应产生几个吸收峰，因而特征性强。除了极个别化合物外，每个化合物都有其特征红外光谱，所以，红外光谱是定性鉴别的有力手段。本实验以乙酰水杨酸(或肉桂酸)为例，学习固体样品的制备及红外光谱的测绘。

3. 仪器与试剂

(1) 仪器

FTIR-8400S 红外分光光度计(日本岛津)，红外灯，压片模具，玛瑙研钵。

(2) 试剂

肉桂酸：AR；乙酰水杨酸：药用；溴化钾：光谱纯；95%乙醇：AR。

4. 实验内容

固体样品红外光谱的测定常用压片法。即称取干燥样品 1～2 mg 与 200 mg 光谱纯 KBr(事先干燥，过 200 目筛)粉末，置玛瑙研钵中，在红外灯照射下，研磨混匀，倒入片剂模具(ϕ13 mm)中，铺匀，装好模具，连接真空系统，置油压机上，先抽气 5 min 以除去混在粉末中的湿气及空气，再边抽气边加压至 8 t，维持约 5 min。除去真空，取下模具，冲出 KBr 样片，即得一均匀透明的薄片。同时，压一片空白 KBr 片作为补偿，分别置于样品框及参比光路上，测绘光谱图。

5. 数据处理

(1) 根据红外光谱图，找出特征吸收峰的振动形式，并从相关峰推测该化合物含有什么基团。

(2) 从红外光谱图中找到主要基团的吸收频率。

6. 注意事项

(1) 样品研磨应在红外灯下进行，以防样品吸水。

(2) 溴化钾压片法制样要均匀，否则制得样片有麻点，使透光率降低。

(3) 制样过程中，加压抽气的时间不宜过长。

7. 思考题

(1) 压片法制备应注意什么问题?

(2) 比较红外分光光度计与紫外分光光度计部件上的差异。

[附]　岛津 FTIR-8400S 傅里叶红外分光光度计的使用方法

1. 开机及启动软件

(1) 打开仪器前部面板上的电源开关；

(2) 打开计算机，至 WIN 2000 界面出现；

(3) 双击桌面 IRsolution 快捷键，启动软件。

2. 选择仪器及初始化

选择菜单条上的 Measurement(测定),点击 Initialize(初始化),初始化仪器至两只绿灯亮起,即可进行测定。

3. 光谱测定

(1) 测定参数的设置

点击功能条中 Measure 键,在 Data 页中设置;

Measuring Mode,选择%Transmittance(透过率);

Apodization(变迹函数),选择 Happ-Genzel(哈-根函数);

No. of Scans(扫描次数),设置 10~40;

Resolution(分辨率),设置 $4cm^{-1}$;

Range(波数范围),设置 $4000 \sim 400cm^{-1}$。

(2) 光谱测定

① 点击此窗口的 BKG 键,进行背景扫描;

② 插入样品,点击 Sample 键,即可进行样品扫描;

③ 自动保存或换名保存为 smf 文件(* · smf)。

(3) 关机

① 选择 File 中 Exit,退出程序;

② 关闭电脑;

③ 关闭仪器。

实验 21　纸色谱法分离鉴定蛋氨酸和甘氨酸

1. 目的要求

(1) 巩固纸色谱法分离鉴定原理。

(2) 了解纸色谱法的基本操作方法。

2. 实验原理

纸色谱法是以纸为载体，固定相为结合于滤纸纤维中的 20%～25%的水，其中 6%左右的水通过氢键与纤维素上的羟基相结合，形成液-液分配色谱固定液；流动相为与水不相混溶的有机溶剂。但是在实际工作中也常用与水相混溶的有机溶剂，分离由组分在流动相和纸上水中的分配系数不同所致。即由于蛋氨酸和甘氨酸在正丁醇-冰醋酸-水(4∶1∶1)的展开剂中与水中的分配系数 K 不同。在色谱过程中的移行速度不同，从而达到分离。组分的移行行为可以用比移值 R_f 来表示，其定义为：

$$R_f=\frac{\text{起始线至斑点中心的距离}}{\text{起始线至溶剂前沿的距离}}$$

某一物质的 R_f 值，可以作为定性参数之一。

蛋氨酸与甘氨酸结构相似，但两者碳链长短不同，在滤纸上结合水形成氢键的能力不同，所以能够分离。两者与茚三酮的显色反应如下：

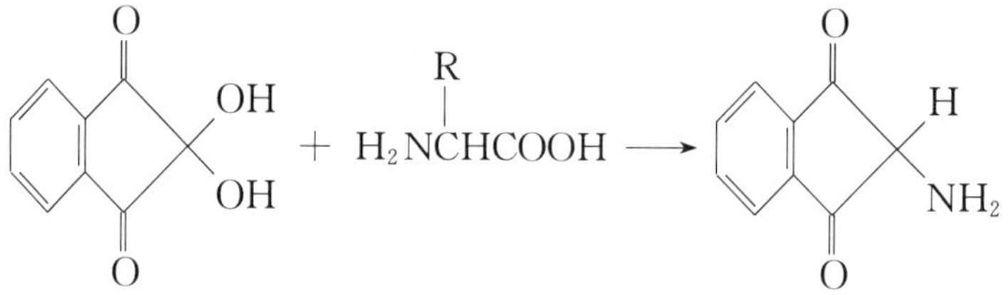

氨基茚二酮

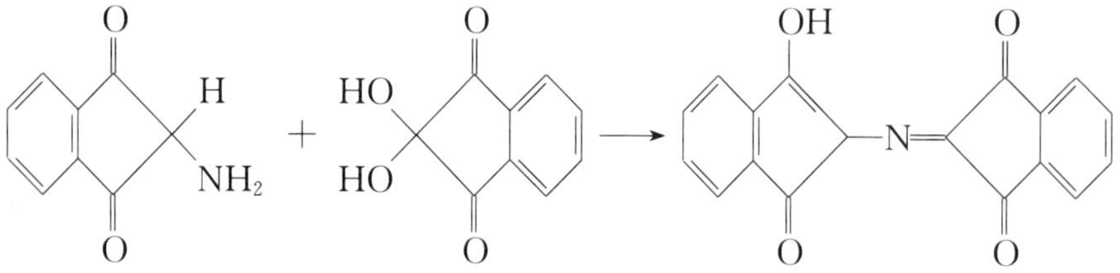

紫色物质

3. 仪器与试剂

(1) 仪器

层析缸(或标本缸)，中速色谱纸，毛细管(或微量注射器)，喷雾器，烘箱(或电炉)。

(2) 试剂

展开剂：正丁醇∶冰醋酸∶水(4∶1∶1)；显色剂：茚三酮(0.15 g 茚三酮＋30 ml 冰 HAc＋50 ml 丙酮溶解)；蛋氨酸标准溶液：0.4 mg/ml 水溶液；甘氨酸标准溶液：0.4 mg/ml 水溶液；蛋氨酸、甘氨酸样品混合液。

4. 实验内容

(1) 点样：取长 20 cm、宽 6 cm 的中速色谱纸一张，在距底边 2 cm 处用铅笔轻画起始线，在起始线上记 3 个“×”号，间距为 1.5 cm，用毛细管(或微量注射器)分别点加上述标准品及样品混合液 3～4 次，斑点直径为 2 mm，晾干（或用冷风吹干）。

（2）展开：在干燥的层析缸中加入 35 ml 展开剂，把点样后的滤纸垂直悬挂于层析缸内，盖上缸盖，饱和 10 min。然后使纸底边浸入展开剂内 0.3～0.5 cm，开始进行展开。

（3）显色：待溶剂前沿展开至合适的部位（约 15 cm），取出色谱纸，立即用铅笔画下溶液前沿的位置。晾干后，喷茚三酮显色剂，再置色谱纸于 60℃烘箱内显色 5 min，或在电炉上方小心加热，即可看出红紫色斑点。

5. 数据处理

用铅笔将各斑点的范围标出，找出各斑点的中心点，用尺量出各斑点的中心点到起始线的距离 a，再量出起始线到溶剂前沿的距离 b，则：

$$R_f=\frac{a}{b}$$

分别求出混合物及标准品斑点 R_f 值，对混合样品组分进行定性。

6. 注意事项

（1）点样时，每点 1 次一定要吹干后再点第 2 次。点样次数视样品溶液浓度而定。

（2）氨基酸的显色剂茚三酮对体液如汗液等均能显色，为了保持色谱纸的清洁，不要随手拿色谱纸，只能拿在纸边处。

（3）茚三酮显色剂应临用前配制，或配后冷藏备用 1～2 d。

7. 思考题

（1）影响 R_f 值的因素有哪些？

（2）在色谱实验中为何常采用标准品对照？

（3）若有下列 3 种酸在正丁醇∶甲酸∶水（10∶4∶1）的溶剂系统中展开，推断三者的 R_f 值从小到大的顺序。

COOH
|
COOH

乙二酸

COOH
|
CH_2
|
COOH

丙二酸

COOH
|
CH_2
|
CH_2
|
COOH

丁二酸

实验22　薄层色谱法分离复方新诺明中TMP及SMZ

1. 目的要求

(1) 学习薄层板的铺制方法。

(2) 了解复方制剂的薄层色谱分离方法。

(3) 掌握 R_f 值及分离度的计算方法。

2. 实验原理

硅胶 GF_{254} 荧光薄层板，其作用机制属吸附色谱。即利用硅胶对 TMP 及 SMZ 具有不同的吸附能力，流动相(展开剂)对两者具有不同的溶解能力而达到分离。

利用薄层色谱对物质进行定性和定量，一般可以采用标准品对照，用显色剂对斑点进行鉴定。显色的方法与纸色谱法类似，可以进行喷雾、浸渍或碘蒸气熏等多种方法；也可以用荧光板，对有紫外吸收的物质在荧光板上产生暗斑进行定性，并计算在本色谱条件下两者的分离度 R_s。

$$R_s=\frac{\text{相邻色斑的移行距离之差}}{\frac{W_1+W_2}{2}}$$

式中：W_1、W_2 分别为两色斑的纵向直径(cm)。

3. 仪器与试剂

(1) 仪器

色谱缸(适合薄层板大小的玻璃缸，并带有磨砂玻璃盖)，玻璃板(10 cm×7 cm)，紫外分析仪(253.7 nm)，微量注射器(或毛细管)，乳钵，牛角匙。

(2) 试剂

磺胺甲氧吡啶(SMZ)对照品：4 mg/mL；复方新诺明样品溶液；甲氧苄胺嘧啶(TMP)对照品：2 mg/mL；展开剂：氯仿∶甲醇(6∶1)；硅胶 GF_{254}，羧甲基纤维素钠溶液：0.75%(g/ml)。

4. 实验内容

(1) 粘合薄层板的铺制

称取羧甲基纤维素钠 0.75 g，置于 100 ml 水中，加热使溶解，混匀，放置数天，待澄清备用。

取上述 CMC - Na 上层清液 30 mL，置乳钵中，取 10 g 硅胶 GF_{254}，分次加入乳钵中，充分研磨均匀后，分别加到 5 块备用玻璃板上，轻轻振动玻璃板，使调好的悬浊液充分涂布整块玻璃板上而获得均匀的薄层板，晾干。再在烘箱中 110℃活化 1 h，贮于干燥器中备用。

(2) 点样展开

在距薄层板底边 1.5 cm 处，用铅笔轻轻画一起始线。用微量注射器分别点 SMZ、TMP 对照液及样品液各 5 μl，斑点直径不超过 2～3 mm。待溶剂挥发后，将薄层板置于盛有 30 ml 展开剂的色谱缸中饱和 15 min，再将点有样品的一端浸入展开剂 0.3～0.5 cm ，展开。待展开剂移行约 10 cm 处，取出薄板，立即用铅笔画出溶剂前沿，待展开剂挥散后，在紫外分析仪(253.7 nm)中观察，标出各斑点的位置、外形，以备计算 R_f 值。

5. 数据处理

找出各斑点中心点，用尺量出各斑点移行距离及溶剂移行距离，分别计算 R_f 值。对样品中两组分进行定性，并求出样品中两组分的分离度 R_s。

6. 注意事项

(1) 点样方法同纸色谱法。

(2) 展开剂量不宜过多，只需浸入薄层板 0.3～0.5 cm 即可。

(3) 色谱缸必须密闭，否则影响分离效果。

(4) 展开时，切勿将样品斑点浸入展开剂中。

7. 思考题

(1) 物质发生荧光的条件是什么？

(2) 薄层板的主要显色方法有哪些？

(3) R_f 值与 R_s（相对比移值）有何不同？

实验23　酊剂中乙醇含量的气相色谱测定（已知浓度样品对照法）

1. 目的要求

（1）了解气相色谱仪的操作。

（2）掌握用已知浓度样品对照法测定酊剂中乙醇含量的方法。

2. 实验原理

许多有机化合物的校正因子未知，此时可采用已知浓度对照法，先配制已知浓度的标准样品，加入一定量内标物，再将未知浓度的检品按相同比例加入内标物。分别进样，由下式可求出样品的含量。

$$(c_i\%)_{样品}=\frac{\left(\frac{A_i}{A_s}\right)_{样品}}{\left(\frac{A_i}{A_s}\right)_{标准}}\cdot(c_i\%)_{标准}$$

式中：$c_i\%$为待测组分的含量；A_i、A_s分别为被测定组分和内标物的峰面积。

3. 仪器与试剂

（1）仪器

岛津GC-14B型气相色谱仪，色谱工作站，微量注射器（1 μl），移液管（5 ml，10 ml），容量瓶（100 ml）。

（2）试剂

无水乙醇：AR；无水丙醇：对照品（内标物）；酊剂待检试样。

4. 实验内容

1）实验条件

色谱柱：10%PEG-20M，上试102白色担体，2m×3mm　ID；柱温：90℃；气化室温度：180℃；检测器：FID　200℃；载气（N_2）：9.8×10^4 Pa（M表头）；H_2：5.88×10^4 Pa；空气：4.90×10^4 Pa。

2）溶液配制

（1）标准溶液配制：准确吸取无水乙醇5.00 ml及正丙醇内标物5.00 ml，置于100 ml容量瓶中，用水稀释至刻度，摇匀。

（2）样品溶液配制：准确吸取样品10.00 ml及正丙醇内标物5.00 ml，置于100 ml容量瓶中，加水稀释至刻度，摇匀。

3）进样

在选定的仪器操作下，将标准溶液和样品溶液分别进样0.5 μl。

5. 数据处理

$$A=1.065\times h\times W_{1/2}$$

$$(c_i\%)_{样品}=\frac{\left(\frac{A_i}{A_s}\right)_{样品}\times10}{\left(\frac{A_i}{A_s}\right)_{标准}}\times5.00$$

式中：A_i、A_s分别为被测组分和内标物的峰面积；5.00为$(c_i\%)_{标准}$的值；10为稀释倍数。

6. 注意事项

(1) 使用 1 μl 微量注射器,注意不要把针芯拉出针筒外。

(2) 吸取样品(大黄酊)的注射器,用后需用乙醇溶剂反复洗十余次,以免堵塞针孔。

7. 思考题

(1) 热导和氢火焰离子化检测器各属何种类型检测器?它们各有什么特点?

(2) 使用氢火焰离子化检测器时,一般氢气、氮气及空气三者流量之比为多少?

(3) 气-固和气-液色谱法在分离的原理上有何不同?

(4) 在什么情况下可采用已知浓度样品对照法?

[附] 岛津 GC-14B 气相色谱仪的使用方法

(1) 打开载气主阀,调节载气出口压力(kPa)。

(2) 调节仪器载气控制阀至载气所需的压力。

(3) 打开主机电源,按下[STAR]键。

(4) 设定柱温(Column temperature),[INIT] [DATA] [ENT]

(5) 设定进样器温度(Injection temperature),[INJ] [DATA] [ENT]

(6) 设定检测器温度(Detector temperature),[DET·T] [DATA] [ENT]

(7) 按下[HEATER]键,启动主机加热系统。

(8) 打开氢气和空气主阀,调节其出口压力(kPa)。

(9) 调节仪器氢气和空气控制阀至所需的压力。

(10) 点火,按下点火器和空气控制阀钮(IGNIT),点火,当听到爆鸣声时,说明点火成功,或通过观察玻璃片上的水蒸气检查点火是否成功。

(11) 打开计算机,点击色谱工作站(N2000),打开色谱工作站系统的 online 界面,编辑和设置色谱工作站系统的参数(文件名、记录时间、图谱显示方式等)。

(12) 当色谱仪控制面板上[READY]出现时,表明柱温、进样器温度和检测器温度达到设定的温度,再次仔细调节载气的流量和压力。按[MONI] [COL];[MONI] [IJN];[MONI] [DET·T]检查设定柱温、进样器(气化室)温度和检测器温度。

(13) 按色谱仪控制面板的输出键[RANGE] [DATA(0、1、2、3)],确定色谱仪输出信号大小。调节输出信号钮至显示灯亮。

(14) 按下色谱工作站 online 界面上的[查看基线]按钮,调节色谱工作站的[零点] [校正]按钮,调节输入信号为零。

(15) 当基线平稳后,取样品溶液,注入色谱仪的气化室内,按下[采集数据]按钮,记录色谱图。

(16) 当完成采集数据时,色谱工作站自动停止采集数据或按下[采集数据]按钮终止采集数据。

(17) 进入 offline 界面,调入所需分析的色谱图,分析、记录或打印色谱数据。

(18) 当完成测定时,关闭氢气和空气的总阀和控制阀,弹出[HEATER]键,待柱温、进样器(气化室)温度和检测器温度近室温时,关闭主机电源,最后关闭载气。

实验 24　高效液相色谱柱的性能检查

1. 目的要求

(1) 了解高效液相色谱仪流程及其操作。

(2) 了解柱效检查及分离度的测定。

2. 实验原理

苯、甲苯分子非极性部分的总表面积不同，缔合能力也不同，其保留时间也不同，根据色谱图上的数据，求柱效和分离度。

3. 仪器与试剂

(1) 仪器

岛津 LC－10A 型高效液相色谱仪，紫外检测器，色谱工作站，C_{18} 反相键合色谱柱(150 mm×4.6 mm)，微量注射器(50 μl)，容量瓶(50 ml)，过滤和脱气装置。

(2) 试剂

苯，甲苯，甲醇(以上均为分析纯或色谱纯)；纯净水。

4. 实验内容

(1) 色谱条件

色谱柱：ODS 柱(150 mm×4.6 mm，5 μm)；流动相：甲醇：水(80：20)；流速：1 ml/min；检测器：UV－254 nm；样品溶液：苯、甲苯的甲醇溶液；进样量：10 μl。

(2) 按上述色谱条件操作、进样、记录色谱图以及各组分的保留时间。

5. 数据处理

(1) 柱效

$$n = 5.54\left(\frac{t_R}{W_{1/2}}\right)^2 \times \frac{100}{15}(\text{塔板数}/\text{m})$$

(2) 分离度

$$R = \frac{2(t_{R2} - t_{R1})}{W_1 + W_2}$$

6. 注意事项

(1) 严格防止气泡进入系统，吸液软管必须充满流动相，吸液管的烧结不锈钢过滤器必须始终浸在溶剂内，如更换溶剂瓶，必须先停泵，再将过滤器移到新的溶剂瓶内，然后才能开泵使用。

(2) 流动相必须进行脱气处理。

(3) 开机后输液管要排气泡，使基线平稳，否则影响测定。

(4) 取样时，先用样品溶液清洗微量注射器几次，然后吸取过量样品，将微量注射器针尖朝上，赶去可能存在的气泡并将所取样品调至所需数值。用毕，微量注射器用甲醇或丙酮洗涤数次。

(5) 做完实验后，反相色谱柱需用甲醇冲洗 20～30 min。若流动相中含盐或缓冲溶液，先用水冲洗，再用甲醇冲洗，以保护色谱柱。

(6) 计算塔板数和分离度时，应注意 t_R 和 $W_{1/2}$ 的单位一致。

7. 思考题

(1) 如何用实验方法判别色谱图上苯、甲苯各色谱峰?

(2) 若欲减小苯、甲苯各色谱峰保留时间,可改变哪些操作条件? 如何改变?

[附] LC-10A 液相色谱仪的使用方法

(1) 开机前准备工作:在储液瓶里装入经过纯化、过滤、脱气的流动相。检查砂芯滤器是否插入流动相中。废液瓶是否已倒空,所有排液管道是否已妥善插在废液瓶中。

(2) 开启电源,打开 LC-10A 输液泵、SPD-10A 分光光度计检测器和色谱数据处理机电源开关。

(3) 输液泵基本参数设置:打开输液泵电源开关后,即对各部分系统进行自检,自检后,按下[FUNC]键,设置流速、最高压力和最小压力等参数,按下[CE]键,回到起始状态。

(4) 排除管道气泡或冲洗管道:将排液阀旋转 180°至"open"位置,按[PURGE]键,将快速排除带有气泡的流动相,当输液管中无气泡时,按下[PURGE]键,使输液泵停止工作,再将排液阀旋转至"close"位置。按下[PUMP]键,输液泵开始运行。

(5) 分光光度计检测器:开启检测器电源后,设置测定波长、信号输出范围等参数。按[ZERO]键,调节检测器输出信号为零。

(6) 色谱数据处理机(N2000 色谱工作站):打开计算机后,点击色谱工作站的"ONLine"界面,编辑和设置参数(文件名、记录时间、图谱显示方式等)。打开"ONLine"界面中的"数据处理",按下[查看基线][零点校正]键,数据处理机开始走基线。

(7) 进样:当基线平稳后,将六通进样阀旋转至"LOAD"位置,用平头注射器进样后,转回至"INJECT",并同时按下[采集数据]键,开始记录色谱图。待色谱峰流出后,按下[停止采集]键(或设置成自动停止采集)。

(8) 数据处理:进入"OFFLine"界面,调入所需分析的色谱图,此时可对数据进行处理并打印结果。

(9) 冲洗色谱柱:实验结束后,关闭检测器电源。按下输液泵的[PUMP]键,输液泵停止运行。更换甲醇,按上述步骤(4)操作,冲洗输液泵和色谱柱若干时间。流动相中若有无机盐,应先用水冲洗若干时间,再用甲醇冲洗。

(10) 关闭输液泵电源。

［附］ 实验基本知识

1. 实验规则

(1) 实验前应认真预习，明确实验的目的和要求，了解实验基本原理、方法和步骤。

(2) 实验过程严肃认真，正确操作，随时记录实验现象和数据。

(3) 严格遵守实验室制度，爱护仪器，节约药品，保持实验室和桌面整洁，不用的仪器不应放在桌面上。

(4) 从瓶中取出的药品，不得再倒回原来的瓶中，以免带入杂质污染药品；公用仪器和药品应放在原处使用，不得随意挪动。

(5) 固体物品、玻璃碎片、滤纸等杂物应倒入废纸箱，不得倾进水槽。

(6) 实验室的精密仪器不得擅自乱动，必须在搞清仪器原理和操作步骤后才能进行操作。遇到问题须尽快报告实验指导教师。

(7) 损坏仪器实行部分赔偿制度，补领或借用仪器须经教师批准，按规定办理手续后到准备室领取。

(8) 实验完毕后应及时洗净仪器、清理实验台及公用仪器药品。实验室卫生由值日生负责打扫。

(9) 每个实验完成后，都应按要求完成实验报告并交给实验指导老师。

(10) 实验结束时必须关闭所有水、电。值日生打扫卫生后，需检查安全后方能离开实验室。

2. 实验室安全常识

(1) 实验者应熟悉实验室及周围环境，了解水电开关、消防器材的位置。

(2) 实验室内禁止饮食、吸烟，切勿用实验器具作餐具。实验结束后要洗手。

(3) 谨慎处理易燃和剧毒物质。使用易燃品的实验应在远离明火的地方进行。产生有毒或刺激性气体的实验应在通风条件好的实验室或室外进行。

(4) 使用浓酸、浓碱及其他具有强烈腐蚀性的试剂时，操作要小心，防止溅伤和腐蚀皮肤、衣服等。若溅到身上应立即用水冲洗，溅到实验台上或地面上要用水稀释后擦掉。稀释浓硫酸时切记把酸缓缓注入水中，而不可反过来操作。

(5) 初次使用各种仪器设备时，必须在实验指导老师带领下进行操作；使用各种电器时，必须注意电压、电流和功率的匹配。

(6) 实验过程中万一着火，不要惊慌，应尽快切断电源或燃气源，用石棉布或湿抹布熄灭(盖住)火焰。密度小于水的非水溶性有机溶剂着火时，不可用水浇，以防火势蔓延。电器着火时，不可用水冲，以防触电，应使用干冰或干粉灭火器进行灭火。着火范围较大时，应立即用灭火器灭火，并根据火情决定是否要报告消防部门。

3. 玻璃仪器的洗涤和干燥

1) 常用的洗涤方法

一般来说，附着在器皿上的污物大都是可溶性物质，少数是尘土或其他不溶性物质，或有机物质如油污等。

对于可溶性污物可直接用水“少量多次”地振荡冲洗；对内壁附有不易冲洗但用毛刷可以触及的污物，可选用形状、大小适当的毛刷，沾少量洗衣粉刷洗。选择适当的洗涤剂能有效地提高洗涤效率。用洗涤剂洗涤有浸泡、加热等多种方式，应根据不同情况予以选择。

洗涤的一般顺序是，先用自来水淌洗，再用毛刷或适当洗涤剂洗涤，而后用自来水分次充分冲洗，最后用少量蒸馏水或去离子水冲洗 2～3 次。

2）常用的洗涤剂

（1）洗衣粉或合成洗涤剂

用洗衣粉或合成洗涤剂刷洗能洗去仪器上的油污或某些有机物，安全、价廉，是最常用的洗涤方法。洗衣粉属阴离子表面活性剂，其中主要成分是十二烷基苯磺酸钠，常配制成 0.1～0.5%溶液，可反复多次使用，浓度变小时再添加适量固体粉末。

经过用洗衣粉或合成洗涤剂洗涤的仪器必须用自来水充分冲洗，以除去多余的洗涤剂。

（2）铬酸洗液

称取 10 g 工业纯 $K_2Cr_2O_7$ 置于 500 ml 烧杯中，加少量水溶解后，缓缓加入 200 ml 工业用 H_2SO_4，边加边搅，配制好的溶液应呈深红色。待溶液冷却后，转入玻璃瓶中密塞备用。因本液腐蚀性很强并有毒性，使用时应注意安全，避免溅到衣物或皮肤上。铬酸洗液能反复多次使用，直至溶液变为深绿，即 $Cr_2O_7^{2-}$ 变为 Cr^{3+}，逐渐稀释失效为止。铬酸洗液用于洗涤一般被沾污的玻璃器皿，洗涤效果好，是一种比较常用的洗涤剂。

应注意的是，强酸或强碱性洗涤剂对毛刷有腐蚀性，使用这些洗涤剂切勿用毛刷刷洗，而宜采用浸泡或用热洗涤剂荡洗的方法。

4. 化学试剂的一般知识

化学试剂的规格是以其中所含杂质的多少来划分的，一般分为 4 个等级，其规格见下表。

化学试剂规格

试剂规格	名　称	英文名称	符　号	标签颜色
一级	优级纯 （保证试剂）	Guarantee Reagent	GR	绿色
二级	分析纯 （分析试剂）	Analytical Reagent	AR	红色
三级	化学纯	Chemical Reagent	CP	蓝色
四级	实验试剂 或生物试剂	Laboratorial Reagent Biological Reagent	LR 或 BR	棕色或黄色

在一般分析工作中，通常使用 AR 级的试剂。

5. 实验数据的记录、处理和实验报告

（1）实验数据的记录

学生应备有专用的记录本（编好页数，不要随便撕去任何一页），不允许将数据记在小纸片上或随便记在任意地方。

实验过程中所得的各种测量数据及现象应及时记录下来。应有严谨的科学态度和实事求是的精神，绝不能拼凑数据。若发现数据读错、算错而需要改动时，可将该数据用一横线划去，并在其上方写上正确的数据（不要涂改）。

记录实验数据时，保留几位有效数字应和所用仪器的准确程度相适应。如用分析天平称量时，应记录至 0.000 1 g，滴定管和移液管的读数应记录至 0.01 ml。

(2) 分析数据的处理

分析化学实验中，测得一组数据 $x_1, x_2, x_3, \cdots, x_n$ 后，对其中的可疑数据是保留还是舍弃，可用 Q 检验法或 Grubbs 法进行检验，决定其取舍，然后算出算术平均值 $\bar{x}$。同时，还应把分析结果的精密度表示出来。分析结果的精密度可用相对平均偏差、标准偏差(S)及相对标准偏差(RSD)表示，这些是分析实验中最常用的几种处理数据的表示方法。

(3) 实验报告

分析化学实验报告一般包括下列内容：

实验编号：________；实验名称：________________；实验日期：________。

① 原理

简要地用文字和反应式表示。

② 实验内容

应简明扼要，一般可用流线图表示。

③ 实验数据及处理

可用表格、图形将数据表示出来。并根据数据按一定公式计算出分析结果和分析结果的精密度。

④ 问题及讨论

对实验中观察到的现象及实验结果进行分析和讨论。若实验失败，应寻找失败原因，总结经验教训，以提高自己分析问题和解决问题的能力。

(严拯宇)

《分析化学》函授教学大纲

（药学类各专业大专函授适用）

（2014 年 7 月修订）

一、说明

1. 分析化学的目的和任务

分析化学是研究物质的化学组成的分析方法及其相关理论的学科，是药学院、生物制药学院和中药学院各专业的主干基础课程之一。通过本课程的学习，要求学生掌握化学分析和仪器分析的基本知识、基本理论和基本操作技术，并培养学生具有一定分析问题和解决问题的能力，为进一步学习药学各专业课程和从事药学事业打下良好的理论基础和实验技术基础。

2. 理论课的基本内容和要求

本课程的内容包括定量化学分析和仪器分析。定量化学分析包括数据处理和误差分析、各种滴定分析法和重量分析法，讲授学时为 30 学时，实验学时为 12 学时；仪器分析包括电化学分析、光谱分析和色谱分析，讲授学时为 32 学时，实验学时为 12 学时。

3. 教学原则

分析化学是一门实践性很强的学科，教学中应贯彻理论和实践结合的原则，除基本理论外，还应培养学生具有一定的基本技能，在整个教学过程中注意培养学生的科学思维和独立分析问题与解决问题的能力。

4. 教材及主要参考书

（1）教材：

理论课：《分析化学》（第 2 版），严拯宇主编，东南大学出版社，2015

（2）主要参考书：

孙毓庆主编. 分析化学. 北京：科学出版社，2011

胡育筑主编. 分析化学简明教程. 北京：科学出版社，2011

严拯宇主编. 仪器分析. 南京：东南大学出版社，2005

严拯宇主编. 分析化学实验. 北京：科学出版社，2014

武汉大学. 分析化学. 北京：高等教育出版社，2007

Kellner R，Mermet J M，Ottoman，et al. Analytical Chemistry. Weinheim：Wiley VCH 1998

二、教学内容和要求

第一章　绪论

【基本内容】

分析化学的任务与作用；分析化学的分类（定性分析、定量分析和结构分析；常量分析、半微量分析、微量分析和超微量分析）；分析化学的发展与趋势（分析化学的发展简史、当代分析化学发展的热点和发展趋势）；常用分析化学文献。

【基本要求】

重点要求:熟悉分析化学的性质、任务、发展趋势及在药学中的作用。

第二章　误差和分析数据处理

【基本内容】

误差的基本概念(绝对误差和相对误差、系统误差和偶然误差、准确度和精密度);产生误差的原因及减免方法;误差的传递和提高分析准确度的方法;基本统计概念(平均值与分散度、偶然误差的正态分布与概率、有限次测量的 t 分布),平均值的精密度与置信区间,显著性检验(t 检验,F 检验),可疑数据的舍弃;有效数字及运算规则; 相关与回归。

【基本要求】

1. 了解系统误差和偶然误差的性质和特点。

2. 掌握误差产生的原因及其减免方法、准确度和精密度的表示方法、测量误差对计算结果的影响。

3. 掌握有效数字意义、数字修约及运算规则。

4. 熟悉常用显著性检验方法、可疑数据的舍弃方法。

5. 了解显著性检验的意义和方法步骤。

6. 了解处理变量之间的统计关系——相关回归。

第三章　滴定分析法概述

【基本内容】

滴定分析法的基本概念、特点、分类; 对滴定反应的一般要求; 标准溶液浓度的表示方法(物质的量浓度和滴定度);标准溶液的配制和标定;对基准物质的要求;滴定分析的计算。

【基本要求】

1. 了解滴定分析的特点及其分类方法。

2. 掌握滴定分析特点及对反应的要求、标准溶液浓度的表示方法和有关计算。

3. 掌握反应式中物质的量之间的关系,准确进行各种滴定分析计算。

第四章 酸碱滴定法

【基本内容】

质子论的酸碱概念; 溶剂合质子; 溶剂质子自递反应常数; 酸碱强度;酸碱分布系数; 各种酸碱溶液中 pH 的计算;酸碱指示剂的变色原理和变色范围; 影响指示剂变色范围的因素; 常用酸碱指示剂;酸碱滴定曲线的计算; 影响滴定突跃的因素; 酸碱滴定条件的判断; 强酸强碱的滴定; 强碱滴定弱酸及强酸滴定弱碱; 多元酸(碱)的滴定; 滴定终点误差; 标准溶液和基准物质; 直接滴定法;间接滴定法。溶剂的性质(离解性、酸碱性、极性、均化与区分效应); 溶剂的分类与选择(质子性溶剂、非质子性溶剂、混合溶剂); 非水介质中的酸碱平衡(酸碱的电离与离解、在冰醋酸中的酸碱平衡);非水酸碱滴定原理和方法(溶剂、标准溶液、基准物质、指示剂)。

【基本要求】

1. 掌握质子酸碱的概念。

2. 了解酸常数、碱常数的概念以及共轭酸碱对中酸常数与碱常数的关系。

3. 掌握各种类型酸碱滴定条件的判断、指示剂的变色原理和选择原则。

4. 理解各滴定曲线，熟悉常用酸碱滴定方法。

5. 了解溶剂的分类和各类溶剂的特点和非水滴定的基本原理。

6. 掌握溶剂的性质和选择原则。

7. 掌握冰醋酸为溶剂、高氯酸冰醋酸溶液为标准溶液滴定弱碱的方法。

第五章　络合滴定法

【基本内容】

配位平衡基本原理及计算（络合物的稳定常数和各级络合物浓度的计算，副反应系数的意义及计算）；条件稳定常数的意义及计算；滴定曲线的计算及影响滴定突跃的因素；金属指示剂的原理及常用的金属指示剂；滴定条件的选择；标准溶液；滴定方式（直接法、返滴定法、置换滴定法及间接滴定法）；Ca^{2+}、Mg^{2+}、Al^{3+}、Zn^{2+}等离子的络合滴定法。

【基本要求】

1. 了解EDTA滴定的基本原理。

2. 掌握副反应系数与条件稳定常数的关系，掌握条件稳定常数的含义和计算方法。

3. 理解金属指示剂指示终点的原理，了解常用金属指示剂及其使用条件。

4. 了解金属指示剂的封闭现象和消除方法。

5. 掌握金属离子直接滴定的酸度控制条件。

6. 熟悉络合平衡的有关计算。

7. 了解EDTA的性质及其与金属离子的络合能力和特点。

第六章　氧化还原滴定法

【基本内容】

氧化还原反应的特点；氧化还原滴定法的特点；条件电位的基本概念和影响条件电位的因素及计算；氧化还原反应的进行程度及氧化还原反应的速度；滴定曲线的计算；氧化还原指示剂的原理及常用的三种氧化还原指示剂；常用氧化还原滴定方法（直接法、置换法、回滴定法及空白滴定）的原理及计算方法；碘量法、高锰酸钾法、溴量法和溴酸钾法、亚硝酸钠法的原理、特点、标准溶液、滴定条件及确定滴定终点的方法；其他氧化还原滴定方法的原理和特点。

【基本要求】

1. 了解氧化还原反应的实质，理解标准电极电位、条件电位和能斯特方程的意义，会计算电对的电极电位，并能判断氧化还原反应的方向。

2. 了解氧化还原滴定法的基本原理、氧化还原反应进行程度的计算、条件电位的概念和影响条件电位因素的有关计算方法。

3. 熟悉各种氧化还原滴定法的原理、标准溶液和指示剂的选择、滴定条件和应用范围。

4. 重点要求掌握高锰酸钾法和碘量法。

5. 熟练掌握氧化还原滴定结果的计算。

第七章　沉淀滴定法和重量分析法

【基本内容】

沉淀滴定法的条件；银量法的基本原理；指示终点方法（铬酸钾指示剂法、铁铵钒指示剂法、吸附指示剂法）的原理、滴定条件和应用。挥发法的基本原理；直接挥发法和间接挥发法；恒重及干燥失重的测定；萃取法的基本原理；分配定律与分配比；萃取效率及影响因素；沉淀反应的条件；沉淀的形成、分类与形态及条件；沉淀的完全程度与影响因素；沉淀的纯净和共沉淀现象；沉淀形式和称量形式；换算因数及结果计算。

【基本要求】

1. 掌握银量法的三种指示剂指示终点的原理和滴定条件。
2. 了解银量法的应用范围。
3. 了解挥发法的基本原理和应用。
4. 了解萃取法原理及分配系数、分配比等有关概念。
5. 掌握沉淀重量分析对沉淀的要求、影响沉淀完全和纯净的因素、换算因数及结果计算。

第八章　电位法及永停滴定法

【基本内容】

电化学分析方法的原理及分类；电位法基本概念（化学电池、指示电极、参比电极、盐桥等）；常用的指示电极和参比电极；电极电位的计算和测量；玻璃电极的构造、膜电位的原理和性能；pH 计的测量原理和方法；电位滴定法原理、确定终点的方法及应用；永停滴定法的原理和方法；滴定曲线的类型；应用示例。

【基本要求】

1. 熟悉电化学分析的基本原理。
2. 了解离子选择性电极的原理、应用。
3. 理解原电池、电解池、电动势、指示电极、参比电极等基本概念。
4. 重点掌握直接电位法和电位滴定法的原理及电位滴定法确定终点的方法。
5. 掌握永停滴定法的原理和方法。

第九章　紫外-可见分光光度法

【基本内容】

紫外-可见分光光度法的基本原理（朗伯-比耳定律，吸光系数和吸收光谱，偏离比耳定律的化学因素和光学因素）；紫外-可见分光光度计的主要部件、光学性能与类型；定性与定量方法（定性鉴别与纯度检测、单组分定量方法和多组分定量方法）；紫外吸收光谱的基本概念（电子跃迁类型、发色团、助色团、长移、短移、吸收带、溶剂效应）；有机化合物的紫外吸收光谱和结构的关系。

【基本要求】

1. 掌握紫外-可见分光光度法的基本原理。
2. 了解紫外光谱与有机分子结构的关系。
3. 理解朗伯-比耳定律的物理意义，掌握其使用条件。
4. 掌握摩尔吸光系数、百分吸光系数的意义及其关系，紫外-可见分光光度法用于定性定量的方法。

5. 了解紫外-可见分光光度计的构造和基本部件。

第十章　红外分光光度法

【基本内容】

红外分光光度法的基本原理(红外吸收光谱产生的条件、振动能级与振动光谱、振动自由度与振动形式、基频峰与泛频峰、特征峰与相关峰、吸收峰的位置和强度);红外分光光度计的部件及特点;有机化合物红外光谱的解析方法。

【基本要求】

1. 了解红外分光光度法的基本原理。
2. 掌握红外吸收光谱产生的条件及其与分子振动能级的关系。
3. 掌握常见有机化合物的典型光谱解析方法及应用。
4. 了解红外分光光度计的主要部件,并与可见-紫外分光光度计进行比较。
5. 会解析简单化合物的红外光谱。

第十一章　经典液相色谱法

【基本内容】

色谱分析概论(定义、特点、分类);色谱法的基本原理(色谱过程、各类色谱法的分离机制、分配系数与保留行为的关系);色谱法的发展概况。

柱色谱法的基本原理与应用(液-固吸附柱色谱法、离子交换柱色谱法);薄层色谱法的基本原理、实验技术与定性定量应用纸色谱法的基本原理和实验方法。

【基本要求】

1. 掌握色谱法的基本原理及分类。
2. 掌握柱色谱、薄层色谱、纸色谱的基本原理、实验条件及定性定量方法。
3. 了解各类色谱固定相和流动相的选择原则。
4. 理解比移值和分离度的概念。
5. 掌握色谱的显色方法。

第十二章　气相色谱法

【基本内容】

气相色谱法的基本理论(基本概念、塔板理论、Van Deemter 方程、常用参数的计算);色谱柱(固定液、载体、气液色谱填充柱、气固色谱填充柱)的性能;检测器(热导、氢焰)的原理和性能;分离条件选择;定性定量分析方法及其应用;气相色谱仪的原理、结构、特点和应用。

【基本要求】

1. 熟悉气相色谱法的基本原理、特点和分类。
2. 掌握保留时间、保留体积、分配系数、分配系数比、死时间、死体积、容量因子、分离度、理论塔板数等色谱概念。
3. 了解气相色谱固定液的分类及其选择原则。
4. 掌握气相色谱检测器的类型和检测原理。
5. 理解范氏方程各项的意义。

6. 了解气相色谱仪的结构及应用。掌握色谱分离条件选择与样品定性定量方法。

第十三章　高效液相色谱法

【基本内容】

高效液相色谱法的基本原理；Van Deemter 方程式在液相色谱中的表现形式；各类高效液相色谱法的分离机制；正相色谱和反相色谱的区别与应用；固定相(液-固色谱固定相、液-液色谱固定相)；流动相；高效液相色谱分析仪的原理、结构、特点及应用；定性、定量分析方法及其应用。

【基本要求】

1. 掌握高效液相色谱法的基本原理、特点及分类。
2. 熟悉固定相、流动相及其他分析条件的选择。
3. 熟悉高效液相色谱仪的结构及样品定性定量方法。

第十四章　其他仪器分析法简介

【基本内容】

原子吸收光谱法、荧光分析法、核磁共振波谱法、质谱分析法的基本原理和方法。

【基本要求】

本章为选读,供学生自学,扩大知识面,本章内容不作要求。

三、实验课的基本内容和要求(各函授站视仪器条件选做)

1. 称量与滴定分析基本操作

称量基本操作(直接法、加重法和减重法),酸式滴定管、碱式滴定管、微量滴定管、容量瓶和移液管的正确使用方法,滴定管的校正及移液管与容量瓶的相对校正。

电视录像:“分析天平”和“容量分析仪器”。

重点要求:了解分析天平的结构,掌握分析天平的使用方法和容量分析仪器的基本操作。

2. 酸碱滴定法

氢氧化钠标准溶液和盐酸标准溶液的配制与标定方法;直接滴定法测定阿司匹林;剩余滴定法测定氧化锌的实验方法;双指示剂法测定 NaOH、$NaHCO_3$、Na_2CO_3混合碱液。

重点要求：掌握酸式滴定管和碱式滴定管的使用方法。掌握常用酸碱滴定实验的原理和方法。

3. 非水滴定法

$HClO_4$的配制与标定方法；水杨酸钠的含量测定。

重点要求：掌握非水滴定法测定的实验技术。掌握微量滴定管的使用方法。

4. 配位滴定法

EDTA 标准溶液的配制和标定方法；水的硬度测定。

重点要求:掌握络合滴定法的实验技术。

5. 氧化还原滴定法

I_2标准溶液的配制和标定方法；碘量法测定；$KMnO_4$标准溶液的配制和标定；药用$FeSO_4$的含量测定。

重点要求：掌握氧化还原滴定法的实验技术。

6. 电化学分析实验

pH 计测定溶液的酸度；H_3PO_4的电位滴定；永停滴定法测定磺胺类药物。

重点要求：掌握 pH 计的使用方法及电位滴定的实验技术。熟悉永停滴定仪的原理和使用方法。

7. 光谱分析法

邻二氮菲吸收光度法测定水的含铁量；扑尔敏吸收系数的测定；红外分光光度法示教实验（仪器使用方法、固体样品的制备）；Sadtler 光谱的查阅及简单有机化合物的光谱解析；荧光分光光度计演示实验。

重点要求：掌握 721 型分光光度计和 752 型紫外-可见分光光度计的使用方法、药物含量测定和原料药品的吸收系数测定。了解红外分光光度计的使用。熟悉 Sadtler 光谱的查阅。

8. 色谱分析法

薄层色谱法分离混合样品；离子交换一酸碱法测定枸橼酸钠的含量；气相色谱仪的性能检查；气相色谱法测定酊剂含醇量；残留溶剂的检查；高效液相色谱仪的性能检查及样品测试。

重点要求：掌握色谱基本参数的测定和计算方法；掌握色谱仪器性能检查方法和常用定性定量方法。学会使用常用的色谱仪器。

中 国 药 科 大 学

药学函授(专科)分析化学(一)　课程教学日历

日期	自学内容及要求	习题及交作业日期
2月1日	第一章　明确分析化学任务和作用、分析方法、分类。	
	第二章　熟悉误差及其产生原因、误差表示方法、误差的减免;有限数据的统计处理、分析结果的数据处理。	P20　计算题:1、2、3、4
	第三章　掌握滴定分析特点、摩尔比关系、基准物质选择和计算、标准溶液的配制与标定。	P29　计算题:1、2、3、6
4月5日	第四章　掌握酸碱概念、滴定曲线、指示剂的选择原则,多元酸碱滴定条件判断、酸碱滴定应用;酸碱在非水溶剂中的平衡、酸碱的相对性、溶剂的性质及溶剂的选择原则。	P58　计算题:3、5、6、8、9、10、13
	第五章　掌握EDTA滴定的基本原理、络合平衡有关计算、络合滴定酸度控制;掌握常用指示剂及几种离子滴定。	P73　计算题:1、3、7 4月5日前交第一次习题(一～五章)
4月6日	第六章　熟悉各种氧化还原反应特点和分类,氧化还原反应方向、程度和速度,氧化还原指示剂,碘量法、高锰酸钾法、亚硝酸钠法。	P92　计算题:2、5、6
	第七章　掌握重量法特点和分离萃取原理,重量分析对沉淀的要求,影响沉淀完全、纯度的因素,沉淀条件,掌握分析结果计算。 掌握银量法三种指示终点方法、条件和应用范围。	P106　计算题:1、2、5
6月1日	第八章　掌握电位法基本原理、测定pH原理和方法;掌握电位滴定法原理、确定终点方法;了解永停滴定法在本专业中的应用。	P124　计算题:3、4、5 6月5日前交第二次习题(六～八章)

说明:

1. 作业应在规定时间内寄交给本课程的任课教师,不交作业者,平时成绩以零分计算。
2. 地址:由中国药科大学教师讲授的课程,作业请寄:
   南京童家巷24号中国药科大学分析化学教研室(41号信箱)×××老师收
   邮编:210009

中 国 药 科 大 学

药学函授(专科)分析化学(二) 课程教学日历

日期	自学内容及要求	习题及交作业日期
9月1日	第九章 掌握紫外-可见吸收光谱的产生和特性、朗伯-比耳定律及影响朗伯-比耳定律的因素、紫外-可见分光光度计主要部件、定性定量方法、比色法原理。	P157 计算题:2、3、4、7、8
10月5日	第十章 掌握红外光谱产生的条件和原理,了解红外吸收光谱与分子振动类型,了解红外分光光度计的主要部件,通过对一些有机化合物典型光谱的介绍,掌握从红外图谱推断分子结构的方法。	P189 计算与解谱:3、4、5 10月5日前交第三次习题(九～十章)
10月6日	第十一章 掌握液相色谱法分类,柱色谱,薄层色谱,纸色谱的原理、实验条件选择及操作方法。	P211 计算题:1、2、3、6
	第十二章 掌握气相色谱有关术语,理解塔板理论和速率理论,固定液选择,常用检测器,掌握分离条件的选择和定量分析方法。	P226 计算题:1、2、5、6
	第十三章 掌握高效液相色谱法的基本原理及其与液相色谱法、气相色谱法的联系与区别,仪器操作要求的异同,掌握高效液相色谱法固定相的高效特点,了解仪器的三个关键部分,主要掌握定量方法。	P241 计算题:1、2、3
12月20日	第十四章 几种其他仪器分析方法,一般了解光谱法的原理及定性定量方法。	12月20日前交第四次习题(十二～十四章)

说明:

1. 作业应在规定时间内寄交给本课程的任课教师,不交作业者,平时成绩以零分计算。
2. 地址:由中国药科大学教师讲授的课程,作业请寄:
   南京童家巷24号中国药科大学分析化学教研室(41号信箱)×××老师收
   邮编:210009

面授学时安排

章 次	内 容	讲课学时	实验内容	学 时
一	绪论	1	1. 天平与称量练习	4
二	误差和分析数据的处理	3	2. 氯化钡结晶水的测定	4
三	滴定分析法概述	3	3. NaOH 标准溶液的配制与标定	4
四	酸碱滴定法（含非水）	7	4. 阿司匹林的含量测定	4
			5. EDTA 标准溶液的配制与标定 6. 水的硬度测定	4
五	络合滴定法	4	7. $KMnO_4$ 标准溶液的配制与标定 8. 药用 $FeSO_4$ 的含量测定	4
六	氧化还原滴定法	5		
七	沉淀滴定法和重量分析法	4	9. I_2 标准溶液的配制与标定 10. 维生素 C 的含量测定	4
八	电位法及永停滴定法	6		
九	紫外-可见分光光度法	6	11. 用 pH 计测定溶液的 pH	4
十	红外分光光度法	6	12. 邻二氮菲吸光光度法测定水中含铁量（标准曲线法）	4
十一	经典液相色谱法	6	13. 原料药扑尔敏的吸光系数测定	4
十二	气相色谱法	7	14. 纸色谱法分离鉴定蛋氨酸和甘氨酸	4
十三	高效液相色谱法	4	15. 薄层色谱法分离复方新诺明中 TMP 及 SMZ	4
			16. 精密仪器示教或参观如 IR、GC、HPLC 等	4
	合计	62	注：视各函授站条件适当选做。	

函授分析化学(一)自我测验题(Ⅰ)

一、填空题

1. 以酚酞为指示剂,用 0.1 mol/L HCl 标准溶液滴定 Na_2CO_3 ($M_{Na_2CO_3}=106.0$),则此盐酸溶液对 Na_2CO_3 的滴定度为________________。

2. 已知某酸碱指示剂,其 $K_a=1.0\times10^{-9}$,则其变色范围的 pH 为______,可选作以______作标准溶液滴定________物质的指示剂,其变色点的 pH 等于__________。

3. 某三元酸,其 $K_{a_1}=1.0\times10^{-2}$, $K_{a_2}=1.0\times10^{-6}$, $K_{a_3}=1.0\times10^{-13}$,根据________________判断,用碱为标准溶液直接滴定时有__________个突跃,可以得到____个化学计量点。

4. 用邻苯二甲酸氢钾($M=204.2\ g\cdot mol^{-1}$)标定约 0.05 mol/L 的 NaOH 溶液,用 25 ml 滴定管,称量范围为______ g,选择________为指示剂。

5. 平行 5 次测定某溶液的浓度,结果分别为(单位:$mol\cdot L^{-1}$)0.204 1,0.204 3,0.204 9,0.203 9,0.204 3,则其平均值 $\bar{x}$=______,相对平均偏差为______,标准偏差 S 为______,相对标准偏差(RSD)为______。

6. 写出下列有效数字的位数:

(1) 0.050 (　　)　(2) 3.050×10^{-3} (　　)　(3) pH=8.02 (　　)

(4) 2.6×10^{3} (　　)　(5) 0.005 (　　)

7. 衡量测定值分散度好坏的方法是标准偏差,其表达式为________________。

8. 在非水酸碱滴定中,采用混合溶剂(质子性溶剂与惰性溶剂)的目的是______和______。

9. 络合滴定中,酸效应系数表示为$[Y]_{总}/[Y^{4-}]$,若溶液的酸度增高,则$[Y^{4-}]$______,酸效应系数______,络合物稳定性______。

10. 已知 $\lg K_{FeY}=24.23$, $\lg K_{MgY}=8.64$,若 $\lg\delta_{M(L)}=0$,则滴定 Fe^{3+} 允许的 $\lg\delta_{Y(H)}$=______,而滴定 Mg^{2+} 允许的 $\lg\delta_{Y(H)}$=______,因此,当 Fe^{3+}、Mg^{2+} 共存时,可控制溶液的 pH 为______,用 EDTA 标准溶液滴定______,然后调节溶液的 pH 至______。再用 EDTA 标准溶液滴定______。

附表:在不同 pH 条件下 EDTA 的 $\lg\delta_{Y(H)}$ 值

pH	0	1	2	3	4	5	6
$\log\delta_{Y(H)}$	21.18	17.13	13.52	10.60	8.44	6.45	4.65
pH	7	8	9	10	11		
$\log\delta_{Y(H)}$	3.32	2.26	1.28	0.45	0.07		

11. 用 EDTA 标准溶液滴定 Ca^{2+}、Mg^{2+} 总量时,以______为指示剂,溶液的 pH 必须控制在______。滴定 Ca^{2+} 时以______为指示剂,溶液的 pH 应该控制在______以上。

12. 判别下列酸碱滴定曲线类型,并选择一适当指示剂。

曲线类型(　　)为强酸滴定弱碱,指示剂为(　　)。

曲线类型(　　)为强碱滴定强酸,指示剂为(　　)。

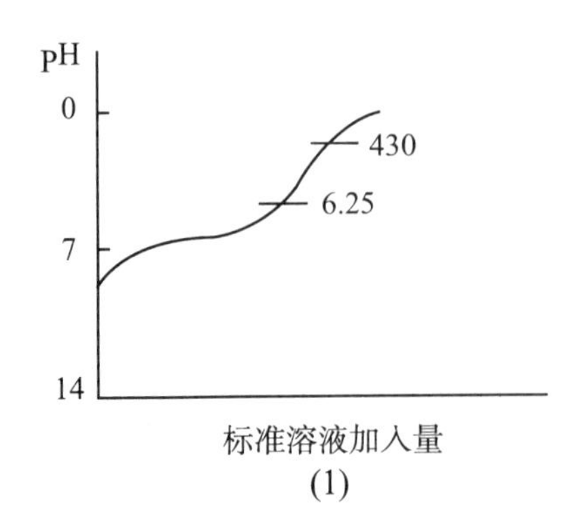

(1)

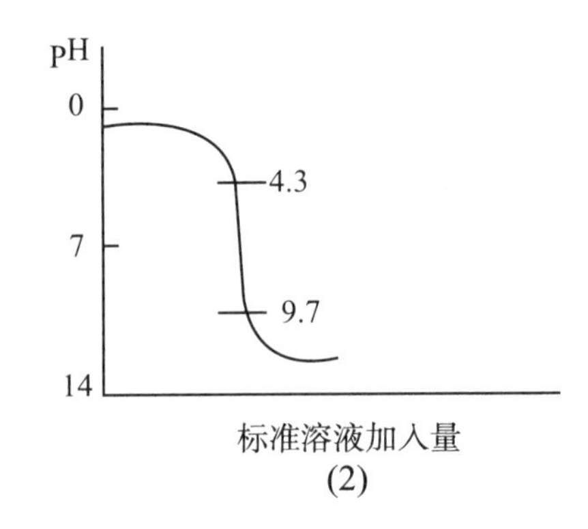

(2)

二、选择题

1. 用 0.1 mol/L HCl 为标准溶液测定硼砂的含量时，应选用(　　)为指示剂。

A. 酚酞　　B. 甲基红　　C. 百里酚蓝

2. 在酸碱滴定过程中，在突跃前后改变了 3 个 pH 单位，这意味着[H^+]改变了(　　)。

A. 3 倍　　B. 3000 倍　　C. 10^3 倍

3. 在下列各酸中，可用 NaOH 标准溶液直接滴定的是(　　)。

A. 0.01 mol/L 甲酸($K_a=1.8\times10^{-4}$)

B. 0.10 mol/L 硼酸($K_{a_1}=6.4\times10^{-10}$)

C. 0.10 mol/L 氨乙酸($K_a=2.3\times10^{-12}$)

4. 在进行样品称量时，由于汽车经过天平室附近，引起天平震动，这属于(　　)。

A. 系统误差　　B. 偶然误差　　C. 过失误差

5. 万分之一分析天平每次读数的可疑值是±0.1 mg，采用减量法称量，欲使样品称量的相对误差不大于 1‰，则称取的样品重量应(　　)。

A. 不小于 0.2 g　　B. 不小于 0.1 g　　C. 不小于 0.5 g

6. 用 0.1 mol/L HCl 滴定 0.1 mol/L NaOH 的突跃范围为 9.7～4.3，则用 0.01 mol/L HCl 滴定 0.01 mol/L NaOH 的突跃范围应为(　　)。

A. 9.7～4.3　　B. 8.7～4.8　　C. 9.7～5.8　　D. 8.7～5.3

7. 硼砂($Na_2B_4O_7\cdot10H_2O$)作为基准物质用于标定盐酸溶液的浓度，若事先将其置于干燥器中保存，对所标定盐酸溶液浓度的结果的影响是(　　)。

A. 偏高　　B. 无影响　　C. 偏低　　D. 不能确定

8. 下列阴离子在水溶液中，(　　)的碱度最强。

A. Cl^-　　B. S^{2-}　　C. CN^-　　D. F^-　　E. Ac^-

9. 有一碱溶液，可能为 NaOH、Na_2CO_3、$NaHCO_2$ 或其中两者的混合物组成。今以酚酞为指示剂，用盐酸标准溶液滴定至终点，消耗盐酸标准溶液 V_1ml，再加入甲基橙指示剂继续用盐酸标准溶液滴定至终点，又消耗盐酸标准溶液 V_2ml，若 $V_1<V_2$，$V_1>0$，则原碱溶液组成应为(　　)。

A. Na_2CO_3－$NaHCO_3$　　B. Na_2CO_3　　C. NaOH－Na_2CO_3　　D. $NaHCO_3$

10. 用络合滴定法测定葡萄糖酸钙的含量时，在样品溶液中加入 MgY^{2-} 络离子，以铬黑 T 为指示剂，$NH_3\cdot H_2O$－NH_4Cl 为缓冲溶液，以 EDTA 标准溶液滴定至溶液由酒红色转变为纯蓝色，由于在样品中加入 MgY^{2-} 络离子，使测定结果(　　)。

A. 偏高　　　　　　B. 偏低　　　　　　C. 无影响

11. 由计算器计算$\frac{2.236\times1.1124}{1.036\times0.2000}$的结果为12.004 471，按有效数字运算规则，应将结果修约为(　　)。

A. 12　　　　　　B. 12.0　　　　　　C. 12.00

12. 甲酸、氢溴酸、苯甲酸及高氯酸在(　　)溶剂中酸强度相同。

A. 冰醋酸　　　　　　B. 液氨　　　　　　C. 甲基异丁酮

13. 若用非水滴定法测定水杨酸钠的含量，应选用的测定条件是(　　)。

	溶剂	滴定剂	指示剂
A.	水	HCl	甲基橙
B.	冰醋酸	$HClO_4$	结晶紫
C.	乙二胺	$NH_2CH_2CH_2ONa$	偶氮紫
D.	苯-甲醇	$NaOCH_3$	偶氮紫

14. $HClO_4$、HBr、HCl、H_2SO_4 和 HNO_3 在(　　)溶剂中彼此酸度各异。

A. 水　　　　　　B. HAc　　　　　　C. 丁胺

15. 用EDTA·2Na作标准溶液测定镁盐中 Mg^{2+} 的含量，用铬黑T为指示剂时应选用(　　)为缓冲溶液。

A. HAc-NaAc　　　　B. $NH_3\cdot H_2O-NH_4Cl$　　　　C. HCOOH-HCOONa

三、问答题

1. 滴定分析中对化学反应的基本要求是什么？
2. 络合滴定中为何要以缓冲溶液调节pH？
3. 何谓系统误差？何谓偶然误差？如何减免？

四、计算题

1. 分析铁矿中铁含量得如下数据：37.45%，37.20%，37.50%，37.30%，37.25%，计算此结果的平均值、平均偏差、标准偏差及相对标准偏差(RSD)。

2. 将0.550 0 g不纯 $CaCO_3$ 溶于25.00 ml 0.502 0 mol/L HCl溶液中，煮沸除去 CO_2，过量HCl用NaOH标准溶液返滴定，消耗NaOH标准溶液4.20 ml，若用NaOH标准溶液直接滴定HCl溶液20.00 ml，消耗NaOH标准溶液20.67 ml，试计算试样中 $CaCO_3$ 的百分含量($CaCO_3$ 的摩尔质量为100.09 $g\cdot mol^{-1}$)。

3. 用计算说明用EDTA标准溶液滴定 Ca^{2+} 时，必须在pH=10.0，而不能在pH=5.0的溶液中进行，但滴定 Zn^{2+} 时，则可以在pH=5.0时进行($\lg K_{ZnY}=16.50$，$\lg K_{CaY}=10.70$)。

函授分析化学(一)自我测验题(Ⅱ)

一、填空题

1. 在沉淀滴定中,以 $AgNO_3$ 为标准溶液,用摩尔法测定 Cl^- 的含量,应采用______为指示剂,溶液的酸碱度在______,终点沉淀由______色变为______色。

2. 写出下列各换算因数(以分子式表示相对分子质量,不必计算)。

	被测组分	称量形式	换算因数
(1)	$KAl(SO_4)_2 \cdot 12H_2O$	Al_2O_3	
(2)	$MgSO_4 \cdot 7H_2O$	$Mg_2P_2O_7$	
(3)	NH_3	$(NH_4)_2PtCl_6$	
(4)	Pb_3O_4	$PbSO_4$	

3. 下列基准物质常用于何种反应(选填"A"、"B"、"C"或"D")?

(1) 金属锌______。

(2) $K_2Cr_2O_7$ ______。

(3) $Na_2B_4O_7 \cdot 10H_2O$ ______。

(4) NaCl ______。

A. 酸碱反应

B. 络合反应

C. 氧化还原反应

D. 沉淀反应

4. 用 $Na_2C_2O_4$ 为基准物质标定 $KMnO_4$ 溶液的浓度,其反应条件为①______________;②______________;③______________。

5. 直接碘量法只能在______________溶液中进行,而间接碘量法则须在______________溶液中进行;间接碘量法的指示剂应在______________加入。

6. 用铁铵矾指示剂法的返滴定法测定 Cl^- 时,应在______性条件下滴定,应加入______试剂,以防止______转化为______沉淀。

7. 在氧化还原滴定中,两个电对的标准电位或条件电位相差______ V 即可达到分析滴定准确度的要求。

8. 氧化还原滴定中,化学计量点附近的电位突跃范围大小和______与______两电对的______________有关。它们相差愈______,电位突跃范围愈______。

9. 用亚硝酸钠作标准溶液测定芳伯胺类化合物,进行重氮化滴定应注意①__________;②__________;③__________及④__________。

10. 用直接电位法测定溶液的 pH 时,使用______及______电极对。

二、选择题

1. 对于反应 $BrO_3^- + 6I^- + 6H^+ = Br^- + 3I_2 + 5H_2O$,已知 $E^{\ominus}_{BrO_3^-/Br^-} = 1.52V$,$E^{\ominus}_{I_2/2I^-} = 0.55\ V$,此反应的平衡常数 K(25℃)为(　　)。

A. $10^{\frac{2\times6(0.55-1.52)}{0.059}}$

B. $10^{\frac{6(0.55-1.52)}{0.059}}$

C. $10^{\frac{6(1.52-0.55)}{2\times0.059}}$

D. $10^{\frac{6(1.52-0.55)}{0.059}}$

2. 用 $K_2Cr_2O_7$ 作基准物质,氧化 KI 析出 I_2,再用 $Na_2S_2O_3$ 溶液滴定,所用淀粉指示剂必须在(　　)加入。

A. 开始滴定时　B. 近终点时　C. 可以在开始滴定时加入,也可以在近终点时加入

3. 用沉淀法中的吸附指示剂法测定氯化钾时,以 $AgNO_3$ 为标准溶液,选用(　　)作指示剂。

A. 重铬酸钾　　　　　　B. 荧光黄　　　　　　C. 铁铵矾

4. 应用 0.020 00 mol/L $KMnO_4$ 溶液测定 H_2O_2 的含量,精密吸取样品溶液 1.00 ml,其分析结果应表示为(　　)。

A. 3%　　　　B. 3.1%　　　　C. 3.12%　　　　D. 3.121%

5. 以 $Ce(SO_4)_2$ 为标准溶液,用电位滴定法测 Fe^{2+} 时,可选用(　　)电极对来确定化学计量点。

A. 银-氯化银电极与甘汞电极

B. 玻璃电极及饱和甘汞电极

C. 铂电极-铂电极。

6. 用永停滴定装置,以 I_2 标准溶液滴定 $Na_2S_2O_3$ 溶液,其滴定曲线为(　　)。

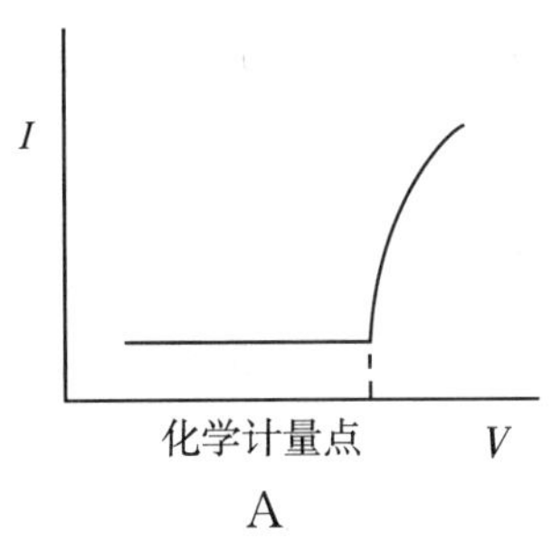

A

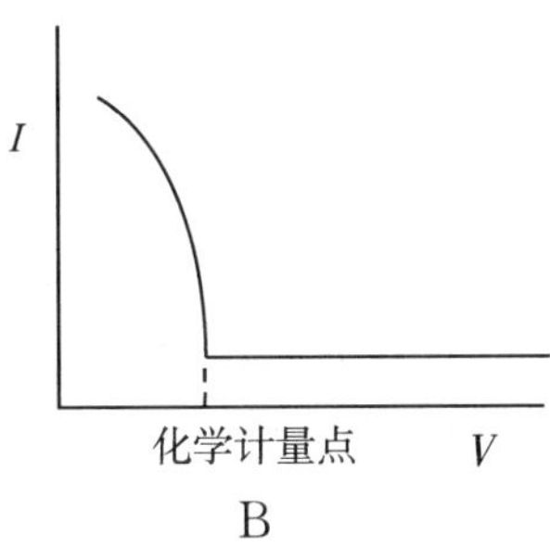

B

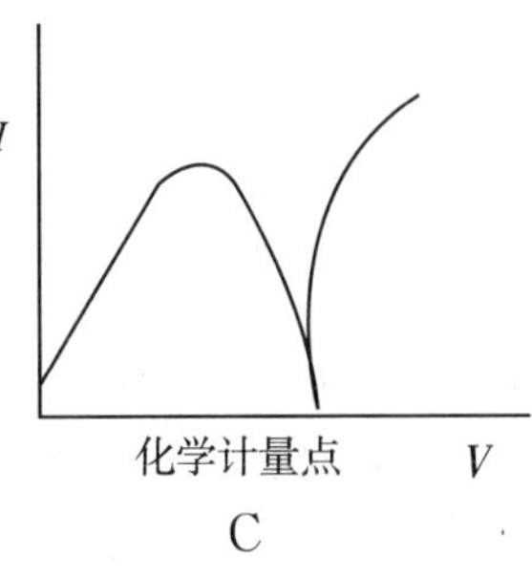

C

三、计算题

1. 称取 0.498 6 g 石灰石,用酸分解后,再加入草酸,所得 CaC_2O_4 沉淀分离后,再溶于 H_2SO_4,然后用 0.020 78 mol/L $KMnO_4$ 标准溶液滴定,用去 $KMnO_4$ 标准溶液 46.06 ml,求 CaO 含量(CaO 的摩尔质量为 56.08 $g \cdot mol^{-1}$)。

2. 称取纯 KBr 和 KCl 混合物(无其他杂质存在)0.307 4 g,溶解后,用 0.100 7 mol/L $AgNO_3$标准溶液滴定,终点时耗去 30.98 ml,分别计算 KCl 及 KBr 的百分含量(KCl 的摩尔质量为 74.55 $g \cdot mol^{-1}$,KBr 的摩尔质量为 119.00 $g \cdot mol^{-1}$)。

3. 分析铁锰矿时，称取试样 0.500 0 g，加入 0.750 0 g $H_2C_2O_4 \cdot 2H_2O$ 及稀 H_2SO_4，加热至反应完全。过量的草酸用 30.00 ml 0.020 00 mol/L $KMnO_4$ 滴定，求试样中 MnO_2 的百分含量（MnO_2 摩尔质量为 86.94 g·mol^{-1}，$H_2C_2O_4 \cdot 2H_2O$ 摩尔质量为 126.09 g·mol^{-1}）。

反应式如下：

$$MnO_2 + H_2C_2O_4 + 2H^+ = Mn^{2+} + 2CO_2 \uparrow + 2H_2O$$

$$2MnO_4^- + 5C_2O_4^{2-} + 16H^+ = 2Mn^{2+} + 10CO_2 \uparrow + 8H_2O$$

4. 今以标准甘汞电极为参比电极（25℃时，$E_{甘} = 0.280\ 1$ V），氢电极为指示电极 。将此电极插入 1 L 稀 HCl 中，在 25℃时测得的电动势为 0.40 V（标准甘汞电极为正极），问溶液中含有多少克 HCl？（HCl 的摩尔质量为 36.0 g·mol^{-1}）

四、设计题

今有一 $CaCO_3$ 样品，请你考虑提出用重量沉淀法、酸碱滴定法和络合滴定法进行分析的设计方案，用操作流程图表示（要求包括样品处理、测定原理、化学方程式、标准溶液、测定条件、指示剂及变色情况、含量测定计算公式）。

函授分析化学(二)自我测验题(Ⅰ)

一、填空题

1. 朗伯-比耳定律成立的条件是______和______。

2. 紫外可见光谱又叫______，它是由于物质的______________________跃迁所引起的。它只适合于研究__________________化合物。

3. 红外光谱又称______，其产生的必要条件是______及______。

4. 紫外分光光度计中常用______为光源，以______为色散元件。

5. 红外分光光度计中常用______为光源，以______为色散元件。

6. 红外光谱法中线性分子振动自由度为______，非线性分子振动自由度为______________。

7. 分子外层电子的跃迁类型有______、______、______及______ 4 种。

二、名词解释

1. 透光率：
   吸光度：
2. 基频峰：
   泛频峰：
3. 摩尔吸收系数：
   比吸收系数：
4. 红移：
   蓝移：
5. *R* 带：
   K 带：

三、选择题

1. 分别标明下列化合物中的羰基吸收峰的峰位。

(1) $CH_3—C(=O)—Cl$ (　　)　(2) $CH_3—C(=O)—CH_3$ (　　)　(3) $Cl—C(Cl)(Cl)—C(=O)—Cl$ (　　)

A. $\nu_{C=O}$ $1\,715\ cm^{-1}$　　B. $\nu_{C=O}$ $1\,802\ cm^{-1}$　　C. $\nu_{C=O}$ $1\,828\ cm^{-1}$

2. 有甲、乙两个未知浓度的同一有色物质溶液，用同一波长的光进行测定，甲溶液用 1 cm 比色池，乙溶液用 2 cm 比色池，测得的吸光度 *A* 值相同。则甲、乙两溶液的浓度关系是(　　)。

A. 甲是乙的 1/2　　B. 甲等于乙
C. 乙是甲的 1/2　　D. 不符合朗伯-比耳定律

3. 甲、乙两化合物的 λ_{max} 相同，则甲、乙两者（　　）。

A. 是同一物质　　B. 不是同一物质　　C. 可能是同一物质

4. 同一分子中的某基团，下列各振动形式中，（　　）的波数最大。

A. γ　　B. δ　　C. ν

5. 下述关于光源的说法中，（　　）是对的。

A. 紫外分光光度计的光源是钨灯和氘灯

B. 紫外分光光度计的光源是氢灯

C. 红外分光光度计的光源是钨灯

D. 可见-紫外分光光度计的光源是钨灯

四、计算题

1. 准确称取某物质标准品配制成 500 ml 溶液，再吸取 10.0 ml 稀释成 50.0 ml 后，放在 1.0 cm 厚比色池中测定，欲使测得的吸光度为 0.720，应该称取某物质多少克？（已知该物质的相对分子质量为 140.0，$\varepsilon=2.00\times10^6$）

2. 某物质相对分子质量为 100.0，今称取该物质 0.002 00 g，配成 100 ml 溶液，再吸取溶液10 ml，稀释成 100 ml，用 1 cm 比色皿，在测定波长处测得的吸收值为 0.720，计算该物质的 $E_{1cm}^{1\%}$ 及 ε。

3. 某化合物的分子式为 $C_7H_6O_2$，其红外吸收光谱如下图，试推测其可能的结构式。

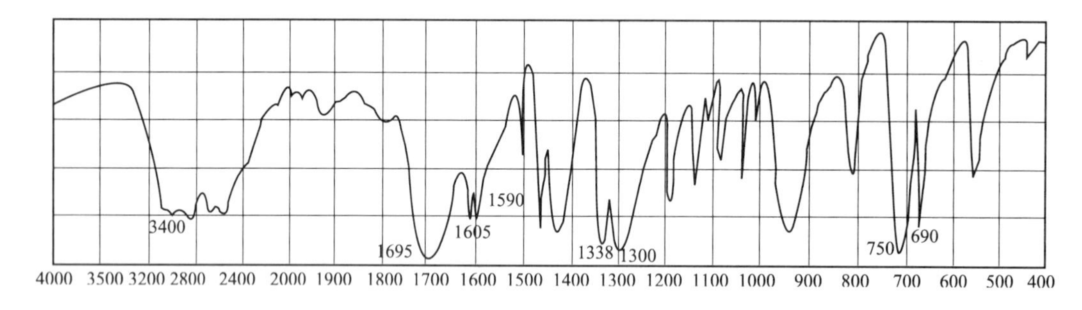

某化合物的红外吸收光谱图

4. 试说明具有怎样结构的化合物有紫外吸收光谱？具有怎样结构的化合物有红外吸收光谱？

函授分析化学(二)自我测验题(Ⅱ)

一、填空题

1. 在吸附色谱中,吸附剂含水量与活度、级数和吸附能力之间有如下关系,吸附剂的含水量越少,则它的活度级数______,活度______,吸附能力______。

2. 薄层色谱选择展开剂的一般原则是:被分离物质的极性大,板的活度要______,展开剂的极性要______;反之,被分离物质的极性小,板的活度要______,展开剂的极性要______。

3. 填写下列表格:

色谱类型	分离原理	担体	固定相	流动相
薄层色谱	①	—	②	③
纸色谱	④	⑤	⑥	⑦

4. 用气相色谱法分离极性物质,在(1) β,β′-氧二丙腈,(2) 邻苯二甲酸二壬酯,(3) 角鲨烷三种固定液中,应选用______为固定液;试样中______(选填序号:① 高沸点、② 低沸点、③ 极性小、④ 极性大)组分先流出色谱柱。

5. 在 HPLC 中,最常用的色谱类型为______色谱,此色谱类型中,最常用的固定相是______,流动相是______。

6. 在 GC 中,最常用的检测器是______,它的优点为______、______。HPLC 中最常用的检测器为______。

二、名词解释

1. 比移值:
2. 分配系数:
3. 分配系数比:
4. 相对重量校正因子:
5. 保留时间:
6. 容量因子:
7. 死时间:
8. 保留体积:

三、选择题

1. 热导检测器由于老化,性能变差,噪音加倍,灵敏度降低为原来的 1/4,则此检测器的检测限为原来的(　　)。

A. 2 倍　　B. 4 倍　　C. 8 倍　　D. 1/2

2. 某组分在色谱柱中分配到固定相中的量为 W_s(g),分配到流动相中的量为 W_m(g),而该组分在固定相中浓度为 c_s,在流动相中的浓度为 c_m,则此组分的容量因子为(　　)。

A. W_m/W_s　　B. c_m/c_s　　C. c_s/c_m　　D. W_s/W_m

3. 在其他条件相同情况下,若使柱理论塔板数增加一倍,则两个接近间隔峰的分离度将是原来的(　　)。

A. $2^{-\frac{1}{2}}$　　B. 2 倍　　C. 4 倍　　D. $2^{\frac{1}{2}}$

4. 如果在其他色谱条件不变的情况下，固定相的用量增加一倍，样品的调整保留时间会(　　)。

A. 减少一半　　B. 基本不变　　C. 增加一倍　　D. 稍有增加

5. 在气-液色谱中，下列对两个溶质的分离度没有影响的是(　　)。

A. 增加柱长　　B. 使用更灵敏的检测器

C. 改变固定液的化学性质　　D. 改变载气性质

6. 当用硅胶为基质的填料作为固定相时，流动相的 pH 范围为(　　)。

A. 在中性区域　　B. 1～14　　C. 2～8　　D. 5～8

7. 在硅胶粘合薄板上，用氯仿作展开剂，对某极性物质进行分离，R_f 几乎为 0。若欲得合适的 R_f 值，则要改变展开剂的极性，可选用(　　)为展开剂进行试验。

A. 氯仿和环己烷　　B. 氯仿和甲醇混合溶剂　　C. 环己烷

8. 用气相色谱法分离某二元混合物时，当载气流速加倍时，组分的保留时间(　　)。(假设其余条件不变)

A. 不变　　B. 增加一倍　　C. 为原来的 1/2

四、计算题

1. 某色谱柱长 2 m，检测器为 FID，载气流量为 13 ml/min，记录仪纸速为 720 mm/h，由色谱图测得 t_m＝0.11 min。

十八酸甲酯色谱峰：W＝1.77 min，$t_{R'}$＝23.26 min。

油酸甲酯色谱峰：W＝1.93 min，$t_{R'}$＝25.62 min。

试求下表所列各参数值：

参数	组分	
	十八酸甲酯	油酸甲酯
$t_{R'}$	①	⑤
n	②	⑥
H	③	⑦
R(分离度)	④	

2. 两种药物在一根 10 cm 长的柱上分离，第二种组分的保留时间为 300 s，基线宽度为 30 s，空气出峰为 30 s，分配系数比为 1.2。

(1) 用第二组分计算此柱的 n 和 H。

(2) 计算两种药物色谱峰的分离度。

(3) 在这样的分离度条件下，两种药物是否分离完全?

模拟试卷(Ⅰ)

中国药科大学分析化学(一)试卷

至　　学年第　　学期　　年　月　日

专业________班级________学号________姓名________

题　号	一	二	三	四	五						总　分
分数											

评卷人__________

一、名词解释(10分)

1. 相对误差：

2. 准确度：

3. 滴定终点：

4. 酸效应系数：

5. 滴定度：

二、填空题(25分)

1. 已知某酸碱指示剂，其 $K_a=1.0\times10^{-5}$，则指示剂的变色 pH 范围为________，其变色点的 pH 等于______，可作为以______为标准液滴定______物质的指示剂。

2. 标定 0.1 mol/L NaOH 标准液(用 25 ml 滴定管)，用邻苯二甲酸氢钾(M=204.2 g·mol^{-1})为基准物质，其称量范围是__________，若改用草酸(M=126.1 g·mol^{-1})为基准物质，其称量范围是__________。

3. 列出下列情况的换算因素表达式(不必计算)：

被测组分	沉淀形式	称量形式	换算因数
$MgSO_4\cdot7H_2O$	$MgNH_4PO_4$	$Mg_2P_2O_7$	
N	$C_{20}H_{17}N_5O_3$	$C_{20}H_{17}N_5O_3$	
K_2O	$KB(C_6H_5)_4$	$KB(C_6H_5)_4$	

4. 吸附指示剂法测定氯离子含量，以________为标准液，________为指示剂，其终点颜色由________变为________。此滴定必须在 pH 为________进行，原因是____。

5. 用 0.1 mol/L NaOH 标准液滴定某有机酸，已知 $K_{a_1}=8\times10^{-4}$，$K_{a_2}=1.8\times10^{-5}$，$K_{a_3}=4\times10^{-6}$，则滴定曲线上有____个突跃，因为________________________________，计量点时，滴定液呈____性，应选用______为指示剂，终点颜色由____色变____色。

6. 若将 $HClO_4$、H_2SO_4、HCl 分别溶于 H_2O 中，则它们都以______的酸强度显示，所以水是它们的________，若将上述三种酸溶于冰醋酸中，则这三种酸的强度有______，冰醋酸是它们的__________。

三、选择题（10 分）

1. 万分之一分析天平每次读数的可疑值是±0.1 mg，采用减重法称量欲使样品称量的相对误差不大于 1‰，则称取样品重量应（　　）。

A. 不小于 0.2 g　　B. 不小于 0.1 g　　C. 不小于 0.5 g

2. 减少试样测定中偶然误差的方法是（　　）。

A. 对照试验　B. 空白试验　C. 对仪器进行校正　D. 增加平行条件下的测定次数

3. 在非水滴定中，用酸为标准液测定枸橼酸钠含量，若样品中含有少量水分，则测定结果比实际含量（　　）。

A. 偏低　　B. 偏高　　C. 无多少影响

4. 在 EDTA 络合滴定中，用 0.02mol/L EDTA 滴定含 0.02mol/L Mg^{2+} 的溶液，滴定时允许的最低 pH 为（　　）。（已知 $\lg K_{MgY}=8.64$）

pH	8	9	10	11
$\lg\delta_{Y(H)}$	2.26	1.29	0.45	0.07

A. 8　　B. 9　　C. 10　　D. 11

5. 对于反应 $BrO_3^- + 6I^- + 6H^+ \rightleftharpoons Br^- + 3I_2 + 3H_2O$，已知 $E^\ominus_{BrO_3^-/Br^-}=1.52\ V$，$E^\ominus_{I_2/2I^-}=0.55\ V$，则此反应的平衡常数 K(25℃)为（　　）。

A. $10^{\frac{2\times6(0.55-1.52)}{0.059}}$　　B. $10^{\frac{6\times(0.55-1.52)}{0.059}}$

C. $10^{\frac{6\times(1.52-0.55)}{2\times0.059}}$　　D. $10^{\frac{6\times(1.52-0.55)}{0.059}}$

四、问答题（28 分）

1. 何谓系统误差？系统误差应包括哪几种？如何减免？

2. 请写出下列操作各应采用什么仪器。

（1）量取被测溶液做滴定，用什么量具？（　　　　）

（2）做滴定时，标准溶液盛放在什么仪器中？（　　　　）

（3）配 HCl 标准溶液时，量取浓 HCl 用什么量具？（　　　　）

（4）用直接法配 $K_2Cr_2O_7$ 标准液时，配在什么量具中？（　　　　）

3. 设计用络合滴定法测定 $AlPO_4$ 含量的分析方法，请说明溶剂、反应方程式、标准液、缓冲液、指示剂及变色情况和计算公式。

五、计算题（27 分）

1. 标定盐酸溶液的摩尔浓度，5 次结果分别为（单位：$mol \cdot L^{-1}$）0.204 1、0.204 9、0.204 2、0.203 9 和0.204 3。试计算标定结果的平均值、平均偏差、相对平均偏差、标准偏差和相对标准偏差。

2. 称取纯 KBr 和 KCl 混合物（无其他杂质）0.307 4 g，溶解后，用 0.100 7 mol/L $AgNO_3$ 标准溶液滴定，到达终点时耗去标准液 30.98 ml，分别计算 KCl 及 KBr 的百分含量（$M_{KCl}=74.55\ g \cdot mol^{-1}$，$M_{KBr}=119.0\ g \cdot mol^{-1}$）。

3. 称取一定量的 $KHC_2O_4 \cdot H_2O$，用于中和反应时和 30.00 ml 0.500 0 mol/L NaOH 反应，用于氧化还原反应时和 40.00 ml $KMnO_4$ 溶液反应，试计算 $KMnO_4$ 溶液的摩尔浓度。

模拟试卷(Ⅱ)

中国药科大学分析化学(二)试卷

至　　学年第　　学期　　年　月　日

专业________班级________学号________姓名________

题　号	一	二	三	四	五	六					总　分
分数											

评卷人____________

一、名词解释(12分)

1. 透光率:

2. 指示电极:

3. 红外非活性振动:

4. 保留时间:

5. 分配系数:

6. 比移值:

二、填空题(26分)

1. 用高氯酸为标准溶液,以电位法测定枸橼酸钠的含量时,可以选用________________及________________为电极对。

2. 计算电极 Pt | Fe^{3+} ($a_{Fe^{3+}}=0.01$ mol/L), Fe^{2+} ($a_{Fe^{2+}}=0.001$ mol/L)的电极电位(25℃, $E^{\ominus}_{Fe^{3+}/Fe^{2+}}=0.771$ V)是________________。

3. 现欲用直接电位法测定 Na_2HPO_4 - NaH_2PO_4 缓冲溶液的 pH(25℃在6.0左右),应选用________________作定位溶液为宜。

4. 紫外吸收光谱又叫____________光谱,它是由于物质的____________________________跃迁所引起。

5. 紫外分光光度计中常用______________或______________为光源;以______________为色散元件。

6. 红外光谱又称__________光谱,它产生的必要条件是__________和__________。

7. 在纸色谱中，纸纤维为__________；流动相常用__________；固定相为__________；其原理属于________________范畴。

8. 在薄层色谱法中，常用的硅胶 GF_{254} 是指固定相中的吸附剂为__________，再加上粘合剂为__________，并掺有__________。

9. 在 HPLC 中，反相色谱的常用固定相为__________；流动相为__________。流动相的 pH 一般应控制在________________为宜。

10. 在气相色谱法中，若采用归一化法对试样的各组分进行定量分析，则其前提应该是在一个分析周期内试样的各组分____且__________。

三、选择题(20 分)

1. 用 $Ce(SO_4)_2$ 标准溶液滴定 $FeSO_4$ 溶液时，可选用的指示电极为(　　)。

A. 硫酸根离子选择性电极　　B. 铂电极　　C. 银电极

2. 有一维生素 B_{12} 溶液，在 367 nm 处，于 1 cm 吸收池中测得其透光率为 20%，若将本溶液浓度增加一倍，则在同样条件下测得其透光率为(　　)。

A. 40.0%　　B. 50.0%　　C. 4.0%

3. 已知 CO_2 的结构式为 O═C═O，请推测其红外光谱中基本振动数为(　　)。

A. 4 个　　B. 3 个　　C. 2 个

4. 下列 3 个羰基化合物的 $\nu_{C=O}$ 分别为 1 623 cm^{-1}、1 670 cm^{-1}、1 800 cm^{-1}，请指出 $\nu_{C=O}$ 为 1 800 cm^{-1} 的化合物是(　　)。

A. 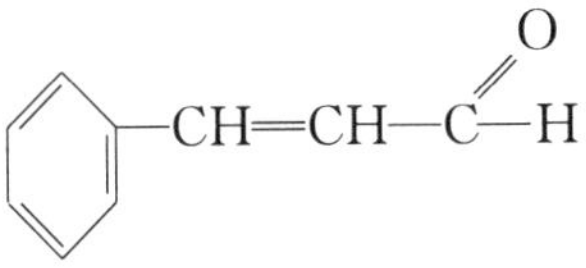 C_6H_5—CH═CH—C(═O)—H

B. (苯环上带 $C(═O)CH_3$、O—H、CH_3O 取代基)

C. (苯环上带 CH_2—$CH(CH_3)_2$ 与 C(═O)—Cl 取代基)

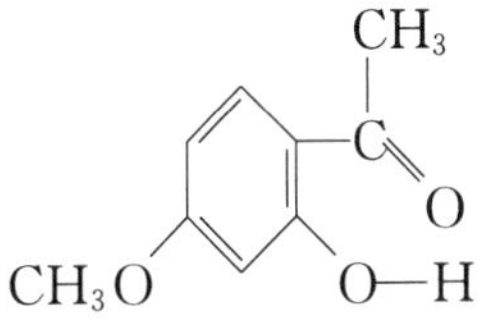

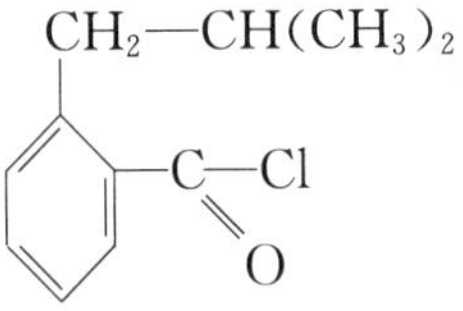

5. 在气相色谱中，Van Deemter 方程式为 $H=A+B/u+Cu$，在高流速的载气情况下，影响柱效的主要因素为(　　)。

A. 传质阻力项　　B. 纵向扩散项　　C. 涡流扩散项

6. 在气相色谱中，柱长从 1 m 增加到 4 m，其他色谱条件不变，则分离度(　　)。

A. 增加 1 倍　　B. 减少 $\frac{1}{2}$　　C. 无影响

7. 在红外分光光度计中使用的检测器是(　　)。

A. 光电管或光电池　　B. 光电倍增管　　C. 真空热电偶

8. 色谱法中说明色谱峰变宽理论的范氏方程，在 HPLC 中应为(　　)。

A. $H=A+B/u+Cu$　　B. $H=A+Cu$　　C. $H=B/u+Cu$

9. 在吸附薄层板上，以硅胶为固定相；氯仿为流动相，对两极性组分进行分离分析，展开后，A 的 R_f 值约为 0.1；B 的 R_f 几乎为 0。欲得到合适的 R_f 值，则应采用的措施为(　　)。

A. 在氯仿中适当增加甲醇的比例　　　　　B. 在氯仿中适当增加环己烷的比例

C. 改用环己烷为展开剂

10. 下列三种物质的结构式如下，若用纸色谱法分离，水为固定相，正丁醇等有机溶剂为流动相，则(　　)的 R_f 值最小。

A.
$$\begin{array}{c} \mathrm{CHO} \\ | \\ \mathrm{H{-}C{-}OH} \\ | \\ \mathrm{HO{-}C{-}H} \\ | \\ \mathrm{H{-}C{-}OH} \\ | \\ \mathrm{H{-}C{-}OH} \\ | \\ \mathrm{CH_2OH} \end{array}$$

B.
$$\begin{array}{c} \mathrm{CHO} \\ | \\ \mathrm{HO{-}C{-}H} \\ | \\ \mathrm{HO{-}C{-}H} \\ | \\ \mathrm{H{-}C{-}OH} \\ | \\ \mathrm{H{-}C{-}OH} \\ | \\ \mathrm{CH_3} \end{array}$$

C.
$$\begin{array}{c} \mathrm{CHO} \\ | \\ \mathrm{CH_2} \\ | \\ \mathrm{H{-}C{-}OH} \\ | \\ \mathrm{H{-}C{-}OH} \\ | \\ \mathrm{H{-}C{-}OH} \\ | \\ \mathrm{CH_3} \end{array}$$

四、问答题（10 分）

1. 红外光谱中出峰个数常常少于基本振动自由度，为什么？

2. 比较电位法与永停滴定法的主要区别。

五、计算题（24 分）

1. 用玻璃电极 $|H^+(X\ \mathrm{mol/L})\|$ SCE 测得 pH＝4.00 的缓冲溶液的电动势为 0.209 V (25℃)，再测得试样溶液的电动势分别为 0.312 V、0.088 V，计算该两试样的 pH？

2. $K_2Cr_2O_4$ 的碱性溶液在 372 nm 有最大吸收，已知浓度为 3.00×10^{-5} mol/L 的该碱性溶液于 1 cm 吸收池中在 372 nm 处测得 T＝71.6%，求：(1) 该溶液的吸光度；(2) $K_2Cr_2O_4$ 溶液的 ε_{max}；(3) 当吸收池为 3 cm 时该溶液的 T%。

3. 在 2 m 长的某色谱柱上分析苯与甲苯的混合物，测得死时间为 0.20 min，甲苯的保留时间为 2.10 min 及其半峰宽为 0.285 cm，记录纸速度为 2 cm/min，只知道苯比甲苯先流出色谱柱，且苯与甲苯的分离度为 1.0。求：(1) 甲苯与苯的分配系数比 α；(2) 苯的容量因子与保留时间；(3) 达到 $R=1.5$ 时柱长需几米?

六、红外光谱解析 (8 分)

已知某化合物的分子式为 C_8H_{10}，IR 图如下，试推测其结构式。(要求：写出标号峰的振动形式、归属及解析过程和结论)

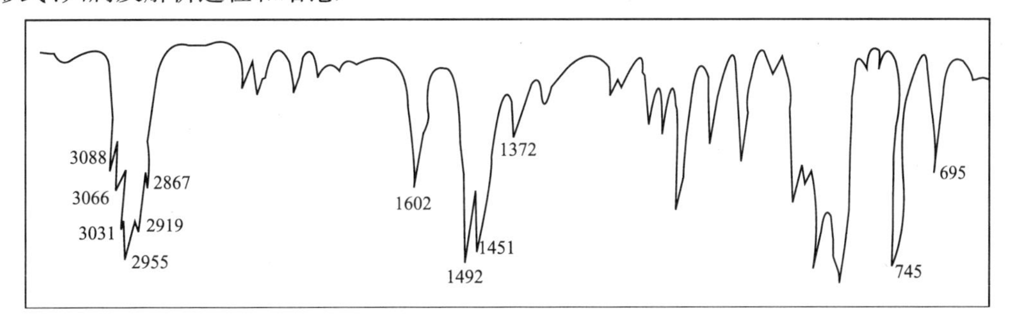

附录一　酸、碱在水中的离解常数

无机酸、碱

化合物	温度(℃)	分步	K_a(或 K_b)	pK_a(或 pK_b)
砷酸	18	1	5.62×10^{-3}	2.25
		2	1.70×10^{-7}	6.77
		3	2.95×10^{-12}	11.60
亚砷酸	25		6×10^{-10}	9.23
硼酸	20	1	7.3×10^{-10}	9.14
碳酸	25	1	4.30×10^{-7}	6.37
		2	5.61×10^{-11}	10.25
铬酸	25	1	1.8×10^{-1}	0.74
		2	3.20×10^{-7}	6.49
氢氟酸	25		3.53×10^{-4}	3.45
氢氰酸	25		4.93×10^{-10}	9.31
氢硫酸	18	1	5.1×10^{-8}	7.29
		2	1.2×10^{-15}	14.92
过氧化氢	25		2.4×10^{-12}	11.62
次溴酸	25		2.06×10^{-9}	8.69
次氯酸	18		2.95×10^{-8}	7.53
次碘酸	25		2.3×10^{-11}	10.64
碘酸	25		1.69×10^{-1}	0.77
亚硝酸	12.5		4.6×10^{-4}	3.37
高碘酸	25		2.3×10^{-2}	1.64
磷酸	25	1	7.52×10^{-3}	2.12
	25	2	6.23×10^{-8}	7.21
	18	3	2.2×10^{-13}	12.67
亚磷酸	18	1	1.0×10^{-2}	2.00
	18	2	2.6×10^{-7}	6.59
焦磷酸	18	1	1.4×10^{-1}	0.85
	18	2	3.2×10^{-2}	1.49
		3	1.7×10^{-6}	5.77
		4	6×10^{-9}	8.22
硒酸	25	2	1.2×10^{-2}	1.92
亚硒酸	25	1	3.5×10^{-3}	2.46
	25	2	5×10^{-8}	7.31
硅酸	30	1	2.2×10^{-10}	9.66
		2	2×10^{-12}	11.70
		3	1×10^{-12}	12.00
		4	1×10^{-12}	12.00
硫酸	25	2	1.20×10^{-2}	1.92
亚硫酸	18	1	1.54×10^{-2}	1.81
		2	1.02×10^{-7}	6.91
氨水			1.76×10^{-5}	4.75

续表

化合物	温度(℃)	分步	K_a(或 K_b)	pK_a(或 pK_b)
氢氧化钙	25	1	3.74×10^{-3}	2.43
	30	2	4.0×10^{-2}	1.40
羟胺	20		1.70×10^{-8}	7.97
氢氧化铅	25		9.6×10^{-4}	3.02
氢氧化银	25		1.1×10^{-4}	3.96
氢氧化锌	25		9.6×10^{-4}	3.02

有机酸、碱(25℃)

化合物	分步	K_a(或 K_b)	pK_a(或 pK_b)
甲酸		1.77×10^{-4}	3.75
乙酸		1.75×10^{-5}	4.76
枸橼酸(柠檬酸)	1	8.7×10^{-4}	3.06
	2	1.8×10^{-5}	4.74
	3	4.0×10^{-6}	5.40
乳酸		1.4×10^{-4}	3.85
草酸	1	6.5×10^{-2}	1.19
	2	6.1×10^{-5}	4.21
酒石酸	1	9.6×10^{-4}	3.02
	2	2.9×10^{-5}	4.54
琥珀酸	1	6.4×10^{-5}	4.19
	2	2.7×10^{-6}	5.57
甘油磷酸	1	3.4×10^{-2}	1.47
	2	6.4×10^{-7}	6.19
甘氨酸		1.67×10^{-10}	9.78
羟基乙酸		1.52×10^{-4}	3.82
顺丁烯二酸	1	1.0×10^{-2}	2.00
	2	5.5×10^{-7}	6.26
丙二酸	1	1.6×10^{-3}	2.80
	2	8.0×10^{-7}	6.10
一氯醋酸		1.5×10^{-3}	2.82
三氯醋酸		1.3×10^{-1}	0.89
苯甲酸		6.3×10^{-5}	4.20
樟脑酸	1	2.7×10^{-1}	0.57
	2	8×10^{-6}	5.10
二乙基巴比妥酸		3.7×10^{-8}	7.43
棓酸(五倍子酸)		4×10^{-5}	4.4
对羟基苯甲酸	1	3.3×10^{-5}	4.48
	2	4.0×10^{-10}	9.40
邻苯二甲酸	1	1.3×10^{-3}	2.89
	2	3.9×10^{-6}	5.41
棓味酸		4.2×10^{-1}	0.38
水杨酸	1	1.06×10^{-3}	2.98
	2	3.6×10^{-14}	13.44

续表

化合物	分步	K_a(或 K_b)	pK_a(或 pK_b)
氨基磺酸		6.5×10^{-4}	3.19
正丁胺		4.1×10^{-4}	3.39
二乙基胺		1.26×10^{-3}	2.90
二甲基胺		5.12×10^{-4}	3.29
乙基胺		5.6×10^{-4}	3.25
乙二胺		8.5×10^{-5}	4.07
氨乙酸		2.26×10^{-12}	11.65
氨基乙醇		2.77×10^{-5}	4.56
三乙胺		5.65×10^{-4}	3.25
尿素		1.5×10^{-14}	13.82
苯胺		3.82×10^{-10}	9.42
联苯胺	1	9.3×10^{-10}	9.03
	2	5.6×10^{-11}	10.25
α-萘胺		8.36×10^{-11}	10.08
β-萘胺		1.29×10^{-10}	9.89
奴佛卡因		7×10^{-6}	5.15
对乙氧基苯胺		2.2×10^{-9}	8.66
对苯二胺	1	1.1×10^{-8}	7.96
		3.5×10^{-12}	11.46
乌头碱		1.3×10^{-6}	5.89
脱水吗啡		1.0×10^{-7}	7.00
马钱子碱	1	9×10^{-7}	6.05
	2	2×10^{-12}	11.7
异辛可宁	1	1.6×10^{-6}	5.80
	2	8.4×10^{-11}	10.08
辛可宁	1	1.4×10^{-6}	5.85
		1.1×10^{-10}	9.96
古柯碱		2.6×10^{-6}	5.6
可待因		9×10^{-7}	6.05
秋水仙碱		4.5×10^{-13}	12.35
毒芹碱		1×10^{-3}	3.0
二甲胺基安替比林		6.9×10^{-10}	9.16
吐根碱	1	1.7×10^{-6}	5.77
	2	2.3×10^{-7}	6.64
黄连碱		1.7×10^{-8}	7.77
氢化奎宁		4.7×10^{-6}	5.33
吗啡		7.4×10^{-7}	6.13
那可汀		1.5×10^{-8}	7.82
烟碱	1	7×10^{-7}	6.15
		1.4×10^{-11}	10.85
罂粟碱		8×10^{-9}	8.1
毒扁豆碱	1	7.6×10^{-7}	6.12
		5.7×10^{-13}	12.24
毛果云香碱	1	7×10^{-8}	7.15

续表

化合物	分步	K_a(或 K_b)	pK_a(或 pK_b)
	2	2×10^{-13}	12.7
胡椒碱		1.0×10^{-14}	14.0
吡啶		1.4×10^{-9}	8.85
异奎宁	1	3.5×10^{-6}	5.46
	2	1×10^{-10}	10.0
奎宁	1	1×10^{-6}	6.0
	2	1.3×10^{-10}	9.89
喹啉		6.3×10^{-10}	9.20
龙葵碱		2.2×10^{-7}	6.66
金花雀碱	1	5.7×10^{-3}	2.24
	2	1×10^{-6}	6.0
番木鳖碱	1	1×10^{-6}	6.0
	2	2×10^{-12}	11.7
蒂巴因		9×10^{-7}	6.05
藜芦碱		7×10^{-6}	5.15

附录二　难溶化合物的溶度积(K_{sp})

化合物	K_{sp}	化合物	K_{sp}	化合物	K_{sp}
Ag_3AsO_4	1.0×10^{-22}	Ag_2CO_3	8.1×10^{-12}	$Ag_4[Fe(CN)_6]$	1.6×10^{-41}
$AgBr$	5.0×10^{-13}	$Ag_3[CO(NO_2)_6]$	8.5×10^{-21}	AgI	1.5×10^{-16}
$AgCl$	1.56×10^{-10}	Ag_2CrO_4	1.1×10^{-12}	Ag_3PO_4	1.4×10^{-16}
$AgCN$	1.2×10^{-16}	$Ag_2Cr_2O_7$	2.0×10^{-7}	Ag_2S	6.3×10^{-50}
$AgSCN$	1.0×10^{-12}	$CoHPO_4$	2×10^{-7}	$Mg(OH)_2$	1.8×10^{-11}
Ag_2SO_4	1.4×10^{-5}	$Co(OH)_2$(新)	1.6×10^{-15}	$Mg_3(PO_4)_2$	$10^{-28}\sim10^{-27}$
$Al(OH)_3$	1.3×10^{-33}	$Co_3(PO_4)_2$	2×10^{-35}	$Mn(OH)_2$	1.9×10^{-13}
$AlPO_4$	6.3×10^{-19}	CoS	3×10^{-26}	MnS	1.4×10^{-15}
As_2S_3	4.0×10^{-29}	$Cr(OH)_3$	6.3×10^{-31}	$Ni(OH)_2$(新)	2.0×10^{-15}
Ba_3AsO_4	8.0×10^{-51}	$Cu_3(AsO_4)_2$	7.6×10^{-36}	NiS	1.4×10^{-24}
$BaCO_3$	8.1×10^{-9}	$CuCN$	3.2×10^{-20}	$Pb_3(AsO_4)_2$	4.0×10^{-36}
BaC_2O_4	1.6×10^{-7}	$Cu_2[Fe(CN)_6]$	1.3×10^{-16}	$PbCO_3$	7.4×10^{-14}
$BaCrO_4$	1.2×10^{-10}	$Cu_3(PO_4)_2$	1.3×10^{-37}	$PbCl_2$	1.6×10^{-5}
BaF_2	1.0×10^{-9}	$Cu_2P_2O_7$	8.3×10^{-16}	$PbCrO_4$	1.8×10^{-14}
$BaHPO_4$	3.2×10^{-7}	$CuSCN$	4.8×10^{-15}	PbF_2	2.7×10^{-8}
$Ba_3(PO_4)_2$	3.4×10^{-23}	CuS	6.3×10^{-36}	$Pb_2[Fe(CN)_6]$	3.5×10^{-15}
$Ba_2P_2O_7$	3.2×10^{-11}	$FeCO_3$	3.2×10^{-11}	$PbHPO_4$	1.3×10^{-10}
$BaSiF_6$	1×10^{-6}	$Fe_4[Fe(CN)_6]$	3.3×10^{-41}	PbI_2	7.1×10^{-9}
$BaSO_4$	1.1×10^{-10}	$Fe(OH)_2$	8.0×10^{-16}	$Pb(OH)_2$	1.2×10^{-15}
$Bi(OH)_3$	4×10^{-31}	$Fe(OH)_3$	1.1×10^{-36}	$Pb_3(PO_4)_2$	8.0×10^{-48}
Bi_2S_3	1×10^{-97}	$FePO_4$	1.3×10^{-22}	PbS	8.0×10^{-28}
$BiPO_4$	1.3×10^{-23}	FeS	3.7×10^{-19}	$PbSO_4$	1.6×10^{-8}
$CaCO_3$	8.7×10^{-9}	Hg_2Cl_2	1.3×10^{-18}	$Sb(OH)_3$	4×10^{-42}
CaC_2O_4	4×10^{-9}	$Hg_2(CN)_2$	5×10^{-40}	Sb_2S_3	2.9×10^{-59}
$CaCrO_4$	7.1×10^{-4}	Hg_2I_2	4.5×10^{-29}	SnS	1.0×10^{-25}
CaF_2	2.7×10^{-11}	Hg_2S	1×10^{-47}	$SrCO_3$	1.6×10^{-9}
$CaHPO_4$	1×10^{-7}	HgS(红)	4×10^{-53}	SrC_2O_4	5.6×10^{-8}
$Ca(OH)_2$	5.5×10^{-6}	(黑)	1.6×10^{-52}	$SrCrO_4$	2.2×10^{-5}
$Ca_3(PO_4)_2$	2.0×10^{-29}	$Hg_2(SCN)_2$	2.0×10^{-20}	SrF_2	2.5×10^{-9}
$CaSiF_6$	8.1×10^{-4}	$K[B(C_6H_5)_4]$	2.2×10^{-8}	$Sr_3(PO_4)_2$	4.0×10^{-28}
$CaSO_4$	9.1×10^{-6}	$K_2Na[Co(NO_2)_6]\cdot H_2O$	2.2×10^{-11}	$SrSO_4$	3.2×10^{-7}
$Cd_2[Fe(CN)_6]$	3.2×10^{-17}	$K_2[PtCl_6]$	1.1×10^{-5}	$Zn_2[Fe(CN)_6]$	4.0×10^{-16}
$Cd(OH)_2$(新)	2.5×10^{-14}	$MgCO_3$	3.5×10^{-8}	$Zn[Hg(SCN)_4]$	2.2×10^{-7}
$Cd_3(PO_4)_2$	2.5×10^{-33}	MgC_2O_4	8.5×10^{-4}	$Zn(OH)_2$	1.2×10^{-17}
CdS	3.6×10^{-29}	MgF_2	6.5×10^{-9}	$Zn_3(PO_4)_2$	9.0×10^{-33}
$Co_2[Fe(CN)_6]$	1.8×10^{-15}	$MgNH_4PO_4$	2.5×10^{-13}	ZnS	1.2×10^{-23}
$Co[Hg(SCN)_4]$	1.5×10^{-6}				

附录三　金属络合物的稳定常数

	$\lg K_1$	$\lg K_2$	$\lg K_3$	$\lg K_4$	$\lg K_5$	$\lg K_6$	$\lg \beta_n$
氨							
Co^{2+}	2.11	1.63	1.05	0.76	0.18	−0.38	5.11
Co^{3+}	6.7	7.3	6.1	5.6	5.1	4.4	35.2
Cu^{2+}	4.31	3.67	3.04	2.30			13.32
Hg^{2+}	8.8	8.7	1.0	0.78			19.28
Ni^{2+}	2.80	2.24	1.73	1.19	0.75	0.03	8.74
Ag^{+}	3.24	3.81					7.05
Zn^{2+}	2.37	2.44	2.50	2.15			9.46
氯离子							
Sb^{3+}	2.26	1.23	0.69	0.54			4.72
Bi^{3+}	2.44	2.3	0.3	0.6			5.6
Cu^{2+}	0.1	−1.6					−0.6
Fe^{3+}	1.48	0.65	−0.14	−1.98			0.01
Pb^{2+}	1.62	0.85	−0.74	−0.10			1.60
Hg^{2+}	6.74	6.48	0.85	1.00			15.07
Zn^{2+}	0.43	0.18	−0.08	−0.33			0.20
氰离子							
Cd^{2+}	5.48	5.12	4.63	1.55			18.78
Cu^{+}		$\lg \beta_2$ 24.0	4.59	1.71			30.30
Fe^{2+}							$\lg \beta_6$ 35
Fe^{3+}							$\lg \beta_6$ 42
Hg^{2+}							$\lg \beta_4$ 41.4
Ni^{2+}							$\lg \beta_4$ 31.3
Ag^{+}		$\lg \beta_2$ 21.2	0.6	−1.1			$\lg \beta_4$ 5.30
Zn^{2+}							$\lg \beta_4$ 16.7
氟离子							
Al^{3+}	6.10	5.05	3.85	2.75	1.62	0.47	19.84
Fe^{3+}	5.28	4.02	2.76				12.06
碘离子							
Bi^{3+}	3.63			$\lg \beta_4$ 14.95	1.85	2.00	18.80
Hg^{2+}	12.87	10.95	3.78	2.23			29.83
焦磷酸根							
Ca^{2+}	4.6						
Mg^{2+}	5.7						
Cu^{2+}	6.7	2.3					9.0
硫氰酸根							
Co^{2+}	−0.04	−0.66	0.70	3.00			3.00
Fe^{3+}	2.95	0.41					3.36
Hg^{2+}		$\lg \beta_2$ 17.47					$\lg \beta_4$ 21.23
Ag^{+}		$\lg \beta_2$ 7.57	1.51	1.00			10.08
Zn^{2+}	1.62						

续表

	$\lg K_1$	$\lg K_2$	$\lg K_3$	$\lg K_4$	$\lg K_5$	$\lg K_6$	$\lg \beta_n$
硫代硫酸根							
Ag^{+}	8.82	4.64					13.46
Hg^{2+}		$\lg \beta_2$ 29.44	2.40	1.34			33.24
醋酸根							
Fe^{3+}	3.2						
Pb^{2+}	2.52	1.48	2.4	2.1			8.5
枸橼酸根							
（按 L^{3-} 阴离子成络）							
Al^{3+}	20.0						
Co^{2+}	12.5						
Cd^{2+}	11.3						
Cu^{2+}	14.2						
Fe^{2+}	15.5						
Fe^{3+}	25.0						
Ni^{2+}	14.3						
Zn^{2+}	11.4						
乙二胺							
Co^{2+}	5.91	4.73	3.30				13.94
Cu^{2+}	10.67	9.33	1.02				21.0
Zn^{2+}	5.77	5.06	3.28				14.11
乙二胺四乙酸							
Ag^{2+}	7.32						
Al^{3+}	16.11						
Ba^{2+}	7.78						
Bi^{3+}	22.8						
Ca^{2+}	11.0						
Cd^{2+}	16.4						
Co^{2+}	16.31						
Cr^{3+}	23						
Cu^{2+}	18.7						
Fe^{2+}	14.33						
Fe^{3+}	24.23						
Hg^{2+}	21.80						
Mg^{2+}	8.64						
Mn^{2+}	13.8						
Ni^{2+}	18.56						
Pb^{2+}	18.3						
Sn^{2+}	22.1						
Zn^{2+}	16.4						
草酸根离子							
Cu^{2+}	6.16	2.3					8.5
Fe^{2+}	2.9	1.62	0.70				5.22
Fe^{3+}	9.4	4.8	4.0				20.2

附录四　标准电极电位表(25℃)

在酸性溶液中

电极反应				$E^\ominus$(V)
氧化形	电子数		还原形	
Li^+	+e	⇌	Li	−3.045
K^+	+e	⇌	K	−2.925
Ba^{2+}	+2e	⇌	Ba	−2.90
Sr^{2+}	+2e	⇌	Sr	−2.89
Ca^{2+}	+2e	⇌	Ca	−2.87
Na^+	+e	⇌	Na	−2.714
Ce^{3+}	+3e	⇌	Ce	−2.48
Mg^{2+}	+2e	⇌	Mg	−2.37
$1/2H_2$	+e	⇌	H^-	−2.25
AlF_6^{3-}	+3e	⇌	$Al+6F^-$	−2.07
Be^{2+}	+2e	⇌	Be	−1.85
Al^{3+}	+3e	⇌	Al	−1.66
Ti^{2+}	+2e	⇌	Ti	−1.63
V^{2+}	+2e	⇌	V	−1.18
Te	+2e	⇌	Te^{2-}	−1.14
SiF_6^{2-}	+4e	⇌	$Si+6F^-$	−1.2
Mn^{2+}	+2e	⇌	Mn	−1.182
Se	+2e	⇌	Se^{2-}	−0.92
Cr^{2+}	+2e	⇌	Cr	−0.91
$Bi+3H^+$	+3e	⇌	BiH_3	−0.8
Zn^{2+}	+2e	⇌	Zn	−0.763
Cr^{3+}	+3e	⇌	Cr	−0.74
Ag_2S	+2e	⇌	$2Ag+S^{2-}$	−0.69
$Sb+3H^+$	+3e	⇌	SbH_3	−0.51
$H_3PO_3+2H^+$	+2e	⇌	$H_3PO_2+H_2O$	−0.502
$2CO_2+2H^+$	+2e	⇌	$H_2C_2O_4$	−0.49
$H_3PO_3+3H^+$	+3e	⇌	$P+3H_2O$	−0.49
S	+2e	⇌	S^{2-}	−0.48
Fe^{2+}	+2e	⇌	Fe	−0.440
Cr^{3+}	+e	⇌	Cr^{2+}	−0.41
Cd^{2+}	+2e	⇌	Cd	−0.403
$As+3H^+$	+3e	⇌	AsH_3	−0.38
$PbSO_4$	+2e	⇌	$Pb+SO_4^{2-}$	−0.3553
Cd^{2+}	+2e	⇌	Cd(Hg)	−0.352
$Ag(CN)_2^-$	+e	⇌	$Ag+2CN^-$	−0.31
Co^{2+}	+2e	⇌	Co	−0.277
$H_3PO_4+2H^+$	+2e	⇌	$H_3PO_3+H_2O$	−0.276
$HCNO+H^+$	+e	⇌	$1/2\ C_2N_2$(气)$+H_2O$	−0.27

续表

电极反应				$E^\ominus$(V)
氧化形	电子数		还原形	
$PbCl_2$	$+2e$	⇌	$Pb(Hg)+2Cl^-$	−0.262
V^{3+}	$+e$	⇌	V^{2+}	−0.255
Ni^{2+}	$+2e$	⇌	Ni	−0.246
$SnCl_4^{2-}$	$+2e$	⇌	$Sn+4Cl^-$(1M HCl)	−0.19
AgI	$+e$	⇌	$Ag+I^-$	−0.152
CO_2(气)$+2H^+$	$+2e$	⇌	$HCOOH$	−0.14
Sn^{2+}	$+2e$	⇌	Sn	−0.136
$CH_3COOH+2H^+$	$+2e$	⇌	CH_3CHO+H_2O	−0.13
Pb^{2+}	$+2e$	⇌	Pb	−0.126
$P+3H^+$	$+3e$	⇌	PH_3(气)	−0.04
Ag_2S+2H^+	$+2e$	⇌	$2Ag+H_2S$	−0.0366
Fe^{3+}	$+3e$	⇌	Fe	−0.0362
$2H^+$	$+2e$	⇌	H_2	0.0000
$AgBr$	$+e$	⇌	$Ag+Br^-$	0.0713
$S_4O_6^{2-}$	$+2e$	⇌	$2S_2O_3^{2-}$	0.08
$SnCl_6^{2-}$	$+2e$	⇌	$SnCl_4^{2-}+2Cl^-$(1M HCl)	0.14
$S+2H^+$	$+2e$	⇌	H_2S(气)	0.141
$Sb_2O_3+6H^+$	$+6e$	⇌	$2Sb+3H_2O$	0.152
Sn^{4+}	$+2e$	⇌	Sn^{2+}	0.154
Cu^{2+}	$+e$	⇌	Cu^+	0.159
$SO_4^{2-}+4H^+$	$+2e$	⇌	SO_2(水溶液)$+2H_2O$	0.17
SbO^++2H^+	$+3e$	⇌	$Sb+2H_2O$	0.212
$AgCl$	$+e$	⇌	$Ag+Cl^-$	0.2223
$HCHO+2H^+$	$+2e$	⇌	CH_3OH	0.24
$HAsO_2+3H^+$	$+3e$	⇌	$As+2H_2O$	0.248
Hg_2Cl_2(固)	$+2e$	⇌	$2Hg+2Cl^-$	0.2676
$1/2C_2N_2$(气)$+H^+$	$+e$	⇌	HCN	0.33
Cu^{2+}	$+2e$	⇌	Cu	0.337
$Fe(CN)_6^{3-}$	$+e$	⇌	$Fe(CN)_6^{4-}$	0.36
$\frac{1}{2}(CN)_2+H^+$	$+e$	⇌	HCN	0.37
$Ag(NH_3)_2^+$	$+e$	⇌	$Ag+2NH_3$	0.373
$2SO_2$(水溶液)$+2H^+$	$+4e$	⇌	$S_2O_3^{2-}+H_2O$	0.40
$H_2N_2O_2+6H^+$	$+4e$	⇌	$2NH_3OH^+$	0.44
Ag_2CrO_4	$+2e$	⇌	$2Ag+CrO_4^{2-}$	0.447
$H_2SO_3+4H^+$	$+4e$	⇌	$S+3H_2O$	0.45
$4SO_2$(水溶液)$+4H^+$	$+6e$	⇌	$S_4O_6^{2-}+2H_2O$	0.51
Cu^+	$+e$	⇌	Cu	0.52
I_2(固)	$+2e$	⇌	$2I^-$	0.5345
$H_3AsO_4+2H^+$	$+2e$	⇌	$HAsO_2+2H_2O$	0.559
Sb_2O_5(固)$+6H^+$	$+4e$	⇌	$2SbO^++3H_2O$	0.58
CH_3OH+2H^+	$+2e$	⇌	CH_4(气)$+H_2O$	0.582
$2NO+2H^+$	$+2e$	⇌	$H_2N_2O_2$	0.602
$2HgCl_2$	$+2e$	⇌	$Hg_2Cl_2+2Cl^-$	0.63

续表

电极反应				$E^{\ominus}$ (V)
氧化形	电子数		还原形	
Ag_2SO_4	+2e	⇌	$2Ag+SO_4^{2-}$	0.653
O_2+2H^+	+2e	⇌	H_2O_2	0.682
$Fe(CN)_6^{3-}$	+e	⇌	$Fe(CN)_6^{4-}$ (1M H_2SO_4)	0.71
$PtCl_4^{2-}$	+2e	⇌	$Pt+4Cl^-$	0.73
$H_2SeO_3+4H^+$	+4e	⇌	$Se+3H_2O$	0.740
$PtCl_6^{2-}$	+2e	⇌	$PtCl_4^{2-}+2Cl^-$	0.76
$(CNS)_2$	+2e	⇌	$2CNS^-$	0.77
Fe^{3+}	+e	⇌	Fe^{2+}	0.771
Hg_2^{2+}	+2e	⇌	2Hg	0.793
Ag^+	+e	⇌	Ag	0.7995
$2HNO_2+4H^+$	+4e	⇌	$H_2N_2O_2+2H_2O$	0.80
$NO_3^-+2H^+$	+e	⇌	NO_2+H_2O	0.80
OsO_4+8H^+	+8e	⇌	$Os+4H_2O$	0.85
Hg^{2+}	+2e	⇌	Hg	0.854
$Cu^{2+}+I^-$	+e	⇌	CuI	0.862
$2Hg^{2+}$	+2e	⇌	Hg_2^{2+}	0.920
$NO_3^-+3H^+$	+2e	⇌	HNO_2+H_2O	0.94
$NO_3^-+4H^+$	+3e	⇌	$NO+2H_2O$	0.96
$HIO+H^+$	+2e	⇌	I^-+H_2O	0.99
HNO_2+H^+	+e	⇌	$NO+H_2O$	1.00
NO_2+2H^+	+2e	⇌	$NO+H_2O$	1.03
ICl_2^-	+e	⇌	$\frac{1}{2}I_2+2Cl^-$	1.06
Br_2(液)	+2e	⇌	$2Br^-$	1.065
NO_2+H^+	+e	⇌	HNO_2	1.07
$IO_3^-+6H^+$	+6e	⇌	I^-+3H_2O	1.085
Br_2(水溶液)	+2e	⇌	$2Br^-$	1.087
$Cu^{2+}+2CN^-$	+e	⇌	$Cu(CN)_2^-$	1.12
$IO_3^-+5H^+$	+4e	⇌	$HIO+2H_2O$	1.14
$SeO_4^{2-}+4H^+$	+2e	⇌	$H_2SeO_3+H_2O$	1.15
$ClO_3^-+2H^+$	+e	⇌	ClO_2+H_2O	1.15
$ClO_4^-+2H^+$	+2e	⇌	$ClO_3^-+H_2O$	1.19
$IO_3^-+6H^+$	+5e	⇌	$\frac{1}{2}I_2+3H_2O$	1.20
$ClO_4^-+3H^+$	+2e	⇌	$HClO_2+H_2O$	1.21
O_2+4H^+	+4e	⇌	$2H_2O$	1.229
MnO_2+4H^+	+2e	⇌	$Mn^{2+}+2H_2O$	1.232
$2HNO_2+4H^+$	+4e	⇌	N_2O+3H_2O	1.27
$HBrO+H^+$	+2e	⇌	Br^-+H_2O	1.33
$Cr_2O_7^{2-}+14H^+$	+6e	⇌	$2Cr^{3+}+7H_2O$	1.33
$ClO_4^-+8H^+$	+7e	⇌	$\frac{1}{2}Cl_2+4H_2O$	1.34
Cl_2(气)	+2e	⇌	$2Cl^-$	1.3595
$ClO_4^-+8H^+$	+8e	⇌	Cl^-+4H_2O	1.37
$BrO_3^-+6H^+$	+6e	⇌	Br^-+3H_2O	1.44
Ce^{4+}	+e	⇌	Ce^{3+} (0.5M H_2SO_4)	1.44

续表

电极反应				$E^{\ominus}$(V)
氧化形	电子数		还原形	
$ClO_3^- + 6H^+$	$+6e$	$\rightleftharpoons$	$Cl^- + 3H_2O$	1.45
$HIO + H^+$	$+e$	$\rightleftharpoons$	$\frac{1}{2}I_2 + H_2O$	1.45
$PbO_2 + 4H^+$	$+2e$	$\rightleftharpoons$	$Pb^{2+} + 2H_2O$	1.455
$2NH_3OH^+ + H^+$	$+2e$	$\rightleftharpoons$	$N_2H_5^+ + 2H_2O$	1.46
$ClO_3^- + 6H^+$	$+5e$	$\rightleftharpoons$	$\frac{1}{2}Cl_2 + 3H_2O$	1.47
Mn^{3+}	$+e$	$\rightleftharpoons$	Mn^{2+} (7.5M H_2SO_4)	1.488
$HClO + H^+$	$+2e$	$\rightleftharpoons$	$Cl^- + H_2O$	1.49
$MnO_4^- + 8H^+$	$+5e$	$\rightleftharpoons$	$Mn^{2+} + 4H_2O$	1.51
$BrO_3^- + 6H^+$	$+5e$	$\rightleftharpoons$	$\frac{1}{2}Br_2 + 3H_2O$	1.52
$HClO_2 + 3H^+$	$+4e$	$\rightleftharpoons$	$Cl^- + 2H_2O$	1.56
$HBrO + H^+$	$+e$	$\rightleftharpoons$	$\frac{1}{2}Br_2 + H_2O$	1.592
$2NO + 2H^+$	$+2e$	$\rightleftharpoons$	$N_2O + H_2O$	1.59
$H_5IO_6 + H^+$	$+2e$	$\rightleftharpoons$	$IO_3^- + 3H_2O$	1.60
$HClO_2 + 3H^+$	$+3e$	$\rightleftharpoons$	$\frac{1}{2}Cl_2 + 2H_2O$	1.63
$HClO_2 + 2H^+$	$+2e$	$\rightleftharpoons$	$HClO + H_2O$	1.64
$PbO_2 + SO_4^{2-} + 4H^+$	$+2e$	$\rightleftharpoons$	$PbSO_4 + 2H_2O$	1.685
$MnO_4^- + 4H^+$	$+3e$	$\rightleftharpoons$	$MnO_2 + 2H_2O$	1.695
$N_2O + 2H^+$	$+2e$	$\rightleftharpoons$	$N_2 + H_2O$	1.77
$H_2O_2 + 2H^+$	$+2e$	$\rightleftharpoons$	$2H_2O$	1.77
Co^{3+}	$+e$	$\rightleftharpoons$	Co^{2+} (3M HNO_3)	1.84
Ag^{2+}	$+e$	$\rightleftharpoons$	Ag^+ (4M $HClO_4$)	1.927
$S_2O_8^{2-}$	$+2e$	$\rightleftharpoons$	$2SO_4^{2-}$	2.01
$O_3 + 2H^+$	$+2e$	$\rightleftharpoons$	$O_2 + H_2O$	2.07
F_2	$+2e$	$\rightleftharpoons$	$2F^-$	2.87
$F_2 + 2H^+$	$+2e$	$\rightleftharpoons$	$2HF$	3.06

在碱性溶液中

电极反应				$E^{\ominus}$(V)
氧化形	电子数		还原形	
$Ca(OH)_2$	$+2e$	$\rightleftharpoons$	$Ca + 2OH^-$	−3.02
$Sr(OH)_2 \cdot 8H_2O$	$+2e$	$\rightleftharpoons$	$Sr + 2OH^- + 8H_2O$	−2.99
$Ba(OH)_2 \cdot 8H_2O$	$+2e$	$\rightleftharpoons$	$Ba + 2OH^- + 8H_2O$	−2.97
$Mg(OH)_2$	$+2e$	$\rightleftharpoons$	$Mg + 2OH^-$	−2.69
$H_2AlO_3^- + H_2O$	$+3e$	$\rightleftharpoons$	$Al + 4OH^-$	−2.35
$HPO_3^{2-} + 2H_2O$	$+2e$	$\rightleftharpoons$	$H_2PO_2^- + 3OH^-$	−1.65
$Mn(OH)_2$	$+2e$	$\rightleftharpoons$	$Mn + 2OH^-$	−1.55
$Cr(OH)_3$	$+3e$	$\rightleftharpoons$	$Cr + 3OH^-$	−1.3
$ZnO_2^{2-} + 2H_2O$	$+2e$	$\rightleftharpoons$	$Zn + 4OH^-$	−1.216
$As + 3H_2O$	$+3e$	$\rightleftharpoons$	$AsH_3 + 3OH^-$	−1.21
$HCOO^- + 2H_2O$	$+2e$	$\rightleftharpoons$	$HCHO + 3OH^-$	−1.14
$2SO_3^{2-} + 2H_2O$	$+2e$	$\rightleftharpoons$	$S_2O_4^{2-} + 4OH^-$	−1.12

续表

电极反应				$E^{\ominus}$(V)
氧化形	电子数		还原形	
$PO_4^{3-}+2H_2O$	$+2e$	$\rightleftharpoons$	$HPO_4^{2-}+3OH^-$	−1.05
$Zn(NH_3)_4^{2+}$	$+2e$	$\rightleftharpoons$	$Zn+4NH_3$	−1.04
CNO^-+H_2O	$+2e$	$\rightleftharpoons$	CN^-+2OH^-	−0.97
$CO_3^{2-}+2H_2O$	$+2e$	$\rightleftharpoons$	$HCOO^-+3OH^-$	−0.95
$Sn(OH)_6^{2-}$	$+2e$	$\rightleftharpoons$	$HSnO_2^-+3OH^-+H_2O$	−0.93
$SO_4^{2-}+H_2O$	$+2e$	$\rightleftharpoons$	$SO_3^{2-}+2OH^-$	−0.93
$HSnO_2^-+H_2O$	$+2e$	$\rightleftharpoons$	$Sn+3OH^-$	−0.91
$P+3H_2O$	$+3e$	$\rightleftharpoons$	PH_3(气)$+3OH^-$	−0.87
$2NO_3^-+2H_2O$	$+2e$	$\rightleftharpoons$	$N_2O_4+4OH^-$	−0.85
$2H_2O$	$+2e$	$\rightleftharpoons$	H_2+2OH^-	−0.8277
$N_2O_2^{2-}+6H_2O$	$+4e$	$\rightleftharpoons$	$2NH_2OH+6OH^-$	−0.73
Ag_2S	$+2e$	$\rightleftharpoons$	$2Ag+S^{2-}$	−0.69
$AsO_2^-+2H_2O$	$+3e$	$\rightleftharpoons$	$As+4OH^-$	−0.68
$SbO_2^-+2H_2O$	$+3e$	$\rightleftharpoons$	$Sb+4OH^-$ (10*M* KOH)	−0.675
$AsO_4^{3-}+2H_2O$	$+2e$	$\rightleftharpoons$	$AsO_2^-+4OH^-$	−0.67
$SO_3^{2-}+3H_2O$	$+4e$	$\rightleftharpoons$	$S+6OH^-$	−0.66
$HCHO+2H_2O$	$+2e$	$\rightleftharpoons$	$CH_3OH+2OH^-$	−0.59
SbO_3+H_2O	$+3e$	$\rightleftharpoons$	$SbO_2^-+2OH^-$ (10*M* NaOH)	−0.589
$2SO_3^{2-}+3H_2O$	$+4e$	$\rightleftharpoons$	$S_2O_3^{2-}+6OH^-$	−0.58
$Fe(OH)_3$	$+e$	$\rightleftharpoons$	$Fe(OH)_2+OH^-$	−0.56
$HPbO_2^-+H_2O$	$+2e$	$\rightleftharpoons$	$Pb+3OH^-$	−0.54
S	$+2e$	$\rightleftharpoons$	S^{2-}	−0.48
$NO_2^-+H_2O$	$+e$	$\rightleftharpoons$	$NO+2OH^-$	−0.46
$Bi_2O_3+3H_2O$	$+6e$	$\rightleftharpoons$	$2Bi+6OH^-$	−0.46
CH_3OH+H_2O	$+2e$	$\rightleftharpoons$	CH_4(气)$+2OH^-$	−0.25
$CrO_4^{2-}+2H_2O$	$+3e$	$\rightleftharpoons$	$CrO_2^-+4OH^-$ (1*M* NaOH)	−0.12
$CrO_4^{2-}+4H_2O$	$+3e$	$\rightleftharpoons$	$Cr(OH)_3+5OH^-$	−0.132
$2Cu(OH)_2$	$+2e$	$\rightleftharpoons$	$Cu_2O+2OH^-+H_2O$	−0.09
O_2+H_2O	$+2e$	$\rightleftharpoons$	$HO_2^-+OH^-$	−0.076
$AgCN$	$+e$	$\rightleftharpoons$	$Ag+CN^-$	−0.017
$NO_3^-+H_2O$	$+2e$	$\rightleftharpoons$	$NO_2^-+2OH^-$	0.01
$SeO_4^{2-}+H_2O$	$+2e$	$\rightleftharpoons$	$SeO_3^{2-}+2OH^-$	0.05
$HgO+H_2O$	$+2e$	$\rightleftharpoons$	$Hg+2OH^-$	0.098
$Mn(OH)_3$	$+e$	$\rightleftharpoons$	$Mn(OH)_2+OH^-$	0.1
$Co(NH_3)_6^{3+}$	$+e$	$\rightleftharpoons$	$Co(NH_3)_6^{2+}$	0.1
$2NO_2^-+3H_2O$	$+4e$	$\rightleftharpoons$	N_2O+6OH^-	0.15
$ClO_4^-+H_2O$	$+2e$	$\rightleftharpoons$	$ClO_3^-+2OH^-$	0.36
$Co(OH)_3$	$+e$	$\rightleftharpoons$	$Co(OH)_2+OH^-$	0.17
$IO_3^-+3H_2O$	$+6e$	$\rightleftharpoons$	I^-+6OH^-	0.26
PbO_2+H_2O	$+2e$	$\rightleftharpoons$	$PbO+2OH^-$	0.28
Ag_2O+H_2O	$+2e$	$\rightleftharpoons$	$2Ag+2OH^-$	0.342
$ClO_3^-+H_2O$	$+2e$	$\rightleftharpoons$	$ClO_2^-+2OH^-$	0.35
O_2+2H_2O	$+4e$	$\rightleftharpoons$	$4OH^-$ (1*M* NaOH)	0.41

续表

电极反应				$E^{\ominus}$(V)
氧化形	电子数		还原形	
$IO^- + H_2O$	$+2e$	$\rightleftharpoons$	$I^- + 2OH^-$	0.49
$IO_3^- + 2H_2O$	$+4e$	$\rightleftharpoons$	$IO^- + 4OH^-$	0.15
MnO_4^-	$+e$	$\rightleftharpoons$	MnO_4^{2-}	0.564
$MnO_4^- + 2H_2O$	$+3e$	$\rightleftharpoons$	$MnO_2 + 4OH^-$	0.588
$ClO_2^- + H_2O$	$+2e$	$\rightleftharpoons$	$ClO^- + 2OH^-$	0.59
$BrO_3^- + 3H_2O$	$+6e$	$\rightleftharpoons$	$Br^- + 6OH^-$	0.61
$ClO_3^- + 3H_2O$	$+6e$	$\rightleftharpoons$	$Cl^- + 6OH^-$	0.62
$AsO_2^- + 2H_2O$	$+3e$	$\rightleftharpoons$	$As + 4OH^-$	0.68
$2NH_2OH$	$+2e$	$\rightleftharpoons$	$N_2H_4 + 2OH^-$	0.74
$BrO^- + H_2O$	$+2e$	$\rightleftharpoons$	$Br^- + 2OH^-$	0.76
$ClO_2^- + 2H_2O$	$+4e$	$\rightleftharpoons$	$Cl^- + 4OH^-$	0.76
H_2O_2	$+2e$	$\rightleftharpoons$	$2OH^-$	0.88
$ClO^- + H_2O$	$+2e$	$\rightleftharpoons$	$Cl^- + 2OH^-$	0.89
$O_3 + H_2O$	$+2e$	$\rightleftharpoons$	$O_2 + 2OH^-$	1.24
$C_7H_8O_4O_2 + H_2O$	$+2e$	$\rightleftharpoons$	$C_7H_8O_4(OH)_2$(抗坏血酸)	−0.136
O= O= (苯环) $+2H^+$	$+2e$	$\rightleftharpoons$	HO— HO— (苯环)(邻苯二酚)	−0.792
O= O= (苯环)—$CH_2CH(NH_2)$—$COOH + 2H^+$	$+2e$	$\rightleftharpoons$	HO— HO— (苯环)—CH_2—$CH(NH_2)$—$COOH$ (多巴)	−0.800
O= O= (苯环)—$CH(OH)$—CH_2—NH—$CH_3 + 2H^+$	$+2e$	$\rightleftharpoons$	HO— HO— (苯环)—$CH(OH)$—CH_2—NH—CH_3 (肾上腺素)	−0.809

附录五　元素的原子量

（按照原子序数排列，以 $A_r(^{12}C)=12$ 为基准）

元素			原子序	原子量	元素			原子序	原子量
符号	名称	英文名			符号	名称	英文名		
H	氢	Hydrogen	1	1.00794(7)	Y	钇	Yttrium	39	88.90585(2)
He	氦	Helium	2	4.002602(2)	Zr	锆	Zirconium	40	91.224(2)
Li	锂	Lithium	3	6.941(2)	Nb	铌	Niobium	41	92.90638(2)
Be	铍	Beryllium	4	9.012182(3)	Mo	钼	Molybdenum	42	95.94(1)
B	硼	Boron	5	10.811(7)	Tc	锝	Technetium	43	[98]
C	碳	Carbon	6	12.0107(8)	Ru	钌	Ruthenium	44	101.07(2)
N	氮	Nitrogen	7	14.0067(2)	Rh	铑	Rhodium	45	102.90550(2)
O	氧	Oxygen	8	15.9994(3)	Pd	钯	Palladium	46	106.42(1)
F	氟	Fluorine	9	18.9984032(5)	Ag	银	Silver	47	107.8682(2)
Ne	氖	Neon	10	20.1797(6)	Cd	镉	Cadmium	48	112.411(8)
Na	钠	Sodium	11	22.989770(2)	In	铟	Indium	49	114.818(3)
Mg	镁	Magnesium	12	24.3050(6)	Sn	锡	Tin	50	118.710(7)
Al	铝	Aluminium	13	26.981538(2)	Sb	锑	Antimony	51	121.760(1)
Si	硅	Silicon	14	28.0855(3)	Te	碲	Tellurium	52	127.60(3)
P	磷	Phosphorus	15	30.973761(2)	I	碘	Iodine	53	126.90447(3)
S	硫	Sulfur	16	32.065(5)	Xe	氙	Xenon	54	131.293(6)
Cl	氯	Chlorine	17	35.453(2)	Cs	铯	Cesium	55	132.90545(2)
Ar	氩	Argon	18	39.948(1)	Ba	钡	Barium	56	137.327(7)
K	钾	Potassium	19	39.0983(1)	La	镧	Lanthanum	57	138.9055(2)
Ca	钙	Calcium	20	40.078(4)	Ce	铈	Cerium	58	140.116(1)
Sc	钪	Scandium	21	44.955910(8)	Pr	镨	Praseodymium	59	140.90765(2)
Ti	钛	Titanium	22	47.867(1)	Nd	钕	Neodymium	60	144.24(3)
V	钒	Vanadium	23	50.9415(1)	Pm	钷	Promethium	61	[145]
Cr	铬	Chromium	24	51.9961(6)	Sm	钐	Samarium	62	150.36(3)
Mn	锰	Manganese	25	54.938049(9)	Eu	铕	Europium	63	151.964(1)
Fe	铁	Iron	26	55.845(2)	Gd	钆	Gadolinium	64	157.25(3)
Co	钴	Cobalt	27	58.933200(9)	Tb	铽	Terbium	65	158.92534(2)
Ni	镍	Nickel	28	58.6934(2)	Dy	镝	Dysprosium	66	162.50(3)
Cu	铜	Copper	29	63.546(3)	Ho	钬	Holmium	67	164.93032(2)
Zn	锌	Zinc	30	65.39(2)	Er	铒	Erbium	68	167.259(3)
Ga	镓	Gallium	31	69.723(1)	Tm	铥	Thulium	69	168.93421(2)
Ge	锗	Germanium	32	72.64(1)	Yb	镱	Ytterbium	70	173.04(3)
As	砷	Arsenic	33	74.92160(2)	Lu	镥	Lutetium	71	174.967(1)
Se	硒	Selenium	34	78.96(3)	Hf	铪	Hafnium	72	178.49(2)
Br	溴	Bromine	35	79.904(1)	Ta	钽	Tantalum	73	180.9479(1)
Kr	氪	Krypton	36	83.30(1)	W	钨	Tungsten	74	183.84(1)
Rb	铷	Rubidium	37	85.4678(3)	Re	铼	Rhenium	75	186.207(1)
Sr	锶	Strontium	38	87.62(1)	Os	锇	Osmium	76	190.23(3)

续表

元素			原子序	原子量	元素			原子序	原子量
符号	名称	英文名			符号	名称	英文名		
Ir	铱	Iridium	77	192.217(3)	Pa	镤	Protactinium	91	231.03588(2)
Pt	铂	Platinum	78	195.078(2)	U	铀	Uranium	92	238.02891(3)
Au	金	Gold	79	196.96655(2)	Np	镎	Neptunium	93	[237]
Hg	汞	Mercury	80	200.59(2)	Pu	钚	Plutonium	94	[244]
Tl	铊	Thallium	81	204.3833(2)	Am	镅	Americium	95	[243]
Pb	铅	Lead	82	207.2(1)	Cm	锔	Curium	96	[247]
Bi	铋	Bismuth	83	208.98038(2)	Bk	锫	Berkelium	97	[247]
Po	钋	Polonium	84	[209]	Cf	锎	Californium	98	[251]
At	砹	Astatine	85	[210]	ES	锿	Einsteinium	99	[252]
Rn	氡	Radon	86	[222]	Fm	镄	Fermium	100	[257]
Fr	钫	Francium	87	[223]	Md	钔	Mendelevium	101	[258]
Ra	镭	Radium	88	[226]	No	锘	Nobelium	102	[259]
Ac	锕	Actinium	89	[227]	Lr	铹	Lawrencium	103	[262]
Th	钍	Thorium	90	232.0381(1)					

注：录自1999年国际原子量表(IUPAC Commission of Atomic Weights and Isotopic Abundances. Atomic Weights of the Elements 1999. Pure Appl. Chem.,2001,73:667—683),“( )”表示原子量最后一位的不确定性,“[ ]”中的数值为没有稳定同位素元素的半衰期最长同位素的质量数。

附录六 常用分子式、分子量表

（根据 1999 年公布的原子量计算）

分子式	分子量	分子式	分子量
AgBr	187.772	KOH	56.106
AgCl	143.321	K_2PtCl_6	486.00
AgI	234.772	KSCN	97.182
$AgNO_3$	169.873	$MgCO_3$	84.314
Al_2O_3	101.9612	$MgCl_2$	95.211
As_2O_3	197.8414	$MgSO_4 \cdot 7H_2O$	246.476
$BaCl_2 \cdot 2H_2O$	244.263	$MgNH_4PO_4 \cdot 6H_2O$	245.407
BaO	153.326	MgO	40.304
$Ba(OH)_2 \cdot 8H_2O$	315.467	$Mg(OH)_2$	58.320
$BaSO_4$	233.391	$Mg_2P_2O_7$	222.553
$CaCO_3$	100.087	$Na_2B_4O_7 \cdot 10H_2O$	381.372
CaO	56.0774	NaBr	102.894
$Ca(OH)_2$	74.093	NaCl	58.4890
CO_2	44.0100	Na_2CO_3	105.9890
CuO	79.545	$NaHCO_3$	84.0071
Cu_2O	143.091	$Na_2HPO_4 \cdot 12H_2O$	358.143
$CuSO_4 \cdot 5H_2O$	249.686	$NaNO_2$	69.00
FeO	71.85	Na_2O	61.9790
Fe_2O_3	159.69	NaOH	39.9971
$FeSO_4 \cdot 7H_2O$	278.0176	$Na_2S_2O_3$	158.110
$FeSO_4(NH_4)_2SO_4 \cdot 6H_2O$	392.1429	$Na_2S_2O_3 \cdot 5H_2O$	248.186
H_3BO_3	61.8330	NH_3	17.03
HCl	36.4606	NH_4Cl	53.49
$HClO_4$	100.4582	NH_4OH	35.05
HNO_3	63.0129	$(NH_4)_3PO_4 \cdot 12MoO_3$	1876.35
H_2O	18.01531	$(NH_4)_2SO_4$	132.141
H_2O_2	34.0147	$PbCrO_4$	323.19
H_3PO_4	97.9953	PbO_2	239.20
H_2SO_4	98.0795	$PbSO_4$	303.26
I_2	253.809	P_2O_5	141.945
$KAl(SO_4)_2 \cdot 12H_2O$	474.3904	SiO_2	60.085
KBr	119.002	SO_2	64.065
$KBrO_3$	167.0005	SO_3	80.064
KCl	74.551	ZnO	81.39
$KClO_4$	138.549	CH_3COOH（醋酸）	60.05
K_2CO_3	138.206	$H_2C_2O_4 \cdot 2H_2O$	126.07
K_2CrO_4	194.194	$KHC_4H_4O_6$（酒石酸氢钾）	188.178
K_2CrO_7	294.188	$KHC_8H_4O_4$（邻苯二甲酸氢钾）	204..224
KH_2PO_4	136.086	$K(SbO)C_4H_4O_6 \cdot 1/2H_2O$（酒石酸锑钾）	333.928
$KHSO_4$	136.170	$Na_2C_2O_4$（草酸钠）	134.00
KI	166.003	$NaC_7H_5O_2$（苯甲酸钠）	144.11
KIO_3	214.001	$Na_3C_6H_5O_7 \cdot 2H_2O$（枸橼酸钠）	294.12
$KIO_3 \cdot HIO_3$	389.91	$Na_2H_2C_{10}H_{12}O_8N_2 \cdot 2H_2O$ （EDTA 二钠二水合物）	372.240
$KMnO_4$	158.034		
KNO_2	85.10		

附录七　主要基团的红外特征吸收峰

基　　团	振动类型	波数 (cm^{-1})	波长 (μm)	强度	备　　注
一、烷烃类	CH 伸	3000～2850	3.33～3.51	中、强	分为反称与对称伸缩
	CH 弯(面内)	1490～1350	6.70～7.41	中、弱	不特征
	C—C 伸(骨架振动)	1250～1140	8.00～8.77	中	$(CH_3)_3C$ 及 $(CH_3)_2C$ 有
1.　$—CH_3$	CH 伸(反称)	2962±10	3.38±0.01	强	分裂为三个峰，此峰最有用
	CH 伸(对称)	2872±10	3.48±0.01	强	共振时，分裂为两个峰，此为平均值
	CH 弯(反称，面内)	1450±20	6.90±0.1	中	
	CH 弯(对称，面内)	1380～1370	7.25～7.30	强	
2.　$—CH_2—$	CH 伸(反称)	2926±10	3.42±0.01	强	
	CH 伸(对称)	2853±10	3.51±0.01	强	
	CH 弯(面内)	1465±20	6.83±0.1	中	
3.　$—\overset{}{\underset{\vert}{C}}H—$	CH 伸	2890±10	3.46±0.01	弱	
	CH 弯(面内)	～1340	7.46	弱	
4.　$—C(CH_3)_3$	CH 弯(面内)	1395～1385	7.17～7.22	中	
	CH 弯	1370～1365	7.30～7.33	强	
	C—C 伸	1250～1200	8.00～8.33	中	骨架振动
	可能为 CH 弯(面外)	～415	24.1	中	
二、烯烃类	CH 伸	3095～3000	3.23～3.33	中、弱	
	C═C 伸	1695～1540	5.90～6.50	变	C═C═C 则为 2000～1925 cm^{-1} (5.0～5.2μm)
	* CH 弯(面内)	1430～1290	7.00～7.75	中	
	CH 弯(面外)	1010～667	9.90～15.0	强	中间有数段间隔
1.　(H)C═C(H) (顺式)	CH 伸	3040～3010	3.29～3.32	中	
	CH 弯(面内)	1310～1295	7.63～7.72	中	
	CH 弯(面外)	770～665	12.99～15.04	强	
2.　(H)C═C(H) (反式)	CH 伸	3040～3010	3.29～3.32	中	
	CH 弯(面外)	970～960	10.31～10.42	强	
三、炔烃类	CH 伸	～3300	～3.03	中	
	C≡C 伸	2270～2100	4.41～4.76	中	由于此位置峰多，故无应用价值
	CH 弯(面内)	～1250	～8.00		

注：* 数据的可靠性差

续表

基　团	振动类型	波数 (cm^{-1})	波长 (μm)	强度	备　注
	CH 弯(面外)	645～615	15.50～16.25	强	
1. R—C≡CH	CH 伸 C≡C 伸	3310～3300 2140～2100	3.02～3.03 4.67～4.76	中 特弱	有用 可能看不到
2. R—C≡C—R	C≡C 伸 ① 与 C═C 共轭 ② 与 C═O 共轭	2260～2190 2270～2220 ～2250	4.43～4.57 4.41～4.51 ～4.44	弱 中 强	
四、芳烃类 1. 苯环	CH 伸 泛频峰 骨架振动($\nu_{C=C}$) CH 弯(面内) CH 弯(面外)	3100～3000 2000～1667 1650～1430 1250～1000 910～665	3.23～3.33 5.00～6.00 6.06～6.99 8.00～10.0 10.99～15.03	变 弱 中、强 弱 强	一般三、四个峰 苯环高度特征峰 确定苯环存在最重要峰之一 确定取代位置最重要吸收峰
	苯环的骨架振动($\nu_{C=C}$)	1600±20 1500±25 1580±10 1450±20	6.25±0.08 6.67±0.10 6.33±0.04 6.90±0.10		共轭环
(1) 单取代	CH 弯(面外)	770～730 710～690	12.99～13.70 14.08～14.49	极强 强	五个相邻氢
(2) 邻双取代	CH 弯(面外)	770～735	12.99～13.61	极强	四个相邻氢
(3) 间双取代	CH 弯(面外)	810～750 725～680 900～860	12.35～13.33 13.79～14.71 11.12～11.63	极强 中、强 中	三个相邻氢 一个氢(次要)
(4) 对双取代	CH 弯(面外)	860～790	11.63～12.66	极强	两个相邻氢
(5) 1,2,3 三取代	CH 弯(面外)	780～760 745～705	12.82～13.16 13.42～14.18	强 强	三个相邻氢与间双易混,参考 δ_{CH} 及泛频峰
(6) 1,3,5 三取代	CH 弯(面外)	865～810 730～675	11.56～12.35 13.70～14.81	强 强	一个氢
(7) 1,2,4 三取代	CH 弯(面外)	900～860 860～800	11.11～11.63 11.63～12.50	中 强	一个氢 两个相邻氢
(8) 1,2,3,4 四取代	CH 弯(面外)	860～800	11.63～12.50	强	两个相邻氢
(9) 1,2,4,5 四取代	CH 弯(面外)	870～855	11.49～11.70	强	一个氢
(10) 1,2,3,5 四取代	CH 弯(面外)	850～840	11.76～11.90	强	一个氢
(11) 五取代	CH 弯(面外)	900～860	11.11～11.63	强	一个氢

续表

基团	振动类型	波数 (cm^{-1})	波长 (μm)	强度	备注
2. 萘环	骨架振动($\nu_{C=C}$)	1650～1600 1630～1575 1525～1450	6.06～6.25 6.14～6.35 6.56～6.90		相当于苯环的1580 cm^{-1}峰
五、醇类	OH 伸 CH 弯(面内) C—O伸 O—H弯(面外)	3700～3200 1410～1260 1250～1000 750～650	2.70～3.13 7.09～7.93 8.00～10.00 13.33～15.38	变 弱 强 强	 液态有此峰
1. OH 伸缩频率 游离 OH 分子间氢键 分子间氢键 分子内氢键 分子内氢键	 OH 伸 OH 伸(单桥) OH 伸(多聚缔合) OH 伸(单桥) OH 伸(螯形化合物)	 3650～3590 3550～3450 3400～3200 3570～3450 3200～2500	 2.74～2.79 2.85～2.90 2.94～3.12 2.80～2.90 3.12～4.00	 变 变 强 变 弱	 尖峰 尖峰 } 稀释移动 宽峰 } 尖峰 } 稀释无影响 很宽 }
2. OH 弯或C—O伸 伯醇 (—CH_2OH) 仲醇 (>CHOH) 叔醇 (—C—OH)	 OH 弯(面内) C—O 伸 OH 弯(面内) C—O 伸 OH 弯(面内) C—O 伸	 1350～1260 ～1050 1350～1260 ～1100 1410～1310 ～1150	 7.41～7.93 ～9.52 7.41～7.93 ～9.09 7.09～7.63 ～8.70	 强 强 强 强 强 强	
六、酚类	OH 伸 OH 弯(面内) Φ—O 伸	3705～3125 1390～1315 1335～1165	2.70～3.20 7.20～7.60 7.50～8.60	强 中 强	Φ—O 伸即芳环上ν_{C-O}
七、醇类 1. 脂肪醚 (1) $RCH_2O—CH_2R$ (2) 不饱和醚 $CH_2=CH—O—CH_2R$	 C—O 伸 C—O 伸	 1230～1010 ～1110 1225～1200	 8.13～9.90 ～9.00 8.16～8.33	 强 强 强	
2. 脂环醚 (1) 四元环 (2) 五元环 (3) 环氧化物	C—O 伸 C—O 伸 C—O 伸 C—O	1250～909 980～970 1100～1075 ～1250 ～890 ～830	8.00～11.0 10.20～10.31 9.09～9.30 ～8.00 ～11.24 ～12.05	中 中 中 强	 反式 顺式

续表

基团	振动类型	波数 (cm^{-1})	波长 (μm)	强度	备注
3. 芳醚	C—O—C伸(反称) C—O—C伸(对称) CH 伸 Φ—O伸	1270～1230 1050 ～ 1000 ～2825 1175～1110	7.87～8.13 9.52～10.00 ～3.53 8.50～9.00	强 中 弱 中、强	 含 $—CH_3$ 的芳醚 ($O—CH_3$) 在苯环上 3 或 3 以上取代时特别强
八、醛类 (—CHO)	CH 伸 C═O 伸 CH 弯(面外)	2900～2700 1755～1665 975～780	3.45～3.70 5.70～6.00 10.26～12.80	弱 很强 中	一般为两个谱带 ～2855 cm^{-1}(3.5μm) 及～2740 cm^{-1} (3.65 μm)
1. 饱和脂肪醛	C═O 伸 其他振动	1755～1695 1440～1325	5.70～5.90 6.95～7.55	强 中	CH 伸、CH 弯同上
2. α,β-不饱和醛	C═O 伸	1705～1680	5.86～5.95	强	CH 伸、CH 弯同上
3. 芳醛	C═O 伸 其他振动 其他振动 其他振动	1725～1665 1415～1350 1320～1260 1230～1160	5.80～6.00 7.07～7.41 7.58～7.94 8.13～8.62	强 中 中 中	CH 伸、CH 弯同上 与芳环上的取代基有关
九、酮类 (>C═O)	C═O 伸 其他振动	1730～1540 1250～1030	5.78～6.49 8.00～9.70	极强 弱	
1. 脂酮	泛频	3510～3390	2.85～2.95	很弱	
(1) 饱和链状酮 ($—CH_2—CO—CH_2—$)	C═O 伸	1725～1705	5.80～5.86	强	
(2) α,β-不饱和酮 (—CH═CH—CO—)	C═O 伸	1685～1665	5.94～6.01	强	由于 C═O 与 C═C 共轭而降低 40 cm^{-1}
(3) α-二酮 (—CO—CO—)	C═O 伸	1730～1710	5.78～5.85	强	
(4) β-二酮(烯醇式) ($—CO—CH_2—CO—$)	C═O 伸	1640～1540	6.10～6.49	强	宽、共轭螯合作用非正常 C═O 峰
2. 芳酮类	C═O 伸 其他振动	1700～1630 1320～1200	5.88～6.14 7.57～8.33	强	很宽的谱带可能是 $\nu_{C═O}$ 与其他部分振动的偶合

续表

基　　团	振动类型	波数 (cm^{-1})	波长 (μm)	强度	备　　注
(1) Ar—CO	C=O 伸	1700～1680	5.88～5.95	强	
(2) 二芳基酮 (Ar—CO—Ar)	C=O 伸	1670～1660	5.99～6.02	强	
(3) 1-酮基-2-羟基或氨基芳酮	C=O 伸	1665～1635	6.01～6.12	强	(邻位 —CO— 与 OH 取代苯环)(或 —NH_2)
3. 脂环酮					
(1) 六元、七元环酮	C=O 伸	1725～1705	5.80～5.86	强	
(2) 五元环酮	C=O 伸	1750～1740	5.71～5.75	强	
十、羧酸类 (—COOH)					
1. 脂肪酸	OH 伸	3400～2500	2.94～4.00	中	二聚体，宽
	C=O 伸	1740～1690	5.75～5.92	强	二聚体
	OH 弯(面内)	1450～1410	6.90～7.10	弱	二聚体或 1440～1395 cm^{-1}
	C—O 伸	1266～1205	7.90～8.30	中	二聚体
	OH 弯(面外)	960～900	10.4～11.1	弱	
(1) R—COOH (饱和)	C=O 伸	1725～1700	5.80～5.88	强	
(2) α-卤代脂肪酸	C=O 伸	1740～1720	5.75～5.81	强	
(3) α,β-不饱和酸	C=O 伸	1715～1690	5.83～5.91	强	
2. 芳酸	OH 伸	3400～2500	2.94～4.00	弱、中	二聚体
	C=O 伸	1700～1680	5.88～5.95	强	二聚体
	OH 弯(面内)	1450～1410	6.90～7.10	弱	
	C—O 伸	1290～1205	7.75～8.30	中	
	OH 弯(面外)	950～870	10.5～11.5	弱	
十一、酸酐					
1. 链酸酐	C=O 伸(反称)	1850～1800	5.41～5.56	强	共轭时每个谱带降 20 cm^{-1}
	C=O 伸(对称)	1780～1740	5.62～5.75	强	
	C—O 伸	1170～1050	8.55～9.52	强	
2. 环酸酐 (五元环)	C=O 伸(反称)	1870～1820	5.35～5.49	强	共轭时每个谱带降 20 cm^{-1}
	C=O 伸(对称)	1800～1750	5.56～5.71	强	
	C—O 伸	1300～1200	7.69～8.33	强	
十二、酯类 (—C(=O)—O—R)	C=O 伸(泛频)	～3450	～2.90	弱	
	C=O 伸	1770～1720	5.65～5.81	强	
	C—O—C 伸	1300～1000	7.69～10.00	强	多数酯

续表

基团	振动类型	波数 (cm^{-1})	波长 (μm)	强度	备注
1. C═O 伸缩振动					
(1) 正常饱和酯类	C═O 伸	1750～1735	5.71～5.76	强	
(2) 芳香酯及 α,β-不饱和酯类	C═O 伸	1730～1717	5.78～5.82	强	
(3) β-酮类的酯类(烯醇型)	C═O 伸	～1650	～6.06	强	
(4) δ-内酯	C═O 伸	1750～1735	5.71～5.76	强	
(5) γ-内酯(饱和)	C═O 伸	1780～1760	5.62～5.68	强	
(6) β-内酯	C═O 伸	～1820	～5.50	强	
2. C—O 伸缩振动					
(1) 甲酸酯类	C—O 伸	1200～1180	8.33～8.48	强	
(2) 乙酸酯类	C—O 伸	1250～1230	8.00～8.13	强	
(3) 酚类乙酸酯	C—O 伸	～1250	～8.00	强	
十三、胺	NH 伸	3500～3300	2.86～3.03	中	
	NH 弯(面内)	1650～1550	6.06～6.45		伯胺强,中;仲胺极弱
	C—N 伸(芳香)	1360～1250	7.35～8.00	强	
	C—N 伸(脂肪)	1235～1020	8.10～9.80	中、弱	
	NH 弯(面外)	900～650	11.1～15.4		
1. 伯胺类 (C—NH_2)	NH 伸	3500～3300	2.86～3.03	中	两个峰
	NH 弯(面内)	1650～1590	6.06～6.29	强、中	
	C—N 伸(芳香)	1340～1250	7.46～8.00	强	
	C—N 伸(脂肪)	1220～1020	8.20～9.80	中、弱	
2. 仲胺类 (—C—NH—C—)	NH 伸	3500～3300	2.86～3.03	中	一个峰
	NH 弯(面内)	1650～1550	6.06～6.45	极弱	
	C—N 伸(芳香)	1350～1280	7.41～7.81	强	
	C—N 伸(脂肪)	1220～1020	8.20～9.80	中、弱	
3. 叔胺 (C—N(—C)—C)	C—N (芳香)	1360～1310	7.35～7.63	强	
	C—N (脂肪)	1220～1020	8.20～9.80	中、弱	
十四、酰胺	NH 伸	3500～3100	2.86～3.22	强	伯酰胺双峰 仲酰胺单峰
	C═O 伸	1680～1630	5.95～6.13	强	谱带Ⅰ
	NH 弯(面内)	1640～1550	6.10～6.45	强	谱带Ⅱ
	C—N 伸	1420～1400	7.04～7.14	中	谱带Ⅲ
1. 伯酰胺	NH 伸(反称)	～3350	～2.98	强	
	NH 伸(对称)	～3180	～3.14	强	
	C═O 伸	1680～1650	5.95～6.06	强	
	NH 弯(剪式)	1650～1250	6.06～8.00	强	
	C—N 伸	1420～1400	7.04～7.14	中	
	NH_2 面内摇	～1150	～8.70	弱	
	NH_2 面外摇	750～600	1.33～1.67	中	

续表

基　团	振动类型	波数 (cm^{-1})	波长 (μm)	强度	备　注
2. 仲酰胺	NH 伸 C═O 伸 NH 弯+C—N 伸 C—N 伸+NH 弯	～3270 1680～1630 1570～1515 1310～1200	～3.09 5.95～6.13 6.37～6.60 7.63～8.33	强 强 中 中	 NH 面内弯与C—N重合 NH 面外弯与C—N重合
3. 叔酰胺	C═O 伸	1670～1630	5.99～6.13		
十五、不饱和含氮化合物 C≡N 伸缩振动 (1) RCN (2) α、β-芳香氰 (3) α、β-不饱和脂肪族氰	 C≡N 伸 C≡N 伸 C≡N 伸	 2260～2240 2240～2220 2235～2215	 4.43～4.46 4.46～4.51 4.47～4.52	 强 强 强	 饱和,脂肪族
十六、杂环芳香族化合物 1. (吡啶结构式) 吡啶类(喹啉同吡啶)	CH 伸 环的骨架振动 ($\nu_{C=C}$ 及 $\nu_{C=N}$) CH 弯(面内) CH 弯(面外)	～3030 1667～1430 1175～1000 910～665	 6.00～7.00 8.50～10.0 11.0～15.0	弱 中 弱 强	 吡啶与苯环类似两个峰～1615,～1500;季铵移至 1625 cm^{-1}
	环上的 CH 面外弯 ① 普通取代基 α-取代 β-取代 γ-取代 ② 吸电子基 α-取代 β-取代 γ-取代	 780～740 805～780 830～790 810～770 820～800 730～690 860～830	 12.82～13.51 12.42～12.82 12.05～12.66 12.35～13.00 12.20～12.50 13.70～14.49 11.63～12.05	 强 强 强 强 强 强 强	
2. 嘧啶类 (嘧啶结构式)	CH 伸 环的骨架振动 ($\nu_{C=C}$ 及 $\nu_{C=N}$) 环上的 CH 弯 环上的 CH 弯	3060～3010 1580～1520 1000～960 825～775	3.27～3.32 6.33～6.58 10.00～10.42 12.12～12.90	弱 中 中 中	
十七、硝基化合物 1. R—NO_2	 NO_2 伸(反称) NO_2 伸(对称) C—N 伸	 1565～1543 1385～1360 920～800	 6.39～6.47 7.22～7.35 10.87～12.50	 强 强 中	 用途不大
2. Ar—NO_2	NO_2 伸(反称) NO_2 伸(对称) CN 伸 不明	1550～1510 1365～1335 860～840 ～750	6.45～6.62 7.33～7.49 11.63～11.90 ～13.33	强 强 强 强	

附录八　相对重量校正因子(f_g)

物质名称	热导	氢焰
一、正构烷		
甲烷	0.58	1.03
乙烷	0.75	1.03
丙烷	0.86	1.02
丁烷	0.87	0.91
戊烷	0.88	0.96
己烷	0.89	0.97
庚烷	0.89	1.00
辛烷	0.92	1.03
壬烷	0.93	1.02
二、异构烷		
异丁烷	0.91	
异戊烷	0.91	0.95
2,2-二甲基丁烷	0.95	0.96
2,3-二甲基丁烷	0.95	0.97
2-甲基戊烷	0.92	0.95
3-甲基戊烷	0.93	0.96
2-甲基己烷	0.94	0.98
3-甲基己烷	0.96	0.98
三、环烷		
环戊烷	0.92	0.96
甲基环戊烷	0.93	0.99
环己烷	0.94	0.99
甲基环己烷	1.05	0.99
1,1-二甲基环己烷	1.02	0.97
乙基环己烷	0.99	0.99
环庚烷		0.99
四、不饱和烃		
乙烯	0.75	0.98
丙烯	0.83	
异丁烯	0.88	
正丁烯-1	0.88	
戊烯-1	0.91	
己烯-1		1.01
乙炔		0.94
五、芳香烃		
苯	1.00*	0.89
甲苯	1.02	0.94
乙苯	1.05	0.97
间二甲苯	1.04	0.96
对二甲苯	1.04	1.00
邻二甲苯	1.08	0.93
异丙苯	1.09	1.03
正丙苯	1.05	0.99
联苯	1.16	
萘	1.19	
四氢萘	1.16	
六、醇		
甲醇	0.75	4.35
乙醇	0.82	2.18
正丙醇	0.92	1.67
异丙醇	0.91	1.89
正丁醇	1.00	1.52
异丁醇	0.98	1.47
仲丁醇	0.97	1.59
叔丁醇	0.98	1.35
正戊醇		1.39
戊醇-2	1.02	
正己醇	1.11	1.35
正庚醇	1.16	
正辛醇		1.17
正癸醇		1.19
环己醇	1.14	
七、醛		
乙醛	0.87	
丁醛		1.61
庚醛		1.30
辛醛		1.28
癸醛		1.25
八、酮		
丙酮	0.87	2.04
甲乙酮	0.95	1.64
二乙基酮	1.00	
3-己酮	1.04	
2-己酮	0.98	
甲基己戊酮	1.10	
环戊酮	1.01	
环己酮	1.01	
九、酸		
乙酸		4.17
丙酸		2.5
丁酸		2.09

续表

物质名称	热导	氢焰	物质名称	热导	氢焰
己酸		1.58	十三、卤素化合物		
庚酸		1.64	二氯甲烷	1.14	
辛酸		1.54	氯仿	1.41	
十、酯			四氯化碳	1.64	
乙酸甲酯		5.0	三氯乙烯	1.45	
乙酸乙酯	1.01	2.64	1-氯丁烷	1.10	
乙酸异丙酯	1.08	2.04	氯苯	1.25	
乙酸正丁酯	1.10	1.81	邻氯甲苯	1.27	
乙酸异丁酯		1.85	氯代环己烷	1.27	
乙酸异戊酯	1.10	1.61	溴乙烷	1.43	
乙酸正戊酯	1.14		碘甲烷	1.89	
乙酸正庚酯	1.19		碘乙烷	1.89	
十一、醚			十四、杂环化合物		
乙醚	0.86		四氢呋喃	1.11	
异丙醚	1.01		吡咯	1.00	
正丙醚	1.00		吡啶	1.01	
乙基正丁基醚	1.01		四氢吡咯	1.00	
正丁醚	1.04		喹啉	0.86	
正戊醚	1.10		哌啶	1.06	1.75
十二、胺与腈			十五、其他		
正丁胺	0.82		水	0.70	无信号
正戊胺	0.73		硫化氢	1.14	无信号
正己胺	1.25		氨	0.54	无信号
二乙胺		1.64	二氧化碳	1.18	无信号
乙腈	0.68		一氧化碳	0.86	无信号
丙腈	0.83		氩	0.22	无信号
正丁胺	0.84		氮	0.86	无信号
苯胺	1.05	1.03	氧	1.02	无信号

参考文献

1　孙毓庆. 分析化学[M]. 北京：科学出版社，2011

2　胡育筑. 分析化学简明教程[M]. 北京：科学出版社，2011

3　严拯宇. 仪器分析[M]. 南京：东南大学出版社，2005

4　严拯宇. 分析化学实验[M]. 北京：科学出版社，2014

5　武汉大学. 分析化学[M]. 北京：高等教育出版社，2007

6　Kellner R, Mermet J M, Ottoman, et al. Analytical Chemistry[M]. Weinheim: Wiley VCH　1998